Zander/Böttcher

Krankheiten der Biene

Handbuch der Bienenkunde
Herausgegeben von Dr. Friedrich Karl Böttcher

Haltung und Zucht der Biene

Begründet von Prof. Dr. E. Zander
Neubearbeitet von Dr. F. K. Böttcher

Der Honig

Begründet von Prof. Dr. E. Zander und Prof. Dr. A. Koch
Neubearbeitet von Dr. Anna Maurizio u. a.

Die Bienenweide

Begründet von Prof. Dr. E. Zander
Neubearbeitet von Dr. U. Berner

Krankheiten der Biene

Begründet von Prof. Dr. E. Zander
Neubearbeitet von Dr. F. K. Böttcher u. a.

Krankheiten der Biene

Begründet von Prof. Dr. Enoch Zander
Neubearbeitet von Dr. Friedrich Karl Böttcher

Unter Mitarbeit von
Dr. Walter Kaeser, Celle
Prof. Dr. Wolfgang Steche, Stuttgart-Hohenheim
Prof. Dr. Ing. Karl Stute, Celle
Dr. Hans Wille, Liebefeld-Bern

111 Abbildungen
und 8 Farbtafeln

Verlag Eugen Ulmer Stuttgart

Die Zeichnungen fertigte, soweit nichts anderes angegeben,
Anita Sulzbacher, Stuttgart

CIP-Kurztitelaufnahme der Deutschen Bibliothek

Handbuch der Bienenkunde
hrsg. von Friedrich Karl Böttcher.–
Krankheiten der Biene.–7., völlig neubearb.
u. erw. Aufl.–1984.
Stuttgart (Hohenheim): Ulmer

NE: Böttcher, Friedrich Karl [Hrsg.]

Krankheiten der Biene
begr. von Enoch Zander.
Hrsg. von Friedrich Karl Böttcher unter Mitarb.
von Walter Kaeser … – 7., völlig neubearb.
u. erw. Aufl. – Stuttgart (Hohenheim): Ulmer, 1984.
(Handbuch der Bienenkunde)
Frühere Ausg. u.d.T.: Zander, Enoch:
Die Brutkrankheiten und ihre Bekämpfung
u.: Zander, Enoch: Krankheiten und Schädlinge
der erwachsenen Bienen

ISBN 3-8001-7413-8

NE: Zander, Enoch (Begr.); Böttcher, Friedrich Karl (Hrsg.)

Verlag Eugen Ulmer GmbH & Co.
Wollgrasweg 41, 7000 Stuttgart 70 (Hohenheim)
Printed in Germany
Einbandgestaltung: Alfred Krugmann
Satz: Setzerei Lihs, Ludwigsburg
Druck: Offsetdruckerei Karl Grammlich, Pliezhausen

Vorwort

Nach langer Pause erscheinen nun die beiden von Zander begründeten Werke „Die Brutkrankheiten und ihre Bekämpfung“ und die „Krankheiten und Schädlinge der erwachsenen Bienen“ wieder neu, jetzt in einem Band. Dazu galt es vor allem, die inzwischen ungeheuer angewachsene Literatur zu verarbeiten, eine Aufgabe, welche die Kraft eines einzelnen weit übersteigt. Sie mußte deshalb von mehreren Verfassern geleistet werden. Beteiligt sind: Dr. Hans Wille, Liebefeld-Bern, Prof. Dr. Wolfgang Steche, Stuttgart-Hohenheim, Dr. Walter Kaeser, Celle, Prof. Dr. Karl Stute, Celle, und der Herausgeber.

Die Autoren waren bemüht, den Stoff so umfassend wie möglich zu bringen und als ein Lehr- und Handbuch darzustellen, aus dem jeder, der sich für Bienenkrankheiten interessiert, Nutzen ziehen kann: der Wissenschaftler, der Tierarzt, der Student, der Bienenfreund und vor allem der praktische Imker. Deshalb war das Buch wissenschaftlich fundiert und dabei allgemeinverständlich abzufassen.

Sein Neuerscheinen fällt in eine bewegte Zeit von besonders schneller Wandlung. Die berüchtigte Varroatose, bei uns bis vor kurzem noch so gut wie unbekannt, zog in unser Land ein und löste gewaltige Anstrengungen zu ihrer Bekämpfung aus. Zugleich aber trat, der allgemeinen Tendenz entsprechend, die gesundheitliche Rücksichtnahme auf den Menschen stärker in den Vordergrund der Heilbehandlung. Daraus ergab sich die Forderung, auf einige Medikamente zu verzichten: auf ein neu entwickeltes, sehr wirkungsvolles Präparat gegen die Varroatose und sogar auf ein langjährig bewährtes Mittel gegen die Acariose. Zudem vertieften sich unsere Kenntnisse in jeder Hinsicht, so auch die von den Ursachen der immer wieder auftretenden, außerordentlich verlustreichen Frühjahrskatastrophen. Schließlich waren wiederholt Gesetzesänderungen erforderlich.

Allen denen, die uns bei der Ausgestaltung dieses Buches halfen, möchten wir dafür danken. Mit Abbildungen unterstützten uns insbesondere Dr. O. Haragsim, Dol (CSSR), D. Waltenberger, Mindelheim und Gitti Faßbinder, Celle.

Dr. D. Mautz, Erlangen, sei gedankt für die kritische Durchsicht des Abschnittes über die Varroatose und nicht zuletzt dem Verlag und seinem Lektorat für die verständnisvolle Zusammenarbeit.

Möge dieses Buch mithelfen, die Bienenvölker gesund und unsere Imkerei leistungsfähig zu erhalten!

Erlangen, Sommer 1984

Für die Verfasser
Friedrich Karl Böttcher

Inhaltsverzeichnis

Die Krankheiten der erwachsenen Bienen

Schädlinge

(F. K. Böttcher)

Einführung

Durch Krankheiten und gesundheitliche Störungen der Bienenvölker entstehen unserer Imkerei alljährlich große Verluste. Es dürfte sicher nicht zu hoch gegriffen sein, wenn man den auf diese Weise entstehenden Entgang an Honig auf durchschnittlich 10 bis 20 % der erntbaren Menge schätzt. Das ergibt sich allein aus dem Verlust eingegangener Völker. Ist doch ein großer Teil der regelmäßig entstehenden Winterverluste auf Krankheiten zurückzuführen. Und wenn zum anderen die den Winter überlebenden Völker geschwächt ins Frühjahr kommen und in ihrer weiteren Entwicklung zurückbleiben, so ist das meist ebenfalls eine Folge davon. Schwache Völker aber bringen keinen oder nur sehr geringen Ertrag, denn die Honigleistung eines Bienenvolkes hängt in erster Linie von seiner Stärke ab. Das ist eine praktisch immer wieder zu erfahrende, wissenschaftlich gesicherte Tatsache von grundsätzlicher Bedeutung. Somit ist Gesundheit die unerläßliche Voraussetzung für den Ertrag eines Bienenvolkes. Sie zu überwachen und zu erhalten muß der Imker besorgt sein. Es gilt, gesundheitliche Störungen von den Bienen fern zu halten, sie gegebenenfalls zeitig zu erkennen und ihnen unverzüglich zu begegnen.

Krankheiten können bei den Bienenvölkern ein vorzeitiges Absterben der erwachsenen Bienen, einen Ausfall der Bienenbrut und sogar beides bewirken. Dazu ist zu sagen, daß jedoch in der Regel die Krankheiten der Brut und die der erwachsenen Bienen ganz verschiedene Erscheinungen sind, die nichts miteinander zu tun haben. Die Krankheiten der Brut gehen nicht auf die erwachsenen Bienen über und die der erwachsenen Bienen nicht auf die Bienenbrut. Es gibt jedoch Ausnahmen: Die Steinbrut, eine Pilzerkrankung, zeigt sich in seltenen Fällen auch an den erwachsenen Bienen, vermutliche Rickettsiosen befallen die Brut wie die Bienen, und vor allem die Varroatose, eine Milbenkrankheit, befällt die Bienenbrut wie die erwachsenen Bienen zugleich. Zu diesen Ausnahmen muß man noch die oft verheerend auftretende Frühjahrsschwindsucht rechnen, bei der einerseits die Brut infolge Pollenmangels ausfällt und sich andererseits aus dem gleichen Grund wie infolge weiterer Ursachen das Leben der erwachsenen Bienen erheblich verkürzt.

Trotzdem erscheint es zweckmäßig, die Gliederung in Krankheiten der Brut und in Krankheiten der erwachsenen Bienen aufrecht zu erhalten. Dabei sind die Varroatose und die Frühjahrsschwindsucht am besten bei den Krankheiten der erwachsenen Bienen zu besprechen: die Varroatose wegen ihrer Verwandschaft mit der Milbenseuche und die Frühjahrsschwindsucht wegen der meist mit ihr zusammenwirkenden Nosemaseuche.

Die Gesundheitsstörungen bei den Bienen sind zum überwiegenden Teil übertragbar, also ansteckende sog. Infektionskrankheiten, die durch Krankheitserreger ausgelöst werden. Am Bienenvolk können Erreger aus den verschiedensten Gruppen wie Viren, Rickettsien, Bakterien, Pilze, Protozoen (Urtierchen) und höhere parasitäre Tiere wie Milben und Insekten solche Krankheiten hervorrufen.

Die nichtansteckenden, sog. physiologischen Gesundheitsstörungen sind zwar in der Minderzahl, aber nicht weniger von Bedeutung. Sie gehen auf innere Störungen des Stoffwechsels und auf besondere Einwirkungen der Umwelt zurück wie Mängel in der Ernährung, Gifteinwirkungen, Kälte, Hitze usw.

In der Bienenpathologie läßt sich ebensowenig wie sonst in der Medizin ein Krankheitszustand kurz und bündig angeben. Indessen beobachtet man beim erkrankten Organismus in der Regel augenfällige Reaktionen, die wir als Krankheitssymptome bezeichnen und die für eine Krankheit mehr oder weniger typisch sind. Oft haben sie atypischen Charakter, d. h. oft zeigen sie sich bei verschiedenen Krankheiten in gleicher oder ähnlicher Weise.

Die Krankheiten der Bienenbrut

Pilzkrankheiten (Mykosen)

Allgemeines über Pilze

Die echten Pilze (*Eumycetes*), die im Bienenstock eine Rolle spielen, bestehen aus einem Geflecht farbloser, oft verzweigter, fadenförmiger Zellen oder Zellreihen, den Hyphen. In ihrer Gesamtheit bezeichnet man sie als Myzel (Mycelium). Verbreitung und Vermehrung erfolgen durch Sporen. Diese entstehen meist in speziellen Organen wie sog. Fruchtkörpern, Konidiophoren usw. Die Entstehung der Sporen erfolgt teils geschlechtlich (z. B. Erreger der Kalkbrut) oder ungeschlechtlich. Die Sporen als kugelige oder eiförmige Gebilde sind meist kleiner als 0,005 mm, bei Reife trennen sie sich leicht von ihren Mutterzellen (Abstäuben) oder werden durch besondere Mechanismen weggeschleudert. Bei genügender Feuchtigkeit und weiteren ihnen zusagenden Bedingungen keimen sie aus, indem sie einen Keimschlauch austreiben, der durch zahlreiche wiederholte Teilungen zum Myzel heranwächst. Oft sehr komplizierte Vorgänge führen zur Sporenbildung (z. B. Kalkbrut, S. 23). Ihre genaue Kenntnis ist für die Bestimmung der Pilze unerläßlich. Sporen sind Dauerformen und deshalb für die Erhaltung der Art wichtig. Gegenüber verschiedenen ungünstigen Umweltverhältnissen sind sie durch eine mehrschichtige Hülle recht gut geschützt. Allerdings überleben Bakteriensporen unter noch extremeren Umwelteinflüssen.

Gemessen an den zahlreichen Bakterienarten, die für Insekten pathogen sind, bleibt der Kreis der krankmachenden Pilzarten klein. Auch in den Bienen sind es lediglich Vertreter aus wenigen Gattungen, die mitunter verlustreiche Infektionen auszulösen in der Lage sind (S. 21 und 22). Die Pilzarten, die Bienen befallen, durchwuchern den Körper der Maden oder Bienen mit ihrem Myzel. Sie schließen ihren Lebenszyklus ab, indem sie Sporen im Körper oder auf der Körperoberfläche des befallenen Wirtstieres bilden, nachdem Hyphen auf enzymatischem Weg die Körperhülle durchstoßen haben (Abb. 3).

Im Gegensatz zu den wichtigsten bienenpathogenen Bakterien lassen sich die bienenpathogenen Pilze leicht auf künstlichen Nährmedien züchten. Ihre Untersuchung wird dadurch wesentlich erleichtert.

Wenn auch relativ sehr wenige Pilzarten in Insekten und höheren Tierarten Krankheiten auslösen, so sind zahlreiche als gefürchtete Pflanzenparasiten bekannt. Unzählige spielen, wie die Mehrzahl der Bakterienarten, eine entscheidende Rolle im Kreislauf der Nährstoffe in der Natur.

Hartbrut: Kalkbrut und Steinbrut

Für die von Pilzen hervorgerufenen Brutkrankheiten gilt allgemein, daß die befallenen Maden verhärten, ohne jedoch ihre äußere Gestalt zu verlieren. Die Streckmaden mit ihren Einkerbungen sind noch deutlich zu erkennen. Es entstehen sog. Mumien, die anfangs lederartig, später hart werden. Man spricht deshalb auch von Hartbrut, im Gegensatz zu den verschiedenen Formen von Faulbrut. Sie ist das Ergebnis einer sog. Trockenfäule. Infolge dieser Verpilzung, insbesondere infolge Bildung der Pilzsporen, der sog. Konidien, verfärben sich die gewöhnlich porzellanartig weißen Bienenlarven in bestimmter Weise.
Wir kennen zwei Arten von Pilzkrankheiten bei den Bienen: Die Kalkbrut und die Steinbrut.

Die Kalkbrut

Frühere Bezeichnung: Pericystismykose

1 Krankheitsbild

Oft zeigt sich die Erkrankung schon am Flugloch. Hier findet der Imker eingetrocknete, mumifizierte, harte Streckmaden von kalkigem, grauem bis schwärzlichem Aussehen, die von den Bienen aus dem Stock getragen wurden. Im Volk liegen solche Mumien auch auf dem Boden, vor allem aber in den Zellen, aus denen sie leicht herausfallen. Schüttelt man eine befallene Wabe, kann infolge der Härte der Mumien ein klapperndes Geräusch entstehen. Auf der Wabenoberfläche fällt ein watteähnlicher Pilzrasen auf. Die Zellwände können abgenagt sein. Die nähere Untersuchung zeigt, daß nur die Streckmaden einen sichtbaren Befall aufweisen. Sie erscheinen mattgelblich, an ihrem hinteren bis mittleren Körper, also in der Tiefe der Zelle, grünlichgrau bis schwarz verfärbt. Nach der Deckelung ihrer Brutzellen sterben sie ab und trocknen ein (Tafel 1, S. 209).
In erster Linie ist die Erscheinung an der Drohnenbrut zu finden, an Arbeitermaden aber fast ebenso regelmäßig. Sogar Königinnenmaden werden befallen, Puppen jedoch nur ausnahmsweise. Der Brutstand ist lückenhaft. Gelegentlich tritt das alles als sekundäre Erscheinung auch an faulbrutbefallenen Waben auf.
Im einzelnen verläuft die Erkrankung wie in Tab. 1, S. 22 angegeben.

2 Verbreitung der Krankheit

Es ist heute schwierig zu beurteilen, wie weit und stark die Krankheit früher verbreitet war. Hitchcock (1972) hat eine Zusammenstellung veröffentlicht, wonach die Krankheit 1913 in Deutschland, 1932 in England, 1932 in Rußland, 1934 in Schottland, 1937 in der Tschechoslowakei, 1957 in Neu-Seeland, 1971 in Norwegen zum ersten Mal gemeldet wurde. Entspricht dies wohl den Tatsachen oder hat man die Krankheit früher nicht beachtet? In den 20er Jahren wurde in Liebefeld die Einsendung einer Kalkbrutwabe als Ereignis gewürdigt. Seit den 40er Jahren ist die

Tab. 1. Verlauf der Kalkbrut und ihre Krankheitsanzeichen

Geschehen in der Brut		Aussehen der Brut	Bewertung der Anzeichen
1. Phase:	Der Erreger befällt gelegentlich eine Made, die rasch entfernt wird	Etwas lückenhafte Brut	nicht typisch
2. Phase:	In immer rascherer Folge gelingt es dem Erreger, Maden zu befallen; der größte Teil wird vor dem Ausbruch des Pilzes erkannt und entfernt. In der Drohnenbrut erscheinen die ersten „schimmeligen" Maden	Die Lückenhaftigkeit der Brut nimmt zu	typisch
3. Phase:	Im Maße wie der Erreger mehr Maden befällt, erlahmt der Putztrieb immer mehr. Die Zahl der „schimmeligen" Streckmaden in offenen und gedeckelten Zellen nimmt stark zu. Die Drohnenbrut ist, falls vorhanden, stark kalkbrütig	Starke Lückenhaftigkeit der Brut – Mangels Nachschub nimmt die Zahl der Bienen ab	typisch
4. Phase:	Extrem viele befallene Stadien, flaumiger, weißer Belag, vornehmlich am Ende des Körpers körniger, schmutzig dunkelgrüner Belag (Fruchtkörper), Mumien, nur noch ein geringer Teil der Brut erscheint gesund	Über 3/4 der Zellen leer, oder mit Kalkbrut in verschiedenem Entwicklungszustand oder mit anderweitig abgestorbenen Larven in gedeckelten oder offenen Zellen. Z.T. verhärtete Maden, die beim Schütteln der Wabe in den Zellen klingeln (Kalkbrutmumien). Stark geschwächte Völker	typisch

Kalkbrut im schweizerischen Mittelland, in den Alpengebieten, im Jura, in den Vogesen, im Schwarzwald, N-Frankreich, Belgien, Schottland immer stärker in Erscheinung getreten. Die betroffenen Imker zweifeln, daß es sich um eine harmlose, rasch verschwindende Krankheit handelt, wie immer noch in der neueren Bienenliteratur hervorgehoben wird. Nach THOMAS und LUCE (1972) fand sich der erste Kalkbrutbefall 1968 in Kalifornien, ab 1971 wurde die Krankheit in weiteren West-Staaten der USA festgestellt (HITCHCOCK und CHRISTENSEN, 1972)*. Die

* Nach GOCHNAUER und COLL. (1972) wies man die Kalkbrut 1971 zum ersten Mal in Kanada nach.

Krankheit war in den befallenen Ständen so stark, daß sie nicht mehr zu übersehen war. MRAZ meldet sie 1970 aus Mexiko, er vermutet ihr starkes Auftreten stehe irgendwie mit der intensiven Antibiotika-Fütterung zur Bekämpfung der Sauerbrut in Zusammenhang. Unseres Wissens wurde nie über das Vorkommen der Kalkbrut bei den nächsten Verwandten der *Apis mellifica* wie *A. cerana, A. dorsata, A. florea* berichtet. Eigenartigerweise isolierten BAKER und TORCHIO (1968) den Pilz aus Zellen zweier Wildbienenarten *Megachile inermis* und *Anthophora pacifica* im Staate Utah (USA), TORCHIO aus dem Kot von *Anthophora peritomae,* MELVILLE und DADE (1944) aus einer nicht näher bezeichneten Wildbienenart bei London, und CLOUT (1956) in einer *Megachileart* aus Großbritannien, WILLE (1963, unveröffentlicht) aus verpilzter Brut von *Bombus terrestris.*

3 Erreger

3.1 Benennung, systematische Stellung, Entwicklungszyklus

Die Kalkbrut wird durch einen Pilz verursacht, den MAASSEN (1916) *Pericystis apis* benannt hat. Über seine systematische Stellung sind die Meinungen geteilt. SPILTOIR und OLIVE (1955) haben sich kritisch mit den Angaben früherer Autoren auseinandergesetzt und schlagen vor, diesen Pilz in die Ordnung Plectascales einzuordnen. Des weiteren machen sie darauf aufmerksam, daß der Gattungsname *Pericystis* bereits gültig für die Bezeichnung einer Gattung einer Rotalge vergeben wurde (*Pericystis* AGARADH (Öfr. K. Vet. Akad. Forh. 4:6 [1847] 1848) und nicht mehr für die Bezeichnung einer Pilzgattung verwendet werden dürfe. Sie schlagen einen neuen Familien- und Gattungsnamen vor:

Ascosphaeraceae Olive et Spiltoir fam.nov.

Ascosphaera Olive et Spiltoir gen.nov.,

wobei der Kalkbruterreger *Ascosphaera apis* als Typ für die Art zu gelten hat (Typ war früher *Pericystis alvei* Betts. Schimmelpilz auf Pollen). Wie CLAUSSEN (1921) als erster feststellte, ist der Pilz getrenntgeschlechtlich (heterothallisch), das heißt, das Myzel ist entweder männlich (−) oder weiblich (+). Eingehend hat CLAUSSEN die Fruchtkörperbildung untersucht. Diese Ergebnisse hat VARITCHAK (1932), 1933) anhand zytologischer Untersuchungen bestätigt. PRÖKSCHL (1953) diskutiert die Stellung von *A. apis* innerhalb des Systems. Der Pilz zeigt sowohl Phycomyceten- wie auch Ascomyceten-Merkmale. Die Befunde von SPILTOIR (1955) hinsichtlich der Geschlechtsorgane und Befruchtungsverhältnisse von *A. apis* weichen wesentlich von den Ergebnissen früherer Autoren ab, daher drängte sich die Revision der systematischen Stellung des Pilzes auf. Aus Sporen der Sporenballen der Fruchtkörper keimen weibliche und männliche Myzelien aus. Hält man diese Myzelien getrennt, so lassen sich keine wesentlichen morphologischen Unterschiede erkennen. Die Bildung von Geschlechtsorganen unterbleibt. Bei Näherung getrennt geschlechtlicher Myzelien bildet das weibliche Ascogonien, die sich in Stiel, Nutriozyt (Nährzelle) und Trichogyn (Empfängnisorgan) differenzieren. Bei den männlichen Myzelien fehlen eigentliche Geschlechtsorgane. Die Nährzelle dient später zur Ernährung der sich entwickelnden Sporenballen. Das Trichogyn verschmilzt mit einer männlichen Hyphe, die an der Berührungsstelle einen warzenähnlichen Fortsatz mit Pore entwickelt hat. Die Meinungsverschiedenheiten betreffen in erster

Linie das Trichogyn, das Spiltoir (1955) eindeutig als weiblichen Ursprungs erkennen will, während es die früheren Autoren Claussen (1921), Varitchak (1932, 33), Maurizio (1935), Prökschl (1953) als männliches Geschlechtsorgan (Antheridium) auffassen (Abb. 1). Diese letzten haben übersehen, daß bereits Betts (1912) bei *Pericystis alvei* (Pollenschimmel) das Trichogyn als weibliches Organ, das später mit benachbarten Hyphen verschmilzt, beschrieben hat.

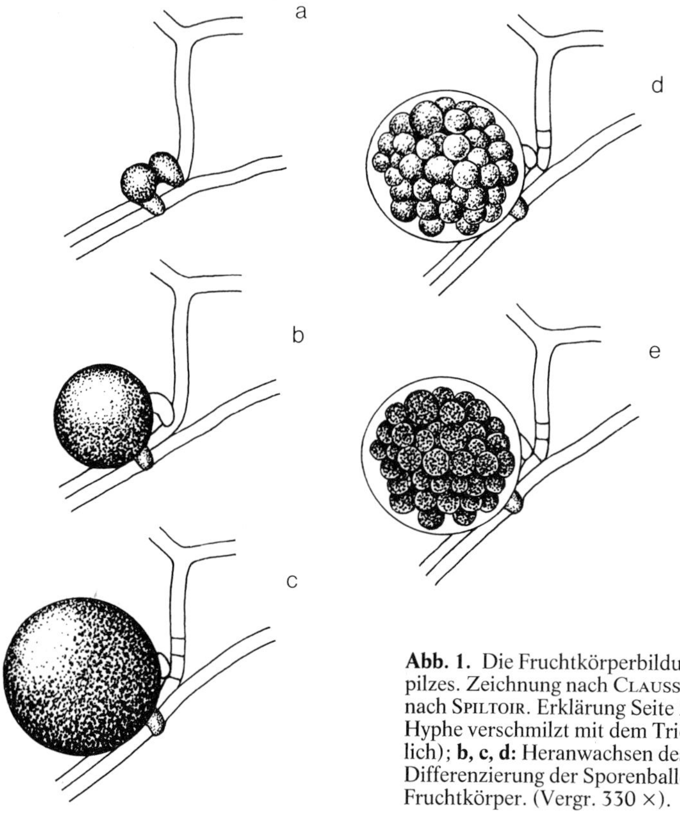

Abb. 1. Die Fruchtkörperbildung des Kalkbrutpilzes. Zeichnung nach Claussen, Auffassung nach Spiltoir. Erklärung Seite 23. **a:** männliche Hyphe verschmilzt mit dem Trichogyn (weiblich); **b, c, d:** Heranwachsen des Trichogyns, Differenzierung der Sporenballen. **e:** reifer Fruchtkörper. (Vergr. 330 ×).

Nach der Paarung fließt zunächst männliches Kernmaterial in das Trichogyn, hernach eine Protoplasmamasse (primäre ascogene Hyphe) vom Trichogyn in die Nährzelle. Eine dünne Wand grenzt sie gegenüber dem Zellinhalt der Nährzelle ab. Diese Protoplasmamasse differenziert sich zunächst in häkchenförmige Gebilde, woraus dann das ascogene System entsteht. Weitere Differenzierungen führen zu Sporenballen, die vermutlich mit je 8 Sporen versehen sind. Die Kernverschmelzungs- und Teilungsprozesse sind schwierig zu erfassen und manches bleibt noch abzuklären. Die herangewachsene Nährzelle mit den Sporenballen wird in der Bienenliteratur als Sporencyste oder Fruchtkörper bezeichnet (Abb. 1). In jedem Fruchtkörper und in jedem Sporenballen befinden sich die männlichen und weiblichen Sporen im Verhältnis 1 : 1.

MAURIZIO (1934, 1935) hat nachgewiesen, daß *A. apis* in zwei Formen vorkommt: einer großfrüchtigen und kleinfrüchtigen. Die erste zieht tiefere Temperaturen von 11 bis 25 °C vor (Optimum 15 °C), die zweite höhere Temperaturen von 15 bis 37 °C (Optimum 30°). MAURIZIO wie auch PRÖKSCHL (1955) erwägen, ob die großfrüchtige Form eine getrennte Art darstellen könnte; sie fassen sie jedoch als Varietät der gleichen Art auf. Versuche, beide Formen zu kreuzen, verliefen jedoch negativ. MAURIZIO (1935) macht darauf aufmerksam, daß die Größe der Fruchtkörper von der Temperatur abhängig sei. SPILTOIR und OLIVE schließen sich der Ansicht von MAURIZIO und PRÖKSCHL an; sie schlagen folgende Nomenklatur vor:
Ascosphaera apis var. *apis* (Typ. var.). Fruchtkörper 32 bis 99 μ*, im Durchschnitt 65,8 μ, Ascosporen 1,5 bis 2,3 × 3,0 bis 3,8 μ.
Ascosphaera apis var. *major* (Prökschl und Zobl) Olive und Spiltoir Fruchtkörper 88,4 bis 168,5 μ, im Durchschnitt etwa 128,4 μ.
Ascosporen etwa 10% größer als in var. *apis*. Neulich begründet SKOU (1972), *A. apis* var. *major* habe als Art zu gelten.
Gegenüber anderen insektentötenden Pilzen (Entomophtoraceae) nimmt *A. apis* ebenfalls eine Sonderstellung ein, als er recht hohe Nährstoffansprüche stellt (HUBER, 1958). Dies dürfte im Zusammenhang mit seinem engen Wirtskreis stehen (S. 23).

Abb. 2. Fruchtkörper des Erregers der Kalkbrut *Ascosphaera apis* 500 : 1 (nach ZANDER) **a:** unversehrt; **b:** geplatzt mit Sporenballen; **c:** freie Sporen.

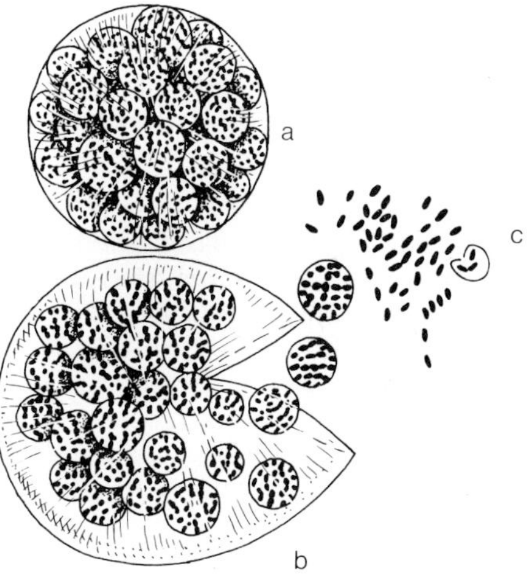

3.2 Verlauf der Infektion in der einzelnen Made

Arbeiterinnen- und Drohnenbrut werden von *A. apis* angesteckt. Meinungsverschiedenheiten bestehen darüber, auf welchem Weg und zu welchem Zeitpunkt der Erreger die Made befällt. CLAUSSEN (1921) nimmt eine Infektion von außen an, wobei der Pilz mit seinem Myzel allmählich die Larve umspinnt. Er schreibt: „Obwohl sie schließlich in dichten, weißen, muffähnlichen Hüllen stecken, sind sie

* μ (Mikron, sprich My) = 1/1000 mm, gleichbedeutend mit 1 μm (Mymeter) = 1 millionstel Meter

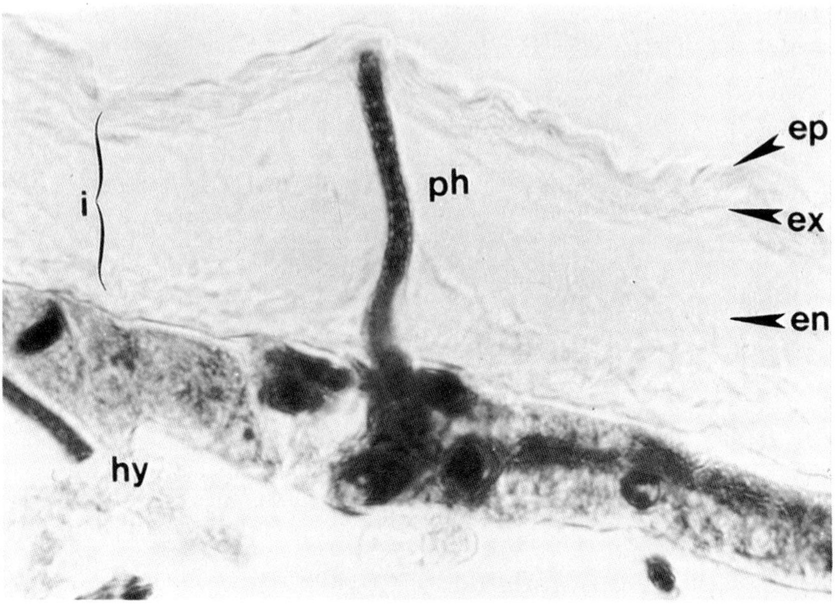

Abb. 3. Durchbruch einer Hyphe durch das Integument **(i)** einer Streckmade, **hy:** Hypodermis, **ph:** Pilzhyphe; **ep:** Epicuticula, **ex:** Exocuticula, **en:** Endocuticula (Präp. WILLE, Photo HÄTTENSCHWILER).

noch vielfach lebendig, das Absterben findet erst statt, wenn die Hyphen in den Larvenkörper eingedrungen sind und ihn mehr oder weniger durchwachsen haben." Aus nicht verdeckelten Zellen verbreitet sich der Pilz strahlenförmig über die Wabenfläche und bildet so größere „schimmelige" Flächen. MAURIZIO (1934) vertritt die Auffassung, daß die äußere Infektion nicht unbedingt als die Regel erscheine: Werden äußerlich intakte Larven aus Kalkbrut-Völkern auf Bierwürzeagar ausgelegt, wächst nach einigen Tagen aus vereinzelten Maden *A. apis.* Mit Schnittpräparaten bringt sie weitere Beweise, daß die Sporen im Darmtrakt auskeimen und das Myzel allmählich die Gewebe durchwuchert. Zunächst konzentrieren sich die Hyphen in der hinteren Hälfte des Mitteldarmes. Nach Durchbruch der Mitteldarmwand wuchert der Pilz im hinteren Teil der Larve stärker als im vorderen. Er bricht auch hinten zuerst durch die Haut (Integument) hindurch. Bei natürlicher Infektion ragt der Kopf meist frei aus dem weißen Pilzmyzel heraus. In den Hunderten von Kalkbrutfällen, die wir untersucht haben, fanden sich nur gelegentlich Zellen, für die die Beschreibung von CLAUSSEN (1921) hätte zutreffen können. Unsicherheiten bestehen darüber, wann die Made infiziert wird. Ohne Zweifel trifft die Aussage von MAURIZIO (1934) zu, wonach nur Streckmaden von der Krankheit äußerlich ergriffen waren, wobei sie teils in verdeckelten, teils in unverdeckelten Zellen lagen. Sind die Zellen verdeckelt, so hat sich die Streckmade bereits eingesponnen. Unserer Ansicht nach handelt es sich lediglich um das Stadium, in welchem der Pilz nach der äußerlich nicht feststellbaren starken Wucherung im Körperinnern durch das Integument durchgebrochen war. Der Befund erlaubt noch keine Aussage, wann die erste Sporenaufnahme erfolgte, die zum Haften der Infektion führte. Nach BAILEY (1967) kann sich die Krankheit nur dann erfolgreich weiterentwickeln, wenn es dem Erreger gelingt, eine 3 bis 4 Tage alte Made anzustecken. Nach diesem Autor keimt die Spore nur unter fast anaeroben Verhältnissen aus (Fehlen von Sauerstoff), das Myzel wie auch die Fruchtkörperbildung ist sauerstoffbedürftig. So könnte das Myzel kaum überleben, wenn die Sporen in noch jüngeren Larven auskeimen würden, denn im Darmtrakt der Rundmade sollen weitgehend anaerobe Verhältnisse herrschen. In den ältesten Larven hätten die Sporen zu wenig Zeit, um auszukeimen. Anhand von zahlreichen Schnittpräparaten haben wir nachgewiesen, daß der Pilz bereits in jüngeren Maden auskeimt und anfängt, die Körperhöhle zu durchwuchern. Werden nach der Technik MAURIZIO (1935) aus einem Volk ganz junge Rundmaden auf Bierwürzeagar ausgelegt, so wächst in vereinzelten Fällen *A. apis* aus (WILLE, unveröff.). Es dürfte wahrscheinlich sein, daß so frühzeitig befallene Maden kurzfristig von den Arbeiterinnen erkannt und entfernt werden.

Der Befund von CLAUSSEN (1921), wonach sämtliche Brutstadien, Ei bis Puppe vom Pilz befallen werden, ist etwas schwieriger zu deuten, denn wie oben erwähnt, soll auch hier der Pilz zunächst in der Zelle außerhalb des Eies oder Made sein Myzel bilden und sie allmählich darin einschließen. Werden junge Stadien befallen, so reicht die Füllung nur etwa bis zur halben Höhe der Zelle. Solche Fälle, die jüngere Brut betrafen, haben wir nie beobachtet. Bei vollständig vernachlässigter Brut findet sich gelegentlich eine junge Rundmade, bei der der Pilz bereits ausgebrochen ist. Dies ist aber als Ausnahmefall zu werten.

Nachdem der Pilz mehr oder weniger stark im Körper der Streckmade (kurz vor oder bei der Verdeckelung) gewuchert hat, schickt er Hyphen aus, die das Integu-

Abb. 4. *Ascosphaera apis:* Sporenballen (HARAGSIM phot.).

ment der Larve durchstoßen (Abb. 3 vermutlich enzymatische Auflösung der verschiedenen Integumentschichten). Nach dem Durchbruch breitet sich das Myzel z. T. schwach, z. T. in wuchernder Weise über die Körperoberfläche der Made aus, wobei auf der hinteren Körperhälfte das Wachstum rascher erfolgt als auf der vorderen. Er bildet einen weißen flaumigen Überzug (Taf. 1). Waren die Hyphen in der befallenen Made nur eingeschlechtig, so unterbleibt die Fruchtkörperbildung, der flaumige Überzug fällt mit der Zeit zusammen und bildet sich zurück. Waren die Hyphen aber getrenntgeschlechtlich, so entstehen in der Folge sowohl auf wie im Körper der Made Fruchtkörper. Die Made erscheint dann äußerlich stellenweise oder vollständig schmutzigdunkelgrün (Taf. 1). Die Fruchtkörper brechen auf und entlassen die Sporenballen, die die Sporen freilassen.
Die Made ist beim Durchbruch des Myzels bereits abgestorben. Mit der Zeit trocknet sie immer mehr ein und sitzt schließlich ganz lose in ihrer Zelle (Taf. 1). Solche Fälle, die jüngere Brut betrafen, haben wir nie beobachtet.

3.3 Verbreitung der Krankheit im Volk

Wie aus den obigen Aussagen hervorgeht, ist zu erwarten, daß das Volk über mannigfaltige Möglichkeiten verfügt, angesteckte Maden rechtzeitig zu erkennen und zu entfernen, bevor die für den Imker typischen Krankheitssymptome sichtbar werden. Liegen in einem Volk zahlreiche Kalkbrutmumien in verdeckelten oder unverdeckelten Zellen vor, so fassen wir diese Erscheinung als untrügliches Anzeichen für tiefgreifende Störungen im Volk auf. Experimentell ist die Frage noch nicht geklärt, ob der Erreger nur in einer Made Fuß fassen kann, die bereits schon durch andere Ursachen in ihrer Abwehrkraft geschwächt wurde oder ob der Erreger jede „normale" Larve anzustecken vermag. Wir neigen aber eher zur ersten Auffassung. Untersucht man histologisch äußerlich „gesund" erscheinende Rundmaden aus Völkern, deren Entwicklung nicht zu befriedigen vermag, so ist man überrascht, wie häufig diejenigen sind, deren Gewebe, namentlich deren Fettkörper, krankhaft verändert sind, wobei sich eine ganze Serie von Störungen aufführen ließe. Zahlreich sind ebenfalls die Fälle, wo Störungen im Häutungsablauf sich feststellen lassen. Es ergibt sich immer wieder der Befund, daß Infektionen von *A. apis* in solchen irgendwie gestörten Larven vorkommen, nie aber in solchen, deren Gewebe wir als normal beurteilen. Dies deutet doch darauf hin, daß *A. apis* nicht unbedingt als primärer Krankheitserreger zu betrachten ist. Die bisherigen Mißerfolge in der Bekämpfung weisen in die gleiche Richtung. Bailey (1967) macht darauf aufmerksam, daß eine kurzfristige schwache Abkühlung unter 35 °C unmittelbar nach der Verdeckelung dem Myzel erlaubt, sich rasch auszubreiten. Findet eine ähnliche Abkühlung aber 2 bis 3 Tage nach der Verdeckelung statt, so erfolgt der Durchbruch der Krankheit nicht, da der größte Teil des Myzels mit dem Darminhalt vorgängig entleert worden war. Er vermutet, daß die Abkühlung eine Zunahme des Sauerstoffgehaltes im Mitteldarm zur Folge hat, welche dann das Myzel reaktiviert. Wird die Ursprungstemperatur wieder hergestellt, so wächst das Myzel weiter und bricht durch. (Damit sind jedoch die Fälle einer Wucherung des Myzels in den Geweben junger Larven nicht erklärt.)
Wie sich aus Seite 27 entnehmen läßt, befällt der Pilz bereits junge Rundmaden. Dies bedeutet, daß er sich ohne weiteres längere Zeit im Volk zu halten vermag,

ohne daß der Imker etwas merkt, denn befallene Stadien werden laufend frühzeitig entfernt. Solange diese Abwehrreaktion seitens der Bienen anhält und nicht allzuviele Maden angesteckt werden, schadet dies dem Volk nicht. Auch wenn die erste Abwehrreaktion der Bienen erst erfolgt, wenn der Pilz im Streckmadenstadium bereits schon durch die Madenhaut gebrochen ist, hat das zunächst keine weiteren Konsequenzen. Erst wenn die Bienen nicht mehr mit dem Ausräumen der befallenen Rundmaden und der verpilzten Streckmaden nachkommen, fallen dem Imker die typischen Kalkbrutstadien auf. Verbesserte Trachtlage, evtl. widerstandsfähigere Brutgeneration, können auch in einem schwerbefallenen Volk die Krankheitsanzeichen zum Verschwinden bringen, sie erscheinen bei der nächsten Belastung wieder. In der Literatur wird die Kalkbrut in der Regel als nicht gefährlich beurteilt, eben aus der Erfahrung von „Selbstheilung". Nach unserer Erfahrung ist die Kalkbrut, hat sie einmal in einem Stand Eingang gefunden, kaum mehr wegzubringen.

Werden unter gleichen Bedingungen verschiedene Bienenstämme miteinander verglichen, so macht man die Erfahrung, daß je nach Stamm die verschiedensten Reaktionen möglich sind. Bei solchen Prüfungen erwies sich ein reingezüchteter Liebefelder-Carnica-Stamm Nigra-Stämmen deutlich überlegen, insofern seine Brutnester stets frei von Kalkbrutmumien waren. (Gelegentlich fand sich eine Mumie auf dem Flugbrett, Beobachtungen frühmorgens unerläßlich.) Dagegen waren benachbarte Nigra-Völker schwer befallen. Auch diese Beobachtung unterstützt unserer Hypothese, daß *A. apis* vermutlich nicht ein primärer Erreger ist.

Es wird angegeben, daß der Erreger in erster Linie die Drohnenbrut befalle, und von da aus auf die Arbeiterinnen-Brut übergreife. Den äußeren Symptomen nach zu beurteilen, mag dies zum Teil zutreffen. Denn die Drohnenbrut liegt in der Regel an den Randgebieten des Brutnestes, wo die Temperatur weniger gut reguliert werden kann (siehe oben, Wärmehypothese von Bailey). Zudem wird Drohnenbrut bei Belastungen aller Art von den Bienen rascher vernachlässigt als die Arbeiterinnenbrut, ferner leidet die Drohnenbrut in auffallendem Maß an verschiedensten Entwicklungsstörungen. Dies hat zur Folge, daß der Pilz bei gleichen Startbedingungen, in der Drohnbrut bessere Bedingungen zu einer ungestörteren Entwicklung findet und somit bessere Aussichten hat, seinen Lebenszyklus zu vollenden als in der Arbeiterinnenbrut. Nach den Untersuchungen von Maurizio (1934, 35) und nach eigenen Ermittlungen zu schließen, dürfte der Erreger in zahlreichen Völkern verbreitet sein, ohne daß seine Gegenwart an äußerlichen Symptomen erkennbar wäre. (Auslegen von „gesunden" Maden auf Bierwürze, usw.) Morgenthaler (1929) und Maurizio sprechen von sekundären Kalkbrutfällen.

Bei der Kalkbrut dürften wir vor ähnlichen Fragen stehen wie bei der Sauerbrut, der Nosema, bakteriellen Septikämien, Paralyse, Sackbrut: weite Verbreitung des Erregers, völlig unberechenbarer Verlauf der Krankheit. In der Schlußphase der Krankheit sind die befallenen Völker mangels Nachschub extrem geschwächt. Bei bester Pflege gelingt es meist, sie irgendwie durchzubringen. Trotzdem sind sie für den Imker ein Verlustposten. Sie sind so bienenarm, daß sie kaum einen Ertrag einzubringen vermögen. Dies läßt sich eindrücklich beweisen, wenn auf dem gleichen Stand für Kalkbrut „anfällige" und „nicht anfällige" Völker gehalten werden.

4 Bekämpfung der Kalkbrut

Als die Kalkbrut noch weniger stark verbreitet war, erreichte man offensichtlich mit Pflege-Maßnahmen befriedigende Erfolge: Vernichten der am stärksten befallenen Waben, Völker einengen, Reizfütterung. Heute wissen wir, daß dort, wo sich die Kalkbrut als lästige, hartnäckige Krankheit entpuppte, diese Maßnahmen meist nur zu Enttäuschungen führen. Man versuchte die Krankheit durch Desinfektion der Waben zu bekämpfen. Als Mittel empfahl man Formalin (z. B. KENWARD, 1932; DALLMANN, 1966, mit 4% Fesia-Form auf Basis von Formaldehyd). Im Laborversuch wird der Pilz auf Waben durch Begasung mit Aethylenoxid (S. 71) abgetötet (GIAUFFRET und TOSTAINT-CAUCAT, 1969, THOMAS und LUCE [1972]). – Es wurden auch Versuche mit verschiedenen im Obstbau gebräuchlichen Fungiziden durchgeführt (SCHÄFER, unveröff.).

Mit verschiedenen Heilmittelzusätzen zu Zuckerwasser oder mit Puderzucker vermischt hoffte man, gegen die Krankheit ankämpfen zu können. So schrieb man dem Chinosol heilende Wirkung zu. (Versuchstechnik nicht einwandfrei; verfüttert oder Waben besprüht.) GIAUFFRET und LALIERCIO (1967, 1968) geben eine Reihe von Antibiotika und anderen Substanzen wie z. B. das Thiabendazol (Merck) als mögliche Fungizide oder Fungistatika an. Aus ihrem Institut liegen, soweit wir orientiert sind, aber keine neuen Meldungen über positive reproduzierbare Ergebnisse vor. ILIESIU (1972) meldet erstaunliche Erfolge mit dem Thiabendazol. GERIG (unveröff.), der seit 1970 dieses Präparat in Prüfung hat, kann bei kritischer Auswertung dieses Ergebnis keinesfalls bestätigen. MAUTZ (in BÖTTCHER u. Mitarb. 1974) gelangte ebenfalls zu negativem Resultat. Im freifliegenden Volk noch nicht erprobt wurden Sorbinsäure und Methyl-paradioxybenzoat, die dem Nährboden zugesetzt das Wachstum von *A. apis* verhindern (THOMAS und LUCE, 1972). Thymol 0,7% unterdrückt in Kulturen vollständig das Wachstum des Pilzes, 0,5% hemmt es stark (EBLE und WEIDE, 1961). Wir haben keine Kenntnis davon, ob man das Verfahren in der DDR praxisreif entwickelt hat. Gelegentlich stößt man auf Angaben, wonach Antibiotika, ohne eigentliche fungizide Wirkung, Heilungserfolge gebracht haben (z. B. BOZON und BOZON, 1963). Wir vermuten sehr, daß es sich um eine indirekte Wirkung im Sinne von Abschnitt 10.3 gehandelt hat.

In den 70er Jahren haben Bienenwissenschaftler in den USA die verschiedensten Substanzen als Kalkbrutbekämpfungsmittel in Kulturen von *A. apis* und in erkrankten freifliegenden Völkern getestet. Gleich wie in Europa gelang es ihnen nicht, eine Kalkbrutheilmittel praxisreif zu entwickeln (u. a. GILLIAM, 1978, GOCHNAUER und Mitarb. 1979.)

Aus diesen Angaben muß man schließen, daß *A. apis* schwer beizukommen ist. All die vorgeschlagenen Therapien haben offensichtlich nicht das gehalten, was man sich versprach. Wir vermuten, daß man bei „Erfolg“ lediglich die Symptome, nicht die Krankheit als solche zum Verschwinden gebracht hat.

Nach unseren Erfahrungen ist vorläufig als einzige erfolgversprechende Maßnahme die Vernichtung der am stärksten befallenen Waben, die Desinfektion der Geräte und Beuten sowie die Umweiselung mit einer Königin eines robusteren Bienenstammes zu empfehlen. WILLE (1974) gibt Kriterien an, die auch dem nicht geschulten Imker zu erkennen erlauben, was jedenfalls einem nicht robusten Bienenstamm entspricht. Allerdings dürfte in Mitteleuropa die Beschaffung robuster Bienenstämme auf erhebliche Schwierigkeiten stoßen.

Die Steinbrut

Andere Bezeichnung: Aspergillusmykose

1 Krankheitsbild

Von einem geschulten Beobachter ist die Krankheit relativ leicht von der Kalkbrut zu unterscheiden, jedenfalls in ihrem späteren Studium, d. h. nach dem Absterben der Maden. Auf ihnen zeigt sich jetzt ein Pilzrasen, der jedoch oft weniger deutlich ist, zumal er von der Tiefe der Zelle, d. h. vom Hinterleibsende der Streckmaden, ausgeht. Im besonders auffallenden Gegensatz zur Kalkbrut sitzen die Mumien fest in den Zellen. Ihre Verfärbung erfolgt auch nicht am Zellgrund, sondern an der Zellmündung, also am Kopfende der Made, wo die Luft unbehindert Zutritt hat. Anfänglich ist die Made hier grau, um dann eine gelblichgrüne, später eine bräunliche Farbe anzunehmen. Einen Unerfahrenen mag das bei oberflächlicher Betrachtung an Pollenzellen erinnern.

Im Anfangsstadium hingegen, solange der Pilz in der Made noch wächst, also die Madenhaut (das Integument) noch nicht durchbrochen hat, sind die Krankheitszeichen wenig charakteristisch (atypisch). Statt glänzend weiß zu bleiben, verändert sich die Farbe der Larve in ein stumpfes gelbliches Weiß. Dabei behält diese ihre natürliche Stellung in der Zelle.

In Laboratorien sollte, um einen Irrtum auszuschließen, eine mikroskopische Untersuchung die Regel sein, denn wie die Abbildungen 2 und 7 zeigen, ist

Abb. 5. Steinbrütiges Wabenstück, von grünlichen Sporenmassen erfüllte Zellen (Haragsim phot.).

dabei eine Verwechslung zwischen *Aspergillus*-Arten und *Ascophaera apis* nicht möglich. Die Differenzierung der *Aspergillus*-Arten erfordert den Beizug der Spezialliteratur und mykologischer Techniken.

2 Erreger

Verschiedene Pilzarten befallen sowohl die Brut wie auch die erwachsenen Bienen. Nach den Untersuchungen von Burnside (1930) dürften Stämme von *Aspergillus flavus* Link, die sich auf zuckerhaltigen Fruchtsäften, auf verschiedenen Nahrungsmitteln bei ihnen zusagenden Umweltsbedingungen leicht entwickeln, u. U. für Bienen pathogen sein. *A. flavus* aus befallenen Bienen isoliert, erwies sich wesentlich virulenter als aus Nahrungsmitteln isolierter. Der Pilz läßt sich ohne Schwierigkeiten auf den üblichen Nährböden züchten. Er unterscheidet sich leicht mikroskopisch von *Ascosphaera apis* (Abb. 1 und 6). Als Fruchtkörper bildet er Sklerotien, die aus einem Geflecht dickwandiger Hyphen bestehen und ein rötlich-

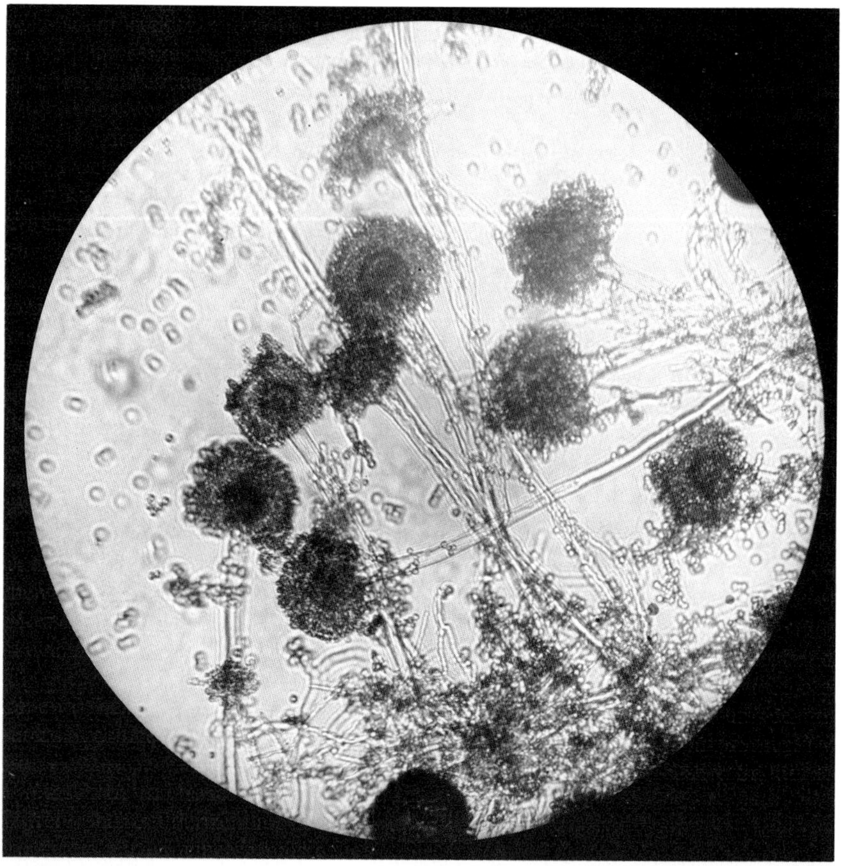

Abb. 6. Fruchtträger von *Aspergillus flavus* (Konidiophoren) (Zander phot.).

gelbes Mark unter einer schwarzen höckerigen Rinde erkennen lassen. Auffallend sind die gelblichgrünen Sporen-(Konidien-)Rasen. Die Sporen (Konidien) sind kugelig, 5 bis 7 μ groß und werden von einer feinen, warzigen Hülle umschlossen. Neben diesem *A. flavus,* der nach BURNSIDE am virulentesten ist, wies dieser Autor in bestimmten Fällen die krankmachenden Eigenschaften weiterer *Aspergillus*-Arten, wie *A. fumigatus, A. nidulans, A. glaucus, A. ochraceus* nach. Gelegentlich dürfte auch *A. nigricans* (MORGENTHALER, 1927) pathogen wirken.*

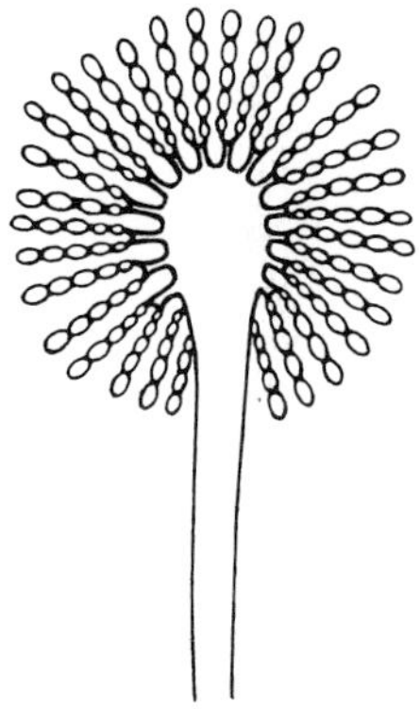

Abb. 7. Fruchtträgerende von *Aspergillus flavus,* schematisch (nach ZANDER gez.).

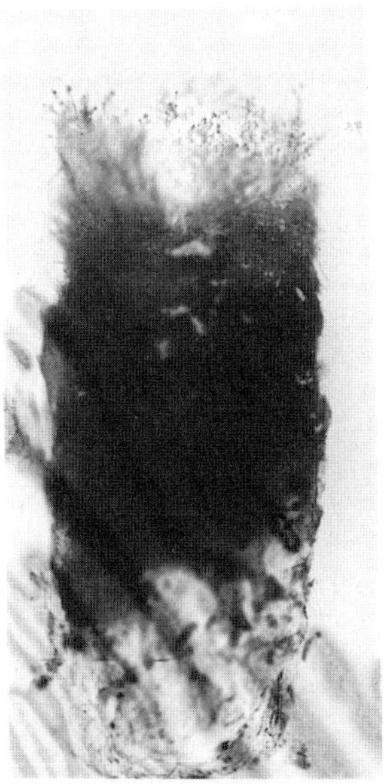

Abb. 8. Steinbrütige Larve; oben das von Fruchtträgern überwucherte Kopfende (Vergr. 3,3 ×; ZANDER phot.).

2.1 Entwicklung von Aspergillus flavus in der Made

Mit dem Futter gelangen die Sporen in den Darmkanal der Made, wo sie stark anschwellen und Keimschläuche austreiben, die in die Mitteldarmwand eindringen. BURNSIDE stellt fest, daß es in erster Linie ein Exotoxin ist, welches das Gewebe (Darmwand, Muskulatur) abtötet, bevor der Pilz den Larvenkörper samt seinem Myzel stark durchwuchert hat. Dann durchbricht der Pilz das Integument der Larve und umschließt ihren Körper am hinteren Ende mit einem kranzartigen Pilzrasen. Später überwuchert das Myzel vor allem den hinteren Teil, weniger stark den vorderen Teil des Körpers. Der Tod der Made erfolgt kurz vor oder nach der

* GILLIAM und Mitarb. (1974) haben 18 Pilzarten aus dem Darmtrakt von Bienenlarven isoliert. Z. T. sind sie mit den obigen identisch, z. T. handelt es sich um neue, für die Honigbiene noch nicht beschriebene Arten.

Verdeckelung. In zunehmendem Maß erfolgt dann die Sklerotien-(Konidiophoren-) und Sporen-(Konidien-)Bildung, wobei sich der Körper der Made mit gelbgrünlichen bis bräunlichen Pusteln bedeckt. Gleichzeitig trocknet die befallene Made immer mehr ein und wandelt sich allmählich, ähnlich wie der Kalkbrut, in eine Mumie um. Das oberflächliche Myzel haftet fest an den Zellwänden, so daß sich die Mumien schwer aus den Zellen entfernen lassen. Dem Pilz dürfte es auch möglich sein, von der Körperoberfläche in die Körperhöhle einzudringen. Werden Konidien auf das Integument gebracht, so entstehen mitunter lokale Infektionen an der Kontaktstelle. Burnside vermutet, daß dieser Vorgang bei natürlichen Infektionen nicht die Regel ist.

2.2 Verbreitung der Krankheit im Volk

Burnside schließt auf das Vorhandensein von Abwehrmechanismen seitens der Larve: „So führen Injektionen von Pilzsporen in die Körperhöhle stets zum Tode, Verfütterung von Sporen nur gelegentlich."

Gemäß Burnside erkrankt in erster Linie die Brut irgendwie geschwächter Völker im Frühjahr oder von Völkern, die in dieser Jahreszeit aus irgendeinem Grund plötzlich einen hohen Bienenverlust erleiden (Abb. 5). Während trockenen Witterungsperioden tritt die Krankheit in schwachen Völkern weniger in Erscheinung als in feuchten. Für die Verbreitung der Krankheit im Volk dürften die gleichen Übertragungsmechanismen wie in den anderen Brutkrankheiten wirksam sein.

3 Aspergillusmykosen bei erwachsenen Bienen

Nach den Angaben von Burnside (1930) zu schließen, dürften *Aspergillus*-Mykosen in erwachsenen Bienen, einschließlich Drohnen und Königinnen, häufiger sein als in der Brut. Allerdings entgeht dies meist dem Imker, da erkrankte Bienen in der Regel nicht im Stock selbst zugrunde gehen, sondern meist draußen.

Die Zahl erkrankter Bienen nimmt nach warmen Sommerregen deutlich ab. Ähnlich wie bei der befallenen Brut durchwuchert der Pilz die Körperhöhle der erwachsenen Bienen, bricht später durch den Panzer hindurch und bildet die für *Aspergillus* typischen Konidiophoren. Da Extrakte aus *Aspergillus flavus*-Kulturen eine hohe Sterblichkeitsrate bei den damit gefütterten Tieren bewirkt, schließt Burnside auf die Wirkung eines Toxins.

Wie gelegentlich berichtet wird, sind weitere Pilzarten in der Lage, erwachsene Bienen und Brut zu befallen. Burnside (1930) hat im Versuch diese Befunde nachgeprüft. Gegenüber den hochaktiven *Aspergillus*-Arten wirkten *Penicillium-Mucor-* und weitere Fadenpilzarten in wenig überzeugender Weise.

4 Aspergillusmykosen bei Warmblütlern

Es ist bekannt, daß *Aspergillus*-Arten in der Lage sind, beim Menschen schwere Schleimhautentzündungen hervorrufen, vornehmlich wird die Lunge befallen *(Pneumomycosis aspergillana).* Weitere Säugetiere und nicht zuletzt in Gefangen-

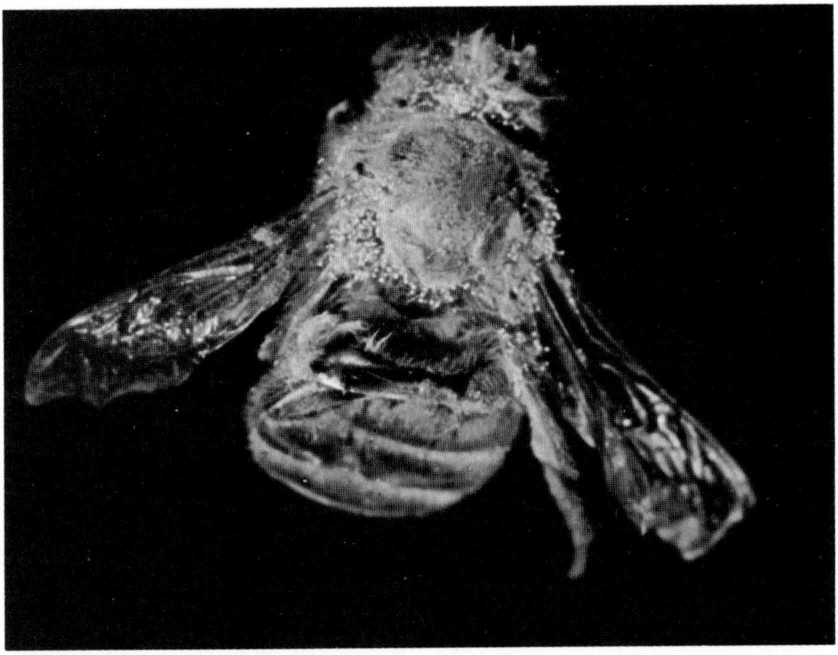

Abb. 9. Von Steinbrut befallene Biene (HARAGSIM phot.).

schaft gehaltene Vögel können von diesen Pilzarten befallen werden. Wenn auch noch keine einwandfreien Beweise dafür vorliegen, daß bienenpathogene *A. flavus*-Stämme ebenfalls für Mensch und Säugetier virulent sind, so ist doch Vorsicht am Platz, wenn die Krankheit im Bienenstock entdeckt wird.
Schimmelpilze u. a. der Gattung Aspergillus bilden gefährliche Giftstoffe (Aflatoxine), die mitunter in verschiedenen Lebens- und Futtermitteln anzutreffen sind. In den Industrieländern sind empfindliche Lebensmittel einer strengen Kontrolle auf Aflatoxine unterworfen, weil diese als krebserzeugend erkannt worden sind. GUNST und Mitarb. (1978) haben die Aflatoxinbildung auf Brutwaben, in toten Maden und Arbeiterinnen außerhalb des Bienenvolkes nach Beimpfung mit *Aspergillus flavus* und *A. parasiticus* untersucht. Die Bildung verschiedener Aflatoxinarten wurde beobachtet, wobei der Gehalt nicht so hoch anstieg wie in den gefährdeten Lebensmitteln. Die Autoren erwägen, ob zwischen einer erhöhten Bienenmortalität in den letzten Jahren in Californien und Virginia und dem aus den toten Bienen isolierten *A. flavus* ein Zusammenhang bestehen könnte (FOOTE 1966).

5 Die Bekämpfung der Steinbrut

Bei der möglichen Gefährlichkeit des Pilzes für Mensch und Tier empfiehlt sich, das befallene Volk mit sämtlichen Waben zu vernichten. Wie erwähnt, findet sich die Krankheit vornehmlich in bereits stark geschwächten Völkern, bei denen sich andere Heilungsversuche, z. B. mit dem Kunstschwarmverfahren, nicht lohnen.

Bakterienkrankheiten (Bakteriosen)

Allgemeines über Bakterien

Bakterien oder sog. Spaltpilze gehören dem Pflanzenreich an. Es sind einzellige Lebewesen von etwa 1 bis 5 μ, seltener bis 20 μ Länge. Sie treten in den verschiedensten Formen auf: kugelig (Kokken), stäbchenförmig (Bakterien und Bazillen), schraubenförmig gedreht (Spirillen). Die Zellen sind einzeln oder vereinigen sich zu kürzeren oder längeren faden- oder kettenförmigen Verbänden. (Streptokokken: kugelförmige Bakterienzellen in Ketten eingereiht.)
Die Vermehrung der Bakterien erfolgt in erster Linie ungeschlechtlich (der Austausch von genetischem Material zwischen zwei unabhängigen Zellen bildet neulich Gegenstand ausgedehnter Forschungen). Hat ein Stäbchen seine normale Länge erreicht, so schnürt es sich in der Mitte ein, beide Teile trennen sich und wachsen ihrerseits zu zwei normal langen Stäbchen heran, die sich ihrerseits wieder trennen. Der Teilungsrhythmus ist rasch: Eine Teilung alle 15 bis 60 Minuten. Die Teilungen wiederholen sich so lange, bis das Nährsubstrat erschöpft ist, oder bis die Vermehrung durch eigene Stoffwechselprodukte gehemmt wird (z. B. Alkohol bei Hefen). Die Vermehrung kann unvorstellbare Ausmaße annehmen, so vermehrt sich der Erreger der bösartigen Faulbrut in einer einzelnen befallenen Made in der Regel mehr als millionenfach! Auch wenn Bakterienarten sich meist durch eine bestimmte Zellform wie Stäbchen oder Kokken auszeichnen, so sind doch innerhalb einzelner Arten die Zellformen sehr labil, auch Gärungs- und krankmachende Eigenschaften können stark variieren. Umwandlungen von Stäbchen in Kokkenformen innerhalb desselben Stammes sind immer wieder gemeldet worden und bereiten den Forschern viel Kopfzerbrechen. Diese sog. Dissoziation wird uns bei der Sauerbrut (S. 78) beschäftigen.
Unter den Tausenden von Bakterienarten treten einige Dutzend in zwei grundsätzlich verschiedenen Formen auf, einerseits in Dauerformen oder Sporen, andererseits in den vegetativen Stadien oder Vermehrungsformen. Diese sporenbildenden Bakterien sind in der Familie der Bacillacaeen zusammengefaßt. Nach den heutigen Nomenklaturregeln wird jede sporenbildende Art mit *Bacillus* bezeichnet. Gerade weil man in der Bienenliteratur oft alte Bezeichnungen übernommen hat, entstehen nicht wenige Mißverständnisse. Sporen sind meist kugel- bis eiförmig oder leicht walzenförmig. Sie erlauben der Art unter den unwahrscheinlichsten Bedingungen langfristig zu überleben (S. 43). Sobald die Umweltbedingungen den Sporen zusagen, keimen sie aus, es entstehen die vegetativen Formen, in der Regel Stäbchen,

die, wie geschildert, sich durch Spaltung weiter vermehren. Am Schluß der Vermehrung wandelt sich ein Teil der Stäbchen in sogenannte Sporenmutterzellen um (Sporangien), wo dann die Sporen im Zentrum (Abb. 20) oder an einem Ende (Abb. 15) angelegt werden. Schließlich zerfällt das Sporangium, die Spore wird frei. Im Gegensatz zu den Sporen sind die vegetativen Formen viel empfindlicher gegen Umwelteinflüsse. Außerhalb ihres natürlichen Lebensbereiches überleben sie nur kurzfristig. Zwei Erreger von Brutkrankheiten *Bacillus larvae* und *Bacillus alvei* gehören zu den Sporenbildnern (S. 38, 72).
Bei einigen anderen Arten schützt sich die vegetative Zelle durch Ausbildung einer Kapsel vor ungünstigen Umwelteinflüssen. Die krankmachenden Eigenschaften einiger weniger Arten hängt offensichtlich von der Kapselbildung ab (S. 78).
Die vegetativen Zellen sind in der Mehrzahl unbeweglich, bei einigen Arten sind sie aber mit Geißeln versehen (an einem oder an beiden Enden der Zelle, oder über die ganze Zelloberfläche verteilt), die ihnen eine gezielte Eigenbewegung erlauben (z. B. *Bacillus alvei,* S. 78, und *Bacillus larvae,* S. 41).
Unter den Tausenden von Bakterienarten, denen meist eine wichtige Rolle im Haushalt der Natur zukommt, deren Gärungseigenschaft wirtschaftlich genutzt wird (Gärungsindustrie, Milchwirtschaft usw.) haben sich einige wenige auf einen speziellen Wirt (Pflanze, Tier, Biene, Mensch) spezialisiert. Es gibt dabei alle Übergänge von einem gelegentlichen über ein enges Zusammenleben (Symbiose) bis zu streng parasitären Beziehungen, wo sich der Erreger ausschließlich auf Kosten des Wirtes entwickelt. Teils hat sich der Erreger auf einen einzigen Wirt, sogar auf ein einziges Entwicklungsstadium spezialisiert (z. B. Erreger der bösartigen Faulbrut), teils ist er weniger wählerisch und befällt niedere wie auch höhere Tiere. Gewisse Spezialisten (z. B. Rickettsien, eine kleine Form der Bakterien) parasitieren z. T. sowohl in Insekten wie auch im Menschen (Gelbfieber, Fleckfieber).

Kultur der Bakterien

In der Regel lassen sich Bakterien außerhalb ihres natürlichen Nährmediums auf künstlichen Substraten züchten bzw. kultivieren. Es handelt sich um Extrakte von Fleisch, bestimmten anderen Eiweißstoffen (Casein-hydrolysat, Hefe-Extrakt), Kartoffeln, Rüben, sowie um Milch, Blutserum, um einige wenige zu zitieren. Diese flüssigen Nährsubstrate verfestigt man durch Zugabe von Agar, Gelatine. Für zahlreiche Bakterien ist es gelungen, vollsynthetische Nährböden herzustellen, bei denen jede Komponente (Aminosäuren, Kohlenhydrate, Mineralsalze, Vitamine, Spurenelemente u. a.) chemisch genau bestimmt und dosiert ist.
Diese Nährböden erlauben die Nährstoffansprüche, die Gäreigenschaften zu untersuchen, sie sind für die Bestimmung unentbehrlich. Ohne Nährbodentechnik ließen sich keine Reinkulturen (d. h. Kulturen, die von einer einzigen Zelle abstammen) herstellen. Nährböden sind heute noch das Rückgrat der Bakteriologie. Läßt sich ein Bakterium nicht oder nur mangelhaft auf einem Nährboden züchten, so ist man bezüglich seiner Lebensweise, seiner krankmachenden Eigenschaften, seiner Lebensansprüche nur auf Mutmaßungen angewiesen. Gerade die Kultur von Krankheitserregern ist oft sehr schwierig oder mit den oben erwähnten Nährböden nicht möglich. In dieser Beziehung bietet der Erreger der bösartigen Faulbrut und einige Erreger aus dem Sauerbrut-Syndrom die größten Schwierigkeiten.

Die krankmachenden Eigenschaften von Bakterien (und Pilzen) lassen sich auf die Ausbildung von Toxinen (giftige Ausscheidungen oder Stoffwechselprodukte, nicht selten handelt es sich um kompliziert aufgebaute Fermente) zurückführen. Teils sind es Exotoxine (Giftstoffe, die durch die lebende Zelle nach außen abgegeben werden), teils sind es Endotoxine (Giftstoffe, die erst dann freigesetzt werden, wenn die Zelle selbst in Auflösung geht). Durch Abgabe von eigenen Fermenten greifen einige pathogene Bakterien selbst in das Stoffwechselgeschehen des Wirtes ein und lenken es zu ihren Gunsten um.

Faulbrut: Bösartige Faulbrut und Sauerbrut

Die Bösartige Faulbrut und die Sauerbrut werden von Bakterien hervorgerufen. Sie zersetzen die Brut der Bienen, im Gegensatz zu den die Hartbrut erzeugenden Pilzen, innerhalb kurzer Zeit zu einer fauligen Masse. Man spricht deshalb auch allgemein von Faulbrut. Darunter verstand man vom Altertum bis in die Neuzeit verschiedene Erkrankungen der Brut (Geschichtlicher Überblick bei FRAZER 1960, BORCHERT 1966). Nach FRAZER dürfte der Oberpfarrer MATUSCHKA 1805 zum erstenmal die beiden wichtigsten Formen der Faulbrut, die bösartige Faulbrut und die Sauerbrut, klar beschrieben haben. Es dauerte nochmals 100 Jahre, bis es WHITE (1906) und BURRI (1904) unabhängig voneinander gelang, die bakteriologischen Unterschiede herauszuarbeiten. Seither lassen sich die beiden Formen voneinander abgrenzen und unterscheiden. Indessen ist heute die Frage nach dem eigentlichen Erreger der Sauerbrut wenig geklärt. Die für sie vielfach auch gebräuchliche Bezeichnung „Gutartige Faulbrut“ sollte man fallenlassen. Im ganzen betrachtet ist sie sachlich nicht berechtigt.

Die Bösartige Faulbrut

1 Krankheitsbild

Das Krankheitsbild ist im fortgeschrittenen Stadium ziemlich eindeutig: Bei lükkenhaftem Brutstand sind die Deckel der Zellen oft durchlöchert oder tief eingesunken, auch eingebrochen. Im letzten Falle zeigt ihr Inhalt einen seidenen Glanz. Bei starker Verseuchung kann man einen schwachen Geruch nach Knochenleim wahrnehmen, der sich jedoch bald verflüchtigt. Ein sehr charakteristisches Kennzeichen ergibt die sog. Zündholzprobe. Stößt man mit einem Hölzchen in die in den Zellen liegenden kaffeebraunen und älteren, dunkleren Massen, so lassen diese sich damit zu langen Fäden ausziehen. Andere Zellen zeigen einen harten, schwarzbraunen Schorf mit rauher Oberfläche, der aus abgestorbenen und eingetrockneten Streckmaden besteht. Er liegt in der „Zellrinne“, die von den beiden unteren Zellwänden gebildet wird, und haftet diesen fest an. Man darf ihn nicht mit Ruhrflekken, dem sog. Ruhrschorf, verwechseln, der sich infolge Einfließens von Bienenkot hauptsächlich im oberen Teil der Zelle befindet. Im Herbst fallen „stehengebliebene“ einzelne Brutzellen leicht auf, die mit dem Schorf der Bösartigen Faulbrut

Abb. 10. Bösartige Faulbrut, in der Mitte einige befallene Zellen mit eingesunkenen Zelldeckeln, beginnende Infektion (HÄTTENSCHWILER phot.).

Abb. 11. Bösartige Faulbrut. Schorfe längs der unteren Zellwand (Blick auf Wabe von schräg oben, HÄTTENSCHWILER phot.).

behaftet sein können. Auch die Maden von Drohnen und Königinnen können an der Krankheit zugrunde gehen (Tafel 2, S. 210).
Die Entwicklung des Krankheitsbildes im einzelnen zeigt die folgende Übersicht:

Tab. 2. Krankheitsanzeichen bei der bösartigen Faulbrut

Aussehen der Brut	Bewertung der Anzeichen
Lückenhaftes Aussehen der Brut, ungeordnete Brutkreise	nicht typisch, aber aufpassen!
Mehr oder weniger zahlreiche eingesunkene Zelldeckel, nach Entfernen liegt eine hellbraune bis kaffeebraune fadenziehende Masse vor. Geruch faulig, leimig Streckmade, Vorpuppe: Form und Segmentierung gehen verloren, Neigung des Kopfes von vorne nach rückwärts, allmähliches Braunwerden, Umwandlung der Streckmade in schleimige Masse. Krankheitserreger weitgehend in Sporenform. Hohe Ansteckungsgefahr beim Entfernen	äußerst verdächtig (bei sekundärer Form der Sauerbrut ähnliche Masse)
Zelldeckel mehr oder weniger normal gewölbt oder abgeflacht bis leicht eingesunken, oft durchlöchert	nicht typisch, aber aufpassen!
Auffinden der typischen zungenförmigen dunkelbraunen bis schwarzen Schorfe, sie erstrecken sich längs der unteren Zellseite, z.T. fast bis zum Zellrand, z.T. abgetragen. Sie lassen sich nicht direkt mit einem Zündhölzchen oder einer Pinzette entfernen	äußerst verdächtig
Im Spätsommer, wenn das Brutgeschäft stark eingeschränkt wird, vereinzelte gedeckelte Zellen im ehemaligen Brutnest, oft an den Randpartien (meist flache bis eingesunkene Zelldeckel)	sehr verdächtig

(In den letzten Jahren haben wir häufig Fälle untersucht, wo trotz einwandfreien Vorliegens der Krankheit einige sehr typische Krankheitsanzeichen fehlten. So fanden sich oft braune fadenziehende Massen in Zellen, bei völlig normaler Ausgestaltung der Zelldeckel. Bei anderen Fällen wiederum fehlte trotz schwersten Befalls auf der Wabe und in den befallenen Zellen der typische Geruch.)

2 Verbreitung der Bösartigen Faulbrut in der Welt

Die Bösartige Faulbrut kommt überall vor, wo Bienenzucht betrieben wird. Die Angaben über die Verbreitung der Krankheit in den verschiedenen Ländern sind aber sehr vorsichtig zu werten. (Verschiedenheiten im Bekämpfungsverfahren, oft

Abb. 12. Bösartige Faulbrut. Waagrechter Wabenschnitt mit Schorfen (Zander phot.).

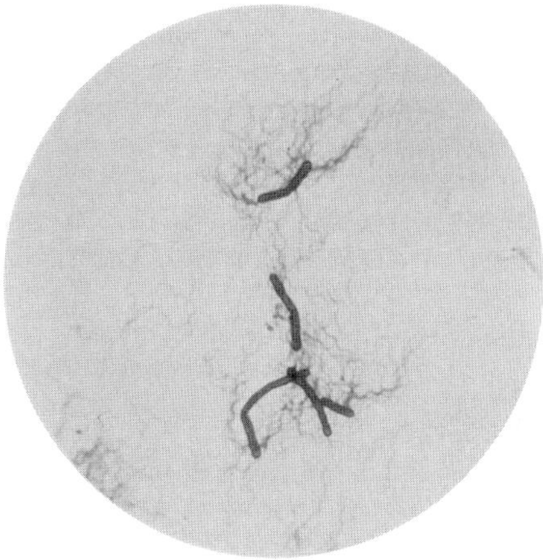

Abb. 13. *Bacillus larvae*, peritrich begeißelte Stäbchen (Vergr. 1000 ×; Zander phot.).

geringes Interesse des Staates an der Bekämpfung, Gegensatz zu den Honigexportinteressen: Manche Länder, u. a. die USA verlangen für importierten Honig eine Bescheinigung, daß er nicht mit Bösartiger Faulbrut kontaminiert sei.)

3 Erreger

Der Erreger der bösartigen Faulbrut ist der *Bacillus larvae* White, ein Sporenbildner, wie sein Name angibt. Er liegt entweder in Form von vegetativen Stäbchen (Vermehrungsstadien) oder von Sporen (Dauerformen) vor (S. 15).
Die Stäbchen sind 2,5 bis 5,0 : 0,5 bis 0,8 µ groß, lang, kurz gewellt und laufen spitz aus. Sie sind peritrich begeißelt, d. h. allseits von Geißeln besetzt, in einer Anzahl von 30 bis 35.
Mit deren Hilfe bewegt sich das Stäbchen in flüssigen Medien träge (Abb. 13). Bei rascher Vermehrung teilen sich die Stäbchen nicht vollständig, so daß lange Stäbchen-Ketten oder -Fäden entstehen. Beim Zerfall der Sporenmutterzelle anläßlich der Sporenbildung, jedoch selten vor der Sporenbildung, legen sich die abgestoßenen Geißeln zu Geißelzöpfen zusammen (Abb. 14). Diesen Geißelzöpfen kommt eine gewisse Bedeutung für die Diagnose zu (S. 57). Die Stäbchen lassen sich mit den üblichen Farbstoffen leicht anfärben. Sie sind grampositiv*.

* Bei der Färbung nach Gram kann der Farbstoff im Gegensatz zu den gramnegativen Bakterien nicht wieder durch Alkohol entfernt werden.

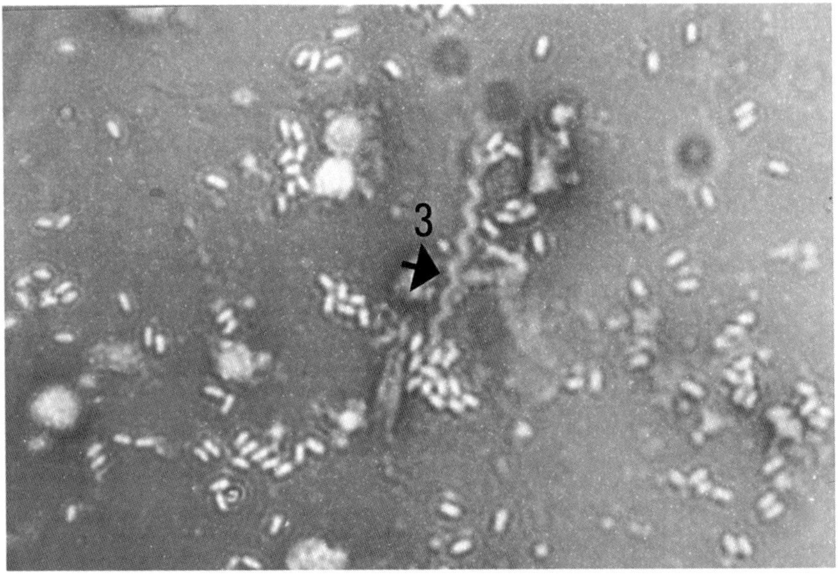

Abb. 14. *Bacillus larvae,* freie Sporen und Geißelzopf **(3),** Nigrosin (Archiv Liebefeld).

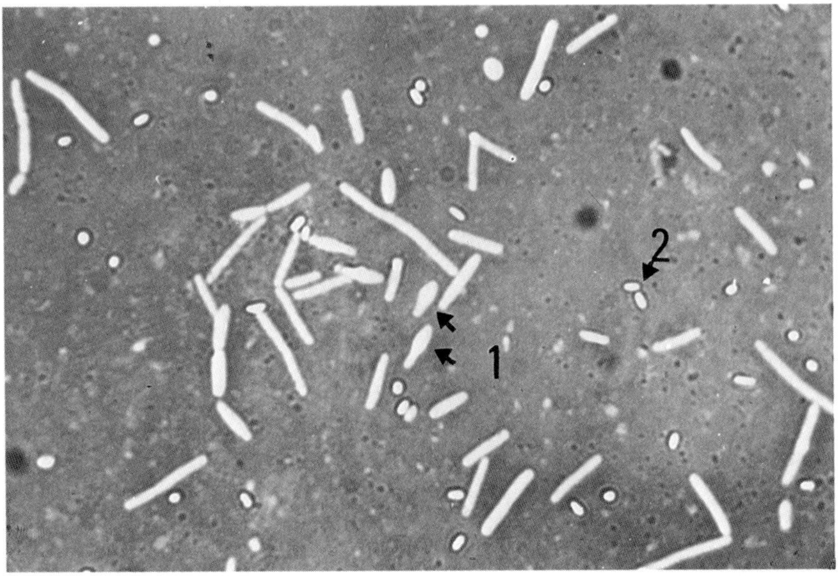

Abb. 15. *Bacillus larvae* Stäbchen, Sporenmutterzellen **(1)** mit Sporen-Anlage und freien Sporen **(2),** Nigrosin (Archiv Liebefeld).

Bei der Sporenbildung (S. 46) schwellen die Sporenmutterzellen an einem Ende (terminal oder subterminal) an. Die Lichtbrechung der in Bildung begriffenen Spore nimmt zu. Die Größe der Sporen, die eine gestreckte, eiförmige Form aufweisen, liegt zwischen 1,0 bis 1,9 : 0,4 bis 0,7 μ. Die Darstellung der Sporen ist auf Seite 57 beschrieben.

3.1 Widerstandsfähigkeit

Die Schwierigkeiten, die sich bei der Bekämpfung der bösartigen Faulbrut ergeben, sind nicht zuletzt auf die Widerstandsfähigkeit der Sporen und ihre lange Lebensdauer, verbunden mit einer voll erhaltenen Virulenz, zurückzuführen.
Einige Beispiele: In den eingetrockneten Leichenresten halten sich die Sporen jahrzehntelang lebensfähig (Angabe von Borchert, 1966 : 40 Jahre; über 60 Jahre nach mündlicher Mitteilung von Michael). Nach White (1920) widerstehen die Sporen der üblichen Karbolsäurelösung monatelang, einer 1 : 1000 Sublimatlösung und 10 % Chloraminlösung tagelang, 10 %igem Formalin stundenlang.
Trockene Hitze von 100 °C ertragen sie stundenlang. Die Abtötung der im Wasser suspendierten Sporen erfolgt bei 90 °C, 95 °C, 97 °C und 100 °C nach 120, 55, 45 und 11 bis 14 Minuten (verschiedene Autoren, u. a. Burnside, 1940). Sie ertragen das Erhitzen in Honig eine halbe Stunde und länger (White, 1920). Dieser Punkt soll beachtet werden, da Praktiker immer wieder behaupten, man könne betriebsfremden Honig den Völkern ohne Risiko verfüttern, wenn er während 20 Minuten erhitzt worden sei (Bertrand, 1972).
Sonnenbestrahlung ertragen die ungeschützten Sporen schlecht (White, 1920). Nach neueren Erfahrungen muß die frühere Meinung, Sporen hielten im Honig nur während 4 bis 6 Wochen ihre Virulenz bei, vorsichtig gewertet werden. Es muß mindestens ein Jahr veranschlagt werden (S. 55).
Chemotherapeutica und Antibiotica, die zur Bekämpfung der bösartigen Faulbrut verwendet werden, töten auch in hohen Konzentrationen die Sporen von *Bacillus larvae* nicht ab (S. 67).
Wie sich aus Seite 45 und 58 entnehmen läßt, bereitet die Kultur von *B. larvae* auf künstlichen Nährmedien große Schwierigkeiten. Die häufigen Widersprüche über die Ethologie* des Erregers in der Literatur sind z. T. auf diesen Umstand zurückzuführen. Die obigen Angaben beziehen sich auf die günstigsten Verhältnisse, in Wirklichkeit dürfte ein Teil der Sporen noch bedeutend widerstandsfähiger sein.

3.2 Nährstoffansprüche

Über die Nährstoffansprüche von *B. larvae* liegen folgende Angaben vor: Nach Lochhead (1942) ist *B. larvae* unbedingt auf die Zufuhr von Aneurin (Vitamin B_1) angewiesen (in einem Nährboden auf Pepton-Basis). Die Vitamine Biotin, Pyridoxin, Pantothensäure, Meso-Inosit, Nikotinsäure, Riboflavin üben keinen Einfluß auf das Wachstum aus oder steigern nicht den Effekt des Aneurins.

* Lehre von der Lebensweise und den Lebensbedingungen

Nach Untersuchungen von Katznelson und Lochhead (1948) ist ein sog. Streptogenin für das Wachstum unerläßlich. Dies gilt auch für Purinbasen. Guanin und Xanthin lassen sich gegenseitig austauschen, in seiner Wirkung steht das Adenin hinter den beiden ersten Basen nach.
Über den Bedarf an essentiellen Aminosäuren liegen verschiedene Ergebnisse vor, er wechselt, je nachdem *B. larvae* in flüssigen oder halbfesten Substraten gezüchtet wird. Fehlen im letzteren Histidin oder Prolin, so erfolgt überhaupt kein Wachstum. Die Mischung von Tyrosin und Phenylalanin scheint auch essentiell zu sein, beim Weglassen von Arginin wächst *B. larvae* nur sehr schwach (Katznelson u. Lochhead, 1948).

3.3 Stoffwechsel

Kaneda (1969) untersucht die Fettsäuren von *B. larvae* und vergleicht sie mit denjenigen von zwei anderen insektenpathogenen sowie 12 weiteren *Bacillus*-Arten. Das Fettsäuremuster dieser 15 *Bacillus*-Arten, die ganz verschiedene Nährstoffbedürfnisse haben, ist weitgehend identisch. Das Überwiegen von verzweigten Fettsäuren scheint für alle charakteristisch zu sein.
Mylroie und Katznelson (1957) befassen sich mit dem Kohlehydrat-Abbau bei *B. larvae.* Sie weisen zwei verschiedene Zyklen nach: in dieser Beziehung stimmt der Erreger mit zahlreichen anderen Bakterien überein. Über den Embden-Meyerhof-Zyklus wird Glucose quantitativ zu Azetat abgebaut, die dabei beteiligten Enzyme lassen sich nachweisen, anderseits erfolgt eine phosphorylische Oxydation der Glucose.
Nach Julian und Bulla (1971) bauen die vegetativen Zellen von *B. larvae* die Glucose in erster Linie über einen direkten oxydativen Weg ab, in geringerem Maß über einen nicht-oxydativen. Das Vorherrschen des oxydativen Weges ist außergewöhnlich. Bisher war er in der Gattung *Bacillus* nicht bekannt.
Nach Sturtevant (1924) bildet *B. larvae* beim Abbau stickstoffhaltiger Substanzen Indol, Ammoniak; Nitrat wird reduziert. Umstritten ist die Frage der Nitritbildung. Bitner (1971) und White (1972) setzen sich mit dieser Frage auseinander, weitere Literatur daselbst. Gelatine wird verflüssigt, Kasein wird teilweise hydrolisiert. In der Milch löst er Labgerinnung aus. Vergärung von Zucker: positiv für Glucose, Fructose, negativ für Inulin; Dulcit, Lactose, Galactose und Xylose werden nur sehr langsam vergoren. Die Vergärung der Sucrose verläuft je nach Stamm unterschiedlich (Azuma und Kitaoka 1965).
Die Zersetzung der Eiweißkörper erfolgt verzögert, dies steht vermutlich mit der verspätet einsetzenden Protease-Bildung im Zusammenhang. Die Bildung dieser Enzyme untersuchen Patel und Gochnauer (1959), Patel und Cutkomp (1961), weitere Literatur daselbst. *B. larvae* scheidet in Kultur und in seinem Wirt einen Komplex von Proteasen aus. In den Schorfen (S. 50) finden sich sowohl Proteasen wie auch eine intensiv fluoreszierende Substanz (Holst 1946b), diese kann bei der Diagnose verwendet werden. Die freigesetzten Proteasen sind für die Wirtsgewebe toxisch (Patel und Gochnauer 1959). Diese Autoren nehmen an, daß jede Protease-Komponente als eine getrennte Einheit vom Erreger gebildet wird. Die Rolle, die jede dieser Komponenten im Infektionsverlauf spielt, ist noch nicht bekannt (Gochnauer 1969).

Wie Gochnauer (1973) in belüfteten Kulturen von *B. larvae* feststellte, ist die Proteasebildung mit der Sporenbildung gekoppelt. *B. larvae* bildet zwei Formen von Proteasen: Eine mit kleinen Molekülen, die andere mit großen Molekülen. Die erste Form erscheint zunächst in den Kulturen, die zweite anläßlich der Periode der intensivsten Sporenbildung. Werden die Kulturen weiterhin bebrütet, so nimmt die Zahl der Sporen wieder ab, dabei verschwinden ebenfalls die Proteasen.
Über die Toxizität von Enzymfraktionen von *B. larvae* berichten Patel und Cutkomp 1961: Der Rohextrakt von *B. larvae* wirkt bei Injektion toxisch in *Apis mellifica, Musca domestica* (Stubenfliege) und in weiteren Insekten. Bei oraler Aufnahme wirkt der Extrakt toxisch bei Larven, Vorpuppen, Puppen und erwachsenen Bienen (dies gilt für die Fraktionen I und III). Patel und Cutkomp isolieren aus dem Rohextrakt drei proteolytische Enzym-Fraktionen, wobei sich Fraktion III als am meisten, Fraktion II als nicht toxisch erweist. Die toxischen Fraktionen sind recht hitzestabil und wirken innerhalb eines weiten pH-Bereiches. Die Autoren führen den Gewebezerfall, der nach Infektion mit *B. larvae* erfolgt (Jaeckel, 1930) auf die Einwirkung dieser proteolytischen Fermente zurück. Es wird erwogen, ob sie nicht außerdem die normale Funktion der wirtseigenen Enzyme durch Hydrolyse hindern. Nach Holst und Sturtevant (1940) erfolgt die Bildung von proteolytischen Enzymen, die nach außen abgegeben werden, am kräftigsten zur Zeit der Sporulierung: je höher der Anteil der Sporen in der befallenen Made, desto höher ist der Enzym-Titer. Ihre Annahme, die vegetative Zelle entwickle keine Proteasen, erwies sich als falsch (Gochnauer 1957, Azuma und Kitaoka 1965). Hingegen werden diese Proteasen erst beim Zerfall der Sporenmutterzelle während der Sporenbildung freigesetzt. Nach Azuma und Kitaoka ist die Proteaseaktivität von *B. larvae* vom Glucosegehalt im Nährsubstrat abhängig; bei Anwesenheit von diesem Zucker wird sie gehemmt oder unterbunden (evtl. Erklärung der Empfänglichkeit von Junglarven gegenüber dem Erreger (S. 49).

3.4 Auskeimen und Bildung der Sporen

Wenn sich auch ein vegetatives Wachstum auf den von verschiedenen Autoren vorgeschlagenen Nährboden (S. 58) bei hoher Impfmenge (Inoculum) einigermaßen leicht erzielen läßt, so ist es sehr schwierig, bei geringem Inoculm *B. larvae* zum Wachstum zu bringen. Die Sporenbildung in Kulturen ist noch schwieriger zu erzielen. Nach Smith und Mitarb. (1949) fördert ein zum Nährboden (Pepton-Basis) zugefügter Larvenextrakt die Sporenbildung. Die Sporenausbeute läßt sich steigern durch einen wäßrigen Pollen- und Rübenextrakt, am besten wirkt ein Äther-Pollenextrakt. Sobald der Pollenzusatz größer als 2% ist, wirkt er hemmend. Nach Foster und Mitarb. (1950) ist mit der Anwesenheit von Antisporulationsfaktoren in den Nährmedien zu rechnen. Das vegetative Wachstum läßt sich deutlich steigern, wenn man den Nährböden aktivierte Tierkohle oder lösliche Stärke beifügt. Damit lassen sich offensichtlich wachstumshemmende Substanzen binden. Mit der Verbesserung des Wachstums geht in der Regel eine Steigerung der Sporulationsrate einher. Die Autoren sind ungewiß, ob diese Erscheinung auf die Bindung von Wachstums- oder Sporulationshemmern zurückzuführen sei. Sturtevant (1924) weist nach, daß ein Gehalt an reduzierenden Zuckern von mehr als 3 bis 4% in der Regel die Auskeimung von *B. larvae* und sein Wachstum unterbindet.

Trotzdem kann auch bei höherem Gehalt eine geringe Anzahl Sporen auskeimen, die wenigen vegetativen Formen aber zerfallen. Ein Gehalt an reduzierenden Zukkern unter 2 % scheint das vegetative Wachstum zu fördern. Demgegenüber meldet TARR (1937a), daß er in einem Hühner Embryo-Substrat bei einem Zusatz von 12,5 % reduzierenden Zuckern gutes Wachstum erzielt. Bei Weglassen der Glukose setzt in diesem Substrat das Wachstum bereits nach einer Impfung mit 100 bis 1000 Sporen ein.
Über die Entwicklungsvorgänge von *B. larvae* in vitro berichtet SCHULZ-LANGNER (1960b). Sie führt Mikrokulturen auf aneurinhaltigem Nährboden aus. Sporen aus Schorfen treten nach 24 bis 28 Stunden in das vorvegetative Stadium: die Spore wird färbbar und flacht sich ab. Ein Austreten eines Keimes aus der Sporenhülle läßt sich nicht beobachten, es macht den Anschein, als ob sich die Spore in ein Stäbchen rückentwickle. Eine Stunde nach dieser Rückdifferenzierung teilt sich das Stäbchen. In den ersten 2 bis 3 Stunden erfolgt eine Teilung durchschnittlich alle 50 Minuten, die Stäbchen lösen sich relativ rasch in 24 Stunden auf (Autolyse). DAVIDSON (1973) bringt den Nachweis, daß Sporen in der Junglarve bereits einige Stunden nach der Aufnahme auskeimen. Die Sporulation erfolgt in den Makrokulturen teilweise bereits nach 2 Tagen, kann sich aber bis auf 15 Tage erstrecken. Diese Variabilität läßt sich nur teilweise durch die Zusammensetzung des Nährbodens erklären. Es ist zu vermuten, daß die Sporulation nicht durch Nahrungsmangel ausgelöst wird, sondern durch spezifische, dem Erreger eigene Faktoren. (In diesem Zusammenhang beachte man den stark ansteigenden Proteasen-Titer beim Einsetzen der Sporulation).

4 Verlauf der Infektion in der einzelnen Made

B. larvae ist nur in der Sporenform in der Lage, Maden anzustecken, dies gelingt ihm nicht in der vegetativen Form (u. a. TARR 1937b, WOODROW und HOLST 1942, SCHULZ-LANGNER 1956).
Sowohl Sporenmaterial aus Schorfen (S. 80), aus befallenen Maden, wie auch aus Kulturen lösen die Krankheit aus. Die Infektion gelingt durch Versprühen des Sporenmaterials über der Wabenoberfläche, durch Beimpfen der einzelnen Zellen, durch Vermischen des Infektionsmaterials mit Honig, Honigteigen, Zuckerwasser und anschließendes Verfüttern, sowie durch Einhängen befallener Wabenstücke in ein gesundes Brutnest. Im freifliegenden Volk werden die Sporen in erster Linie durch Putz- und Ammenbienen bei der Zellreinigung und Fütterung der Larven von Zelle zu Zelle verschleppt. Bei der Infektion sind in der einzelnen Made folgende Phasen zu unterscheiden:

1. Aufnahme des Erregers,
2. Inbukation, d. h. Zeit von der Aufnahme, bis entschieden ist, ob die Infektion haftet,
3. Ausbruch der Krankheit.

4.1 Aufnahme des Erregers

Zeitlich ist die Infektion im freifliegenden Volk und unter natürlichen Bedingungen nur in einem relativ engen Bereich von etwa 48 Stunden nach dem Schlüpfen der Made aus dem Ei möglich. Die Menge der dazu erforderlichen Sporen ist vom Alter der Made abhängig (Woodrow 1942, Hitchcock 1956). Weiteres S. 52. Diese Autoren stellten fest: In ganz jungen, wenige Stunden alten Maden genügen bereits schon 10 Sporen (in Ausnahmefällen 1 Spore, Woodrow) für die Ansteckung, gegen 10^4 Sporen braucht es für eine 48 Stunden alte Made, 10^5 Sporen reichen nicht mehr zur Ansteckung einer Made, die älter als 48 Stunden ist. Im Experiment gelingt es mit der hohen Zahl von 10^7 Sporen die Krankheit in 4 bis 5 Tage alten Maden auszulösen (Sturtevant 1932). Solche hohen Infektionsmengen dürften in der Praxis nicht in Frage kommen. Das bedeutet, daß die Zeit, die dem Erreger für eine erfolgreiche Infektion offen bleibt, eng begrenzt ist, dabei braucht es aber relativ wenig Sporen. Auch Toumanoff (1929) und Tarr (1937) gelingt es nicht, durch Beimpfen einzelner Zellen die Krankheit, auch bei Ausbringen hoher Infektionsmengen, zum Ausbruch zu bringen, während Jaeckel (1930) damit keine Schwierigkeiten hatte. Der Widerspruch zu den obigen Angaben dürfte sich dadurch erklären: Toumanoff und Tarr arbeiteten mit relativ alten Maden, sie übersahen, daß Bienen bei Infektion einzelner Zellen die Maden daraus entfernen. Dies erfolgt häufig, gleichgültig, ob man die Beimpfung der Zellen mit *B. larvae, Strep. pluton* (S. 80), irgendeinem Saprophyten oder gar mit destilliertem Wasser vornimmt (Wille unveröffentlicht).
Man hat bisher noch keine allgemeingültige Erklärung dafür, daß nur Sporen, nicht aber die vegetativen Stäbchen von *B. larvae* die Infektion zum Haften zu bringen vermögen. Dies ließe sich vielleicht mit der bakteriziden Wirkung des Futtersaftes (McCleskey und Melampy (1939) sowie Holst (1946a) erklären (siehe auch S. 53).

4.2 Inkubationszeit

In dieser Zeit erfolgen zwei wichtige Vorgänge:
1. die Sporen keimen aus,
2. es entscheidet sich, ob die Infektion derart haftet, daß sich später der Erreger ungestört weiterentwickeln kann.

Mit dem Futter gelangen die Sporen in den Mitteldarm, wo sie nach einigen bis 24 Stunden auskeimen (Davidson 1973). Bekanntlich besteht im Rundmadenstadium noch keine offene Verbindung zwischen dem Mitteldarm und dem Enddarm, damit verbleibt der Erreger zunächst im Mitteldarm. In dieser Anfangsphase sind nun zwei verschiedene Entwicklungen möglich:
1. Nach der Auskeimung erfolgt ein geringfügiges bis mittleres Wachstum im Mitteldarm-Lumen, wobei die Vermehrung nicht zuletzt von der Zahl der aufgenommenen Sporen abhängen dürfte; ist die Sporenzahl sehr gering, so bleibt die Vermehrung eng begrenzt; ist sie hoch (z. B. Jáeckel, 1930) so erfolgt sie entsprechend stärker. Das Wachstum der angesteckten Rundmade verläuft dabei bis zur Verdeckelung mehr oder weniger normal; allerdings dürften, namentlich bei einer etwas stärkeren Vermehrungsrate, doch etliche Stoffwechselvorgänge gestört sein,

so wird z. B. die Einlagerung von Proteinen, Glykogen, Fetten in die Fettkörperzellen gehemmt, das Größenwachstum der Larven beschleunigt sich, der Oesophagus sowie auch die Ovarien sind bedeutend länger als in der normalen Made (JAECKEL, 1930). Vermutlich dürfte dies auf eine Störung der hormonalen Steuerung zurückzuführen sein. Trotz dieser an und für sich nicht wesentlichen Unterschiede ist man berechtigt, anzunehmen, daß die Hemmung der vegetativen Vermehrung in der Rundmadenzeit die Regel sei. Folgende Hypothesen werden zur Erklärung vorgebracht: Gestützt auf die Ergebnisse, die sich aus den Kulturen von *B. larvae* ergeben, vermuten BAILEY und LEE (1962), die Sporen könnten nur bei einem tiefen Redox-Potential auskeimen; dies trifft gerade in der jungen Larve zu. Hingegen erheischt das vegetative Wachstum sowie die Sporenbildung eine vermehrte Sauerstoffzufuhr. In der starken Wachstumsphase der Rundmade (am 2. bis 5. Tag nach dem Schlüpfen) dürften eher anaerobe (sauerstofffreie) Verhältnisse im Darm vorliegen. Die Beobachtung, wonach die Stäbchen sich an das Darmepithel anschmiegen, will BAILEY (1963) mit ihrem Sauerstoffbedarf erklären.

Andere Autoren (u. a. TARR, 1937b) bringen die Vermehrungshemmung der Stäbchen mit dem Glukosegehalt im Mitteldarm in Verbindung. Solange er hoch ist, dies trifft in den Rundmadenzeit zu, unterbleibt die Vermehrung, nach seinem raschen Sinken nach der Verdeckelung vermehrt sich der Erreger stark.

Nach BAMRICK (1964) dürfte die peritrophische Membran der Made die Vermehrung des Erregers in der nicht gedeckelten Rundmade hemmen. Die Untersuchung von DAVIDSON (1973, weitere Literatur daselbst) mit dem Elektronenmikroskop unterstützen diese Hypothese. Allerdings gelten ihre Ergebnisse nur für *B. larvae*-empfängliche Maden (S. 53). Die peritrophische Membran wird 8 Stunden nach dem Schlüpfen der Maden ausgeschieden und nimmt rasch an Dicke zu. In den meisten bisher untersuchten Insekten weist diese Membran eine fibrilläre Textur auf. In der Bienenmade liegt sie aber als gelatinöse Masse vor, die mit feinsten Kanälchen durchsetzt ist. Diese Masse, die den Darminhalt von den Darmwandzellen trennt, scheint zunächst für *B. larvae* ein schwer durchzudringendes Hindernis zu sein. Einigen Erregern gelingt der Durchbruch, nachher dringen sie aktiv in die Darmwandzellen ein. Diese Zellen aber verfügen über ein gut funktionierendes Abwehrsystem: Sie kapseln den Erreger in eine Vakuole ein, wo er in der Regel neutralisiert oder aufgelöst wird. Wenn auch die Mehrzahl der Darmwandzellen des Mitteldarmes ähnlich gegenüber dem Erreger reagieren, so scheinen die Zellen am Übergang von Schlundröhre zu Mitteldarm weniger gut für diese Abwehr gerüstet zu sein. Hier dringen bereits in einem frühen Zeitpunkt einige Stäbchen ein, ohne daß diese Wirtszellen wie oben reagieren. Hier bringt der Erreger die Wirtszellen zur Auflösung. Es ist nicht klar, ob es sich dabei um eine enzymatisch bedingte Auflösung, um Futterkonkurrenz oder um eine mechanische Störung handelt. Später dringen die Erreger durch die Basalmembran und die Darmmuskulatur in die Körperhöhle. Da die Autorin nur mit empfänglichen Maden gearbeitet hat, steht noch offen, ob Resistente anders regaieren. Damit sind unsere Kenntnisse in der Ethologie der bösartigen Faulbrut erweitert: Dem Erreger gelingt es unter Umständen, in einem frühen Entwicklungsstadium der Made einen bestimmten Zellbereich aktiv zu befallen und zu schädigen.

2. In einem Teil der befallenen Maden nimmt die Entwicklung einen ganz anderen Verlauf. Statt einer Hemmung nimmt die Vermehrung des Erregers einen so stürmischen Verlauf, daß die Jungmade kurze Zeit darauf, jedenfalls im offenen Brut-

stadium, dem Angriff erliegt (u. a. SCHULZ-LANGNER, 1960a). Dabei findet eine Sporulation in den befallenen Geweben nicht statt. Durch den Ausfall dieser Larven wird die Infektionskette frühzeitig abgebrochen. Diese „Überempfänglichkeit" gegenüber dem Erreger möge als Beispiel einer negativen Resistenz dienen. Infolge der sprunghaften Entwicklung des Erregers geht die einzelne Made verloren, das Volk als Ganzes wird aber gerettet. Diese Überempfänglichkeit der Junglarven gegenüber dem Erreger ist zumindest teilweise erblich bedingt (S. 52ff). Es fehlen noch Untersuchungen, die erklären, warum der Erreger sich in solchen Maden überaus stark vermehren kann. Es wäre denkbar, daß die oben aufgeführten Faktoren, die das Wachstum des Erregers hemmen, hier unwirksam sind.

Nach der Auskeimung der Sporen und nach einsetzender vegetativer Vermehrung hat *B. larvae* noch einige Abwehrmechanismen seitens der befallenen Maden und seitens des Volkes zu überwinden, bevor es ihm gelingt, seinen Wirt zu überwältigen und seine Entwicklung, die erneute Sporenbildung, zu vollenden. Einige solcher Abwehrmechanismen sind oben bekanntgegeben worden, über weitere berichten wir S. 54ff. Der Putztrieb der Arbeiterinnen spielt hier eine sehr wichtige Rolle. Die Arbeiterinnen entdecken frühzeitig zahlreiche angesteckte Rundmaden und entfernen sie, bevor sich der Erreger in der gefährlichen Sporenform rückgewandelt hat. Gelingt diese Reinigung rechtzeitig, wird die Infektionskette abgebrochen, die Gefahr einer weiteren Verbreitung im Volk ist gebannt.

Keine äußeren Symptome lassen den Abwehrkampf des Volkes erkennen, es sei denn eine mehr oder weniger lückenhafte Brut. Lückenhaftigkeit der Brut ist aber in der Regel auch durch zahlreiche andere Faktoren bedingt.

Während der Rundmadenzeit erfolgt nur eine geringe Vermehrung des Erregers im Darmtrakt. Konnte er sich bis zur Verdeckelung der Made halten, so hat er jetzt große Chancen, die Oberhand zu gewinnen.

4.3 Ausbruch der Krankheit

Werden die angesteckten Maden nicht entfernt, so fängt der Erreger sich nach der Verdeckelung, also bei Beginn der Metamorphose, stark zu vermehren an. Trotz des Befalles schreitet die Metamorphose zunächst weiter. Die erste Vermehrungsphase spielt sich im Verdauungstrakt ab. Neben den günstigeren Sauerstoffverhältnissen, dem Sinken des Glukosegehaltes, der Auflösung bzw. Strukturveränderung der peritrophischen Membran, dürfte ebenfalls der Abbau der larvalen Gewebe (JAECKEL, 1930) der Vermehrung dienlich sein. Nach JAECKEL dringen die Stäbchen an einigen Stellen des Mitteldarmes oder auf seiner ganzen Länge, sei es zwischen den Membranen der Epithelzellen, sei es durch diese Zellen in das Hämozölom (die Leibeshöhle) ein. Neben der Auflockerung der larvalen Gewebe dürften die durch den Erreger gebildeten typischen und zum Teil toxischen Proteasen (S. 44) dem Erreger helfen, durch den Mitteldarm hindurchzudringen.

Im Hämozölom schreitet die Vermehrung fort, wobei sämtliche Gewebe, zuletzt die Zellen des inneren Fettkörpers, in typischer Weise degenerieren und aufgelöst werden. Zellkerne bleiben oft länger erkennbar erhalten und zerfallen schließlich in Teilstückchen (JAECKEL, 1930). Die imaginalen Gewebezellen der Maden widerstehen länger dem Angriff von *B. larvae.* Bald setzt die Sporulierung des Erregers im vollständig aufgelösten Larven-/Vorpuppenkörper ein. Zunächst ist der Inhalt

weißlich und nicht fadenziehend (dies wird bei der Diagnose, wenn die typischen Krankheitsmerkmale S. 40 noch nicht vorhanden sind, gerne übersehen). Dieser weißliche Körperinhalt wandelt sich rasch in eine hellbraune, braune, dunkelbraune, fadenziehende Masse um, wobei die Sporulierung rasche Fortschritte macht. Schließlich ist nur noch die Larven-Nymphenhaut (Epicuticula, mit ev. Bruchstücken der Exocuticula) vorhanden, angefüllt mit dieser schleimigen Masse, die immer dunkler wird und allmählich zu Schorfen auf der unteren Zellseite eintrocknet (S. 40).
In den gedeckelten Zellen ist der Zeitpunkt des Eintrittes des Todes variabel. Bereits in den Streckmaden, häufiger in den Vorpuppen oder gar Puppen findet der Abschluß des Entwicklungszyklus des Erregers, die Sporulation, statt (9. bis 11. Tag nach dem Schlüpfen). STURTEVANT (1932) gibt die Zahl von $2{,}5 \times 10^9$ Sporen pro Schorf an.

5 Abwehrmaßnahmen des Volkes und Resistenzfaktoren gegenüber Bacillus larvae

Das Bienenvolk verfügt über eine ganze Reihe von Abwehrmöglichkeiten gegenüber *B. larvae.* Sie finden sich bei den Bienen wie auch Maden.

5.1 Putztrieb der Arbeiterinnen

Er ist mit der Fähigkeit gekoppelt, erkrankte Brut frühzeitig zu erkennen und vor der Sporulierung von *B. larvae* zu entfernen. (Literatur in den 40er Jahren: PARK und Mitarb., WOODROW und Mitarb., später hat die Schule von ROTHENBUHLER, sowie SCHULZ-LANGNER 1956 mehrfach darüber berichtet).
Der Putztrieb ist z. T. genetisch verankert (in Verbindung mit den resistenten Linien = R-Linien, z. B. die Brown-Linie und empfänglichen Linien = E-Linien, z. B. die Van Scoy-Linie der Schule von Rothenbuhler). Die Tracht, das Wetter, die „Harmonie" im Volk, das Verhältnis der Brutfläche zur Zahl der Pflegebienen, das Schwarmfieber, die Bienenrasse bzw. -Stamm, beeinflussen den Putztrieb. Folgende Beispiele seien aufgeführt: Das Putzverhalten von Arbeiterinnen aus einem R-Volk hängt von ihrem Alter und von der Tracht ab. THOMPSON (1964) untersucht das Verhalten von 4 bis 68 Tage alten Bienen gegenüber an bösartiger Faulbrut erkrankter Brut: Junge R-Arbeiterinnen entfernen alle oder nahezu alle erkrankten Larven, und zwar unabhängig von den Trachtbedingungen. Völker, die aus 4 Wochen alten R-Bienen aufgebaut sind, putzen nur bei günstigen Trachtbedingungen. Die Frage ist ungeklärt, ob der Honigfluß an sich das hygienische Verhalten anregt, oder ob der Putztrieb im Zusammenhang mit dem Platzschaffen zur Unterbringung der Vorräte aktiviert wird.
Die Zahl der erkrankten Brutstadien beeinflußt nicht den Putztrieb. Gleichgültig ob 100, 1000 oder 2000 tote Maden vorliegen (mit Cyanid abgetötet), sie werden gleich rasch entfernt. Hingegen werden Putzarbeiten nachlässiger bei einem ungünstigen Verhältnis zwischen der Brutoberfläche und der Arbeiterinnen-Populationsdichte vorgenommen.
Nach ROTHENBUHLER (1964) entfernen „resistent" ingezüchtete Linien weitgehend

die durch *B. larvae* befallenen Stadien, „empfänglich" ingezüchtete Linien lassen Hunderte vom Erreger abgetötete Stadien in den Zellen. Zudem haben Larven aus der Kombination R × R eine wesentliche höhere Resistenz gegenüber *B. larvae* als R × E Larven (siehe unten). Wilson und Rothenbuhler (1968) injizieren Sporen von *B. larvae* in das Hämozölom von R- und E-Arbeiterinnen. Die Sporen keimen aus, eine mehr oder weniger starke Vermehrung folgt darauf, die Sterblichkeit, die hauptsächlich innert 61 Stunden eintritt, ist bei den Arbeiterinnen der beiden Linien gleich stark ausgeprägt.
Die Frage, woran Arbeiterinnen schon in einem frühen Zeitpunkt von *B. larvae* befallene Maden erkennen, ist wenig geklärt. Woodrow und States (1943), Rothenbuhler (1958) suchten sich ein Bild zu machen, ob die Infektionsmenge pro Larve mit dem Prozentsatz entfernter Larven in Beziehung stehe. Bei einem Inoculum von 100 Sporen pro Made werden 20 bis 30% vor der Verdeckelung und etwa 50% nach der Verdeckelung, vor der eigentlichen Sporulierung, entfernt. Es besteht aber keine direkte Beziehung zwischen der Anzahl entfernter und erkrankter Larven. Bei einer Infektionsmenge von etwa 10 Sporen pro Made im Alter von höchstens 24 Stunden wurden 25% entfernt, 20% starben in den Zellen; bei 10^5 Sporen: 50% entfernt und 40% tot. Zu einem besseren Verhältnis gelangt Schulz-Langner (1956), allerdings war ihre Infektionsdosis unvergleichlich höher: 40000 Sporen pro Larve. Nach Schulz-Langner (1969) dürfte der Geruchsinn beim Wahrnehmen der angesteckten Maden keine Rolle spielen. Sie vermutet, daß der Erschütterungssinn beteiligt sei. Sie stellt fest: befallene Zellen können zwar frühzeitig von den Arbeiterinnen wahrgenommen werden, sie werden aber nicht immer gesäubert. Dies sei nicht sinnesphysiologisch zu erklären, sondern eine Folge einer nicht mehr regulationsfähigen Arbeitsteilung. Allerdings arbeitete Schulz-Langner im Gegensatz zu Rothenbuhler und Mitarb. mit genetisch nicht näher charakterisierten Bienenstämmen.

5.2 Die Rolle des Ventiltrichters

In bezug auf die Abwehrmöglichkeiten des Bienenvolkes gegen *B. larvae* mißt Schulz-Langner (1957) folgendem Mechanismus eine große Bedeutung zu: Bei Reinigungsarbeiten (auch bei Aufnahme von Futter, das von *B. larvae* kontaminiert ist) entfernt der Ventiltrichter einen wechselnden Anteil der Sporen. Bailey (1952) sowie Sturtevant und Revell (1953) haben diesen Vorgang bereits beschrieben. Mit Vorbehalt melden Plurad und Hartmann (1965), daß Sporen von *B. larvae* vom Ventiltrichter von Arbeiterinnen einer R-Linie rascher als in E-Bienen entfernt werden.
Nach Schulz-Langner (1957) keimen die aufgenommenen Sporen während der Darmpassage aus, nun liegt der Erreger in der für das Volk harmlosen vegetativen Form vor, wird mit dem Kot ausgeschieden und damit unschädlich gemacht. Mit diesem Befund untermauert Schulz-Langner die Durchführbarkeit ihrer Sulfa-Therapie. Demgegenüber stellt Wilson (1967, 1971) fest, daß *B. larvae* ohne auszukeimen den Darmkanal passiert, daß er in großer Zahl im Kot aufgefunden wird. Dieser sporenhaltige Kot überträgt ohne weiteres die Krankheit. Dies dürfte fatale Auswirkungen haben, namentlich wenn die Bienen innerhalb des Volkes ihren Kot absetzen (Gontarski in Büdel und Herold, 1960).

5.3 Resistenzmechanismen seitens der Maden

Die Resistenz gegenüber *B. larvae* läßt sich nicht allein durch den Putztrieb erklären. Die Ergebnisse von Park und Woodrow (Literatur bei Rothenbuhler und Thompson, 1956) führen zwangsläufig zum Schluß, daß andere wesentliche Faktoren daran beteiligt sind. Seit 1951 ist in den USA ein weitgestecktes diesbezügliches Forschungsprogramm angelaufen. Über die Ergebnisse berichtet die Schule von Rothenbuhler in zahlreichen Publikationen. Es ergeben sich Unterschiede je nach der Art der Impfung: Verfüttern von *B. larvae* an das Volk in Zuckerwasser suspendiert, Beimpfen der einzelnen Zelle mit variablen Impfmengen, Einführen von faulbrütigen Wabenstücken in ein gesundes Brutnest.
Die Versuche werden mit gegenüber *B. larvae* resistenten und empfänglichen Stämmen durchgeführt. Durch Einkreuzung weiterer Merkmale lassen sich die Arbeiterinnen genetisch markieren, was die Auswertung der Versuche wesentlich erleichtert.

5.4 Empfänglichkeit bzw. Resistenz der Larven

Bei einem Inoculum von 50000 Sporen pro Zelle mit Larven im Alter von höchstens 24 Stunden überleben 25% in der E-Linie gegenüber 47% in der R-Linie. Durch Zuchtauswahl kann diese „Resistenz" gesteigert werden. (Rothenbuhler und Thompson 1956, Rothenbuhler, 1964.) Werden Larven bestimmten Alters: 0–6 Stunden bis 66–72 Stunden aus E- und R-Linien mit der obigen Dosis beimpft, so stellt man bei den jüngsten Larven der E- wie auch der R-Linien eine hohe Mortalität fest. Die Sterblichkeit nimmt aber in den R-Larven mit zunehmendem Alter rascher ab als in den E-Larven. R-Larven erkranken im Alter von 36 Stunden, E-Larven erst im Alter von 48 Stunden nicht mehr (Bamrick und Rothenbuhler, 1961).
Die Nachkommenschaft aus E- und R-Linien sowie Hybriden prüfen Lewis und Rothenbuhler (1961).
(Technik: Schwester-Königinnen aus R- und E-Linien, die zudem phänotypisch markiert sind, werden einzeln sowohl mit Sperma von Drohnen aus R- als auch aus E-Linien künstlich begattet. Das Verhalten der Nachkommen, Larven wie auch Arbeiterinnen, wird untersucht.)
Die sehr hohe Mortalität bei den sehr jungen Larven läßt sich wieder bestätigen, unbeeinflußt vom Elternteil. Bei der Infektion von 18 bis 36 Stunden alten Maden kristallisieren sich bestimmte Unterschiede in der „Resistenz" gegenüber *B. larvae* heraus. Larven, die von E-Drohnen abstammen, überleben die Infektion nicht so gut wie diejenigen von den R-Drohnen (siehe auch Hoage und Peters 1969).
In histopathologischen Untersuchungen unternimmt Bamrick (1964, 1967) den Versuch, die verschiedenen Reaktionen der E- und R-Maden gegenüber *B. larvae* abzuklären. Wenn auch aus diesen Untersuchungen interessante Details zu entnehmen sind, so lassen sich die Empfänglichkeitsunterschiede mit den histopathologischen Befunden nicht klären. Einige Ergebnisse: gleich starke Mortalität, wenn E- und R-Larven im Alter von 3 Stunden beimpft wurden. Auskeimung der Sporen: etwa 1 Tag nach der Impfung, Eindringen der Stäbchen in das Mitteldarmepithel und das Hämozölom 1½ bis 7 Tage nach der Impfung. Einzig wenn Sporen an

Larven im Alter von 21 Stunden verfüttert werden, ergibt sich ein Unterschied in bezug auf die Zeit der Auskeimung und die Zahl der Stäbchen. Bamrick nimmt an: Die Larven-Sterblichkeit hängt davon ab, ob *B. larvae* imstande ist, eine genügend kräftige Stäbchen-Population im Mitteldarm aufzubauen. Nur dies ermöglicht ihm, in die Körperhöhle einzudringen. Die Zeit der Sporenkeimung variiert zeitlich stark, ihre Rolle in bezug auf die Resistenz ist immer noch unklar. Davidson (1973), die ihre ultrastrukturelle Untersuchungen nur an E-Maden vorgenommen hat, bestätigt im Prinzip die Ergebnisse von Bamrick. Da aber entsprechende Untersuchungen an R-Maden fehlen, sind die eigentlichen Abwehrmaßnahmen der Larve nicht geklärt.

In diesen Zusammenhang gehört die Mitteilung von Rinderer und Rothenbuhler (1969), wonach Unterschiede in der Empfänglichkeit der Larven der 3 Bienenwesen gegenüber *B. larvae* bestehen. (Gleich starkes Inoculum in Wasser suspendiert, Zellen einzeln beimpft, Arbeiterinnen, Drohnen- und Königinnen-Larven gleichen Alters und vom gleichen Genotyp.) Die höchste Mortalität trat bei den Königinnen-Larven auf (93%), die geringste bei den Drohnen-Larven (68%), während 82% der Arbeiterinnen-Larven eingingen. Worauf ist dieser Unterschied zurückzuführen? Ohne genetische Faktoren auszuschließen, vertreten die Autoren die Ansicht, das Larvenfutter könne eine wesentliche Rolle spielen, und nicht zuletzt sein Anteil an Honig.

Mit der Reaktion von E- und R-Larven bestimmten Alters auf variable Impfmengen von 20, 70, 130, 950, 11000 und 114000 Sporen pro Larve befassen sich Hoage und Rothenbuhler (1966):

0 bis 6 Stunden alte Larven: Die DL_{50} liegt ungefähr gleich: R-Larven 187 Sporen, E-Larven 275 Sporen. Eine 80%ige Mortalität wird bei 950 Sporen erreicht.

18 bis 24 Stunden alte Larven: Die DL_{50} beträgt in R-Larven 1300 Sporen, in E-Larven 2500 Sporen.

36 bis 42 Stunden alte Larven: In beiden Gruppen ist die Resistenz so groß, daß bei keiner Dosis eine Infektion erfolgt.

Wie Sutter und Rothenbuhler (1968) feststellen, dürfte das Alter der Larven an und für sich nicht ein entscheidender Faktor in der Resistenz sein, sondern das Körpergewicht. So wachsen R-Larven, aber auch E-Larven, die von R-Arbeiterinnen gepflegt, rascher als E-Larven, die von E-Arbeiterinnen aufgezogen werden. Es ist unbekannt, ob eine Beziehung zwischen dem Wachstum und einer entsprechenden Veränderung der Darmgewebe bzw. Darmphysiologie besteht und damit eine Wachstumshemmung von *B. larvae* erfolgt, oder ob die Gewichtsveränderung der Made auf eine andere Zusammensetzung des Futtersaftes zurückzuführen ist, d. h. auf eine mögliche Veränderung des Darmmilieus, die nicht vom Organismus der Larve selbst gesteuert wird.

5.5 Beziehungen Made – Futter – Futtersaft

Darüber berichten u. a. Rose und Briggs (1969). Im Prinzip wirkt der Futtersaft antimikrobiell (McCleksey und Melampy, 1939). Die antibakterielle Wirkung von Futtersäften aus R- und E-Völkern ist eine unterschiedliche. Der Futtersaft aus R-Völkern ist in der Hemmung der Sporenkeimung wirksamer als derjenige aus E-Völkern. Der erste reduziert zudem die Zahl der vermehrungsfähigen Stäbchen stärker als der zweite. Auf die Zusammenhänge zwischen dem Honigzusatz bzw. Glucosegehalt und der Vermehrung von *B. larvae* im Mitteldarm wurde bereits oben hingewiesen (S. 18ff.).

Rinderer und Mitarb. (1974) haben dem Futter von 6 bis 18 Stunden alten Arbeiterinnenlarven zunächst Wasser, Pollen oder nichts zugefügt. Rückgabe während 6 Stunden in das Pflegevolk. Hernach wurden die Zellen der so vorbehandelten Larven mit 400 Sporen von *B. larvae,* in Wasser aufgeschwemmt, pro Zelle beimpft oder bloß mit Wasser. Nach der Operation gab man die so behandelten Brutbereiche wieder dem Pflegevolk zurück. In pollengefütterten Larven betrug die Sterblichkeit 71,2%, in der Wasser- bzw. o-Serie 94,8 bzw. 92,7%, in unbeimpften 11%. Nach der Auffassung der Autoren dürften im Pollen Faktoren vorhanden sein, die zur Hemmung der Entwicklung von *B. larvae* in den Junglarven beitragen.

5.6 Immunologische Reaktionen

Darüber berichten Gary und Mitarb. (1948). Zellen von *B. larvae* werden durch die Hämolymphe von Bienen, die aus einem an bösartiger Faulbrut erkrankten Volk stammen, agglutiniert. Gilliam und Wayburn (1970) gehen folgendermaßen vor: *B. larvae* wird auf Nährboden vermehrt und daraus eine Vakzine (Impfstoff) mit abgetöteten Zellen hergestellt. Einzelne Bienen werden mit je 5 mm^3 Vakzine in 0,85% NaCl injiziert. Die Hämozyten entfernt man nach der Entblutung durch Zentrifugieren. Ein Agglutinationstiter von 1280 mit Anti-*B-larvae*-Hämolymphe ergibt sich. Beim Einbezug verschiedener Kontrollen ermitteln die beiden Autoren, daß agglutinierende Substanzen, die für *B. larvae* spezifisch sind, in der Hämolymphe von Arbeiterinnen gebildet werden.

6 Verbreitung der Bösartigen Faulbrut im Volk

Aus dem Gesagten läßt sich ableiten: Das Bienenvolk verfügt über mehrere Abwehrmöglichkeiten, die ihm zunächst erlauben, sich erfolgreich gegen den Angriff von *B. larvae* zur Wehr zu setzen. Solange es den Bienen gelingt, die befallenen Rundmaden rechtzeitig zu erkennen und vor der Sporulierung des Erregers zu entfernen, liegen die Aussichten für eine erfolgreiche Abwehr günstig. Wird aber dieser Moment verpaßt, so wird die Abwehr für das Volk unverhältnismäßig schwieriger. Die Arbeiterinnen müssen jetzt die sporenhaltigen fadenziehenden Massen der abgestorbenen Streckmaden und Vorpuppen beseitigen. Sie müssen zunächst die befallenen gedeckelten Zellen erkennen und entdeckeln. Bei der Reinigung werden Sporen überall im Volk verschleppt, damit werden immer mehr Rundmaden angesteckt, Sporenmaterial gelangt in die Pollen- und Honigzellen, damit besteht die Möglichkeit, daß sie erst später neue Infektionen auslösen. Zahlreich sind die Beispiele, wo die Krankheit durch Einhängen von verseuchten Vorratswaben, durch Freigabe des Honigraumes ausgelöst wurde.

Bitner und Mitarb. (1972) haben einen bisher wenig beachteten Infektionsweg im Bienenvolk beschrieben: Königinnen wurden mit Sporen von *B. larvae* gefüttert. Im Darmtrakt von Arbeiterinnen, die den Königinnen zur Betreuung später beigegeben wurden, stellten die Autoren 1 bis 19 Tage nach der Ansteckung der Königin

keimfähige Sporen von *B. larvae* fest. D. h. die Königin scheidet die Sporen mit dem Kot aus, der wiederum von den Arbeiterinnen anläßlich der Pflege ihrer Mutter mit den Sporen gefressen wird.
Wie Wilson (1972) festgestellt hatte, passieren Faulbrutsporen den Darmtrakt von Arbeiterinnen innert 2 bis 6 Tagen nach der Ansteckung, gelegentlich werden sie noch nach 2 Monaten ausgeschieden. In beiden Fällen hatten sie ihre Keimfähigkeit bewahrt.
Eine Prognose über den zeitlichen Verlauf der Krankheit im Volk läßt sich nicht geben. Sicher ist, daß in der Regel Bienen schon lange im Abwehrkampf gegen den Erreger stehen, bevor der Imker die Krankheit zu erkennen vermag. In Ausnahmefällen dürfte der Ausbruch der Krankheit innerhalb 8 bis 20 Tagen erfolgen (Schlaeppi 1964). Anderseits ist es ohne weiteres möglich, daß sich der Abwehrkampf der Bienen über mehrere Monate hinweg erstrecken kann, ohne daß sich zunächst fadenziehende Massen feststellen lassen. Die Zeitspanne vom Sichtbarwerden der fadenziehenden Massen bis zum völligen Zusammenbruch des Volkes ist ebenfalls sehr variabel: Einige Wochen oder Monate bis 2–3 Jahre. Steigt der Befall so stark an, daß Bienen mit ihrer Reinigungsarbeit nicht mehr nachkommen, so legen sie häufig am Rande der Waben ein sekundäres Brutnest an.

7 Verbreitung der Bösartigen Faulbrut von Volk zu Volk

Seitens der Bienen:
Verfliegen der Bienen: Eine sehr häufige Erscheinung, feststellbar an farbmarkierten Bienen bestimmten Alters oder an „genetisch markierten“ Bienen, d. h. an Bienen mit bestimmten erblichen Merkmalen. Nach Versuchen der Bienenabteilung Liebefeld und nach Feststellung von Borchert (1966) verfliegen sich bereits Jungbienen, also auch Zellputzerinnen.
Stille und offene Räuberei: Namentlich bei hoher Bienendichte ist stille Räuberei eine häufige Erscheinung (Versuche mit farbmarkiertem Futter).
Verfliegen der Drohnen: Farbmarkierte Drohnen suchen fremde Völker in einer Entfernung von 7 bis 8 km von ihrem Stammvolk auf (Liebefelder Beobachtung).
Schwärme können gelegentlich auch die Krankheit verschleppen.
Tierische Mitbewohner des Stockes wie Wachsmotten, Speckkäferarten, saprophytische Milbenarten, Essigfliegen (Lit. bei Borchert, 1966) tragen auch zur Verbreitung der bösartigen Faulbrut bei.

Seitens des Menschen:
Austausch von verseuchten Waben: Die außerordentlich starke Zunahme der bösartigen Faulbrut in der Schweiz Ende des 19., Beginn des 20. Jahrhunderts steht im engen Zusammenhang mit dem Übergang von der Korbbeute zum Mobilbau. Die Verwendung verseuchter Gerätschaften, nicht zuletzt der Honigschleuder bei gemeinsamem Gebrauch trägt zur Verschleppung der Seuche bei.
In Ländern mit relativ hohem einheimischem Honigpreis dürfte in den letzten 15 bis 25 Jahren das starke Ansteigen der Faulbrutfälle irgendwie im Zusammenhang mit billigem ausländischem Honig stehen. Wenn Abfüllbetriebe nicht bienendicht arbeiten, so sind in der Umgebung immer wieder Ausbrüche der Krankheit zu erwarten. Leere, noch honigfeuchte Gebinde sind potentielle Infektionsquellen.

Bienenstände in der Umgebung von Altstoffverwertungen, von Schmelzwerken, von Abraumplätzen sind besonders gefährdet, WILLE (1965, 1974) gibt eine Übersicht über die Kontaminationsmöglichkeiten mit fremdem Honig. Nur allzu oft ist der Imker selber für den Ausbruch der Krankheit auf seinem Stand verantwortlich, indem er mit dem ausländischen billigen Honig Futterteig, Maischen, usw. bereitet und verfüttert.
GOCHNAUER und Mitarb. (1974) haben in Handelspollen, der in Pollenfallen gesammelt wurde, z. T. sehr hohe Zahlen von *B. larvae* Sporen festgestellt. Wenn auch solcher befallener Pollen für Bienen weniger attraktiv sein soll als *B. larvae*-freier Pollen, so ist doch der Imker gut beraten, wenn er in seinem Betrieb auf die Verwendung von betriebsfremdem Pollen verzichtet.

8 Nachweis der Krankheit

Es sind zwei Phasen zu unterscheiden:

1. Erkennen der Krankheit bzw. Erfassen der verdächtigen Zellen auf dem Stand.
2. Diagnose im Laboratorium.

8.1 Erkennen der Krankheit im Volk

Das rechtzeitige und lückenlose Erfassen der erkrankten Völker auf dem Stand ist die Grundlage einer erfolgreichen Bekämpfung der bösartigen Faulbrut. Leider lehrt aber die Erfahrung, daß viele Bienenhalter nicht über die Symptome im Bilde sind oder aus den verschiedensten Gründen keine Meldung erstatten, auch wenn sie verdächtige Zellen beobachtet haben.
Sobald der Erreger im Volk Fortschritte macht (zahlreiche eingesunkene Zelldekkel, fadenziehende Massen, Schorfe, S. 50) sind die Krankheitsanzeichen dermaßen typisch, daß sie nicht übersehen werden sollten. Schwieriger sind aber die Verhältnisse, wenn sich die Krankheit im Anfangsstadium befindet: Unter mehr oder weniger normalen Deckeln in bezug auf die Farbe und Wölbung befinden sich vereinzelt fadenziehende Streckmaden, oder es liegen erst vereinzelte typisch befallene Zellen oder vereinzelte Schorfe bei geschlossener Bedeckung der Wabenflächen durch die Bienen vor. In diesen Fällen braucht es viel Übung und Erfahrung, um die Krankheit zu erkennen. Trotz sorgfältiger Arbeit: Wegwischen der Bienen, lückenloses Erfassen sämtlicher Waben, läßt sich nicht vermeiden, daß vereinzelte befallene Zellen übersehen werden. Je früher die ersten Infektionen erfaßt werden, desto aussichtsvoller wird der Erfolg der Bekämpfung sein. Verfügt man nicht über ein gut eingeschultes Personal, so ist vornherein der Erfolg einer durchgreifenden Sanierung in Frage gestellt.
Kontrollarbeiten zum rechtzeitigen Erfassen der frühen Infektionen sind außerordentlich zeitraubend, bei geringer Bienendichte und kleinen Beständen sind sie heute noch zumutbar, bei hoher Bienendichte und in Großimkereien (einige hundert bis mehrere tausend Völker) nur noch bedingt durchführbar.

8.2 Diagnose im Laboratorium

Es gilt zunächst, möglichst rasch auf dem verdächtigen Wabenstück typisch erkrankte Zellen zu erfassen. In unserem Laboratorium wird folgendermaßen vorgegangen:

1. Sämtliche nicht gedeckelten Zellen werden auf Schorfe oder Rückstände untersucht. Die Wabe hält man so, daß das Tageslicht die unteren Zellwände und den Zellgrund voll ausleuchtet. Nach unseren Erfahrungen kommt keine künstliche Lichtquelle dem Sonnenlicht gleich. Sicherstellen der Schorfe und Rückstände.
2. Sämtliche gedeckelten Zellen, die sich von den Nachbarzellen irgendwie unterscheiden: Eingesunkene oder durchlöcherte Deckel, Wachs dunkler, mehr oder weniger feucht, werden geöffnet und untersucht. Verdächtiges Material sicherstellen.
3. Sind diese beiden Untersuchungen negativ verlaufen, so sind sämtliche Zellen zu entdeckeln und zu prüfen. (Begründung: Abschnitt 8.1)

8.2.1 Untersuchung des sichergestellten verdächtigen Materials

Am einfachsten und am raschesten gelangt man zum Ziel, wenn man Nigrosinpräparate herstellt. Material:

Impföse (Platindraht),

Nigrosin-Lösung nach Dorner (Pelczar und Mitarb. 1957, S. 15), Bunsenbrenner.

Mittels der Impföse wird etwas verdächtiges Material (Rückstände, Schorfe oder fadenziehende Masse) möglichst fein auf dem Objektträger zerrieben. Ein Tropfen Nigrosin wird hernach mit diesem Ausstrich sorgfältig vermischt. Trocknen lassen. Immersionsöl kann direkt auf den eingetrockneten Belag gebracht werden, Mikroskopieren bei 1000facher Vergrößerung. Ergebnis: Untergrund schwarz, Stäbchen, Sporenmutterzellen und Sporen sowie Geißelzöpfe nehmen keinen Farbstoff auf, leuchten hell auf. Vergleich mit Belegexemplar. Stammt das Material aus für Faulbrut typisch verdächtigen Zellen, so ist in der Diagnose kaum eine Verwechslung möglich (leichte Differenzierung gegenüber der sekundären Form der Sauerbrut mit *B. alvei* (S. 77). Über eine Verwechslungsmöglichkeit haben Toumanoff und Zarifopoulos (1964) berichtet.

Bei Verwendung des Phasenkontrastmikroskops lassen sich ohne jegliche Färbung die stark lichtbrechenden Sporen von eventuellen Kokken mit Leichtigkeit unterscheiden.

Zur spezifischen Sporen-Färbung verwende man die Dorner-Methode (Ziehlsches Karbolfuchsin) (Pelczar und Mitarb. 1957, S. 20). Dabei werden die Sporen rot gefärbt, die vegetativen Zellen bleiben ungefärbt. Für weniger Erfahrene schlagen wir die Wirtz-Methode, abgeändert nach Conklin (Pelczar und Mitarb. 1957, S. 21) vor: Malachitgrün, Gegenfärbung mit Mercurochrom. Gegenüber der einfachen Nigrosin-Methode oder der Beobachtung im Phasenkontrastmikroskop bringen diese beiden spezifischen Sporenfärbungen für Routineuntersuchungen keine Verbesserung in der Diagnose.

Die Geißelverbände oder -zöpfe lassen sich nach Fixierung des luftgetrockneten Präparates mit Formalin mit Giemsa-Romanowsky darstellen (weitere Angaben und Verfahren bei Borchert 1966). Zum Nachweis der Geißelzöpfe empfiehlt Woytek (1955) die Verwendung des Dunkelfeldes oder Phasenkontrastes.

Weniger für die Diagnose im Laboratorium als für einen raschen Befund im Freiland dürfte der Nitrit-Test nach Katznelson und Lochhead (1947), sowie Bitner (1971) in Frage kommen. Man beachte aber die neulich veröffentlichte Kritik dieses Testes (S. 44). Der Katalase-Test von Haynes (1972) sei auch in diesem Zusammenhang erwähnt.

Für Spezialuntersuchungen werden in der Literatur kulturelle (Nährböden) und serologische Methoden empfohlen. Bakteriophagen dienen ebenfalls zur Charakterisierung von *B. larvae* Stämmen.

Nährboden: Wie bereits erwähnt, ist die Kultur von *B. larvae* auf künstlichen Nährböden recht heikel. (Literatur bei Shimanuki und Mitarb., 1965, Rose 1969, Gochnauer 1970, unsere Angaben S. 44ff.). Bis jetzt sind noch keine Nährböden vorgeschlagen worden, um reproduzierbar von einem schwachen Inoculum aus befriedigendes Wachstum zu erzielen. Die Abklärung dieser Frage wäre im Hinblick auf den Nachweis einer Kontamination des Honigs mit Sporen von *B. larvae* dringend. Vecchi und Zambonelli (1969) befassen sich damit. Ein Nachweis gelingt ihnen erst, wenn der Honig pro Gramm mehr als 10000 Sporen enthält, nicht einmal diese Ergebnisse waren regelmäßig.

Im folgenden seien zwei für *B. larvae* empfohlene Isolationsverfahren angeführt:

Verfahren von Shimanuki und Mitarb. (1965)

Erste Isolierung: Ausstreichen von Schorfen (riesige Impfmenge) auf Trypticase Soya Agar (Difco). Hernach Überimpfen der Kulturen auf folgendes Substrat und auf diese Weise aufbewahren:

Yeast extract Difco	1%	oder	Proteose-Peptone No. 3	1%
Lösliche Stärke	1%		lösliche Stärke 1%	
Agar	1,5%		Agar	1,5%

Rose (1969) schlägt eine Verbesserung der Isolationstechnik vor. Er nützt die Tatsache aus, daß Sporen von *B. larvae* auf Nährbouillon nicht auskeimen, während andere Bakterienarten darauf wachsen. In einer Serie von Inkubationsperioden, wobei jede einzelne durch eine Erhitzung abgeschlossen wird, tötet er alle nicht sporulierenden Fremdkeime zunächst ab. Das nicht ausgekeimte Sporenmaterial überimpft er auf ein Medium folgender Zusammensetzung:

Yeast Extract Difco	1,0%
Lösliche Kartoffelstärke	1,0%
Agar	1,5%

KH_2PO_4 0,01 M, pH 7,0 (ungef. Medium A von Shimanuki).

In diesem Verfahren wird lediglich ein vegetatives Wachstum erzielt. In der Regel sporulieren aber die Stäbchen nicht. S. 45 haben wir einige Autoren, die sich mit der Frage der Sporulierung von *B. larvae* in Kulturmedien befaßten, aufgeführt.

8.2.2 Spezielle Verfahren

In Anbetracht dieser Schwierigkeiten, einen geeigneten, leicht zu handhabenden Nährboden für *B. larvae* zu finden, hoffte man mit Hilfe serologischer Methoden das Ziel, die Bestimmung der *B. larvae*-Stämme, zu erreichen. Poltev (1958) sowie Trilenko (1958), Fritzsch (1957) haben sich als erste damit befaßt. Fritzsch beschreibt Methoden zur Gewinnung von brauchbaren Antigenen* und Antiseren. Nach Isolierung von 56 *B. larvae*-Stämmen stellt er durch Objektträger-Agglutina-

* Antigene = Stoffe, welche die Bildung von Antikörpern hervorrufen.

tion fest, daß alle seine Stämme mit dem Stamm 1- Immunserum spezifisch agglutinieren. Er schließt, daß in der Agglutination kein Unterschied zwischen den untersuchten Stämmen von *B. larvae* bestehe. Der bösartigen Faulbrut verschiedener Herkunft liegt demnach der gleiche Erreger mit den gleichen Antiseren-Eigenschaften zugrunde.

Otte (1973) immunisierte 2 Kaninchengruppen mit unversportem lebenden Kulturmaterial von *B. larvae* und Sporenmaterial aus Schorfen. Die Fluoreszens-Konjugate, die er aus den Immunseren der ersten Gruppe hergestellt hatte, reagierten nicht gegenüber den Sporen, wohl gegenüber unversporten Kulturbakterien und Geißelzöpfen, Konjugate der zweiten Gruppe nur gegenüber Sporen und Geißelzöpfen, nicht aber gegenüber vegetativen Formen. Demnach gibt es zwei ganz verschiedene Antigene bei *B. larvae.* Die Spezifität der Konjugate wurde in Kreuzreaktionen bei anderen Sporenbildnern geprüft. Bei Milzbrandbazillen ließ sich eine erhebliche Mitreaktion feststellen, erstaunlicherweise reagierten auch einige Hefearten. In weiteren nicht abgeschlossenen immunologischen Untersuchungen am Wintergemüll zeigte Otte, daß Faulbrutsporen in der Bienenhaltung weiter verbreitet sind, als gemeinhin angenommen wird.

Andere Ergebnisse erhielten Giauffret und Mitarb. (1970). Nach ihrer vorläufigen Mitteilung liegen keine einfachen Verhältnisse vor. So besteht offensichtlich eine antigene Verwandtschaft zwischen *B. larvae* und *B. alvei* (sekundäre Sauerbrut, S. 82). In beiden Arten kommen überraschenderweise gemeinsame Antigene vor. Die Autoren stellen 4 Anti-*Larvae*-Seren her. Gegenüber diesen Seren fällt die Reaktion von *Larvae*-Stämmen verschiedener Herkunft verschieden aus. Es ergibt sich daraus die Notwendigkeit, auf verschiedene Seren zurückzugreifen, um einen *B. larvae*-Stamm zu charakterisieren. Für enzootische Untersuchungen dürfte der Ausbau dieser Methoden zukunftsweisend sein.

Für Routine-Untersuchungen schlagen Toschkow und Mitarb. (1970) eine Immunofluoreszenz-Methode vor. Für eine Probe verlangt diese Methode einen Zeitaufwand von 1½ bis 2 Stunden. Verglichen mit anderen Methoden melden sie folgende Erfolgsquoten:

Immunofluoreszenztest:	100 %
Mikroskopischer Nachweis	78 %
Kulturelle Methode	58,5 %

Weitere Angaben über die Verwendung von Immunodiffusions- und Immunofluoreszens-Verfahren für die Diagnose der bösartigen Faulbrut sind bei Ying-Shin Peng und Mitarb. (1979) zu finden.

In Zukunft dürfte der Einbezug von *B. larvae*-Phagen Erleichterungen in der Diagnose bringen, namentlich wenn es sich um Spezialuntersuchungen handelt (Smirnova 1958, Gochnauer 1970a, weitere Literatur daselbst).

9 Die Bekämpfung der Bösartigen Faulbrut

9.1 Einleitung

Wie bei den meisten Bienenkrankheiten ist eine hygienische Betriebsweise mit regelmäßigem Wabenumtrieb die beste Vorbeuge (s. S. 142). Man meide fremden Futterhonig! Immer achte man auf den Zustand der Brut, im Herbst auf stehengebliebene gedeckelte Zellen. Um die eigentliche Bekämpfung geht es im Folgenden. Seit der Einführung der Chemotherapeutika und Antibiotika sind die Meinungen sehr geteilt, welches als das „beste" Bekämpfungsverfahren zu gelten habe. Man übersieht dabei, daß in jedem Verfahren gute Erfolgschancen stecken. Allerdings sollte man sich über das Ziel der Bekämpfung einig sein: Soll der Erreger ausgerottet werden (Tilgung der Seuche) oder soll die Krankheit soweit zurückgedrängt werden, daß die Imkerei wirtschaftlich keine Einbußen erleidet. Wie die Erfahrung lehrt, müssen im zweiten Verfahren, über kurz oder lang, die Maßnahmen der Flexibilität des Erregers angepaßt werden. Bei diesem „Leben mit der Krankheit" bedarf es großer Wachsamkeit, um einige Längen vor dem Erreger zu bleiben. Neben dieser Alternative ist die finanzielle Mitbeteiligung des Staates, die Organisation der amtlichen Bienenseuchenpolizei, der Ausbildungsstand der Imker, die Größe der Imkereibetriebe für die Wahl der Bekämpfungsverfahren entscheidend.
In Gebieten mit geringer Bienendichte (Bienenvölker pro km^2) hat von vornherein jedes Bekämpfungsverfahren mehr Aussichten auf Erfolg als in Gegenden mit extrem hoher Bienendichte (z. B. schweizerisches Mittelland 10 bis 20 und mehr Völker pro km^2).
Vier Verfahren kommen zur direkten Bekämpfung in Betracht:

1. Ausschalten des Erregers durch Abtöten der befallenen Völker und Vernichten der Brut und des Wabenmaterials als Hauptträger des Infektionsstoffes. Anschließend Durchführung von Desinfektionsarbeiten.
2. Kunstschwarmverfahren, dabei werden Bienen und Königinnen der befallenen Völker geschont, hingegen Brut und Wabenmaterial vernichtet. Anschließend Durchführung von Desinfektionsarbeiten.
3. Einsatz von Heilmitteln, ohne Desinfektionsarbeiten.
4. Einsatz von Heilmitteln teilweise mit den Verfahren 1 oder 2 kombiniert.

9.2 Vernichten der befallenen Völker

Wenn auch dieses Verfahren heute vielfach als überholt gilt oder sich aus wirtschaftlichen Gründen nicht mehr durchführen läßt, so ist doch das Ergebnis bei konsequenter Durchführung vorzüglich. Im Vergleich mit Verfahren 3 ist zunächst der zeitliche Aufwand groß, er macht sich aber auf lange Sicht gesehen bezahlt (z. B. in Baden-Württemberg, in einigen Schweizer Kantonen, in England).
Damit sich ein dauerhafter Erfolg einstellt, ist auf dem befallenen Stand jedes erkrankte und verdächtige Volk zu erfassen, sind die Desinfektionsarbeiten sicherzustellen und, ebenso wichtig, die Völker auf den benachbarten Ständen sorgfältig durchzusehen. 2 bis 3 Nachkontrollen auf dem befallenen Stand wie auch in der Umgebung in den folgenden Monaten sind unerläßlich. Gerade diese Vor- und Nachkontrolle sind am aufwendigsten.

Bei der Durchführung dieses Verfahrens trifft man folgende Vorkehrungen:
Der als erkrankt erkannte Stand gilt als gesperrt, ebenso sind die umliegenden Stände zu sperren. Das Sperrgebiet umfaßt in der Regel alle in einem Umkreis von 1 bis 5 km vom befallenen Stand gelegenen Völker. Im Sperrgebiet ist jedes Verstellen, Ein- und Ausführen von Bienen (Völker, Schwärme, Begattungsvölkchen, Königinnen) sowie von Wabenmaterial verboten.
Zum Erfassen der verdächtigen bzw. erkrankten Völker sind auf den befallenen wie in den gesperrten Ständen sämtliche Brutwaben jedes Volkes genau durchzusehen. Besetzen Bienen die Waben dicht, so sind sie soweit abzukehren, daß die ganze Brutfläche freiliegt. Eindeutig befallene Völker sind zu bezeichnen, verdächtige Waben an eine Untersuchungsstelle einzusenden (über Verpackung von Wabenmaterial S. 86).

9.3 Behandlung der erkrankten Völker

Befallene Völker, auch wenn nur einige wenige erkrankte Zellen vorhanden sind, tötet man ab: Bei eingestelltem Flug (abends oder bei schlechter Witterung auch tagsüber) verstopft man die Fluglöcher mit nassen Lappen oder nassem Zeitungspapier und führt eine glimmende Schwefelschnitte ein (Platz schaffen durch Wegrücken der Waben, Brandgefahr beachten, Schwefeldämpfe nicht einatmen, Ritzen in der Beute, beim Abschlußfenster verstopft man mit Kitt, Lehm oder nassem Zeitungspapier). Nach der Abtötung räumt man sämtliche Waben aus (Schätzung, falls Entschädigungen ausgerichtet werden), die toten Bienen wischt man in einen Papier- oder Plastik-Sack (Gewichts- oder Volumenbestimmung für die Vergütung).
Waben und Bienen überführt man in eine vorbereitete entsprechend dimensionierte Grube, Reinigungsrückstände, Kittharzreste, Vorratswaben, evtl. alte Beuten, Deckmaterial usw. gibt man mit. Das Ganze wird verbrannt. Ein rasches Verbrennen wird durch Übergießen mit Petrol sichergestellt. Nach dem Verbrennen deckt man die Asche mit der aufgeworfenen Erde zu.

9.3.1 Allgemeine Desinfektionsmaßnahmen

Desinfektion der Beute
Sie lohnt sich nur bei gut erhaltenem Material. Alte, wurmstichige, verzogene Kästen verbrennt man.
Die groben Wachs- und Kittharzreste kratzt man weg. Man wäscht anschließend die Beuten mit heißer 2%iger Ätznatron- oder Ätzkalilösung oder 6%iger Sodalösung aus, trocknen lassen. Ausflammen mit einem leistungsfähigen Propan- oder Benzinbreitbrenner, bis sich das Holz regelmäßig braun anfärbt. Kunststoffbeuten halten diese Prozedur nicht aus, ebensowenig das Sterilisieren bei 120°C, 1 Atü. Will man gründliche Arbeit leisten, so sind sie zu verbrennen.

Desinfektion der Gerätschaften
U. a. Wabenheber, Wabenzangen, Kratzer entkeimt man mit dem Brenner. Gerätschaften aus verzinktem Blech (Futtergeschirre, Honigschleuder) bürstet man mit 6%iger Sodalösung sorgfältig aus, hernach Spülen in Wasser. Kleinere Gerätschaf-

Abb. 16. Vernichten von Faulbrutmaterial durch Verbrennen (Buchner phot.).

Abb. 17. Entkeimen einer Zarge mit einem Propangasbrenner (Buchner phot.).

ten aus Holz sind nach der Reinigung auszuflammen oder in 6 %iger Sodalösung zu kochen.

Wabenvorrat (leere Waben und Futterwaben)
Hauptträger des Infektionsstoffes sind Waben. Da man bei der wahllosen Verwendung der Waben in allen Stöcken ihre Herkunft nicht mehr feststellen kann, so sind sie auszuschalten. Altes, schwarz gewordenes Wabenwerk sowie Abdeckelungswachs verbrennt man mit dem Seuchenmaterial, helle Waben, sofern sie schorffrei sind, und helles, bereits geschmolzenes Wachs dürfen in einem anerkannten Wachsverarbeitungsbetrieb (Voraussetzung: Arbeiten bei Temperaturen über 100 °C) umgeschmolzen werden.
Enthalten Honigwaben bedeutende Mengen Honig, so sind sie vor der allgemeinen Reinigung und Desinfektion zu schleudern. Solcher Honig kann im Kleinverkehr abgesetzt werden. Die in Waben eingelagerten Futtervorräte schneidet man weg und verbrennt sie, das Wachs der leeren Zellen läßt man umschmelzen. Man hüte sich, den anfallenden Honig und die Futtervorräte an Bienen zu verfüttern.

Reinigung des Bienenhauses
Boden, Wände, Tische, Schränke sind mit 6 %iger Sodalösung oder Seifenwasser gründlich zu reinigen. Die Flugfront wird ähnlich gewaschen. Man achte auf die sorgfältige Reinigung der Flugbretter. Es empfiehlt sich, die Flugfront und Flugbretter mit einem neuen Firniß-, Öl- oder Kunstharz-Anstrich zu versehen. Die Umgebung des Bienenhauses ist zu mähen und die Pflanzen sind zu verbrennen. Die gemähte Fläche ist mit Chlorkalk zu bestreuen.

Reinigungsarbeiten bei frei aufgestellten Beuten
Mähen zwischen, vor und hinter den Beuten. Verbrennen des Grases, Bestreuen mit Chlorkalk. Lagerraum für die Imkergerätschaften kontrollieren, gleiches Vorgehen wie im geschlossenen Bienenhaus.
Ohne Zweifel erheischt dieses Verfahren im sorgfältigen Durchsehen jedes Volkes auf dem befallenen Stand und in der Sperre sowie in den zeitraubenden Aufräum-, Reinigungs- und Desinfektionsarbeiten den größten Aufwand; dagegen bleibt der Aufwand für das Abtöten der Völker sowie das Verbrennen bescheiden.
Die Meinungen sind darüber geteilt, ob auf einem Faulbrutstand, wenn über ⅔ der Völker befallen sind, der gesamte Bestand zu vernichten sei. Falls man über gut geschultes Personal verfügt und mindestens zwei Nachkontrollen möglich sind, so empfehlen wir, nur die eindeutig befallenen Völker zu vernichten. Man darf annehmen, daß die übrigen Völker über so gute Abwehrmechanismen verfügen, daß es sinnvoll ist, sie zu erhalten.
Nach den geschilderten Sanierungsarbeiten sind 2 bis 3 Nachkontrollen im Abstand von mehreren Monaten auf dem behandelten Stand, wie auch in den Völkern der Sperre erforderlich. Verlaufen sie negativ, so darf man die Gewißheit haben, daß die bösartige Faulbrut aus dem Gebiet gebannt wurde.
Dieses Verfahren läßt sich mit Aussicht auf Erfolg nur dort durchführen, wo der betroffene Imker auf die aktive Mitwirkung seiner Imkerkollegen, auf eine gut eingespielte tierseuchenpolizeiliche Organisation sowie auf eine angemessene Entschädigung für das vernichtete Material zählen kann. Fehlen diese Voraussetzungen, so führt der Imker einen nie endenden Kampf gegen die Faulbrut.

9.3.2 Kunstschwarmverfahren
Gegenüber dem ersten Verfahren bringt diese Methode zunächst den Vorteil, daß Bienen und Königin der befallenen Völker gerettet werden. Brut und Waben sind zu vernichten. Zweifellos hat man mit diesem Verfahren beachtliche Erfolge erzielt, z. B. in der deutschen Schweiz im ersten Drittel unseres Jahrhunderts. Zu Beginn des 20. Jahrhunderts waren in einzelnen Kantonen über 10 % der Völker faulbrütig. Gleich wie beim ersten Verfahren sind die peinlich genaue Innehaltung der beschriebenen Desinfektions- und Reinigungsarbeiten, die sorgfältigen Völkerkontrollen auf dem verdächtigen Stand und in der Sperre zu beachten. Dieses Verfahren bringt in keiner Beziehung irgendwelche Arbeitserleichterung, im Gegenteil, bei stärkerer Verseuchung recht viele Erschwernisse.
Vorgehen: Bei eingestelltem Bienenflug kehrt man die Bienen von den Waben ab und überführt sie in eine Schwarmkiste. Dabei erleichtert ein Trichter, dessen Größe dem Wabenmaß angepaßt ist, die Arbeit. Über die weitere Behandlung des Kunstschwarmes sind die Meinungen geteilt, man empfiehlt:
a) Aufbewahren des Kunstschwarmes im Dunkelarrest während 3 Tagen ohne Füttern.
b) Wie bei a, aber bei gleichzeitigem Füttern mit Zuckerwasser 1:1.
c) Wie bei b, wobei dem Futter ein Heilmittel beigegeben wird (S. 64 ff.).
d) Sobald sich der Schwarm in der Kiste gesammelt hat, wird er ohne Dunkelarrest sogleich in eine desinfizierte, mit Mittelwänden versehene Beute eingeschlagen. Diese Beute wird an Stelle der früheren gesetzt.

Bei Oberbehandlungsbeuten wird folgendes Verfahren beschrieben: Die mit dem befallenen Volk besetzte Zarge stellt man an der gleichen Stelle im Stand auf eine

mit Mittelwänden versehene Zarge und treibt mittels eines Karbollappens das Volk in die neue Zarge herunter. Die leer gewordene Zarge entfernt man, die darin enthaltenen Brutwaben vernichtet man.
In der Schweiz empfahl man seit 1910, später beibehalten, den Kunstschwarm im Dunkelarrest zu füttern. ZANDER (1944) schließt sich dieser Ansicht an, wobei er nur einen 24- bis 48stündigen Dunkelarrest mit aufgesetzter Futterflasche als notwendig erachtet. Nach BORCHERT (1966) ist es von entscheidendem Wert, daß der Kunstschwarm während des Kellerarrestes kein Futter erhält. Nach unseren Erfahrungen muß man damit rechnen, daß die Bienen der Kunstschwärme, namentlich bei raschem Abfegen und geringen Futtervorräten zu wenig Futter in ihre Honigblasen aufnehmen, und daß diese wegen Hungers im Arrest eingehen. Nach dem Arrest schlägt man ihn in eine frisch desinfizierte Beute auf Mittelwände ein. Die Zahl der Mittelwände richtet sich nach dem Gewicht des Schwarmes, sie müssen dicht von Bienen besetzt werden. Eine intensive Fütterung in den ersten Wochen ist unerläßlich.
Das Kunstschwarmverfahren hat sich bei der Sanierung der argen Faulbrutverseuchung in der deutschen Schweiz bestens bewährt, im Welschland und im Tessin kam man damit nicht durch. Dieser Mißerfolg ist nicht auf das Verfahren als solches zurückzuführen, in den seltensten Fällen bricht die Krankheit in den so behandelten Völkern aus, sondern auf irgendwelche Mängel in der Durchführung der weiteren Desinfektions- und Kontrollarbeiten. Zeitlich ist die Durchführbarkeit des Kunstschwarmverfahrens eingeschränkt: Die Kunstschwärme vermögen die Mittelwände in Mitteleuropa nur von Mai bis September auszubauen. Bei Völkern, die meist eine bereits reduzierte Bienenpopulation aufweisen oder bei irgendwie geschädigten sowie schwer durch Faulbrut befallenen Völkern, lohnt sich das Verfahren nicht. Man sehe davon ab, mehrere schwache Völker zu einem Kunstschwarm zu vereinigen. Das Risiko von Rückschlägen ist zu groß.
Der Zusatz von Heilmitteln zum Futter des Kunstschwarmes dürfte die Erfolgsquote kaum erhöhen, verleitet höchstens zu Nachlässigkeiten in den anderen Arbeiten, in diesem Zusammenhang betrachte man die Heilmittel als psychologische Hilfe für den betroffenen Imker.

9.3.3 Einsatz von Heilmitteln

Wenn es auch nicht an Versuchen fehlte, mit allerlei „Heilmitteln“ meist unbekannter Zusammensetzung gegen die bösartige Faulbrut anzukämpfen, so eröffneten sich mit der Einführung der Sulfonamid-Präparate (1942) und Antibiotika (1950) neue Möglichkeiten in der Prophylaxe und Therapie. Es ist das Verdienst von HASEMAN und CHILDERS (1944) sowie von KATZNELSON (1950), die Wirksamkeit des Na-Sulfathiazoles (mehr oder weniger wasserlösliche Form) bzw. von Antibiotika zur Behandlung der bösartigen Faulbrut erkannt zu haben.
Die Wirkung der Sulfonamiden und Sulfathiazolen *in vitro* (d. h. gegenüber von Kulturen von *B. larvae*) prüfte u. a. KATZNELSON (1950) FRITZSCH (1958), BICA, POPI und POPA (1959), TOUMANOFF und MALMANCHE (1959). Die drei von KATZNELSON geprüften Sulfapräparate: Sulfanilamid, Sulfapyridin und Sulfathiazol hemmen in den Kulturen das Wachstum von 40 *B. larvae*-Stämmen relativ schlecht. Die von TOUMANOFF und MALMANCHE getesteten Präparate schneiden unregelmäßig, meist unbefriedigend, ab. Die Ergebnisse von FRITZSCH sind differenzierter: Das Marfaril „Wolfen“ (p-Aminomethylbenzolsulfonamid-Chlorhydrat)

erweist sich als das beste, gefolgt von Eleudron „Bayer“ (p-Aminosulfonamido-Thiazol), zwei weitere Sulfapräparate stuft der Autor als genügend ein, acht weitere hemmen nur schwach, eines ist völlig unwirksam. Dagegen melden BICA, POPI und POPA eine gute Wirkung von Sulfathiazol. Recht widersprüchlich lauten die in vitro-Ergebnisse mit Antibiotika (oben zitierte Autoren sowie TROYANOWSKI, 1968, GOCHNAUER, 1970b und andere). So sind z. B. das von FRITZSCH geprüfte Penicillin und Streptomycin seinen 13 Sulfapräparaten wesentlich überlegen. In den Versuchen von KATZNELSON erweist sich das Aureomycin als außerordentlich wirksam, gefolgt von Penicillin, Chloromycetin und Streptomycin. Die gute Wirksamkeit des Streptomycins heben BICA, POPI und POPA hervor. Dagegen befriedigt die Wirksamkeit des Penicillins und Streptomycins in den Versuchen von TOUMANOFF und MALMANCHE in den meisten Fällen nicht. Über Terramycin-Derivate liegen ebenfalls widersprüchliche Ergebnisse vor.

Das relativ schlechte in vitro-Abschneiden der Sulfapräparate führt KATZNELSON auf die Anwesenheit von Antagonisten bzw. Hemmsubstanzen dieser Chemotherapeutika, wie p-Aminobenzoesäure, Purine, Guanin und Xanthin in den Nährböden zurück.

TOUMANOFF und MALMANCHE erklären die sehr unregelmäßigen Ergebnisse mit den Antibiotika und Sulfathiazol auf eine verschiedene Empfindlichkeit der *B. larvae*-Stämme, die sie aus den verschiedensten Gebieten beschafft hatten.

Ebenso viele Widersprüche bestehen zwischen den in vitro- und in vivo-Ergebnissen, d. h. bei der Anwendung in den freifliegenden faulbrütigen Völkern. Nach KATZNELSON (1950) ist das Aureomycin, das in vitro weitaus am besten abgeschnitten hat, in den kranken Völkern völlig unwirksam. Er stellt die Frage, ob dieses Antibiotikum sich im Zuckerwasser nicht zu rasch zersetze. Die meisten Autoren aus dem Westen sprechen dem Streptomycin und Penicillin zur Prophylaxe und Therapie der bösartigen Faulbrut eine schlechte Wirkung zu. Osteuropäische Autoren melden mit diesen beiden Heilmitteln immer wieder gute Erfolge, neulich wird dies aber von TROYANOWSKI (1969) für das Witebsker Gebiet in Abrede gestellt. Verfolgt man die Apimondia-Kongreßberichte aus den letzten beiden Jahrzehnten, so stellt man fest: die begeisterten Berichte über den Erfolg mit Heilmitteln in der Bekämpfung der bösartigen Faulbrut wie auch der Sauerbrut (S. 88ff.) werden immer mehr durch pessimistische Äußerungen abgelöst.

KATZNELSON (1950) gelang es, in seinen in vitro-Versuchen, *B. larvae*-Stämme an hohe Sulfathiazolkonzentrationen anzupassen. *B. larvae*-Sporen, die während 15 Monaten in einer 1%igen wäßrigen Sulfathiazollösung aufbewahrt wurden, erlitten keinen Schaden.

Nach mehr empirischen Erfahrungen kommen zur Prophylaxe und zur Therapie der bösartigen Faulbrut folgende Sulfatpräparate in Frage:

Sulfathiazol. Man achte, das wasserlösliche Na-Sulfathiazol zu verwenden. Sulfathiazol kann bei höheren Konzentrationen und langer Anwendung sich recht toxisch für die Bienen auswirken, es wirkt auch lebensverkürzend.

Sulfadiazin. Über die Wirkung dieses Präparates, das für den Menschen weniger toxisch ist als das Sulfathiazol, sind die Meinungen geteilt. HASEMAN und CHILDERS (1944) sprechen ihm eine Wirkung ab, KATZNELSON (1950) hebt seine gute Wirkung hervor.

Nach EPP (1961) ist das Cibazol sehr wirksam, in Schweizer Versuchen ließ sich kaum eine Wirkung feststellen (1947/48, mündl. Mitt. von Luisier). VERGÉ (1953)

empfiehlt das Gantrisin (3,4-dimethyl-5-Sulfanilamidoisoxarol), das sich durch eine hervorragende Wasserlöslichkeit auszeichnet. Zur Zeit der „Schonung“ der Faulbrutversicherungskasse des deutschschweizer Bienenzüchterverbandes VDSB, 1957 bis 1967, ließen sich mit diesem Präparat in der Schweiz relativ „gute“ Erfolge erzielen.
Unter den Antibiotika empfiehlt man in den USA für die breite Praxis in erster Linie verschiedene Formulierungen von Veterinär-Terramycin (Terracon, TM 5, TM 10, TM 25 usw.). In Frankreich wird der Verbrauch von Sulfapräparaten zugunsten verschiedener Antibiotika von amtlicher Seite immer mehr eingeschränkt. Im Vordergrund steht das Tetracyclin-Chlorhydrat. Oft wird das bestgeeignete Antibiotikum vor der Behandlung in vitro bestimmt (Brizard und Mitarb., 1964, Rousseau und Labatut, 1967). Man beachte dabei die erwähnten widersprüchlichen Ergebnisse der verschiedenen Autoren.
Über die Wirkung des Oxytetracyclins gehen die Meinungen auseinander. Brizard (1958), Brizard und Albisetti (1966) kamen damit in SW-Frankreich nicht durch, Gochnauer (1951), Moffett und Mitarb. (1970) melden guten Erfolg in den USA. Zahlreiche weitere Antibiotika wurden geprüft, allerdings erstreckten sich die Versuche über relativ kurze Zeitspannen, auch die Zahl der Versuchsvölker ist bescheiden. Sie haben bisher noch kaum, oft aus Kostengründen, Eingang in die Praxis gefunden. Als wirksam erwiesen sich u. a.: Ampicillin, Doxyclin, Tylosin (Moffett und Mitarb., 1970, Hitchcock und Mitarb., 1970). Oleandomycin (Murphey und Andrews, 1964).
In der Literatur findet sich eine Fülle von Berichten über Versuche mit Heilmitteln zur Prophylaxe und Therapie der bösartigen Faulbrut. Gleich wie bei unserer knappen Übersicht bestehen auffallende Widersprüche. Man beachte dabei: In bezug auf die angewandten Heilmittel, auch wenn sie die gleiche Bezeichnung tragen, besteht keine Einheitlichkeit, sie werden von den verschiedensten Herstellern bezogen. Selten arbeitet man mit den gleichen Konzentrationen, unübersichtlich sind die Applikationsmethoden, wenn sie überhaupt genau beschrieben werden: Verfüttern in Zuckerwasser, Besprühen in verschiedenen Lösungsmitteln aufgelöst, Bestäuben mit verschiedenen Trägersubstanzen, Einbau in Zucker- und Honigteigen der verschiedensten Zusammensetzung. Die Zahl der Behandlung variiert stark: 1- bis 3malige Behandlung bis Dauerbehandlung: Das Mittel wird alle 8 bis 14 Tage gegeben, woraus sich zum Teil erstaunlich hohe Konzentrationen ergeben. (Farrar, 1957, wöchentlich 0,1 bis 0,2 g Terramycin Aktivsubstanz pro Volk). Teils begnügte man sich mit ausschließlichen Heilmittelgaben ohne jede weitere imkerliche Maßnahme, teils suchte man die Erfolgschancen durch vorgängiges Entfernen der Vorräte und nachheriges Zurückfüttern vermischt mit Heilmitteln (Eckert, 1960), durch Vernichten der am schwersten befallenen Brutwaben, durch verschiedene Desinfektionsmaßnahmen zu verbessern.
Gut 10 Jahre nach der Einführung der Sulfatherapie wurden Stimmen von Praktikern und Wissenschaftern laut, wonach Sulfabehandlungen trotz Steigerung der Konzentrationen sich als völlig unwirksam erwiesen. Der Wechsel zum Terramycin verbesserte dann die Lage wieder (Moffett, 1953, Studier, 1953). Wissenschafter machten immer wieder auf das Resistenzproblem aufmerksam: u. a. Michael (1958), Hambleton (1958), Hitchcock und Mitarb. (1970). In jüngster Zeit mehren sich die kritischen Stimmen aus West und Ost.
Wenn auch immer gewisse Praktiker, namentlich dort, wo die Heilmittelbehand-

lung amtlich nicht anerkannt wird, mit einem Eifer sondergleichen behaupten, mit einigen wenigen Heilmittelbehandlungen, ohne weitere stützende Desinfektionsmaßnahmen, lasse sich die bösartige Faulbrut tilgen, so hat doch die aufgezeigte Entwicklung in West und Ost eindeutig bewiesen, daß dem nicht so ist. Dort, wo man über jahrzehntelange Erfahrungen mit Heilmittelbehandlungen verfügt, weiß man, daß man mit einer bis drei Behandlungen ohne jede weitere Desinfektionsmaßnahme nicht mehr durchkommt. Man vertritt die Ansicht, wenn schon Heilmittel, so sollen sie eher vorbeugend eingesetzt werden. Zur Behandlung erkrankter Völker erachtet man sie als ungeeignet (Hambleton, 1958). Dadurch gelangt man aber zwangsläufig zur Dauerbehandlung. Um Arbeit zu sparen, schlagen Wilson und Mitarb. (1971, 1973) vor, die Heilmittel in Zuckerteigen einzubauen. Damit die Bienen die Teige nur langsam aufnehmen, werden sie mit Vaselin oder vegetabilen Fetten vermengt. Eine länger dauernde Schutzwirkung und damit Arbeitsersparnis soll damit gewährleistet sein.
Als Beispiel für viele andere sei der Versuch von Mautz (in Weiss und Mitarb., 1977) aufgeführt. Er untersuchte die Wirkung von Sulfathiazol und Terramycin HEN Pfizer zur Heilung von faulbrütigen Völkern. Nach 8 Behandlungen (Einstäubungen), d. h. 16 g Terramycin HEN pro Volk in der Zeit vom 5. 5. bis 22. 6. waren die Völker faulbrutfrei. Bei der gegenwärtigen Empfindlichkeit der Konsumenten ist zu bezweifeln, daß so massive Einsätze von Heilmitteln während einer möglichen Tracht eine befriedigende Lösung des Faulbrutproblems bringen wird. In den 70er Jahren wurden Methoden zum Nachweis von Rückständen aller Art im Honig immer mehr verfeinert. Sulfonamidpräparate lassen sich chemisch bis zu 0,1 ppm (d. h. 0,1 mg pro Kilogramm) sicher mit relativ geringem Aufwand nachweisen (mündl. Mitt. des Kantonalen Laboratoriums Bern). Belliardo (1981) hat die einschlägige HPLC*-Methoden vorgestellt.
Das Für und Wider des Einsatzes von Heilmitten zur Tilgung der bösartigen Faulbrut geht weiter. So haben erneut einige weitere Staaten der USA die Behandlung der bösartigen Faulbrut mit Heilmitteln verboten (u. a. Turell 1974). Hardie, USA, (1978) gelangt zum Schluß, das beste Verfahren zur Bekämpfung der bösartigen Faulbrut sei immer noch das Verbrennen.
Alle diese Taktiken führen zum Verzicht einer Tilgung der Seuche, sie enden in einem „Leben mit der Krankheit". Solange sich die Resistenz von *B. larvae* gegenüber den verwendeten Heilmitteln nicht allzu sehr erschwerend auswirkt, solange wirksame Kontrollen über mit Heilmitteln kontaminierten Honig fehlen, ist dies wirtschaftlich kurzfristig gesehen ein durchaus vertretbares Verfahren.
Jedes bisher bekannt gewordene Heilmittel wirkt ausschließlich auf die vegetativen Stadien von *B. larvae.* Wie wir wissen (S. 47), keimen die Sporen von *B. larvae* innerhalb kurzer Zeit nach der Aufnahme durch die Junglarve aus. Die verabreichten Heilmittel können ausschließlich während der Rundmadenzeit aufgenommen werden und wirken, je früher dies im Leben der einzelnen angesteckten Rundmade geschieht, um so besser. Es ist aber damit zu rechnen, daß zur Zeit der Entdeckung der ersten Krankheitsanzeichen durch den Imker (faulbrütige fadenziehende Zellen), der Erreger bereits vor längerer Zeit ins Volk eingeschleppt wurde. Er wird sich bereits in Vorräten (Honig, Pollen, in den Zellen) in Form von Sporen finden. Soll eine Behandlung überhaupt einen Sinn haben, so muß das Heilmittel über

* Hochdruckflüssigkeitschromatographie.

längere Zeit verabreicht werden, damit jede neue Infektion in den Rundmaden rechtzeitig aufgefangen wird.
Man weiß zur Genüge, daß bei einer Heilmittelanwendung die Symptome der bösartigen Faulbrut dermaßen maskiert werden, daß eine Kontrolle auf Brutgesundheit illusorisch wird, dies führt ebenfalls zu einer „blinden" vorbeugenden Behandlung. Beginnt man in irgendeinem Gebiet mit vorbeugenden oder heilenden Heilmittelbehandlungen, so sieht sich jeder Imker über kurz oder lang gezwungen, diese Behandlungen in seinen eigenen Stand aufzunehmen, um sich vor unliebsamen Überraschungen zu schützen (Morse, Dyce und Gould, 1965, Wille, 1970).
Die geschilderten Schwierigkeiten und die sich daraus ergebenden Konsequenzen waren im Prinzip bereits in den 50er Jahren erkannt (verschiedene Autoren im American Bee Journal, 1953, ferner Gochnauer, 1955, Michael, 1958, Hambleton, 1958). Mead (1960), Bieneninspektor in Vermont, faßt die damalige Situation lakonisch zusammen (übersetzt): Wir haben die Resistenz, wir haben Antibiotika, wir haben Behandlungen, aber wir haben immer noch die bösartige Faulbrut.

9.3.4 Kombinierte Verfahren

Schulz-Langner (1956) stellt sich die Aufgabe, ein Verfahren zu entwickeln, das erlauben sollte, das Sulfathiazol sinnvoll einzusetzen, seine zweifellos guten Heileigenschaften zu nutzen, seine schwachen Seiten zu überbrücken. Es gelingt ihr damit, in nicht allzustark erkrankten Völkern Brut und Bienen zu retten. Das Verfahren wurde nicht an schwer erkrankten Völkern (über 50% der Brutzellen befallen, briefliche Mitteilung) erprobt. Es ist allerdings mit einem recht großen Arbeitsaufwand verbunden. Ihr Verfahren lautet, kurz zusammengefaßt (Schulz-Langner in Büdel-Herold 1960, S. 320 bis 321).

1. Zu stark verseuchte Waben werden von der Sanierung ausgeschlossen, d. h. sie werden verbrannt.
2. Sämtliche übrigen Brutwaben werden, nachdem alle Honigkränze herausgeschnitten sind, in eine neue, saubere Beute über ein Absperrgitter in den Honigraum gehängt.
3. Die Königin wird mit dem Volk im unteren Raum dieser neuen Beute auf saubere, ausgebaute Leerwaben gesetzt.
4. Das Volk, das nun keinerlei Vorräte mehr hat, wird jetzt mit einer Heilfutterlösung versehen: Eine Tablette = 0,5 g Sulfathiazol wird in etwas kochendem Wasser aufgelöst und in der warmen Zuckerlösung 1:1 verrührt. Auf 3,75 l Zuckerlösung 1:1 kommt eine Tablette von 0,5 g Sulfathiazol. Diese 3,75 Liter werden möglichst schnell eingefüttert. Zu beachten ist, daß die Sanierung nicht während einer Volltracht durchgeführt wird – das Heilfutter soll unverdünnt verbraucht und nicht gespeichert werden.
5. Nach 22 Tagen ist die Brut im Honigraum geschlüpft; ihre leergewordenen Waben werden jetzt vernichtet. Die Königin hat inzwischen unter dem Absperrgitter ein neues gesundes Brutnest angelegt.
6. Die anscheinend gesunden Völker des Standes werden in gleicher Weise und zur gleichen Zeit behandelt. Alle Geräte und leerstehenden Beuten werden durch Abflammen mit der Lötlampe entseucht.

Man beachte: Auf dem erkrankten Stand sind sämtliche Völker, auch wenn sie keine Krankheitsanzeichen aufweisen, gleich zu behandeln. Nach 22 Tagen sind die leergewordenen Waben der nicht befallenen Völker genau durchzusehen. Sind sie in Ordnung, brauchen sie nicht vernichtet zu werden. Die Stände der Umgebung sind ebenfalls gleich zu behandeln.

Ein im Prinzip ähnliches Verfahren wird in der DDR angewandt (MEYERHOFF und SEIFERT, 1962, BORCHERT, 1966). Hier liegt das Schwergewicht der Behandlung im Herbst, denn die Krankheit läßt sich im Nachsommer nach der intensiven Brutperiode durch stehengebliebene verdeckelte Zellen (evtl. Schorfe, der Verf.) leichter erfassen. Bei der Behandlung wird das Sulfathiazol nicht wie im Sommer mit dem Nektar gespeichert, sondern unmittelbar an die Brut herangebracht.

Im Herbst sind grundsätzlich sämtliche Völker des befallenen Standes der Behandlung zu unterziehen. Es sollen aber nur Völker behandelt werden, die durch den Krankheitserreger noch keine schweren Schädigungen erlitten haben, bereits geschwächte sollen vernichtet werden. Stand und Geräte sind wie üblich zu desinfizieren. Bei jedem Faulbrutfall wird die Beseitigung des gesamten Wabenwerkes und Weiterarbeit ausschließlich mit Mittelwänden empfohlen. Nach Möglichkeit wird die Behandlung der Völker im ganzen Sperrkreis empfohlen. In Gegenden mit ständigem Befall wird die prophylaktische Behandlung größerer Gebiete (Kreis, Bezirk) angeraten.

Wenn die Krankheit im Herbst entdeckt wird oder wenn sie im Sommer festgestellt wurde und eine Nachbehandlung erforderlich ist, wird folgendermaßen vorgegangen:

1. Ganzen Stand genau durchkontrollieren.
2. Waben mit Anzeichen der bösartigen Faulbrut zum Auslaufen der Brut in den Honigraum hängen, wenn dies noch zweckmäßig erscheint. Stark befallene Waben vernichten.
3. Dem Volk so viele saubere, wenig bebrütete, schorffreie Waben geben, wie es für den Wintersitz benötigt.
4. Das im Brutraum gespeicherte Futter (Honig) soweit als möglich entfernen. Enthalten die Futterwaben noch Brutflächen, sie ebenfalls in den Honigraum hängen.
5. Einfütterung mit dem Heilmittel in der üblichen Form. Kompliziertes Vorgehen, damit das Heilmittel richtig im Volk verteilt wird. Genaue Vorschriften werden gegeben, 1,5 g, BORCHERT spricht von 3 g! Widerspruch!
SEIFERT später 0,5 g.
6. Übliche Desinfektion der Geräte usw.

Wenn die Krankheit im Sommer entdeckt wird, gilt folgende Anweisung:

Bei Haupttracht:

1. Ganzen Stand genau durchkontrollieren.
2. Befallene Völker: Kunstschwarmverfahren.
3. Hernach evtl. versuchen, gleich nach dem Einschlagen auf Mittelwände 0,5 g Sulfathiazol in ½ bis 1 l Zuckerlösung 3:2 oder 2:1 zu verabreichen.
Anscheinend nicht befallene Völker nicht behandeln.
4. Im Herbst erhält der ganze Stand, einschließlich des sanierten Volkes, 1,5 g Sulfathiazol (verm. pro Volk) im Winterfutter verabreicht. Genaues Vorgehen siehe S. 70.

Bei Läppertracht:
1. Ganzen Stand genau durchkontrollieren.
2. Befallene Völker auf Mittelwände setzen.
3. Sämtliche Brutwaben kommen in den Honigraum, füttern mit 5 l Zuckerlösung 3:2 oder 2:1 mit 1,5 g Sulfathiazol, zunächst an 2 bis 3 Tagen, je 1 Liter abends, Rest in täglichen Gaben von ¼ l oder zweitägig ½ l verabreicht.
4. Im Herbst erhält der ganze Stand einschließlich der sanierten Völker je 0,5 g Sulfathiazol im Winterfutter gegeben (Widerspruch zu den früheren Vorschriften: 1,5 g!).

Rousseau und Labatut (1967) schildern, wie in den Landes die bösartige Faulbrut trotz Einsatz verschiedener Heilmittel immer mehr um sich griff, trotzdem sich lokal gewisse Erfolge einstellten. Mit folgendem Verfahren suchten sie die Krankheit zu bekämpfen:
1. In allen infizierten Ständen alle Völker ohne Ausnahme dreimal im Abstand einer Woche behandeln.

Des weiteren: Die befallenen Völker werden in neue Kästen oder in desinfizierte Kästen überführt. Alle Brutwaben, die aus befallenen Völkern stammen, werden verbrannt. (Die Autoren geben nicht an, ob die Völker auf Neubau oder alte desinfizierte Waben gesetzt werden.)

Die Überführung der Völker in neue Kästen geschieht in der Regel vor der 2. Behandlung.

2. Im folgenden Frühjahr: Sobald die Bruttätigkeit wieder beginnt, wenn die Völker keine Krankheitszeichen mehr aufweisen, wird eine Sicherheitsbehandlung durchgeführt: 3 Behandlungen im Abstand einer Woche.

Wenn die Krankheit erneut festgestellt wurde (interessant, daß dieser Fall vorgekommen ist), wird die Heilbehandlung wiederholt, Überführen der befallenen Völker in neue Kästen usw. (Oft wird mit einem neuen Heilmittel vorgegangen.)

Angaben über die Erfolge und Rückfälle werden gemacht (nur 3 Jahre Beobachtungszeit).

9.3.5 Diskussion

Aus den Ausführungen geht hervor: Jahrzehntelange Erfahrungen mit dem Einsatz von Heilmitteln zur Bekämpfung der bösartigen Faulbrut führen zur Erkenntnis, daß gelegentliche Behandlungen, trotz Scheinerfolgen, nicht die Tilgung der Seuche ermöglichen. Durch fortgesetzte Anwendung der Heilmittel läßt sich während längerer Zeit „mit der Krankheit leben". Schwerwiegende Fragen sind die Resistenz und die Kontamination des Honigs. Besonders mitteleuropäische Länder mit ihrem hohen Honigpreis sollten nicht den lebensmittelpolizeilichen Aspekt verniedlichen. Die drei geschilderten kombinierten Verfahren erlauben, bei nicht allzu stark verseuchten Völkern Bienen und Brut zu retten. Der Arbeitsaufwand dazu ist sehr groß. Die zuständigen Stellen haben zu entscheiden, welches Verfahren günstiger ist: Vernichten und Entschädigen der Völker mit dem Wabenmaterial oder eines der sehr zeit- und materialaufwendigen komplizierten Verfahren. Dort wo der Staat sich finanziell nur am Rande für die Belange der Bienenseuchenbekämpfung interessiert, sind diese Verfahren für Kleinimker sehr zu empfehlen. Der Imker kann seine Völker mit größerer Aussicht auf Erfolg heilen, seinen Stand sanieren. Die Durchführung dieses Verfahrens in Großimkereien ist ausgeschlossen. Allerdings sind bei diesen 3 Verfahren 2 Punkte noch nicht befriedigend gelöst: Das Schicksal der Vorratswaben (Brut- und Honigraumwaben), die Kontrolle der umliegenden Stände. Darüber sind die betr. Vorschriften sehr ungenau. Es sollte unbedingt darauf geachtet werden, daß gleich wie bei Verfahren 1 sämtliche Waben umgeschmolzen werden. Die vorbeugende Behandlung der umliegenden Stände ohne vorherige genaue Kontrolle wird zwangsläufig zu Enttäuschungen führen. Auch diese Stände müssen gleich wie bei Verfahren 1 einer genauen Untersuchung unterzogen oder falls man auf die Kontrolle verzichten will, gleich behandelt werden wie der befallene. Dies ist wiederum mit einem sehr hohen Arbeitsaufwand verbunden.

Bei Würdigung all dieser Gegebenheiten stellt man fest: Es ist kein Verfahren bekannt, das mit einem relativ geringen Kosten- und Zeitaufwand erlaubt, die Krankheit zu tilgen. Deshalb sollten in einem bisher nicht befallenen Gebiet bei Ausbruch der Krankheit mit strengen Maßnahmen die ersten Herde getilgt werden, man vermeide das Experimentieren. Nach unseren Erfahrungen wird die Lage geradezu hoffnungslos, wenn in einem enzootischen Faulbrutgebiet ein oder mehrere Imker ihre Völker vorbeugend mit Heilmitteln behandeln: Immer wieder werden in der Umgebung Rückfälle auftreten, ohne daß es gelingt, die eigentlichen Herde auszumerzen. Eine nie endende Belästigung der Imker durch die Seuche wird die Folge sein.

In der Bundesrepublik Deutschland befassen sich Stehle und Braun (1981) eingehend mit der bösartigen Faulbrut. Ihre Stellungnahme entspricht im Prinzip der unserigen: Verzicht auf den Einsatz von Heilmitteln. Der Praktiker findet dort eine Fülle von ergänzenden Empfehlungen und Hinweisen, die ihm eine einwandfreie Sanierungsarbeit erleichtern werden.

9.3.6 Desinfektion des Wabenmaterials

Wie die Erfahrung zeigt, läßt sich schorffreies, nicht allzu dunkles Wabenmaterial, das aus einem befallenen Stand stammt, ohne Gefahr einer Krankheitsverschleppung zu Mittelwänden umschmelzen. Allerdings muß die Fabrikationstemperatur mindestens 100 °C betragen. Es fehlte nicht an Versuchen, dieses aufwendige Verfahren durch andere Desinfektionsmaßnahmen zu ersetzen. In den letzten Jahren standen Versuche mit Strahlung (Gamma-Strahlen einer Kobalt^{60}-Quelle) und Begasung mit Äthylenoxid im Vordergrund.

Versuche mit Gamma-Strahlen unternahmen verschiedene Autoren, sie brachten widersprechende Ergebnisse (Literatur bei Gochnauer und Hamilton, 1970). Überraschenderweise wird bei 1,0 Mrad Gamma-Strahlung die Auskeimung der Sporen und die Proteaseaktivität (S. 44) von *B. larvae* nicht unterbunden. Das Ansteckungsvermögen der Waben ließ sich fast vollständig bereits bei einer Strahlungsdosis von 0,2 Mrad ausschalten. Cantwell (1970) stellt Kostenberechnungen für ein solches Verfahren an. Kurzfristig gesehen, scheinen die Kosten zu hoch zu sein. Gelänge es aber damit bei Verzicht auf die Vernichtung der Völker, des Wabenmaterials, bei Weglassen der Heilmittel die Krankheit zu tilgen, so dürfte die Rechnung auf lange Frist günstig ausfallen.

Offensichtlich läßt sich mit Äthylenoxid ein guter Desinfektionseffekt erreichen (Shimanuki, 1967, Shimanuki und Mitarb., 1970, Thurber, 1971 und andere). Solche Begasungsaktionen dürften sich beim Anfall von großen Wabenmengen bei entsprechender Einrichtung (Begasungskammer oder -zelt, die die Aufrechterhaltung eines bestimmten Druckes bei einer Temperatur von mindestens 24 °C erlaubt) lohnen, d. h. in erster Linie in Großimkereien. Die Arbeit mit Äthylenoxid

ist nicht harmlos und sollte von Spezialisten vorgenommen werden: Sehr giftiges Gas (in der Schweiz in der Giftklasse 2), Gas/Luftgemisch 1:4 ist hochexplosiv!). In den 70er Jahren haben mehrere Autoren (Lit. u. a. bei GOCHNAUER und Mitarb., 1979) versucht, mittels einer Begasung mit Äthylenoxid oder einem Gemisch von Äthylenoxid und Methylbromid (SMIRNOV und VOLKOVSKII, 1973) oder einer Kombination von Äthylenoxid und dem Antibioticum Oxytetracyclin (KNOX und Mitarb., 1976) die bösartige Faulbrut zu bekämpfen. Wohl liegen für kurzfristige Beobachtungsperioden z. T. recht günstig lautende Befunde vor. Eine 100%ige Abtötung von *B. larvae* ließ sich in der Regel nicht erreichen (KNOX und Mitarb., 1977). GOCHNAUER und Mitarb. (1979) berichteten zusammenfassend über ihre Erfahrungen mit der Äthylenoxidbegasung bei Großanwendung. Da ihre Ergebnisse nicht so überzeugend sind, besteht keine Veranlassung, die bisherigen und nicht kostspieligeren Sanierungsmaßnahmen zugunsten dem Begasungsverfahren aufzugeben.
TUTT und WILSON (1975) schlugen einen anderen Weg vor, um Waben von Faulbrutsporen zu befreien. Sie beimpften verschorfte Waben mit einem Schimmelpilz, *Penicillium waksmani.* Seine auskeimenden Sporen sind in der Lage, gut auf den Schorfen zu wachsen. Dadurch werden die Schorfe in den Zellen gelockert, so daß die Bienen sie viel leichter entfernen können. Gleichzeitig kürzen sie die Zellen stärker ein, dieses Verhalten ist nach PARK (1936) unter vielen anderen ein typisches Merkmal für Faulbrutresistenz.

Die Sauerbrut

Andere Bezeichnungen: Gutartige Faulbrut, Europäische Faulbrut

1 Begriffsbestimmung

Die für diese Seuche in der deutschen Sprache bisher zumeist verwendete Bezeichnung gutartige Faulbrut ist ungenau und bietet zu Verwechslungen Anlaß. Unter den oben genannten verschiedenen Begriffen verstehen die meisten Autoren den gleichen Krankheitskomplex. BORCHERT (1966) wendet aber jede dieser Bezeichnungen für ein besonderes Krankheitsbild mit entsprechendem bakteriologischen Befund an. DZIERZON hat seinerzeit den Ausdruck „gutartige Faulbrut" geprägt. Er wollte damit dem Umstand Rechnung tragen, daß bei diesem Krankheitskomplex Selbstheilungen eintreten können, was bei der bösartigen Faulbrut, sobald eine gewisse Zahl von Larven sichtlich erkrankt ist, nicht der Fall ist. Man vertrat die Ansicht, die Krankheit trete in Folge von spärlicher Tracht und schlechter Pflege auf, es handle sich um eine „Defizitkrankheit". Wie aber die Erfahrung zeigte, erwies sich die Krankheit immer wieder als unberechenbar, hartnäckig und oft schwer bekämpfbar. Wie aus Abschnitt 10.3 zu entnehmen ist, brachte die Antibiotikums-Therapie in den 50er Jahren zunächst erstaunliche Erfolge, in den letzten Jahren aber nimmt die Krankheit wieder stark zu, ihre Bekämpfung erweist sich wieder als sehr schwierig. Da den befallenen Waben oft ein säuerlicher Geruch entströmt, schlug BURRI die Bezeichnung Sauerbrut vor. Damit war er bestrebt, das harmlos klingende „gutartig" zu vermeiden. Der Ausdruck „europäische Faulbrut" erfolgte in Anlehnung an die englische Bezeichnung „European Foulbrood“ im Gegensatz zu „American Foulbrood“ = bösartige Faulbrut. Er würde eine gewisse Vereinheitlichung bringen, wird aber dem Wesen der Krankheit nicht gerecht. In Anlehnung an Burri möchten wir am Ausdruck Sauerbrut festhalten.

2 Krankheitsbild

Auf den ersten Blick ähnelt das Krankheitsbild der Sauerbrut in gewisser Weise dem der bösartigen Faulbrut: Der Brutstand ist lückenhaft, die Deckel der Brutzellen sind z. T. flach oder eingesunken, z. T. durchlöchert. In einem fortgeschrittenen Stadium der Krankheit finden sich unter diesen anormalen Zelldeckeln stinkende, fadenziehende Massen, die oft bereits zu dunklen bis schwarzen, unregelmäßig gelagerten Schorfen eingetrocknet sind. Sie lassen sich ebenfalls in den von den Bienen bereits entdeckelten Brutzellen beobachten. Aber in nicht gedeckelten Zellen liegen häufig, am Zellgrund haftend, kleine glatte Rückstände von eingetrockneten Rundmaden. Alle diese Rückstände lassen sich im Gegensatz zu denjenigen der bösartigen Faulbrut leicht ablösen.
Von der befallenen Wabe kann ein leicht säuerlicher, manchmal auch an Fußschweiß erinnernder Geruch ausgehen. Das Krankheitsbild der Sauerbrut ist jedoch außerordentlich variabel, wie aus der nachfolgenden detaillierten Übersicht ersichtlich wird, siehe Tab. 3, S. 74.

3 Verbreitung der Sauerbrut in der Welt

Verglichen mit der bösartigen Faulbrut scheint die Sauerbrut bestimmte Gebiete zu bevorzugen. Die dafür bekanntgegebenen Erklärungsversuche mögen wohl regional zutreffen, sind voller Widersprüche, wenn sie gegeneinander gestellt werden. Vielfach scheint die Sauerbrut irgendwie an Gebiete mit extremen Klimaverhältnissen oder Trachtverhältnissen gebunden zu sein (Phillips, 1925).
Gochnauer und Floyd (1956) berichten über die Verbreitung dieser Krankheit in Minnesota. Sie tritt ausschließlich in bergigen Gebieten mit kalten Frühlingen auf. Sie bricht aus, sobald das Wetter warm wird. Den Autoren gelang es nie, trotz massiver Infektion, die Krankheit in sauerbrutfreien Gegenden von Minnesota zum Ausbruch zu bringen.
Ähnliche Erfahrungen liegen aus der Schweiz vor. Mit wenigen Ausnahmen stimmte hier bis vor einigen Jahren das Verbreitungsgebiet der Sauerbrut mit den eigentlichen Föhntälern überein. (Hier sind Temperaturschwankungen von 10 bis 20 °C innerhalb kürzester Zeit möglich.) In ähnlichen Verhältnissen ist aber in Österreich die Sauerbrut kaum bekannt. Man könnte spekulieren, daß hier die Rassenfrage hineinspielt: Allgemein nimmt man an, daß die Nigra, wie sie in der Schweiz verbastardiert vorkommt, sauerbrutanfälliger sei als die Carnica. Demgegenüber scheint die Krankheit in Jugoslawien, d. h. in einem Carnica-Gebiet, recht weit verbreitet zu sein! (Tomašec, 1959.)
In Europa dürfte die Sauerbrut in folgenden Ländern enzootisch sein: Frankreich, England, Belgien, Dänemark, Schweiz, Jugoslawien, Polen, Ungarn, Rumänien, Bulgarien (sehr starke Zunahme in den letzten Jahren, Toschkov und Mitarb.,

Tab. 3. Krankheitsanzeichen bei der Sauerbrut

Aussehen der Brut		Bewertung der Anzeichen
Primäre Form der Sauerbrut	*Vor der Verdeckelung*	
Stufe I	Lückenhaftes Brutnest	nicht typisch
Stufe II	Meist ausgesprochene lückenhafte Brut. Schlaffwerden der 3–5-tägigen Rundmade, Körpersegmentierung verschwindet allmählich, gelblich werdend	nicht typisch
	Durchschimmern des schmutziggelben Bakterienklumpens am Ende des Mitteldarmes durch die Rückenhaut der 3–5 Tage alten Rundmade (nicht zu verwechseln mit den gelbgoldbraunen Pollenresten)	recht typisch
	Die erkrankten und abgestorbenen Rundmaden liegen in allen möglichen Stellungen in den Zellen. Statt leuchtend weiß sind die Rundmaden gräulich bis gelblich, machen einen „mageren" Eindruck. Häufig schimmert das Luftröhrensystem deutlich erkennbar durch die Haut	mehr oder weniger typisch
	Abgestorbene, eingetrocknete Rundmaden liegen in Form von sichelförmigen Schorfen z.T. am Zellgrund oder sind z.T. zwischen den Zellwänden ausgestreckt	mehr oder weniger typisch
	Bei sorgfältigem Öffnen der Zelldeckel mehr oder weniger ausgesprochener lackartiger Rückstand an der Innenseite des Deckels „Deckellack"	typisch
Sekundäre Form der Sauerbrut	*Nach der Verdeckelung*	
	Auffallend lückenhafte Brut. Zelldeckel normal gewölbt, flach oder eingesunken, z.T. durchlöchert oder bereits entfernt. Dunklere Farbtöne der Deckel oder feuchte Zelldeckel	nicht sehr typisch
	Schwarzbraune bis schwarze Madenrückstände in der Zelle, oft mit rauher Oberfläche, z.T. fadenziehend, wobei sich die Fäden meist nur kurz ausziehen lassen. Die Schorfe lassen sich im Gegensatz zu denjenigen der bösartigen leicht mit einer Pinzette entfernen	mehr oder weniger typisch

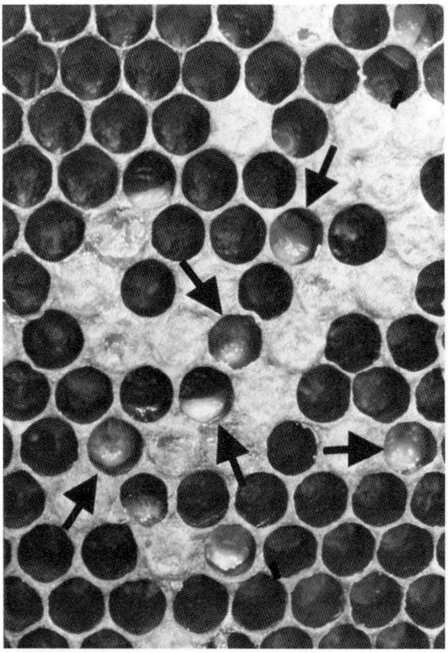

Abb. 18. Sauerbrut, primäre Form, Stufe 2, zusammengesunkene erschlaffte kranke Maden (Hättenschwiler phot.).

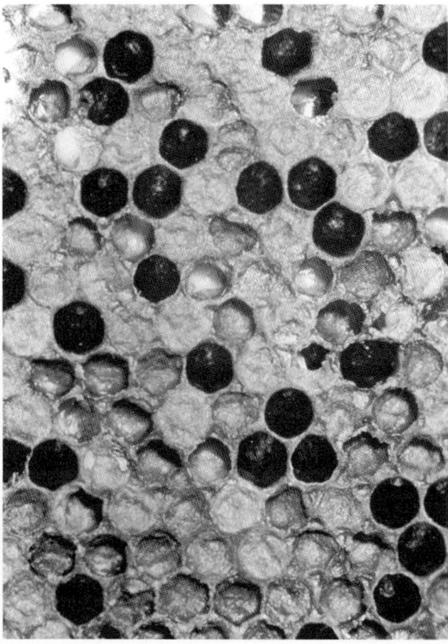

Abb. 19. Sauerbrut, sekundäre Form der Krankheit. Gedeckelte kranke Brutzellen, hauptsächlich auf der rechten Bildhälfte. Unter den dunklen, feuchten, oft eingesunkenen Zelldeckeln befinden sich die stinkenden schleimigen Massen oder unregelmäßigen Schorfe. Auf der linken Bildseite einige von *Streptococcus pluton* befallene Rundmaden (Archiv Liebefeld).

1967), in den mittleren und nördlichen Breitengraden der Sowjetunion (Poltev, 1959). Interessanterweise tritt bisher die Sauerbrut in Deutschland nur sporadisch auf. In Italien ist sie bekannt, doch scheint die Bekämpfung kein Problem zu sein. Die Sauerbrut verursacht große Schäden in den USA, nicht zuletzt in den ariden SW-Staaten, des weiteren in Mexiko, in den zentral- und südamerikanischen Staaten, neulich starke Zunahme in Argentinien. Sie wurde auch in Australien und Neuseeland festgestellt. Sie ist im tropischen Afrika nachgewiesen, in *A. mellifica*- wie auch in *A. mellifica-adansoni*-Völkern (Smith, 1958). Abrev Lopez meldete sie (1963) aus Angola. Diwan und Mitarb. (1971) fanden sie in Indien in Völkern der *A. cerana.* Sie führen die Infektion auf einen benachbarten erkrankten *A. mellifica*-Stand zurück.

4 Rätselhafte Erreger der Krankheit

Über die Natur des Erregers der bösartigen Faulbrut besteht in den Grundzügen Einigkeit. Seit den Untersuchungen von White (1906) wurden wohl die Kenntnisse der Ethologie dieser Krankheit in zahlreichen schönen Arbeiten erweitert, grundsätzlich Neues kam aber nicht hinzu.

Über die Ursachen der Sauerbrut, d. h. über ihren oder ihre Erreger sind heute noch die Meinungen geteilt. Zahlreiche Widersprüche sind nicht geklärt, gesicherte Tatsachen selten. Im Gegensatz zur bösartigen Faulbrut zeichnet sich die Sauerbrut, wie wir gesehen haben, durch verschiedene Erscheinungsformen aus. Das Absterben der Maden bei der Sauerbrut erfolgt schubweise. Bei massiver Infektion oder erhöhter Empfänglichkeit erliegt bereits ein Teil der jüngsten Larven (0 bis 48 Stunden alt). Der Imker könnte bestenfalls durch ein lückenhaftes Brutbild auf die Möglichkeit einer solchen Infektion aufmerksam werden = Primäre Sauerbrut, Stufe I (S. 74). Im zweiten Schub sterben die Maden 1 bis 2 Tage vor der Verdeckelung ab. Die sich ergebende Erscheinungsform entspricht der in der Literatur üblichen Sauerbrutbeschreibung = Primäre Sauerbrut, Stufe II (S. 74). Weniger häufig erliegen Streckmaden oder noch seltener Puppen. In diesem Fall ähneln die äußeren Krankheitsanzeichen der bösartigen Faulbrut = Sekundäre Sauerbrut (S. 74). Nicht selten finden sich diese 3 Stufen vermischt im erkrankten Volk, manchmal überwiegt Stufe II, manchmal die sekundäre Form. Alle Übergänge sind möglich. Untersucht man die erkrankten Maden der verschiedenen Stufen, so beobachtet man morphologisch weit voneinander abweichende Bakterienformen. Die Verhältnisse sind insofern noch komplizierter, als neben diesen Krankheitserscheinungen, denen ein bestimmter bakteriologischer Befund zugeordnet werden kann, auf jeder mit Sauerbrut befallenen Wabe sich zahlreiche weitere verdächtige oder abgestorbene Maden finden, die den sauerbrütigen äußerlich gleich sehen, in denen man aber vergeblich mit dem Lichtmikroskop oder kulturell nach möglichen Bakterienerregern sucht.

Das vielfältige bakteriologische Bild der primären und sekundären Sauerbrut führte zu den verschiedensten Hypothesen über den möglichen Erreger. Es ist hier nicht die Stelle, sich kritisch mit den verwickelten bakteriologischen Verhältnissen auseinanderzusetzen, wir begnügen uns, die Hauptlinien darzustellen. Es ist das Verdienst von White (1906), die Unterschiede in den Krankheitserscheinungen und im bakteriologischen Befund bei der bösartigen Faulbrut und Sauerbrut herausgearbeitet zu haben. Er teilte den von Cheshire und Cheyne (1885) beschriebenen *Bacillus alvei* mit Recht dem Sauerbrut-Komplex zu. In den folgenden 20 Jahren diskutierte man in erster Linie die Rolle der folgenden Bakterienarten, die irgendwie mit der Sauerbrut vergesellschaftet sind: *Bacillus alvei, Streptococcus apis* (Maassen, 1907/08). *Strep. apis* dürfte viel Gemeinsames mit *Strep. liquefaciens* und auch mit *Strep. faecalis* aufweisen und dürfte auch mit *Strep. durans* verwechselt worden sein. White (1912) beschrieb noch weiter das *Bacterium eurydice* (heute *Achromatobacter eurydice*), den *Bacillus laterosporus* und *Bacillus orpheus* (siehe Borchert 1966). Alle diese Bakterienarten lassen sich auf gewöhnlichen Nährböden leicht isolieren. Infektionsversuche verlaufen in der Regel negativ. Neben diesen Arten beobachtete White in sauerbrütigen Maden regelmäßig ein kokkenförmiges Bakterium, das er zunächst als Bacillus Y, später als *Bacillus pluton* bezeichnete. Dieser Organismus ließ sich aber nicht züchten. Es waren in erster Linie theoretische Überlegungen, die White dazu führten, diesen *Bacillus pluton* (später als *Streptococcus pluton* bezeichnet) für den Erreger der Sauerbrut zu halten.

Diese Hypothese wurde bis 1928 allgemein anerkannt. In diesem Jahr beobachtete Lochhead (1928), wie auf zuckerhaltigen Nährböden der deutlich stäbchenförmige, sporenbildende *B. alvei* eine kokken-ähnliche Form annimmt und morphologisch dem *Strep. pluton* in den erkrankten Maden ähnelt. Damit stellte Lochhead

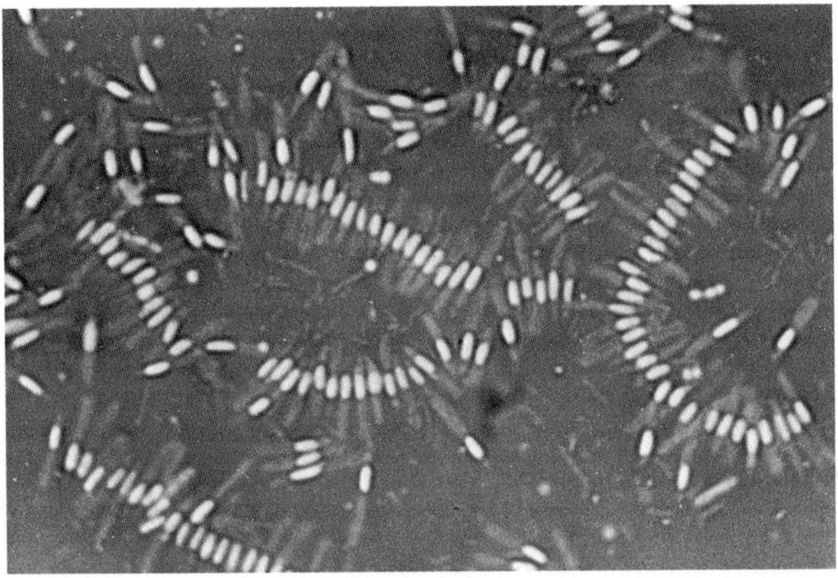

Abb. 20. Sauerbrut. *Bacillus alvei,* Sporenmutterzellen in typischer Weise nebeneinander angereiht. In der Mitte der Zellen in Bildung begriffene Sporen, Nigrosin (Archiv Liebefeld).

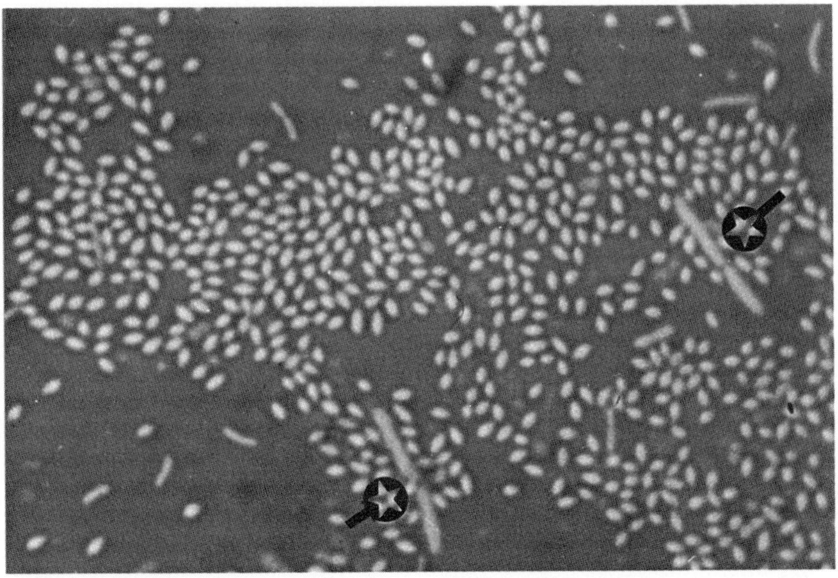

Abb. 21. Sauerbrut. *Streptococcus pluton* mit einigen *Bacillus alvei* Stäbchen (*), Nigrosin (Archiv Liebefeld).

die Hypthese auf, *Strep. pluton* sei eine Umwandlungsform (bzw. Dissoziationsform) von *B. alvei.* Diesen Befund unterstützte BURNSIDE (1934). Nach seinen Kulturversuchen kann *B. alvei* zeitlich als Sporenbildner oder als nicht sporenbildendes Stäbchen dem *Bacterium eurydice* identisch oder sogar als Kokkus, dem *Strep. pluton* identisch auftreten. Er vertrat die Meinung, daß *Strep. apis* dem *Strep. pluton* gleichzusetzen sei, demnach sind diese beiden Formen lediglich Varianten oder bestimmte Entwicklungsstadien von *B. alvei.* In den 50er und 60er Jahren befaßte man sich in erster Linie mit *Strep. pluton,* dem man eine zentrale Stellung im Krankheitsgeschehen zuwies. *B. alvei* wurde zumindest im Westen „vernachlässigt". Indessen ist KAMBUROV (1966) überzeugt, daß *B. alvei* unter allen vermuteten Sauerbruterregern am meisten pathogen sei.

Eine ähnliche, wenn auch nicht so weitgehende Dissoziationshypothese stellt BURRI (1941, 1944, Lit. daselbst) auf. *Bact. eurydice,* das immer wieder in gesunden Maden vorkommt, könne sich unter von BURRI nicht näher beschriebenen Bedingungen in einen Kokkus bzw. in *Strep. pluton* umwandeln, der dann die Krankheit auslöse. Solche Umwandlungen hat BURRI wohl in seinen Kulturen beobachtet, eine Isolation wie auch eine Weiterzüchtung der Kokken-Form gelang ihm aber nicht. TOMAŠEC (1959, 1961) schloß sich der Dissoziationshypothese von BURRI an. GUBLER (1954) versuchte vergeblich mit verschiedensten Zusätzen solche Dissoziationsformen zu erzeugen. Dagegen zeigte GUBLER, daß *Strep. pluton*-Material, das vom Deckellack der Zellen stammte (S. 79) alle Eigenschaften einer selbständigen Zelle aufweist: Wandstrukturen, Kernstrukturen. Als erster wies er die Kapselbildung bei *Strep. pluton* nach. Damit ergab sich ein neuer Gesichtspunkt: Ähnlich wie bei den Pneumokokken, die, wenn sie pathogen sind, eine Kapsel, wenn sie nicht krankmachend sind, keine Kapsel bilden, könnte angenommen werden, daß zur Auslösung der Sauerbrut die Kokken Kapseln bilden müssen *(Strep. pluton),* während die in der Regel nicht kapselbildenden *Strep. apis* = *Strep. faecalis* = evtl. *Strep. liquefaciens* die Krankheit nicht oder nur mittelbar erzeugen. WILLE (1960) hat sich mit dieser Frage beschäftigt: *Strep. faecalis* kann in synthetischen Nährböden bei entsprechenden Vitaminkombinationen zur Kapselbildung gebracht werden. Die Bereitschaft zur Kapselbildung hängt ebenfalls von der Herkunft des Materials ab. Im Zusammenhang mit der Frage der Kapselbildung ist auf eine wenig beachtete Arbeit von CLARK (1939) aufmerksam zu machen: Nicht bewegliche Formen von *B. alvei*-Stäbchen bilden Kapseln. CLARK stellte die Frage, ob folgende Übergangsformen angenommen werden könnten: Bewegliche sporenbildende *B. alvei*-Stäbchen → unbewegliche sporenbildende *B. alvei*-Stäbchen, aber mit Kapselbildung → streptokokkenähnliche *alvei*-Zellen nach LOCHHEAD → nicht sporulierende *alvei*-Stäbchen.

Serologische Untersuchungen von WILLE (1961 und unveröff.) erbringen keine weiteren Beweise, daß *Strep. pluton* eine selbständige Art oder eine Variante von *Strep. faecalis* sei. Er vertritt die Auffassung, daß zwischen dem typischen *Strep. pluton* auf der einen und dem typischen *Strep. faecalis* auf der anderen Seite zahlreiche Übergangsstufen liegen. In Infektionsversuchen lösten verschiedene kapselbildende *faecalis*-Stämme Sauerbrut-Symptome aus. Weiter unten wird auf die Schwierigkeiten bei Infektionsversuchen eingegangen.

BAILEY beschreibt in verschiedenen Arbeiten (1957, 1959, 1961) ein Nährmedium, das in der Folge geringfügig abgewandelt wurde (Basis Hefeextrakt, Glucose, später lösliche Stärke, hohe Phosphatkonzentration, anaerobe Inkubation), auf dem sich in Reinkulturen ein dem *Strep. pluton* ähnlicher Organismus isolieren läßt. Allerdings prüft er nicht die Frage der Kapselbildung. Beim Besprühen der Waben mit solchen Kulturaufschwemmungen oder beim Beimpfen der einzelnen Zellen, gelingt es nur gelegentlich, beim Besprühen mit *Achr. eurydice* allein gelingt es nie, die Sauerbrut in einigen wenigen Maden auszulösen. Werden aber Mischkulturen der beiden Arten versprüht, so geht die Krankheit an. Der gelegentliche Infektionserfolg mit *Strep. pluton*-Reinkulturen führt BAILEY auf eine bereits vorhandene natürliche Infektion der Maden mit *Achr. eurydice* zurück. BAILEY stellt folgende Hypothese über die Wechselbeziehungen der beiden Arten im Krankheitsgeschehen auf: Wird *Strep. pluton* in Reinkulturen an Maden verfüttert, so verschwindet er rasch aus dem Darmtrakt, nachdem er stäbchenähnliche Stadien gebildet hat (ein ähnlicher Vorgang läßt sich in den aeroben Kulturen feststellen). Er nimmt an, der Darmkanal der Made weise zu wenig anaerobe Verhältnisse für die Entwicklung von *Strep. pluton* auf. *Achr. eurydice* komme nun die Aufgabe zu, die entsprechenden anaeroben Verhältnisse im Darmkanal herzustellen.

VAUGH (1962) stellte eine serologische Verwandtschaft zwischen *Strep. pluton* und *Achr. eurydice* fest. Dies könnte als ein weiterer Hinweis für die Gültigkeit der Dissoziationshypothese gelten.

Zwischen den Befunden von BAILEY und den früheren Isolationsversuchen von ALEXANDROVA (1946, 1949) und Untersuchungen von POLTEV und ALEXANDROVA (1953) bestehen Widersprüche. Es gelang ALEXANDROVA auf einen einfachen Kartoffelagar einen Organismus zu isolieren, der teils Stäbchen bildet, teils als Kokkus vorliegt. Sie bezeichnete ihn als *Bacterium pluton* (siehe S. 78) im Gegensatz zu *Strep. pluton* von GUBLER (1954) und BAILEY (1957). In Infektionsversuchen ruft auch dieses Bakterium Sauerbrut-Erscheinungen hervor. Nach TOMAŠEC (1959) soll aber *Bacterium pluton* von ALEXANDROVA mit dem *Bac. (Achr.) eurydice* identisch sein, was von POLTEV (1959) bestritten, von KAMBUROV (1966) wiederum behauptet wird.

Diese verwickelten und vielfach hypothetischen Verhältnisse betreffen in erster Linie die primäre Sauerbrut, Stufe II. In der sekundären Form sind die bakteriologischen Gegebenheiten ebensowenig geklärt. Trotz erfolgter Infektion (Annahme: durch *Strep. pluton* und *Achr. eurydice*) kommt es immer wieder vor, daß die Larve nicht im Rundmadenstadium abstirbt, sondern sich weiterentwickelt; sie wird gedeckelt. Bei der einsetzenden Verwandlung entleeren diese Larven ihren Darminhalt. Man findet praktisch „Reinkulturen" von *Strep. pluton*-ähnlichen Organismen an der zelleinwärts gerichteten Seite des Zelldeckels in Form eines schwarzen Lackes (Deckellack von BAUMGARTNER, 1938). Die durch die vermutlichen Sauerbruterreger geschwächten Maden verfügen über schwach entwickelte Spinndrüsen, sie sind nicht in der Lage, einen normalen und dicht gewobenen Kokon zu bilden. Der Kokon soll dazu dienen, die Streckmade vor Infektionen durch irgendwelche sich in der Zelle befindenden Mikroorganismen zu schützen (BAILEY, 1963a). Bei mangelhaft ausgebildetem Kokon wird die geschwächte Larve durch weitere Bakterien angesteckt, u. a. durch *B. alvei.* Dieser Bazillus verhält sich in der befallenen Streckmade ähnlich wie *B. larvae:* Die Sporen keimen aus, es erfolgt eine rasche vegetative Vermehrung, die Darmwand wird überwunden, eine starke Vermehrung findet in der Körperhöhle statt, die Entwicklung wird durch die Sporenbildung abgeschlossen. Die Streckmade, seltener Puppe, löst sich in eine übelriechende, zum Teil fadenziehende, schleimige Masse auf. Allerdings findet sich fast regelmäßig neben den überwiegenden *B. alvei,* in wechselnder Menge *Strep. pluton* und gelegentlich auch noch *Achr. eurydice.* Dies ist ein weiterer Hinweis auf den Zusammenhang zwischen primärer und sekundärer Sauerbrut. Über weitere Bakterienarten halte man sich an BORCHERT (1966), siehe unten. Woher der von BAILEY (1963) als sekundärer Mitläufer bezeichnete *B. alvei* kommt, bleibt unklar. Nach unserer Erfahrung findet man immer wieder, oft recht häufig, Stäbchen von *B. alvei* bereits in der primären Form der Krankheit neben einem wechselnden Anteil von *Strep. pluton.* (Mikroskopischer und kultureller Nachweis, Abb. 21.) Ohne die ganze Diskussion nochmals aufzurollen, deutet dies doch darauf hin, daß *B. alvei* vermutlich doch eine größere Rolle zukommt als BAILEY annimmt. Dies bestätigt auch TOMAŠEC (1964).

Während sich die Diskussion der Mehrzahl der Autoren um die Bedeutung von *B. alvei, Strep. pluton* und *Achr. eurydice* dreht, zieht BORCHERT (1966) den Kreis weiter. Im Infektionsversuch prüft er die Pathogenität von *B. alvei, B. laterosporus, B. lanceolatus* (Beziehung zu *pluton?,* starker Säurebildner), *B. gracilisporus, B. apidiarum* und *B. fetum.* Die Arten *B. alvei, B. gracilisporus, B. apidiarum* und *B. fetum* erweisen sich als krankmachend, die von ihnen offensichtlich erzeugten Krankheitserscheinungen faßt er unter der Sammelbezeichnung „gutartige Faulbrut" zusammen. Durch seine von ihm vorgeschlagene Aufgliederung in europäische Faulbrut: Erreger *(Strep. pluton),* Sauerbrut: Erreger *(Strep. faecalis)* und gutartige Faulbrut wird das komplexe Problem nicht erleichtert.

Unter der Bezeichnung Para-Faulbrut beschreiben BURNSIDE (1932) sowie BURNSIDE und FOSTER (1935) eine sauerbrutähnliche Krankheit, die durch den *B. para-alvei* ausgelöst werden soll. Die Krankheit beobachtete man damals vor allem in den Süd-Ost-Staaten der USA. Sie stimmt in den meisten Punkten weitgehend mit der sekundären Form der Sauerbrut überein; abgesehen von einigen an und für sich geringfügigen morphologischen Abweichungen ähnelt *B. para-alvei* sehr dem *B. alvei.* Es ist sehr fraglich, ob es sich hier um eine eigene Art handelt. (KATZNELSON und LOCHHEAD, 1947, TARR, 1935, 1936, TOMAŠEC, 1964).

Die Rolle der verschiedenen vermeintlichen Erreger ließ sich in Infektionsversuchen nie einwandfrei abgrenzen. Wir möchten zunächst festhalten: Unsere zahlreichen Infektionsversuche mit natürlichem Infektionsmaterial in gesunden, leistungsfähigen Völkern verliefen immer negativ. Hängt man solchen Völkern schwerstbefallene Waben mitten in das Brutnest, so sind sie innerhalb kürzester Zeit blank geputzt. Auf den benachbarten Waben bemerkt man gelegentlich verdächtige Rundmaden, nach spätestens 48 Stunden sind auch sie entfernt. (Im Prinzip durch GOCHNAUER und FLOYD, 1956, TOMAŠEC und FIJAN, 1963, bestätigt.) Infektionsversuche mit natürlichem Infektionsmaterial gelingen aber nicht immer regelmäßig in Kleinstablegern (Königin, 50 bis 100 g Bienen). Arbeitet man mit Kulturen der vermeintlichen Erreger, so fallen die Ergebnisse noch viel unregelmäßiger aus. Auch hier muß man damit rechnen, daß „erkrankte" Maden frühzeitig von den Bienen entfernt werden..Werden die Zellen einzeln infiziert, so steht man vor einem ähnlichen Problem: zahlreiche Maden werden einfach von den Bienen weggeräumt, gleichgültig ob sie mit dem vermeintlichen Erreger, mit destilliertem Wasser oder irgendeinem Bakterium, das sicher mit der Sauerbrut nichts zu tun hat, beimpft werden. Etwas bessere Ergebnisse lassen sich nach Entweiselung bei offener Brut erzielen.

Aus diesen Gründen ist die Abklärung der tatsächlichen Ursachen der Sauerbrut so schwierig durchzuführen.
Neben diesen komplizierten bakteriologischen Verhältnissen sollte man folgendem Befund mehr Beachtung schenken: Wir sind immer wieder überrascht, daß in fast allen unseren Routine-Untersuchungen in Sauerbrutwaben ein wechselnder Anteil erkrankter oder abgestorbener Rundmaden mit typischen Sauerbrut-Krankheitssymptomen vorliegt, die frei von irgendwelchen Bakterien sind (mikroskopischer und kultureller Nachweis). Auch solche Maden können sauer riechen. Die Frage ist noch nicht geklärt, ob die Grundursache der Sauerbrut in einer Virose zu suchen sei (u. a. GIAUFFRET und Mitarb., 1966). POLTEV (1959) lehnte die Virustheorie ab. BAILEY und LOCHER (1968) vertreten die Auffassung, das von GIAUFFRET und Mitarb. beschriebene Virus sei mit dem Sackbrutvirus (S. 94) identisch. Dieses Virus sei in England weit verbreitet, ohne daß die befallenen Völker Sauerbrutsymptome aufwiesen. In einer weiteren Arbeit machen indessen GIAUFFRET und Mitarb. (1969) darauf aufmerksam, daß die Kombination Sackbrutvirus und *Strep. apis* (vermutl. *Strep. faecalis*) sauerbrutähnliche Erscheinungen hervorrufe. Eine Behandlung mit Sackbrutantiserum reduziert die Schwere des Krankheitsverlaufes. Trotz den Bemühungen, die Ursachen der Sauerbrut abzuklären, sind wir heute kaum weiter als PHILLIPS (1918): Die Symptome der Krankheit sind lediglich äußerliche Erscheinungsformen mit gewisser Übereinstimmung im Aussehen der Brut, im äußeren Aussehen der erkrankten Made und gelegentlich mit einem sauren Geruch der Waben. Es handelt sich eher um einen Zustand, nicht unbedingt um eine spezifische Krankheit. Anders formuliert könnte man festhalten: Unter der Bezeichnung Sauerbrut versteht man ein Syndrom*, wobei die erkrankte Brut äußerlich gemeinsame Krankheitsmerkmale aufweist, die sich in bestimmte Kategorien einteilen lassen. Diese Merkmale sowie die mikroskopischen Befunde lassen die Krankheitsformen eindeutig von der bösartigen Faulbrut abgrenzen. Diese Abgrenzung erlaubt dem Praktiker die entsprechenden Abwehr- und Bekämpfungsmaßnahmen einzuleiten.

5 Entwicklung der Krankheit in der einzelnen Made

Unter der Annahme *Strep. pluton* löse die primäre, *B. alvei* die sekundäre Form der Krankheit aus, entwickelt sich die Krankheit in der Larve wie folgt:

5.1 Primäre Form der Sauerbrut

Der Infektionsstoff wird mit dem Futter aufgenommen. Je früher die Ansteckung erfolgt, desto kleiner ist die für das Angehen der Krankheit erforderliche Infektionsmenge. Es ist damit zu rechnen, daß unter natürlichen Bedingungen über 48 Stunden alte Larven nicht mehr angesteckt werden (ähnlich wie bei der bösartigen Faulbrut). Mit bedeutenden Mengen an *Strep. pluton*-Zellen gelingt es gelegentlich, die Krankheit experimentell in älteren Maden auszulösen.

* Auftreten von verschiedenen Krankheitsanzeichen

Der Erreger verteilt sich zunächst über den ganzen Mitteldarmtrakt, wo er sich meist stark vermehrt, häufig beobachtet man ihn unmittelbar neben den Darmwandzellen. In der Abwehr des Eindringlings dürfte die Beschaffenheit der peritrophischen Membran eine große Rolle spielen, in all unseren Präparaten ist sie in sauerbrütigen Maden sehr schwach ausgebildet oder fehlt. Untersuchungen, die denjenigen von DAVIDSON (1973) über die Rolle der peritrophischen Membran bei der Infektion von *B. larvae* entsprachen, fehlen bei der Sauerbrut. Die Vermehrung von *Strep. pluton* kann unter Umständen so rasch erfolgen, daß die Jungmade bald zugrunde geht und in der Regel von den Bienen entfernt wird. Außer mehr oder weniger lückenhafter Brut erkennt der Imker zunächst keine weiteren Symptome. Gelingt es aber dem Erreger, sich ungestört weiter zu entwickeln, so sammelt er sich immer stärker im hinteren Teil des Mitteldarmes an und bildet hier einen 2 bis 5 mm großen, schmutzig gelb-grauen Bakterien-Klumpen, der gut erkennbar durch die Rückenhaut der Larve hindurchschimmert.
Meist tritt der Tod der Larve 1 bis 2 Tage vor der Verdeckelung ein. Man nimmt an, daß Giftstoffe des Erregers die Larve zum Erliegen bringen. In frisch abgestorbenen Larven lassen sich keine Erreger im Hämozölom (der Leibeshöhle) nachweisen, der Erreger bleibt im hinteren Teil des Mitteldarmes konzentriert. Werden die abgestorbenen älteren Rundmaden nicht von den Bienen entfernt, so trocknen sie zu meist sichelförmigen Rückständen ein, teils liegen sie am Grunde der Zellen, teils sind sie zwischen den Zellwänden gespannt.
War die Infektionsdosis zu klein oder die Entwicklung von *Strep. pluton* in der Rundmade irgendwie gehemmt, oder traten noch weitere nicht näher bekannte Abwehrmechanismen in Aktion (fehlende Kapselbildung des Erregers, ungünstige anaerobe Verhältnisse im Darmtrakt usw.), so entwickelt sich die Made weiter. Obwohl sie geschwächt ist, wird ihre Zelle von den Bienen verdeckelt. Sie spinnt sich einen dürftigen Kokon. Vor dem Einspinnen setzt sie ihren Darminhalt ab, danach findet sich *Strep. pluton* meist in „Reinkultur" als Deckellack an der unteren Seite des Zelldeckels. Eine so geschwächte Made kann sich unter Umständen bis zur schlüpfenden Biene weiter entwickeln. Es ist dann meist eine untergewichtige Biene mit stark herabgesetzter Lebensdauer, die kaum etwas für ihr Volk zu leisten vermag. Durch *Strep. pluton* geschwächte Larven gehen nach der Verdeckelung nicht selten an anderen Anomalien, auch an Kalkbrut, zugrunde.

5.2 Sekundäre Form der Sauerbrut

In der gedeckelten Made, die den Angriff von *Strep. pluton* überstanden hat, findet offenbar *B. alvei* (S. 79) ein günstiges Substrat für seine Entwicklung vor. In der überdeckelten Streckmade erfolgt die Entwicklung von *B. alvei* ähnlich wie die von *B. larvae:* Vermehrung der vegetativen Stäbchen im Darmtrakt, Durchbruch, weitere Vermehrung im Hämozölom, Zerstörung sämtlicher Organe, Sporenbildung. Unter dem Angriff von *B. alvei* verwandelt sich die Streckmade in eine übelriechende, schleimige Masse, die sich zu mehr oder weniger langen Fäden ausziehen läßt. Die Frage, ob die Infektion mit *B. alvei* bereits vor oder erst nach der Verdeckelung erfolge, ist nicht abgeklärt. Nach unserer Erfahrung dürfte sie in der Regel bereits vor der Verdeckelung stattfinden.
Im Gegensatz zur bösartigen Faulbrut, wo die befallenen Streckmaden oder Puppen

immer längs der untersten Zellwand ausgestreckt liegen, nehmen die von *B. alvei* abgetöteten Streckmaden oder Puppen die verschiedensten Stellungen ein: Zusammengebrochen am Zellboden, mehr oder weniger ausgestreckt längs irgendeiner Zellwand, ausgespannt über mehrere Zellwände, oft unmittelbar unter dem Zelldeckel ausgestreckt.

6 Abwehrmaßnahmen und Resistenzfaktoren des Volkes gegenüber dem Erreger

Systematische Untersuchungen über Resistenzfaktoren wie bei der bösartigen Faulbrut wurden nicht angestellt. Es ist zu erwarten, daß viele Abwehrmechanismen, die wir bei der bösartigen Faulbrut kennengelernt haben, ebenfalls Gültigkeit für die Sauerbrut haben. Der Putztrieb der Bienen spielt eine wichtige Rolle. Die Forderung, in enzootischen Sauerbrutgebieten vor allem mit Bienenstämmen zu imkern, die sich durch einen ausgesprochenen Putztrieb auszeichnen, wurde schon früh erhoben (u. a. PHILLIPS, 1925).

7 Verbreitung der Krankheit im Volk

Von allen Autoren wird darauf hingewiesen, daß die Sauerbrut über längere Zeit (1 bis 2 und mehr Jahre) im Volk vorhanden sein kann, ohne daß es zur Ausbildung der für den Imker erkennbaren typischen Krankheitsanzeichen kommt (primäre Form der Sauerbrut Stufe I). In diesem Stadium funktioniert der Putztrieb und vermutlich weitere Abwehrmechanismen so gut, daß die angesteckten Maden sofort ausgeschaltet werden. Ein mehr oder weniger lückenhaftes Brutnest ist die Folge. (Man beachte: Zahlreiche andere Krankheiten und Anomalien der Brut, mangelhafte Legeleistung der Königin, verschiedene Zusätze in den Mittelwänden führen ebenfalls zu einem lückenhaften Brutnest, ohne daß die Sauerbrut im Spiele ist.)

Erlahmt der Putztrieb, nimmt der Erreger überhand (evtl. auch im Zusammenhang mit einer Virulenzzunahme, BURRI, 1941), kommt es zur Ausbildung der typischen Krankheitszeichen, wobei die Stärke des Befalles in weiten Grenzen schwanken kann: relativ wenig befallene Zellen bis Erkrankung von 80 bis 90% der offenen Brut. Ohne weitere Pflegemaßnahmen können schwer verseuchte Völker zugrunde gehen. Bei schwerem Befall ist das Brutnest in völliger Unordnung. Oft entströmt den verseuchten Waben ein säuerlicher Geruch. Wir hegen Zweifel, ob dieser Geruch nur bei Anwesenheit von *Strep. faecalis* (wie u. a. BORCHERT, 1966, annimmt) entsteht. Wir begegnen immer wieder sauerbrutähnlichen Fällen mit typischem saurem Geruch, ohne daß sich irgendein Bakterium nachweisen ließe.

Auch bei schwerster Verseuchung in der primären Form der Sauerbrut muß nicht obligat die sekundäre Form folgen. Diesen Zustand trifft man häufig dort an, wo die Sauerbrut über Jahre, sogar Jahrzehnte enzootisch* ist.

Schließt man die Hypothese von LOCHHEAD aus, *B. alvei* sei der Erreger der primären Form der Sauerbrut, die anderen Bakterien seien Dissoziationsformen

* enzootisch sein = als heimische Seuche auftreten

(S. 78), und nimmt man die Hypothese von Bailey und anderen Autoren an, der Erreger sei *Strep.*, bzw. *Bact. pluton,* so stellt sich die Frage, wo sich der Erreger in der brutlosen Winterperiode aufhalten kann. Nach den Untersuchungen von Poltev und Alexandrova (1953), bestätigt durch Bailey und Locher (1968), kann sich *pluton* nur sehr kurze Zeit im Honig halten. Hingegen kann er mehrere Monate in den Pollenvorräten überleben. Im Kot von Arbeiterinnen aus Sauerbrut-Völkern bleibt *Bact. pluton* noch 5 bis 6 Monate keimfähig. Bailey fertigte aus Därmen sauerbrütiger Maden Ausstriche auf Objektträger an, die er bei Zimmertemperatur aufbewahrte. *Strep. pluton* aus diesen Ausstrichen war nach 3 Jahren noch keimfähig. Ein Teil unserer kapselbildenden *Strep. faecalis* erwies sich unter ähnlichen Bedingungen nach 2 Jahren als keimfähig. Nach russischen Autoren (Poltev und Alexandrova, 1953, sowie Priezzheva, 1957, kultureller und histologischer Nachweis) spielt offensichtlich die Königin im Krankheitsgeschehen eine wichtige Rolle: *Bacterium pluton* läßt sich praktisch in allen Organen der Königin nachweisen: Speicheldrüse, Darmtrakt, Fettkörper, in den sich entwickelnden Eizellen. In den abgelegten Eiern mißlang der Nachweis von *Bact. pluton.* (Priezzheva, 1955). Unter *Bact. pluton* ist der vermutliche Erreger gemäß russischer Definition zu verstehen.

Neben den bakteriologischen Verhältnissen dürften der Zustand der Völker sowie die Trachtverhältnisse bestimmend für den Verlauf der Krankheit sein. Sehr gefährdet sind Völker, die im Frühjahr keine zügige Entwicklung durchmachen. Nach unseren Erfahrungen ist die Sauerbrut hartnäckig in Gebieten, wo die Völker geschwächt überwintern (Nosema-, Septikämie- und Rickettsiose-Infektionen). Oft weisen diese Völker gleichzeitig eine ausgedehnte Kalkbrutinfektion, daneben verschiedene schwerwiegende Störungen in der Brut auf. Nach Phillips (1925) sind Völker in Gebieten gefährdet, wo vom Einsetzen der Bruttätigkeit bis zur Haupttracht 8 bis 10 Wochen verstreichen. Bailey (1960) weist auf weitere Beziehungen zwischen dem Ausbruch der Krankheit und der Zusammensetzung des Volkes hin: Wird einem erkrankten Volk offene Brut zugegeben, so erhöht sich die Putztätigkeit der Ammenbienen, die Krankheit verschwindet, werden Flugbienen oder gedeckelte Brut zugesetzt, so geht die Infektion zunächst weiter. Der Putztrieb ist reduziert in Völkern mit wenig offener Brut und in solchen, denen die Königin weggenommen wurde. Bei gedrosselter Bruttätigkeit sind die Bienen weniger aktiv im Säubern der Zellen, jetzt kann die Krankheit überhand nehmen.

Arbeiterinnen-, Königinnen- und Drohnenlarven erliegen der Sauerbrut.

8 Verbreitung der Krankheit von Volk zu Volk

Die bei der bösartigen Faulbrut erwähnten Verbreitungsmechanismen dürften auch bei der Sauerbrut mitspielen. Allerdings liegen darüber bedeutend weniger exakte Untersuchungen vor.

Wie erwähnt dürften Königinnen aus Sauerbrutvölkern oft als *Bact. pluton*-Reservoir in Frage kommen. Nach Poltev und Alexandrova (1953) sowie Priezzheva (1955) trifft dies auch für Arbeiterinnen wie auch für Drohnen zu, wobei *Bact. pluton* im Darmkanal, in den Speicheldrüsen, sogar im Sperma nachgewiesen wurde. Nach einer mündlichen Mitteilung von Rosenberg (1973) erlagen in Norwegen zahlreiche Königinnenzuchten der Sauerbrut. Die Befunde der russischen

Autoren könnten für diesen etwas außergewöhnlichen Fall eine Erklärung geben. In der Literatur gibt es eine Fülle von Berichten und Erklärungsversuchen für das plötzliche Aufflackern, das hartnäckige Auftreten und ebenso rasche Verschwinden dieser Krankheit. Sie sind dermaßen vielfältig, daß sie sich nicht auf einen Nenner bringen lassen. Man darf annehmen, daß dort, wo die Sauerbrut enzootisch ist, man über längere Zeitspannen hinweg mit auffallenden Schwankungen im Auftreten der Krankheit zu rechnen hat. Oft ist man der Überzeugung, eine erfolgreiche Sanierung durchgeführt zu haben, aber nach einigen Jahren Ruhe tritt die Krankheit erneut auf. Es scheint Gebiete zu geben, wo die Krankheitsbereitschaft offensichtlich erhöht ist: Hier wird sie leicht verschleppt, Paketbienen aus einem kranken Stand tragen die Krankheit mit sich, auch wenn Gerätschaften und Bienenwohnung am neuen Standort gut desinfiziert werden (Pankiv und Corner, 1965). Die Krankheit läßt sich leicht mit nicht desinfizierten Honigaufsätzen ehemals kranker Völker verschleppen (Gochnauer, 1953). Wie heimtückisch die Krankheit sein kann, zeigt eine Ermittlung von Mikkailov (1962): Im Vorjahr erkrankte Völker entwickeln sich im folgenden Frühjahr zunächst gleich gut wie gesund gebliebene. Mit der Zeit erzeugen sie aber 39 bis 48 % weniger Brut und bleiben gegenüber den im Vorjahr Gesunden immer stärker zurück, auch wenn sich jetzt die typischen Krankheitssymptome nicht erkennen lassen.

Immer wieder wird gemeldet, daß die Sauerbrut während Jahren, sogar Jahrzehnten, in einem Gebiet nicht feststellbar war, um sich dann wie ein Wildfeuer plötzlich zu verbreiten. (Studier, 1953[b], Buza und Kovacs, 1969, Mraz, 1970, Schweizer Erfahrungen).

Rousseau und Mitarb. (1957), sowie Valin und Pourtalier (1962) vermuten Beziehungen zwischen dem Aufbau des Pollens, der Pollenart und dem Auftreten der Sauerbrut. Grigoryan und Mitarb. (1969) melden, daß die Sauerbrut dort verbreitet sei, wo in den Bienen kein Kobalt nachzuweisen ist. Sie empfehlen deshalb Gaben von Kobaltsulfat im Frühjahr.

Der Bericht von Krassikova (1956), wonach *B. alvei*-Phagen sich häufig in den gesammelten Nektarproben finden und die immer wieder bestätigte Tatsache, daß ein kräftiger Nektarfluß eine deutliche Heilwirkung auf Sauerbrutvölker ausübe, eröffnet neue Aspekte im Verständnis der Ethologie dieser Krankheit. Leider wurden diese Angaben nicht geprüft.

Toschkov und Mitarb. (1967) stellen die Zunahme der Sauerbrut in Bulgarien mit dem enorm gestiegenen Insektizid-Verbrauch in Beziehung. Bei der „Launenhaftigkeit“ dieser Krankheit sollte diese Meldung vorsichtig gewertet werden.

Poltev und Alexandrova, Priezzheva sowie Kulikov und Mitarb. (1965) stellen fest, daß *Bact. pluton* für Wespen- und Hornissen-Brut *(Vespa germanica, V. media, V. vulgaris)* pathogen sei. Sie weisen den Erreger in diesen Nestern nach. Demnach dürfte diesen Wespenarten bei der Verbreitung der Sauerbrut eine gewisse Bedeutung zuzumessen sein.

9 Nachweis der Sauerbrut

9.1 Erkennen der Krankheit im Volk

Man beachte unsere Feststellung, S. 81, daß es sich bei der Sauerbrut um ein Syndrom handle. Zur Diagnose dienen die Symptome, die S. 74 aufgeführt sind. Die Würdigung all dieser Symptome, vor allem wenn es gelingt, Maden mit den schmutzig-gelben Bakterienklumpen oder dem Deckellack (seltener) aufzufinden, dürfte eine gewisse Sicherheit in der Diagnose-Stellung auf dem Stand bringen und vor allem erlauben, die verdächtigen Brutbereiche an ein Untersuchungslaboratorium zu schicken. Bei der sekundären Form der Sauerbrut fallen einem die verdächtigen Zellen geradezu auf, sie sind, namentlich wenn sie nicht vereinzelt auftreten, gleich wie bei der bösartigen Faulbrut, nicht zu übersehen. Allerdings kann auf dem Stand diese Form der Krankheit ohne weiteres mit der bösartigen Faulbrut verwechselt werden. In der Schweiz sind Fälle nicht selten, wo auf der gleichen Wabe die sekundäre Form der Sauerbrut und die bösartige Faulbrut gleichzeitig auftreten.
Wabeneinsendung: Es muß unbedingt darauf geachtet werden, daß verdächtiges Wabenmaterial richtig verpackt und versandt wird. Honigvorräte sind tunlichst zu entfernen. Wabenstücke sind in mehrschichtiges Zeitungspapier einzuwickeln, entsprechend zu bezeichnen und in eine feste Kartonschachtel zu verpacken. Einwickeln in luftundurchlässiges Material: Alufolien, Plastic-Säcke, Pergamentpapier verändern das Aussehen der Brut dermaßen, daß jede weitere Untersuchung erschwert, wenn nicht verunmöglicht wird. Man vermeide es, zwei oder mehr Waben aufeinander zu legen, ohne eine isolierende Zeitungspapiereinlage dazwischen zu schieben.

9.2 Untersuchung im Laboratorium

Bei Berücksichtigung der zahlreichen Widersprüche und der allgemein getroffenen Annahme, *Strep. pluton* sei der Erreger der primären, *B. alvei* Erreger der sekundären Form der Sauerbrut, so gilt es in erster Linie mit möglichst wenig Aufwand, eindeutig von diesen Erregern befallene Stadien aufzufinden. Dies ist der wichtigste Schritt, gleichgültig, ob der Nachweis des Erregers lichtmikroskopisch im gefärbten Präparat, kulturell oder serologisch durchgeführt wird.

In der primären Form sind äußerlich verdächtige Maden auf die Anwesenheit des durchschimmernden Bakterienklumpens abzusuchen. Finden sich welche, so öffnet man sorgfältig die Made mit gereinigter Pinzettenschere, mittels Pinzette hebt man den Mittelarm heraus und führt ihn in eine sterile Petrischale über. Mittels einer ausgeglühten Impföse entnimmt man dem Bakterienklumpen eine Probe und stellt damit ein Nigrosinpräparat her (S. 57). Ergebnis in Abb. 20 und 21.
Fehlen Maden mit dem Bakterienklumpen, so untersucht man, oft vergeblich, an verschiedenen Stellen den Darminhalt verdächtiger Maden. Meist ist dabei das bakteriologische Bild verwirrend. Hier hilft meist nur die zeitraubende Isolation auf dem Nährboden von Bailey (1959), Inkubation in CO_2 beachten. Fehlen verdächtige Rundmaden sowie für die sekundäre Form der Krankheit verdächtige Zellen, so suche man den Deckellack. Mittels sterilem Wasser wird dieser Lack vorsichtig

aufgelöst und in Nigrosin suspendiert. Ergebnis: Meist eine „Reinkultur" von *Strep. pluton.*
Wie erwähnt kommt es immer wieder vor, daß in Maden mit typischen äußerlichen Sauerbrutsymptomen der Nachweis von *Strep. pluton* oder eines anderen Bakteriums weder mikroskopisch noch kulturell gelingt. Um vor unliebsamen Überraschungen gefeit zu sein, ist es dabei dringend geboten, die betroffenen Stände überwachen zu lassen, namentlich wenn es sich um einen Fall handelt, der außerhalb eines enzootischen Sauerbrutgebietes aufgetreten ist.

In der sekundären Form: Suche nach verdächtigen Zellen: verfärbte, feuchte, durchlöcherte, eingesunkene Zelldeckel: Öffnen der Zellen, falls sich dort eine braune, meist übelriechende, mehr oder weniger schleimige fadenziehende Masse vorfindet, stellt man ein Nigrosinpräparat her (Abb. 20). *B. alvei* in der sporulierenden oder Sporenform läßt sich lichtmikroskopisch eindeutig von *B. larvae* unterscheiden (Abb. 15). Oft sind in solchen Streckmaden *Strep. pluton*-ähnliche Bakterienzellen zu beobachten. Findet man keine solchen verdächtigen Zellen, so suche man nach Rückständen und Schorfen. Wie S. 74 erwähnt, liegen sie in allen Stellungen in der Zelle. Aus fadenziehenden Massen und Schorfen lassen sich relativ einfach *B. alvei*-Kulturen auf gewöhnlichem Nähragar herstellen. Vor der Überimpfung soll das aufgeschwemmte Bakterienmaterial pasteurisiert werden. *B. alvei* verträgt das.
B. orpheus, B. laterosporus lassen sich ohne weiteres mikroskopisch von *B. alvei* unterscheiden. Kulturen stelle man nach der Anleitung von Borchert her (1966).

10 Die Bekämpfung der Sauerbrut

Zur direkten Bekämpfung der Sauerbrut stehen gleich wie bei der bösartigen Faulbrut folgende 4 Verfahren im Vordergrund:
1. Vernichten des befallenen Volkes, anschließend strenge Desinfektionsmaßnahmen.
2. Kunstschwarmverfahren, mit Desinfektions- und ergänzenden imkerlichen Maßnahmen.
3. Einsatz von Heilmitteln, wobei Antibiotika im Vordergrund stehen
4. Kombinierte Verfahren.

10.1 Vernichten des befallenen Volkes

Man hat damit, im Gegensatz zur bösartigen Faulbrut, im allgemeinen nie einen befriedigenden Bekämpfungserfolg erzielt. Immer wieder erfolgten schwere Rückschläge (USA, Schweiz im Zeitraum 1900 bis 1930).

10.2 Kunstschwarmverfahren

Ohne weitere imkerliche Maßnahmen brachte auch dieses Verfahren meistens nicht den erhofften Erfolg. Wesentliche Besserungen ließen sich bei folgendem Vorgehen

erreichen: Bildung eines Kunstschwarmes, Überführen auf Neubau, Wechsel der Königin, Desinfektionsmaßnahmen. Daraus entwickelte man weiter: Entweiseln des Volkes, Warten etwa 3 Wochen bis die letzte Brut der alten Königin geschlüpft ist, Vernichten der angesetzten Weiselzellen, Einweiseln einer Königin. Oder als abgekürztes Verfahren: Entweiseln, Vernichten der am schwersten befallenen Waben, nach 9 Tagen Einweiseln der jungen Königin. Am Schluß verzichtete man sogar auf das Entfernen der befallenen Waben. Die anfänglich geforderten strengen Desinfektionsmaßnahmen lockerte man immer mehr.
Wie immer wieder hervorgehoben wird, war um die Jahrhundertwende die Sauerbrut weit in den USA in den black bees (Abkömmlinge der Mellifica aus Westeuropa) weit verbreitet. Indem man wie oben beschrieben die kranken Völker mit Ligustica-Königinnen umweiselte, ließ sich die Lage längere Zeit beherrschen (Phillips, 1926). Allerdings fingen in den 40er Jahren in den USA die Schwierigkeiten wieder an. Durch Umweiselung mit Ligustica-Königinnen gelang es nicht mehr, die Krankheit einzudämmen. Setzte man Hybrid-Königinnen ein, von denen man sich damals eine erhöhte Honigleistung versprach, so wurde die Lage noch schlimmer (Jamieson, 1953, Moffett, 1953).

10.3 Einsatz von Heilmitteln

Gleich wie bei der bösartigen Faulbrut brachte die Einführung der Antibiotika aufsehenerregende Erfolge (erste Berichte: Katznelson und Mitarb., 1952, Gubler und Allemann, 1952). Wiederum schien die Krankheit gebannt, jede Schwierigkeit überwunden, man meinte auf die lästigen Desinfektionsmaßnahmen verzichten zu können. Man entfernte bestenfalls schwerst befallene Waben aus dem Volk vor der Behandlung.
Schon bald vernahm man Stimmen, zunächst vereinzelt, später immer häufiger, die offensichtliche Mißerfolge meldeten. Der Erfolg stellte sich in der Regel wieder ein, wenn ein anderes Antibiotikum angewandt wurde. Indessen ist es nicht zu übersehen, daß im Laufe der 60er Jahre die Bekämpfung der Sauerbrut mit Antibiotika in verschiedenen Ländern immer problematischer geworden ist. Durch Erhöhen der Dosen, kombinierte Präparate, Wechsel der Heilmittel, allmähliches Abgleiten in eine Dauerbehandlung, suchte man die Schwierigkeiten zu meistern. In den Fachzeitschriften der USA, in den Berichten aus dem Osten (Apicultural Abstracts, Apimondia Kongreß-Berichte) läßt sich diese Entwicklung gut verfolgen. Grob skizziert ergibt sich folgende Situation:

- Gebiete, wo die Bekämpfungsmaßnahmen der Sauerbrut mit Antibiotika (noch) keine Schwierigkeiten bietet: u. a. Frankreich, England, Schweiz.
- Gebiete, wo mit Antibiotika nur unter erschwerten Bedingungen kurzfristige Besserungen erzielt werden: USA, namentlich in den ariden SW-Staaten, in gewissen Sowjetrepubliken der USSR, Dänemark, Ungarn, Bulgarien. Diese Zusammenstellung erhebt keinen Anspruch auf Vollständigkeit, sie möge als Illustration dienen.

Man hat immer wieder versucht, die aufgetauchten Schwierigkeiten in der Bekämpfung dieser Krankheit mit Resistenzbildung der Krankheitserreger gegenüber den Antibiotika zu erklären. Bei den verwickelten bakteriologischen Verhältnissen dieser Krankheit sollte man bei der Beurteilung vorsichtig sein. In einem noch ausgesprocheneren Maße als bei *B. larvae* steht oft die in vitro festgestellte Empfindlichkeit der vermeintlichen Sauerbruterreger gegenüber verschiedenen Antibiotika nicht mit den Ergebnissen der Heilungsversuche erkrankter Völker im Einklang. Angaben finden sich bei KATZNELSON und Mitarb. (1952), GUBLER und ALLEMANN (1952), MOFFETT (1953a und b), GOCHNAUER (1954), SMIRNOVA (1957, 1959, 1964), WILLE (1964), TABARLY und MONTEIRA (1963), BAILEY (1965), KAMBUROV (1966), ARRO (1967). In diesem Zusammenhang beachte man die Widersprüche um das Penicillin: Bienenpathologen aus dem Westen haben mit dem Penicillin nie Erfolg gehabt. Während mehr als 10 Jahren betrachteten es Kollegen aus dem Osten als das beste Mittel zur Bekämpfung der Sauerbrut! Wenn auch nicht in so absoluter Form, ließe sich auch über Sulfa-Präparate ähnliches aussagen (POLTEV, 1955).

Die Frage ist noch offen, ob die im erkrankten Volk eingesetzten Antibiotika ausschließlich bakterizid, bzw. bakteriostatisch gegen die vermeintlichen Erreger wirken, oder ob der Heilungserfolg nicht in erster Linie auf die außerordentlich stimulierende Wirkung dieser Heilmittel zurückzuführen sei: Mit Antibiotika behandelte Völker, namentlich im Frühjahr, reagieren mit einer gesteigerten Bruttätigkeit, der ein eifriges Putzen der zukünftigen Brutzellen vorangeht. Wir haben S. 82 erwähnt, daß ein Volk mit entwickeltem Putztrieb innert kürzester Zeit ohne weiteres in der Lage ist, mit der schwersten hereingebrachten Infektion fertig zu werden. Über die stimulierende Wirkung der Antibiotika liegen zahlreiche Berichte aus dem Westen und Osten vor. Nach unseren Erfahrungen verpufft aber die Wirkung dieser Mittel, wenn sie über mehrere Jahre im gleichen Stand verwendet wurden, auch wenn keine Sauerbrut im Spiele ist. Solche Völker weisen dann auffallende Schäden in der Brut und krankhafte Erscheinungen in den Bienen auf.

Folgende Antibiotika wurden zur Bekämpfung der Sauerbrut eingesetzt: Terramycin, Streptomycin: KATZNELSON und Mitarb. (1952), GUBLER und ALLEMANN (1952), CALE (1953),

Streptomycin und Dihydrostreptomycin, MOFFETT (1953),

Terramycin und Terramycinpräparate verschiedener Zusammensetzung: GOCHNAUER (1953), HOLZBERLEIN (1955).

Tetracyclin: BRIZARD (1961),

Penicillin: Verschiedene russische Autoren ab 1954, S. 90,

Erythromycin: WILSON und MOFFETT (1957),

Erythromycin-Stearat und Erythromycin-Thyocyanat: WILLE (1959), WILSON (1962),

Sanazin: POLTEV (1955). Nach diesem Autor soll sich auch Sulfathiazol bewährt haben.

Biomycin = Chlortetracyclin und Laevomycin: SMIRNOVA (1957, 1964a), in den gleichen Versuchsserien beobachtete die Autorin 40% Rückfälle nach Behandlung mit Penicillin.

Kombination von Biomycin und Vitamin B_{12} (enthält Kobalt), 5 bis 10 g pro Volk: KULIKOV und AKRAMOWSKI (1960) z. T. ebenfalls mit Penicillin, Streptomycin und Na-Sulfathiazol kombiniert.

Weitere Versuche wurden mit Erfolg mit folgenden Heilmitteln durchgeführt: Sulfone = u. a. Diamino-diphenyl-sulfon (BRIZARD und MATRILLE, 1952). Nach diesen Autoren gehen die ersten Versuche mit dieser Präparatgruppe auf GUILHON und MÉMERY, 1947, zurück. Das Furasolidon (aus der Nitrofurangruppe) prüfte MAZA-

ROV (1964). Die Meinungen der Versuchsansteller sind sehr geteilt, ob diese verschiedenen Antibiotika bei erwachsenen Bienen lebensverlängernd oder lebensverkürzend wirken!

Nach SMIRNOVA (1964b) wirkt eine Suspension von *B. alvei*-Phagen, die in die Zellen eingebracht wird, günstig auf den Verlauf der Krankheit. Versuche mit Phytociden (bakterienhemmende bzw. abtötende Substanzen, die aus Pflanzen extrahiert werden) unternahmen Wissenschafter aus dem Osten: Extrakte aus den Wurzeln von *Sanguisorba officinalis* (GRITSENKO, 1953), Zwiebeln, Knoblauch, Meerrettich (KULIKOV und CHEREPOV, 1964) sollen den Verlauf der Krankheit günstig beeinflußt haben, darunter stach der Knoblauchextrakt besonders hervor, er erwies sich wirksamer als das Penicillin.

Anwendung und Dosierung der Antibiotika: Wenn sich in den ersten Versuchen zu Beginn der 50er Jahre Konzentrationen unter 0,5 g Antibiotikum pro Volk als wirksam erwiesen, bzw. 2000 bis 9000 E. Penicillin, so kam man bald damit nicht mehr durch, bald steigerte man die Dosis auf 1 bis 3 g pro Volk, bzw. 300000 bis 900000 E. Penicillin. Bei prophylaktischer Behandlung werden Dosen von 10 und mehr Gramm pro Volk und Brutperiode ohne weiteres überschritten. Die erstaunliche Konzentrationssteigerung von Penicillin geht aus folgenden Arbeiten hervor: DANIELOVICH (1954): 9000/2000 Einheiten pro Liter Zuckerwasser. SMIRNOVA und SAMYSHKINA (1957): 300000 Einheiten Penicillin und 200000 Einheiten Streptomycin pro Liter Zuckerwasser, DABACHOW (1957) 200000 Einheiten prophylaktisch und ZYABKIN (1958) 900000 Einheiten (dabei wurde eine Wirksamkeit von 90% erreicht.

Applikation: Auflösung in meist 1:1 Zuckerwasser, in kleineren Portionen von 0,2 bis 1,5 l hintereinander oder im Abstand von 5 bis 10 Tagen gefüttert oder Herstellen einer konzentrierten Zuckerwasser-Heilmittellösung: Sprühen in die leeren Brutwabenzellen und über die Brut. Dabei muß jede Wabe einzeln herausgenommen und behandelt werden.

Vermengen des Heilmittels mit Puderzucker und bestäuben der Waben 1 mal oder 2 bis 3 mal im Abstand von einigen Tagen, oder im Abstand von 7 bis 14 Tagen während der ganzen Brutperiode. Dabei stäubt man die Waben einzeln ein oder begnügt sich, nach Wegnahme des Honigraumes über die Waben zu stäuben.

Futterteige: Einmischen der Heilmittel in Futterteige verschiedener Zusammensetzung (wie bei der bösartigen Faulbrut mengt man den Futterteigen Vaselin oder vegetabile Fette bei, damit die Aufnahme durch die Bienen verzögert erfolgt. Früher konzentrierte man sich auf die Heilung der erkrankten Völker, dies war damals nicht zuletzt durch die hohen Preise der Heilmittel bedingt. Die billige Abgabe der Heilmittel zusammen mit den Schwierigkeiten in der Bekämpfung führen auch hier zur Steigerung der Dosen und vor allem zu sogenannten vorbeugenden Behandlungen, die in relativ kurzen Zeitabständen vorgenommen werden.

10.4 Kombinierte Verfahren

Kombinierte Verfahren wurden immer wieder versucht, wobei den Desinfektionsmaßnahmen große Bedeutung beigemessen wird. Bei den Schwierigkeiten, die bei der Anwendung der Antibiotika neuerdings auftreten, erinnert man sich dieser mehr oder weniger vergessenen Desinfektionsmaßnahmen und sucht sie mit dem

Einsatz von Heilmitteln zu kombinieren. Die Zeit wird weisen, ob sich damit ein bleibender Erfolg einstellt. Smirnova (1961, 1964b) macht auf die Möglichkeit des Einsatzes von *B. alvei*-Phagen zur Unterstützung der Bekämpfungsmaßnahmen aufmerksam.

Desinfektion der Waben: In diesem Zusammenhang schenkt man der Desinfektion der Waben als Trägerinnen des Infektionsstoffes größere Aufmerksamkeit. Damit will man das Umschmelzen, bzw. Vernichten des verdächtigen Wabenmateriales vermeiden. Mit der Entkeimung der Waben mit Gammastrahlen befaßten sich Pankiw und Mitarb. (1970). Nach Behandlung mit einer Strahlungsdosis von 0,8 Mrad enthalten die Brutzellen immer noch lebensfähige und krankheitsübertragende *Strep. pluton* und *B. alvei.* Eine wesentlich höhere Dosis wäre für eine erfolgreiche Desinfektion notwendig.

Shimanuki und Mitarb. (1969) berichten über Desinfektionsversuche mit Äthylenoxid. Nach solchen Begasungen ließ sich die Schwere der Krankheit herabsetzen, jedoch nicht ausschalten. Mit Methylbromid gelang es Nazarov und Godyaskii (1967) bei einer Konzentration von 3,8 g pro Liter die Sporen von *B. alvei* abzutöten. Smirnov und Kamburov (1967) heben die sporenabtötende Eigenschaft von β-Propiolacton gegenüber *B. alvei, B. para-alvei, B. orpheus* hervor. Wir hegen Zweifel, ob diese Mittel, auch wenn sie sich in größerem Maßstab wirksam erweisen sollten, für die breite Praxis geeignet seien. Es handelt sich z. T. um sehr giftige, z. T. explosive und sogar um cancerogene Stoffe (β-Propriolacton). Das giftige und explosive Äthylenoxid wirkt nur bei Temperaturen über 24 °C, bei bestimmten Konzentrationen, dies bedingt spezielle Apparaturen, die sich für den Kleinimker nicht lohnen. Nur Spezialisten wären befugt, mit diesen gefährlichen Substanzen umzugehen.

Wenn sich auch die bösartige Faulbrut und Sauerbrut in den verschiedensten Belangen unterscheiden, so ist es doch eigenartig, wie sich die Bekämpfungsverfahren mit Heilmitteln in der gleichen Richtung entwickelt haben: Verblüffende Anfangserfolge bei Verwendung geringer Heilmittelmengen, Auftreten der ersten Schwierigkeiten nach relativ kurzer Frist, auffallende Widersprüche in der Wirkung einzelner Mittel, Erhöhung der Heilmitteldosen, Steigerung der Anzahl Behandlungen, Abgleiten in eine „vorbeugende" Dauerbehandlung, gleichzeitige Anwendung zweier oder dreier Präparate, Zurückkommen auf alte bewährte Bekämpfungsverfahren, z. T. mit Heilmitteln kombiniert, Suche nach Alternativlösungen wie Pflanzenextrakte. Ob die Desinfektion mit Äthylenoxid oder anderen in bezug auf ihre Nebenwirkungen bedenklichen Stoffen eine bessere Lösung als das Verbrennen bzw. Einschmelzen der Waben bringen wird, bleibt abzuwarten.

Es darf angenommen werden, daß in den enzootischen Faulbrutgebieten ein verwirrendes Arsenal von Heilmitteln eingesetzt wird. Dabei wurde aber die Frage nach der Kontamination und Qualität des Honigs in der Regel ausgeklammert. Bestimmt lassen sich Krankheitssymptome mit den aufgeführten Heilmitteln bis zu einem gewissen Grad bekämpfen, die Grundursache aber bleibt unberührt. Wir schätzen, daß der Höhepunkt der Heilmittelanwendung bald oder bereits erreicht ist. Wie wird es aber wohl weitergehen?

11 Schlußbemerkung

Wie Seite 73 erwähnt, entwickelte sich offensichtlich die Sauerbrut Ende der sechziger und zu Beginn der siebziger Jahre in Osteuropa zu einem dornenvollen Problem, die Krankheit drang immer mehr nach Westen vor. Im österreichischen Burgenland rüstete man sich zu einschneidenden Abwehr- und Bekämpfungsmaßnahmen. Da trat ab Mitte der siebziger Jahre die Varroatose in Osteuropa und später in Westdeutschland auf die Szene. Wie unsere Literaturrecherchen ergaben, herrschte ab 1972 bis heute praktisch „Funkstille“ bezüglich der Sauerbrut.
Warum sollte die Krankheit, die man noch vor wenigen Jahren in Osteuropa als das größte Übel in der Bienenhaltung deklariert hatte, heute keine Rolle mehr spielen? Was ist wohl geschehen? Auch diese Entwicklung paßt zu den vielen oben beschriebenen Ungereimtheiten dieser rätselhaften Bienenseuche.

Viruskrankheiten (Virosen)

Allgemeines über Viren*

Viren sind winzig kleine, oft krankheitserregende Eiweißkörper. Die Einzahl heißt „das Virus", was soviel wie ansteckendes, krankmachendes Gift bedeutet. Viruskrankheiten (Virosen) sind bei Menschen, Tieren und Pflanzen bekannt, z. B. Grippe, spinale Kinderlähmung, Masern, Tollwut, Maul- und Klauenseuche, Blattfleckenkrankheit des Tabaks, Kartoffelabbau usw. Die Viren der Bakterien nennt man Bakteriophagen. An Virosen bei den Bienen kennen wir mit Sicherheit die Sackbrut und die Paralyse der erwachsenen Bienen. Bei den erwachsenen Bienen finden sich zudem noch verschiedene Viren mit wahrscheinlich virulentem (krankmachendem) Charakter (s. Seite 233), und vermutlich sind noch weitere krankhafte Erscheinungen der Brut, der Königinnen und Drohnen auf Viren zurückzuführen.
Die Viren sind in der Regel kleiner als 0,1 μ (= 0,0001 mm) und deshalb im Lichtmikroskop nicht mehr zu sehen. Im Fluoreszenzmikroskop kann man zwar ihre Anwesenheit mittels bestimmter Verfahren feststellen, direkte Bilder aber erhält man nur mit Hilfe des Elektronenmikroskops. Durch feine Filter, die Bakterien noch zurückhalten, gehen sie hindurch. Mit den gewöhnlichen Zentrifugen lassen sie sich nicht ausschleudern.
Sie können sehr verschieden geformt sein: kugelförmig, stäbchenförmig, vieleckig usw. Sie bestehen nur aus einer Proteinhülle und dem Kernmaterial aus Nukleinsäuren, dem Träger des Erbgutes, der sog. Erbinformation.
Die Viruspartikel leben parasitisch in ihren jeweiligen Wirtszellen. Sie haben keinen eigenen Stoffwechsel, erzeugen im allgemeinen keine eigenen Fermente und keine Reservestoffe, können sich auch nicht von sich aus vermehren, sondern sind mit alldem auf die Tätigkeit ihrer Wirtszelle angewiesen. Was die Vermehrung anbetrifft, so haben die Viren die merkwürdige Eigenschaft, ihre Wirtszellen zur Vervielfachung ihrer Viruspartikel anzuregen, die auf diese Weise innerhalb kurzer Zeit vertausendfacht werden können. Das bewirkt erhebliche Störungen in den Wirtszellen und nicht wieder zu behebende Schäden, die im Extremfall zum Tod des Wirtes führen. Jedoch ist der Krankheitsverlauf in vielen Fällen zunächst noch nicht so rasant. Aber plötzlich kann dann die Vermehrung der Viruspartikel doch massenhaft erfolgen, und lebenswichtige Organe können befallen werden, so daß unerwartet Schäden entstehen.

---

* Nach G. Bühlmann (1980)

Zur Gewinnung von Virusmaterial benötigt man Ultrazentrifugen. Um die Viren im befallenen Gewebe zu lokalisieren, muß man dieses in Kunstharz einbetten, mit einem Ultramikrotom in extrem dünne Scheiben schneiden und mit Hilfe eines Elektronenmikroskops abbilden. Bei Routineuntersuchungen wendet man besser serologische Methoden an, bei denen jedoch vorerst die geeigneten Antikörper produziert werden müssen. Alle diese Methoden sind sehr kostspielig und zeitraubend. Dazu kommt, daß nach den heutigen Erfahrungen Viren häufig mit anderen Krankheitserregern kombiniert auftreten, was die Diagnose nochmals erschwert.
Das sind wohl die Hauptgründe, weshalb die Erforschung der Bienenviren nur an wenigen Bienenforschungsinstituten, so Großbritanniens, der USA, Kanadas und Frankreichs betrieben wird. Ihnen verdanken wir zunehmend Erkenntnisse von Zusammenhängen, die bisher nur vermutet werden konnten. Alles deutet darauf hin, daß Viren in der Bienenhaltung viel wichtiger sind, als man gemeinhin annimmt.

Die Sackbrut

1 Krankheitsbild

Ähnlich wie bei den anderen Brutkrankheiten zeigen die befallenen Brutwaben lückenhaften Brutstand, dazu eingesunkene und durchlöcherte Zelldeckel. An den befallenen Streckmaden jedoch ist die Sackbrut in der Regel leicht zu erkennen. Zieht man die als krank Verdächtigen aus der Zelle, indem man sie mittels einer Pinzette am Kopf faßt, so nehmen sie infolge ihres wäßrig zersetzten Körperinneren die Form eines mit Wasser gefüllten Sackes an. Unverkennbar ist die Krankheit zudem im späteren Stadium an den eingetrockneten Streckmaden. Diese haben sich zu einer kahnförmigen, leicht entfernbaren Schuppe mit stark aufgebogenen Kopfende verformt. Dennoch kann sie auch mit anderen Erscheinungen, vor allem mit der Pseudosackbrut, verwechselt werden (Tafel 2, S. 210).
Im einzelnen zeigen sich folgende Krankheits- und Unterscheidungsmerkmale, s. Tab. 4.

2 Verbreitung der Sackbrut in der Welt

Da relativ wenig Veröffentlichungen über Sackbrut vorhanden sind, so sind wir über ihre Verbreitung weniger gut als bei der Faul- und Sauerbrut orientiert. Aus gelegentlichen Hinweisen in Tätigkeitsberichten von Bieneninstituten und Veterinärstellen darf man doch schließen, daß diese Krankheit einschließlich sackbrutähnlicher Erscheinungen im ganzen Verbreitungsgebiet der *Apis mellifica* bekannt ist. In der Regel nimmt die Krankheit keinen seuchenhaften Verlauf, es sind meist nur einige wenige Völker auf einem Stand, die die äußerlich typischen Krankheitsmerkmale aufweisen. Gelegentlich kommt es zu Ausbrüchen seuchenhaften Charakters. Morgenthaler (1947) hat eine solche Seuchenwelle vornehmlich des Genfer Gebietes beschrieben, die mehrere Jahre andauerte.

Tab. 4. Krankheitsanzeichen bei der Sackbrut und der Pseudosackbrut

Aussehen der Brut	Bewertung der Anzeichen Sackbrut	Pseudosackbrut
Zelldeckel mitunter leicht eingesunken, z.T. durchlöchert, ähnlich wie bei der bösartigen Faulbrut	atypisch	atypisch
Streckmaden sind leicht gelblich, schlaff. Sie nehmen eine bräunliche Farbe an, die immer intensiver wird und in graubraun übergeht. Die Verfärbung schreitet von vorne nach hinten fort	atypisch	atypisch
Kopfende der Streckmade biegt sich bauchwärts zurück, Abstand zwischen Kopf und Zelldeckel vergrößert sich	atypisch	atypisch
An der obigen Streckmade Kopf stets dunkler als übriger Körper	typisch	atypisch
Bildung von dunkleren, meist nicht zusammenhängenden Platten (imaginaler Panzer) am Kopf, Thorax und z.T. am Abdomen	*typisch*	atypisch
Am Hinterende des Abdomens Sackbildung, sie läßt sich leicht erkennen, wenn die Streckmade vorsichtig aus der Zelle gezogen und gegen das Licht gehalten wird	typisch	typisch
Der Sack füllt sich immer mehr mit Flüssigkeit an, sie ist zunächst klar bis bernsteingelb, später wird sie trübe und ist mit zahlreichen Körnchen durchsetzt	± typisch	nie bernsteingelb
Bei der Herausnahme der befallenen Streckmaden: sie dehnen sich im fortgeschrittenen Stadium auf das 1 $^1/_2$ bis 2 fache ihrer ursprünglichen Körperlänge aus	typisch	neigen leichter zum Zerreißen
Nach dem Tode trocknen die Streckmaden allmählich zu schwarz-braunen, kähnchenförmigen Schorfen ein	typisch	typisch
Die Schorfe lassen sich im Gegensatz zu den Rückständen der bösartigen Faulbrut mit einer Pinzette leicht aus den Zellen ziehen	typisch	zerfallen leichter

Aus den Untersuchungen von Bailey (1968 c) darf man schließen, daß das SBV* in latenter Form (serologischer Nachweis) viel weiter verbreitet sein dürfte, als dies aus den spärlichen Meldungen, die sich lediglich auf das äußere Krankheitsbild stützen, hervorzugehen scheint. Wir stehen hier vor der gleichen Situation wie bei der chronischen Bienenparalyse (S. 233), den vermutlichen Rickettsiosen (S. 241), den bakteriellen Septikämien (S. 237), einschließlich der Nosema, deren Erreger sich

* SBV = Sackbrutvirus

leicht in anscheinend normalen Völkern nachweisen lassen. Man ist immer überrascht, wie rasch solche Krankheiten von einer latenten in eine akute Form mit den entsprechenden leicht feststellbaren Verlusten übertreten. Über die Ursachen dieses Wechsels lassen sich bestenfalls Vermutungen anstellen.

3 Erreger

Gestützt auf die Ergebnisse seiner Infektionsversuche war WHITE (1917) berechtigt, anzunehmen, daß die Sackbrut durch ein filtrierbares Virus verursacht werde. So scheint das Filtrat frisch der Krankheit erlegener Maden hoch ansteckend, das Filtrat toter Larven, die mehr als einen Monat in den Waben zurückgelassen wurden, unwirksam zu sein. Wäßriges Filtrat, das 10 Minuten im Temperaturbereich von 55 bis 65 °C erhitzt wird, erweist sich als nicht ansteckend. Mit eingetrocknetem Filtrat, bei Zimmertemperatur aufbewahrt, läßt sich die Krankheit während rund 3 Wochen übertragen. Eine ½ %, 1 %, 2 %ige wäßrige Karbollösung vermag innert 3 Wochen den Erreger nicht abzutöten, eine 4 %ige Lösung ist wirksam.
Das hypothetische Virus wurde 1948 von HOLMES provisorisch *Morator aetatulae* benannt (im Text SBV). STEINHAUS (1949) und BERGOLD (1953) begründen, daß dieser Name nicht gültig sei. STEINHAUS und WASSER (in STEINHAUS, 1949), BRČÁK und MITARB. (1963), BAILEY und MITARB. (1964), LEE und FURGALA (1965) haben in erster Linie den Erreger elektronenmikroskopisch und z. T. serologisch untersucht. Die wesentlichen Ergebnisse lauten: In den Filtraten aus Sackbrutmaden finden sich massenhaft kugelförmige Partikel in der Größe von 30 ± 2 mμ* (BRČÁK und MITARB.) ca. 28 mμ (BAILEY und MITARB.), 28 ± 1 mμ (LEE und FURGALA, 1965).
Die Angaben von durchschnittlich 60 mμ, die STEINHAUS und WASSER (STEINHAUS, 1949) melden, weichen von den obigen indessen stark ab. Die Ansichten bezüglich der Struktur dieser Partikel sind geteilt. Allerdings haben weder STEINHAUS und WASSER (1949) noch BRČÁK und MITARB. die Erregernatur der Partikel ihrer Präparate nachgewiesen. Dies holten BAILEY und MITARB. sowie LEE und FURGALA nach. Gestützt auf eine besondere Technik veröffentlichen BRČÁK und KRÁLÍK (1965) Aufnahmen des SBV mit auffallender Strukturierung. LEE und FURGALA (1965 a) unterscheiden im Filtrat der gleichen Maden 3 Typen: elektronenoptisch leere und dichte Partikel sowie Partikel, die einen ausgesprochenen Kern aufweisen. BAILEY und MITARB. (1964) weisen darauf hin, daß die SB-Partikel morphologisch den Viren der akuten Bienenparalyse (S. 235) sehr ähnlich seien. Indessen verhalten sie sich serologisch wie auch gravimetrisch verschieden. Nach LEE und FURGALA (1965 a) dürfte es sich um ein Virus vom RNS-Typ (Ribonucleinsäure) handeln. Nach BAILEY und MITARB. (1964) finden sich pro Larve 10^{11} Viruspartikel, in einer späteren Arbeit (1969) 5×10^{12} und $1{,}3 \times 10^{13}$ Viruspartikel, die DL_{50} beträgt 10^5 bis 10^6 Partikel. Über den Sitz des Erregers und seine Vermehrung ist noch wenig Sicheres bekannt geworden. LEE und FURGALA (1965 a, b) haben die Viruspartikel im Zytoplasma der Fettkörperzellen, des Muskelgewebes und der Tracheenendzellen elektronenmikroskopisch nachgewiesen. Als Vorstufe zur Bildung betrach-

* mμ (Millimikron, sprich Millimy) = 1/1000 μ, gleichbedeutend mit 1 nm (Nanometer) = 1 milliardstel Meter.

ten sie Bereiche in den befallenen Zellen, die eine myelinartige Struktur aufweisen. Sie erwägen, ob die Virus-RNS, die sich später in den obigen Zytoplasmabereichen sammeln, im Zellkern der Wirtszellen, ähnlich dem Tabakmosaikvirus gebildet würden. In den befallenen Geweben vereinigen sich die gebildeten Viruspartikel zu Virusversammlungen.

3.1 Verbreitung des Erregers in der einzelnen Made

Wie WHITE (1917) festgestellt hat, nimmt die Pathogenität des Virusfiltrates rasch im Lauf der Zeit ab. Die Krankheit läßt sich experimentell mit dem Filtrat kranker oder frisch abgestorbener Maden leicht übertragen. HITCHCOCK (1966) bestätigt diese Befunde: Filtrate aus frisch abgestorbenen, noch weißen Streckmaden sind hoch ansteckend, weniger diejenigen aus braunen Streckmaden, am wenigsten wirksam diejenigen aus schwarzen, eingetrockneten. Die Flüssigkeit, die den Anstoß zur Sackbildung gibt, enthält den Erreger in hochvirulenter Form. Die Infektion junger Maden (LEE und FURGALA, 1965, 12^h–36^h alte; BAILEY und MITARB., 1964, 2 Tage alte; HITCHCOCK, 1966, 1–4 Tage alte) gelingt am leichtesten. DL_{50} für 0,5 bis 4,5 Tage alte Maden führt BAILEY (1969, S. 485) an.

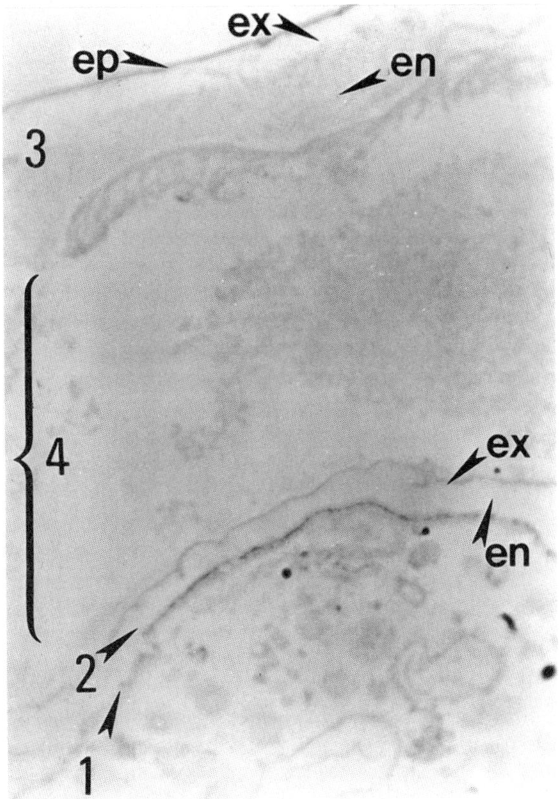

Abb. 22. Schnitt durch Körperhülle einer sackbrütigen Streckmade. **3:** Letzte Larvenhaut unvollständig aufgelöst, Epicuticula **(e)**, Exocuticula **(ex)**, größere Bereiche der Endocuticula **(en)** nicht abgebaut. **1:** Hypodermis: Zellen im Abbau begriffen. **2:** schwache Ausscheidung der pupalen Haut, Exocuticula **(ex)**, Endocuticula **(en)**. **4:** Raum zwischen Hypodermis **(1)** und alter Larvenhaut **(3)** stark angefüllt mit Häutungsflüssigkeit, diese starke Anfüllung führt zur Sackbildung (WILLE präp.).

Während wir noch sehr lückenhafte Kenntnisse vom Verhalten des Erregers in den einzelnen Maden besitzen, so sind wir dank der Arbeit von Fyg (1962) über die krankhaften Veränderungen besser informiert. Die Sackbildung ist die Folge einer Störung des Ablaufes der letzten Larvenhäutung. Bei der Flüssigkeit, die zwischen alter Larvenhaut und neu ausgeschiedener Puppenhaut eindringt, handelt es sich nicht, wie White (1917) angenommen hat, um Haemolymphe, sondern nach den Feststellungen von Fyg um Exuvialflüssigkeit (Häutungsflüssigkeit).
Zum besseren Verständnis soll kurz der Vorgang einer Häutung geschildert werden. Die Hauthülle (das Integument) der Insektenlarven setzt sich aus folgenden 4 Schichten zusammen: der Hypodermis, die maßgeblich an der Bildung des neuen Integumentes und der Resorption des alten beteiligt ist, der relativ dicken Endocuticula (aus einem Gemisch von Proteinen und Chitin bestehend), der Exocuticula (hauptsächlich aus Chitin) und der Epicuticula (vorwiegend aus lipophilen Bestandteilen). (Abb. 3) Bei der Häutung scheidet die Hypodermis Enzyme aus (in der Exuvialflüssigkeit enthalten), die die Endocuticula auflösen, das frei werdende Material wird resorbiert, in dem Maße, wie die alte Endocuticula abgebaut wird, scheidet die Hypodermis wiederum Material zur Bildung der neuen Haut aus, das sich rasch in Epi-, Exo- und Endocuticula differenziert. Bei der Sackbrut ist dieser Vorgang stark gestört: Die letzte Larvenhaut wird nur unvollständig abgebaut, und in mehr oder weniger großen Bereichen verläuft die Rückbildung der Endocuticula unvollständig (Abb. 22). Dadurch ist die Larve nicht in der Lage, ihre letzte Larvenhülle zu sprengen. Gleichzeitig setzt die Ausscheidung des zukünftigen Puppenintegumentes ein, wobei dieser Ablauf bereits in den Anfängen gestört erscheint. Zusätzlich, jedoch unvollständig, wird bereits, vor allem im Kopf- und

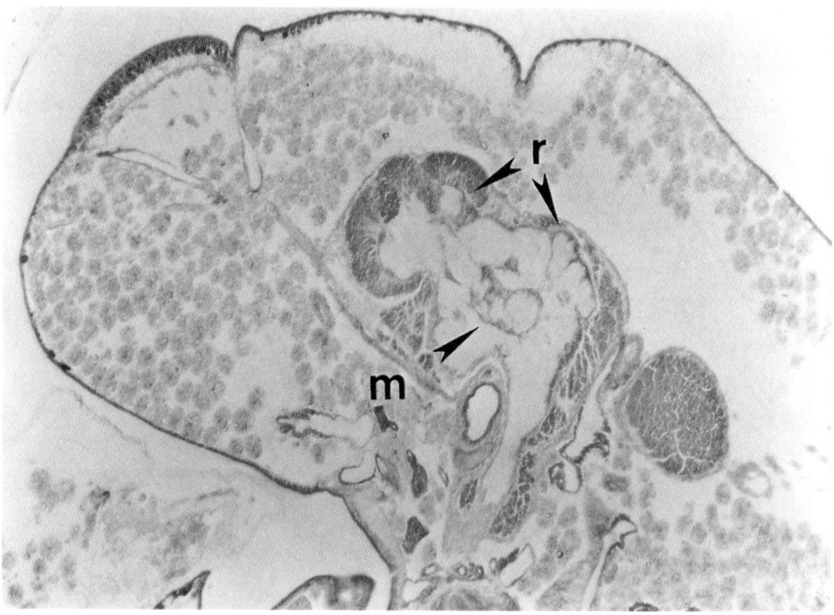

Abb. 23. Schnitt durch Oberschlundganglion (Gehirn) einer normalen Streckmade. **r:** Rindenschicht, **m:** Markschicht (Wille präp.).

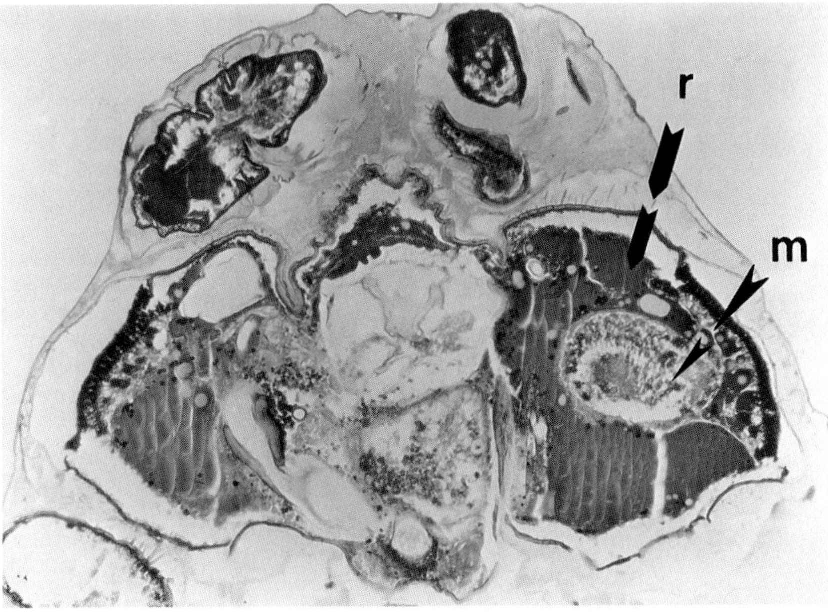

Abb. 24. Schnitt durch Oberschlundganglien einer sackbrütigen Streckmade. Rindenschicht **(r)** stark hypertrophiert, amorphe kaum mehr erkenntliche Zellen, vakuolige Auflösung der Markschicht **(m)** (WILLE präp.).

Brustbereich, z. T. auch im Abdomen, das imaginale Integument ausgeschieden, wobei die Sklerotisierung (Panzerbildung) beschleunigt einsetzt. Die Larve kann also ihre letzte Larvenhaut nicht sprengen, andererseits erfolgt neben der gestörten Ausscheidung der Puppenhülle bruchstückweise bereits die Bildung des zukünftigen Imaginalpanzers. Gestützt auf Abschnürungsversuche, bei denen Stadien erzielt werden, die viele Ähnlichkeiten mit den Sackbrutstadien aufweisen, erwägt FYG (1962), ob das SBV durch eine mittel- oder unmittelbare Schädigung bestimmter Inkretdrüsen oder des mit diesen eng verbundenen Nervensystems ebenfalls eine hormonale Störung herbeiführt, die dann zu letaler Fehlentwicklung führt. Untersucht man histologisch SBV-infizierte Streckmaden, so sind z. B. auffallende Veränderungen im Nervengewebe des Oberschlundganglions unverkennbar (Abb. 24), Erklärungen daselbst, WILLE, unveröff.). Es gelang noch nicht, nachzuweisen, ob die oben geschilderte Fehlentwicklung durch krankhafte Veränderungen des Nervengewebes eingeleitet wird oder ob sie sich infolgedessen einstellt.

3.1.1 Pseudosackbrut

FYG (1962) erachtet die unvollständige, aber beschleunigte Bildung der imaginalen Panzerplatten als für die Sackbrut typisch (S. 98). Indessen sei darauf hingewiesen, daß sich in den gedeckelten wie auch von Arbeiterinnen entdeckelten Brutzellen immer wieder Stadien beobachten lassen, die äußerlich viele Ähnlichkeiten mit der typischen Sackbrut aufweisen, bei denen die bruchstückhafte Ausbildung des imaginalen Panzers jedoch ausbleibt. Untersucht man solche Stadien histologisch,

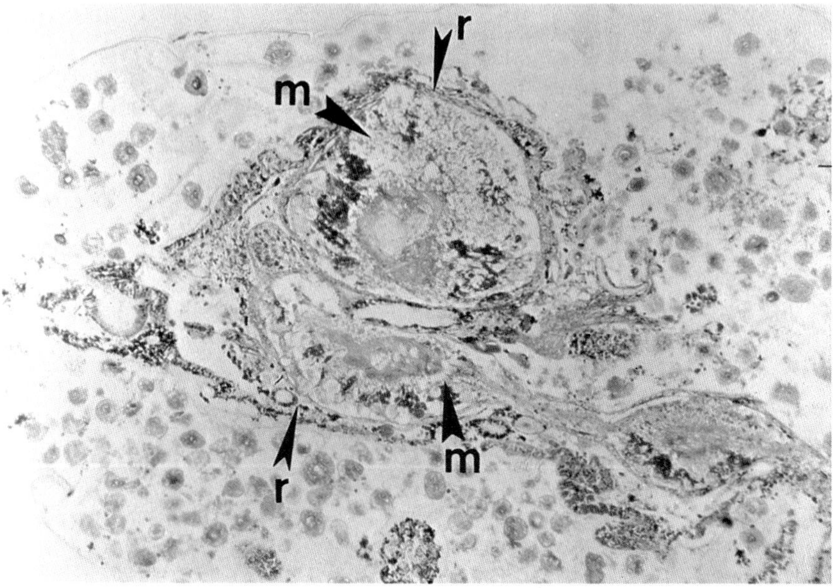

Abb. 25. Schnitt durch Oberschlund- und Unterschlundganglion einer pseudosackbrütigen Made. Starker Abbau der Rindenschicht **(r)**, Zellen zusammengeschrumpft, Zellkerne pyknotisch, Markschicht **(m)** vakuolig aufgeblasen und bereits teilweiser Zerfall (Wille präp.).

so stellt man fest, daß es sich ebenfalls um einen gestörten Häutungsablauf handelt, wobei offensichtlich der Gewebezerfall (Fettkörperzellen, Muskelgewebe) viel rascher voranschreitet als bei der typischen. Das Nervengewebe des Oberschlundganglions verändert sich in einer von der typischen Sackbrut völlig abweichenden Form (Abb. 25, Erklärungen daselbst, Wille, unveröffentl.). Da es sich in beiden Fällen nicht um post mortem Veränderungen handelt, dürfen wir schließen, daß zwei verschiedene Krankheitsbilder vorliegen. Allerdings kennen wir die Ursache der Pseudosackbrut nicht. Es ist möglich, daß verschiedene Widersprüche beim SBV mit der Verwechslung dieser beiden äußerlich doch sehr ähnlichen Krankheitsformen erklärt werden könnten.

3.2 Verbreitung der Sackbrut im Volk

Obschon es verhältnismäßig leicht ist, mit Filtraten aus zermörserten, an SB erlegenen Maden, d. h. aus ihrer Exuvialflüssigkeit, bei hohen Infektionsdosen experimentell die Krankheit zu übertragen, so herrscht doch in vielen Punkten Unklarheit darüber, wie die natürliche Infektion im Volk erfolgt. Offensichtlich verliert das SBV rasch seine Pathogenität. Hitchcock (1966) gelang es nicht, durch Hereinhängen einer durch Sackbrut stark befallenen Wabe die Krankheit in einem normalen Volk auszulösen. Schon White (1917) hat festgestellt, daß das SBV im Honig nur einige Wochen seine Pathogenität beibehält. Damit stellt sich die Frage, wie das SBV in der brutlosen Winterzeit überleben kann. Wie nun Bailey und Fernando

(1972) angeben, scheint die Infektion über die erwachsene Biene zu gehen. Gegebenenfalls dürften also erwachsene Sommer- wie auch Winterbienen als Virus-Reservoir in Frage kommen. So gelingt es, das SBV in erwachsenen Bienen zur Vermehrung zu bringen, bei Injektion von 10^3 Partikeln in über 8 Tage alten Bienen, oder wenn junge Bienen 10^8 Partikel mit dem Futter aufnehmen. Bei beiden Infektionsarten zeigen die Bienen äußerlich keine Krankheitssymptome. Sehr viel Virusmaterial sammelt sich aber in ihren Futtersaftdrüsen an. BAILEY und FERNANDO nehmen nun an, daß beim Füttern der Brut das SBV auf die Junglarven mit dem Futtersaft übertragen werde. Nicht nur die jungen Bienen sind gegenüber einer SBV-Infektion am empfindlichsten, sondern auch diejenigen, die beim Zellenputzen (erste Tage nach ihrem Schlüpfen) am ehesten mit stark verseuchtem Material in Berührung kommen. Exuvialflüssigkeit enthält sehr viel SBV, der Sack der erkrankten bzw. jüngst abgestorbenen SB-Maden platzt leicht beim Entfernen der Larven. Das Virusmaterial, das in weniger als in 0,1 mg einer kranken Made enthalten ist, genügt, eine Jungbiene so anzustecken, daß eine starke Vermehrung des SBV in den Futtersaftdrüsen gewährleistet ist. Wenn es auch scheint, daß Bienen als Reservoir für das SBV in Frage kommen, so ist es doch experimentell nicht gelungen, den Beweis zu bringen, daß künstlich infizierte Bienen die Krankheit auf gesunde Brut zu übertragen vermögen (BAILEY, 1970). Hier darf eingewendet werden, daß tatsächlich doch eine Übertragung des SBV auf Maden möglich war, die aber dann, bevor sich die typischen Krankheitsmerkmale entwickeln konnten, vorzeitig von den Bienen entfernt wurden (siehe auch S. 50). Anderseits bewirkt eine starke Sackbrutinfektion in jungen Arbeiterinnen ein völlig anomales Verhalten und ein vorzeitiges physiologisches Altern (S. 102). Dies hätte zur Folge, daß zugesetzte, künstlich mit SBV infizierte Bienen von vornherein überhaupt nicht mit der Brut in Berührung gekommen wären.

Es gelingt leicht, Jungdrohnen künstlich mit dem SBV zu infizieren, wobei sich dann der Erreger auffallend stark in der Kopfregion vermehrt. Überraschenderweise gelingt dies bei 7tägigen Drohnen nicht mehr. Trotz dieser starken Vermehrungsmöglichkeit ist die Rolle der Drohnen im Infektionsgeschehen des freifliegenden Volkes völlig unklar, denn es ist unwahrscheinlich, daß ihre rudimentären Drüsen in der Lage sind, virusinfizierte Sekrete abzugeben. Es gelang BAILEY jedoch nicht, in Drohnen aus Völkern, die schwer von der SB befallen waren, das SBV nachzuweisen. Über das gestörte Verhalten künstlich infizierter Jungarbeiterinnen teilt BAILEY (1969) folgendes mit: Infiziert man frischgeschlüpfte Arbeiterinnen und füttert man sie darauf mit Pollen, so erreichen sie nur die halbe Lebensdauer gleich behandelter, aber nicht infizierter Bienen. Die ersteren fressen bedeutend weniger Pollen. Füttert man frischgeschlüpfte Bienen mit Pollen, der mit SBV vermengt wurde, so werden sie ungefähr gleich alt und fressen ungefähr die gleiche Menge Pollen wie die Kontrollbienen. Dabei hat BAILEY die Frage nicht geklärt, ob das SBV rasch im Pollen seine Pathogenität verliert.

In weiselrichtigen Versuchsvölklein, die aus 75 bzw. 225 künstlich SBV-infizierten und 300 unbehandelten Bienen zusammengesetzt sind, füttern die infizierten nicht die Königin. In den ersten Tagen sammeln sie sich im Zentrum an und bleiben zunächst untätig, fliegen dann wesentlich früher aus als die Kontrollbienen. Bereits am 5. bis 6. Tag fliegt die Hälfte der behandelten nicht mehr in den Stock zurück (gestorben oder verflogen?). 5 Tage alte infizierte Bienen führen intensivere Werbetänze aus, aber kaum eine sammelt Pollen. Der von solchen Bienen gesammelte

Pollen hat sich als hochvirulent erwiesen und enthält mindestens 10^6 Viruspartikel pro Pollenhöschen. Daraus zieht BAILEY den Schluß, daß beim Sammeln der Pollen mit durch SBV-infizierten Drüsensekreten vermengt wird. Mit SBV-infizierte Bienen sind kälteempfindlich. Die Gruppenbildung setzt bei sinkender Temperatur bei infizierten Bienen rascher ein als bei den Kontrollbienen. Es ergeben sich Unterschiede bezüglich des Zuckerkonsums bei verschiedenen Temperaturen zwischen infizierten und normalen. Dieses Verhalten erinnert an dasjenige von Bienen, die mit CO_2 betäubt wurden. Auch sie fliegen vorzeitig aus, die meisten sammeln aber auch keinen Pollen (BAILEY und FERNANDO, 1972). Wie RUTZ und Mitarb. (1974) nachgewiesen haben, bewirkt die Behandlung von Jungbienen mit Juvenilhormon III und JH-Analoga ähnliche Verhaltensstörungen. Die Frage ist berechtigt, ob eine SBV-Infektion in Arbeiterinnen nicht unmittelbar den JH-Titer nachteilig beeinflusse, was ebenfalls in der infizierten Brut der Fall sein dürfte. Wir haben diese Verhältnisse etwas eingehender geschildert, um die möglichen Beziehungen zwischen Brut und Bienen bei einem Krankheitserreger zu beleuchten, von dem man überzeugt war, er parasitiere ausschließlich in der Brut.

MORGENTHALER (1947) vertritt die Meinung, die Sackbrut könnte durch die Königin übertragen werden. Dieser Nachweis gelang aber BAILEY (1968 b, 1970) nicht, obwohl er zeigen konnte, daß das SBV bei künstlichen Infektionen sich stark in den Köpfen von Königinnen vermehrt.

Hinweise über die Zusammenhänge zwischen Sack- und Sauerbrut finden sich S. 81.

4 Bekämpfungsmaßnahmen

Bisher bemühte man sich, dort wo die Sackbrut in akuter Form auftrat, mit Pflegemaßnahmen das Volk in ein gefestigtes Gleichgewicht überzuführen, seinen Putztrieb zu fördern (Warmhalten, Raum der tatsächlich vorhandenen Bienenpopulation anpassen, Entfernen und Vernichten der am stärksten befallenen Waben). Durch vorsichtige flüssige Reizfütterung versucht man die Königin zur verstärkten Eiablage zu bringen, die Brutpflege und Putztätigkeit anzuregen. Selbstverständlich gelingt dies nur bei genügender Pollenversorgung. Über den Bekämpfungserfolg mit Kunstschwarmbildung sind die Ansichten geteilt.

Beim seinerzeitigen seuchenhaften Verlauf der Krankheit im Genfer Gebiet haben alle diese Maßnahmen keinen Erfolg gebracht. Erst als man sich entschlossen hatte, die dort gehaltene verbastardisierte Landrasse (mit mehr oder weniger hohem Nigra-Anteil) gegen Carnica-Königinnen auszuwechseln (massive Importe von Carnica-Königinnen und daraus abstammende Hybriden-Nachzuchten) stabilisierte sich die Lage zu Beginn der 50er Jahre. Ähnliches Vorgehen bei der Bekämpfung der Sauerbrut in den USA (S. 88). Da die Umstellung nicht kontrolliert durchgeführt wurde, ist es heute schwer abzuschätzen, ob lediglich diese Umstellung zum Verschwinden der Krankheit geführt hatte. Zu ähnlich lautenden Schlüssen gelangte GRIFFIN (1953) in Neuseeland: Die Sackbrut spielt nur eine Rolle in Völkern von geringwertigen Bienenstämmen, er empfiehlt, sie mit Königinnen aus robusteren Stämmen umzuweiseln.

Es wurden auch Heilversuche mit Antibiotika (PEŠEK, 1953, SMIRNOVA, 1966) unternommen. Der erste meldete Erfolge mit Aureomycin, die zweite mit einer

Mischung von Natriummanganat und Oxytetracyclin. Es ist unklar, ob diese Heilmittel direkt auf das SBV eingewirkt haben, bekanntlich üben Antibiotika im Frühjahr und Vorsommer angewandt eine stimulierende Wirkung auf Eilegetätigkeit und Brutpflege aus. Es ist denkbar, daß der Bekämpfungserfolg auf diese Reizwirkung zurückzuführen war.

Die Krankheiten der erwachsenen Bienen

Ansteckende Erscheinungen
Protozoenkrankheiten

Allgemeines über Protozoen (Urtierchen)

Die Protozoen sind Einzeller, merklich größer als Bakterien, aber doch in der Regel ebenfalls mit bloßem Auge nicht sichtbar. Man kennt heute etwa 65000 mit Namen, von denen ungefähr die Hälfte fossil, d. h. ausgestorben ist. Zweifellos sind weitere Tausende noch nicht benannt.

Ein Teil der Protozoen spielt als Erreger von gefährlichen Krankheiten eine Rolle, wie die Erreger der Malaria und der Schlafkrankheit bei uns Menschen oder der Nosematose und der Amöbenseuche bei den Bienen.

Ihr Körper setzt sich im wesentlichen aus einem eiweißreichen Zelleib, dem Cytoplasma, und einem darin liegenden Zellkern oder Nucleus zusammen. Das Cytoplasma besteht bei vielen aus einer dichtflüssigen Masse im Inneren, dem Endoplasma, und einer zäheren äußeren Schicht, dem Ectoplasma. Umgeben wird es von der Zellhülle oder Pellicula, die im einfachsten Fall nur eine feine Membran darstellt.

Der deutlich abgesetzte Kern ist der wichtigste Bestandteil der einzelligen Urtierchen. Auch mehrere Kerne kommen vor. Es handelt sich um Flüssigkeitsbläschen, in denen ein stark färbbarer Stoff, das Chromatin, in Form eines verschieden gestalteten Gerüstes verteilt ist.

Lebensweise

Zahlreiche Protozoenarten leben frei in den verschiedensten Gewässern, andere als Parasiten in Menschen, Tieren und Pflanzen, den sog. Wirten. Manche haben mehrere Wirte. So machen zum Beispiel die Erreger der Malaria (*Plasmodium vivax* und andere) einen Teil ihrer Entwicklung in der Stechmücke *Anopheles* durch, und für den Erreger der tropischen Schlafkrankheit *(Trypanosoma gambiensis)* ist die Tsetsefliege *(Glossina palpalis)* der Zwischenwirt.

Indessen ist das Verhältnis der Urtierchen zu ihren Wirten sehr verschieden. Viele leben als harmlose Kostgänger (Kommensalen) in deren Körperhöhlen, namentlich in den Endabschnitten des Darmes. Dazu gehören die im Dünndarm und der Kotblase der Bienen zu findende Flagellate *Leptomonas apis = Chrithidia mellificae* (Lotmar 1946, Fyg 1954, Bährmann 1967a, b, Langridge und McGhee 1967), sowie auch die Gregarinen Leidyana und andere, sehr große Sporozoen

(Hitchcock 1949, Stejskal 1964, 1973). Manche Protozoen sind ihren Wirten nützlich, ja als sog. Symbionten sogar unentbehrlich. Andere werden ihnen, wie gesagt, als Parasiten mehr oder weniger gefährlich. Man unterscheidet Endo- und Ectoparasiten, je nachdem, ob sie im Körperinneren oder auf und in der Haut leben.
Die Protozoen sind in verschiedener Weise befähigt, sich fortzubewegen: die Flagellaten z. B., wie ihr Name sagt, durch Geißeln, die sie hierzu heftig hin- und herschlagen. Die Amöben hingegen besitzen keine Bewegungsorgane. Statt dessen haben sie die Fähigkeit, Plasmafortsätze, sog. Pseudopodien oder Scheinfüßchen zu bilden, die den übrigen Plasmakörper nachziehen. Selbstverständlich sind die Einzeller auch imstande, Nahrung aufzunehmen. Bei den parasitischen Formen dringen gelöste Stoffe über die Körperoberfläche durch Osmose in sie ein. Dabei erfolgt die Aufbereitung der Nahrung aus dem Wirtsgewebe zum größten Teil außerhalb des Parasiten, indem er Verdauungssäfte ausscheidet, die das Gewebe in seinem Umkreis lösen.
In ähnlicher Weise werden unbrauchbare Stoffe aus dem Körper ausgeschieden, bei zarter Oberfläche an den verschiedensten Stellen, bei derbhäutigen Formen an besonderen Afterstellen, die jedoch nur im Augenblick der Entleerung zutage treten. Die in regelmäßigen Abständen sich bildenden Vakuolen dienen der Ausscheidung von Wasser und wohl auch von verbrauchten gelösten Stoffen. Bei ungünstigen Lebensverhältnissen können sich manche Protozoen encystieren, d. h. sich mit einer schützenden Hülle, einer Cyste, umgeben.

Fortpflanzung und Vermehrung

Die Urtierchen vermehren sich in erster Linie durch Teilung, also in ungeschlechtlicher, sog. vegetativer Form. Die Teilung wird stets durch eine Kernteilung eingeleitet. Wiederholt sich eine Zweiteilung ohne zwischendurch erfolgendes Zellwachstum, spricht man von einer Vielfachteilung. Oft teilt sich zunächst nur der Kern, und erst zuletzt zerfällt das vielkernig gewordene Gebilde durch entsprechende Körperteilung in zahlreiche einkernige Teilstücke. Man nennt das eine Zerfallsteilung oder Schizogonie. Diese Art der Vermehrung findet sich vornehmlich bei einkernigen Protozoen. Bei mehrkernigen Formen können auch sofort wieder mehrkernige Tochterzellen entstehen.
Geschlechtliche Vorgänge sind in den Entwicklungsgang fast aller Protozoen eingeschaltet. Es werden den Eiern und Samenfäden der höheren Tiere vergleichbare einkernige sog. Gameten bzw. Gamonten mit je der Hälfte der Kernbestandteile des Muttertieres gebildet, die paarweise miteinander verschmelzen (kopulieren). Manchmal ist die Verschmelzung nur vorübergehend, wobei Kernmasse ausgetauscht oder vermischt wird (Konjugation). Manchmal spielt sich der Vorgang auch als eine Art von Selbstbefruchtung (Autogamie) in einem Individuum ab, wobei sich der Kern in zwei Hälften teilt, die sich nach Abstoßung eines Teiles ihrer Masse wieder zum Vollkern vereinigen.
Diese Vorgänge können ihren Abschluß durch eine Sporogonie finden, d. h. durch die massenhafte Bildung von sehr widerstandsfähigen und ausdauernden Vermehrungskörpern aus unbefruchteten Zellen, den Sporen: so namentlich bei schmarotzenden Formen, deren Fortbestand sonst durch den Tod ihres Wirtes in Frage gestellt wäre. Mit fester Schale umgeben, schützen die Sporen den außerhalb ihres

Wirtes nicht lebensfähigen Parasiten vor dem Untergang. Kommen sie auf irgendeinem Wege wieder in den passenden Wirt, keimt ihr Inhalt zu neuem Leben aus.

Einteilung

Man teilt heute die Protozoen in 7 große Gruppen (sog. Phyla) ein: die Sarcomastigophora (mit den Amöben in der Klasse der Rhizopoden oder Wurzelfüßler), die Labyrinthomorpha, die Apicomplexa (mit den Gregarinen in der Klasse der Sporozoea), die Microspora (mit der Nosema in der Ordnung der Microsporida der Klasse der Microsporea), die Ascetospora, die Myxozoa, und die Ciliophora (Levine und Mitarb. 1980). Die Nosema rechnet man also nicht zu den Sporozoen, wie irrtümlich oft angenommen wird. Nur die Sporenbildung hat sie mit diesen gemeinsam.

Die Nosematose

Andere Bezeichnungen: Nosema, Nosemaseuche, Darmseuche, Pilzsucht, Frühjahrsschwindsucht, Nosemose (franz.). Die Bezeichnung Nosema leitet sich vom griechischen Nosos = Krankheit ab. Sie ist die ins Lateinische übertragene Form. Demgemäß liegt die Betonung auf der vorletzten Silbe, verdeutschend aber auch auf der ersten (Armbruster 1927).

1 Krankheitsbild

In schweren Fällen kann sich die Nosematose schon im Winter zeigen. Die Bienenvölker sitzen unruhig, haben einen auffallend starken Totenfall und können bis zum Frühjahr absterben. Es fehlt ihnen keineswegs an Futter und nicht an Pollen.
Gewöhnlich bemerkt man die Krankheit jedoch erst im Frühjahr: Die Völker schwinden dahin. Man kennt einen akuten Verlauf, bei dem sie an Flugtagen plötzlich ihre Flugbienen verlieren, „sich kahl fliegen“. Vor den Ständen findet man dann meist einen auffallend starken Totenfall, daneben hüpfende Bienen, die sich in kleinen Träubchen sammeln können. Am häufigsten ist jedoch ein langsamer chronischer Verlauf, bei dem man nur feststellen kann, daß die Völker schwach bleiben, d. h. nicht in dem normalen Maße erstarken, bei relativ viel Brut und wenig Flugbienen. Demgemäß wird der Wabenbau nur schwach von den grau erscheinenden jungen Bienen belagert, statt von Bienen aller Altersklassen in insgesamt dunklerer Farbe überzuquellen.

2 Folgeerscheinungen

Der starke Verlust an Flugbienen bewirkt nicht selten Wassermangel und demzufolge Maikrankheit, dazu Unterkühlung des Brutnestes und infolgedessen Schäden an den schlüpfenden Bienen wie verkrüppelte Flügel und Mundwerkzeuge (Himmer

1925, 1927). Nosemabefallene Bienen sollen nach HAMMER (1956) gegen 2,4-D-Unkrautmittel (sog. Hormonmittel) besonders empfindlich sein. Und schließlich glauben GROBOV und ZÜMANN (1973) Anhaltspunkte dafür gefunden zu haben, daß ein Lähmungsvirus (Schwarzsuchtvirus) erst bei Nosemainfektion zur Ansteckung kommen kann.

3 Verbreitung, Auftreten, Schaden

Die Krankheit ist überall in Europa verbreitet, ebenso in Nord- und Südamerika, Asien, Afrika und Australien, vorwiegend in den kälteren, aber auch in den warmen Regionen dieser Kontinente. In Nordamerika verursacht sie erheblichen Schaden besonders an den sog. Paketbienen, Kunstschwärmen, die man im Frühjahr vom Süden des Landes in den Norden verschickt. Oft sind deren Königinnen befallen, die infolgedessen bald von den Bienen durch stilles Umweiseln ersetzt werden (FARRAR 1947).

Keineswegs tritt die Nosematose immer seuchenhaft auf. Das hängt zum guten Teil von der Witterung und anderen Faktoren ab, weshalb man sie auch zu den sog. Faktorenseuchen rechnet. Das darf aber nicht dazu verleiten, sie als wenig gefährlich anzusehen. Die Schäden, die sie hervorruft, sind groß und übertreffen die aller anderen Bienenkrankheiten bei weitem. Allerdings wirken hierbei oft weitere Ursachen mit wie Amöbenerkrankung, späte Honigtautrachten und ganz besonders Pollenmangel (s. S. 154).

Einige wenige Beispiele mögen eine Vorstellung vermitteln, welche Verluste in sog. Nosemajahren die Imker großer oder eng begrenzter Regionen getroffen haben:

„Die wirtschaftlichen Schäden 1941 durch die Nosema sind sehr groß. Der Eingang von rund 800000 Bienenvölkern bedeutet bei einem Wert von 21 M je Volk im Frühjahr 16800000 M" (KICKHÖFFEL 1941).

F. GNÄDINGER berichtet 1963 über die allein im Landesverband Badischer Imker aufgetretenen Verluste:

„Im Durchschnitt des gesamten Verbandsgebiet stiegen die Verlustzahlen auf 34919, d. h. auf 26,5% des Bienenbestandes". Im gleichen Jahre weiß M. LEHNER zu berichten, daß in den vom Landesverband Württembergischer Imker betreuten Bereichen des Schwarzwaldes die Verluste an Bienenvölkern 69,5% betragen.

Schließlich sei noch ein Bericht des zuständigen Sachbearbeiters der Hessischen Landesregierung erwähnt, in dem er die Zahlen der auf Anordnung abgetöteten Bienenvölker mitteilt (KRAFFKE 1965). Danach wurden in der Zeit von 1956–1964 abgeschwefelt

wegen Nosemabefalles	6608	Bienenvölker
wegen Milbenbefalles	287	Bienenvölker
wegen Faulbrutbefalles	381	Bienenvölker

Erwähnenswert ist aus diesem Bericht noch die Tatsache, daß im Raum Wiesbaden dreimal so viele Völker vernichtet wurden wie im Raume Kassel. Diese Tatsache kann sehr unterschiedliche Gründe haben, u. a. mehr oder weniger Geld in den zuständigen Tierseuchenkassen, oder aber besonders oder weniger eifrige Sachbearbeiter. Sie weist aber auch auf ein Problem hin, das in der Praxis immer wieder ins Auge springt, nämlich die großen Schwankungen der Verlustzahlen von Ort zu Ort und von Jahr zu Jahr. Mal sind die Schwarzwaldtäler, mal die Höhenzüge besonders betroffen, mal der norddeutsche, mal der süddeutsche Raum. Dasselbe wissen die Kollegen aus den USA, aus der UdSSR und fast allen anderen Ländern zu berichten.

4 Erreger

Der Erreger dieser Krankheit ist die zu den Mikrosporidien gehörende Protozoe *Nosema apis* Zander. Er ist schon seit langem bekannt (Dönhoff 1858, Leuckart 1857a, b, c). Während man ihn aber zunächst für einen Pilz hielt, konnte Zander in Zusammenarbeit mit Doflein ihn als einen Verwandten des Erregers der Pebrine der Seidenraupe *(Nosema bombycis)* richtig bestimmen und im Jahre 1909 entsprechend benennen. Letzte Zweifel über die systematische Zuordnung des Parasiten räumten Steche und Held (1981) aus. So ist der Parasit nach dem System der Mikrosporidia von Weiser (1961) folgendermaßen einzuordnen:

Ordnung: Microsporidia, Balbiani (1882)
Unterordnung: Monocnidea, Léger und Hesse (1922)
Familie: Nosematidae, Labbe (1899)
Gattung: *Nosema,* Nägele (1857)
Art: *Nosema apis,* Zander (1909)

4.1 Vorkommen

Es handelt sich um einen überall auf den Bienenständen vorhandenen also ubiquitären Zellschmarotzer, der vornehmlich in den Epithelzellen der Mitteldarmwand von Arbeitsbienen, Königinnen und Drohnen lebt.

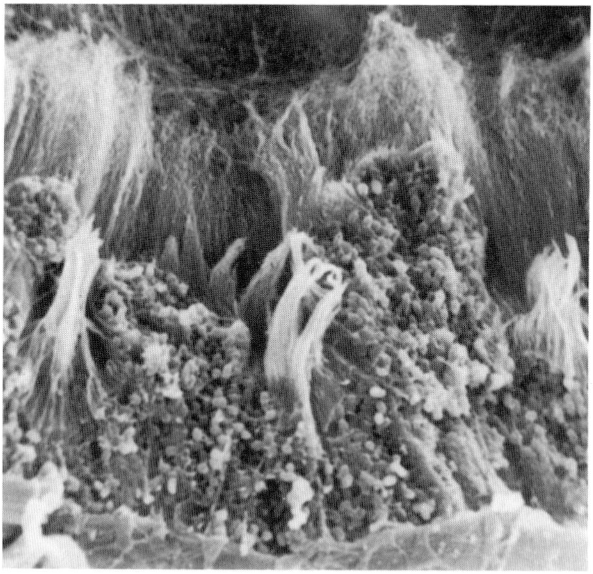

Abb. 26. Aufsicht auf ein stark nosema-infiziertes Darmepithel (Vergr. 460×; Archiv Hohenheim).

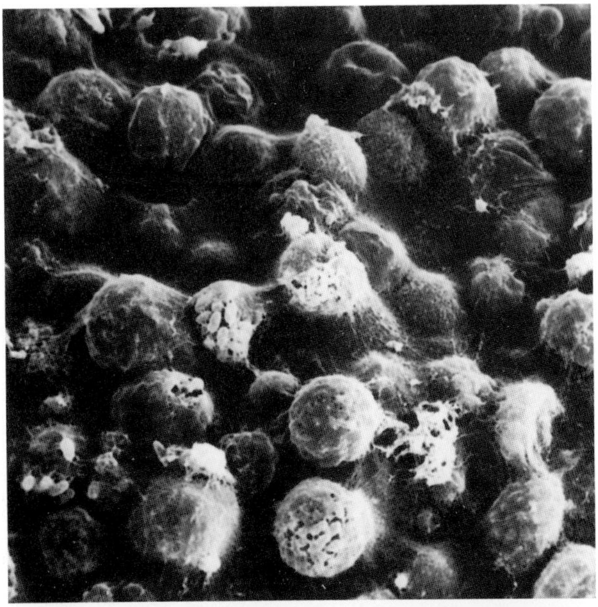

Abb. 27. Aufsicht auf stark befallenen Darm (Vergr. 500×; Archiv Hohenheim).

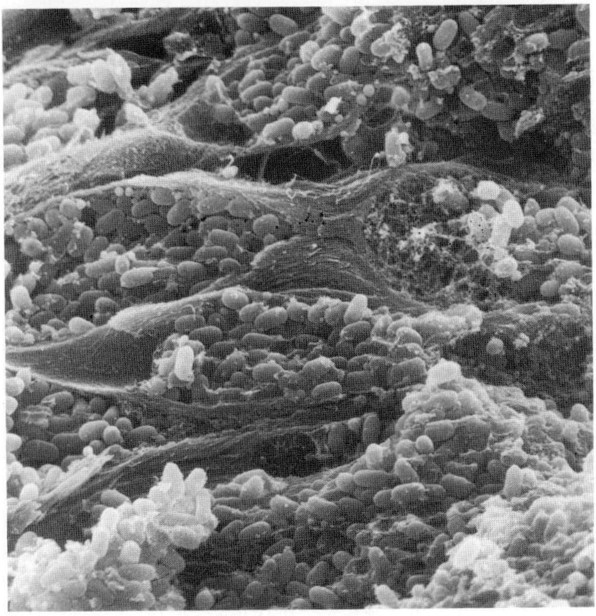

Abb. 28. Ausschnitt des befallenen Darmepithels (Vergr. 1200×; Archiv Hohenheim).

Relativ häufig fand ihn Bährmann (1967) auch in den Malpighischen Gefäßen. Ausnahmsweise stellte man ihn auch im Epithel der Honigblase, des Dünndarms, in den Rectaldrüsen, in der Darmmuskulatur, in den Ovarien der Königin wie der Arbeitsbiene, in der Flugmuskulatur der Königin, in den Kopfdrüsen der Arbeitsbienen, in der Blutflüssigkeit und vereinzelt sogar in der Brut fest (Dönhoff 1858, Fantham und Porter 1913, Massen 1919, Trappmann 1926, Örösi-Pál 1938, Steche 1960, Sokolov und Grobov 1963, Bährmann 1967).
Im allgemeinen findet man jedoch *Nosema apis* weder in den Eiern noch in der Brut des Wirtstieres, und die jungen Bienen sind zunächst frei davon. Auch war es bisher nicht möglich, die Bienenbrut mit dem Parasiten zu infizieren (Hassanein 1951). Seine Verbreitung im Körper der Biene ist also wesentlich beschränkter als die von *Nosema bombycis,* die alle Gewebe der Seidenraupe und ihre Eier überschwemmt. Als Zellschmarotzer ist sein Gedeihen an die lebende Zelle des Darmes gebunden. Ihn künstlich zu züchten war bisher noch nicht möglich.

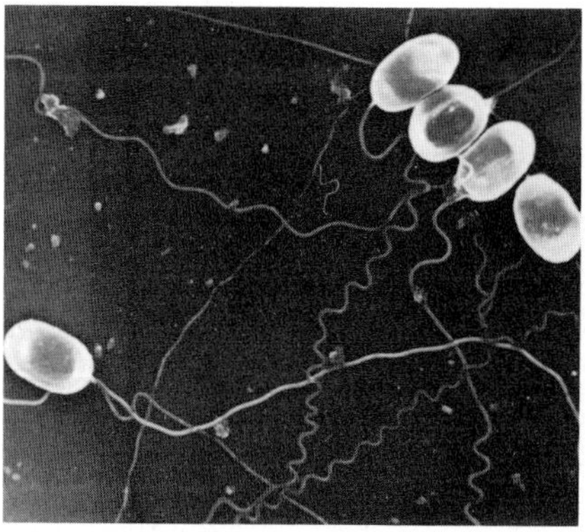

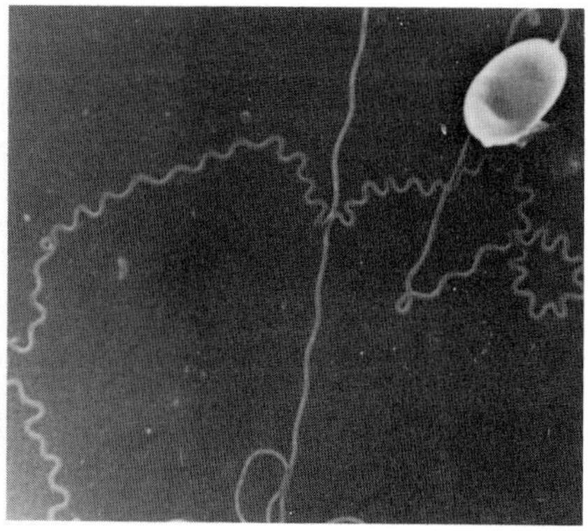

Abb. 29. und **Abb. 30.** Ausgeschleuderte Sporen mit Polfaden (Abb. 29 Vergr. 3600×, Abb. 30 Vergr. 4650×; Archiv Hohenheim).

4.2 Sporen

Außerhalb des Mitteldarmes der Bienen ist der Parasit nur in seinen Dauerformen, den Sporen lebensfähig. Sie dienen seiner Erhaltung und Verbreitung, haben also dieselbe Aufgabe wie die Sporen der Bazillen. Diese ovalen bis eiförmigen hellglänzenden Gebilde sind es, die man gewöhnlich von ihm zu sehen bekommt.
Die durchschnittliche Größe der Sporen beträgt etwa 6 × 3 µm. Gewöhnlich schwankt sie zwischen 5 bis 7 und 3 bis 4 µm. Es kommen aber auch erheblichere Abweichungen vor, z. B. Riesenformen von 14 × 4 µm oder Doppelsporen von 7,7 bis 12 µm Länge, wobei Verwechslungen mit Hefezellen nicht ausgeschlossen sind. Auch andere Formen wie birnenartige von 4,6 bis 6,4 µm Breite mit mehr spitzem Vorder- und mehr breitem Hinterende sind beobachtet worden. Bei ihrer Schale glaubt Popa (1964) eine Außenschicht mit 27 nm, eine mittlere mit 162 nm und eine innere mit 15 nm nachgewiesen zu haben. Schabanoff (1977) fand vier Schichten, Schubert (1969a) bei der Nosematide *Heterosporis finki* zwei.

Nach Kellner und Jacobs (1979) besteht die Schale nicht aus Chitin, da die Sporenhülle nicht von Chitinase angegriffen wird. Andererseits hat Vavra (1967) mit verschiedenen Methoden (z. B. Infrarot-Spektroskopie) Chitin in der Endospore nachgewiesen. Er unterscheidet ähnlich wie Popa (s. o.) eine Außenschicht, Exospore genannt, in der Protein nachgewiesen wurde, eine mittlere Schicht, Endospore genannt, die aus Chitin besteht, und schließlich eine dünne, das Cytoplasma umgebende Membran. Sie schützt den Schmarotzer vor dem Vertrocknen, sowohl in den abgestorbenen Bienen, wie vor allem außerhalb derselben nach seinem Ausscheiden aus dem Bienendarm.

Im Inneren enthält die Spore den Parasiten mit 2, auch 4, nach Steche (1962) nicht klar umrissenen Kernen (Popa 1963). Er lagert ursprünglich gürtel- oder muffartig zwischen 2 Hohlräumen, den sog. Vakuolen. Zumeist ist die vordere Vakuole klein und die hintere groß.

Abb. 31. Nosemaspore und Riesenspore (Vergr. 8900 ×; Archiv Hohenheim).

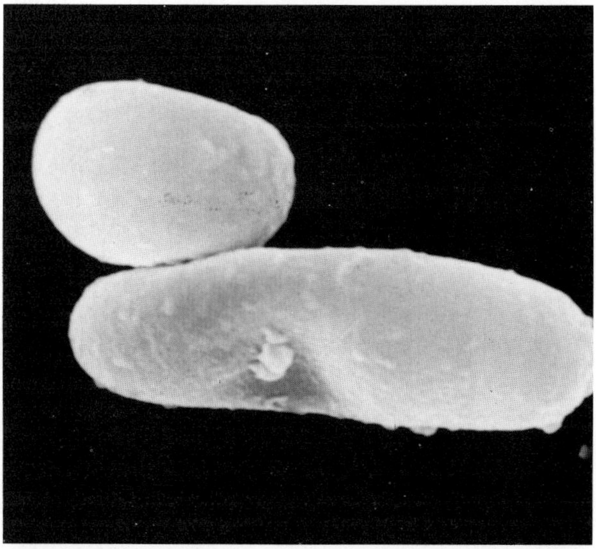

Die Bezeichnung Vakuole ist jedoch nicht ganz glücklich. Denn eine begrenzende Membran fehlt, und ihre Funktion ist völlig ungewiß. Sie scheint aus kleineren Vakuolen zu entstehen. Steche und Held (1981) konnte durch Gradienten-Zentrifugieren Sporen verschiedenen spezifischen Gewichtes gewinnen, was wohl mit diesen nach Größe und Anordnung variierenden Vakuolen zusammenhängen dürfte. In der Entwicklungsphase verändert der Keim in der Spore seine Lage. Nur noch eine große Vakuole bildet den hinteren Abschnitt der Spore. Peripher, im vorderen Bereich, entsteht ein spiralig aufgewundener Polfaden, das Filament. An der Spitze der Spore endet dieses in eine manschettenartig erweiterte Kappe (Mc.Manus positiv*). Er ist wohl der merkwürdigste Bestandteil des Sporeninneren, eines der feinsten tierischen Gebilde, das man kennt, und deshalb nur schwer

* D. h. höher molekulare Zucker sind nachgewiesen.

meßbar. Die Angaben über seine Länge gehen weit auseinander. Sie schwanken zwischen 60 und 400 µm (KUDO 1920, MORGENTHALER 1922, 1963). Diese unterschiedlichen Angaben über die Länge des Filamentes oder Polfadens dürften wohl darauf zurückzuführen sein, daß die Länge des austretenden Polfadens entscheidend von der Viskosität des umgebenden Mediums bestimmt wird, in dem die verschiedenen Autoren das Austreten des Filamentes beobachtet haben.
Ebenfalls von der Viskosität des umgebenden Mediums abhängig ist die Geschwindigkeit, mit der sich dieser Vorgang vollzieht. In wässrigem Milieu schnellt der Polfaden geradezu heraus, in einer der Viskosität des Darminhaltes entsprechenden Substanz „tastet" sich das Filament langsam heraus, begleitet von ganz typischen, zitternden Bewegungen der Spore.

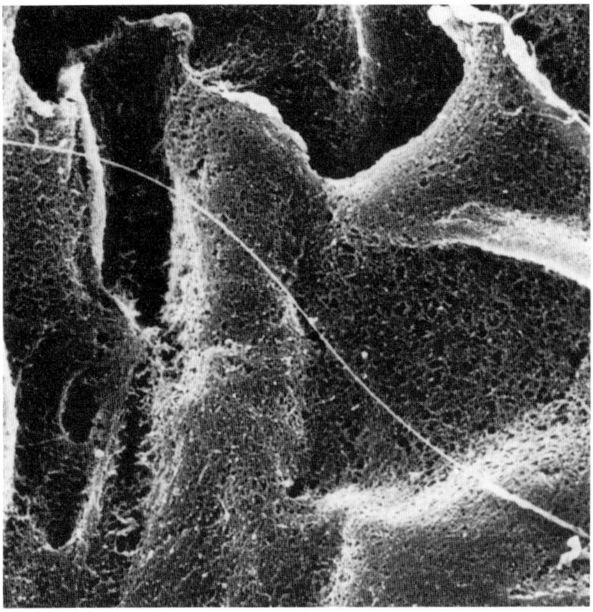

Abb. 32. Polfaden auf peritrophischer Membran (Vergr. 5800×; Archiv Hohenheim).

Kommt eine Spore in den Darm einer Biene, so tritt, wenn die physiologischen Voraussetzungen gegeben sind, der Polfaden aus, indem er sich handschuhfingerartig umstülpt. Das Ausstülpen wird wohl sicher von einem von MORGENTHALER (1922) als Polkörper, von HUBER (1960) als Polaroplast bezeichneten zweiteiligen Quellkörper ermöglicht, der im vorderen Bereich der Spore liegt. Wie bei *Heterosporis finki* umschließt er wahrscheinlich den achsenartig verlaufenden Teil des Polfadens (SCHUBERT 1969a). Er ist aus feinsten Lamellen aufgebaut. Im unteren Bereich folgt eine Region mit Röhren bildenden eng liegenden Bläschen (Vesikeln). Was die Ausstülpung des Polfadens auslöst, ist noch nicht geklärt. Man darf annehmen, daß es die Verdauungssäfte der Biene sind, welche dazu anreizen. Aber schon Wasser allein kann dazu genügen. Nach BAILEY (1963) hat man das auch schon erreicht, indem man eine Nosemaaufschwemmung eintrocknen läßt und sie dann wieder mit Wasser befeuchtet. Auch im hängenden Tropfen ist es möglich (MOR-

GENTHALER 1922), desgleichen mittels einer frischen 3%igen Lösung von Wasserstoffperoxid in physiologischer Wyattlösung (KELLNER und JACOBS 1979). STECHE (1961) erhielt nach Zugabe von Gelatine ein langsames Heraustreten. Van LAERE berichtete anläßlich des Nosemasymposiums in Merelbeke 1976 von eingehenden Untersuchungen über das Austreten des Polfadens unter unterschiedlichen Voraussetzungen. Danach bewirkt eine 5%ige NaCl- und eine 0,25 bis 3%ige H_2O_2-Lösung ein vollständiges und schnelles Austreten.
Unter Sauerstoffeinwirkung von außen findet keine Keimung statt. Eine mögliche Vermutung für den Mechanismus des Austretens wäre das Eindringen von H_2O_2 in das Innere der Spore und die durch die Anwesenheit von Katalase hervorgerufene Sauerstoffbildung. Diese wäre folglich für den inneren Druck verantwortlich, der seinerseits das Austreten verursacht.
Dem Peroxid ist unbedingt NaCl zuzufügen, da sonst keine Keimung erfolgt. Es wurde von Van LAERE (1977) festgestellt, daß die Zahl der Keimungen bis etwa 5% NaCl ansteigt, um dann schlagartig zu fallen.

4.3 Primärstadien

Nach rasterelektronenmikroskopischen Untersuchungen von STECHE und HELD (1981) durchwandert der Polfaden die peritrophischen Hüllen an offenen Stellen, löst sich fermentativ auf und gibt die in seinem Inneren ans Ende abgewanderten ersten Stadien frei.
Diese Primärstadien teilen sich vielfach und dringen durch das Flimmerepithel in die Darmzellen ein, anscheinend ohne jeden Plasmaanteil, wo sie sich zunächst von

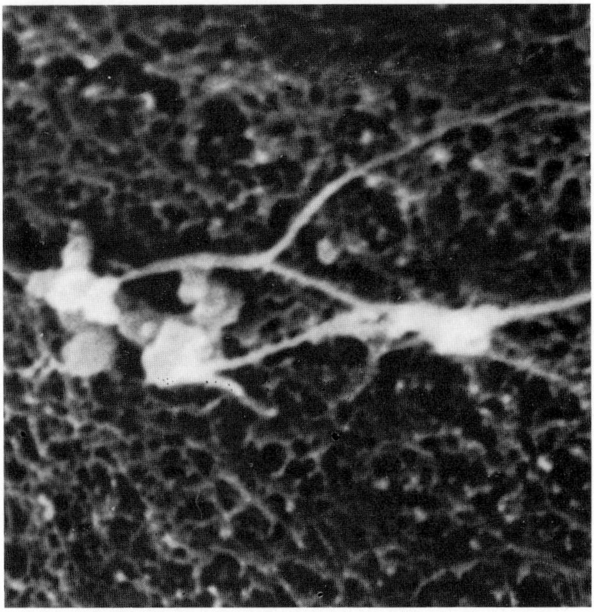

Abb. 33. Freigesetzte Primärstadien an der Polfadenspitze, auf der peritrophischen Membran liegend (Vergr. 21600×; Archiv Hohenheim).

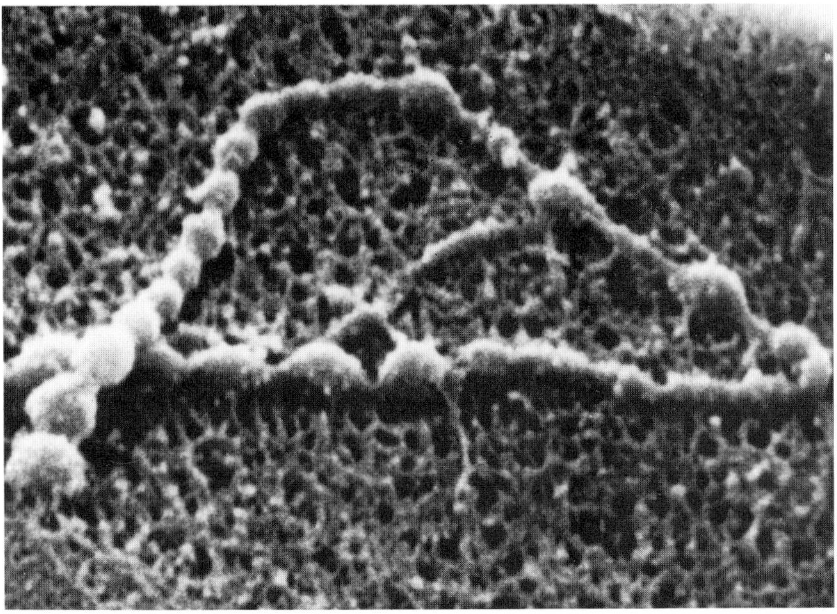

Abb. 34. Primärkeime auf peritrophischer Membran (Vergr. 25 920 ×; Archiv Hohenheim).

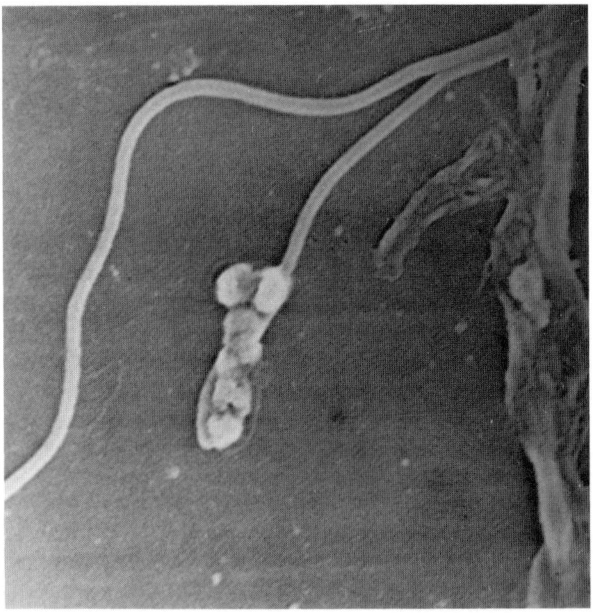

Abb. 35. Primärkeime an der Spitze eines Polfadens in der Teilungsphase (Vergr. 11 400 ×; Archiv Hohenheim).

vielen submikroskopisch kleinen, also lichtoptisch nicht faßbaren winzigen Einheiten zu größeren kugelförmigen Rundstadien entwickeln.
Dabei wandern diese Primärstadien auch in bereits infizierte Zellen.
Die Primärkeime sind bisher in Anlehnung an die Sporozoen als sog. Amöboidkeime beschrieben, und zwar als winzige rundliche Gebilde von 0,8 bis 2,8 μm Durchmesser, in denen man bei starker Vergrößerung zwei von einem hellen Hof umgebene Kerne ohne Kernmembran wahrnimmt (TRAPPMANN 1923, 1926). Die Körpermasse ist gleichmäßig dicht, nicht in eine Innen- und Außenschicht geschieden. Amöboidkeime besitzen die Fähigkeit, sich mittels sog. Scheinfüßchen langsam fortzubewegen, indem sie aus ihrem schleimigen Leib stumpfe Plasmafortsätze austreten lassen, die diesen nachziehen. Indessen haben nach STECHES Beobachtungen (1962) die ersten Keime (Primärkeime) von *Nosema apis* keine Ähnlichkeit mit Amöben. In dieser Phase könnte man die Keime als Planonten oder Wanderzellen bezeichnen. Bei diesen Stadien glaubte TRAPPMANN eine Kernverschmelzung (Autogamie) annehmen zu können. Nach STECHES Befunden ist es aber wahrscheinlicher, daß umgekehrt einkernige Stadien eine Kernteilung vollziehen. Gelegentlich hat man sie auch in den Kernen der Darmzellen beobachtet (TRAPPMANN 1923, 1926, BORCHERT 1924, STECHE 1965).
STECHE (1962) fand nach der Untersuchung GIEMSA-gefärbter Ausstriche kleinste plasmafreie „Spiralstadien“, die aus einzelnen Fäden oder Ketten zusammengesetzt zu sein scheinen. Aus ihnen gehen nach seiner Beobachtung ein- und zweikernige „Rundstadien“ hervor.
Bei rasterelektronenmikroskopischen Analysen lassen sich jedoch nur wenige Stadien in ihrer äußeren Form eindeutig voneinander unterscheiden. Neben den Sporen finden sich lediglich Stadien, die größer als diese, flacher und breiter und

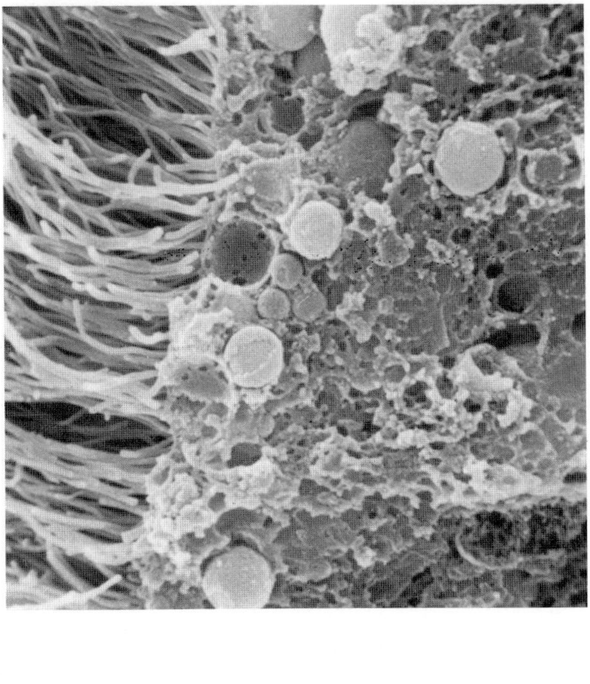

Abb. 36. In die Darmzelle eindringende Primärkeime (Vergr. 7000 ×; Archiv Hohenheim).

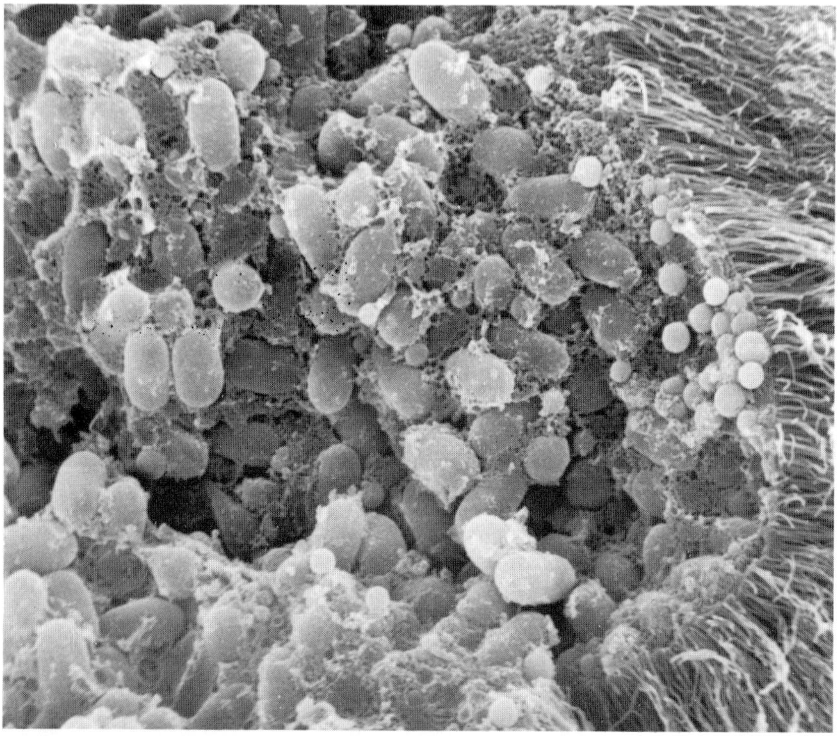

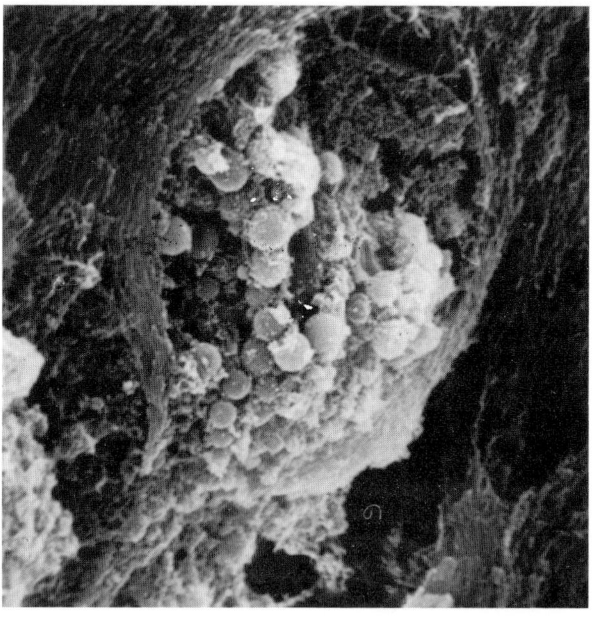

Abb. 37. Sporen und Rundstadien in infizierter Zelle (Vergr. 2760 ×; Archiv Hohenheim).

Abb. 38. Rundstadien in Darmepithelzelle (Vergr. 3700 ×; Archiv Hohenheim).

teilweise mit einer leichten einseitigen Eindellung ausgebildet sind (Sporoblasten?) und schließlich kugelförmige Rundstadien verschiedener Größe, dazu die Primärstadien.
In den Darmzellen wachsen die Rundstadien zu größeren kugeligen Gebilden heran. Dabei beginnt nach seitheriger Ansicht eine lebhafte Vermehrung durch Teilung. Der Planont wird zum Meronten, zur Teilungsform. Auf dieser Entwicklungsstufe schadet der Parasit den Bienen sicher am meisten, da er viel Nahrung für seine Vermehrung braucht.
In ihren rasterelektronenmikroskopischen Untersuchungen konnten STECHE und HELD, wie schon ausgeführt, jedoch keine Teilungen von Planonten, Sporonten oder Sporoblasten nachweisen. Demnach muß die Vermehrung des Parasiten schon ganz am Anfang der Entwicklung stattfinden.
Jedenfalls entstehen schließlich ganze Parasitennester in den Epithelzellen mit schätzungsweise 500 Stadien je Zelle.
Diese Teilungsvorgänge und die Entwicklung der Stadien spielen sich offensichtlich rasch ab. Bereits 48 Stunden nach der Verfütterung sporenhaltigen Honigs an die Bienen findet man Parasitennester in zahlreichen Stellen der Darmwand, und nach 5 Tagen haben sich bei einer Temperatur von 30°C wieder neue Sporen gebildet (LOTMAR 1939).

4.4 Weitere Probleme

Wie wir erfahren haben, sind unsere Kenntnisse von *Nosema apis* noch vielfach unsicher und lückenhaft. Außer den besprochenen Problemen gibt es noch manch andere. So weiß man nichts Sicheres über mögliche Sexualprozesse im Entwicklungsgang. Weiter scheint es keineswegs absolut festzustehen, daß sich der Erreger nicht auch über das Blut (die Hämolymphe) der Biene auf andere Zellen und Organe verbreitet und dabei vielleicht anderen Mikroorganismen den Weg in das Lymphsystem der Biene eröffnet (WILLE 1967). Wenn BÄHRMANN (1967) auch lichtoptisch keine Durchtrittsöffnungen durch die entsprechenden Membranen fand, so kann letzte Klarheit hier doch nur die elektronenmikroskopische Untersuchung bringen.
Auffallend war bei STECHES umfangreichen Arbeiten, daß stets ein hoher Prozentsatz von Infektionsversuchen mißlang. Weiter fiel auf, daß unter Tausenden von Ausstrichen immer einzelne waren, bei denen bis zu 40% der Sporen ihren Polfaden austreten ließen. Die Gründe hierfür sind unbekannt.
Hinweise auf andere zu klärende Fragen können elektronenmikroskopische Untersuchungen von Verwandten von *Nosema apis* geben, insbesondere die Untersuchungen von SCHUBERT (1969) über *Heterosporis finki* SCHUBERT, einen Parasiten des Zierfisches *Pterophyllum scalare.* Sein generativer Teil hat eine gekörnte Grundsubstanz mit eigenartigen Spiralstrukturen. Die diese Spiralen bildenden Fäden bestehen wiederum aus aufgedrehten Fasern. Innerhalb des von Spiralstrukturen erfüllten Raumes befindet sich ein Polyeder, in dem keine oder nur wenige Spiralen liegen. Bei schwacher Vergrößerung ähnelt dieser Vielflächner einem Kern. Es fehlt jedoch die Membran. Wie TRAPPMANN (1923) bei *Nosema apis* nachweisen und nun auch SCHUBERT bei *Heterosporis finki* (1969a) bestätigen konnte, wandert in bestimmten Phasen Kernmaterial in das Protoplasma ab, was

bisher nicht befriedigend erklärt werden kann. Es handelt sich um eine Art Kernvermehrung aber ohne Zellteilung. Zuletzt verschwinden die Kerne. Das könnte verständlich machen, warum Kernfärbungen auch bei *Nosema apis* häufig schwach und mit fließenden Konturen ausfallen und weshalb oft unterschiedliche Angaben über die Anzahl der Kerne gemacht werden.
Unklar ist das Verhalten dieser chromatischen, d. h. färbbaren Substanz in der Phase der Sporenbildung. Mit der Bildung des Polfadens hat sie entgegen Trappmann (1926) nichts zu tun.
Was diese betrifft, so beginnt sie bei *Heterosporis finki* in der unreifen Spore zwar in einer Phase, wo Einstülpungen von der Sporenwand her einsetzen, die jedoch damit nicht in Zusammenhang stehen. Der Faden wächst vielmehr in die Länge. Sein Durchmesser beträgt im mittleren Bereich ca. 8 nm, im vorderen ca. 130 nm.

5 Die Ausbreitung des Parasiten im Epithel des Mitteldarms (Autoinfektion)

Die im Mitteldarm aus der Spore schlüpfenden Keime befallen fast immer zuerst die Epithelzellen des hinteren Teiles des Mitteldarms, vermutlich wegen der hier kompakteren Lagerung der Nahrung (Steche 1960). Hin und wieder wurde der erste Befall auch im vorderen Darmabschnitt beobachtet (Bailey 1955). Von diesen Nestern ausgehend breitet sich der Parasit auf den ganzen Mitteldarm aus. Dabei gehen möglicherweise infektiöse Stadien in die benachbarten Epithelzellen über. Sind doch bei Parasitennestern zumeist die mittleren Zellen am stärksten besetzt (Lotmar 1940, Steche 1960). Im wesentlichen aber ist die rasche Verbrei-

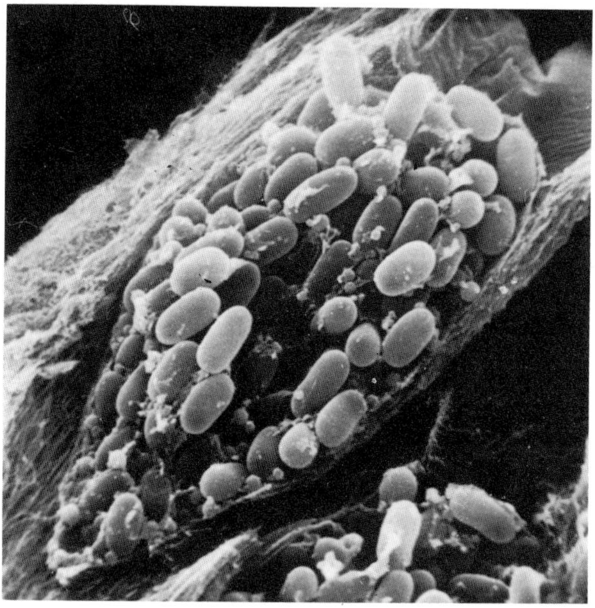

Abb. 39. Abgestoßene infizierte Darmzelle, die adulte Sporen und kleinste Rundstadien enthält (Vergr. 2100 ×; Archiv Hohenheim).

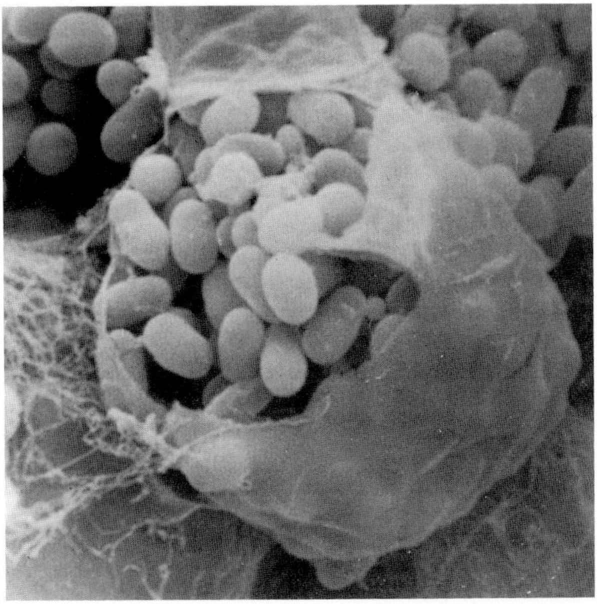

Abb. 40. Aus dem Darmepithel abgestoßene aufgeplatzte Darmzelle, aus welcher Sporen freigesetzt werden (Vergr. 2500×; Archiv Hohenheim).

tung des Parasiten nur durch die eigentümlichen Verdauungsvorgänge im Bienendarm zu erklären (TRAPPMANN 1926).

Die Darmwand der Bienen stößt in regelmäßigen Zeitabständen peritrophische Membranen ab. Bei kranken Bienen soll dieser Vorgang schneller vor sich gehen als bei gesunden (TRAPPMANN 1926). Zugleich werden auch die vom Parasiten besetzten Darmzellen in die Höhle des Bienendarms abgestoßen. Man findet sie als kugelrunde Körper in den Präparaten.

Durch ihren Zerfall wird der Erreger in allen seinen Entwicklungsstadien freigesetzt. Die Sporen kommen so mit dem Darminhalt in den Enddarm und werden mit dem Kot abgesetzt. Gleichfalls freiwerdende Frühentwicklungsstadien hingegen dringen offensichtlich sofort wieder in Darmepithelzellen ein und infizieren diese neu. Man spricht deshalb von einer Selbstansteckung oder Autoinfektion der Biene. Hierbei wirken die somit neu entstandenen Sporen nach MAASSEN (1910) und nach TRAPPMANN (1926) nicht mit. Um auskeimen zu können, müssen sie erst den Wirt wechseln, weil sich die Spore erst in der Ruhezeit vollständig ausbildet. Allerdings sprechen dagegen, wenn auch nicht beweisend, Fütterungsversuche mit Sporen aus dem Kotblaseninhalt der Bienen, die Ansteckungsfähigkeit der Sporen auch ohne Reifungszeit in der freien Natur ergaben (BORCHERT 1928, KITTLAUSZ 1928).

Jedenfalls kommt es relativ schnell zu einer starken Vermehrung. Schon 4 bis 6 Tage nach einer Infektion findet man den Parasiten im Epithel des Mitteldarms, und im Laufe von 8 bis 10 Tagen ist die ganze Darmwand davon erfüllt (GROSS und RUTTNER 1970). Wenn bei Ansteckungsversuchen 200000 bis 2000000 Sporen verfüttert wurden, erreichte die Sporenzahl im Mitteldarm im Laufe der zweiten Woche den Höhepunkt von 25 bis 35 Millionen, bei Brutbienen, welche die längsten und voluminösesten Mitteldärme besitzen, sogar 40 bis 63 Millionen. In den

Kotblasen der Bienen konnten nach der vierten Woche 170 Millionen gezählt werden, da die in Käfigen gehaltenen Bienen diese nicht entleeren (Lotmar 1940). In stark infizierten Bienen sind dann sogar insgesamt 180 bis 500 Millionen Sporen zu finden (Gontarski und Wagner 1954, Lotmar 1940).

Während der Winterruhe der Bienen hingegen, wo die Stoffwechselvorgänge viel langsamer verlaufen und damit auch die Abstoßung der Darmepithelzellen viel seltener erfolgt, ist die Möglichkeit der Selbstinfektion im Bienendarm geringer. Dementsprechend sind auch der Nosemaentwicklung in der einzelnen Biene jetzt sehr enge Grenzen gesetzt (Borchert 1930).

6 Die Infektion anderer Bienen

Ebenso wie die Bienenbrut sind auch die jungen Bienen von Nosema frei. Ihre Ansteckung erfolgt durch den Kot der kranken, in welchem sich die Nosemasporen in Massen befinden. Nosemakranke Bienen neigen dazu, im Stock feine Kotträpfchen abzugeben. Schlechtes Wetter, welches die Bienen am Abkoten im Freien hindert, und manche anderen Umstände, wie überfüllte Kotblase, ungeeignetes Futter und Kälte begünstigen das. Auf Papier, mit dem man den Stock auskleidet, oder auf Glasplatten, die man unter den Wabenbau eines nosemakranken Volkes legt, kann man die abgegebenen sporenhaltigen Kotspritzer entdecken (Borchert 1928, Böttcher 1962).

Und auf den Überwinterungswaben der von Nosematose befallenen Völker finden sie sich gleichfalls. Die auf Sauberkeit bedachten Bienen lecken sie letztlich beim Putzen der Zellen vor der Bebrütung auf und stecken sich auf diese Weise mit den darin befindlichen Sporen an (Bailey 1963). Indessen bewirkt der Parasit keine Ruhr. Doch bewirkt Ruhr umgekehrt eine starke Ausbreitung desselben im Volk (Bailey 1967).

Wenn eine Biene frisch in die Honigblase aufgenommene infizierte Nahrung an andere weitergibt, kann auch eine Übertragung von Mund zu Mund erfolgen. Ein Erbrechen des Erregers aus dem befallenen Mitteldarm ist aber nicht möglich, da der zwischen Honigblase und Mitteldarm befindliche Ventiltrichter (Zwischendarm) einen Übertritt vom Inhalt des Mitteldarms in den Vorderdarm nicht erlaubt.

Die Königin setzt ihren Kot stets im Stock ab, der sofort von den Bienen aufgeleckt wird. Ist sie von Nosema befallen, muß ihr Volk infolge dieser ständigen Infektionsquelle stets krank bleiben. Königinnen lassen sich leicht infizieren. 2 bis 6 Wochen danach werden sie dann meist von den Bienen „still" umgeweiselt. Bei isoliert gehaltenen Königinnen gelingt die Infektion nur schwer. Vielleicht ist eine Selektion möglich (Furgala 1962).

Indessen koten die Bienen gewöhnlich im Freien ab. Hier kann die Ansteckung durch Wasser erfolgen, das die Bienen gern von Blättern und Gräsern holen, aber auch von Wasserstellen, in denen man allerdings nur sehr selten Nosemasporen gefunden hat (Borchert 1928).

Eine sehr bedeutsame Möglichkeit der Nosemainfektion ergibt sich durch das Verfliegen von Bienen und Drohnen. Beide verirren sich viel mehr als man allgemein annimmt, selbst auch bei Einzelaufstellung der Völker. Sie verfliegen sich sogar von Stand zu Stand, z. B. auch wenn zu trachtloser Zeit wie im Herbst die Völker eines Standes gefüttert werden (Borchert 1928, Hanko und Lemakova 1972).

Dann versuchen die von fremden Ständen in räuberischer Absicht kommenden Bienen in die gefütterten Völker einzudringen und bleiben offenbar auch zum Teil darin.
Die häufigste und verderblichste Art der Ansteckung praktiziert der Imker, indem er den mit Sporen übersäten Wabenbau befallener Völker in anderen gesunden Völkern, z. B. auch in jungen Ablegern, wiederverwendet. Oder indem er unverbrauchtes Winterfutter ausschleudert und an andere Völker ohne Erhitzung verfüttert. Auf diese Weise können schwerste Infektionen entstehen, die den Tod der in den Winter gehenden Völker zur Folge haben (Bailey 1963, Böttcher 1968).

7 Die Wirkung des Nosemabefalles auf die einzelne Biene

Wie jedes Lebewesen muß der Nosemaparasit Stoffe aufnehmen und andere ausscheiden. Das führt zu Schädigungen seines Wirtes. Am Darm der kranken Biene zeigen sich einige Veränderungen. Er erscheint aufgetrieben, brüchig, und infolge der zahlreichen hellen Sporen von weißer Farbe. Bei mikroskopischer Untersuchung findet man im allgemeinen eine Vergrößerung der Epithelzellen und ein lebhafteres Zellwachstum.
Der Stäbchensaum des Epithels und die peritrophische Membran werden mit zunehmendem Befall immer undeutlicher und sind schließlich kurz vor dem Absterben der Bienen kaum noch zu erkennen. Dagegen scheinen Zellkern und Zellplasma unbeeinträchtigt zu bleiben, obwohl das Zellplasma fast vollständig von Meronten und Sporen durchsetzt ist. Manchmal kann aber auch der Zellkern befallen und entsprechend geschädigt sein (Trappmann 1923, Borchert 1924, Steche 1965). Auch die Darmmuskulatur und die Basalmembran behalten ihre Struktur, und der Säuregrad (pH-Wert) des Mitteldarms ist kaum verändert (Zänkert 1939, v. Frisch 1944). Hingegen verlaufen die altersbedingten Veränderungen der Rektalpapillen schneller und unregelmäßiger als bei gesunden Bienen (Bährmann 1967). Sehr fällt ein Wechsel in der Menge und Zusammensetzung eigenartiger großer lichtbrechender Zelleinschlüsse auf, der Kalkkörper, deren Bedeutung vorerst noch ungeklärt ist (Köhler 1921). Sie nehmen erheblich ab oder verschwinden in seltenen Fällen ganz, während kleine schwach lichtbrechende zuweilen unregelmäßig gestaltete Körnchen sehr an Masse zunehmen, was Hertig auf die Vermutung brachte, es könnte sich vielleicht um Symbionten handeln. Nach Steche und Held (1981) dürften es aber wohl die ersten kugelförmigen Entwicklungsstadien der *Nosema apis* sein.
Der Parasit löst keine Um- oder Neubildung aus, wie etwa die Abkapselungen der von Tuberkelbakterien befallenen Lungenteile bei Warmblütlern. Die bei der Zellerneuerung auch der gesunden Bienen erfolgenden Vorgänge werden lediglich beschleunigt, was dann allerdings zur Erschöpfung der Ersatzzellen in den Regenerationskrypten und zum Gewebezerfall führen kann (Steche 1960).
Ein von Nosemaschmarotzern angefüllter Mitteldarm mit seinem stark zerstörten Gewebe ist in seiner normalen Tätigkeit erheblich beeinträchtigt. Befallene Bienen vermögen die Pollennahrung nicht voll auszunutzen. Sie sind krank (Beutler, Opfinger und Wahl 1949). Aber, wie auch Steche (1960) betont, erlischt die Funktionsfähigkeit des Darmes offensichtlich erst auf einem späten Befallsstadium. Denn sonst wäre es nicht denkbar, daß eine Biene, die kaum noch parasitenfreie

Darmzellen besitzt, noch leben kann. Die Annahme von KITTLAUSZ (1928), daß die nosemabefallenen Bienen infolge gestörter Verdauung besonders stark zehren und ihren Darm auf diese Weise besonders stark belasten würden, konnte jedoch nur für Honig bestätigt werden (JACOBS 1971), nicht für Zucker (MAURIZIO 1946, BEUTLER und Mitarb. 1949, HIRSCHFELDER 1969, JACOBS 1971). Indessen fand LOTMAR (1951), daß das Gewicht der Kotblase und ihr Wassergehalt bei kranken Bienen stärker zunimmt als bei gesunden. Daraus ergibt sich wohl auch das erhöhte Reinigungsbedürfnis nosemabefallener Bienen, d. h. ihr Bedürfnis, sich ihres Kotes zu entledigen. Vielleicht hängt dieser in der Praxis beobachtete Mehrverbrauch an Futter auch mit dem unruhigen Sitz der befallenen Völker zusammen.

Ganz erheblich wirkt sich die gestörte Verdauung und der Eiweißverbrauch des Parasiten auf andere Organe aus: auf die Futtersaftdrüsen und die Fetteiweißkörper, die bei nosemakranken Bienen im ganzen schlechter entwickelt sind, als bei gesunden (LOTMAR 1936, 1939, WANG und MOELLER 1969). Kranke Bienen können zwar Eiweiß bis zum gewissen Grad noch aufbauen, verbrauchen es aber in viel kürzerer Zeit als die gesunden (GONTARSKI 1955), und der Proteingehalt der Hämolymphe sinkt bei nosemakranken Bienen in der aktiven Phase der Jahreszeit stärker ab (FOTI und Mitarb. 1971). Viel kleiner bleiben die Eierstöcke nosemakranker Königinnen, was geringere Legeleistung und gar Unfruchtbarkeit, aber auch frühen Tod oder stille Umweiselung zur Folge hat (FYG 1945, FARRAR 1947, HASSANEIN 1951). Brutrückgang konnte HASSANEIN (1952) feststellen, ja ein Teil der abgelegten Eier entwickelte sich in nosemakranken Völkern nicht zu reifen Larven.

Mitteldarm, peritrophische Membranen, Malpighische Gefäße und gelegentlich der Anfang des Dünndarms (Pylorus) werden unmittelbar geschädigt, indirekt auch die Rectaldrüsen. Offenbar geht vom Parasiten eine toxische Wirkung aus. Flagellatenbefall in der Kotblase dürfte von ihm begünstigt werden. Kleiner bleiben die Wachsdrüsen und die Önocyten (BÄHRMANN 1965, 1967). Auch die Enzymerzeugung der Bienen vermindert sich (GONTARSKI 1955). Nosemakranke Bienen sind besonders kälteempfindlich (NICKEL und ARMBRUSTER 1937), reizbar und stechlustig. Vor allem wird die Lebensdauer durch den Nosemabefall verkürzt, bei Laborversuchen nach BORCHERT (1941) und nach MAURIZIO (1946) mit dem Stock entnommenen Sommerjungbienen um etwa 5 Tage (18 % der Lebenszeit im Labor), nach HIRSCHFELDER (1963, 1967) mit Jungbienen um 6,4 bis 18 Tage. BEUTLER, OPFINGER und WAHL (1949) erhielten bei infizierten, mit Pollen im Labor gehaltenen Jungbienen eine Verkürzung der mittleren Lebensdauer um 8,5 Tage, nämlich von 35 auf 26,5, somit um 24,3 %. Bei den langlebigen Winterbienen unbestimmten Alters betrug (n. MAURIZIO 1946) die Verkürzung 36,1 – 22,9 = 13,2 Tage = 36,5 %. Je länger also das Leben gesunder Bienen dauert, desto mehr im Verhältnis wird es von einer Nosemainfektion verkürzt.

Auch im Volk ist eine Verkürzung der Lebensdauer nosemainfizierter Bienen nachgewiesen. BORCHERT (1928) setzte zwei Völkern je 700 nosemainfizierte und 700 gesunde Jungbienen zu. Nach 20 Tagen waren in dem einen Fall noch 50,9 % der gesunden, aber nur 23,8 % der infizierten und im anderen nach 23 Tagen noch 73,4 % der gesunden und nur noch 21,3 % der infizierten vorhanden. Und JORDAN (1936) sah bei seinen Infektionsversuchen, daß die Hälfte der Bienen in dem Alter, in dem sie sonst zum Außendienst übergehen, aufgerieben war. Nach HASSANEIN (1953) beginnen nosemabefallene Bienen ihre Sammeltätigkeit früher als gesunde Bienen. Die Zeit ihres Innendienstes verkürzt sich von 17 bis 18 Tagen auf 8 bis 11

Tage. Unter den Bienen des Hofstaates der Königin befinden sich stets weniger nosemakranke als gesunde. Ob das dazu beiträgt, daß die Königinnen allgemein weniger befallen werden, wie Wang und Moeller (1969b) meinen, muß dahingestellt bleiben, denn von Mund zu Mund wird der Parasit kaum übertragen.

Die Bienen der verschiedenen Rassen verhalten sich beim Lebensdauertest auffallend unterschiedlich. Am empfindlichsten zeigten sich in Hirschfelders Laborversuchen die an sich schon kurzlebigen Italiener Bienen (1967b). Ihre mittlere Lebensdauer (47,8 Tage) verkürzte sich bei Nosemainfektion um 14 Tage (29,3%), während sich die ebenfalls kurze Lebenszeit der Kaukasier von 47,3 Tagen um nur 6,4 Tage (13,5%) verringerte. Die gesunden Bienen der Carnica-Rasse lebten am längsten (63,4 Tage). Die Nosemainfektion aber verkürzte ihr Leben um 18,4 Tage (29,0%). Die Bienen der Mellifica-Rasse lebten 52,6 Tage, bei Nosemainfektion 11,1 Tage weniger, was eine Lebensverkürzung von 21,1% entspricht. Moeller (1968) spricht von einer Lebensverkürzung bis zu 50%.

Tscherepov und Kusnezova (1969) fanden geringeren Befall bei der mittelrussischen, stärkeren bei krainer und georgischen und stärksten bei Italiener-Völkern. Nach Awetisjan und Maximenko (1979) ist die Karpatenbiene im ganzen am wenigsten anfällig gegen Nosema. Dank erblicher Variabilität sei eine weitere züchterische Verbesserung durch Selektion möglich. Andererseits zeigte sich in Bulgarien (Sofia) geringere Anfälligkeit der Kaukasier-Biene und besonders ihrer ersten Kreuzung gegenüber der heimischen Biene und auch deren zweiten und dritten Kreuzung mit der Kaukasierin (Kintscheff und Radeff 1973).

Ruttner beobachtete dagegen starke Nosemaanfälligkeit bei Caucasica × Mellifica-Völkern (pers. Mitt.). Und Hirschfelders Laborversuche (1967b) ergaben Lebensverkürzungen infolge Nosemainfektion bei Bienen der Kreuzung Carnica ♀ × Caucasica ♂ von 56,7 auf 48,3 = 8,4 Tagen (14,8%) und bei denen der reziproken Kreuzung von 57,1 auf 40,6 = 16,5 Tagen (28,9%).

Über die Bedeutung der Konstitution oder der „Disposition“ der Bienen wie sie Borchert nannte, für die Schwere der Nosemaerkrankung wissen wir noch wenig, so daß wir diese auch heute noch als ein „Asylum ignorantiae“, d. h. als eine Zufluchtstätte unserer Unwissenheit bezeichnen müssen. Im Grunde handelt es sich dabei um die Frage der Belastbarkeit der Bienen. Ihr Eiweißhaushalt wird dabei sicher eine wichtige Rolle spielen. Steche (1970) konnte nachweisen, daß das Gewicht der Nymphen mit dem Einsetzen starken Brütens im März und April absinkt, um dann bis zum Herbst stetig anzusteigen. Nur bei plötzlich verstärkter Bruttätigkeit ergab sich ein abermaliges Absinken, was zweifellos mit verminderter Eiweißernährung zusammenhängt. Dementsprechend ist das Geburtsgewicht der Bienen und ihr Eiweißvorrat gerade in der Zeit hoher Nosemabelastung sehr niedrig. Das dürfte nicht ohne Auswirkung auf die Belastbarkeit der einzelnen Biene bleiben, sowohl gegenüber dem Nosemaerreger wie gegenüber anderen Einflüssen, zumal bewiesen ist, daß eiweißarm ernährte Bienen auf Pestizide empfindlicher reagieren als normal ernährte (Hammer 1956, Wahl 1971, Wahl u. Ulm 1983).

Die Verkürzung der Lebensdauer der Bienen ergibt neben ganz abgestorbenen zumeist stark geschwächte Völker, die aus diesem Grunde nichts leisten (z. B. Hammer und Karmo 1947, Harder und Kundert 1951). Darüber hinaus konnte man feststellen, daß die einzelnen kranken Bienen sich weniger mit der Anlage von Vorräten befassen. Sie nahmen im Labor 22 und 35% weniger des ihnen dargebotenen Futters ab, um es in ihrer Wabe abzulagern (Rinderer und Elliot 1977).

8 Die Durchseuchung des Bienenvolkes

Nach dem bisher Gesagten besteht wohl kaum ein Zweifel, daß die Nosematose für die einzelne Biene eine ernste Krankheit ist. Folglich wäre bei einem ganzen Bienenvolk die Schwere der Erkrankung nach der Anzahl seiner erkrankten Einzelbienen und nach deren Befallsgrad, d. h. nach dem Grade seiner Durchseuchung einzuschätzen. Welche bedeutsame Rolle dabei noch die im Winter und Sommer verschiedene Lebensdauer der Bienen spielt, wird im folgenden Abschnitt dargelegt. Hier sei zunächst auf die Umstände eingegangen, welche die Zahl der befallenen Bienen und ihren Befallsgrad bedingen.

8.1 Die Ausbreitung des Parasiten im Volk

Ohne Frage hängt die Anzahl der in einem Volk befindlichen nosemakranken Bienen von der Möglichkeit des Erregers ab, sich unter den Stockinsassen auszubreiten, oder, anders ausgedrückt, von der Möglichkeit der Ansteckung der gesunden Bienen durch den sporenhaltigen Kot der kranken.

Von den im letzten Abschnitt genannten Gelegenheiten hierzu ist die durch den im Bienenstock abgesetzten Kot zweifellos die wirksamste. Darum fördert alles, was das Koten im Stockinneren begünstigt, die Verbreitung der Nosematose unter den Bienen eines Volkes am meisten. Allein schon der Nosemabefall als solcher scheint die kranken Bienen zur Ausscheidung ihres Kotes anzuregen, wie bereits angegeben. Weiter führt mangelnde Ausflugsmöglichkeit infolge ungünstiger Witterung ganz offensichtlich dazu, vor allem, wenn nach langer Winterruhe die Kotblasen der Bienen überfüllt sind (Tuenin 1918). Ganz besonders aber trägt die Bruttätigkeit der Bienen dazu bei: Die Brut muß mit Futtersaft versorgt und die Stocktemperatur auf 34 bis 35 °C erhöht und gehalten werden. Das erfordert erhöhte Zehrung, wie jeder Waagstock deutlich anzeigt, sobald die Bienen ausgangs des Winters und im Frühjahr zu brüten beginnen. Auch Pollen nehmen die Bienen dann auf. So ergibt sich für die Bienen im Frühjahr nach Beginn der Bruttätigkeit eine ganz erhebliche, die Kotausscheidung anregende Darmbelastung.

Man weiß auch, daß alles Füttern der Bienen zu einer Zeit, in der sie nicht ausfliegen und ihren Darm nicht entlasten können, die Nosemaverbreitung im Volk begünstigt (Gontarski 1953). Auch Honige, welche die Ruhr hervorrufen, wie Wald- und Heidehonig, haben diese Wirkung, wie man immer wieder erfahren muß, wenn die Bienen etwa infolge einer späten Waldtracht davon zehren (Michailoff 1928, Hanko 1963, Popa 1963). Honigtau soll außerdem eine schädliche Wirkung auf die peritrophische Membran ausüben. Vielleicht wird auch auf diesem Wege die Nosema begünstigt (Zdanov und Poltjev 1958).

Allgemein reizt Kälte zum Koten. Öffnet man bei kaltem Wetter einen Stock, kann man oft sehen, wie die Bienen ihren Darm auf den Waben entleeren. Bienen sowie Königinnen, die man auf eine kalte Unterlage bringt, geben ebenfalls ihren Kot leicht ab. So ist es verständlich, daß schwache Völker wie z. B. Ableger, die sich schlecht warm halten können und andererseits, im Vergleich zu starken Völkern, relativ viel Brut zu pflegen haben, zur Kotabsonderung im Stock besonders neigen und deshalb auch oft nosemakrank werden. Vor allem fällt eine solche Wirkung der Kälte bei unseren kleinsten Völkern, den Einwabenvölkchen auf, wie wir sie bei der

Königinnenzucht verwenden. Erfahrungsgemäß sind diese ziemlich regelmäßig von der Nosematose befallen. ALBER und CAMPANA (1970) führen starke Nosemaentwicklung auf zu kalten Bienensitz infolge zu weiten Abstandes der Waben zurück. Auch die Transporte der Bienenvölker, die Wanderungen, bei denen die Bienen eingesperrt werden und sich beunruhigen, daher höchstwahrscheinlich im Stock abkoten, scheinen die Nosemaverbreitung unter den Stockinsassen zu fördern (MORGENTHALER 1939, BAILEY 1955). Sogar ein allzuhäufiges Stören durch den Imker mag dazu beitragen, wie OERTEL (1967) feststellte, was von KETTNER (1958) allerdings nicht bestätigt werden konnte. Weisellosigkeit beunruhigt die Völker, bewirkt ganz sicher Koten im Stock und hat dementsprechend oft starke Nosemaentwicklung zur Folge. In Flugräumen, wo die Bienen mit ihrem Kot in enge Berührung kommen, kann man sie auf die Dauer nicht ohne ein nosemazides Mittel halten (s. a. BEUTLER und Mitarb. 1949).

8.2 Die Massenentwicklung des Parasiten in der einzelnen Biene

Die Durchsetzung der Darmschleimhaut der einzelnen Biene mit dem Parasiten hängt von verschiedenen Bedingungen ab. Zunächst von der Zahl der Sporen, die die Bienen aufnehmen.

Niedere Temperatur (20 °C) setzt sowohl die Keimfähigkeit der Sporen wie die Vermehrungsgeschwindigkeit des Parasiten im Darm herab.

Überhaupt wird seine Massenentwicklung sehr von der Temperatur, speziell der Körpertemperatur der Bienen bestimmt. Das Optimum liegt nach LOTMAR (1943b) bei 30 bis 35 °C, also ungefähr bei der Brutnesttemperatur des Bienenvolkes, was HIRSCHFELDER bestätigen konnte (1973). BURNSIDE und REVELL (1949) geben dagegen 31 °C an. Schon 37 °C, d. h. wenige Grade über dem Optimum, sind für die vegetativen Stadien des Schmarotzers tödlich. Seine Sporen vertragen indessen mehr, gehen aber auch schon bei etwa 60 °C bald zugrunde. Bei 10 °C ruht die Entwicklung nahezu (KARMO und MORGENTHALER 1939, LOTMAR 1943b).

Nicht zuletzt sind sicher die Ernährungsbedingungen für den Parasiten von großer Bedeutung. Viel Eiweiß dürfte von ihm verbraucht werden. Denn nur wenn seine Wirtsbienen gut mit Pollen ernährt sind, kann er sich gut entwickeln, und junge Bienen lassen sich, wenn überhaupt, mit ihm nur infizieren, sofern sie vorher Pollen aufgenommen haben (MAURIZIO 1946, BEUTLER und Mitarb. 1949, HANKO 1963, HIRSCHFELDER 1963, SVOBODA 1970). Auch Weiselfuttersaft fördert die Nosemaentwicklung stark (ÖRÖSI-PAL 1966, HIRSCHFELDER 1967a).

Klarheit über die wirksamen Eiweißgrundbestandteile zu gewinnen war bisher jedoch noch nicht möglich, GONTARSKI und MEBS (1964) fanden bei Fütterungsversuchen, daß Kasein, Pepton und 10 Aminosäuren im Gegensatz zu Pollen keine entscheidende nosemafördernde Bedeutung zukommt, Höselhefe jedoch mit ihrem Gehalt an Vitamin B_1 und B_6 anregend wirkt. Vitamin B_{12} fördert nach GOETZE (1959) die Nosema stark, während die Vitamine B_2 und C nach BRETSCHKO (1963, 1967) sie stark hemmen. PEROUTKA und CIHAR (1976) konnten ermitteln, daß Tetrahydrofolsäure und Aminopterin mit Sicherheit, Neopterin und 3 verschiedene Pterine offenbar die Entwicklung der Nosema fördern, aber nicht 4-Mercaptopterin, welches hemmt. Eine geringe fördernde Wirkung haben Trockenmilch und Sojamehl (BEUTLER und Mitarb. 1949).

Eiweißmangel kann also nicht die Ursache einer starken Nosemaentwicklung sein (Böttcher 1957). Eher bringt umgekehrt nach einer Hypothese von Steche (1961) erhöhter Eiweißumlauf, wie er bei starker Bruttätigkeit und besonders bei ihrer Unterbrechung auftritt und sich in einem erhöhten Eiweißgehalt des Honigs zeigt, dem Nosemaerreger möglicherweise abnorm günstige Voraussetzungen für seine Entwicklung. Vielleicht können auch Maßnahmen des Imkers, die das Brutgeschehen beeinflussen, dazu führen, wie Frühjahrsreizung, Beschränkung des Brutraums, Eingriffe zur Schwarmverhinderung und zur Königinnenzucht. Insbesondere bei Brutmangel geben die Futtersaft erzeugenden Ammenbienen diesen an andere Bienen weiter, so daß der Erreger in allen Bienen des Volkes besonders günstige Ernährungsbedingungen fände.

Aber diese Hypothese trifft nur einen Teil des Problems. Die Ernährung des Parasiten mit Eiweiß ist zweifellos wohl die wichtigste Lebensgrundlage in jeder einzelnen Biene. Sie reicht allerdings nicht aus, um eine spontane Ausbreitung über eine große Masse von Bienen speziell im Frühjahr innerhalb des Volkes erklären zu können, wenn diese erst dann durch Aufnahme von Sporen aus dem Kot der kranken in den Darm der gesunden Bienen möglich sein sollte. Zudem steht sie im Widerspruch zu dem Rückgang der Nosema in den Völkern im Herbst, also zu einer Zeit des Brutrückganges, in der es in der Regel nicht an Eiweiß in den Völkern fehlt. Dieser Widerspruch läßt sich jedoch durch die Annahme erklären, daß entweder die Disposition der Bienen, oder die des Parasiten oder gar beider im Herbst eine andere ist, als im Frühjahr. Von den Bienen jedenfalls wissen wir durch die eingehenden Untersuchungen in Liebefeld, daß sich der Juvenilhormonspiegel beim Übergang von der Sommer- zur Winterbiene grundsätzlich ändert (Rutz und Mitarb. 1974, Gerig 1975, Wille und Rutz 1975). Es erscheint deshalb durchaus denkbar und auch sinnvoll, daß durch eine solche physiologische Umstellung der Bienen die Entwicklung des Parasiten auf einer frühen Entwicklungsphase, die wir lichtoptisch nicht erfassen können, solange gestoppt wird, bis die überwinterten Altbienen zur Brutpflege übergehen und damit dem Parasiten die Voraussetzungen der Weiterentwicklung bis zur Spore bieten.

Zum einen wäre dann die Langlebigkeit der Winterbienen nicht gefährdet, zum anderen das spontane Auftreten von Sporen im Frühjahr erklärbar nach fast völligem Fehlen von Sporen in der Ruhephase des Winters.

9 Der Krankheitsverlauf während des Jahres

9.1 Höhepunkt im Frühjahr

Ende des Winters und im zeitigen Frühjahr sind bei uns die Voraussetzungen für die Massenentwicklung des Nosemaparasiten in den Bienenvölkern am günstigsten. Die Bienen brüten zu dieser Zeit stark, können aber oft nicht ausfliegen. Deshalb kommt es besonders jetzt dazu, daß sie ihren sporenhaltigen Kot im Stock absetzen.

So kann sich der Erreger gerade zu dieser Zeit schnell über die Bienen eines Volkes ausbreiten, um sich in ihnen bei der auf 34 bis 35 °C angestiegenen Stocktemperatur und dem gesteigerten Eiweißstoffwechsel der brütenden Bienen optimal zu entwickeln. Zudem wird jetzt das Mitteldarmepithel der Bienen schneller abgesto-

ßen, so daß sich eine wesentlich häufigere Möglichkeit zur Selbstinfektion ergibt. Und nicht zuletzt trägt zu diesem jetzt oft geradezu sprunghaften Anwachsen des Nosemasporenbefalles auch die kürzlich entdeckte Tatsache bei, daß der Erreger offenbar doch in vielen Bienen schon im Herbst vorhanden ist, seine Entwicklung aber vor Erreichen des Sporenstadiums auf dem nur im Elektronenmikroskop erkennbaren Kugelstadium stehen bleibt, und erst im Frühjahr zur eigentlichen Sporenbildung kommt (Steche und Mitarb. 1982).
Und da nun, wie wir gesehen haben, der Nosemabefall das Leben der Winterbienen am stärksten verkürzt, tritt die Krankheit bald nach Ende des Winters auch am stärksten und gefährlichsten in Erscheinung: In Europa wie in den USA und anderen Ländern der nördlichen Erdhalbkugel gewöhnlich im April und Mai, und in deren nördlichsten Gebieten wie in Norwegen und um Leningrad im Juni.
Ein vorhergehender kalter und regenreicher Sommer und Herbst bereiten einer solchen Entwicklung den Boden (Lotmar 1943a), und vorzeitige Brut, oft hervorgerufen durch mildes Winterwetter, fördert sie besonders. Groß ist dann die Gefahr für die Bienenvölker im Frühjahr. Gutes Wetter mit guter Tracht kann sie abwenden. Bei schlechtem Wetter, das wenig Gelegenheit und Anreiz zu Ausflügen bietet, vergrößert sie sich, um nicht selten mit einer Katastrophe zu enden. Das wird verständlich, wenn man zum einen daran denkt, daß im Labor eine relativ starke Verkürzung der Lebensdauer der nosemabefallenen Winterbienen um 36 % festgestellt wurde, was nicht weniger als 2½ Monate ausmacht, wenn man sie auf die im Mittel etwa 7 Monate lebenden Winterbienen eines freien Volkes überträgt, und zum anderen, daß es im Frühjahr noch oft an ausreichendem Nachwuchs fehlt, um einen solchen Verlust auszugleichen.

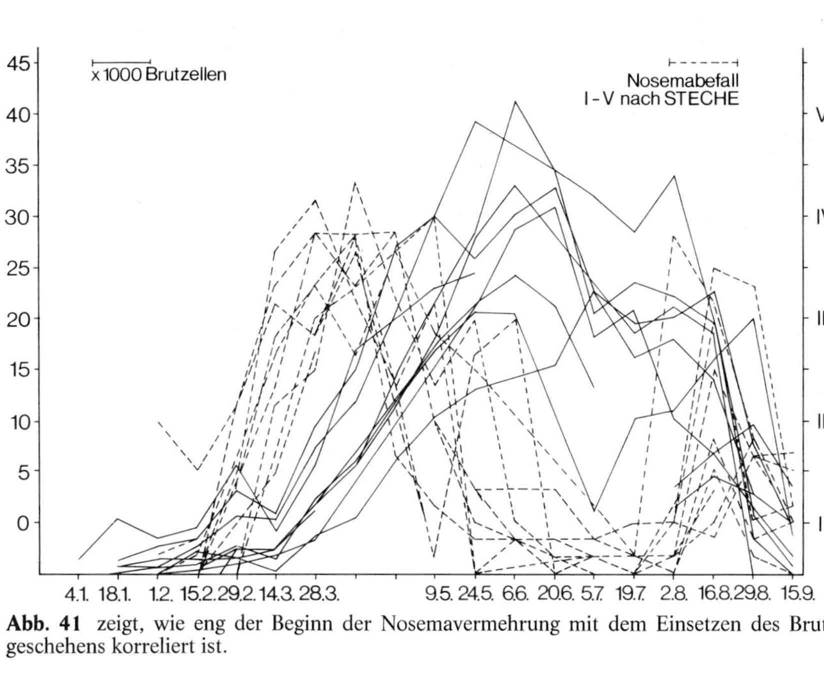

Abb. 41 zeigt, wie eng der Beginn der Nosemavermehrung mit dem Einsetzen des Brutgeschehens korreliert ist.

9.2 Rückgang im Sommer

Ab Mai ändern sich die Verhältnisse. Aus mehreren Gründen läßt der Nosemabefall von nun an in der Regel nach:

1. Einmal haben die Bienen jetzt mehr Möglichkeit zu regelmäßigen Ausflügen, so daß sich die Gefahr der Neuansteckung durch im Stock abgesetzten Kot verringert. Die Stärke der Infektionen wird sich auf diese Weise vermindern.
2. Zum anderen schlüpfen jetzt, nachdem die Völker im April stark in Brut gingen, viele gesunde Bienen, die die alten absterbenden kranken ablösen und in ihrer Masse überrunden.
3. Mit ihnen verkürzt sich weiter die allgemeine Lebensdauer der Bienen ganz erheblich. Während die Wintergeneration 6 bis 8 Monate überdauert hat, sterben die jetzt entstehenden Sommerbienen bereits nach 6 bis 8, wenn nicht schon nach 4 bis 5 Wochen. Mithin ergibt sich eine viel schnellere Generationsfolge, so daß den Parasiten nunmehr bedeutend weniger Zeit zur Vermehrung bleibt und sie mit den früher absterbenden Bienen eher aus den Völkern ausscheiden.
4. Auch die Lebensdauer der kurzlebigen Sommerbienen wird von der Nosema gekürzt. Aber das fällt bei weitem nicht so sehr ins Gewicht wie bei den von Natur aus langlebigen Winterbienen (Morgenthaler 1939, Beutler und Mitarb. 1949). Nosemakranke Bienen können im Sommer 3 bis 6 Wochen leben (Nickel und Armbruster 1937, Poltjev 1957, Hirschfelder 1963, 1967b), also nicht viel kürzer als die gesunden. Das erklärt ebenfalls, weshalb die Krankheit im Laufe des Sommers an Gefährlichkeit verliert. Selbst bei starkem Befall eines Volkes bemerkt man zu dieser Zeit manchmal keine Schwächung. Das verleitete dazu, den Schmarotzer unter diesen Umständen als einen harmlosen Gast der Biene anzusehen, der vielleicht gar im Begriffe ist, sich zu einem Symbionten zu entwickeln (Morgenthaler 1944). Aber starker Befall im Winter, wie man ihn durch eine künstliche Infektion im Herbst erreichen kann, führt im krassen Gegensatz dazu immer zum Tod des Volkes (s. S. 131). Dann zeigt sich also der Erreger ganz eindeutig als sehr gefährlicher Parasit! Und welche symbiontische Gegenleistung sollte er der Biene auch bieten können (Steche 1961b)?
5. Nicht zuletzt spielt für die Schwere der Erkrankung eines Volkes das Alter eine Rolle, in dem sich seine Bienen anstecken. Je später die Infektion im Leben einer Biene erfolgt, desto weiter hinaus wird der zu erwartende Nosematod verschoben. Spät infizierte Bienen sterben vorher den natürlichen Tod, und ohne sichtbaren Schaden für das Volk leben Nosema und Bienen anscheinend „in Koexistenz".

Nach Winkel (1939) und nach Hanko (1964) sollen sich die Bienen in ihrem Volk allgemein erst infizieren, wenn sie von der Stocktätigkeit zum Außendienst übergehen, also erst im Alter von 2 bis 3 Wochen, obwohl das im Labor schon bei nur einem Tag alten Bienen möglich ist. Verständlich ist das allerdings nicht und wäre nachzuprüfen, zumal gerade die jungen Stockbienen sich der Arbeit des Zellenputzens widmen und sich doch dabei anstecken müßten. Indessen fand auch Steche (1961) in Übereinstimmung mit Michailoff (1928) und Hanko (1964), daß sich junge Bienen im Labor in den ersten 15 Tagen ihres Lebens schwer infizieren lassen. Hingegen gibt Gontarski (1955) nur die ersten 4 Tage als kritisch an.

Beutler und Mitarb. (1949) hatten ebenso wie Winkel (1939), Bailey (1955, 1963) und Hirschfelder (pers. Mitt.) überhaupt keine Schwierigkeit damit, wenn die Bienen gleichzeitig gut mit Pollen ernährt wurden. Wohl sicher erklären sich

diese verschiedenen Ergebnisse aus den jeweils unterschiedlichen Versuchsanordnungen.
SHEREBKIN (1975) sieht einen Zusammenhang zwischen einer Nosemaresistenz der Bienen und der Aktivität des im Mitteldarm gefundenen, in seiner Bedeutung noch unklaren Fermentes Chimosin. Jedenfalls ist die Aufhellung dieser Frage von erheblichem Interesse. Denn eine mehr oder weniger ausgeprägte Resistenz der Jungbienen gegenüber der Nosemainfektion wäre bei der Kurzlebigkeit der Sommerbienen ein weiterer gewichtiger Grund für den Rückgang des Parasiten im Sommer, wie er regelmäßig festzustellen ist.

9.3 Selbstheilung

Selbst Völker, die im Frühjahr oder zeitig im Sommer künstlich infiziert wurden, erholen sich wieder (WHITE 1919). Ja, es kann sogar zu einer Selbstheilung kommen. Zum Teil ist das auch bei den einzelnen Bienen möglich, sofern sie nur schwach befallen sind (LOTMAR 1940). In heißen Jahren mag dazu die Strahlungswärme der Sonne beitragen. Denn die Einwirkung einer Temperatur von 37 °C 56 bis 10 Tage lang auf die Bienen kann die vegetativen Stadien des Erregers in ihrem Mitteldarm völlig zum Verschwinden bringen (KARMO und MORGENTHALER 1939, LOTMAR 1943, SCHULTZ-LANGNER 1958). Seine Dauerformen, die Sporen, bleiben indessen davon unberührt.

9.4 Herbstbefall

Auch im Spätsommer und Herbst ist aus allen diesen Gründen der Befall der Völker wie auch der aus ihnen hervorgegangenen Schwärme gewöhnlich gering (KITTLAUSZ 1928), obwohl sich der Lebenszyklus des Erregers ebenso wie im Sommer durchaus noch während der Lebenszeit der Bienen abwickeln kann. Aber im Herbst sinkt seine Umgebungstemperatur, und Stoffwechsel sowie Abstoßung der Darmschleimhautzellen seines Wirtes verringern sich.
Bei kaltem und regnerischem Herbstwetter kommt es aber doch noch einmal zu einem Anstieg des Nosemabefalles und damit zu einer besonders gefahrdrohenden Vorbedingung für die Übervermehrung des Parasiten im nächsten Frühjahr (LOTMAR 1943a, MORGENTHALER 1944, STECHE 1969). Denn wenn die kranken Bienen nicht ausfliegen können, setzen sie auch im Herbst ihren sporenhaltigen Kot im Stock ab. Dazu kommt, daß die Brut infolge von Kälte und Pollenmangel noch mehr als sonst zurückgehen und die Zahl der nachfolgenden gesunden Jungbienen sich dementsprechend ganz erheblich verringern kann. Eine jetzt durch Verfüttern von Sporen hervorgerufene künstliche Ansteckung bringt ein Volk sogar mit Sicherheit oft schon im frühen Winter zum Absterben (WHITE 1919, MORGENTHALER 1931, 1939, 1941, JAMIESON 1955). Wenn das natürlicherweise nicht so schnell geschieht, kann das nur daran liegen, daß sich der Parasit im Herbst gewöhnlich nicht so stark entwickelt und ausbreitet.

9.5 Überwinterung

Während der Brutpause des Winters ruht auch die Entwicklung des Nosemaschmarotzers. Seine Lebens- und Vermehrungsbedingungen, wie Temperatur, Ernährung und Abstoßen des Darmepithels der Biene sowie die Möglichkeit, auf andere Bienen übertragen zu werden, sind jetzt am ungünstigsten. Die alten oft stark befallenen, offenbar besonders kälteempfindlichen Bienen sterben ab. In Nosemavölkern fanden Jeffree und Allen (1956) durchschnittlich 1750 wintertote Bienen mehr als in nosemafreien. Auch fliegen die kranken Bienen bei Kälte ab (Moeller 1972). Bei strenger Kälte sollen sich die Völker auf diese Weise sogar selbst reinigen können (Nickel und Armbruster 1937). Mit dem Einsetzen der Brutpflege der Bienen, in der Regel Ende Januar, Anfang Februar beginnt der Parasit wieder aktiv zu werden. Seine Ausbreitung über die Bienen des Volkes nimmt mehr und mehr zu, solange die brütenden Bienen keine oder nur wenig Gelegenheit haben, ihren Kot im Freien abzusetzen, was nicht selten bis in den Mai hinein der Fall ist. Damit steht er in der Regel schon im April wieder auf dem Höhepunkt seiner Entwicklung. Überwintern die Bienen jedoch auf ungeeignetem, die Ruhr begünstigendem Winterfutter, so ergibt sich meist schon eher eine besonders starke seuchenhafte Ausbreitung im Bienenvolk, gewöhnlich mit tödlichem Ausgang.

9.6 Nosemaanstieg im Mai und Schwarmlust

Wie Kettner (1958) feststellte, zeigt sich erhöhter Nosemabefall oft gerade bei schwarmlustigen Völkern im Mai. Das ist leicht zu verstehen. Schwarmlust tritt besonders immer dann auf, wenn auf eine gute Pollentracht eine Schlechtwetterperiode folgt, die das Brutgeschäft zum Stocken bringt. Bei solcher Witterung, wie wir sie im Mai oft haben, ist die Ansteckungsmöglichkeit für den Schmarotzer in den Völkern günstig, und in den gut ernährten Wirtsbienen findet er zudem eine hervorragende Eiweißversorgung. Obendrein hat er mehr Zeit zur Vermehrung, denn die in der Brutpflege gehemmten schwarmlustigen Bienen leben länger.

10 Der Nachweis der Nosematose

Ob Nosematose vorliegt, kann man allein nach dem Krankheitsbild nicht beurteilen. Es ist zu wenig ausgeprägt. Auch das Bild des kranken Darmes erlaubt nur einen Verdacht. Letztlich ist immer eine mikroskopische Untersuchung erforderlich.

10.1 Nosemaprobe

Zu einer einfachen aber wenig zuverlässigen Vorprobe auf Nosema schneidet man der zu untersuchenden Biene zunächst den Kopf ab. So wird ihr Darm vorn gelöst. Dann faßt man sie mit der linken Hand an der Brust, packt mit einer Pinzette ihre Hinterleibsspitze und zieht vorsichtig daran, wobei man durch Hin- und Herbewegen das letzte Körpersegment vom vorhergehenden trennt. Nun kommt mit diesem

der Darmkanal als gerader Schlauch unverletzt aus dem Körper heraus. Man erkennt daran die Honigblase, den Mitteldarm mit den davon ausgehenden Malpighischen Gefäßen, den Dünndarm und die Kotblase.
Nach der Farbe des Mitteldarms und seiner allgemeinen Beschaffenheit kann man ein ungefähres Urteil darüber gewinnen, ob ein starker Nosemabefall vorliegt. Erscheint er infolge starker Anfüllung mit den lichtbrechenden Sporen kalkigweiß, milchweiß oder in Schattierungen von grau, und zerreißt er bei der Untersuchung leicht, so besteht Verdacht auf Nosemadurchseuchung. Rötlich-braun oder fleischfarben ist er bei der gesunden Biene. Doch kann man bei einer solchen Färbung nicht mit Sicherheit sagen, daß er wirklich nosemafrei ist. Auch gesunde Bienen können einen weißlichen Darm haben, wenn seine Epithelzellen stark mit lichtbrechenden Körperchen gefüllt sind. Außerdem muß man beachten, daß der Mitteldarm junger Bienen Pollen enthält, der seine Farbe beeinflußt. Bei hellem Pollen, wie z. B. Schlehenpollen, wird er hell erscheinen, auch deshalb darf man die Noseмaprobe nur bei Flugbienen vornehmen, deren Mitteldarm in der Regel frei von Pollen ist.
Alles in allem kann man diese Nosemaprobe nicht als eine zuverlässige Methode ansehen. Auch läßt sie sich nur bei einigermaßen frischen Bienen durchführen. Bei halbverwesten Bienen ist sie nicht mehr möglich.

10.2 Mikroskopische Untersuchung

Die mikroskopische Untersuchung auf Nosemasporen ist die einzig sichere Methode. Sie ist schnell und einfach durchzuführen. Zu warnen ist vor kleinsten Mikroskopen, wie sie oft sehr billig angeboten werden. Die Arbeit mit ihnen ist eine Qual, für Ungeübte ganz unmöglich. Dagegen kommt ein sog. Schulmikroskop in einfacher Ausführung mit den Objektiven 40 × und den Okularen 10 × sehr wohl in Frage.
Außerdem braucht man eine Reibschale (Mörser) mit Stößel (Pistill) aus Porzellan. Für Laboratorien empfiehlt sich ein Mixgerät. Man kann mit diesen Behelfen eine Massen- oder eine Einzeluntersuchung anstellen.

10.2.1 Massenuntersuchung

Bei der Massenuntersuchung im „Breiverfahren“ werden die Hinterleiber von 20 bis 30 Bienen mit etwas Wasser verrieben. Bei frischen Bienen braucht man etwa 2, bei trockenen etwa 3 ml. Man kann auch die ganzen Bienen verreiben. Nicht mehr als ein Tropfen davon ist für ein mikroskopisches Präparat erforderlich. Man tupft ihn auf den Objektträger und legt ein Deckglas darauf. In den meisten Fällen genügt die Untersuchung eines Tropfens. Die Reibschale wird nach jedesmaligem Gebrauch gründlich unter fließendem Wasser gereinigt. Zur Untersuchung benutzt man eine 400fache Vergrößerung. Den Kondensor wird man stark abblenden. Am besten betrachtet man das Präparat im Phasenkontrastmikroskop. Auch dazu braucht man keinerlei Färbemittel. Allerdings sieht man ohne besondere Methoden nicht die geringsten Einzelheiten. Höchstens lassen sich junge Sporen von alten unterscheiden. Sie sind etwas größer und haben statt der ovalen eine mehr birnenartige Form. Daneben kann man auch die kugelrunden größeren Cysten der Malpighamöba finden (Abb. 42, 43). Fehlen Sporen und Cysten, sieht man in wechselnder Menge die kleinen „Kalkkörperchen“ neben Hefezellen, verschieden gestalteten Pollen und anderem. Besondere Begleitbakterien wurden bei Nosema nicht gefunden (v. FRISCH 1944).

STECHE (1960) zerkleinert das Nosemamaterial mit Hilfe eines Mixgerätes in 10 ml Wasser, läßt die Aufschwemmung durch ein Vakuumfilter laufen und zentrifugiert das Filtrat 5 Minuten lang. Nach Abgießen des Wassers schüttelt er den Bodensatz mit jeweils soviel Wasser auf, daß in der Zählkammer nicht zu wenig Sporen auf ein Zählquadrat fallen, da sonst die Auszählung auf der Poissonschen Verteilung aufbauen muß, was die Auswertung erschwert. Umgekehrt wird stärker verdünnt. Von 6 Proben eines Volkes sollten nach seiner Erfahrung je 50 Blickfelder ausgezählt werden, um größere Irrtümer auszuschalten (vgl. S. 136).

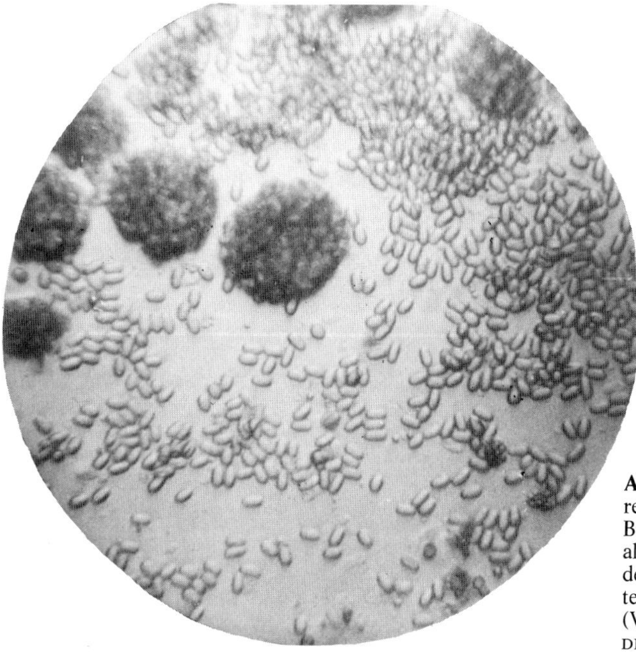

Abb. 42. Nosemasporen aus zerriebenem Bienendarm frei und als Parasitennester in den von ihnen gefüllten Darmzellen (Vergr. 550 ×; ZANDER phot.).

Sehr wichtig ist, die richtige Bienensorte zu untersuchen. Alte Flugbienen müssen es sein. Denn bei jungen Bienen ist noch keine erkennbare Infektion zu erwarten. Im Winter werden tote Bienen vom Bodenbrett oder von der Bodeneinlage untersucht, falls nicht möglich, auch lebende, die man dem oberen Teil der Wintertraube entnimmt (MOELLER 1956), wo sich die nosemabefallenen Bienen besonders gern aufhalten. Während der Flugzeit halten sich die Flugbienen in der Rand- und Fluglochregion des Volkes auf. Für die Untersuchung kommen nur die älteren Bienen in Frage, also die Flugbienen, welche als solche mit Sicherheit an ihren Pollenhöschen kenntlich sind. Sie werden vom Flugbrett unter kurzem Verschluß desselben abgefangen. Durch Zerdrücken der Brust kann man sie schnell töten.

WILLE (1973) konnte enorme Unterschiede im Nosemabefall zwischen dem Totenfall einerseits und den lebenden Bienen andererseits aufzeigen. Das findet seine Erklärung sicher darin, daß die Völker in unseren Breiten zumeist schon im Januar Brut in geringem Umfang aufziehen. In den brutpflegenden Bienen kann sich der Parasit bis zur Spore entwickeln. Da aber die Lebensdauer dieser Bienen auch durch die Pflegetätigkeit verkürzt wird, bildet gerade diese relativ kleine Funktionsgruppe den Hauptanteil des Wintertotenfalles. Deshalb muß man bei der Beurteilung von positiven Nosemabefunden bei der Untersuchung des Wintertotenfalles vorsichtig sein. Der Grad eines Befalles der toten Bienen ist nicht gleichzusetzen mit dem der lebenden Bienen. Man kann nur feststellen, daß Nosema vorhanden und Vorsicht geboten ist.

Andererseits kann man auch Völker finden mit starkem Sporenbefall sowohl in den toten wie in den lebenden Bienen. Man erkennt sie am überdurchschnittlichen Leichenfall. Die Kotblasen der Bienen fallen durch ihre sehr starke Füllung auf. Die Überlebensaussicht so stark befallener Völker ist gering. Ihr Eiweißhaushalt erscheint erschöpft.

10.2.2 Einzeluntersuchung

Ein richtiges Bild vom Befall eines Volkes bekommt man aber durch eine Massenuntersuchung nicht, da der Befall der einzelnen Bienen sehr verschieden ist, zumal er vom Alter des Befalles sowie der Ausflugsmöglichkeit der Bienen abhängt, und weil einzelne sehr stark befallene Bienen unter vielen gesunden eine hohe allgemeine Verseuchung vortäuschen können.

Will man zuverlässigere Befunde und vor allem Klarheit über den Prozentsatz verseuchter Bienen in einem Volke gewinnen, muß man eine Einzeluntersuchung durchführen. Hierzu kann man den Hinterleib jeder einzelnen Biene mit etwas Wasser zerreiben und einen Tropfen davon untersuchen, oder auch den Darm wie bei der Nosemaprobe aus dem Bienenkörper herausziehen und diesen in gleicher Weise zerreiben. Es genügt aber auch, ihn auf dem Objektträger bei etwas Wasser zu zerzupfen und mit dem Deckglas nachhelfend zu zerquetschen. Selbstverständlich ist so ein Verfahren mehr zeitraubend, zumal man die dazu benutzten Geräte jedesmal gut säubern muß. Um den Hundertsatz des Nosemabefalles mit einer Genauigkeit von etwa 1% zu bestimmen, ist die Untersuchung von 130 Bienen erforderlich (Michailoff 1928). So weit braucht man aber in der Regel nicht gehen.

Wünscht man eine befriedigende Auskunft über die Nosemainfektion des Darmes auch im frühen Stadium, so empfiehlt sich als relativ einfach durchführbar die mikroskopische Analyse im Quetschpräparat (Steche 1960). Aus dem letzten Drittel des Mitteldarmes, kurz vor dem Ansatz der Malpighischen Gefäße – in dieser Zone beginnt im allgemeinen der Infektionsverlauf – schneidet man auf einem Objektträger einen etwa 2 mm breiten Ring heraus, zerkleinert diesen unter Zugabe eines kleinen Tropfen Wassers mit 2 Präpariernadeln und legt unter leichtem Druck das Deckglas darauf. Bei 300- bis 400facher Vergrößerung lassen sich sodann im Phasenkontrast sowohl die Sporen wie auch die verschiedenen vorn beschriebenen und abgebildeten Entwicklungsstadien ohne vorherige Färbung erkennen.

Vorsicht ist bei der Analyse geboten wegen der den Sporen ähnlich sehenden verschiedenen Hefearten, die unter Umständen in großen Mengen im Darm vorhanden sein können. Im Phasenkontrast erscheinen diese meist hellbläulich getönt, während adulte Nosemasporen mehr gelb bis goldgelb aufleuchten. Zudem variie-

ren Hefen stärker in der Größe und zeigen teilweise Sprossungen an den Enden. Zur Bestimmung der Zahl der Nosemasporen im Darmkanal erkrankter Bienen gibt LOTMAR (1940) folgende Anweisung: „Der Mitteldarm der Biene wird in einem kleinen Mörser mit einigen Tropfen Wasser fein zerrieben. Nach Abspülen des Stößels mit Wasser in die Aufschwemmung wird diese in ein kleines Reagenzglas gegossen. Dann wird der Mörser gespült, das Spülwasser ebenfalls dazugegeben und schließlich mit Wasser bis zur 3 ml-Marke aufgefüllt. Nach gutem Durchschütteln wird ein kleiner Tropfen der Aufschwemmung in eine Zählkammer gegeben (nach METZ, Fa. Leitz, Kammertiefe ¹⁄₁₀ mm). Man wartet einige Zeit, damit die Sporen sich am Boden der Zählkammer absetzen können und zählt sie dann in jeweils 10 Blickfeldern unter dem Mikroskop aus (Netzokular 3, Objektiv 7). Aus dem Mittelwert dieser 10 Zahlen, der Fläche des Netzes und der Tiefe der Kammer ergibt sich die Zahl der in 3 ml Wasser, d. h. im Mitteldarm der Biene enthaltenen Sporen.
Die Zahl der Sporen innerhalb des Netzes (Blickfeldes) sollte 10 bis 30 betragen. Ist sie größer, empfiehlt es sich, die Aufschwemmung stärker zu verdünnen, ist sie kleiner, sie mit weniger Wasser herzustellen. Außerdem sollte man im letzten Falle nicht nur 10, sondern 20 bis 30 Blickfelder auszählen."
Selbstverständlich ist es auch möglich, Bienenkot zu untersuchen, wie er sich oft an den Flugfronten der Bienenkästen und Bienenhäuser und an den Waben und Innenwände der Beuten angetrocknet findet. Man kratzt ihn ab und schwemmt ihn in etwas Wasser auf.
Bei lebenden Königinnen erfolgt die Untersuchung auf Nosema koprologisch, d. h. durch Untersuchung ihres Kotes. Mittels Kälte kann man etwa 70% der Königinnen zum Abkoten bringen, nach BOGDAN u. a. (1960) unter einem kleinen Glasgefäß, z. B. einem Wägegläschen auf einer Glasplatte. Auf einer Seite wird das Gläschen mit einem Nagel oder einem Zündholz unterlegt, so daß ein Spalt entsteht. Dort, wo die Luft in das Gläschen eintritt, entleert sich die Königin innerhalb der nächsten halben Stunde. JORDAN (1961) läßt die Königin zunächst von der Wabe in ein Zusetzröhrchen laufen und von da aus auf eine Milchglasplatte mit der rauhen Seite nach oben. In dem Augenblick, wo die Königin die Röhre verläßt, faßt er sie mit Daumen und Zeigefinger und drückt sie vorsichtig gegen die Glasplatte. Während sich die Königin dagegen wehrt und sich mit ihren Krallen an der rauhen Glasplatte festhaltend ihren Hinterleib hin- und herschwenkt, tritt die Darmentleerung ein.
Die einmalige Untersuchung eines Volkes gibt kein sicheres Bild von seinem Nosemabefall. Selbst Völker, die nach zweimaliger Untersuchung (Herbst und Winter) frei zu sein scheinen, können sich im Frühjahr als befallen erweisen, unter Umständen sogar hochgradig verseucht sein (BÖTTCHER 1971). Es ist aber trotzdem gut, schon im Herbst zu untersuchen. Denn wenn sich dann schon ein starker Befall zeigt, ist die Lage gefährlich.

10.3 Mischinfektionen

Neben Nosemasporen findet man sehr häufig auch die Zysten der *Malpighamoeba mellificae* (s. S. 142) in den Untersuchungspräparaten, besonders in schweren Fällen, so daß man vielfach die Meinung vertreten hat, daß der Nosemaparasit

allein ziemlich harmlos und nur in dieser Verbindung gefährlich sei (MORGENTHALER 1939). Weitere Krankheitserreger, die gleichzeitig gefunden werden, sind die Erreger der Septikämie, Rickettsien und Viren wie das CBP-Virus (WILLE 1967), das Virus Y und das „schwarze Weiselzellenvirus" (BAILEY 1981). Nach WILLE gibt es überhaupt keine reinen Nosemainfektionen. Immer treten andere Krankheitserreger in den verschiedensten Kombinationen mit diesen auf.
Daß eine mehrfache Infektion die Bienen stärker belasten muß als eine einfache, ist ohne weiteres einzusehen. Andererseits gibt es auch Mehrfachinfektionen ohne sonderliche Schadwirkung, wie überhaupt diese Verhältnisse außerordentlich verschieden sind und noch sehr verwirrend erscheinen. Die Frage ist: Wie werden sie schädlich, wann treten sie seuchenhaft auf?
Man hat solche Mischinfektionen sehr treffend als "Frühjahrsschwindsucht" bezeichnet. Welche Rolle dabei noch andere, das Leben der Winterbienen verkürzende Faktoren wie Pollenmangel und unzeitige Brut spielen, wird ab Seite 154 geschildert.

11 Die Bekämpfung der Nosematose

11.1 Empfindlichkeit des Erregers

Die Nosemasporen bleiben bei mehr oder weniger feuchter Lagerung lange lebensfähig, im Honig bei Zimmertemperatur 66 bis 124 Tage, nach MORGENTHALER (1931) und nach WINKEL (1939) sogar 10 bis 11 Monate, in toten Bienen bis zu einem Jahr, in Leitungswasser 113 Tage, in Ruhrkotflecken 2 Jahre (s. a. BORCHERT (1931, 1933 und Mitarb.). Eintrocknen bei höheren Temperaturen können sie weniger gut vertragen, auch Sonnenbestrahlung schädigt sie in wenigen Stunden (HIRSCHFELDER 1971).
Überhaupt ist der Erreger gegen Wärme sehr empfindlich, vor allem in seinen vegetativen Stadien (LOTMAR 1943). Es ist besonders die feuchte Hitze, die er nicht verträgt. Durch Erhitzen in Wasser auf 57–64 °C gehen die Sporen in 10 Minuten zugrunde, und strömender Dampf tötet sie in 1 Minute (GERTIG 1934). Bei Kühlschranktemperatur hingegen blieben sie bis zu 7½ Monaten keimfähig, und nach 14tägigem Aufenthalt bei −24 °C waren sie noch am Leben (HIRSCHFELDER 1971, BORCHERT und VON DEHN 1931).
Ihre Widerstandsfähigkeit gegen Desinfektionsmittel ist gering. Karbolsäure 1 bis 2 %, Salizylsäure 1:500 bis 1:100, Formalin 1,25 %, Essigsäure- und Ameisensäuredämpfe töten sie in wenigen Minuten bis Stunden (GOETZE 1941).

11.2 Vorbeugung

Die wichtigste vorbeugende Maßnahme gegen die Nosematose ist der ständige Bestand des Brutkörpers und damit die Haltung starker Völker (STECHE/SACHS 1962, STECHE 1972). Schwächlinge sind stets am stärksten vom Nosemaparasiten befallen, da sie bei Wetterrückschlägen am empfindlichsten mit dem Brüten reagieren. Schwache Völker wird man deshalb vor dem Winter vereinigen.

Entsprechend gilt es, den Umsatz der Bienen zu fördern, damit die nosemainfizierten, älteren Bienen möglichst weitgehend aus den Völkern ausgeschieden werden. Darum empfiehlt es sich, den Völkern durch Wandern eine möglichst gute Tracht, vor allem die pollenreiche, die Entwicklung fördernde Frühtracht zu bieten. Eine Reizfütterung zu dieser Jahreszeit, besonders in flüssiger Form ist jedoch ein Risiko (Gontarski 1953, Steche 1960). Sie führt, da die Bienen infolge schlechten Wetters nicht ausfliegen können, zu stärkerer Darmbelastung und fördert so die Verbreitung des Nosemaparasiten im Volk.

Wenn Schlechtwetterperioden oder Trachtpausen durch Wanderungen nicht ausgeglichen werden können, empfiehlt es sich, den Völkern zur Aufrechterhaltung der Bruttätigkeit neben dem Brutkörper eine Trockenzuckertasche zu bieten (Sachs 1964), die bei Einsetzen der neuen Tracht wieder zu entfernen ist.

Fällt Waldhonig an, so ist er möglichst vollständig abzuernten. Er regt zur Kotabscheidung im Stock und zur Parasitenverbreitung an und ist den Bienen auch sonst schädlich.

Aufstellen sollte man die Völker an einem sonnigen, vor Wind gut geschützten trockenen Platz, wo sich ihnen auch zu ungünstiger Zeit die Möglichkeit zu reinigenden Ausflügen eher bietet. Einzelaufstellung, um dem Verfliegen und somit der Krankheitsübertragung vorzubeugen, hat sich bewährt. Praktisch ist es, sie in kleinen Gruppen auf weiter voneinander entfernten Plätzen unterzubringen („Wanderstraßen nach Sachs 1962).

Heilmittel sollte man mit Rücksicht auf die Reinheit des Honigs nicht vorbeugend einsetzen. Nicht zu umgehen ist dies allerdings bei der Unterbringung von jungen Königinnen in Begattungskästchen (Vorwohl 1966). Eine weitere Ausnahme ist beim Pollenersatzteig erforderlich, dem man bei der Verfütterung in pollenarmer Frühjahrszeit unbedingt 1 g Fumidil je kg beimischen muß. Die Bildung von resistenten Nosemarassen ist nicht zu befürchten (Gross und Ruttner 1970).

Pollenersatz den Bienen im Freien zu bieten ist mit Sicherheit die beste Lösung. Allerdings sollte der Höselstand überdacht sein, damit die Bienen nicht im Flug über dem Pollenersatz Kot absetzen. Die Bienentränken bilden keine so große Gefahr für die Ansteckung mit Parasiten, wie man früher annahm (Borchert 1928). Man sollte sie wenn möglich mit fließendem Wasser versorgen und nicht im unmittelbaren Flugbereich der Bienenvölker aufstellen.

Daß sich Bienenvölker nosemafrei aufziehen lassen, konnten Böttcher und Hirschfelder (1960/61) zeigen. Jedoch ist es infolge des Zuflugs fremder Bienen nicht möglich, diese auf die Dauer nosemafrei zu erhalten. An ein Ausrotten der Nosema ist also nicht zu denken. Ableger sollte man dennoch nosemaarm bilden, indem man nur jungen erstmalig bebrüteten Wabenbau dazu verwendet, die alten parasitenbehafteten Flugbienen zum Muttervolk zurückkehren läßt, und sie danach auf einem weiter vom Stand entfernten Platz aufstellt.

Schließlich sollte man die Bienen nicht unnötig stören. Besonders bei kaltem Wetter fördern Störungen die Kotabscheidung im Stock und damit die Verbreitung der Darmparasiten in den Völkern (Oertel 1967). Das gilt selbstverständlich auch für den Transport der Bienenvölker, auf den jedoch in einem wirtschaftlichem Betrieb meist nicht verzichtet werden kann.

11.2.1 Erneuerung des Wabenbaues

Der Wabenbau gilt seither als ein wesentlicher Träger des Ansteckungsstoffes der Nosema- und Amöbenseuche. Nach einer neuen Untersuchung von Steche und Mitarb. (1982) hingegen fanden sich deren Erreger aber nur auf dem Wabenbau von Völkern, die ausgangs des Winters infolge ihrer Erkrankung zusammengebrochen waren. Doch auf den Waben überlebender parasitenbefallener Völker konnten die Verfasser weder Nosemasporen noch Amöbencysten feststellen. Ob sich dieser Befund verallgemeinern läßt, muß die Zukunft lehren. Gilt er z. B. auch dann, wenn die Völker auf ruhrerzeugendem Honig überwintern? Zutreffendenfalls wäre die Erneuerung des Wabenbaues und ebenso auch die Desinfektion der Waben nur bei Volkszusammenbrüchen sinnvoll. Diesen Maßnahmen käme dann nicht mehr die ihnen bisher zugemessene hygienische Bedeutung zu, die wir ihnen vorerst noch einräumen müssen.

Da der Nosemaerreger schon bei der Schmelztemperatur des Wachses zugrunde geht, genügt es, den Wabenbau einzuschmelzen und neu errichten zu lassen. Das ist jedoch ein umständlicher und teurer Weg. Auf ihm zu einem vollen Erfolg zu kommen, ist nicht ganz einfach. Auch Zander gelang das im großen und ganzen nicht, obwohl er sogar soweit ging, jedem Volk nur die von diesem gebauten mit der Stocknummer bezeichneten Waben zu geben, die er regelmäßig erneuerte: Im Laufe des Frühjahres hängte er die bebrüteten nosemabefallenen Überwinterungswaben nach und nach über Absperrgitter in den Honigraum um, wie das nach wie vor allgemein üblich ist, um sie später, wenn die Brut ausgelaufen und der danach eingetragene Honig geerntet war, einschmelzen zu können. Gleiches Wabenmaß im Brut- und Honigraum war hierzu Voraussetzung. Deshalb kürzte er die ursprünglich von ihm verwendete Gerstung-Breitwabe (mit halbhohen Waben im Honigraum) zur niedrigeren, auch im Honigraum verwendbaren Zanderwabe.

Ein durchschlagender Erfolg ist auf diese Weise jedoch in der Praxis kaum zu erreichen, vor allem, weil sich niemand dazu entschließt, die Waben sofort nach dem Ausschleudern einzuschmelzen. Stets gibt man sie den Völkern im honigfeuchten Zustand zurück, nicht zuletzt wegen ihrer brutanregenden Wirkung. Und selbst wer sich für ein anschließendes Einschmelzen entscheidet, läßt sie zuvor von den Bienen trocken lecken. So können die Parasiten immer wieder von den Bienen aufgenommen werden.

11.2.2 Entseuchung der Waben

Um ganz sicher zu gehen, empfiehlt es sich in den Fällen, in denen eine Schwächung der Völker durch Nosema möglich erscheint, die inzwischen entwickelten und erprobten Waben-Entseuchungsmethoden anzuwenden.

Schon das Abflammen der Waben mittels einer Abflammlampe mit Breitbrenner dürfte eine Verminderung des Befalles bewirken, wie es Morgenthaler (1938) empfahl und in der Schweiz in kleinen Betrieben durchgeführt wird.

Für den größeren Betrieb ist jedoch ein Begasungsverfahren günstiger. Jedoch dauert die Begasung 8 bis 14 Tage, und die begasten Waben müssen außerdem noch eine Woche lüften.

Dämpfe von Essigsäure und von Formalin (40%ig) töten Nosemasporen wie Amöbenzysten ab. Nach Bailey (1955) ist eine Desinfektion der Waben mit ihrer Hilfe verhältnismäßig leicht zu erzielen. Formalin teilt sich jedoch dem Honig zu stark mit und vergiftet ihn ebenso wie den Pollen. Essigsäure ist demgegenüber unbe-

denklich, wenn man die behandelten Waben etwa 8 Tage lang lüftet. Sie greift zwar Metall an, was man aber in Kauf nehmen kann. Zugleich vernichtet sie auch die Wachsmotten, die Pollenmilben und die Schimmelpilze.
Zu gutem praktischem Erfolg kommt man mit 60%iger technischer Essigsäure (HIRSCHFELDER 1960). Man braucht davon mindestens 2 ml je Liter Begasungsraum. Die Waben können in übereinandergestapelten Magazinen behandelt werden. Allerdings ist dann wegen des undichten Raumes eine Nachfüllung erforderlich. Wichtig ist, die Essigsäuredämpfe, die schwerer sind als Luft, von oben und in ausreichender Konzentration auf die Waben einwirken zu lassen. Die Umgebungstemperatur darf nicht zu niedrig sein.
Hat man z. B. in 2 Stapeln 14 neunrahmige Zandermagazine (ca. 500 l), so braucht man zunächst 1 l, mit Zugabe 1,4 l 60%ige technische Essigsäure. Die Verdunstungsfläche soll groß sein. Deshalb legt man, wenn möglich, zwischen die einzelnen Magazine flache Glasschalen wie z. B. die Deckel von Einmachgläsern mit einem Inhalt von 40 bis 60 ml. In den obersten, den 7. Raum des Stapels, der von Waben frei bleibt, stellt man 2 flache Teller mit zusammen 250 ml Essigsäure. In sie gibt man, um die Verdunstung zu beschleunigen einige Lappen oder etwas Putzwolle. Nach 10 bis 14 Tagen, wenn die Essigsäure verdunstet ist, füllt man die noch übrige Säure im obersten Raum nach. Wenn nach einigen weiteren Tagen, die Schale wieder leer ist, lüftet man die Waben eine Woche lang, ehe man sie verwendet.
Die Beuten, vor allem ihre Bodenbretter, aber auch die Rähmchen, macht man mit 2%iger Ätznatron- oder 5%iger Sodalösung keimfrei.

In den USA wird 24 Stunden lange Erwärmung der Waben auf 49°C empfohlen, auch eine 48stündige Begasung mit Äthylenoxid bei etwa 42°C (SHIMANUKI und CANTWELL 1962, vgl. HIRSCHFELDER 1972). Die zu erwärmenden Waben dürfen keinen Honig oder Pollen enthalten, da sie dann zusammensinken können. Außerdem läßt man sie am besten unberührt abkühlen. Äthylenoxid ist sehr giftig und im Gemisch mit Luft explosiv.

11.3 Nosemabekämpfung im akuten Fall

11.3.1 Medikamentöse Bekämpfung

In schweren Fällen, meist im zeitigen Frühjahr, in denen man sofort eingreifen muß, Ableger sich aber noch nicht bilden lassen, wird man zunächst das Schlimmste durch ein Heilmittel abzuwenden suchen. Bewährt hat sich vor allem das Fumidil B mit dem Wirkstoff Fumagillin, einem Antibiotikum, das aus dem Pilz *Aspergillus fumigatus* gewonnen wird. Es hinterläßt so gut wie keine Rückstände im Darm (KATZNELSON und JAMIESON 1952, 1955, LEHNERT und SHIMANUKI 1973). Als ebenfalls brauchbar, aber erst z. Zt. guten Fluges anwendbar, hat sich Nosemack erwiesen, ein Quecksilberpräparat (GONTARSKI und WAGNER 1956, VORWOHL 1966).
Fumidil B ist ein in Wasser unlösliches Pulver, das in Fläschchen mit jeweils 25 g Inhalt zu haben ist. Es verträgt Temperaturen bis zu 70°C, ist also nicht so hitzeempfindlich, wie man ursprünglich annahm (HIRSCHFELDER 1972). Auf 1 l Futterlösung (gleich, welcher Konzentration) und auf 1 kg Futterteig rechnet man jeweils 1 g Fumidil B.
Man schwemmt das Fumidil in wenig Wasser auf, indem man beides in ein zu verschließendes Honigglas gibt und kurze Zeit kräftig durchschüttelt, oder indem

man beides in einem offenen Gefäß mit einer Gabel schlägt. Danach gibt man die Aufschwemmung unter ständigem Rühren in die Futterlösung. Um es gleichmäßig in den Zuckerteig zu bringen, verrührt man die Aufschwemmung gut mit dem Honig, der zur Herstellung des Zuckerteiges verwendet wird.

Noch in jüngster Zeit empfahl man, die Fumidil-Zuckerlösung an die Bienen zu verfüttern. Um aber die Gefahr von Rückständen im Honig so gering wie möglich zu halten, ist jedoch dringend zu raten, die Völker lediglich damit zu besprühen, Wabe für Wabe, und so, daß möglichst alle Bienen davon getroffen und zur Aufnahme derselben veranlaßt werden. Auf diese Weise arbeitet man auch sparsamer und wirksamer. Diese Bekämpfungsmaßnahme sollte man bei Einsetzen der Pollentracht im Frühjahr dreimal im Abstand von 7–9 Tagen durchführen. Es kann auch genügen, die wirkstoffhaltige Futterlösung mit einem Zerstäuber einfach in die Wabengassen zu sprühen, wie es bei von oben zugänglichen Beuten leicht möglich ist.

Auch im Zuckerteig langsam verfüttert üben die Heilmittel speziell bei Völkchen in Begattungskästchen eine unverkennbare Wirkung auf den Erreger aus. Im flüssigen Reizfutter, bei Ablegern oder bei entweiselten Zuchtvölkern hat sich im Sommer das im Preis günstigere Nosemack bewährt.

Nosemack enthält Quecksilber in komplexer Bindung, ist deshalb für den Menschen ungefährlich. Für die Bienen besitzt es eine leichte, zur Flugzeit jedoch unbedenkliche Toxizität. Man darf es indessen nicht mit Metall in Berührung bringen, d. h. auch nicht in Metallgefäßen verfüttern. Das könnte eine Vergiftung bewirken. Die metallenen sog. Futterteller überziehe man deshalb vor dem Gebrauch mit Wachs. Im Winterfutter ist es nicht zu verwenden. Für 1 l Zuckerlösung braucht man 1 Tablette, für 1 kg Zuckerteig 1½ Tabletten. In einem Glas-, Porzellan- oder Emaillegefäß (nicht Metall!) zerdrückt man sie mit einem Holzlöffel oder Quirl, schwemmt sie mit wenig Zuckerlösung auf, und gibt sie unter Umrühren mit einem Holzstab in das Futter. Da sein Geschmack leicht abschreckend wirkt, setzt man dem Heilfutter am besten etwas Honig zu.

11.3.2 Entseuchung der Waben nach Bailey

Bailey (1955a, b) konnte zeigen, daß es zur Heilung eines nosematösen Volkes nicht unbedingt erforderlich ist, die Flugbienen zu behandeln oder gar abzutöten, wie es Zander empfahl, sondern daß es genügt, für nosemafreien Wabenbau zu sorgen.

Die kranken Flugbienen verschwinden ja im Laufe des Sommers von selbst aus den Völkern.

Im Unterschied zu Zander scheidet Bailey die alten Waben aber sofort nach dem Auslaufen ihrer Brut aus, nicht erst nach der Honigernte.

Das ist zweifellos wirksamer. Zu dem Zweck erhält das nosemakranke Volk über Absperrgitter einen Aufsatz mit desinfizierten Waben und Mittelwänden. Mitten hinein kommt die Königin mit einer Brutwabe. Im Aufsatz wird ein Flugloch geöffnet, das im unteren Raum wird geschlossen. Das Volk erhält Futter. Sobald die Königin auf einer der desinfizierten Waben stiftet, wird die alte Brutwabe nach unten gehängt. Wenn die Brut auf den Waben unten geschlüpft ist, werden diese mitsamt dem unteren Raum entfernt. Ein gründlich gesäubertes Bodenbrett wird untergesetzt. Theoretisch ist das Verfahren gut wirksam. Es macht jedoch viel Arbeit, und Neuinfektionen sind nicht ausgeschlossen (Bailey 1963).

11.4 Hygienische Betriebsweise

Auf die Dauer kommt man deshalb mit einer hygienischen Betriebsweise, die von gesunden Jungvölkern ausgeht, am weitesten. Die nun fast ausgestorbene Betriebsweise der Lüneburger Korbimker kann Vorbild dafür sein. Bei ihr ist eine Übervermehrung des Nosemaparasiten so gut wie unmöglich, weil der Wabenbau der Völker alljährlich von den Bienen neu errichtet werden muß. Auch Faulbrut kann dabei nur selten aufkommen. Die Völker werden durch Schwärme stark vermehrt und im Herbst wieder entsprechend vermindert. Nur Völker mit jungem Wabenbau und junger Königin gehen in den Winter. Alle anderen werden ausgeschieden (s. BÖTTCHER, „Bienenzucht als Erwerb").
Auf einer in hygienischer Hinsicht analogen, jedoch schwarmlosen Völkerführung fußt die Hohenheimer Betriebsweise (STECHE u. SACHS 1962, KASSPARIAN 1968, STECHE 1972, STECHE und Mitarb. 1980).
Prophylaktisch empfiehlt es sich bei Beginn des Pollenfluges, also in der Zeit, da der Parasit sich am stärksten vermehrt und seine Entwicklungsstadien sich am besten bekämpfen lassen (STECHE 1969), die Völker insgesamt dreimal wie beschrieben mit einer Fumidil-Lösung zu übersprühen.
Außerdem werden mit Brutwaben der Wirtschaftsvölker frühzeitig Ableger gebildet. Man verwendet dazu bevorzugt junge, erstmalig bebrütete Waben. Nach Abflug der Altbienen gibt man den Ablegern einen anderen, möglichst isolierten Platz, um einen Zuflug von fremden, kranken Bienen zu vermeiden. Ihre Pflege besteht lediglich im regelmäßigen Erweitern mit Mittelwänden und Füttern. Ein Dauerfutter von Zuckerteig hat sich dabei gut bewährt. Werden die Ableger rechtzeitig und stark genug gebildet, entwickeln sich auf diese Weise bis zum Herbst starke, überwinterungsfähige, gesunde Jungvölker. Entgegen der meist üblichen Praxis verwendet man sie nicht zur Umweiselung und Verstärkung der Altvölker, sondern überwintert sie, um sie im nächsten Jahr als Wirtschaftsvölker einsetzen zu können. Die mehr oder weniger abgearbeiteten Altvölker vereinigt man im Herbst, je zwei oder drei unter sich, durch einfaches Übereinandersetzen. Die überzähligen alten Waben werden eingeschmolzen (s. a. BORNDÖRFER 1971). Ähnlich verfährt auch PFEFFERLE (1978). Er entwickelt die Jungvölker aus Kunstschwärmen. Die Altvölker vereinigt er schon im Sommer zur Nutzung der Tannentracht.
Wie man auch vorgehen mag: Indem man junge gesunde Völker großzieht und die alten stärker oder schwächer parasitierten durch Vereinigen vermindert, erreicht man ziemlich mühelos einen parasitenarmen Bestand.

Die Amöbenseuche

Andere Bezeichnungen: Amöbiose, Malpighamöbiose, Cystenkrankheit, Amöbenruhr

Die Amöbenseuche hat viel mit der Nosemaseuche gemeinsam: Sie zeigt nicht nur ein ähnliches Erscheinungsbild, sondern tritt auch zur selben Jahreszeit in gefährlicher Weise auf. Ja, zumeist finden sich die Erreger beider Krankheiten zusammen in den Völkern, und zwar auch in deren einzelnen Bienen. Reine Amöbeninfektionen kommen aber ebenfalls vor.

1 Krankheitsbild

Charakteristisch für die Krankheit ist, daß Bienen, die beim Öffnen des Stockes abfliegen, einen dünnflüssigen, grünlichgrauen Kot ausspritzen. Auffallend sind auch helle Kotflecke in der Umgebung des Flugloches und im Stockinneren.
Im übrigen aber unterscheiden sich die äußeren Erscheinungen nicht von denen der Nosematose, mit der die Krankheit meist vergesellschaftet auftritt: Langsames Dahinschwinden der Völker bei mildem Wetter im Winter und Frühjahr, starker Totenfall bis Absterben der Völker bei kaltem Winterwetter, plötzliche starke Bienenverluste bei Reinigungs- und ersten Frühjahrsausflügen, Mißverhältnis zwischen Bienen und Brut. Besonders zeigt sich die Krankheit am Ende langer Winter und in späten kalten Frühjahren.

2 Verbreitung und Gefährlichkeit

Die Amöbenseuche ist weit verbreitet: in Europa, Rußland, Nord- und Südamerika und in Neuseeland ist sie bekannt (vgl. Bailey 1963). In Mitteleuropa ist sie eine der Ursachen für die ausgangs des Winters und im Frühjahr häufig auftretenden großen Bienen- und Völkerverluste, die man treffend auch als Frühjahrsschwindsucht bezeichnet (s. Seite 154). Hierbei spielt sie, neben Pollenmangel, neben der Nosema, vermutlich auch neben Viren und der Septikämie (Wille 1962, Bailey 1981), eine nicht zu unterschätzende Rolle. Während Pollenmangel Kurzlebigkeit der Winterbienen (Maurizio 1954) sowie Ausfall von Brut und Nachwuchs bedingt, was allein schon zum Aussterben der Bienenvölker spätestens im Mai führen muß, bewirken Nosema- und Amöbenverseuchung den vorzeitigen Tod selbst gut mit Pollen ernährter Völker. Und besonders beim Zusammentreffen von Pollenmangel und Krankheiten kommt es zu den bekannten Frühjahrskatastrophen, die sich in der Regel bei uns alle 4 bis 5 Jahre wiederholen, und denen ganze Stände zum Opfer fallen können (Angst 1938).
Allerdings ist oft nicht recht klar, wieviel von dem Schaden man der einen oder anderen Ursache zuzurechnen hat, und ob die Nosematose erst durch das Dazutreten der Amöbiose besonders gefährlich wird, wie es Morgenthaler (1939) nach der ungewöhnlich schweren Schwindsuchtepidemie des Jahres 1937 vermutete. Damals wurden vor allem in der Schweiz, in Baden und im Elsaß besonders viele Fälle von Amöbeninfektion festgestellt. Zwar konnten das Grobow und Bondarenko (1975) für die UdSSR nicht bestätigen, auch ergab sich hier zwischen Nosema- und Amöbenbefall keine Korrelation (Bondarenko 1966), aber soviel ist sicher, daß der Amöbe eine weitaus größere Bedeutung zukommt, als sich gewöhnlich erkennen läßt. Und kein Zweifel besteht darüber, daß die Völker allein infolge Amöbenbefalles im Winter und Frühjahr schnell dahinschwinden können (Schiller 1937), wenn das auch vielleicht zumeist nicht offenkundig wird. Immerhin stellte Schulz-Langner (1964) in den Jahren 1950 bis 1962 in Berlin an die 800 Fälle von so gut wie reiner Amöbeninfektion fest, von denen nur 434 auch einzelne Nosemasporen aufwiesen. Hier wird mitgewirkt haben, daß der Nosemaparasit infolge regelmäßiger Behandlung mit Heilmitteln stark zurückgedrängt werden konnte.

3 Erreger

Der Erreger der Seuche ist ein einzelliges Urtierchen, eine Protozoe aus der Gruppe der Amöben, die *Malpighamoeba mellificae* Prell, entdeckt von Maaßen (1922). Sie lebt im Hohlraum der Nierenkanälchen (der Malpighischen Gefäße) der Arbeitsbienen, wohl auch der Drohnen, und selten in denen der Königinnen. Örösi-Pál (1963) fand einige Königinnen stark infiziert, die er außerhalb der Völker zusammen mit wenigen Arbeitsbienen überwintert hatte (vgl. Fyg 1954).
Die systematische Stellung der Bienenamöbe ist noch unsicher. Zunächst gründete man ihre Einordnung im Tierreich auf Merkmale wie Zahl der Zellkerne und Art der Begeißelung, die sich aber später als unzutreffend erwiesen: Tatsächlich fehlt ein geißelloses echtes Amöbenstadium, und das stellt ihre Zuordnung zu den Rhizopoden in Frage. Indessen sollten Bau und Teilungsmechanismus des Zellkerns in erster Linie hierfür maßgebend sein, die sich aber wegen der Kleinheit des Objekts bisher noch nicht analysieren ließen (Schulz-Langner 1964).
Überhaupt ist uns das Leben der *Malpighamoeba mellificae* immer noch unvollständig bekannt, obwohl es Schulz-Langner (1964) gelang, das Tierchen in einem Nährmedium außerhalb der Biene zu züchten und auf diese Weise seine Lebensweise besser aufzuklären.
Für die Zucht der Amöbe gibt sie folgendes Verfahren an: Man zerreibt 30 Bienendärme (Mitteldärme mit den Malpighischen Gefäßen, Dünndärme und Kotblasen) mit 4 ml destilliertem Wasser oder physiologischer Kochsalzlösung und saugt die Flüssigkeit durch ein Klär- und Entkeimungsfilter der Fa. Seitz, Bad Kreuznach. Der sterile Extrakt läßt sich im Kühlschrank bis zu 14 Tagen aufbewahren. Auf ihn überträgt man die Cysten unsteril. Die Bakterien, die sich infolgedessen zunächst stark entwickeln, haben die Vermehrung der Amöben im Gefolge.
Schulz-Langner fand eine Vielzahl von Formen, in denen die Amöbe auftreten kann: als Dauer- oder Vermehrungscyste, als Schutzcyste, als Schwimmamöbe, als Kriechamöbe und als epithelialer Verband.

3.1 Die Cysten

Die beiden Cystenformen, die Dauer- oder Vermehrungscysten wie auch die Schutzcysten lassen sich leicht erkennen. Es sind kugelförmige, manchmal etwas ovale Gebilde. Sie finden sich vor allem in den Nierenkanälchen der Bienen, den Malpighischen Gefäßen, die Dauercysten auch im Kot, mit dem sie aus dem Körper ausgeschieden werden.
Sie sind durchsichtig, lichtbrechend, und haben eine glasige Hülle. In ihrem trüben Inhalt bemerkt man gelegentlich feine stark lichtbrechende Pünktchen. Sonst haben sie keine besondere Struktur. Der bläschenförmige Inhalt wird von einem großen und dichten Kernkörper (Karyosom) ausgefüllt. Beide Formen eignen sich zur Ausbreitung der Amöbe.
Die Schutzcysten bilden sich nur vorübergehend zum Schutz der Amöben und sind deshalb entsprechend deren Größe sehr verschieden groß, z. B. 2 µm. Sie können sich sehr schnell bilden und je nach Alter in 30 Minuten bis 24 Stunden wieder in eine Amöbe zurückverwandeln, ohne eine Schale zu hinterlassen. Hält der Schutzcystenzustand länger an, verfestigt sich ihre Oberfläche, und die Rückverwandlung

Abb. 43. Eine Gruppe von Cysten (Vergr. 340×; ZANDER phot.).

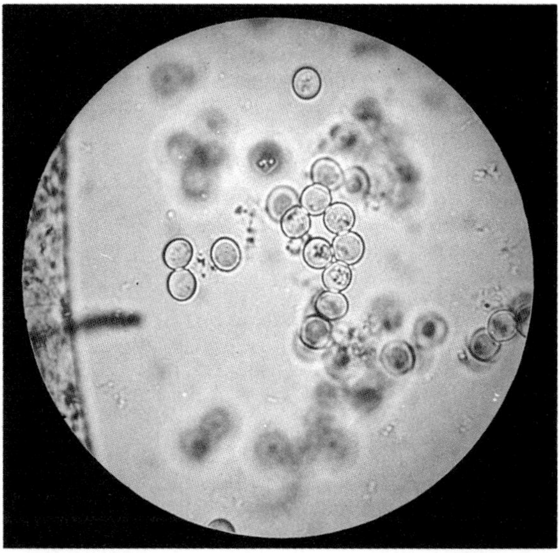

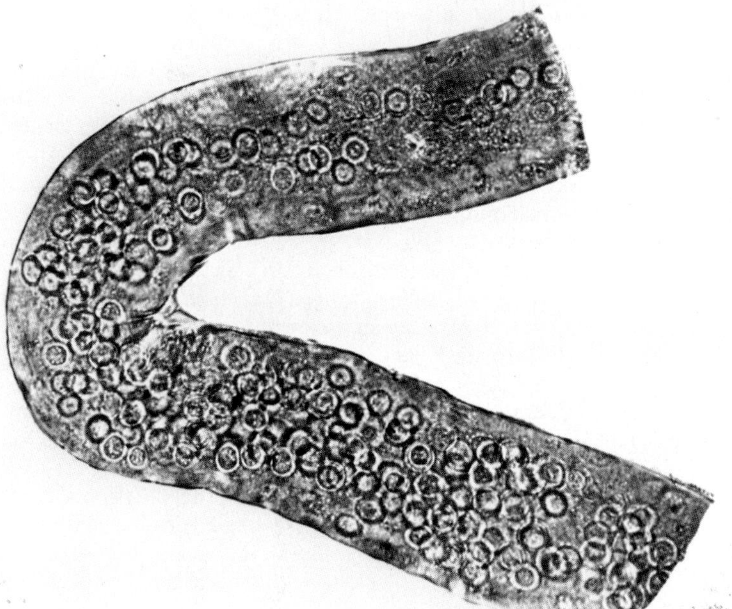

Abb. 44. Malpighisches Gefäß (Nierenkanälchen, Harngefäß) voller Cysten (HIMMER phot.).

erfolgt durch Ausschlüpfen aus einem Porus, wobei eine dünne Hülle zurückbleibt. Die Dauer- oder Vermehrungscysten haben einen Durchmesser von 5 bis 7 µm (Fyg 1932). Sie besitzen eine derbe 0,2 µm starke Schale (Pellicula). Ihr bläschenförmiger Zellkern wird fast ganz von einem 1 µm großen Kernkörper (Karyosom) ausgefüllt. Der Zelleib ist ohne Strukturen.
Aus den jüngeren Cysten schlüpft ein einziges Individuum. Bei den Älteren hingegen zerfällt die Mutterzelle nach einer Kernteilung in eine ungleichmäßige Anzahl von kleineren Tocherzellen, die durch Platzen frei werden.
Mit den Cysten (auch den Schutzcysten) lassen sich junge gesunde Bienen leicht anstecken. Nach 21 bis 28 Tagen erscheinen sie in den Malpighischen Gefäßen, den Nierenkanälchen der Bienen. Sie füllen diese so völlig aus (Abb. 44), daß dieselben aufgetrieben erscheinen und ein glasiges Aussehen bekommen können. Offenbar ist ihre Funktion, den Wasserhaushalt der Bienen zu regulieren, gestört.
Von den Nierenkanälchen aus treten die Cysten in den Darm über und werden dann, wie bei der Nosema, mit dem Kot ausgeschieden. Auf diese Weise geraten sie auch auf den Wabenbau, wo sie von den jungen Zellen putzenden Bienen und auch von den älteren Stockbienen wieder aufgenommen werden.

3.2 Die vegetativen Stadien

Im Darm keimen die Cysten zu den sog. vegetativen Stadien aus, den Kriechamöben und den Schwimmamöben, die beide vorn begeißelt sind. Das geschieht jedoch nicht im Mitteldarm, wie bei den Nosemasporen, sondern bei den Schutzcysten wahrscheinlich erst an seinem Ende im Pförtner (Pylorus) sowie im Dünndarm, und bei den Dauer- oder Vermehrungscysten gar erst in der Kotblase. Von hier aus dringen sie in die Malpighischen Gefäße ein. Dazu müssen die aus den Dauercysten hervorgetretenen Amöben die Kotblase durchschwimmen und den Dünndarm durchkriechen. Hier in der Lichtung der Harngefäße sitzen sie oft dicht gedrängt an der Innenwand und senken ihre Scheinfüßchen, die Pseudopodien, in die innere Zellschicht, den Stäbchensaum (Abb. 45).
Die Aufnahme von Nahrung ist wahrscheinlich durch die Oberfläche möglich, ohne daß die Pseudopodien in die Zellen einzudringen brauchen. Es scheint, daß sich die Amöbe weniger von den Körpersäften als vielmehr vom Inhalt der Malpighischen Gefäße ernährt, vergleichbar dem Parasitismus des Bandwurms im menschlichen Darm.
Am Stadium der Kriechamöbe beobachtete Schulz-Langner in den Kulturen wie auch in den Malpighischen Gefäßen eine ständige Zweiteilung d. h. eine Vermehrung der Amöben. Dabei hört die lebhafte Bewegung auf, die Geißel verschwindet, und zwischen den auseinandergeteilten Kernen schnürt sich die Amöbe durch. Die beiden Tochterzellen bilden an ihren entgegengesetzten Polen eine neue Geißel und wandern auseinander. Häufig bleiben die Teilprodukte auch in Ketten oder epithelialen Verbänden zusammen, ohne Geißeln auszubilden, um sich erst nach der Encystierung voneinander zu trennen.
Die dabei auftretenden Kernteilungen sind schwer zu übersehen. Statt 2, 4, 8 usw. Kernen findet man 2, 3, 5, 6 und 12. Vielleicht handelt es sich dabei um ein Ergebnis verzögerter Teilung oder der Absprengung von Chromosomen.
Die Entwicklung der Amöben in den Kulturen zu den Kriech-, Schwimm- und

Encystierungsformen ließ sich durch eine wiederholte Auffrischung des Nährmediums wie auch durch den Zusatz von Wasser sehr fördern. Im Gegensatz zu den Amöben in den Harngefäßen bildeten die gezüchteten auch eine pulsierende Vakuole aus. Die Gestalt ihrer Pseudopodien war entsprechend dem Milieu sehr verschieden.

Bei der Untersuchung der Harngefäße findet man die vegetativen Stadien schwer, da diese sich beim Präparieren zumeist sofort in Schutzcysten der verschiedensten Größe verwandeln. In Kulturen dagegen ließ sich beobachten, daß zumeist erst Kriechamöben entstehen, die sich fortbewegen können, in 100 Sekunden 1 mm, und danach die noch stärker beweglichen Schwimmamöben mit ihrer zylindrischen, an den Enden abgerundeten Gestalt. Beide Formen sind meist begeißelt. Sie wurden auch in den Malpighischen Gefäßen gefunden (Fyg, pers. Mittlg. an Schulz-Langner 1964).

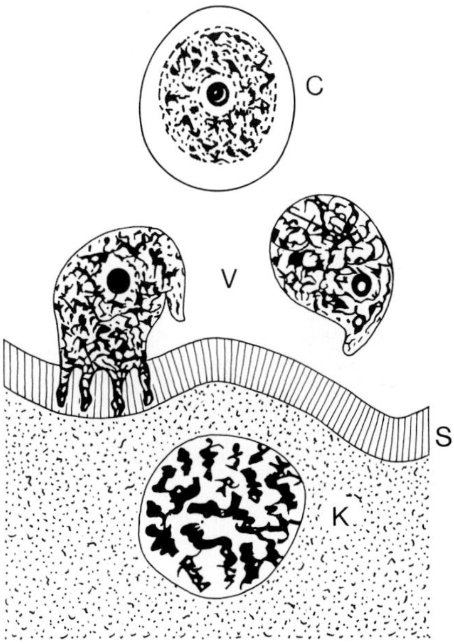

Abb. 45. *Malpighamöba mellificae* nach Maassen und Prell (1926). **Oben:** Cyste **(C),** darunter 2 Amöben **(V),** von denen eine in den Stäbchensaum **(S)** des Nierenkanälchens eingedrungen ist. **Unten:** Kern einer Nierenkanalzelle **(K).**

Infolge des Amöbenbefalles schwellen die Malpighischen Gefäße an und verfärben sich milchig-weiß, auch kann sich abgestorbenes Gewebe zeigen. Das Epithel scheint sich abzuflachen, also vermutlich zu verbrauchen.

Auch die Kerne zerfallen oder verändern sich (Giordani 1959). Der Stäbchensaum wird zerstört, und die Wandzellen schwinden.

Schulz-Langner (1964) konnte Amöben aus scheinbar gesunden Bienen kultivieren, deren Malpighische Gefäße jedenfalls frei von Cysten waren. Daraus ist zu schließen, daß die Krankheit auch durch die vegetativen Stadien übertragen werden kann, und zwar erscheinen Cysten dann schon nach 6 Tagen. Zwischen 23 und 32 °C entwickeln sich die Amöben anscheinend am besten. Bei 38 °C encystieren sie sich.

Auf einen Zwischenwirt ist der Parasit offenbar nicht angewiesen. Die Bienenbrut wird nicht von ihm befallen (Schulz-Langner 1971, entgegen Bittner 1966). In der Kotblase fand Giordani (1959) in Massen ein unbekanntes geißeltragendes Protozoon. Ob das mit dem Amöbenbefall zusammenhängt, ist ungewiß.

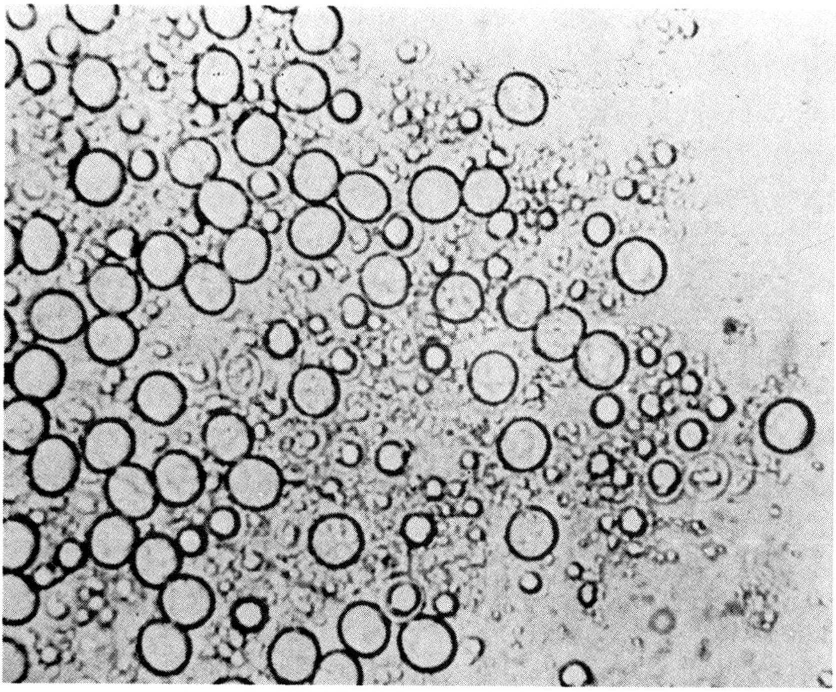

Abb. 46. Infektionsstoff im Nährmedium zum Teil gekeimt, ein Bild, wie es sich auch 24 Stunden nach Verfüttern an die Bienen in deren Kotblase ergibt (Vergr. 600×; aus Schulz-Langner 1964).

4 Krankheitsverlauf

Die Amöbenkrankheit tritt wie die Nosema Ende des Winters und besonders im Frühjahr stark auf, um im Sommer schnell zurück zu gehen. Gelegentlich kann sie sich im Spätsommer noch einmal zeigen (Giordani 1959).
Dieser Verlauf wird verständlich, wenn man daran denkt, daß die Ansteckung der gesunden Bienen, wie bei der Nosema, durch den Kot der Kranken erfolgt. Gewöhnlich koten die Bienen im Freien während des Fluges. Dann ist die Gefahr der Aufnahme von Parasiten aus ihrem Darm durch andere gesunde Bienen gering. Selbst in offenen Bienentränken in der Nähe kranker Völker, die Borchert (1974) auf Nosema untersuchte, waren diese Darmparasiten praktisch nicht zu finden, von Amöbencysten ganz zu schweigen. Sobald aber die Bienen unter besonderen Umständen ihren Kot im Stock absetzen, verbreiten sich die Krankheitserreger leicht auf die übrigen Volksgenossen. Denn diese lecken einen großen Teil der

abgegebenen Kotspritzer auf und stecken sich auf diese Weise an (Borchert 1974). Die Königin kotet stets im Stock. Ist sie von Amöben befallen, so bildet sie Zeit ihres Lebens einen ständigen Ansteckungsherd für ihre Arbeitsbienen, und das Volk kann nicht mehr gesunden. Sie erkrankt jedoch selten an der Amöbenseuche, wahrscheinlich, weil sie den Kot der Bienen nicht aufsaugt.

Bei den Arbeitsbienen besteht die Gefahr des Kotens im Stock und somit des Ausbreitens der Amöbe vor allem dann, wenn sie brüten, dabei aber infolge ungünstigen Wetters nicht oder nur wenig ausfliegen können. Die Brutpflege erfordert starke Nahrungsaufnahme, allein schon zur Aufrechterhaltung der hohen Nesttemperatur, insbesondere auch Pollenverzehr, und bringt somit eine erhöhte Darmbelastung mit sich.

Auch durch Kälte und durch starke Beunruhigung werden die Bienen zur Kotabgabe im Stock gereizt. Schwache, frierende Völker sind deshalb für die Amöben am ehesten anfällig und leiden meist zuerst unter der Frühjahrsschwindsucht. Überdies scheinen kranke Bienen besonders zum Koten im Stock zu neigen.

Pollenmangel dürfte die Amöbenseuche ebensowenig fördern wie es bei der Nosemaseuche der Fall ist.

Von Stock zu Stock verbreitet sich die Amöbenseuche durch den Verflug befallener Bienen. Verfliegen sich die Bienen doch viel stärker als man meist annimmt, selbst bei Einzelaufstellung der Völker.

Die günstigste Möglichkeit für die Ausbreitung der Amöben über die Bienen eines Volkes ergibt sich im Winter, zu einer Zeit, wo diese nach einer Pause wieder zu brüten beginnen und keine oder nur wenig Gelegenheit zu reinigenden Ausflügen haben. Und da die Winterbienen im Gegensatz zu den Sommerbienen lange leben, haben die Amöben genügend Zeit zur Entwicklung. Ob dafür jetzt auch die physiologischen Verhältnisse in der einzelnen Biene am günstigsten sind, etwa auf Grund eines gesteigerten Eiweißstoffwechsels, konnte noch nicht ergründet werden.

Jedenfalls erreicht die Massenentwicklung der Amöben nach Ende des Winters, gewöhnlich im April und Mai, ihren Höchststand (Morgenthaler 1944, Hassenein 1952, Bondarenko 1966). Als Folge dieses Befalls verkürzt sich das Leben der Winterbienen, und die Völker werden schwach oder gehen früher oder später gar ein.

Im Juni aber ist auch die Brutaufzucht der Bienen in vollem Gange. Junge gesunde Bienen schlüpfen selbst in schwachen Völkern in großer Zahl und lösen die etwa befallenen kranken ab. Jetzt gibt es keine auffallenden Schäden mehr, auch Cysten lassen sich nicht mehr finden. Denn die Sommerbienen leben nicht so lange wie die Winterbienen. Und ein Amöbenbefall verkürzt ihre Lebensdauer – im Gegensatz zu der der Winterbienen – nur wenig, da die Inkubationszeit, nach welcher die Krankheit infolge Verstopfung der Mapighischen Gefäße durch die Cystenbildung zum Ausbruch kommt, 3 bis 4 Wochen beträgt. Bis dahin ist selbst das Leben der gesunden Sommerbienen bald zu Ende. Und mit den kurzlebigen Sommerbienen scheiden auch die Amöben aus den Völkern weitgehend aus. So kann es zum Ende des Sommers sogar zu einer Selbstheilung kommen, aber nur, wenn günstiges Wetter den Bienen regelmäßig Ausflüge erlaubt, und wenn sie, ihrem Putztrieb folgend, den während des Winters verkoteten Wabenbau gut reinigen.

Sind die Völker sowohl von der Amöbe wie von der Nosema infiziert, was meistens der Fall ist, ergibt sich (nach Jordan 1936) viel öfter eine Selbstheilung, als bei reinem Amöbenbefall. Der Grund hierfür ist, daß die von beiden Parasiten befallenen Bienen infolge der Nosemainfektion das für die Bildung der Amöbencysten erforderliche Alter nicht erreichen und mit ihrem Tode die Amöbenparasiten aus dem Volke ausscheiden. Das Volk mit seinen gesunden jungen Bienen bleibt also vor der vollständigen Amöbendurchseuchung, d. h. vor seinem sicheren Tode bewahrt. Doppelinfektion der Völker kann also entgegen der Erwartung weniger gefährlich sein als reine Amöbeninfektion.

Für den Sommer mag das zutreffen. Im Winter aber, wo sich die Völker weniger leicht von ihren kranken Bienen befreien können, nicht zuletzt, weil es ihnen dann an genügend gesundem Nachwuchs fehlt, wird ihnen die Nosemainfektion kaum diesen Dienst erweisen. Man muß dazu noch bedenken, daß die infizierenden Amöbencysten sich nicht nur in den Bienen, sondern auch auf den Waben befinden. Zu dieser Zeit wird die Doppelinfektion wahrscheinlich stets ein schnelleres Aussterben der Bienenvölker bewirken.

Für ein seuchenhaftes Ansteigen des Amöbenbefalles ist der Witterungsverlauf maßgebend, d. h. die Amöbiose ist eine typische Faktorenseuche. Kühle, regenreiche Sommer- und Herbstmonate geben den Amöben einen guten Start. Sie breiten sich dann schon stärker in den Völkern aus, ebenso wie die Nosemaparasiten (LOTMAR 1943), entgegen der zu dieser Jahreszeit sonst rückläufigen Tendenz. Folgt nun ein milder, die Bruttätigkeit vorzeitig anregender, lang anhaltender Winter mit wenig Fluggelegenheit, so muß es am Ende zu einer allgemeinen seuchenhaften Übervermehrung des Parasiten kommen. Zwar ist anzunehmen, daß das bei der langen Entwicklung der Amöbe länger dauert, als bei der kürzeren der Nosema. Doch gingen Völker auch schon Anfang März ein, bei denen sich bereits im November Amöbencysten gefunden hatten. Starke Vermehrung allein der Amöbe im Herbst kann also zu baldigen Verlusten führen.

5 Erkennung (Diagnose)

Eindeutig festzustellen ist die Amöbenseuche in den meisten Fällen nur durch die mikroskopische Untersuchung. Allerdings ist das nicht so einfach wie bei der Nosema. Zwar kann man in einem Tröpfchen des zerriebenen Hinterleibes der kranken Biene die Dauerformen der Amöben, die Cysten, leicht finden. Sie sind kugelförmig, stark lichtbrechend, und haben meist einen recht gleichmäßigen Durchmesser von 5 bis 7 µm, etwa der Länge einer Nosemaspore (Abb. 43). Aber ganz ähnlich sehen auch die Chlamydosporen des Pollenschimmels *Bettsia alvei* aus (MORGENTHALER 1930), so daß man selbst bei guter Übung keine ganz sichere Diagnose stellen kann. Deshalb ist es wichtig, die Sporen dort aufzufinden, wo sie in Massen entstehen, nämlich in den Malpighischen Gefäßen. Das macht keine Schwierigkeiten, ist aber nur bei frisch abgetöteten Bienen möglich.

Man löst den Darm am Schlund durch Entfernen des Kopfes der Biene, faßt dann ihr Hinterleibsende mit einer Pinzette, zieht den daran haftenden Darm in seiner ganzen Länge aus dem Bienenkörper und legt ihn auf eine kleine Glasplatte, den sog. Objektträger. Gibt man nun einige Tropfen Wasser darauf, so findet man schnell die am Ende des Mitteldarmes ansetzenden zahlreichen schlauchförmigen Malpighischen Gefäße. Auf diese legt man das Deckglas, ein dünnes zerbrechliches Gläschen. Bei 200facher Vergrößerung erkennt man leicht, ob die Malpighischen Gefäße befallen sind. Sie sind dann dicht mit kugeligen Cysten angefüllt.

Wenn Cysten fehlen, so ist keineswegs sicher, daß die Bienen amöbenfrei sind. Die vegetativen Stadien sind ja nur im gefärbten Zustand erkennbar und auch dann nur sehr schwer. Findet man Nosemasporen, so ist man geneigt, es dabei bewenden zu lassen und Nosema als alleinige Seuchenursache anzunehmen. Hält man indessen die zu untersuchenden Bienen noch einige Zeit bei 30 bis 32 °C am Leben, können dann doch noch Amöbencysten auftreten. Denn sie entstehen erst etwa 3 bis 4 Wochen nach erfolgter Ansteckung, während sich die Nosemasporen schon 5 Tage danach zeigen, also einen Nosemabefall praktisch jederzeit erkennen lassen. Sterben nun die von Amöben befallenen Bienen vor der Cystenbildung ab, so kann die Infektion nicht erkannt werden. Deshalb ist die Amöbenseuche wahrscheinlich viel häufiger, als es den Anschein hat.

Auch bei Absterben eines Volkes im Winter findet man in der Kotblase der toten Bienen keine Cysten, wohl aber im Frühjahr.

Das erklärt sich nach SCHULZ-LANGNER (1964) durch die relativ schnelle Keimung der Cysten in der Kotblase. Da die toten Bienen im Winter nur langsam eintrocknen, können die Cysten noch in die Kotblase übergehen und hier zu den schwer auffindbaren Amöben auskeimen. Im Frühjahr hingegen, wenn die abgestorbenen Bienen schneller eintrocknen, bleiben die Cysten ohne auszukeimen erhalten und lassen sich leichter finden.

Starker Rückgang der Völker mit und ohne Totenfall im Frühjahr ohne Befund ist amöbenverdächtig, vor allem, wenn der Nosemaparasit durch ein auf ihn spezifisch wirkendes Heilmittel niedergehalten wurde. Man muß also die Volksreste im Thermostaten bei einer Temperatur von 30 bis 32 °C halten, um nach einiger Zeit Cystenbildung bei den Bienen zu erzielen und so den Nachweis der Amöbenerkrankung zu bringen. In den Kotspritzern im Innern der Beuten und außen an den Fluglöchern wird man sie sofort finden. Ein geübter Untersucher vermag auch vegetative Stadien zu erkennen, die sich als 2 µm große Schutzcysten in den Malpighischen Gefäßen abgekapselt haben. Manchmal konnten bei rätselhaftem Leichenfall mitten im Sommer Amöben nachgewiesen werden.

6 Die Bekämpfung der Amöbenseuche

Zur Bekämpfung der Amöbenseuche haben wir ähnliche Möglichkeiten wie zur Bekämpfung der Nosema. Das gilt insbesondere für die Vorbeugung. Unser Vorgehen muß sich vornehmlich auf zwei Ziele richten: die Vernichtung des Erregers auf dem Wabenbau und die Verhinderung seiner Massenentwicklung durch vorbeugende biologische Maßnahmen.

Ein Mittel zur Heilung amöbenkranker Bienen oder wenigstens zur Verhinderung ihrer Ansteckung ist bisher leider noch nicht gefunden worden. Nach Versuchen von BAILEY (1955) erwiesen sich Fumagillin, von GIORDANI (1959) Chinosol, Salol, Furazolidin und Dichloroxychinaldin als unwirksam. Ob die Verfütterung von Neotektin*, einem Gemisch von etwa 66,3 Gew. % Essigsäure, 8,8 Gew. % Ameisen-

* Über günstige Erfahrungen damit wird von der Praxis immer wieder berichtet, z. B. von HÖLZER (Die Biene 1981, S. 496). Man gibt das Neotektin ins Winterfutter (20 bis 50 Tropfen je Liter) und besprüht vor allem im Frühjahr die bienenbesetzten und entdeckelten Waben mit neotektinhaltigem Wasser (30 ml = 2 Eßlöffel je Liter).

säure und 24,9 Gew. % Wasser der Amöbenseuche Einhalt gebieten kann, wie man eine Zeitlang für die Nosematose annahm (Goetze 1939), wäre noch zu untersuchen, desgleichen ob Pollen (Schulz-Langner 1969) und auch die Vitamin B-haltige Hefe (Stejskal 1967) den Parasiten in seiner Entwicklung hemmen.
Dagegen werden die auf den Waben befindlichen Amöbencysten durch Begasen mit Essigsäure ebenso abgetötet wie die Nosemasporen. Deren Anwendung ist auf Seite 140 beschrieben. Und was im Anschluß daran über eine wirksame hygienische Betriebsweise gesagt ist, gilt in gleicher Weise auch für die Bekämpfung der Amöbenseuche.

Andere parasitische Protozoen

An Protozoen findet man in den Bienen außer *Nosema apis* und *Malpighamoeba mellificae* noch andere Formen:

1 Die Haplosporidie Nephridiophaga apis

Nephridiophaga apis lebt in den Epithelzellen der Malpighischen Gefäße und zerstört diese. Die Verdauung erfolgt bei ihr extrazellulär, d. h. sie scheidet Verdauungssäfte in ihre Umgebung aus und saugt mit diesen die aufgelöste Nahrung auf. So entsteht eine große Vakuole. Auch die Wände und Kerne der Epithelzellen werden angegriffen. Nach Freisetzung und Teilung dringen die Tochtertiere erneut in Epithelzellen ein, bis das ganze Gefäß zerstört ist (Ivanic 1937, s. Borchert 1974).

2 Die Flagellate Chritidia mellificae

Chritidia mellificae (= Leptomonas apis n. Lotmar 1946) kommt meist nur auf der Rückenseite des Pylorus der erwachsenen Biene in größerer Zahl, auch bei Drohnen und selten bei Königinnen vor. Der Befall ist schon ohne Mikroskop an einem dunklen Schorf zu erkennen, den er hervorruft. Die geißellosen 5 bis 6, auch 20 bis 25 µm großen Flagellaten sitzen dort fest an der Darmwand und bilden einen pelzähnlichen Mantel. Begeißelte, frei im Lumen sich bewegende Formen sind weniger häufig. Rundformen kommen vor. Es können das wohl Cysten sein. Derselbe Flagellatentyp findet sich auch im Enddarm (Rectum), sowohl frei mit Geißel in seinem Hohlraum wie auch in dichter Besiedlung geißellos auf seinem Epithel (Fyg 1954).
In jungen Bienen bis zum Alter von 6 Tagen finden sich noch keine Flagellaten. Schorf tritt erst bei über 16 Tage alten Bienen auf. In Winterbienen sind Flagellaten selten. Schorf findet man eher (Giavarini 1950). Pollenmangel mindert den Pylorusschorf. Zwischen gesunden und nosemakranken Bienen ist kein Unterschied im Flagellatenbefall (Bährmann 1967). *Chritidia mellificae* ist in Europa und Australien festgestellt worden (Lotmar 1946, Langridge u. Mc.Ghee 1967). Sie kommt nicht nur in Bienen vor (Wallace 1966). Auf künstlichem Nährboden läßt sie sich züchten (Fyg 1954).

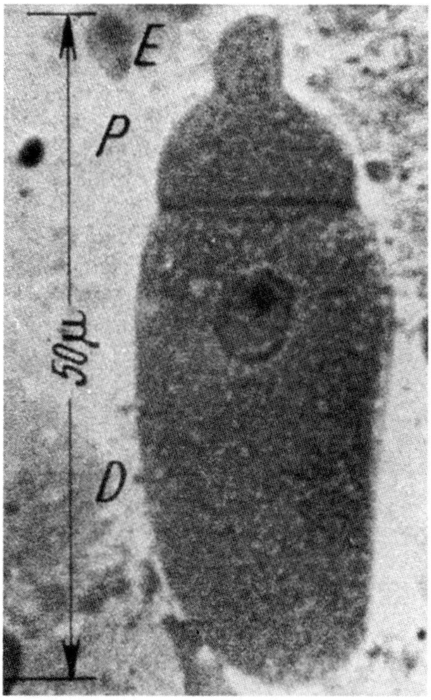

Abb. 47. Gregarine (Trophozoit) aus Bienendarm, gegliedert in Epimerit **(E),** Protomerit **(P)** und Deutomerit **(D)** (aus Stejskal 1964).

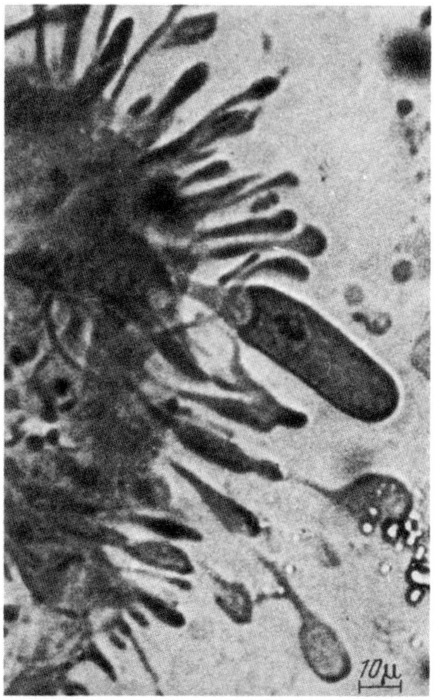

Abb. 48. An Epithelzelle des Mitteldarms (Ventriculus) der Biene festsitzender Trophozoit (aus Stejskal 1964).

3 Die Gregarine Leidyana apis Stejskal und andere Formen

Diese sehr großen Sporozoen von etwa 70 μm Länge leben im Hohlraum des Mitteldarmes der Bienen. Hier haften sie fest am Epithel und zerstören es, indem sie sich vom Inhalt der Epithelzellen ernähren. Außerdem aber leben sie noch von der Nahrung der befallenen Biene.

Zuerst wurden sie in der Schweiz gefunden (Morgenthaler 1926), dann auch in Deutschland, in Italien und in Nord- und Südamerika (Giavarini 1937, Geinitz 1938/39, Fantham und Mitarb. 1941, Hitchcock 1948, Stejskal 1955, Oertel 1965). In Venezuela stellte Stejskal (1973) 5 verschiedene Arten fest, davon 4 neue.

In der Regel treten die Gregarinen nur vereinzelt auf. Zum Beispiel fand Oertel (1965) in Louisiana weniger als 5% der Bienen befallen, und Hitchcock (1948) in den USA stellte nur 12 bis 300 Gregarinen je Biene fest. Aber in Venezuela mit seinem tropischen Klima hat Stejskal (1955) bis zu 3000 Gregarinen je Biene gefunden. So stark befallene Bienen sind nicht fähig, voll zu arbeiten und sterben auch früher ab. In schweren Fällen waren alle Toten von Gregarinen infiziert.

Die Gregarinen sind nicht auf die Bienen beschränkt, sondern finden sich auch noch in anderen Insekten. Ihr Lebenszyklus dauert etwa zwei Monate. Man unter-

scheidet ein- und zweigeschlechtliche Formen. Die Sporen werden mit dem Wasser oder mit der Nahrung von den Bienen aufgenommen. In ihnen läuft die Entwicklung über Sporozoit, Trophozoit (= Cephalont), Sporont, Gamont zur Cyste und wieder zu den Sporen, die dann mit dem Kot ausgeschieden werden. Die Sporen vertragen keinen Frost. Deshalb tritt der Parasit offenbar in Europa schwächer auf als in Venezuela.
Zur Bekämpfung empfiehlt Stejskal (1965) Verfüttern von 0,02 bis 0,04 % Fumidil B in Zuckerlösung.

Die Frühjahrsschwindsucht

Andere Bezeichnungen: Frühjahrskatastrophe, Spring Dwindling, Disappearing Disease

Die Bezeichnung Frühjahrsschwindsucht wurde eine Zeitlang gleichbedeutend mit Nosematose gebraucht, später jedoch für die Doppelinfektion von Nosema und Amöbe (Morgenthaler 1939). Nach dem heutigen Stand unserer Kenntnisse wird man den Begriff am besten für einen allgemeinen Schwund der Bienenvölker im Frühjahr und Winter verwenden, bei dem die verschiedensten Ursachen zusammenwirken, unter denen auch Pollenmangel eine große bisher wenig beachtete Rolle spielt.

1 Krankheitsbild

Das Krankheitsbild ähnelt dem der Nosematose, zumal diese gewöhnlich dabei im Spiel ist: Im Frühjahr sind die Völker stark geschwächt, wenn nicht ganz ausgestorben. Übrig geblieben ist oft nur die Königin mit einer Handvoll Bienen, die auf einer mehr oder weniger großen Brutfläche umherirren. Flugunfähige Bienen vor den Ständen zeigen sich in der Regel weniger. In vielen Fällen findet man keinen Leichenfall. Die Bienen sind offenbar abgeflogen, um außerhalb des Stockes zu sterben. Ein solcher Schwund der Völker kann auch schon zeitig im Winter eintreten. Die Futtervorräte sind dann noch unverbraucht.

2 Verbreitung und Auftreten

Ebenso wie die Nosematose und die Amöbenseuche tritt die Frühjahrsschwindsucht in Mitteleuropa ganz allgemein auf. In den USA ist unter dieser Bezeichnung eine ähnliche wenn nicht gleiche Erscheinung unbekannter Ursache bekannt und gefürchtet (s. Kulinčević und Mitarb. 1982).
Bei uns wiederholt sie sich alle 2 bis 4 Jahre. Die Schäden nehmen dann gewöhnlich katastrophales Ausmaß an. Ganze Stände sterben aus, viele Völker werden mehr oder weniger stark geschädigt, manche Gegenden bleiben aber auch davon verschont. Man kann rechnen, daß auf diese Weise in Süddeutschland etwa alle 3 Jahre ca. 30 % der Völker verloren gehen, was einem jährlichen Verlust von 10 % der Honigernte gleich kommt, von dem Verlust der Völker und der Schwächung der

überlebenden ganz abgesehen. Es handelt sich um die schlimmsten Verluste, die unserer Imkerei durch Krankheiten entstehen. GNÄDINGER schätzt sie auf jährlich 5 bis 7 Millionen Mark.

3 Ursachen

Über die Ursachen herrscht trotz mancher Offenkundigkeit noch weithin Unklarheit. Sie sind vielfältig.
Äußerlich betrachtet liegen sie beim Wetter. Es sind lang anhaltende, keineswegs immer besonders strenge, eher milde Winter, bei denen man mit derartigen Überwinterungsschäden rechnen muß, besonders wenn ihnen kühle und regnerische Sommer- und Herbstmonate vorausgingen (LOTMAR 1943). Die eigentlichen Gründe sind Brutausfall und Verkürzung der Lebensdauer der überwinternden Bienen. Daraus ergibt sich eine Störung oder gar Unterbrechung der natürlichen Generationsfolge der Bienen im Stock, der Ablösung der Winterbienen durch die Frühjahrs- und Sommergeneration.

3.1 Brutausfall

An sich sind die Bienen auf einen langen Winter eingerichtet. Sie überleben, wenn sie richtig ernährt und gesund sind, die 6 bis 8 unwirtlichen Monate des Jahres. Das heißt, die in den Monaten August bis Oktober und auch später noch schlüpfenden Bienen sterben erst Mitte Mai ab (CHR. EVENIUS 1937). Die Frühtracht nutzen sie noch mit. Bevor ihr Leben zu Ende geht, muß eine neue Generation heranwachsen, welche die alte ersetzt und das Volk vor dem Aussterben bewahrt. Deshalb brüten die Völker im Winter, meist ab Februar, zunächst in noch geringem Maße, stärker im März und sehr stark im April. Der Umfang des Brutnestes zu dieser Zeit bestimmt die Stärke der Völker im Mai. Brüten sie jetzt wenig, werden sie schwach, brüten sie nicht, sterben sie aus. Mindestens soviel Brut sollten sie aufziehen, daß ihre Winterstärke erhalten bleibt, besser mehr, um im Mai möglichst noch stärker dazustehen als bei der Einwinterung.
Voraussetzung für den Brutansatz zu dieser Zeit ist eine ausreichende Versorgung mit Eiweiß, d. h. mit Pollen. Die überwinternden Bienen zehren davon schon im Herbst und legen in ihrem Körper eine Eiweißreserve an, den sog. Fetteiweißkörper. Hierdurch werden sie befähigt, Futtersaft für die Ernährung der ersten Brut zu erzeugen. Die Ende des Winters zuerst schlüpfenden Bienen können ihren Eiweißbedarf von den Pollenvorräten ihres Volkes decken. Diese sind aber meist nur gering und bald verbraucht. Wichtiger, ja von entscheidender Bedeutung dafür ist der im zeitigen Frühjahr aus der Natur eingetragene frische Pollen. Aber die Möglichkeit, ihn zu sammeln, ist zu dieser Jahreszeit infolge schlechten Wetters oft begrenzt, und entfällt manchmal ganz. Dann geht die Bruttätigkeit zurück und kann im extremen Fall völlig eingestellt werden. Ein solcher Brutausfall genügt schon allein, den Weiterbestand eines Bienenvolkes in Frage zu stellen.

3.2 Verkürzung der Lebensdauer

3.2.1 Verkürzte Lebensdauer infolge Pollenmangels

Brutausfall ist nicht der einzige durch Pollenmangel hervorgerufene Schaden. Pollenmangel bedeutet außerdem Unterernährung und damit eine ganz erhebliche Verkürzung der Lebensdauer der Bienen. Müssen doch die jungen Bienen in den ersten 10 Tagen ihres Lebens unbedingt Pollen in genügender Menge fressen, um ihre normale Lebenslänge zu erreichen. Können sie das nicht, verkürzt sich ihr Leben stark, viel stärker als z. B. durch Nosemabefall (MAURIZIO 1946, 1950, 1954, BEUTLER und Mitarb. 1949)! KULINČEVIČ und Mitarb. (1982) konnten das praktisch bestätigen. Aber auch nicht jeder Pollen ist gleich wertvoll. Mancher gibt den Bienen nicht die volle Lebensdauer (MAURIZIO 1954, KNOX und Mitarb. 1971).

3.2.2 Verkürzte Lebensdauer infolge Brutpflege

Auch die Brutpflege verkürzt das Leben der Bienen. Deshalb leben sie zur Brutzeit im Sommer gewöhnlich nur 6 bis 8 Wochen, im Winter hingegen, wenn die Bruttätigkeit im großen und ganzen ruht, 6 bis 8 Monate! Nun kommt es bei uns im Winter oft zu Einbrüchen von Warmluft, gewöhnlich um die Weihnachtszeit. Das verleitet die Bienen zu vorzeitiger Brutaufzucht, die das Leben der brutpflegenden Bienen verkürzt. Das gilt vor allem für die Carnica-Biene, die bei mildem Wetter sofort mit dem Brüten einsetzt und deshalb besonders gefährdet ist (DREHER 1975). Den nun so frühzeitig entstehenden jungen Bienen fehlt es dann oft an dem für ihre volle Ernährung erforderlichen Pollen, so daß sich auch deren Leben verkürzt. Unzeitige Brut ist also in doppelter Hinsicht gefährlich: für die brutpflegenden Bienen wie für die erbrüteten Bienen!

Davon kann man sich leicht überzeugen, wenn man z. B. Dreiwabenableger noch spät im Jahr bis in den Oktober, also bis an die Grenze des Möglichen, durch ständiges Füttern etwa mit Zuckerteig zu langer Bruttätigkeit veranlaßt. Der Brutansatz wird bei solchen dicht und warm aneinander gestellten Völkchen gewöhnlich ausgezeichnet sein, umso größer aber die Enttäuschung im Frühjahr! Denn von den so behandelten Ablegern wird man in der Regel nur noch unverbrauchte Futtervorräte finden. Ihre Bienen aber werden abgestorben, meist spurlos verschwunden sein.

3.2.3 Verkürzte Lebensdauer infolge von Krankheiten und unverträglichem Honig

Nicht minder gefährliche lebensverkürzende Krankheitserreger kommen meist in Form von Mischinfektionen fast immer noch dazu, vor allem Nosema und Amöbe, vielfach auch Septikämie erregende Bakterien, Rickettsien und Viren (WILLE 1965, 1967, 1973). Auch Muskelzerfall und Bildung von scharfen Kristalloiden wird beobachtet.

Nosema und Amöben breiten sich im Winter besonders bei vorzeitiger Bruttätigkeit und mangelnder Fluggelegenheit stark in den Bienenvölkern aus, vermutlich sogar schon bei ungünstigem Sommer- und Herbstwetter (vgl. LOTMAR 1943). Und wenn die Bienen obendrein noch spät im Jahr Waldhonig eingetragen haben, der ihr Leben ebenfalls um einiges verkürzt (Futtertoxikose nach POLTJEV 1956), zudem Ruhr, d. h. Kotabscheidung im Stock bewirkt und damit die Ausbreitung von Nosema und Amöbe besonders fördert, ist im Zusammenwirken aller oder auch nur einiger der genannten Umstände der Zusammenbruch der Völker im Frühjahr unvermeidlich.

4 Die Bekämpfung der Frühjahrsschwindsucht

Für die Bekämpfung der Frühjahrsschwindsucht gilt zunächst alles, was über die Bekämpfung der lebensverkürzenden Parasiten Nosema und Amöbe sowie der Ruhr gesagt wurde (s. Seite 137). Insbesondere sei nochmals auf die Möglichkeit einer hygienischen Betriebsweise (BORNDÖRFER 1971, PFEFFERLE 1978) und die rechtzeitige Spätsommerpflege zur Erzielung starker, jungbienenreicher, mit Pollen wohl versorgter, gesunder Völker hingewiesen (s. ZANDER-BÖTTCHER, Haltung und Zucht der Biene; BÖTTCHER, Bienenzucht als Erwerb). Starke Völker halten sich am besten selbst warm. Die Gefahr der verderblichen Kotabscheidung im Stock ist bei ihnen am geringsten. Späte Brutreizung ist wegen der besprochenen doppelten Gefahr zu vermeiden.

Weiter muß man versuchen, die Völker so gut wie möglich vor vorzeitigem Bruteinschlag im Winter zu bewahren, was vor allem für die Carnica-Biene gilt. Es empfiehlt sich, die Völker im ersten Teil des Winters kalt zu halten, d. h. unverpackt, und bei stark isolierten Beuten mit weit offenen, aber vor Mäusen gesicherten Fluglöchern (DREHER 1975).

Wald- und anderer für die Überwinterung ungeeigneter Honig ist ihnen weitgehend zu entnehmen. Bei später Waldtracht empfiehlt es sich aber doch, die Völker zur Vorbeuge gegen die Ruhr möglichst warm einzuwintern. Verstärken und Vereinigen der oft abgewirtschafteten Waldtrachtvölker ist hier besonders angebracht. Außerdem kann man daran denken, durch Über- und Nebeneinandersetzen mehrerer Völker, gegebenenfalls bei zwischengeschaltetem Fliegengitter, günstige Wärmeverhältnisse zu schaffen. Nach WEYGANDT (1891) sollen Bienenvölker in temperierten Bienenhäusern nicht ruhrkrank werden (s. Seite 270). Nach meiner Erfahrung wirkt sich auch schon eine warme Verpackung günstig aus.

Überaus wichtig ist, die Völker nötigenfalls mit Pollen zu versorgen. Man sollte sich zu einer Pollenbewirtschaftung entschließen, d. h. in Zeiten des Pollenüberflusses den Völkern Pollenwaben zu nehmen, sie haltbar aufzubewahren, um sie ihnen im Herbst und vor allem im zeitigen Frühjahr wieder zurückzugeben. Zum Schutz gegen den Verderb überstreut man sie mit Puderzucker und bewahrt sie in einem trockenen Raum auf, gut geschützt vor Schädlingen wie Schimmel, Mäusen, Wachsmotten, Speckkäfern und Pollenmilben. Man kann sie auch ohne Puderzukker ganz einfach in einen Kühlschrank oder eine Gefriertruhe geben.

Fütterung von Pollenersatz kann im Frühjahr angebracht sein. Bei gutem Wetter höseln ihn die Bienen im Freien. Sonst kann man ihn trocken in die Waben schütten (HIRSCHFELDER, pers. Mittlg.) oder diese danach auch mit Zuckerlösung übersprühen. Eine andere Möglichkeit ist, den Ersatz mit Puderzucker, Honig und etwas Höselpollen zu einem flachen Kuchenteig verknetet auf die Wabenträger zu legen. Zusatz eines Nosemamittels hierzu ist im Frühjahr erforderlich.

Milbenkrankheiten: Milbenseuche und Varroatose

1 Allgemeines über Milben

1.1 Systematik und Körperbau (Morphologie, Anatomie)

Milben (Acari) gehören als eigene Ordnung zu der großen Klasse der Spinnentiere (Arachnida, Arachnoidea) und mit diesen sowie den Kerbtieren (Insecta) und den Krebsen (Crustacea) zum Stamm der Gliederfüßler (Arthropoda). Der chitingepanzerte Körper der Spinnentiere besteht im Unterschied zu dem der dreigliedrigen Insekten nur aus zwei Hauptabschnitten, dem Kopfbruststück (Cephalothorax) und dem geringelten oder einheitlichen Hinterleib (Abdomen). Die Körpergestaltung ist derjenigen der Krebse ähnlicher als der der Insekten. Der große Formenreichtum der Spinnentiere kann hier nur anhand der 5 Ordnungen angedeutet werden, die in Europa vorkommen.

1. Skorpione (Scorpiones) mit einen Giftstachel am Ende ihres zwölfgliedrigen Hinterleibs, ausschließlich auf wärmere und heiße Zonen beschränkt.
2. Moos- oder Afterskorpione (Pseudoscorpiones) mit einer den echten Skorpionen ähnlichen Gestalt, aber ohne Giftstachel. Der Bücherskorpion (*Chelifer cancroides* L.) ist ein bekannter und völlig harmloser Vertreter dieser Ordnung. Er kommt auch in Bienenstöcken vor (s. Seite 356) und ist leicht daran zu erkennen, daß er sich nach allen Richtungen fortbewegen kann (Abb. 50 u. Tafel 8, S. 264).
3. Weberknechte oder Afterspinner (Opiliones) mit verkürztem, mehr oder weniger gegliedertem Hinterleib und sehr verlängerten Beinen. Der gemeine Weberknecht (*Phalangium opilio*) ist allgemein bekannt.
4. Echte oder Webespinnen (Araneae) mit rundlichem Hinterleib, der am Ende eine wechselnde Zahl von Spinndrüsen trägt. Diese nützliche Tiergruppe wird duch ihre oftmals kunstvollen Gewebe besonders augenfällig und dem Menschen inner- und außerhalb des Hauses häufig lästig. Ein bekannter Vertreter dieser Ordnung ist die Kreuzspinne (*Araneus diadematus* Cl.).
5. Milben (Acari), spinnenartige kleine und kleinste Gifttiere, die in großem Artenreichtum alle Lebensmöglichkeiten ausnutzen. Sie leben auf und unter der Erde, in allen Höhenlagen und Breitengraden, im Süß- und Salzwasser. Sie halten sich als harmlose Gäste auf Pflanzen oder Tieren auf, können jedoch auch als spezialisierte Außen- oder Innenparasiten Schädlinge sein, deren wirtschaftliche Bedeutung wohl noch nicht in allen Bereichen erkannt ist.

Spinnentiere gehören zu den erdgeschichtlich alten Lebensformen. Man setzt sie zu den Riesenkrebsen (Gigantostraken) und Trilobiten der Silurzeit (vor etwa 450 bis 350 Mio Jahren) in verwandtschaftliche Beziehung.

Die Gliederung des rundlichen oder wurmartigen Körpers der Milben weicht nach VITZTHUM (1929a) von der echter Spinnen ab. Man unterscheidet drei Hauptabschnitte (Abb. 49):

- Ein kopfartiges Vorderstück (Gnathosoma) mit zwei Paar zum Stechen, Saugen und/oder Beißen geeigneten Mundwerkzeugen;
- ein vorderes Rumpfstück (Podosoma), das vorn und hinten meist je zwei Beinpaare trägt;
- das beinlose Rumpfende (Opisthosoma).

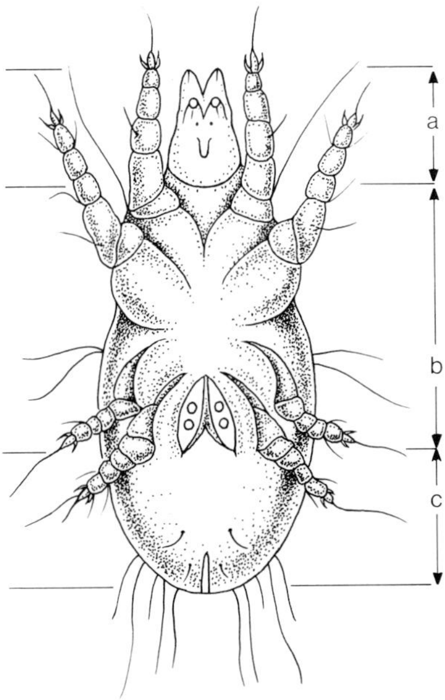

Abb. 49. Schema des Milbenkörpers: **a:** kopfartiges Vorderstück (Gnathosoma) mit den Mundwerkzeugen; **b:** vorderes Rumpfstück (Podosoma) mit vier Beinpaaren; **c:** beinloses Rumpfende (Opisthosoma) (nach VITZTHUM).

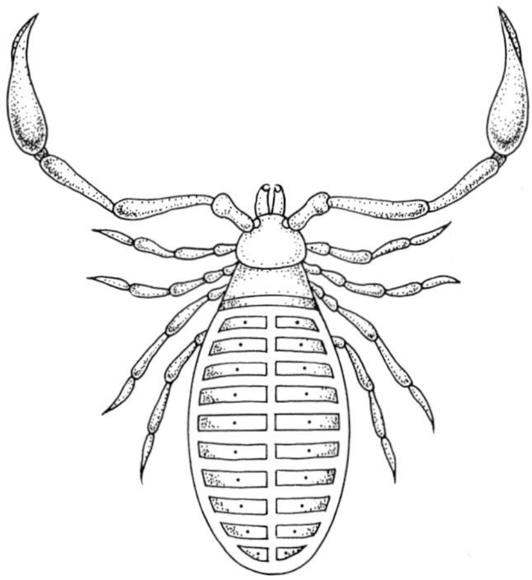

Abb. 50. Bücherskorpion (*Chelifer cancroides* L.) (Vergr. 10×; nach BROHMER, EHRMANN und ULMER III).

Alle Längenmessungen werden nach VITZTHUM (1923a) grundsätzlich auf den Rumpfabschnitt ohne Vorderstück, auf das sog. Idiosoma (= Podosoma + Opisthosoma) beschränkt.

Die Beine bestehen meist aus sechs Gliedern. Die Endglieder tragen Krallen, Klauen, Haftlappen, Borsten oder Haare.

Gehirn und Augen sind wenig entwickelt. Manche Milbenarten besitzen keine Augen oder ähnliche Licht wahrnehmende Bildungen, bei anderen schwankt deren Zahl zwischen 1 und 6.

Zahl und Lage der Atemmale (Stigmen) sind für die Unterscheidung der Milbenar-

ten von Bedeutung. Vitzthum gab (1923a) folgende Gruppierung der in Deutschland vorkommenden Milben:
1. Unterordnung: Prostigmata, mit Luftröhren und Atemmalen an der Wurzel des Vorderstücks (Gnathosoma);
2. Unterordnung: Metastigmata, mit Luftröhren und hinter dem zweiten Beinpaar erkennbaren Atemmalen;
3. Unterordnung: Cryptostigmata, teils mit Luftröhren und vier im Ansatz der Beine verborgenen Atemmalen, teils auch ohne diese;
4. Unterordnung: Heterostigmata, Weibchen mit, Männchen ohne Luftröhren und Atemmale;
5. Unterordnung: Astigmata, ohne Luftröhren und Atemmale.

Inwieweit diese Einteilung aufgrund neuerer Systematik abgeändert wird, ist für die Besprechung der anstehenden Fragen unwesentlich. Für das Bienenvolk sind nur die Heterostigmata von Bedeutung.

Fühler (Antennen) fehlen. Die Zahl der Mundwerkzeuge ist auf zwei Paar beschränkt: die Kieferfühler (Cheliceren, Mandibeln) und die Kiefertaster (Maxillarpalpi), die mit Klauen, Scheren oder Haftlappen ausgerüstet sein können. Im Unterschied zu den sechsbeinigen Insekten besitzen Milben fast ausnahmslos vier Beinpaare. Augen fehlen oder sind als sog. Punktaugen vorhanden, die zwar Helligkeitsunterscheidung, aber kein Bildsehen erlauben.

Der innere Bau zeigt neben vielen Besonderheiten Anklänge an Kerbtiere und Krebse. An die ersteren erinnert der Besitz von Luftröhren (Tracheen) und Atemmalen (Stigmen). Für manche Gruppen sind lungenartig gestaltete Fächertracheen bezeichnend.

Der blindsackreiche Darmkanal ähnelt in mancher Hinsicht dem der Krebse. Er ist wie bei anderen Spinnentieren mit Speicheldrüsen und Blindsäcken versehen. Bei manchen Arten endet der Darm blind. Ein oder zwei Harngefäße kommen vor. Ein sackförmiges Herz mit zwei seitlichen Öffnungen kann vorhanden sein oder fehlen. Paarige oder unpaare Hoden bzw. Eierstöcke, ebensolche Geschlechtsgänge und mit Anhangsdrüsen versehene Endgänge bilden die männlichen bzw. weiblichen Geschlechtsorgane. Die Geschlechtsöffnung ist oft zwischen die hinteren Beine vorverlegt. Bei manchen Arten besitzt das Männchen ein Begattungsglied, das Weibchen eine Legeröhre. Äußere Unterschiede der Geschlechter sind bei einigen Arten deutlich, bei anderen verwischt. Außerdem können die Jugendformen anders gestaltet sein als die erwachsenen Tiere.

Von dem trotz des einfachen äußeren und inneren Baus bei den Milben herrschenden Formenreichtum gibt die systematische Bearbeitung durch Vitzthum, Viets, Sellnick und Schulze in der „Tierwelt Mitteleuropas“ (1929) ein umfassendes Bild. Zander (1930) schreibt anschaulich: „Man hat den Eindruck, als wenn sich das Geschlecht der Riesenkrebse seit der Silurzeit in lauter Tieratome aufgelöst hätte.“ Neben den Formenkreisen der Zecken oder Holzböcke (Ixodidae), der Hornmilben (Oribatei) und Wassermilben (Hydracarina) stehen die Milben im engeren Sinn (Acari), von denen Vitzthum (1929a) für Mitteleuropa 966 artenreiche Gattungen nennt, die er folgendermaßen einteilt:
1 Parasitiformes (Käfermilben), vierbeinig, meist braun oder rötlich gefärbt, Landbewohner (mit Ausnahme einiger in triefendnassem Moos lebender Arten);
2 Tetrapodili (Gallmilben), vierbeinig, vorwiegend in Blattgallen und sonstigen von ihnen erzeugten Pflanzenwucherungen.

Bei den Gattungen und Arten dieser beiden Gruppen liegen die Atemmale (Stigmen) an den Seiten des beintragenden Rumpfabschnitts.
Die Milbengattungen und -arten der beiden folgenden Gruppen besitzen nur schwer erkennbare Atemmale (falls sie nicht ganz fehlen) an der Wurzel der Mundwerkzeuge.
3 Sarcoptiformes (Krätzmilben), von Vitzthum (1929a) folgendermaßen gekennzeichnet: Vorderstück von oben sichtbar oder in Vertiefung des beintragenden Rumpfabschnitts mehr oder weniger versenkt; die zweigliedrigen Kiefer fast immer scherenförmig; die Kieferfühler mit 2–5, die Beine mit 4–5 Gliedern; 8 schwer sichtbare oder keine Stigmen; 8 oder keine Luftröhrenstämme; Mitteldarm umfangreicher als die Blindsäcke; Harngefäß klein oder fehlend; nahe dem Rumpfende beiderseits eine nach außen mündende Öldrüse; kein Herz; meist Querfurche zwischen den beiden beintragenden Rumpfteilen. Hierher gehören viele wichtige Milbenfamilien, z. B. Tyroglyphidae, Rhizoglyphidae, Carpoglyphidae, Glycyphagidae, Acaridae.
4 Trombidiformes (Laufmilben). Ihre Kiefer können nach Vitzthum (1929a) scheren-, klauen- oder stilettförmig gestaltet, ihr vorderstes Körperstück (Gnathosoma) kann ganz in den Rumpf zurückgezogen sein; Kieferfühler mit 4–6, Beine mit 5–7 Gliedern; Männchen bei manchen Arten ohne Stigmen; Luftröhren mitunter verkümmert; Mitteldarmblindsäcke mächtiger als der Darm; Afteröffnung fehlt, Mitteldarm ist blind geschlossen; großes, in der Mittellinie des Rumpfes liegendes U-förmiges Harngefäß mündet, sofern nicht gleichfalls blind geschlossen, mit besonderer Öffnung (Uroporus) nach außen; Herz fehlt.

1.2 Entwicklung der Milben

Nach Vitzthum (1923a, 1929a) durchlaufen Milben sechs Entwicklungsstufen: das Ei, die sechsbeinige Larve, drei achtbeinige Nymphenstadien bis zur Imago, dem erwachsenen Tier mit acht Beinen.
Das Ei wird in der Regel frei abgelegt. Ausnahmsweise geht seine Entwicklung bis zur Larve auch im weiblichen Körper vor sich.
Von den Nymphenstufen werden mehrere häufig übersprungen. Meist sind zwei Nymphenstufen vorhanden (Proto- und Deutonymphe). Der Übergang von einer Stufe zur nächsten geschieht in einer Häutung, während der das Tier bewegungslos ist. Es macht eine mehr oder weniger weitgehende Umgestaltung durch, bevor es in oft völlig veränderter Gestalt die vertrocknete Hülle abstreift.

1.3 Lebensweise der Milben

Es dürfte kaum einen Lebensbereich geben, in dem Milben nicht vertreten sind. Betrachtet man sie aus der Sicht der Nützlichkeit für den Menschen, so spricht wenig für, vieles jedoch gegen sie.
Die meisten Milbenarten sind indifferent, d. h. weder schädlich noch nützlich. Viele ernähren sich nur pflanzlich, andere nur von tierischer Kost, während manche nicht wählerisch sind. Dabei saugen sie nach Vitzthum (1923a) meist die Nahrung nur aus, auch wenn sie diese vorher zerkleinern.

Einige den Menschen oft begegnende Gruppen sollen angeführt werden:
Lästige Gäste in menschlichen Wohnungen, die dank ihrer außerordentlich starken Vermehrung und erstaunlichen Anpassungsfähigkeit zu Vorratsschädlingen werden können, sind aus der Familie der Tyroglyphinen z.B. die Mehlmilbe (*Tyroglyphus* = *Aleurobius farinae* L., Abb. 51), die Käsemilbe (*Tyroglyphus siro* L. = *Tyrolychus casei* Oudms. und *Tyroglyphus longior* Gerv. = *T. dimidiatus* Oudms., die Kartoffelmilbe (*Rhizoglyphus echinopus* Foum. et Rob.) und die Hausmilbe (*Glycyphagus domesticus* Deg.) (Abb. 52).

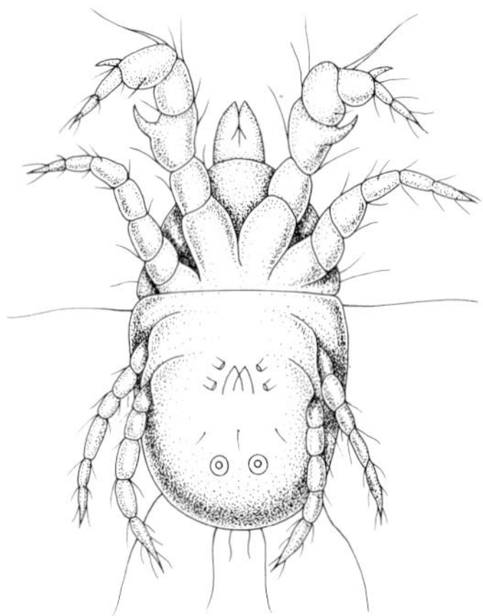

Abb. 51. Mehlmilbe *(Tyroglyphus farinae)*, auch als Pollenschädling bekannt (Vergr. 80 ×; nach HOMANN).

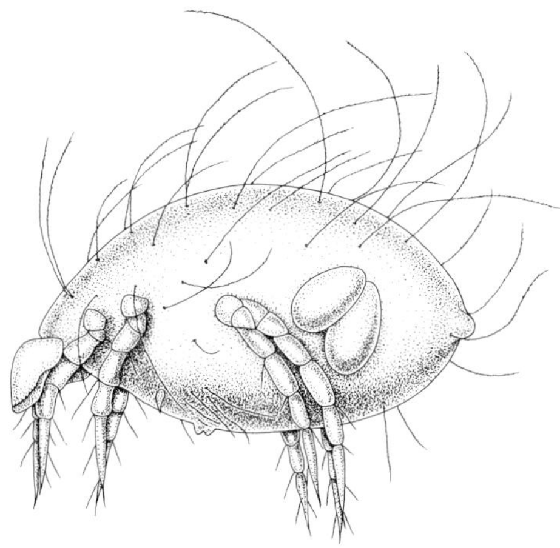

Abb. 52. Hausmilbe *(Glyciphagus domesticus)* (Vergr. 80 ×; nach HOMANN).

Milbenarten, die Blätter und Stengel lebender Pflanzen anstechen, können bei massenhaftem Auftreten schädlich werden, z.B. die sog. „Rote Spinne" (*Paratetranychus pilosus* C. u. F.) auf Obstbäumen, die Stachelbeermilbe (*Bryobia praetiosa* Koch), die Erreger der Kräuselkrankheit der Rebe (*Epitrimerus vitis* Nal., *Phyllocoptes vitis* Nal. und *Phyllocoptes viticulus* Pant.) und die Erreger von Weißährigkeit vieler Grasarten (*Tarsonemus spirifex* March., *Pediculopsis [= Pediculoides] graminum* Reut. u.a.) auf Gerste, Hafer, Roggen und Weizen.
Auch Schimmelpilze dienen manchen Milben als Nahrung. So lebt eine *Tyroglyphus*-Art vom Schimmelrasen auf Käserinde, eine *Glycyphagus*-Art von den Pilzsporen in den Stengelgruben von Äpfeln.
Andere Milbenarten erzeugen durch ihre Einstiche Pflanzengallen, so unter vielen z.B. die Blattgallmilbe des Weinstocks (*Eriophyes vitis* Land). Auch eine große Zahl von Tarsonemiden ist als Gallenbildner bekannt.
Noch vielfältiger sind die Lebensgewohnheiten der sich von tierischen Stoffen ernährenden Milben. Vom Nymphenzustand an vertilgen manche von ihnen andere Milben oder kleinste Insekten wie z.B. das rote *Trombidium holosericeum* L. Häufig leben Milbenarten im Haar- und Federkleid vieler Wirbeltiere von Hautausscheidungen oder stellen Mitbewohnern nach. Gern halten sie sich in Vogel- und Säugetiernestern auf.

Auf vielen Insekten (z.B. Käfern, Fliegen, Hummeln, Wespen, Ameisen) oder in deren Nestern kommen Milbenarten vor, die sich an Nahrungssäften dieser Insekten gütlich tun oder sich von ihnen fortschleppen lassen. Dabei heften sich manche Arten mit besonderen Einrichtungen für den Transport an ihren Tragtieren fest.
Auch die Zahl der Parasiten ist unter den Milben nicht gering. Sie kommen in verschiedenen Entwicklungsstufen auf Insekten, Vögeln, Säugetieren und auf dem Menschen vor. Meist sind es Oberflächen- oder Hautschmarotzer, die mit Hilfe ihrer Mundwerkzeuge die Haut durchstechen und Blut saugen. Einige Beispiele: Zecke oder Holzbock (*Ixodes ricinus*) auf Menschen und Säugetieren; verschiedene Arten an der Unterseite von Lauf-, Mist-, Rosen- und anderen Käfern; auf Hummeln schmarotzen *Hypoaspis fuscicolens* Oudms. und *Parasitus* (= *Gamasus*) *coleoptratorum* L.; auf Stubenfliegen findet man *Parasitus (= Gamasus) lunaris* Berl.; auf den Flughäuten von Fledermäusen kommen *Spinturnix vespertilionis* L. und andere Arten vor; Hausgeflügel kann von *Dermanyssus gallinae* de Geer geplagt werden; *Microtrombidium pusillum* Herm. befällt Hunde, Katzen, Kleinsäuger und Kleinvögel, manchmal auch den Menschen; das „Erntefieber" (Herbsterythrem, Erythrema autumnale, Trombidiosis) wird durch Milbenlarven, z.B. von *Trombicula autumnalis* Shaw., verursacht.
Die Mehrzahl der Menschen ist mit der wurmförmigen Haarbalgmilbe (*Demodex folliculorum* Simon) behaftet, die als harmloser Schmarotzer in den Haarbalgdrüsen lebt.
Wesentlich bösartiger wirken sich Schmarotzer aus, die sich unter die Haut eingraben und hier in selbstgebohrten Gängen leben, die mehrere Millimeter lang sein können. Am Ende des Ganges legt das Weibchen Eier ab. Jede Larve gräbt sich einen Gang zur Hautoberfläche. Derartige Krankheitsbilder verursacht beim Menschen die Krätzmilbe (*Acarus siro* L.). Bei Pferd, Rind, Schwein, Ziege, Hund, Katze, Kaninchen und Wildtieren wie Hirsch, Elch, Gemse, Wildschwein und Fuchs werden unterschiedliche Räudeerscheinungen von verschiedenen Milbenarten hervorgerufen (z.B. *Acarus canis* L.). Die „Kalkbeine" der Hühner entstehen durch eine ähnliche Tätigkeit von *Knemidocoptes mutans* Robin.
Auch als Innenschmarotzer kommen Milben bei Mensch und Tier vor. Doch soll in diesem Rahmen nicht darauf eingegangen werden. Erwähnenswert ist jedoch, daß der Genuß von milbenhaltigen Nahrungsmitteln nach Hase (1929) Magen- und Darmstörungen verursachen kann. Diese werden großenteils auf von Milben erzeugte Giftstoffe zurückgeführt, die auch im toten Milbenkörper wirksam bleiben.

2 Milben bei Bienen und ihren Verwandten

2.1 Milben bei Solitärbienen, Wespen, Hummeln und Ameisen

Bei den näheren Verwandten der Honigbiene kommen zahlreiche Milbenarten vor. Viele sind harmlose, manche sogar nützliche Gäste, andere nutzen nur die Transportgelegenheiten, wieder andere können zu bösartig sich auswirkenden Schmarotzern werden. Einige Beispiele:
Auf *Osmia*-Arten (Solitärbienen) fand Vitzthum (1912) *Trichotarsus osmiae* Dufour. Brügger (1939) stellte auf Weibchen und Männchen der solitär lebenden

südamerikanischen Holzbiene *Xylocopa frontalis* Milben der Gattung *Sennertia* fest, auf der indischen Holzbiene *Coptorthosoma (Xylocopa) latipes*, eine Milbenart der Gattung *Dolaea*, die nicht nur auf dem Körper, sondern auch in einer bohnenförmigen Vertiefung des ersten Hinterleibsringes lebt.

Nach MORGENTHALER (1922a) kommt in Wespennestern ein nur im Nymphenzustand bekannter *Parasitus (Gamasus) vesparum* vor. BRÜGGER (1939) entdeckte an den männlichen Geschlechtsanhängen der Papierwespe (*Polistes gallicus*) die Milbe *Carpoglyphus vagabundus* Berl.

Am Körper von Hummeln (z.B. *Bombus terrestris, B. hortorum, B. muscorum*) fand man nach VITZTHUM (1912, 1923a) aus der Gruppe der Parasitiformes die makroskopischen Arten *Parasitus coleoptratorum* L., *P. crassipes* L., *P. bomborum* Oudms., *Hypoaspis fuscicolens* Oudms.; aus der Gruppe der Trombidiformes: *Scutacarus femoris* Gros. und die mikroskopische Tarsonemide *Disparipes bombi* Mich. Von Hummeln (*Bombus*-Arten) und Schmarotzerhummeln (*Psithyrus*-Arten) lassen sich sehr häufig die zu den *Sarcoptiformes* gehörigen *Tyroglyphiden* und verwandte Formen herumschleppen, z.B. *Cerophagus bomborum* Oudms., *Tyroglyphus fucorum* Oudms., *Rhizoglyphus echinopus* Foum. et Rob. Als Mitbewohner von Hummelnestern nennt VITZTHUM (1922) *Glycyphagus domesticus* de Geer und *Carpoglyphus lactis* L. (= *passularum* Hering), MORGENTHALER (1922a) *Pediculoides aestivus* Berl.. VITZTHUM (1912) fand auf offensichtlich geschädigten Hummeln zahllose goldbraune Milben.

Alle Ameisennester beherbergen nach VITZTHUM (1923a) eine Unzahl von Milben, unter denen *Forcellinia* (= *Tyroglyphus*) Wasmanni Moniez als nützlicher Ameisengast bei weitem an erster Stelle steht. VITZTHUM schreibt: „Zu Tausenden bevölkert er die Nester von *Formica sanguinea* Latr., *Camponotus ligniperda* Latr. und *Lasius fuliginosus* Latr. und nährt sich von Abfällen und Leichen. Seine Wandernymphen setzen sich auf den Ameisen selbst fest, vorzugsweise am Kopf. Bis zu 200 Stück hat man an einer Ameise gefunden."

2.2 Milben als harmlose Mitbewohner des Bienenstockes

Wie RENNIE (Ref. BOEDICKER, 1921) berichtet, fand bereits Aristoteles Milben auf alten Honigwaben. DÖNHOFF (1857, zit. nach MANGER, 1921) stellte Milben auf Waben und im Pollen fest. Häufig wurden in neuerer Zeit Tyroglyphiden und verwandte Formen in Bienenstöcken gefunden. RENNIE (Ref. BOEDICKER, 1921) beobachtete in fast allen Beuten Carpoglyphus-Arten. MORGENTHALER (1921) fand Tyroglyphiden auf Pollen und *Pediculoides sp.* auf toten Bienenlarven, (1922a) *Glycyphagus domesticus* und *Glycyphagus cadaverum* Schrank (= *G. spinipes* C. L. Koch) in Beuten. In Gemeinschaft mit ihnen verdirbt nach VITZTHUM (1925) *Carpoglyphus lactis* L. (= *Carpoglyphus passularum* Hering) den Pollen. Nach MORGENTHALER (1922a) wurden von JEGEN (1917) auch Gallmilben in Bienenstökken gefunden, unter anderen z.B. die Lindengallmilbe (*Eriophyes tiliae* Nal.), diese vorwiegend während der Lindenblüte. HOMANN (1933) und VITZTHUM (1937a) stellten folgende 28 Milbenarten fest, die in gesunden Bienenstöcken als Bewohner von Gemüll und Wabenwerk gefunden werden können:

Aus dem Formenkreis der Käfermilben (Parasitiformes):

Familie Parasitidae:	*Macrocheles glaber* Müll.; *Parasitus crassipes* L.; *Parasitus coleoptratorum* L.;
Familie Laelaptidae:	*Lasioseius muricatus* Koch, *Melittiphis alvearius* Berl.; *Alliphis Halleri* Can., *Iphis sp.*; *Hypoaspis sp.*;

Aus dem Formenkreis der Laufmilben (Trombidiformes):

Familie Tarsonemidae:	*Tarsonemus apis* Rennie;
Familie Pediculoideae:	*Pediculoides ventricosus* Newp.;
Familie Scutacaridae:	*Scutacarus femoris* Gros.;
Familie Ancystidae:	*Ancystis sp.*; *Cheyletus eruditus* Schrk.; *Tydeus sp.*; *Cheyletomorpha venustissima* C. L. Koch;
Familie Trombidiidae:	2 spec. *Allothrombidium*;

Aus dem Formenkreis der Krätzmilben (Sarcoptiformes):

Familie Acaridiae:	*Tyroglyphus farinae* L.; *Tyroglyphus longior* Gerv.; *Tyroglyphus* sp.; *Rhizoglyphus echinopus* Foum. et Rob.; *Tyrolichus casei* Oudms.; *Carpoglyphus passularum* Berl.; *Glycyphagus domesticus* de Geer; *Glycyphagus spinipes* Koch; *Chaetodactylus osmiae* Duf.; *Dermacarus* sp.;

Aus dem Formenkreis der Gallmilben (Tetrapodili):

Eriophyes tiliae Nal.

Grobow u.a. (1968, 1980) ergänzen obige Aufstellung noch durch das von ihnen festgestellte Vorkommen verschiedener *Gamasus-* und *Scutacarus*-Arten. Insgesamt sind seither etwa 160 Milbenarten in Bienenvölkern festgestellt, davon 121 in der UdSSR.

Nach Haragsim u. Mit. (1978, 1981) fanden sich außerdem *Tyrophagus putrescentiae, T. longior* und *Acarus immobilis*. Die Raubmilbe *Cheyletus eruditus* könnte vielleicht für die biologische Bekämpfung der Varroa-Milbe in Betracht kommen. *Blattisocius tarsalis* ist ein Feind kleiner Wachsmottenraupen.

An aus Neuseeland nach England eingeführten Bienen fand man die Milbe Mellitiphis alvearius (Cook u. Bowman 1983). Sie hat einige Ähnlichkeit mit der Varroa, scheint jedoch kein auf die Honigbiene spezialisierter Parasit zu sein. Wahrscheinlich ernährt sie sich von Arthropodeneiern.

Manche der aufgeführten Milben, wie *Glycyphagus domesticus* (Abb. 52), sind als harmlose Mitbewohner in jedem Bienenstock vorhanden, doch werden nach Vitzthum (1937a) honiggefüllte Waben von allen Milben gemieden. Die Mehlmilbe *Tyroglyphus farinae* ist ein Pollenschädling (Abb. 51).

2.3 Schädliche Milben auf Bienenbrut und auf erwachsenen Bienen

Nach einer Mitteilung von v. Buttel-Reepen (1920) beschrieb E. Duchemin 1866 eine auf Bienen lebende Milbe (*Acarus*-Art): „Sie ist so klein, daß sie nur mit Hilfe des Mikroskops entdeckt wurde.“ Sie sei ein Schädling der Biene, lebe aber auch auf Sonnenblumen.

Manger (1921) erwähnt, daß Chr. Trapp 1881 auf dem Kopf einer Biene 50–60 schädliche Milben gefunden habe. „Die Stelle war angefressen und war mit bloßem Auge als grauer Fleck erkennbar.“ Vitzthum (1922) bestimmte diese Milbe aufgrund einer der Trapp-schen Mitteilung beigegebenen Zeichnung als *Trichotarsus osmiae.* (Abb. 53)

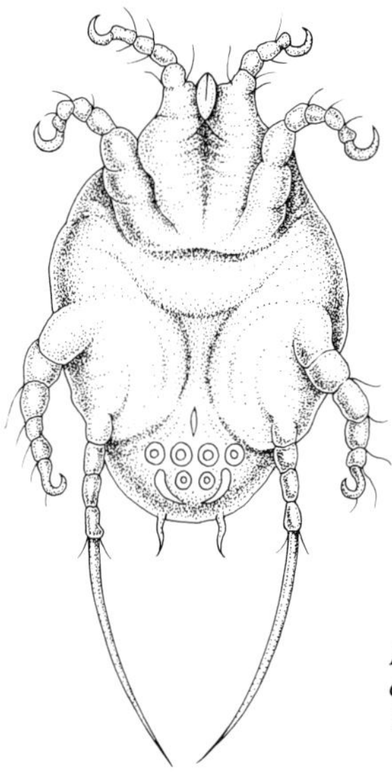

Abb. 53. Trapp'sche Bienenmilbe *(Trichotarsus osmiae)* (nach Arch. Bienenkd. **3**, Tafel III, S. 196/97, 1921).

Morgenthaler (1922a) gibt eine Mitteilung weiter, wonach auf abgestorbenen Bienenmaden in gedeckelten Zellen eine große Anzahl toter Gallmilben gefunden wurde.

Die Milbe *Pygemotes sp.* fand er in der Schweiz, nachdem Brucker (1900) sie auf tunesischen Brutproben festgestellt hatte. 1979 trat sie in Chile in von ihr vermutlich stark geschwächten Völkern auf (Van Laere u. Van Daele 1981). Sie kann auf den Menschen übergehen und eine Art Krätze hervorrufen.

Eine die Brut schädigende Milbe, die *Tropilaelaps clareae*, kommt auf den Philippinen und in Indien vor (Atwal 1969, Van Laere und Van Daele 1981). Sie ist rostrot gefärbt, bewegt sich rasch auf der Wabe innerhalb und außerhalb der Zellen und legt Eier auf junge Bienenmaden. Die geschlüpften Milbenlarven fressen die Bienenmaden auf. Werden die Milbeneier erst im späten Rundmadenstadium an ihrem Wirt abgelegt, so zeigen die Puppenstadien Fraßschäden. Die Bienen schlüpfen entweder garnicht oder mit deformierten Flügeln, Gliedmaßen oder Hinterleibern. Sie sind dann meist flugunfähig und täuschen als „Krabbler“ am Boden vor der Flugfront andere Krankheiten der erwachsenen Bienen vor. Der Befall kann so stark sein, daß bis zu 50% der Bienenbrut im späten Larven- oder im Puppenstadium abgetötet werden. Die Völker nehmen sehr rasch an Stärke ab, Totalverluste treten ein.

Interessant ist, daß nur Völker der in Indien eingeführten *Apis mellifica* geschädigt wurden, nicht jedoch die der einheimischen *Apis cerana* (*Apis indica*), obwohl

diese an demselben Standort unter gleichen Tracht- und Behandlungsbedingungen standen. Vor einer Verschleppung dieser Milbe auch in die gemäßigten Zonen ist eindringlich zu warnen (Burgett u. Mitarb. 1983).
Eine neue Art (*Tropilaelaps koenigerum* n. sp.) beschreiben Delphinado-Baker u. Mitarb. 1982).
Von den üblichen Acariziden (Milbenbekämpfungsmitteln) hat sich keines als ausreichend wirksam gegen *Tropilaelaps clareae* erwiesen. Eine leichte allmonatliche Bestäubung mit Schwefel jedoch ist nach Atwal und Mitarb. (1971) erfolgreich.
Ebenfalls aus Asien wurde eine weitere schädliche Milbe bekannt: v. Buttel-Reepen (1918) fand auf Sumatra Drohnenzellen in Völkern der *Apis cerana* Fabr. (*Apis indica* Fabr.) von der Milbe *Varroa jacobsoni* Oudms. befallen. *Varroa jacobsoni* wurde später auch in anderen Gebieten entdeckt, in denen *Apis cerana* verbreitet ist. So fanden sie (zitiert nach Haragsim, 1973) Gunther (1951) auf der Halbinsel Singapur, Oschmann (1961) in China, Kulikov (1963) in den östlichen Gebieten der UdSSR, Delfinado (1962) im Gebiet Hongkong, Bungabong (1963) auf den Philippinen, Yosikawa und Ohgushi (1965) in Kambodscha, Gupta (1967) in Indien. Die 1,1 mm lange und 1,6 mm breite bräunlich gefärbte Milbe (Tafel 4 u. 5) wurde zunächst als harmloser Mitbewohner betrachtet. Saltschenko fand jedoch 1964 im Küstengebiet des Fernen Ostens der UdSSR von *Varroa* stark befallene Völker. Inzwischen ist die *Varroa* nach Europa vorgedrungen und auch in Deutschland aufgetreten. Näheres über ihre jetzige Verbreitung, ihre Biologie und Bekämpfung s. S. 212.

2.4 Die wenig schädlichen Außenmilben

In zeitlichem Zusammenhang mit der Entdeckung der Innenmilbe der Honigbiene (*Acarapis woodi* Rennie) als Krankheitserreger (s. Seite 174) fand man auf der Oberfläche der Biene mikroskopisch kleine Milben, die aufgrund ihrer morphologischen (gestaltlichen) Merkmale und Größenverhältnisse zunächst als identisch mit der Innenmilbe betrachtet wurden. Daß äußerlich am Bienenkörper sich aufhaltende *Acarapis*-Milben „fast ebenso verbreitet wie *Nosema apis*“ sein können und sich von der Innenmilbe nicht unterscheiden ließen, stellte schon Morgenthaler (1922a, b) fest. Er bediente sich zur Milben-Feststellung des „Wasch“- oder „Schüttelverfahrens“, das sich für entsprechende Untersuchungen besonders gut eignet.
Methode: Dem Testvolk entnommene Bienen werden in Fläschchen mit Oudemansscher Flüssigkeit reichlich übergossen (87 Teile 70%iger Alkohol, 5 Teile Glycerin, 8 Teile Eisessig). Dann schüttelt man das gut verschlossene Fläschchen im Abstand von einigen Stunden mehrmals kräftig durch, entfernt die Bienen, zentrifugiert die Flüssigkeit und untersucht den Bodensatz mikroskopisch. Zwischen Pollenkörnern, Wachs- und Schmutzteilchen, Chitinresten und Bienenhaaren finden sich *Acarapis*- und nicht selten auch andere im Bienenvolk vorkommende Milben-Arten.
Auf diese Weise sowie durch optisches Absuchen unter der Lupe oder dem Präpariermikroskop wurden *Acarapis*-Milben gefunden, deren Zusammengehörigkeit bzw. Unterscheidung manches Rätsel aufgab.
Über ein Jahrzehnt hinweg mehren sich daher in der wissenschaftlichen und imkerpraktischen Literatur Alarmmeldungen, Unklarheiten, Irrtümer und Meinungsun-

terschiede über Identität, systematische Einordnung und Schadmöglichkeiten, auf deren Aufzählung hier verzichtet wird.
Neben der nachweislich krankheitserregenden Innenmilbe (*Acarapis woodi* Rennie, S. 174) unterscheidet man heute drei Arten von Außenmilben nach deren Vorkommen auf verschiedenen Körperteilen der Biene und nach teilweise nur statistisch feststellbaren Körperunterschieden (Abb. 54):

1 *Acarapis dorsalis* (Rücken-Milbe) (Morison, 1931b)
2 *Acarapis externus* (Hals-Milbe) (Homann, 1933)
3 *Acarapis vagans* (Flügel- und Hinterleibsmilbe) (Schneider, 1941)

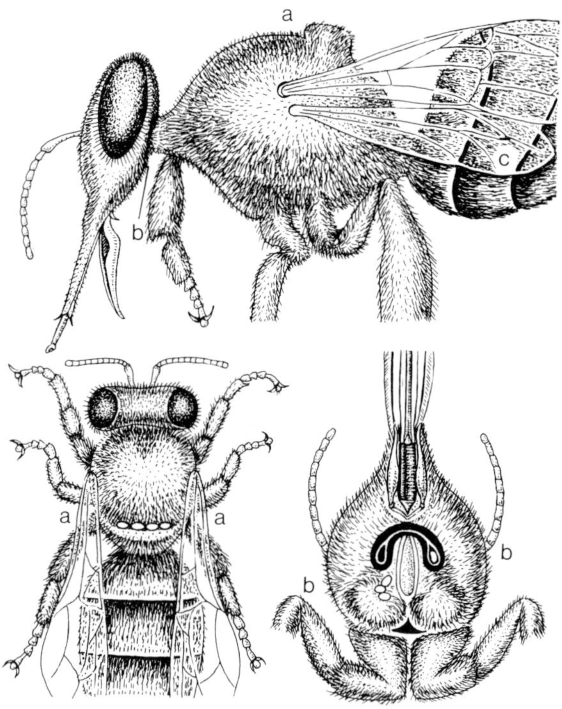

Abb. 54. Brutplätze der Außenmilben am Bienenkörper. **a:** Rückenmilbe *(Acarapis dorsalis),* Brutplatz in einer Chitinfalte zwischen Mesoscutum und Mesoscutellum; **b:** Halsmilbe *(Acarapis externus),* Brutplatz in der ventralen Halsfurche am Rand der Propleuren; **c:** Flügel- und Hinterleibsmilbe *(Acarapis vagans),* bevorzugter Brutplatz auf der Oberseite des Hinterflügels (nach Morgenthaler 1934).

Körperform und -größe der vier Acarapis-Arten können nicht zu einer Unterscheidung herangezogen werden, da sie zu einheitlich und in sich zu variabel sind. Die Körperlänge ohne Kopfstück (Gnathosoma) beträgt beim Weibchen je nach Trächtigkeit zwischen 80 und 190 μm, beim Männchen zwischen 85 und 120 μm. Die Breite schwankt beim Weibchen zwischen 65 und 85 μm, beim Männchen zwischen 57 und 85 μm.* Eine Darstellung der Körperformen von Männchen, Weibchen, Ei und Larve wird für die Innenmilbe (= Tracheenmilbe) *Acarapis woodi* in Abb. 55 gegeben. Sie entspricht auch denen der drei Außenmilben-Arten.
Den ersten Brutplatz einer Außenmilbe fand Morison (1931b). Morgenthaler

* 1 μm = 1 tausendstel Millimeter

Tab. 5. Differentialdiagnose der Weibchen von Acarapis-Arten
(Alle Längenangaben in μm)

A Fund- (Befalls) stellen	Rückenfurche vor dem Mesoscutellum	Halsunterseite	Oberseite der Hinterflügel und erstes Abdominalsegment	im ersten Thorakaltracheenpaar (+ Flügelwurzeln)
B Mittelfurche zwischen den beiden vorderen Beinpaaren	hat volle Länge des Propodosoma		hat 2/3 der Länge des Propodosoma	
C Coxalplatte hinter dem Beinpaar	tief eingekerbt	abgestutzt	flach eingekerbt	
D Stigmenabstände	ϕ 16,66 ± 1,17	ϕ 16,52 ± 1,09	ϕ 17,41 ± 1,09	ϕ 13,85 ± 0,85
E Länge der Tarsalglieder des IV. Beinpaars	ϕ 7,56 ± 0,61	ϕ 11,42 ± 0,56	ϕ 8,56 ± 0,45	ϕ 7,49 ± 0,59
Acarapis	*dorsalis*	*externus*	*vagans*	*woodi*
	Rückenmilbe	Halsmilbe	Flügel- u. Hinterleibsmilbe	Innenmilbe

1 μm = 1 tausendstel Millimeter, ϕ = durchschnittlich

(1932) benutzte das Tarsalglied des IV. Beinpaares von weiblichen Milben, um eine Unterscheidung zwischen Außen- und Innenmilben festzulegen; 1934 gab er Rücken- und Halsmilbe ihre Benennung. Unsere heutigen Kenntnisse einer Unterscheidungsmöglichkeit der vier Milbenarten sind nach den Untersuchungen und Darstellungen von Borchert (1927, 1929a, 1934a, b), Brügger (1936), Eckert (1961,

1962, 1967), Giavarini (1940a, b), Homann (1933), Michael (1962), Morgenthaler (1932, 1933c, 1934, 1960), Morison (1931d, 1932), Örösi-Pál (1934a, 1935b, c, 1936a, 1938, 1939), Schneider (1939, 1941, 1960) und Vitzthum (1923a) in Tab. 5 und Abb. 54 zusammengefaßt.

Acarapis dorsalis, Rückenmilbe
Ihr Brutplatz ist eine Chitinfalte (oder -spalte) zwischen Mesoscutum und Mesoscutellum (Abb. 54). „Eier und Larven liegen wie weiße Perlen längsgerichtet in der Spalte" (Brügger, 1936). Die Befallsstärke pro Biene und im Volk ist sehr unterschiedlich. Sie ist abhängig von Volksentwicklung und Jahreszeit. Brügger fand alle Übergänge von wenigen Exemplaren bis zu 46% der jeweils untersuchten Bienen.

Acarapis externus, Halsmilbe
Der bevorzugte Brutplatz ist die ventrale (bauchseitige) Halsfurche am Rand der Propleuren (Homann, 1933), doch kommt sie gelegentlich auch am Hinterkopf in den Vertiefungen beiderseits des Hinterhauptloches vor (Brügger, 1936) (Abb. 54). Ausführlich angelegte Infektionsversuche Brüggers machen deutlich, wie sehr diese Milbenart den Befall von Jungbienen bevorzugt oder sogar darauf angewiesen ist: 0–1 Tage alte Bienen wurden zu 77%, viertägige zu 30%, sechs Tage alte Bienen nur noch zu 6% befallen. Bei älteren Bienen kommt ein Befall noch seltener vor. Zu ähnlichen Ergebnissen kommen auch Shaw u.a. (1961) sowie Eckert (1961). Außerdem beobachtete Brügger (1936) während der Wintermonate häufig das Absterben von Milbeneiern, -larven und -nymphen, was er auf das Bienenalter zurückführt. Aufgrund der Infektionsversuche konnte auch die Entwicklungsdauer festgelegt werden: etwa 4 Tage Ei, 2–3 Tage Larve, 3–5 Tage Nymphe. Die ersten Männchen erscheinen nach 9, die ersten Weibchen nach 13 Tagen. Das Geschlechterverhältnis beim Adult- (Erwachsen-) werden ist etwa 1 : 1. Bereits einige Tage später und ganz allgemein bei Befallsuntersuchungen werden jedoch vorwiegend Weibchen gefunden. So stellte Borchert (1929a) nach Untersuchung von 20210 Bienen im „Waschverfahren" insgesamt 393 Exemplare fest. Davon waren 229 Weibchen, 54 Männchen, 50 Larven und 60 Eier. Weitere Untersuchungen von insgesamt 23658 Bienen ergaben etwa das gleiche Verhältnis. Homann (1933) und Brügger (1936) stellten übereinstimmend eine Abhängigkeit des Befallsgrades von der Jahreszeit fest: von beinahe 0% bei den jeweils dem Volk entnommenen Flugbienen steigt der Befallsprozentsatz von Mai/Juni zum Herbst hin leicht an, geht im Spätherbst sprunghaft nach oben und erreicht im November/Dezember seinen Höhepunkt mit 75–100%, geht von Januar bis März erheblich zurück und sinkt zum Mai/Juni hin rasch auf beinahe 0% ab.

Acarapis vagans, Flügel- und Hinterleibsmilbe
Außer den für *Ac. dorsalis* und *Ac. externus* genannten Brutplätzen fanden bzw. bestätigten Borchert (1934a, b), Örösi-Pál (1934a; 1935a, b, c; 1938; 1939), Vecchi (1937, 1940) und Giavarini (1940a, b) Außenmilben und deren Stadien auf Flügeln und Flügelgelenken, auf der ersten Hinterleibs-Rückenschuppe und auf der Rückenseite des vierten Brustsegments, außerdem bei Drohnen in der Ventralgrube der Mittelbrust und am Hinterkopf. Schneider (1941) überprüfte an vielen *Acarapis*-Weibchen von allen bekannt gewordenen Außenmilben-Brutplätzen die

Meßwerte für Beinpaar IV und Stigmenabstand. Das Ergebnis seiner eigenen Untersuchungen und der Vergleich mit denen anderer Autoren war die Abgrenzung einer dritten Außenmilben-Art, die er *Acarapis vagans* benannte. Nach seinen Beobachtungen (1941, 1960) ist der primäre Brutplatz dieser Milbe die Oberseite des Hinterflügels (Abb. 54). Außerdem scheinen weisellose Völker mehr *Acarapis vagans* zu beherbergen als weiselrichtige. Bei weisellosen Völkern und bei solchen, die aus anderen Gründen während des Winters eingehen, kann der Befall bis zu 100% betragen (Schneider, 1960).

Inwieweit es sich bei diesen drei Milben nach den strengen Regeln der Taxonomie (= biologische Systematik) um echte Arten oder nur um Unterarten oder Rassen handelt, wie dies z.B. Freudenstein (1933), Örösi-Pál (1934a) oder Giavarini (1940a, b) annehmen, darf hier außer Betracht bleiben.

Nach Homann (1933), Örösi-Pál (1934a, 1935a) und Brügger (1936) geht die Entwicklung der Außenmilben folgendermaßen vor sich: Beim Austritt aus dem Milbenkörper wird das Ei zur Hälfte oder zu ⅔ seiner Länge mit Klebstoff versehen und an einer Stelle des Bienenkörpers angeheftet, die für die Ernährung der Larve geeignet ist. Zunächst entwickelt sich eine Zwischenhaut (embryonales Apoderma = Deutovummembran). Der Embryo liegt demnach in doppelter Hülle. Nach etwa 4 Tagen durchbricht die Larve das klebstofffreie Ende der Eischale mit Rüssel und Vorderbeinen, ohne die Eihülle zu verlassen. Die Größe der Larve schwankt in weiten Grenzen, ohne daß ein Zusammenhang mit ihrer Geschlechtszugehörigkeit festgestellt werden konnte. Es folgt eine „bewegliche" Periode von 1–2 Tagen, in der die weiterhin in der Eihülle steckende Larve das an dieser Stelle mehr oder weniger dicke Chitin der Biene durchsticht und Bienenblut (Hämolymphe) saugt. Ob der Einstich mechanisch und/oder durch ein chitinlösendes Sekret bewirkt wird, ist ungeklärt. Nach der Nahrungsaufnahme wird die Larve unbeweglich und verwandelt sich in die der erwachsenen Milbe ähnliche, frei bewegliche Deutonymphe, aus der sich ohne Ruhestadium die adulte (erwachsene) Milbe häutet. Die Gesamtentwicklungszeit wird von Brügger (1936) mit wenigstens 9 Tagen für Männchen und etwa 13 Tagen für Weibchen, von Eckert (1967) mit 9 bis 10 Tagen angegeben.

Der Lebenszyklus der drei Außenmilben-Arten verläuft vollständig auf der Biene. In vielen umfangreichen Untersuchungen (z.B. Rennie, 1921; Vitzthum, 1926; Borchert, 1929a) wurden weder lebende *Acarapis*-Milben oder deren Entwicklungsstadien auf Waben oder auf Beutenteilen noch ein anderer Hinweis dafür gefunden, daß ein Lebensabschnitt einer Milbenart abseits des lebenden Bienenkörpers möglich wäre.

Nach Beobachtungen von Homann (1933) kann z.B. *Acarapis externus* ohne Kontakt mit einer lebenden Biene nur 4 Tage am Leben bleiben. – Drohnen werden häufig, Königinnen offenbar nicht befallen (Eckert, 1961).

Daß bei Außenmilben eine parasitische Ernährungsweise vorliegen müsse, schloß Homann (1933) aus dem Vorhandensein starker Mundwerkzeuge, einer kräftigen Saugmuskulatur und eines gegenüber sonstigen Milben vereinfachten Darmsystems. Den Beweis erbrachte Örösi-Pál (1934c, d). Er injizierte in den Thorax milbenbesezter Bienen 0,25 bis 0,50 mm^3 einer wässerigen konzentrierten Kongorot-Lösung durch die Haut zwischen Kopf und Brustabschnitt oder durch die Intersegmentalhaut zwischen 3. und 4. Hinterleibsring in deren Leibeshöhle. Wenige Stunden später waren die ansitzenden Milben und Larven rot gefärbt.

Die geographische Verbreitung von Außenmilben scheint nur die Grenzen zu haben, die ihr, natürlich oder von den Menschen erweitert, durch das Vorkommen der Gattung Apis gesetzt sind. Bereits 1936 zählt BRÜGGER 21 Staaten in den vier Kontinenten Europa, Asien- Nord- Südamerika auf, in denen Außenmilben gefunden wurden. Inzwischen sind sie in vielen weiteren Staaten dieser Erdteile sowie in Australien und Neuseeland festgestellt worden (FOOTE, 1959; STEJSKAL, 1959; MORGENTHALER, 1960; SHAW u. a., 1961; BAILEY, 1963; DELFINADO, 1963; BORCHERT, 1966; ECKERT, 1967; CLINCH u.a., 1970; CLINCH, 1971). In manchen Fällen betraf der Fund alle drei Außenmilben-Arten, in anderen nur zwei oder eine. In Einzelfällen ist nur von „Außenmilben" die Rede. In vielen Ländern sind noch keine Untersuchungen durchgeführt. Die meisten Nachweise liegen für *Acarapis externus* vor. Für diese Außenmilbe wird auch i.a. ein höherer Befallsgrad in den untersuchten Völkern angegeben als für die beiden anderen Arten, was u.a. auf einen kürzeren Lebenszyklus zurückzuführen sein könnte. – CLINCH (1971) fand auf den Tonga-Inseln nicht nur *Acarapis externus, dorsalis* und *vagans*, sondern auch eine bisher unbekannte große Milbe aus der Familie der Ascidae auf Bienen. Er hält sie für nicht harmlos.

Über die Bedeutung der Außenmilben für das Bienenvolk liegen nur wenige Angaben vor. ÖRÖSI-PÁL (1934c) ist der Ansicht, daß ein Außenmilben-Befall Belästigungen und Schädigungen der Bienen hervorrufen könne. MORGENTHALER (1933) vermerkt für *Acarapis externus* (Halsmilbe) drastisch: „Es sieht aus, wie wenn sich bei einem Menschen Blutegel am Rande eines steifen Stehkragens angesiedelt hätten, die von dort aus das Blut des Halses saugen." Bei starkem Befall könnten sich Belästigungen z.B. als Beunruhigung und Störung der Winterruhe auswirken. Im übrigen bezeichnen er und andere Autoren die Außenmilbe als harmlos (MORGENTHALER, 1960), ihre wirtschaftliche Bedeutung als unwesentlich (ECKERT, 1961; SHAW u.a., 1961) oder unbekannt (BAILEY, 1963). Ob Außenmilben als Überträger von Viruskrankheiten in Betracht gezogen werden müssen (ECKERT, 1967), und ob sie eine Krankheitsursache für das Bienenvolk darstellen können, ist noch unsicher. Trotz der Fragwürdigkeit einer Schädigung der Bienen durch Außenmilben gibt es Bekämpfungsversuche. So arbeitete z.B. BORCHERT (1932) mit Sulfoliquid AS in 6–8%iger Konzentration, womit er eine Befallsverminderung erreichte. CLINCH und FAULKE (1977) befanden Endosulfan (bei zweimaligem Verfüttern von 40 mg in 2 l Zuckerlösung) als am wirkungsvollsten unter 23 Präparaten.

Zusammenfassend kann über die äußerlich auf Bienen lebenden (externen) Milben gesagt werden, daß sie überall vorkommen, aller Wahrscheinlichkeit nach jedoch keinen Schaden an der Einzelbiene oder in den Völkern anrichten. Eine Feststellung ist aufgrund unzählbarer Beobachtungen und Untersuchungen vieler Autoren jedoch wichtig: »In keinem Falle wurde ein Eindringen der externen Milben in die Tracheen oder in die Stigmenvorhöfe der Bienen beobachtet" (HOMANN, 1933). Oder SCHNEIDER (1960): „Die Außenmilben sind bestimmt nahe Verwandte der Innenmilben, aber bis heute ist es noch niemandem gelungen zu beweisen, daß sie auch zur Innenmilbe werden könnten."

Die Milbenseuche

Andere Bezeichnungen: Acariose, Milbenkrankheit, Acarine disease, Acarinose, Acarinosis apium, Acarapidosis apium

1 Krankheitsbild

Die äußerlich erkennbaren Erscheinungen dieser Krankheit schildert MALDEN schon im Jahre 1909 sehr genau: „Die Krankheit scheint sich auf erwachsene Bienen zu beschränken, die Brut bleibt gesund und behält ihr normales Aussehen. Das erste Anzeichen, das die Bienenhalter bemerkt haben, ist eine scheinbare Abneigung gegen jegliche Arbeit bei einem Teil der Bienen. Sie fliegen in anscheinend zielloser Art und Weise umher und sammeln keine Vorräte. Später verlieren sie allmählich ihr Flugvermögen und sind oft unfähig, weiter als einige Yards* zu fliegen, ohne sich zu setzen. Wenn die Krankheit fortschreitet, können die Bienen nur noch wenige Fuß* vom Stand fliegen, dann fallen sie zu Boden und krabbeln ziellos umher. Man sah sie oft an Grashalmen emporklettern und bei Flugversuchen wieder auf die Erde sinken, von wo sie sich nicht wieder erheben können."

Diese Erscheinungen fallen besonders ausgangs des Winters auf. Einzelne Bienen fliegen trotz kaltem Wetter ab. Der Leichenfall ist stark. Die Völker sterben auch ganz ab. Bei warmem Wetter können die Bienen aus ihren Stöcken herauslaufen, flugunfähig vor ihren Stöcken herumkrabbeln und sich an sonnigen Stellen sammeln. Bei einem Zusammenbruch „läuft" das ganze Volk in typischer Weise „aus" (bezeichnender Ausdruck aus Kärnten).

2 Auftreten der Krankheit in der Welt

Eine große Rolle spielt die Milbenkrankheit in England, Belgien, den Niederlanden und Italien. In Mitteleuropa tritt sie hauptsächlich in der Schweiz, Österreich, der Tschechoslowakei und Süddeutschland auf, in Norddeutschland und Ostdeutschland nur sporadisch. Auch in Ungarn und in der Sowjetunion kommt sie vor. In Amerika und Australien ist sie weitgehend unbekannt. Jetzt wurde ihr Erreger in Brasilien (NASCIMENTO und Mitarb. 1971) und offenbar auch in Mexiko gefunden (vgl. die Übersicht über das Vorkommen ihres Erregers S. 175). Im nordwestböhmischen Braunkohlengebiet soll die Milbenseuche wahrscheinlich wegen des starken Gehaltes der Luft an Schwefeldioxid nicht auftreten (JORDAN 1945).

3 Geschichte der Krankheit

Im Vorfrühling und Frühjahr 1904 setzte auf der Insel Wight (vor der Südküste Englands) ein rätselhaftes Massensterben der Bienenvölker ein. Krankheitserreger oder -ursachen konnten nicht ermittelt werden. 1909 und 1911 – 1917 gab es auch in England, Wales, Schottland und Irland verheerende Völkerverluste, die gebietsweise auf 90% des Völkerbestandes beziffert wurden. Die damalige Ratlosigkeit

---

* 1 Yard = 91,44 cm, 1 Fuß = 30,48 cm

wird deutlich aus einer Beschreibung des Beobachters IMMS, der (zit. nach MALDEN, 1909) die Gegebenheiten folgendermaßen beschreibt: „In den meisten aller Fälle habe ich persönlich nachgeforscht und fand, daß die Krankheit so weit verbreitet war, daß es praktisch eine Unmöglichkeit war, einen Stock 12 Monate gesund zu erhalten.“ Auf der Insel Wight schien 1908 kein Volk mehr übrig geblieben zu sein.

4 Der Erreger Acarapis woodi (Tracheenmilbe, Innenmilbe)

4.1 Geschichte seiner Entdeckung

Die Suche nach dem Erreger dieser als „Isle of Wight-Disease“ bezeichneten Krankheit erhielt neue Anregung, als ZANDER (1909) das Sporentierchen Nosema apis als Krankheitserreger erkannt hatte. Doch schon bald stellte sich heraus, daß „weder stets in Isle of Wight-kranken Bienen Nosema vorhanden ist, noch stark Nosema-befallene Bienen immer Anzeichen der Isle-of-Wight-Krankheit zeigen“ (ANDERSON u. RENNIE, 1916). Weder Nosema noch ein von MALDEN (zit. nach MANGER, 1921) „in den Kotmassen erkrankter Bienen gefundener Kettenkugelpilz *(Bazillus pestiformis)*“ konnten mit der Isle-of-Wight-Krankheit in ursächlichen Zusammenhang gebracht werden.
Im Landwirtschafts-Institut der schottischen Universität Aberdeen fand Miß ELSIE HARVEY 1919 in den Brust-Luftröhren von Bienen erkrankter Völker eine Milbe (RENNIE u. HARVEY, 1919). WHITE bestätigte diese Feststellung und vermutete bereits in dieser Milbe einen Krankheitserreger. RENNIE untersuchte daraufhin 1919/20 mehr als 3000 Proben aus 250 Völkern, benannte die bis dahin unbekannte Milbe *Tarsonemus woodi* und gab zusammen mit seinen Mitarbeitern im Spätherbst 1920 die Entdeckung bekannt (RENNIE, HARVEY u. WHITE, 1921). HIRST (1921) ordnete diese Milbe systemgerecht anders ein und gab ihr den Namen *Acarapis woodi* Rennie, den der Acaraloge (Milbenspezialist) VITZTHUM (1923b) als gültig anerkannte. Zwar hatte WEHRLE und WELCH (zit. nach MORGENTHALER, 1932) schon 1914 in Luftröhren von Laubheuschrecken eine Milbenart (*Locustacarus*) festgestellt, worüber EWING (1924) ausführlich berichtet. Bei Hautflüglern (Hymenopteren), insbesondere bei Bienen, waren bis dahin jedoch noch keine internen (innen lebenden) Milben bekannt. Heute sprechen wir im Gegensatz zu den Außenmilben (s. S. 167) auch von der „Innenmilbe“ oder besser von der „Tracheenmilbe (d.h. Luftröhrenmilbe) (Tafel 3, S. 227).

4.2 Geographische Verbreitung der Tracheenmilbe

Die Entdeckung von RENNIE und Mitarbeitern löste eine intensive Suche nach dieser Milbe in ganz Europa aus. Abgesehen von verständlichen Verwechslungen mit Außenmilben fand man *Acarapis woodi* schon 1921 in Frankreich (RANGUIS, 1922), dann in der Schweiz (MORGENTHALER, 1922a, b) 1923 in Österreich (POINTNER, 1924), in Bayern (ZANDER, 1925a), 1926 in Sachsen (PRELL, 1927a, b), in Rußland (PEREPELOWA, 1927), 1930 in Italien (TOMASSI, 1931; ZAPPI, 1931), 1931 im Elsaß (BALDENSPERGER, 1931), in Baden (GEINITZ, 1936) in der Tschechoslowakei und in anderen Gebieten.

Tab. 6. Milben-Vorkommen (*Acarapis woodi*) (Bericht von FAO-WHO-OIE (1969) und Nachträge)

festgestellt	nicht festgestellt oder fraglich
Europa	
Belgien	Albanien
Bundesrepublik Deutschland	Dänemark
Bulgarien	Finnland
Deutsche Demokratische Republik	Griechenland
Frankreich	Island
Großbritannien	Norwegen
Irland	Portugal
Italien	Rumänien
Jugoslawien	Schweden
Luxemburg	
Niederlande	
Nordirland	
Österreich	
Polen	
Schweiz	
Sowjetunion	
Spanien	
Tschechoslowakei	
Ungarn	
Außer-Europa	
Ägypten	Australien
Algerien	Fiji-Inseln
Argentinien	Honkong
Brasilien	Israel
Brit. Honduras	Jamaika
Chile	Japan
Indien	Jordanien
Iran	Kanada
Kolumbien	Korea
Kongo	Madagaskar
Kuba	Neuseeland
Marokko	Rhodesien
Mexiko	Südafrika
Uruguay	Sudan
	Tansania
	Tunesien
	Venezuela
	Vereinigte Staaten von Nordamerika
	Zypern

Zu der in den ersten Jahren nach der Entdeckung von *Acarapis woodi* oftmals geäußerten Vermutung, die Krankheit habe ihren Ursprung auf der Insel Wight und habe sich von dort verbreitet, schreibt Bailey (1963): „Dieses wäre bemerkenswert, betrachtet man die gegenwärtige Ausbreitung und die ziemlich begrenzten Bienenbewegungen zwischen den meisten Regionen, in denen der *Acarapis* gefunden wird. Es erscheint wahrscheinlicher, daß er ein schon lange eingenisteter und weit verbreiteter Parasit der Honigbiene ist, aber aufgrund von Umweltfaktoren extrem begrenzt oder in bestimmten Regionen nicht vorhanden". Er verweist auf Zusammenstellungen von Jeffree (1956, 1959) über das Weltvorkommen der Innenmilbe innerhalb von Klimazonen, die durch bestimmte Januar- und Juli-Isothermen begrenzt sind. Bailey folgert daraus vorsichtig: „Die Abwesenheit der Milbe von warmen wie von kalten Regionen wird für möglich gehalten: Bei warmen Regionen aufgrund der geringen Chance zur Wanderung zwischen den Bienen, die wahrscheinlich aktiver und von kürzerer Lebensdauer als in kühleren Klimaten sind; in kalten Regionen aufgrund des Absterbens befallenen Völker in harten Wintern". Ein Blick in die von Fao-who-oie (1969) veröffentlichte Liste der Länder, in denen *Acarapis woodi* gefunden bzw. noch nicht festgestellt wurde, läßt jedoch erkennen, daß es viele Gebiete gibt, in denen eine Untersuchung noch aussteht. Weiterhin liegen Milbenbefunde im Kongo (Benoit, 1959) und in Indien (Singh, 1957) teilweise außerhalb der von Jeffree genannten Klimagebiete. Andererseits gibt es z. B. in Mitteleuropa laufend überwachte Gebiete, in denen die Milbe lediglich „insular" vorkommt, z. B. in der Deutschen Demokratischen Republik (W. Fritzsch, 1963), in der Tschechoslowakei (Kirkor, 1960; Czerwinski u. a., 1963; Niemczuk, 1970), in der Schweiz (Morgenthaler, 1951; Schneider, 1946) und in der Bundesrepublik Deutschland (z.B. Hirschfelder, 1949; Kaeser, 1950; Dreher, 1961). Eine Abhängigkeit von Höhenlage oder Temperatur kann nicht festgestellt werden (z.B. Morgenthaler, 1932; Kaeser, 1960b). Damit stimmen auch Berichte von Samiskina (1966) und Skripnik (1966) überein, wonach die Milbe ebenso auf der Krim und in der Ukraine wie in Estland und Lettland nachgewiesen ist.

Für das Fehlen von *Acarapis woodi* in laufend überwachten, kontinentalen Bereichen wie Nordamerika oder Australien im Unterschied zum häufigen Vorkommen von Außenmilben in diesen Gebieten können keine stichhaltigen Erklärungen gegeben werden. Eine Erklärungsmöglichkeit versucht Bailey (1963) mit dem Hinweis, daß die von Einwanderern in langen und beschwerlichen Seereisen dorthin eingeführten Völker die damaligen Methoden einer Bienenhaltung nur in gesundem Zustand hätten überleben können. Er weist ferner darauf hin, „daß die Gebiete mit dem wahrscheinlich schwersten Milbenbefall – England, Belgien, Teile von Deutschland, der Schweiz und von Italien – Regionen mit großer menschlicher Bevölkerungsdichte sind; und die Dichte ihrer Honigbienen-Populationen mag so groß sein, daß nicht alle auf natürlicher Trachtgrundlage überleben können". Und: „In Wirklichkeit scheint die Milbe möglicherweise überall in Gegenden vorhanden zu sein, in denen es Bienen gibt; aber nur dort, wo eine ärmliche oder unzuverlässige Tracht für Bienen gegeben ist, ist es den Milben möglich, zu überleben und in einer leicht feststellbaren Zahl zugegen zu sein".

5 Körperbau von Acarapis woodi

Die Körperform ist in der Aufsicht rundlich gedrungen, nach dem Vorderende hin etwas keilförmig, und erscheint wegen des stets vorstehenden Mundkegels zugespitzt (Abb. 55, Tafel 3, S. 227). Die Körperlänge (ohne Mundkegel) von durchschnittlich etwas mehr als ⅒ mm wird unterschiedlich angegeben, z. B.:

Tab. 7. Unterschiedliche Angaben für die Körperlänge von *Acarapis woodi*

	Weibchen ♀	Männchen ♂
RENNIE (1921)	190 µm	150 µm
VITZTHUM (1923a)	123 - 180	96 - 102
BORCHERT (1929a)	141 - 220	106 - 150
MORGENTHALER (1932)	106 - 180	85 - 116
BORCHERT (1932)	66 - 154	50 - 112
BORCHERT (1966)	80 - 120	85 - 116
gravides (trächtiges) ♀	106 - 180	

Die Körperbreite beträgt beim Weibchen 65 – 85 µm
beim Männchen 57 – 85 µm

In der Seitenansicht erscheint die Milbe abgeflacht, das gravide ♀ schildkrötenförmig. Das ♀ besitzt neben der Ansatzstelle der Mundwerkzeuge beiderseits je ein Stigma (Atemöffnung), an das sich je eine schlauchartige Trachee (Luftröhre) anschließt. Das ♂ besitzt keine Atemorgane (VITZTHUM, 1923a).

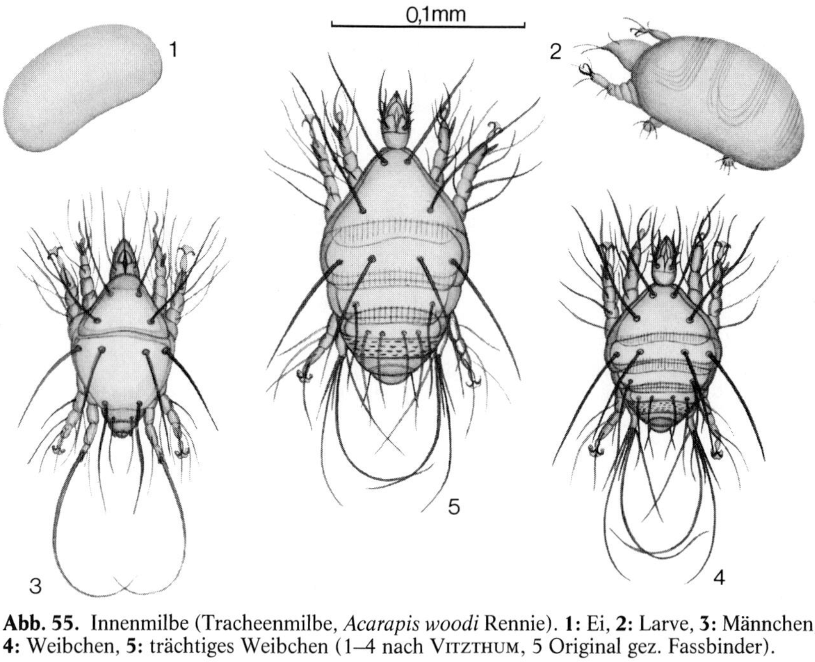

Abb. 55. Innenmilbe (Tracheenmilbe, *Acarapis woodi* Rennie). **1:** Ei, **2:** Larve, **3:** Männchen, **4:** Weibchen, **5:** trächtiges Weibchen (1–4 nach VITZTHUM, 5 Original gez. Fassbinder).

Die drei vorderen Beinpaare tragen in beiden Geschlechtern je einen Haftlappen (Haftglocke, SACHS, 1953), das Beinpaar I zusätzlich je eine Kralle, die Beinpaare II und III je zwei Krallen. Anstelle von Haftglocken befinden sich am Beinpaar IV beim Weibchen je zwei lange Schlepphaare, beim Männchen je eines. Nach FREUDENSTEIN (1933) und HOMANN (1933) werden zur Fortbewegung vorwiegend die Beinpaare II und III benutzt. Das Beinpaar I soll als Tastorgan Verwendung finden, während das Beinpaar IV meistens nachgeschleppt wird. Tatsächlich fand SACHS (1953) auf dem Endglied des Beinpaars I bei Männchen und Weibchen je 4 lange schlanke, die Krallen überragende „Tastkolben", außerdem an den Endgliedern der Beinpaare I und II sowie beim Männchen am Ende des Beinpaars IV kolbenförmige Organe, die er als „Riechkegel" bezeichnet. Letztere könnten eine Funktion beim Zusammenfinden der Geschlechter innerhalb der Trachee haben, sind jedoch zu einer allgemeinen Geruchswahrnehmung nicht fähig (SACHS, 1952a).
Beide Geschlechter sind augenlos. Die aus sehr dünnem Chitin bestehende Körperoberfläche weist beim ♀ vier, beim ♂ drei in ihrer Abgrenzung nur schwer erkennbare Tergite (Rückenschilder) auf. Ventral (an der Körper-Unterseite) liegt beim ♀ zwischen den Beinpaaren III und IV ein y-förmiges und zwischen dem Beinpaar IV ein lappenförmiges, in der Mitte längs geteiltes Organ, beide von unbekannter Bedeutung. Der Darmkanal ist als langgestreckter Hohlraum ausgebildet, der in ein kurzes, enges Enddarmrohr übergeht. Im Unterschied zu Außenmilben (HOMANN, 1933) hat die Innenmilbe keine Verbindung zwischen Enddarm und After (VITZTHUM, 1926). Der Darm endet blind, eine Kotabgabe ist nicht möglich.
Die kräftigen, stilettartigen Mundwerkzeuge sind zum Stechen und Saugen eingerichtet. Das Gnathosoma (Kopf- oder Mundkegel) wird von Munddach und Mundboden gebildet, die zusammen mit den Palpen (Kiefertaster) eine Röhre darstellen (SACHS, 1951). In dieser können zwei Stechborsten bewegt werden, deren Dicke 2–3 μm und deren Länge 20–26 μm beträgt (SACHS, 1951), so daß sie nicht nur die Stärke der Tracheenwandung, sondern auch die des 11–24 μm dicken Chitinpanzers der Biene erreichen oder übertreffen. Es wird vermutet, daß beim Durchstechen von Chitin zusätzlich ein Chitin-erweichendes oder -lösendes Sekret mitwirkt (z.B. SACHS, 1951), wie dies von anderen Milbenarten bekannt ist. Eine Aufnahme der Nahrung (Hämolymphe = Bienenblut) erfolgt nicht durch die Stechborsten, sondern wird durch die von den vier Mundgliedmaßen (Munddach, Mundboden, 2 Kiefertaster) gebildete, kräftige Röhre aufgesaugt und in den Pharynx (Schlund) aufgenommen (SACHS, 1951). Die unverdaulichen Reste des Stoffwechsels werden in einem blind endenden Exkretions- (Ausscheidungs-) Schlauch „aufgestapelt, wo sie an dessen Hinterende als ein Häufchen kristallähnlicher Guaninkörnchen ... sichtbar sind" (VITZTHUM, 1926). Dieser, im auffallenden Licht weißlich, im durchfallenden dunkel erscheinende „Harnfleck" ist bei jungen Milben sehr klein und wird mit deren Alter größer, so daß er eine wenigstens relative Altersbestimmung erlaubt. Junge Milben sind außerdem fast durchsichtig und wasserhell bis gelbbräunlich, ältere dunkler gefärbt.
Der Geschlechtsapparat des Weibchens zeigt keine Besonderheiten. Ein unpaares Ovar (Eierstock) mündet über einen Eileiter in eine schlitzartige Geschlechtsöffnung auf der Ventral- (Unter-) Seite kurz vor dem Hinterleibsende. Die unpaarigen Hoden des Männchens liegen im letzten Drittel (Opisthosoma) des rundlichen Körpers. Daran schließt sich über einen kurzen Samenleiter das Kopulationsorgan an, das am Hinterleibsende auf der Ventralseite liegt und außer einem in einer

Chitinhülse gleitenden Penis sog. „Kopulationsborsten“ und zwei starke Saugnäpfe aufweist (SACHS, 1952b). Die Begattung erfolgt in der Bienentrachee sofort nach dem Schlüpfen aus der Larvenhaut, noch bevor das Weibchen seine Nymphenhaut abgestreift hat. Sie erfolgt Hinterende gegen Hinterende, wobei das Weibchen den Hinterleib anhebt, während das Männchen seinen darunter schiebt (SACHS, 1958). Alle Beobachtungen und Erfahrungen sprechen dafür, daß das Weibchen nur einmal begattet wird.

6 Entwicklung der Tracheenmilbe

Ein begattetes bzw. trächtiges Weibchen, das in einen der Hauptstämme des ersten Tracheenpaares im Brustabschnitt der Biene (Abb. 56) eingedrungen ist, legt im Abstand von jeweils 1–2 Tagen insgesamt 6–10 Eier, die mit 122–137 μm Länge und 57–75 μm Durchmesser im Verhältnis zum Körper des Weibchens sehr groß sind und dessen Leibeshöhle vollkommen ausfüllen. Bei der Ablage wird das Ei an der Tracheenwandung angeklebt (ÖRÖSI-PÁL, 1935a, 1937). Nach 3–4 Tagen Eizeit (im Mittel 80 Stunden, SACHS, 1958) durchbricht die Larve die Eihaut, „wobei mit Mundkegel und Vorderbeinen ruckartige Bewegungen bis zum Platzen der Eihülle vollführt werden. Die Larven schieben sich so weit aus der Eihülle heraus, daß sie mit dem Mundkegel und dem vordersten, stark ausgebildeten Beinpaar die ...... (Tracheenwand) erreichen können. Mit dem zweiten und dritten Beinpaar halten sie sich sehr fest in der Eihülle“ (SACHS, 1958), was ÖRÖSI-PÁL (1937) ähnlich beschreibt. Das kräftige Beinpaar I trägt zwei Krallen, während die Beinpaare II und III verkümmert, nur andeutungsweise gegliedert und krallenlos sind. Ein viertes Beinpaar fehlt der Larve. Die Dorsal- (Rücken-) Seite der Larven ist durch 3 quer verlaufende Streifen in 4 Felder aufgeteilt, die mit wenigen kurzen Haaren besetzt sind. Durch intensive Nahrungsaufnahme erreicht die Larve die beachtliche Größe von 140–225 μm Länge (einschl. Mundkegel) und 77 bis 125 μm Durchmesser. Nach SACHS (1958) lassen sich die Geschlechter bereits als Eier, noch deutlicher im Larvenstadium an der Größe unterscheiden. Er gibt für die Larven von Männchen 108 bis 134, von Weibchen 156 bis 210 μm Länge an. Über die Beweglichkeit der Larven schreibt er: „Die Tiere schoben sich in der Eihaut vor und zurück, krochen auch bisweilen ganz hinein, drehten sich auch innerhalb der Eihaut auf den Rücken oder auf die Seite und suchten mit den Vorderbeinen und dem Mundkegel. Weiter war ein Schwenken um den Klebepunkt der Eihaut öfter zu beobachten.“ Dieses bewegliche Stadium dauert bei gleichzeitiger Nahrungsaufnahme bei der männlichen Larve 50–60, bei der weiblichen 65–85 Stunden. Danach wird die Larve bewegungslos. Der Larvenkörper wird histolysiert (alle Gewebe lösen sich auf). „Innerhalb der verbleibenden Larvenhaut bildet sich eine eimembranähnliche Hülle, nachdem sich der Körperinhalt von den Extremitäten und dem Mundkegel zurückgezogen hat. In der Puppenmembran entwickelt sich nun die achtbeinige Milbe. Der Zeitablauf war 12–18 Stunden bis zur Bildung der Puppenmembran, von da ca. 72 Stunden bis zum Verlassen der Larvenhaut“ (SACHS, 1958). Danach häuten sich die als sog. Deutonymphen geschlüpften weiblichen Tiere (das erste Nymphenstadium, die sog. Protonymphe, wird in der Entwicklung übersprungen) nach der Begattung zum adulten (erwachsenen) Weibchen. Bei den Männchen wird vermutlich auch das Stadium einer Deutonymphe

nicht ausgebildet, so daß sie die Larvenhaut als adulte geschlechtsreife Männchen abstreifen.
Aus den genau datierten Untersuchungen von SACHS (1958) ist eine Gesamtentwicklungsdauer von 9 bis 10 Tagen für das Männchen und von 11–12 Tagen für das Weibchen zu errechnen, während ältere Autoren (z. B. MORGENTHALER, 1932; ÖRÖSI-PÁL, 1935a) 13–16 Tage annehmen.
Das Geschlechtsverhältnis ist zum Zeitpunkt der letzten Häutung etwa 1:1. Aus Gründen der bei Männchen und Weibchen offenbar unterschiedlichen Wanderungstendenz (vergl. Seite 186) werden jedoch meistens erheblich mehr Weibchen als Männchen gefunden, z. B. 3,3:1 (MORGENTHALER, 1930); 4,3:1 (GIORDANI, 1970).
Die Eiablage beginnt i. a. 1–2 Tage nach der Begattung. Die Fortpflanzung ist unabhängig von der Jahreszeit. Die Lebensdauer der Milben ist unter natürlichen Bedingungen schwer festzustellen, ist jedoch sicherlich länger als in Laborversuchen, in denen z. B. GIORDANI (1970) für ♂ 31, für ♀ 29 Tage ermittelte.

7 Die Milbe in der Biene

Besiedelt werden in der Regel nur das vorderste Brust-Tracheenpaar und dessen erste Verzweigungen. Hier verläuft der gesamte Lebenszyklus der Milbe, oft über mehrere Generationen in derselben Trachee.
Vereinzelt wurden Milben auch in den Luftsäcken des Kopfes (WHITE, 1921; PRELL, 1928; GIORDANI, 1965) und des Brustabschnitts (RENNIE, 1927; GIORDANI, 1965), sogar in den Luftsäcken des Hinterleibs (PRELL, 1927b; GIORDANI, 1965) gefunden, nicht dagegen in den Hinterleibs- oder sonstigen Tracheen. Denn „alle anderen Stigmen der Biene sind durch ihre winzige Größe vor Befall geschützt" (RENNIE, 1921).
Übereinstimmend wird allgemein festgestellt (schon RENNIE, 1921), daß bei Neubefall die Eiablage vorwiegend kurz hinter dem Stigmeneingang am Anfang der Trachee, ab und zu auch direkt vor oder hinter der Verzweigungsstelle des Tracheenhauptstammes stattfindet, seltener in Tracheenmitte („Anfangsbefall", Abb. 57, **2**). JORDAN (1941) spricht von „Milbenhecke" hinter dem Stigmeneingang.

7.1 Giftwirkung der Milben?

Erwachsene Milben und Larven durchstechen die Tracheenwandung und saugen Hämolymphe. Ob hierbei Milbensekrete in die Körperflüssigkeit der Biene abgegeben werden, ist nicht nachgewiesen, jedoch sehr wahrscheinlich (z. B. VITZTHUM, 1926). Schon STURGES (1921) vermutet, daß die Milben Gifte ausscheiden, die den Bienenkörper schädigen. Jedenfalls macht sich die Tätigkeit der Milbe „an der den befallenen Tracheen benachbarten Flugmuskulatur bemerkbar, die in wechselndem Umfang verkümmert" (ZANDER, 1925b). Andere Autoren sowie eigene Beobachtungen bestätigen einen derartigen Muskelschwund, der als Myolyse (Muskelauflösung) gedeutet werden muß und bei gesunden Bienen jeden Alters nicht festzustellen ist.

Abb. 56. Luftröhrensystem der Biene. **T:** erstes Tracheenpaar (Brustluftröhre); **St:** Stigma (Atemöffnung); **Ls:** Luftsäcke (nach SNODGRAS gez. Fassbinder).

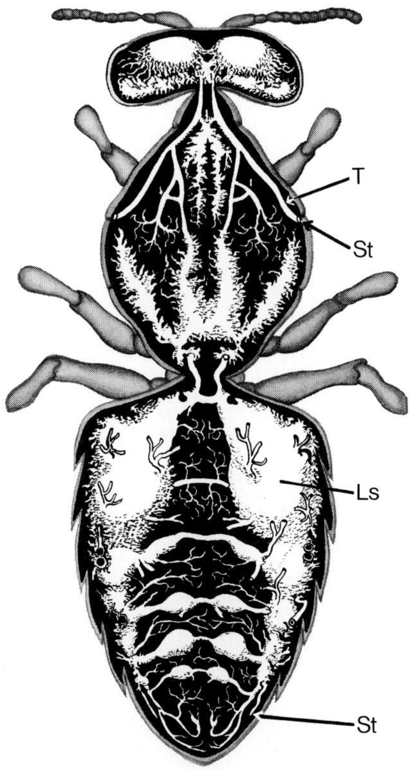

7.2 Blutentzug und Milbenschorf

Es liegt nahe, die Schwächung der befallenen Bienen auf den Blutentzug zurückzuführen (RENNIE 1921). Tatsächlich haben milbenkranke Bienen weniger Blutflüssigkeit als gesunde, und mit Hilfe einer Rotfärbung der Hämolymphe konnte man sich bei Milbenlarven davon überzeugen, daß sie diese aufnehmen (ÖRÖSI-PAL 1934a). Außerdem fand man, daß der Eiweißgehalt der Hämolymphe bei milbenkranken Bienen geringer ist als bei gesunden (KOENIG 1953).
Erwachsene Milben und Larven wechseln zur Nahrungsaufnahme die Einstichstellen in die Tracheenwandung. Verlassene Einstichstellen schließen sich nicht. Im Blutkreislaufsystem der Biene muß im Kopf- und Brustabschnitt ein (wenn auch sehr geringer) „Überdruck" herrschen. Deshalb sickert aus den von Milben nicht mehr benutzten Einstichstellen Hämolymphe in den Tracheenhohlraum. Da Bienenblut nicht sofort verkrustet, sondern in charakteristischer Weise „geliert", bietet sich den in der Atemluft stets vorhandenen Bakterien ausreichend Gelegenheit, dieses günstige Nährsubstrat zu besiedeln und auszunutzen (JORDAN, 1948). Dieser Vorgang dürfte die Hauptursache der bei länger andauerndem Milbenbefall in Tracheen stets zu findenden braunen, schwarzbraunen und schwarzen Flecken sein (Abb. 57 und 58). Auch der Eiklebstoff erscheint als dunkler „Schorf" (ÖRÖSI-

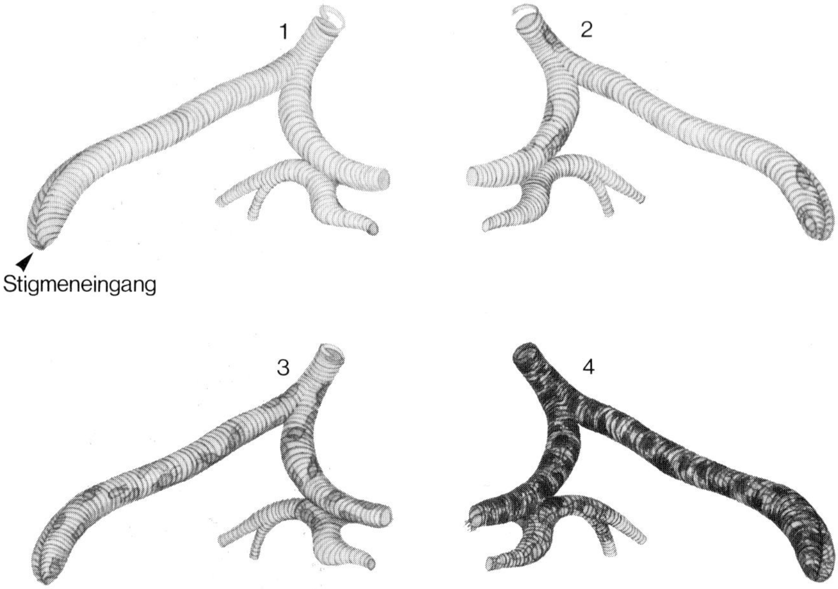

Abb. 57. Luftröhren (Tracheen) der Biene ohne und mit zunehmendem Befall von der Innenmilbe *(Acarapis woodi)*. **1:** ohne Befall; **2:** „Anfangsbefall"; **3:** mittelstarker Befall; **4:** starker Befall mit Flecken- und „Schorf"-bildung (Original gez. Fassbinder).

PÁL, 1937). Daß es sich nicht um Milbenkot handeln kann, hat VITZTHUM (1926) geklärt. ATWAL (1971) berichtet, daß bereits eine Woche nach der Infektion befallene Tracheen „komplett schwarz" waren. Normalerweise färbt sich die Wandung des Tracheen-Hauptstammes erst nach längerer, starker Milbenbesiedelung dunkel, wobei immer Helligkeitsabstufungen gefunden werden können (Abb. 57, **4**).
Zu einer völlig anderen Erklärung der „Schorfe" kommt GIORDANI (1964) aufgrund eingehender Untersuchungen. Sie weist nach, daß die Verkrustungen aus Melaninkörperchen kleinsten bis „klumpenartigen" Umfangs bestehen. Diese könnten eine Abwehrreaktion des Bienenorganismus gegenüber dem Parasiten darstellen und für die Milbe eine Erschwerung des Durchstechens der Tracheenwand bedeuten. Letzteres wird aus der von vielen Autoren beobachteten Tatsache geschlossen, daß stark verschorfte Tracheen manchmal nur wenige oder gar keine Milben enthalten. Je stärker die Verschorfung einer Trachee fortschreitet, desto brüchiger wird sie. Auch stark deformiert kann sie infolge des Milbenbefalles sein (LAVIE 1951).

7.3 Infektion der Hämolymphe

BAILEY (1963) weist darauf hin, daß durch die Einstichstellen in der Tracheenwandung Bakterien in die Hämolymphe (das „Blut") gelangen. Das Bakterienbild der Hämolymphe stimme mit dem der Tracheen überein. So könne hierdurch ein mögliches Krankheitsbild auch bei leichtem Milbenbefall ungünstig beeinflußt werden.

FEKL (1956) stellt hierzu fest, daß milbenbefallene Bienen mehr bakterielle Infektionen haben als milbenfreie, und daß die Bakterienflora in den Tracheen vermilbter Bienen gegenüber gesunden weitgehend verändert ist, wobei Eiweiß zersetzende Bakterien vorherrschen. Die durch einen Milbenbefall ausgelöste starke Bakterieninfektion soll nach BAILEY (1963) mehr Schaden verursachen als die Milbe selbst. Er faßt dahingehend zusammen, daß jegliche Wirkung der Milbe auf die Biene zweifellos geringfügig und nur dann bemerkenswert sei, wenn die infizierte Biene physiologisch gealtert ist.

7.4 Behinderung der Atmung

BAILEY (1963) hält sie für unwesentlich. Doch war schon RENNIE (1921) davon überzeugt. Seither wird sie von den meisten Autoren hervorgehoben. Nach SCHNEIDER (1846) sind bei starkem Befall die brüchig gewordenen Tracheen so weitgehend zerstört, daß eine Atmung nicht mehr möglich ist und die Biene an Atemnot zugrunde geht, was nach BORCHERT (1966) etwa bei der dritten Milbengeneration

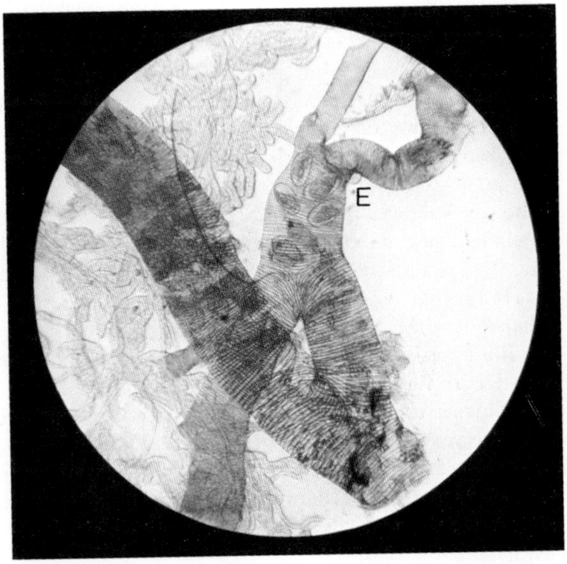

Abb. 58. Stark von *Acarapis woodi* besiedelten Luftröhrenwerk. Bei **E** einige Eier (Vergr. 175×; ZANDER phot.).

nach der Infektion der Fall sein dürfte. Hat doch das erste Brusttracheenpaar für den Ausatmungsvorgang der Biene ausschlaggebende, wenn nicht sogar alleinige Bedeutung (WOHLGEMUTH 1929, BAILEY, 1954). Werden diese beiden Hauptstämme durch Eier, Larven und erwachsene Milben in ihrem Lumen (ihrer lichten Weite) mehr oder weniger verengt oder gar verstopft, so leidet die Atmungskapazität der Biene ganz allgemein, insbesondere aber die Versorgung der Flugmuskulatur mit Sauerstoff. Je nach Befallsstärke und -dauer ist die Anzahl von Milben-Individuen der drei Entwicklungsstadien unterschiedlich. Sie kann bis zu 70 in einer Trachee betragen. Pro Biene sind (in beiden Tracheen zusammen) schon über 100

Exemplare gezählt worden. Derart stark besetzte Tracheen quellen geradezu über, wodurch die Atmung der Biene praktisch blockiert wird. Hierdurch könnte Myolyse (Muskelzerfall) infolge Sauerstoffmangels ausgelöst werden (Borchert 1966). Über den Sauerstoffverbrauch gesunder und milbenbefallener Bienen berichtet Skrobal (1965). Er verglich schwach, mittel und stark befallene Bienen mit gesunden und stellte bei schwachem Befall keinen Unterschied fest, bei mittelstarkem Befall (entsprechend etwa Abb. 57, **3**) aber einen um 15–17 % höheren Verbrauch, während sich bei starkem Befall (Abb. 57, **4**) der Sauerstoffverbrauch umgekehrt vermindert, und zwar auf etwa 25 % des von gesunden Bienen. Demnach liegen bei starkem Befall tatsächlich „Atembeschwerden" vor, wozu noch andere Einwirkungen kommen können, z. B. der Sauerstoffverbrauch der Milben, der pro Gewichtseinheit 2–3mal so hoch sein kann wie der von ruhenden oder sich wenig bewegenden Bienen (Kaeser und Koenig 1953). Anderson 1928 glaubt, eine „pathologische Kondition" (d. h. einen krankhaften Zustand) eines die Flügel bedienenden großen Nervs gefunden zu haben, der entlang den Tracheen verläuft.

7.5 Flugunfähigkeit der Biene

In der Regel beobachtet man bei der Milbenkrankheit Flugunfähigkeit der Bienen. Hingegen fand man auch, daß stark befallene Bienen intensiv sammelten (Rennie 1921), und aus gleichen Beobachtungen schließt Bailey (1958) auf eine geringe Beeinträchtigung der Bienen. Aber eine andere Einwirkung der Milbe ist möglich und kann sicher zur Flugunfähigkeit führen: Bei starkem Milbenbefall in der Trachee kann es vorkommen, daß die Innenmilbe auf derselben oder einer anderen Biene zur Außenmilbe (s. S. 167) wird, die Flügelwurzeln (Ansatz- und Gelenkstellen) befällt und durch Einstiche in die Gelenk-Verbindungshäute deren Festigkeit beeinträchtigt (Schneider und Brügger, 1948). Danach wird die Reißfestigkeit der Hinterflügel von ca. 20 g bei gesunden Bienen auf 11,5–5 g bei stark milbenbefallenen herabgesetzt. Bei einer gesunden Biene bleibt beim Abreißen des Hinterflügels die Flügelwurzel an der Biene haften, bei einer milbenkranken Biene jedoch löst sich die Wurzel mitsamt dem Flügel von der Biene (Schneider 1946).
Aber die meisten anderen Autoren machen starken Befall auch dann für die Flugunfähigkeit verantwortlich, wenn keine Beschädigungen der Flügelwurzeln nachgewiesen werden konnten, wie sie Schneider und Brügger (1948) als maßgeblich betrachten. Ungeklärt bleibt jedoch in jedem Fall, welchen Schädigungsanteil Tracheenverstopfung, Blutentzug und Verkümmerung der Flugmuskulatur im einzelnen haben.

7.6 Beunruhigung der Biene

Über eine Beunruhigung der Einzelbiene durch die Milbe liegen kaum Angaben vor, da entsprechende Beobachtungen nur in speziellen Versuchsanordnungen gemacht werden können. Sachs (1952a) gelangen derartige Beobachtungen bei Orientierungsversuchen mit Milben an lebenden Bienen. Er berichtet anschaulich: ‚Kurze Zeit nach dem Verschwinden der ersten Milben unter dem Stigmendeckel verfielen die Versuchsbienen in starke Erregung, die sich in hastigem Verdrehen des Kopfes, heftigem Flügelschwirren, Pump- und Stechbewegungen des Abdomens äußerte sowie in wilden Wischbewegungen mit den ... Beinen in der Gegend des ersten Stigma. ... Da sich milbenfrei gelassene ... Kontrollbienen zur gleichen Zeit ruhig verhielten, kann die Erregung nur durch das Eindringen der Acarapis verursacht worden sein."

7.7 Lebensverkürzung der Biene

Viele Autoren nehmen eine durch den Milbenbefall bedingte erhebliche Lebensverkürzung der Bienen an. Dies scheint sich jedoch nur bei Flugtätigkeit der Bienen zu bestätigen. Nach Bailey und Lee (1959) ist die Lebensdauer von Winterbienen nur geringfügig verkürzt. Eine verkürzte Lebensdauer gelte besonders für beidseitig infizierte Bienen und für stark befallene Sommerbienen. Doch beträgt der durchschnittliche Unterschied in der Lebensdauer nach Giordani (1962) z.B. nur 2 Tage (Laborversuche).
Stockbienen sind in ihrer Tätigkeit und in ihrer Lebensdauer nicht beeinträchtigt. Ihre Futtersaftdrüsen (Pharynxdrüsen) werden auch durch starken Milbenbefall nicht geschädigt (Giordani 1963).
Somit kann man den Übergang von der Stockbienen- zur Flugbienentätigkeit als entscheidendes Kriterium für die Lebensdauer milbenbefallener Bienen ansetzen. Der vorzeitige Tod einer Biene ist demnach, wie auch Chauvin (1968) hervorhebt, nicht eine direkte Folge der Milbeninfektion, sondern einer milbenbedingten Flugunfähigkeit, also von Hunger und Kälte, weil die Biene ihren Stock „zu Fuß" nicht mehr erreicht.

8 Ausbreitung der Tracheenmilbe im Bienenvolk

Schon kurz nach der Entdeckung der damals noch *Tarsonemus* genannten Tracheenmilbe erkannte Rennie (1921) die ganzjährige Fortpflanzung des Parasiten. Er machte Beobachtungen und zog daraus Schlüsse, die den Eingeweihten noch heute faszinieren und die deshalb, wenn auch teilweise inhaltlich zu anderen Besprechungsabschnitten gehörig, wenigstens stichwortartig genannt werden sollen: Begattung in der Trachee. Bei reichlich Milbenbrut in den Tracheen wandern geschlechtsreife Weibchen aus. Auf Waben, Rähmchen und Beutenteilen wurden keine Milben gefunden, jedoch trächtige Weibchen im Haarkleid der Biene. Bei Kontakt mit gesunden Bienen gehen sie in diese über. Die ersten Eier meist am Eingang der Trachee. Keine Männchen in frisch befallener Trachee. Ca. 50% der Königinnen kranker Völker infiziert, weil Königin auch nach Infektion jahrelang lebensfähig. In toten Bienen keine lebenden Milben, also keine Infektionsquelle. Weiterverbreitung durch Räuberei und Drohnen sowie Bienenhandel (Rennie, 1921).
Zu dieser Zeit glaubte Rennie noch, daß Milben von befallenen blütenbesuchenden Bienen auf den Blüten zurückbleiben und auf andere sammelnde Bienen übergehen würden. Aus diesen und ähnlichen Gedanken, denen mangels Möglichkeiten nie eine Beobachtung zugrunde liegen konnte, wurden in der Folgezeit vielerlei Spekulationen entwickelt, in denen die von Rennie zuvor gemachten klaren Aussagen außer acht blieben. Darauf kann hier jedoch nicht eingegangen werden.

ZANDER (1925b) führte wieder zu Tatsachen zurück, wenn er schrieb: „Wo eine Berührung gesunder und kranker Bienen möglich ist, kann ein Wirtswechsel durch die Milbe vorgenommen werden.“ Von MORGENTHALER (1930a) wurde diese These durch Versuchsergebnisse eingeschränkt: Gesunde und milbenkranke Bienen wurden durch Gitter getrennt, wobei gegenseitige Fütterung (d.h. Berührung) stattfand. Ein Überwechseln von Milben erfolgte nicht, während dies ohne Gitter sehr rasch und häufig vor sich ging.

8.1 Altersresistenz

Weiter stellte MORGENTHALER (1928) fest, daß nur Jungbienen bis zum 10. Lebenstag befallen werden, ältere nicht mehr. Er begründete diese aus Infektionsversuchen abgeleitete Ansicht damit, daß der um das erste Stigma stehende und nach außen gerichtete Haarkranz in den ersten Lebenstagen der Biene noch geschmeidig, später jedoch starr und für das Durchdringen der Milben von außen nach innen zu sperrig sei, während er das Auswandern von Milben zulasse. Diese von ihm „Altersresistenz“ genannte Erscheinung wurde von vielen Autoren bestätigt (z.B. ÖRÖSI-PAL, 1934b; JORDAN, 1948; SACHS, 1952a; LEE, 1963), von anderen dagegen nicht (z.B. RENNIE, 1923; PEREPELOWA, 1928; ALEXEJENKO u. WOWK, 1971) oder erheblich abgeschwächt (z.B. KAESER, 1959; SCHNEIDER, 1960; GIORDANI, 1967). BAILEY (1963) hält die Begründung eines Unterschiedes in der altersbedingten Ansteckungsfähigkeit für „dunkel“. Die „Haarversteifungstheorie“ sei nicht haltbar, weil nach seinen Untersuchungen Altbienen auch nach enthaartem Stigma nicht infiziert wurden. Andererseits wanderten Milbenweibchen und -männchen in den Versuchen von SACHS (1952a) nach Entfernen der Reusenhaare in Tracheen lebender Altbienen ein.

Mit Sicherheit darf jedoch ausgesagt werden, daß Jungbienen von der Milbe bevorzugt befallen werden, und zwar nicht selten schon kurz nach dem Schlüpfen (z.B. MORGENTHALER, 1930a; GIORDANI, 1962, 1967; ATWAL, 1971).

8.2 Wirtswechsel

Über den Vorgang des Wirtswechsels gibt es in der Literatur vielerlei Vermutungen und Annahmen. HIRSCHFELDER (1952) und SACHS (1952a) schufen in exakten Versuchen endgültig Klarheit und bestätigten die Auffassung von RENNIE (1921) und MORGENTHALER (1929), wonach eine Ansteckung nur bei direktem Kontakt von Biene zu Biene erfolgt. HIRSCHFELDER schildert: „Von 289 ausgewanderten Milben wurden 209 (= 73%) in den Haaren der Brust festgestellt, die übrigen an anderen Körperteilen. Im „Haarwald“ klettert die Milbe geschickt umher und trachtet danach, an die Haarspitzen zu gelangen und dort eine „Lauerstellung“ einzunehmen. Hierbei klammert sie sich mit den hinteren Beinpaaren fest, während die nach außen gerichteten Vorderbeine schwingende oder ruderartige Bewegungen durchführen. Berühren diese einen haarähnlichen Gegenstand, so steigt die Milbe sehr gewandt über. Bleiben Warten und Suchbewegungen jedoch erfolglos, so stirbt die Milbe nach einiger Zeit ab, trocknet schnell ein und wird bei der geringsten Erschütterung des Haares abgeschleudert.“ Die Überlebensdauer der Milbe außerhalb der Trachee hängt von Temperatur und Luftfeuchtigkeit (KAESER, 1951) sowie vom Ernährungszustand (SACHS, 1952a) ab und beträgt im Durchschnitt nur wenige Stunden. In abgestorbenen Bienen können Milben entgegen der Meinung von LAVIE (1950) einige Zeit überleben: GIORDANI (1962, 1963) gibt für Zimmertemperatur 12–15 Stunden, für 4°C 24–40 Stunden an. Sie wandern allerdings nach HIRSCHFELDER (1952) nur zu einem geringen Anteil (etwa 10%) aus. Auch ist die Fortbewegungsgeschwindigkeit der Milbe im Verhältnis zur Biene so gering (ca. 0,05 mm/sec. zu mehr als 3 cm/sec.), daß sie sich wie die einer Schnecke zu der eines trabenden Pferdes verhält. Eine zu Boden gefallene Milbe kann daher eine sich bewegende Biene nicht erreichen. Ein Wirtswechsel kann deshalb nur erfolgen, wenn lebende Bienen sich eng berührend ruhig verhalten. Das Auffinden des ersten Bruststigmas geschieht dann nach SACHS (1952a) in folgender Weise: Gelangt eine Milbe beim Übersteigen z.B. auf den Hinterleib der neuen Wirtsbiene, so klettert sie nach einigem Umherirren wiederum auf ein Bienenhaar und geht in „Lauerstellung". Erreicht sie den Brustabschnitt, so läuft sie den rhythmischen Stößen des Ausatmungsstroms des ersten Bruststigmas entgegen auf dieses zu, überwindet den um den Stigmenvorhof angeordneten sperrigen Haarkranz und schlüpft unter das Operculum (Deckelchen, ein über den Stigmenvorhof ragender Teil der Rückenschuppe der Biene) und gelangt in den Vorhof der Atemöffnung. Das zweite und dritte Bruststigma der Biene bleibt bei diesen auf den Ausatmungsstrom gerichteten Bewegungen der Milbe ohne Beachtung. Auf dem Weg durch den „Haarwald" der Biene verharrt die Milbe des öfteren und „betrippelt" (nach SACHS) ihren Wirt mit schnellen Bewegungen der Vorderbeine oder streckt diese tastend nach vorn aus. Sie reagiert hierbei nicht nur auf den Luftstrom, sondern auch auf ein durch die Atmung der Biene hervorgerufenes feines Vibrieren von Chitinteilen. Dies dürfte einer der Gründe sein, warum Milben (auch ohne Tracheenbefall) an Flügelwurzeln zu finden sind. Völlig gleichgültig dagegen verhält sich die Milbe gegenüber Duftstoffen. Im Gegensatz zur Annahme von RENNIE (1927), die blinde Milbe müsse sich zur Auffindung der Trachee vom Geruchssinn leiten lassen, unterscheidet sie nicht zwischen Alt- und Jungbienenduft. Aufgrund der SACHSschen Versuche scheint ein Geruchsvermögen überhaupt nicht vorhanden zu sein. Denn selbst bei Verabreichen von für sie tödlichen Gasen im Luftstrom bewegt sie sich auf diesen zu.

Nicht selten finden sich Milben im Vorhof der Atemöffnung. Ob sie hier durch Anstechen der Muskulatur des Stigmen-Verschlußmechanismus diesen lahmlegen und sich dadurch erst Eingang in die Trachee verschaffen (FREUDENSTEIN, 1929) oder ob sie die durch Atempausen der Biene (WOHLGEMUTH, 1929; BAILEY, 1954) gegebenen „Öffnungszeiten" der Stigmen zum Eindringen ausnutzen, ist unbekannt.

8.3 Jahreszeitliche Einflüsse

Schon 1921 schreibt RENNIE: „Die Tarsonemusmilbe pflanzt sich das ganze Jahr hindurch fort und dem entspricht die Möglichkeit der Übertragung von Tier zu Tier. Im Sommer wird die Ausbreitung der Seuche im Volk durch dessen fortwährend wechselnde Zusammensetzung und wechselnde Stärke erschwert. Anders im Winter. Des Volkes Bestandteile verändern sich so gut wie gar nicht. Außerdem

sitzt alles in Haufen aufeinander und ist in ständiger Berührung mit anderen Bienen. Alle diese Umstände begünstigen die Ausbreitung der Seuche im Volk.“ Diese grundsätzliche und klare Aussage bedarf einiger Einschränkungen. Zunächst spielt die relative „Altersresistenz“ eine Rolle, die der Milbe das Eindringen in Altbienen zumindest erschwert, es jedoch nicht ausschließt, wie z. B. aus Untersuchungen von Schneider (1960) und eigenen Beobachtungen (Kaeser, 1959) hervorgeht. Außerdem „scheint auch eine saisonmäßig verschieden starke Auswanderungstendenz bei den Milben mit Höhepunkten im Frühjahr und Herbst vorzuliegen“ (Hirschfelder, 1952; und auch Giordani, 1963). In der gleichen Richtung liegen die Beobachtungen von Jordan (1948), daß die Vermehrung der Milbe in der Zeit von November bis Februar träge sei und erst ab Februar wieder Eier und Larven zu finden wären. Derartige Feststellungen lassen sich aus der Altersresistenz erklären. Auch kommen Verhaltensweisen vor, die als biologische „Fehlleistungen“ betrachtet werden müssen. Entgegen vielen Veröffentlichungen (von Rennie, 1921, bis Atwal, 1971), wonach nur begattete Weibchen überwandern, wurden in stark milbenbefallenen Völkern Bienen gefunden, in deren Tracheen sich nur Männchen befanden (Kaeser, 1959). Dies könnte dadurch zustande kommen, daß Tracheen „übervölkert“ und/oder die Tracheenwanderungen durch „Melaninbildung“ (Giordani, 1964) für die Mundwerkzeuge der Milben nicht mehr angreifbar sind, oder daß der Eiweißgehalt der Hämolymphe zu gering wurde (Koenig, 1953). Auch kommt es nach eigenen Beobachtungen vor, daß bei starkem Tracheenbefall Milbenweibchen in Tracheenverzweigungen gefunden werden, in denen sie wegen des engen Durchmessers der Trachee „eingekeilt“ sind und in trächtigem Zustand eingehen: Es ist denkbar, daß sie wegen Verstopfung der Trachee mit Milbenentwicklungsstadien nicht auswandern konnten und auf der Suche nach einem Ausweg dieser „Fehlleistung“ erlegen sind.
Trotz dieser mehr oder weniger geringfügigen Einschränkungen bleibt der Renniesche Grundgedanke als Tatsache bestehen, wonach Zeiten der relativen Ruhe eines Volkes (Winter, Schlechtwetterperioden, Trachtmangel) die Ausbreitung der Milbe innerhalb des Volkes begünstigen. Alle Autoren, die sich mit diesen Fragen befaßt haben, sprechen sich dahingehend aus. Auch „unharmonische“ Zustände des Volkes wie z.B. Weisellosigkeit (Bailey, 1959) und Trachtmangel als Ursachen einer Überalterung des Bienenbestandes tragen zu verstärktem Milbenbefall bei.
Morgenthaler (1944 a) hat eine aus langjährigen Beobachtungen und Serienuntersuchungen (der Schweiz) ausgewertete Zusammenstellung eines Jahreszyklus des Milbenbefalls in Bienenvölkern gegeben. Danach steigt der Prozentsatz milbenbefallener Bienen im Volk bei Beendigung der Brutzeit im Herbst stark an. Der gleiche Vorgang wiederholt sich mit Beginn der Brutzeit im Vorfrühling. – Mit dem Abgang der Winterbienen und umgekehrt proportional zum Erstarken des Volkes verringert sich der Prozentsatz milbenbefallener Bienen bei stetigem Bienenumsatz vom Frühjahr bis zum Spätsommer. – Dies bedeutet biologisch einen „Wettlauf“ zwischen Bienen und Milben in deren Vermehrung.
Bereits 1921 äußerte Rennie „... die Vermutung, daß der Krankheitserreger wohl mal einen Fuß über die Schwelle setze, aber durch den raschen Wechsel in der Arbeiterschaft während der Arbeitszeit oftmals bald wieder verschwinde.“ Auch Zander weist 1925 schon nach seinem ersten Milbenfund darauf hin, daß die äußeren Umstände den Befallsverlauf in hohem Maß bestimmen. Obwohl sich die Milbe bei entsprechend hohem Befallsgrad des Volkes auch im Sommer nachweisen

läßt (z. B. Morgenthaler, 1932; Kaeser, 1952b), scheinen die Bienen trotz kräftigen Befalls keinen Schaden zu nehmen (z. B. Rennie, 1921; Schneider, 1946; Jordan, 1948). Diese Völker können ebenso gute Erträge bringen wie gesunde. Während der brutlosen Zeit (Spätherbst/Winter) kann sich der Befall jedoch von bereits infizierten auf andere Bienen ausdehnen (z. B. Giordani, 1965). In den ersten drei Monaten des Jahres bzw. zu Ende des Winters ist dann der Befallsgrad der Einzelbiene und des Volkes am stärksten (z. B. Butler, 1945; Alexejenko u. Wowk, 1971). Viele Autoren (z. B. Jordan, 1948; Kaeser, 1960b; Bailey, 1961) betonen, daß trachtbedingt verminderte Brutaufzucht die Ausbreitung der Milbe im Volk begünstigt. So hat z. B. Bailey (1961) 250 Völker während sechs Jahren laufend auf deren Befallsgrad untersucht und einen direkten Zusammenhang zwischen dem in seinen Beobachtungen von 6 bis 67 % schwankenden Befall und den Witterungs- und Trachtverhältnissen des jeweiligen Vorjahres gefunden. Jordan ist in vielen Vorträgen und Veröffentlichungen immer wieder auf derartige „Selbstreinigungen" von Völkern eingegangen und hat ausreichend Beweise dafür erbracht, daß Trachtverhältnisse die entscheidenden Faktoren beim Wettlauf zwischen Biene und Milbe darstellen. Sie ist eine ausgesprochene „Faktorenseuche".

8.4 Klimatische Bedingungen

Viele Untersuchungen wurden über die Frage durchgeführt, inwieweit Klima und Höhenlage des Standortes eine Ausbreitung der Milbe im Volk begünstigen oder erschweren könnten. Es hat sich jedoch immer wieder erwiesen, daß diese beiden Faktoren nicht allein entscheidend sind. Denn die Milbe lebt geschützt in der Biene und kann daher überall vorkommen, wo eine Existenzmöglichkeit für das Bienenvolk gegeben ist. Erst die Kombination von Witterungs- und Trachtverlauf kann Hinweise auf die Ausbreitungsmöglichkeit und -geschwindigkeit der Milbe im Volk geben.

8.5 Der Wettlauf zwischen Milbe und Biene

zwischen Parasit und Wirt, kann daher auf folgende kurze Formulierung gebracht werden: Je weniger Brut angelegt und je älter die einzelne Biene wird, desto leichter kann sich die Milbe im Volk verbreiten. Je rascher und ausgedehnter der Bienenumsatz im Volk verläuft und je kürzer die Einzelbiene lebt, desto weniger Vermehrungsmöglichkeiten hat die Milbe und desto niedriger bleibt der Befallsgrad der Einzelbiene und des Volkes.

Die Anzahl der Milben und deren Stadien und damit die Befallsdauer in der Einzelbiene sind entscheidend für deren Flugfähigkeit. Eine Auswirkung des Milbenbefalls auf das Bienenvolk beginnt daher mit der Flugunfähigkeit milbenbefallener Bienen. Erheblicher Ausfall von Flugbienen führt zunächst zu Versorgungsmangel bei Wasser (ganz besonders im Frühjahr!), dann bei Eiweißstoffen (Pollen) und schließlich bei Energiestoffen (Nektar, Honigtau). Die erste Folge solcher Flugbienenverluste ist ein Brutrückgang, unter ungünstigen Witterungsverhältnissen sogar ein Absterben der Brut in den Randzonen infolge Verkühlung. Die Bienenzahl zur Erwärmung der gesamten Brutfläche reicht nicht mehr aus. Es entsteht ein ungesundes Verhältnis in der Anzahl von Jung- zu Altbienen. Neben den alten befallenen Bienen gibt es nur relativ wenige Jungbienen, die rasch und ausgiebig infiziert werden können.

8.6 Beunruhigung des Bienenvolkes

Die Beunruhigung des Volkes kann zudem durch den Milbenbefall so stark werden, daß während des gesamten Winters „panikartig“ auf mehreren Waben durchgebrütet wird. Dieses Fehlen der Brutpause führt zu erhöhtem Futterverbrauch. Als Folge davon ist winterliches Durchbrüten immer dann mit Kotblasenüberfüllung, d.h. Ruhrerscheinungen, verbunden, wenn Reinigungsflüge nicht in kurzen Zeitabständen möglich sind. Die Anstrengung des Durchbrütens allein würde ausreichen, um ein Volk in mitteleuropäischen Klimaverhältnissen bis zum Frühjahr an den Rand seiner Kraft, d.h. zum Zusammenbruch zu bringen. Liegen jedoch zusätzliche Infektionen vor, zum Beispiel von Nosema und Amöben, so verstärken diese die Ruhr, werden durch Beseitigen der Kottröpfchen selbst wieder in ihrer Ausbreitung im Volk begünstigt und beschleunigen somit unvermeidbar den Zusammenbruch.

8.7 Starker und schwacher Bienenumsatz

Am Beispiel von zwei gut geführten und jeweils über lange Zeit jährlich auf Milbenbefall untersuchten Bienenständen sollen die extrem möglichen Unterschiede in Ausbreitungsgeschwindigkeit, Befallsgrad und Gesamtauswirkung veranschaulicht werden:
a) Stand mit etwa 50 Völkern, Frühtrachtgebiet, rasche Volksentwicklung = starker Bienenumsatz. Den in Altbienen überwinterten Milbengenerationen stehen plötzlich große Mengen Jungbienen gegenüber, zu deren Befall sie zahlenmäßig nicht ausreichen. Befallstärke der Einzelbiene und Befallsgrad des Volkes bleiben gering. Schwächung oder Entwicklungshemmung der Völker sind nicht feststellbar. Ausnutzung von Sommer- und Spätsommertracht ist gegeben. Dadurch bleibt Bienenumsatz über die gesamte Saison erhalten. Die Völker gehen mit einer großen Anzahl gut ernährter Bienen in den Winter. Der geringe Befallsgrad im Herbst verstärkt sich nur wenig und liegt nachweislich über mehr als 10 Jahre unter einem Befallsprozentsatz von 10 % im jährlichen Wintertotenfall. Die Völker bleiben wirtschaftlich vollwertig.
b) Stand mit 35 Völkern in waldigem, regen- und nebelreichem Mittelgebirgstal, pollen- und nektararm auf Urgesteinsuntergrund, Spätentwicklung, lange Trachtpausen (Sommerbienen können unter derartigen Bedingungen über fünf Monate alt werden!), Bruteinschränkung durch Honigtautracht. Dieser Stand und die Nachbarstände des abgelegenen Hochtales wurden über viele Jahre mit negativem Ergebnis auf Milben untersucht. Bei einer erstmals durchgeführten Wanderung in ein tiefer gelegenes Obstbaugebiet entfiel die erhoffte Entwicklungstracht wegen einer Schlechtwetterperiode. Hier muß vom nachträglich als vermilbt erkannten nahe gelegenen Nachbarstand die Erstinfektion erfolgt sein. Nach Rückkehr auf den Heimatstand und nach unbefriedigender Sommertracht wurde ein Befallsgrad der

wintertoten Bienen von 85 bis 100 % festgestellt. Im darauffolgenden Vorfrühling Totalverlust von 33 Völkern.
Zwischen diesen beiden Extremen liegen alle Möglichkeiten der Milbenausbreitung und damit des Befallsgrades eines Volkes. Zusätzlich zu evtl. ungünstigen Außenbedingungen kann die imkerliche Betriebsweise die Ausbreitungsgeschwindigkeit der Milbe im Volk begünstigen (z. B. erzwungener Brut-Stop durch Absperren der Königin; übertriebene Ablegerbildung bei ungenügender Tracht; „Zuschalten" von Flugbienen zu Ablegern und v. a. m.). Auch die Königin spielt als „dauernder Seuchenherd" (ZANDER, 1925b) eine Rolle. MORGENTHALER (1932) bemerkt zwar mit Recht, daß Milbenbefall eine Königin in ihrer Legetätigkeit nicht beeinträchtigt. Doch schon RENNIE (1921) betont: „Die Königin eines kranken Volkes am Leben zu lassen, ist nicht ratsam."

8.8 Ausbreitungsgeschwindigkeit der Tracheenmilbe

Da die Vermehrung der Milbe und damit ihre Ausbreitungsgeschwindigkeit im Volk von mehreren unterschiedlich wirkenden und wechselnden Faktoren abhängig ist, kann sie nicht exakt berechnet werden. Die Auswertung von Literaturangaben, eigenen Serienuntersuchungen, Völker- und Laboratoriumsversuchen erlaubt jedoch die Angabe von Näherungswerten, die in Tabelle 8 zusammengestellt sind. Diese errechneten Zahlen für die Nachkommenschaft eines trächtigen Weibchens innerhalb von 10 Milben-Generationen beruhen auf folgenden Voraussetzungen: 6–8 Eier pro Weibchen; Geschlechterverhältnis 1:1 beim Erwachsenwerden; Auswanderung etwa der Hälfte der begatteten Weibchen; Verlustquote von 50 % der von einer Biene zur anderen überwandernden trächtigen Weibchen; eine Milbengeneration = 2 Wochen; Lebensdauer der Milbe = eigene Generation + 2 Nachkommensgenerationen.
Nach dieser Berechnung können z. B. in der 5. Nachkommensgeneration 55–60, in der 10. etwa 1800 lebende Milbenpaare vorhanden sein, während in der 10. Generation bereits etwa 225 Milbenpaare abgestorben sind.
Nimmt man an, daß höchstens die Hälfte der begatteten Weibchen auswandert und von diesen wiederum die Hälfte beim Überwandern verloren geht, so können die Nachkommen eines Weibchens in der 10. Generation etwa 400–500 Bienen infiziert haben. Diese Möglichkeit einer mehr oder weniger ungestörten Ausbreitung der Milbe ist ab Herbstbeginn im Bienenvolk gegeben. Die Ausbreitung kann, bei der in brutloser Zeit herabgesetzten Volkstemperatur vielleicht etwas verlangsamt, trotz der bekannten „Altersresistenz" der Biene erfahrungsgemäß in diesem Umfang vor sich gehen und zu einem hohen Befallsgrad des Volkes bei Frühjahrsbeginn führen. Ist bereits starker Herbstbefall vorhanden und kommt winterliches Durchbrüten mit Ruhrerscheinungen dazu, so ist das Volk kaum zu retten.

8.9 Sehr verschiedene Schadensausmaße

Aus obigen Extrem-Beispielen wird deutlich, daß die von der Innenmilbe verursachten *Schäden* völlig unterschiedliche Ausmaße annehmen können. Einige Beispiele aus der umfangreichen Literatur über diese für die imkerliche Praxis wichtige

Tab. 8. Nachkommenschaft **eines** trächtigen Milben-Weibchens in 10 Generationen

berechnet als Näherungswerte unter der aus Beobachtungen und Serien-Untersuchungen gemachten Annahme, daß

a pro ♀ im Durchschnitt 8 Eier abgelegt werden,
b das Verhältnis der Geschlechter beim Adult-Werden = 1 : 1 ist,
c eine (sehr hoch angesetzte!) Verlustquote von 50% beim Überwandern trächtiger ♀♀ eintritt
d zumindest das ♀ etwa 3 Generationen (etwa 6 Wochen) lebt

Zeit etwa in Wochen	Filial-Generation	Eier, Larven, Nymphen	daraus entstehen		Verlust an begatteten ♀♀ beim Überwandern	verbleiben trächtige ♀♀ für die nächste Generation	in der jeweiligen Milbengeneration sind in Tracheen vorhanden:		
			♂	♀			lebend je ♀, ♂	bereits abgestorben je ♀, ♂	♂ + ♀
2	1	8	4	4	2	2	2	–	–
4	2	16	8	8	4	4	6	–	–
6	3	32	16	16	8	8	14	–	–
8	4	64	32	32	16	16	28	2	4
10	5	128	64	64	32	32	56	6	12
12	6	256	128	128	64	64	112	14	28
14	7	512	256	256	128	128	224	28	56
16	8	1024	512	512	256	256	448	56	112
18	9	2048	1024	1024	512	512	896	112	224
20	10	4096	2048	2048	1024	1024	1792	224	448

Frage: Butler (1945) schätzt die im Jahr 1918 in den Distrikten Großbritanniens eingetretene Völker-Totalverluste auf 90%. Vitzthum (1926) berichtet aus dem Pongau (Österreich): „... ist kein einziger Fall bekannt, wo ein einmal ... befallenes Volk sich wieder erholt hätte. Nur die Dauer des Vernichtungsprozesses ist verschieden. Er kann sich in wenigen Monaten ... abspielen, er kann sich aber auch über weit mehr als einen Jahreskreislauf hinziehen." Ähnlich lauten viele Berichte aus dem mitteleuropäischen Raum innerhalb mehrerer Jahrzehnte. Kshirsagar (1966) stellte in Hochtälern Indiens 50–60% Totalverluste fest. Atwal und Sharma (1970) beziffern die durch *Acarapis woodi* verursachten jährlichen Völkerverluste in Nordindien auf 25–40%. Dreher (1961) ist der Ansicht, daß die Milbe „unter unseren Klima- und Trachtverhältnissen ohne besondere Bekämpfungsmaßnahmen mit einer an Sicherheit grenzenden Wahrscheinlichkeit zur Vernichtung des befallenen Volkes" führt. Mit dieser Beurteilung sind die Außenfaktoren wiederum angesprochen. Die Milbe selbst erscheint „nicht geeignet für Klimafragen" (Morgenthaler, 1960). Nach Jeffree (1959) kann zwar eine höhere Außentemperatur die Milbenentwicklung insofern beeinflussen, als sich die Bienen rascher abarbeiten und deshalb nicht alt genug werden für eine Vollentwicklung der Milben. Morgenthaler bittet jedoch schon 1934 darum, in den Statistiken über Bienenkrankheiten auch Mitteilungen über Flora, Betriebsmethoden, Bienenrassen usw. zu berücksichtigen, „damit allfällige Beziehungen dieser Faktoren zum Auftreten der Krankheiten erkannt werden können." Besonders Jordan hat sich in vielen Untersuchungen und Veröffentlichungen (1940–1964) mit dem Zusammenhang zwischen Trachtfaktoren und Befallsgrad des Volkes beschäftigt und wiederholt festgestellt, daß die Tracht und der damit verbundene Bienenumsatz, letztlich also eine relative Kurzlebigkeit der Einzelbiene, die entscheidenden Faktoren für einen mehr oder minder harmlosen Verlauf einer Milbeninfektion im Bienenvolk sind. Während Mommers (1965) auch nach guter Tracht keine Reduzierung der Krankheit feststellen kann, schreibt Jordan (1964), der Imker solle seine Bienen sich „gesund fliegen" lassen, was durch eigene Erfahrungen bestätigt werden kann. Insbesondere nach guter Honigtautracht wird häufig ein starker Rückgang des Befallsgrades beobachtet. Bailey (1963) stellte fest, daß „auch in ärmlichen Trachtzeiten" die natürliche Unterdrückung einer Ansteckung sehr bemerkenswert sei, und daß sich starker Befall nur in Völkern ausbilde, die aus dem einen oder anderen Grund nicht gut arbeiten. Phillips (1925) war bereits der Ansicht, daß der „Erreger zu sehr in den Vordergrund gestellt" werde, ungünstige Umstände und widernatürliche Behandlung dagegen bei der Beurteilung zu wenig berücksichtigt würden. Auf diese Fragen gehen in gleichem Sinn auch Howorth (1928) und Bailey (1963) ein, während F. Ruttner (1971) vorwiegend die imkerliche Betriebsweise für eine Krankheit im Volk verantwortlich macht: „Für gut geführte Betriebe ist die Milbe überhaupt kein ernstes Problem, selbst wenn sie mitten in einem Befallsgebiet liegen." Aufgrund jahrelanger Vergleichsuntersuchungen kommt Wille (1966) zu dem Schluß, die Milbe trete immer gleichzeitig mit anderen Krankheiten auf, so daß (zumindest für schweizerische Verhältnisse) Völker, die ausschließlich an der Milbe leiden, nicht aufzufinden seien. Es sei vielmehr unklar, ob nicht andere Schwächen, Ausfallserscheinungen und Schädigungsfaktoren die Voraussetzungen für eine schlagartige Entwicklung der Milbe bilden. Bailey (1963) nennt die überreichlich in den Fachzeitschriften vorhandenen Berichte über Schäden durch Milbenbefall eine »Verwirrung von Ursache und Wirkung", die Schäden selbst (nach

RENNIE, 1921) ein „Gemisch von Unpäßlichkeiten". Und Praktiker wie SCHMID (1970) und SCHEHLE (1971) sind der auf eigener Erfahrung gegründeten Meinung, es widerfahre dem Imker Gerechtigkeit, wenn seine Völker an Milbe zugrunde gehen; denn es sei doch bekannt, daß die Milbe nur dann zum Zuge käme, wenn sie durch grobe Haltungsfehler unterstützt werde. Berücksichtigt man weiterhin, daß in guten Dauer-Trachtgebieten wie z.B. Argentinien die Milbe zwar häufig ist und immer wieder in einem Befallsgrad bis zu 5% vorkommt (KATZNELSON, 1968, 1974), jedoch keine Schäden anrichtet, dann gewinnt die Frage der „Faktoren", d.h. der Umweltbedingungen und der imkerlichen Betriebsweise, größere Bedeutung als die Milbe selbst. MORGENTHALER (1960) ist ähnlicher Ansicht, wenn er zur Feststellung der Milbe im Kongo durch BENOIT (1959, bei *Apis mellifica adansonii*) bemerkt, daß dort wohl kaum Schäden auftreten konnen, weil dort noch das natürliche Gleichgewicht der Lebewesen herrsche im Unterschied zu Mitteleuropa, wo es durch unsere Praktiken der Bienenhaltung gestört sei.

Nach BAILEY (1961) leiden in England und Wales wenigstens 2% der Völker meßbar unter Milbenbefall. KAESER (1960a) wies aufgrund der Untersuchung von Probeneinsendungen in den Jahren 1956 bis 1959 aus jährlich durchschnittlich 32500 Völkern einen Milbenbefall von 0,62–1,04% für das südliche Baden nach. Der Zusammenbruch eines Volkes im Frühjahr steht bevor, wenn zur Zeit von spätwinterlichen Reinigungsflügen etwa 50% (SCHNEIDER, 1946) oder mehr als 30% (BAILEY, 1958) der überwinterten Bienen mittleren bis starken Milbenbefall aufweisen. Der Zeitpunkt des Zusammenbruchs kann unterschiedlich sein, liegt aber meist vor oder in der Blühzeit der ersten Weiden.

Zusammenfassend kann über die Ausbreitungsmöglichkeit der Innenmilbe im Bienenvolk und damit über ihre Gefährlichkeit für das Volk gesagt werden:

1. Die Vermehrungs- und Ausbreitungsgeschwindigkeit der Milbe im Volk ist gegenläufig zur Vermehrungsquote der Bienen.
2. Der „Wettlauf" zwischen Biene und Milbe kann von der Milbe nur dann „gewonnen" werden, wenn mehrere für das Volk ungünstige Faktoren zusammenwirken.
3. Die Milbe *Acarapis woodi* ist somit für gewöhnlich kein das Überleben oder Wachstum ihres Wirtsvolkes grundlegend begrenzender Faktor. Bei biologischen Rückschlägen eines Volkes, zu deren Verschärfung imkerliche Praktiken beitragen können, kann sie es jedoch ernsthaft werden. Indessen ist die völlige Vernichtung des Bienenvolkes für die Milbe gar nicht sinnvoll. Denn mit dem Absterben ihres Wirtes hat sie keine Möglichkeit mehr, weiter zu existieren. Auch auf andere Völker kann sie nicht mehr übergehen.

9 Verbreitung der Tracheenmilbe auf andere Völker und Stände

Jedem Imker ist bekannt, daß Bienen sich „verfliegen", d.h. nach dem Ausflug in ein anderes Volk zurückkehren können. Bei der heute im mitteleuropäischen Raum sehr häufigen Zusammenballung und Stapelung von Völkern ist dieser Vorgang besonders leicht im frühen Frühjahr zu beobachten, wenn oftmals nur einzelne Bienen zum Reinigungsausflug kommen und in ein „Fremdvolk" zurückkehren. In größerem Ausmaß kommt Verfliegen als sog. „Eckvolkbildung" bei guten Trachten vor, wenn „vollgetankte" Bienen das nächst erreichbare Volk anfliegen, aber auch schon bei starker Windeinwirkung durch Abtrift. Das Verfliegen wird von vielen

Autoren (z.B. Rennie, 1921; Zander, 1925b; Borchert, 1927; Vitzthum, 1929b) als Möglichkeit einer schleichenden Milbeninfektion bei gesunden Völkern betrachtet. Insbesondere gilt das für Drohnen, die während der Paarungszeit „nirgends zu Hause und überall gern gesehen“ sind und sich auch über größere Entfernungen „verfliegen“. Schneller verbreitet werden kann die Milbe durch Räuberei, an der nicht selten mehrere Völker aus verschiedenen Ständen beteiligt sind, und wobei deren Bienen in enge Berührung miteinander kommen, ja sogar in fremden Stöcken bleiben (Rennie, 1921 bis Atwal, 1971). Bei milbenkranken Völkern ist oft der Schwarmtrieb besonders stark entwickelt. Sie stoßen manchmal mehrere kleine Schwärme ab, dabei Jungfernschwärme, die große Entfernungen überwinden. Häufig sind sie nicht fähig zu überleben und werden ausgeräubert.
Abgesehen von der Räuberei auf dem Stand, zu der der Imker fahrlässig beitragen kann, handelt es sich um natürliche Vorgänge. Viel häufiger und nachhaltiger ist jedoch die Verbreitung der Milbe durch den Menschen. Die heutigen Verkehrsverhältnisse gestatten Bienentransporte zu jeder Zeit an jeden beliebigen Ort. Jede Wanderung kann eine Milbeninfektion zur Folge haben. Insbesondere die Beschaffung von Königinnen und Schwärmen hat nachweislich zur Verbreitung der Milbe auf große Entfernungen beigetragen. Grundsätzlich birgt daher jeder Verkehr mit Bienen die Möglichkeit in sich, aktiv zur Verbreitung der Milbe beizutragen, gleichgültig, ob es sich um Besitzwechsel von Völkern, Ablegern oder Königinnen, um Transporte in andere Trachtgebiete oder um das Einfangen herrenloser „Findlingsschwärme“ handelt (viele Autoren, z.B. Morgenthaler, 1932; Kaeser, 1951a; Dreher, 1962; Giordani, 1963; Atwal, 1967, 1970; Katznelson, 1968).

10 Bienenrassen und Milbenbefall

Aus dem Vorkommen bzw. Fehlen des *Acarapis woodi* in klimatisch gleichen oder ähnlichen Regionen ergab sich sehr bald die Frage, ob unterschiedliche Bienenrassen auch verschieden auf eine Infektion reagieren oder vielleicht der Milbe gegenüber sogar immun (nicht infizierbar) sein könnten. Schon Anderson und Rennie (1916) fanden anläßlich ihrer intensiven Suche nach den Ursachen der Isle-of-Wight-Krankheit inmitten schwer erkrankter immer wieder einzelne intakte Völker, während Sturges (1921) feststellt, daß sich bisher kein Zuchtstamm als unempfindlich erwies. Rennie (1921) warnt vor einer Hoffnung auf immune Bienenrassen. Lediglich die Züchtung von Bienen mit kleinen Stigmen könnte vielleicht Erfolg versprechen. Doch Zander meint zu diesem Thema schon 1925: „Aber hierauf wollen wir keine Hoffnung setzen“. Nach Butler (1945) wurden bereits im Jahre 1919 Italiener-Königinnen nach England eingeführt, weil diese Rasse auf größere Widerstandsfähigkeit gegenüber der Krankheit hinzudeuten schien. Nach Morgenthaler (1932) „hatte es ursprünglich den Anschein, als sei die N-Rasse resistent, während die K- und I-Rassen* befallen werden“. Doch haben seine eigenen Versuche und Untersuchungen diese Vermutung widerlegt. Einige Beispiele der zahlreichen und über Jahrzehnte immer wieder unternommenen Versuche: Die bekannte „Buckfast-Biene“, eine Züchtung des Benediktiner-Bruders

* N = Nordbiene, auch Deutsche oder Dunkle Biene = *Apis mellifica mellifica*
K = Kärntner oder Krainer Biene = *Apis mellifica carnica*
I = Italiener Biene = *Apis mellifica ligustica*

ADAM KEHRLE in der Buckfast-Abtei (Südengland), erwies sich dort inmitten einer stark unter Milbenkrankheit leidenden Umgebung als so wenig anfällig, daß über viele Jahre hinweg bis heute keine Schädigung durch die Milbe eintrat. Die Bienenabteilung in Liebefeld-Bern prüfte gleichzeitig mit den deutschen Instituten Erlangen und Freiburg i. Br. die „Buckfast-Biene" auf eigenen Milben-Versuchsständen mit dem Ergebnis, daß die von diesen Königinnen begründeten Völker nach 1–2 Jahren unter allen Anzeichen eines starken Milbenbefalls eingingen. – Nachkommen von Königinnen aus Nordamerika, wo bis heute *Acarapis woodi* nie festgestellt werden konnte und wo deshalb eine vererbte Widerstandsfähigkeit gegen die Milbe vermutet wurde, erwiesen sich in England als sehr anfällig, während die einheimischen Völker des Vergleichsversuchs keinen Milbenbefall erkennen ließen (ADAM, 1962). Eine Wiederholung des Versuchs in England ergab ähnliche Ergebnisse (BAILEY, 1965). – Andererseits beobachtete SEPULVEDA (1962) in Spanien eine natürliche Resistenz bei gelben Italienern, überhaupt keine dagegen bei grauen Kaukasiern. – ALEXEJENKO und WOWK (1971) machten in der Sowjetunion Infektionsversuche mit den vier Rassen Italiener, Kaukasier, Krainer und Ukrainer, wobei zwar die Italiener am wenigsten und die Ukrainer am stärksten befallen wurden, grundsätzlich jedoch bei allen die Infektion gelang. – STEJSKAL (1959) dagegen fand in Venezuela bei einem Carnica-Stamm trotz „günstiger Ansteckungsmöglichkeiten" in fünfjähriger Beobachtung keinen Befall. – CALVERT (1957) glaubt nachgewiesen zu haben, daß in Großbritannien einer seiner Bienenstämme innerhalb von 12 Monaten den Milbenbefall eliminiert habe und weiterhin gegenüber allen Infektionsmöglichkeiten von milbenbefallenen Nachbarvölkern immun geblieben sei.

Nach BAILEY (1963) gibt es sicherlich genetische Unterschiede zwischen den Bienenrassen und -stämmen, die deren Empfänglichkeit gegenüber einem Milbenbefall beeinflussen. Doch diese Unterschiede seien möglicherweise gering; oder sie könnten durch Kreuzungen rasch verloren gehen; oder sie könnten nur in einer für die Milbe ungünstigen Umgebung wirkungsvoll sein. Der letzte Hinweis wird gestützt durch Mitteilungen von KSHIRSAGAR (1966), ATWAL (1967) und ECKERT (1967) aus Beobachtungen an indischen Bienen. Danach ist der Befall mit *Acarapis woodi* in den Gebieten am stärksten, in die aus anderen Ländern Völker importiert wurden. Bei Apis mellifica sei Milbe oft zu finden und verursache Schäden und Ausfälle, weniger bei *Apis cerana (= A. indica)*. Bei *Apis florea* und *Apis dorsata* sei dagegen die Milbe noch nie gefunden worden. Auch seien Infektionsversuche mit diesen beiden Arten stets mißglückt, während *A. mellifica* und *A. cerana* leicht zu infizieren seien. – Bei *Apis florea* dürften die Stigmen für ein Eindringen der Milbe zu klein sein. Für die große Apis dorsata hingegen müßten sich andere Faktoren als ausschlaggebend erweisen. – Für mitteleuropäische Verhältnisse besonders deutlich sind die negativen Ergebnisse der an drei Institutionen durchgeführten Versuche mit der Buckfast-Biene. Sie zeigen, daß diese Biene keinesfalls gegen *Acarapis woodi* immun ist, sondern daß sie sich nicht einmal als resistent erweist, sobald Umwelt- und Haltungsbedingungen verändert werden. Die Milbe läßt sich auch in den Völkern der Buckfast-Abtei nachweisen. Bruder ADAM hat jedoch in jahrzehntelanger ununterbrochener Zuchtauslese, ohne jede Anwendung von Medikamenten, nach vielen Rückschlägen eine durch Kreuzung erzielte Zuchtform geschaffen, die an die klimatischen und Trachtverhältnisse Südenglands in allen ihren Lebensäußerungen so gut angepaßt ist, daß die Milbe keinerlei Schäden verursacht (ADAM

1962). Damit sind wiederum „Außenfaktoren" angesprochen. Denn andere Rassen und Stämme gehen unter denselben „Außenfaktoren" in Südengland an Milbe ein. – Es ist denkbar, daß die für Indien gemachten Angaben ähnlichen Voraussetzungen unterliegen. – Ein gutes Zusammenspiel von Bienenrasse + Klima + Tracht + Betriebsweise erlaubt dem *Acarapis woodi* das Überleben, ohne jedoch mehr Schaden anzurichten als ein wohlerzogener „blinder Passagier" auf einem Jumbo-Jet-Flug: Er wird ohne Gegenleistung befördert und mit Lebensmitteln versorgt.
Aus heutigem Wissen muß daher gesagt werden: Es ist keine Bienenrasse bekannt, die gegenüber *Acarapis woodi* immun ist. Es gibt jedoch Rassen oder Stämme, die infolge bester Anpassung an alle sie umgebenden Faktoren so resistent (widerstandsfähig) sind, daß die Milbe den „Wettlauf" nicht nur nicht gewinnt, sondern auch keinen erkennbaren Schaden anzurichten vermag.
Die in und auf der Biene vorkommenden Milben *Acarapis woodi, externus, dorsalis* und *vagans* werden taxonomisch als selbständige Arten betrachtet. Seit ihrer Entdeckung sucht man jedoch nicht nur nach Unterscheidungsmerkmalen, sondern geht auch der Frage nach, ob und wie sich vielleicht aus einer Außenmilbe die Innenmilbe entwickeln konnte. Es gibt hierüber viele Vermutungen und Annahmen, jedoch keine Nachweise. Auch scheiterten bisher Kreuzungsversuche z.B. zwischen *Acarapis woodi* und *Acarapis dorsalis* (Eckert, 1967). Weiterhin ist bis heute die Frage offen, ob es bei *Ac. woodi* unterschiedlich vermehrungsfähige Rassen oder Stämme gibt, die durch besonders zahlreiche Nachkommenschaft und schnellere Ausbreitung im Volk größere Schäden verursachen könnten als andere. Unbeantwortet ist auch noch die Frage nach einer unterschiedlich toxischen (schädlichen) Wirkung eines *Ac. woodi*-Sekretes, das den in vielen Fällen festgestellten Schwund der Flugmuskulatur erklären könnte.
Bei Hummeln hat Stammer (1951) eine *Bombacarus buchneri* benannte Tracheenmilbe gefunden, die eine deutliche Degenerations-Anpassungserscheinung zeigt, was bei *Acarapis woodi* nicht der Fall ist. Er schließt daraus ebenso wie Vitzthum (1926), daß der Tracheenbefall durch *Ac. woodi* bei der Honigbiene, in erdgeschichtlichen Zeiträumen gedacht, noch recht jung sei. Nach Borchert (1966) wäre auch denkbar, daß das Fehlen degenerativer Anpassungen durch die hohen Anforderungen bedingt ist, die der Zwang zum Überwandern von Biene zu Biene mit sich bringt.

11 Erkennung (Diagnose)

Im Unterschied zu den Brutkrankheiten sind Krankheiten der erwachsenen Biene im Anfangsstadium makroskopisch (ohne optische Hilfsmittel) nicht und mikroskopisch nur dann erkennbar, wenn die zu untersuchende Biene zerlegt, also tot ist. Weder die Einzelbiene noch das Volk zeigen eine für den Menschen wahrnehmbare Reaktion, die auf eine Infektion, z.B. durch die Milbe, hindeuten könnte. Erst nach fortgeschrittener Ausbreitung der Krankheit in der Einzelbiene bzw. im Volk treten Anzeichen auf, die jedoch allgemeiner Natur sind und lediglich darauf hinweisen, daß etwas „nicht stimmt", aber nicht sagen, was. Ruhrerscheinungen an der Beutenfront oder im Volk zur Zeit der Reinigungsflüge oder der Weidenblüte können Anzeichen für falsches Winterfutter, Weisellosigkeit, Störungen von außen, Nosema- oder Milbenbefall, auch für mehrere dieser Ursachen sein.

Überdurchschnittlicher winterlicher Totenfall (mehrere Hundert Bienen auf dem Beutenboden) braucht nicht unbedingt im Zusammenhang mit einer Krankheit zu stehen, sondern kann auch auf falsche imkerliche Maßnahmen im Herbst zurückzuführen sein.
Flugunfähige Bienen in großer Zahl vor der Beutenfront (Krabbler, Hüpfer, Sandläufer) können Hinweise auf Ruhr, Nosema, Maikrankheit, Vergiftungen oder Milbe darstellen.

11.1 Verdacht

Ernsthafter Verdacht auf Milbenkrankheit ist gegeben, wenn eine große Zahl flugunfähiger Altbienen sich zur Zeit der Reinigungsflüge bis etwa zum Beginn der Weidenblüte vor der Flugfront am Boden einfindet. Diese Bienen sammeln sich zeitweise in Grüppchen auf warmen Bodenerhebungen, versuchen auch, an Grashalmen und dergl. hochzuklettern und abzufliegen, fallen jedoch wieder zu Boden und bewegen sich sehr häufig in Abflugrichtung vom Volk weg, so daß größere Flächen vor dem Stand von flugunfähigen Bienen besetzt erscheinen. – Ähnliche Erscheinungen können zu späterer Jahreszeit (Obstblüte und danach) bei Nosema, Maikrankheit oder Vergiftungen auftreten. – Es wäre falsch, diese flugunfähigen Altbienen (außer bei Maikrankheit, wo es sich um heilbare Jungbienen handelt!) aufzusammeln und den Völkern zurückzugeben. Sie sind flugunfähig und damit für das Volk wertlos und würden bei Verbleib im Volk zusätzliche Infektionsquellen darstellen.
In der Literatur finden sich mancherlei Hinweise für eine makroskopische Bestimmung oder zumindest eine spezifische Bestätigung des Verdachts einer Milbenerkrankung. Einige Beispiele: Hinterleib aufgetrieben, schwarz-glänzendes Aussehen, schüttelnde und zitternde Bewegungen (Manger, 1921); ein- oder beidseitiges Kreuzen der Vorder- und Hinterflügel, Hinterflügel aufwärts abgespreizt, Vorder- und Hinterflügel mit Unterseite nach außen gekehrt (Jordan, 1948); Reißfestigkeit der Hinterflügel verringert (Schneider, 1946); tieferer Flugton bei noch flugfähigen erkrankten Bienen (zit. nach Rennie, 1921). – Es hat sich jedoch nach vieljähriger Erfahrung herausgestellt, daß keines dieser Anzeichen krankheitsspezifisch ist, sondern daß einzelne dieser Erscheinungen oder mehrere gleichzeitig bei gesunden überalterten Bienen auftreten können, die zu Wintersende besonders häufig sind. „Keines dieser Anzeichen, auch nicht alle zusammen gleichzeitig, hat irgendeinen spezifischen diagnostischen Wert“ (Bailey, 1969). Dasselbe betont schon Vitzthum (1926).

11.2 Probeneinsendung

Für eine Erkennung bleibt daher nur die mikroskopische Untersuchung. Da hierzu jedoch außer optischen und anderen Gerätschaften auch Kenntnisse, Erfahrung und Übung erforderlich sind, überläßt man diese Tätigkeit den zuständigen amtlichen Untersuchungsstellen und sorgt als Praktiker für eine zeit- und materialgerechte Probeneinsendung. Die gedankliche und erfahrungsgemäße Voraussetzung hierfür ist folgende: Im Herbst schon kräftig milbenbefallene Bienen sind mit großer Wahrscheinlichkeit bereits unter den Wintertoten zu finden. Diese bilden daher das beste Untersuchungsmaterial. Sie werden möglichst vor den ersten Reinigungsflügen z.B. mit einem Drahthäkchen vom Flugloch her der Beute entnommen. Ist dieser Zeitpunkt versäumt oder tauchen Untersuchungswunsch (oder -pflicht!) oder Krankheitsverdacht erst bei Feststellung einer größeren Zahl flugunfähiger Bienen auf, so werden diese in Brennspiritus oder Benzin abgetötet und ohne jede Quetschung auf saugfähigem Zeitungspapier getrocknet. Für eine Untersuchung sind wenigstens 30 Bienen pro Volk erforderlich, die nicht in warmem Raum gelagert sein dürfen, sondern möglichst frisch eingeschickt werden müssen. Zur Verpackung untauglich sind alle dichtschließenden Behältnisse aus Glas, Blech und Kunststoff, ebenso alle preßgefährdeten Behälter, wie z.B. Papiertütchen. Am besten geeignet sind Streichholzschachteln oder ähnliche luftdurchlässige feste Pappschachteln, die auch eine Beschriftung mit Volksbezeichnungen zulassen.

Die Durchschnittszahl von 30 Bienen pro Volk für eine Untersuchung auf Milbe stellt einen Erfahrungswert dar, der sich aus den arbeitstechnischen Möglichkeiten der Untersuchungsstellen und einer Berechnung der Untersuchungssicherheit ergibt. 30 Bienen sind eine „Stichprobe" von etwa 0,3% der Bienenzahl eines winterlichen Volkes. Nach LINDER (1947) sind 30 Bienen das Minimum, um einen leichten (etwa 5%igen) Milbenbefall eines Volkes mit etwa 80%iger Wahrscheinlichkeit feststellen zu können. Für die Untersuchungsstelle bedeuten 30 Bienen pro Volk gleichzeitig das Maximum dessen, was arbeitstechnisch bei größeren Serienuntersuchungen noch mit ausreichendem Wirkungsgrad vertretbar erscheint.

Die Untersuchungssicherheit vermindert sich mit dem Erstarken des Volkes bei gleichbleibendem Arbeitsaufwand sehr rasch. Die meisten Untersuchungsstellen lehnen es daher mit Recht ab, Bienenproben, die nach Beginn der Weidenblüte den Völkern entnommen sind, zur Grundlage einer amtlichen Untersuchung auf Milbe zu machen. Geradezu sinnwidrig wäre es daher, Sommerbienen zur Untersuchung auf Milbe einzusenden, wenn nicht ganz besondere Verdachtsgründe vorliegen.

Der Inhalt einer Benachrichtigung über das Untersuchungsergebnis entspricht der Untersuchungssicherheit der Stichprobe. Bei negativem Befund kann der Text daher nie heißen „das Volk ist milbenfrei", sondern immer nur „die Bienenprobe ist milbenfrei". Bei positivem Befund, gleichgültig, ob starker oder schwacher Milbenbefall vorliegt, muß sich der Besitzer nach allem auf Seite 194 über die Ausbreitungsmöglichkeiten der Milbe Gesagten darüber klar sein, daß nicht nur das genannte Volk von der Milbe befallen ist, sondern daß trotz evtl. negativer Befunde auch die meisten anderen Völker des Standes mit an Sicherheit grenzender Wahrscheinlichkeit bereits die Milbe beherbergen.

11.3 Untersuchung

11.3.1 Einzeluntersuchung

Die Erkennung beruht auf der Zerlegung des Brustabschnitts der Biene und auf einer mikroskopischen Untersuchung der Hauptstämme des ersten Tracheenpaares.

Die Arbeitstechnik kann hierbei unterschiedlich sein:

1. Der von Flügeln, Beinen und Hinterleib befreite Brustabschnitt wird einschließlich Kopf längs durchgeschnitten und aus jeder der beiden Längshälften unter

Wasser der zugehörige Hauptstamm des vordersten Luftröhrenpaares herauspräpariert (Zander, 1923).

2. Kopf und Bruststück der Bienen werden eine Viertelstunde in 10%iger Natronlauge im Wasserbad gekocht, ausgewaschen, in 70%igen Alkohol übergeführt und präpariert (Prell, 1928).

3. Kopf- und Brustabschnitte werden für 2–3 Tage in Diaphanol gelegt, abgespült, in 70%igen Alkohol übertragen und nach beliebiger Zeit präpariert (Borchert, 1929b).

4. Entsprechend Abb. 59 werden mit scharfem Schnitt Kopf und Vorderbeine abgetrennt, mit einem zweiten Schnitt eine etwa 1 mm dicke Muskelscheibe des Brustabschnitts. Auf dieses Schnittpräparat tropft man entweder Milchsäure, oder Natron- oder Kalilauge und präpariert nach 15–20 Minuten mit feinen Nadeln aus der unter dem Einfluß der Chemikalien zerfallenden Muskelmasse die Tracheen bei 20–30facher Vergrößerung heraus. (Ebenso verfährt man zur Herausnahme der Tracheen bei der Arbeitsweise nach 1., 2., 3.) Die entnommenen Tracheen werden auf einen Objektträger übertragen, mit Deckgläschen versehen und im durchfallenden Licht unter dem Mikroskop durchmustert (Jordan, 1943b).

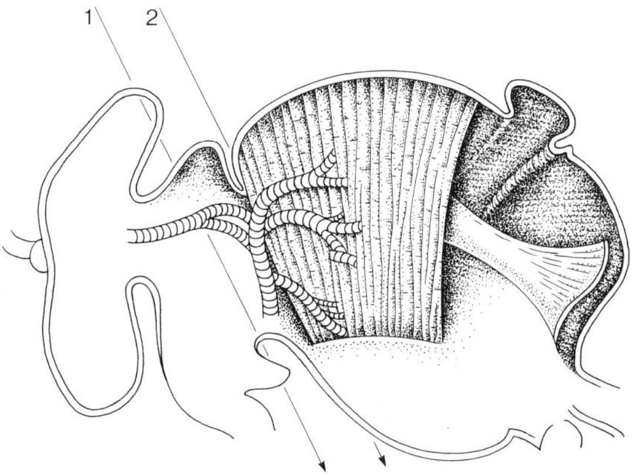

Abb. 59. „Milbenschnitt" nach Zander und Jordan. **1** und **2:** die beiden Schnitte, zwischen denen das etwa 1 mm dicke Schnittpräparat entnommen wird (nach Zander mit leicht veränderter Schnittlage).

5. Nach Abtrennen von Kopf und erstem Beinpaar und Entfernen des Hinterleibs wird das Bruststück für 48 Stunden bei Zimmertemperatur in Natronlauge eingeweicht. Dann wird in einem wassergefüllten Glasschälchen bei durchfallendem Licht in folgender Weise mit 2 Pinzetten präpariert: Mit der Pinzette der linken Hand wird der Brustabschnitt oberhalb der Ansatzstelle der Beinpaare II und III zusammengepreßt (Abb. 60). Dadurch wird das Scutellum als Höcker gut sichtbar. Es wird von der Pinzette der rechten Hand erfaßt und nach vorn abgezogen. Dadurch wird die Flugmuskulatur mit herausgelöst, so daß am vorderen Chitinrand des zurückbleibenden Teils des Brustabschnitts die Tracheen des ersten Stigmenpaares freigelegt werden. Sie werden im durchfallenden Licht untersucht (Usinger, 1954).

6. Nach Abtrennen von Kopf und Hinterleib wird das Bruststück unter einer binokularen Lupe (20–30fache Vergrößerung) mit der Ansatzstelle des Kopfes nach oben festgehalten. Mit einer Pinzette ergreift man die Vorderbeine nahe ihrer Ansatzstellen und zieht sie ruckartig nach oben ab. Mit ihnen zusammen wird der

erste Brustring entfernt (meist löst sich beim Abtrennen des Kopfes bereits das erste Beinpaar mitsamt dem ersten Brustring ab). Man hält den Thorax zwischen Daumen und Zeigefinger, die verbliebenen beiden Beinpaare in Richtung der Hand-Innenfläche. Die durch Abtrennen des ersten Brustringes erhaltene Öffnung ist nahezu kreisförmig. In ihr sind die Hauptstämme der vorderen Brusttracheen und die Abzweigungen der Kopftracheen sichtbar (Abb. 57). Mit einer feinen Pinzette werden die Ansatzstellen des zweiten Brustrings an seiner schmalsten Stelle (ventral, zwischen den Ansatzstellen des zweiten Beinpaars) getrennt. Man ergreift einen der spitzwinkligen Brustring-Ansätze und zieht den zweiten Brustring in kreisförmiger Bewegung ab. Die beiden Brusttracheen liegen frei und können gänzlich entnommen werden (GEINITZ, keine Veröffentlichung bekannt; von ihm persönlich übernommene Arbeitsweise des damaligen Instituts für Bienenkunde, Freiburg i. Br.). Diese Methode erlaubt sofortige Untersuchung einer eingesandten Bienenprobe ohne spezielle präparative Vorbereitung und hat sich in vielen Massenuntersuchungen über Jahrzehnte bewährt.

Gleichgültig, nach welcher Arbeitsweise die Präparation erfolgen soll: Entscheidend ist, daß Anfang und erste Verzweigung des Tracheenhauptstamms mit zur

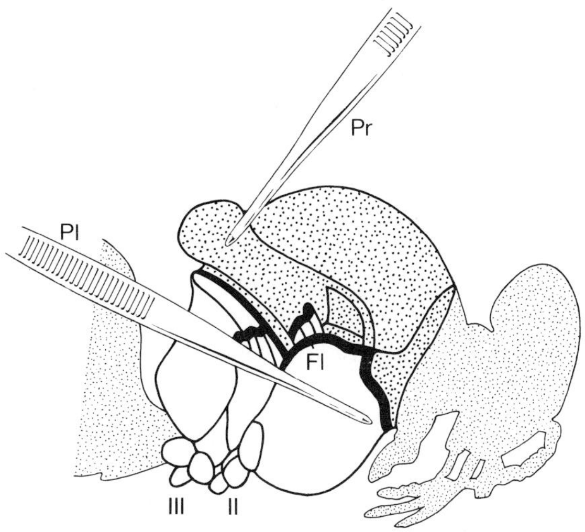

Abb. 60. „Milbenreißverfahren" nach USINGER. Brust der Biene, schematisch (nach ZANDER). Fein punktiert = vor der Aufarbeitung zu entfernende Teile. Grob punktiert = durch Präparation zu entfernende Teile. **Pl, Pr:** linke bzw. rechte Pinzette; **II, III:** 2. und 3. Beinpaar, **Fl:** Flügel.

Untersuchung gelangen, weil ein Anfangsbefall sich häufig nur hier findet (vergl. Abb. 57). Wichtig für die Beurteilung ist auch die Kontrolle unter Deckglas im durchfallenden Licht. Eine Dunkelfärbung der Trachee ist zwar im auffallenden Licht zu erkennen, besagt jedoch zunächst noch nichts, weil auch durch äußere Einflüsse (Rußteilchen und andere Luftverunreinigungen) Schwarzfärbung der Tracheen bei Altbienen erfolgt sein kann. Andererseits können im auffallenden Licht gesund erscheinende, seidig-weiß glänzende Tracheen eine größere Zahl von Milben, Larven und Eiern enthalten, die erst im durchfallenden Licht unter Deckglas sichtbar werden (Tafel 3, S. 227).

11.3.2 Schnelle Massenuntersuchung

Die von den Flügeln und Beinen befreiten Thorax- (d. h. Brust-) Abschnitte von 20 bis 200 Bienen gibt man mit 25 ml Wasser in ein 100 ml fassendes Gefäß und homogenisiert das Gemisch mit einem Mixer 3mal mehrere Sekunden lang, nötigenfalls unter Zugabe von noch mehr Wasser. Die so gewonnene Aufschwemmung gießt man durch ein Sieb mit 0,80 mm weiten Maschen und spült mit Wasser nach, so daß sich ein Filtrat von 50 ml ergibt, welches man 5 Minuten lang bei 1500 Umdrehungen/Min. zentrifugiert. Nach dem Abgießen des Wassers bleiben 2 Schichten im Glas. Die obere enthält meist Muskeln, die untere neben Haaren, Muskeln und Chitinteilen Stücke von großen Tracheen und, wenn vorhanden, freie Milben. Zur Auflösung der Muskeln gibt man zu beiden Schichten einige Tropfen Milchsäure. Nach 10 Minuten langer Einwirkung kann man unter dem Mikroskop auf Milben prüfen und diese auszählen (Colin und Mitarb. 1979). Auf Befall von *Acarapis woodi* wird man aber wohl nur dann schließen dürfen, wenn man die Milben in den Tracheen findet.

12 Die Bekämpfung der Milbenseuche

Wie bei der Bekämpfung der Bienenkrankheiten allgemein muß man auch hier davon ausgehen, daß in der Regel nicht die einzelne kranke Biene geheilt, sondern nur die nächstfolgende Bienengeneration vor Ansteckung bewahrt werden kann: Insekten haben für ihre Organe nur ein sehr beschränktes oder gar kein Regenerations- (Wiederherstellungs-)vermögen. Eine erkrankte, wegen starken Milbenbefalles flugunfähige Biene bleibt krank und flugunfähig, auch wenn die Milben und deren Entwicklungsstadien in ihren Tracheen durch geeignete Bekämpfungsmittel abgetötet sind. Sie ist somit für das Volk als Trachtbiene wertlos, wenngleich sie zur Zeit der Milbenabtötung noch als Stockbiene vollwertig tätig sein konnte.

12.1 Biologische Bekämpfung

12.1.1 Abtötung kranker Bienen und Völker

Ein Abtöten solcher wertlosen kranken Flugbienen kann durchaus sinnvoll sein. Denn einmal sind die alten verständlicherweise am stärksten mit Milben infizierten Flugbienen das Hauptreservoir für die Ausbreitung der Milben unter den jungen Bienen, zum anderen wird infolge der Verstopfung ihrer Luftröhren (Tracheen) mit Milben und Schorf auch die Bekämpfung der Krankheit mit Gas- und Rauchmitteln sehr erschwert. Ihre Ausschaltung aus dem Volk ist also nicht nur eine unmittelbaren Erfolg versprechende Bekämpfungsmaßnahme, sie kann auch eine wichtige Voraussetzung für eine schnelle und erfolgreiche Bekämpfung mit chemischen Mitteln sein.

Man sollte daher gegen Ende des Winters Reinigungsausflüge fördern, indem man den Völkern 1–2 Eßlöffel voll warmen Honig über die Wabengassen gießt. Denn auf diese Weise werden sie eher zu einem Ausflug veranlaßt. Dabei fallen die stark vermilbten Bienen flugunfähig zu Boden und gehen zugrunde, werden also aus dem Stock ausgeschieden. Ja, es ist sogar u.U. ratsam, im Spätsommer nach Ende der Tracht den einzuwinternden Völkern die alten Flugbienen abzuzapfen und diese zu

vernichten. Es konnte bewiesen werden, daß sich sowohl in der einen wie der anderen Weise eine starke Reduzierung des Milbenbefalles erreichen läßt (JORDAN 1955). Wenn dann im Frühjahr die jungen gesunden Bienen in steigender Zahl schlüpfen, ist die Gefahr ihrer Ansteckung bedeutend geringer geworden.
Auch die Abtötung ganzer Völker kann in besonderen Fällen erfolgreich sein, so bei eindeutig frischer Einschleppung der Milbe. Wir wollen uns jedoch davor hüten, sie grundsätzlich als Bekämpfungsmittel anzuwenden, wie das zeit- und gebietsweise geschehen ist (MENTZER 1951, 1954; FEILING 1960). Denn wenn die Acarapis-Milbe auf einem Stand entdeckt wird, hat sie sich (ebenso wie die Varroa) in der Regel schon längst über andere Stände der Umgebung verbreitet (s. S. 194).

12.1.2 Brutentnahmeverfahren

Schon ANDERSON und RENNIE (1916) wiesen darauf hin, daß die „Insel-Wight-Krankheit" weder durch Brut- oder Honigwaben noch durch Beutenteile oder Geräte übertragen werden kann. RENNIE bekräftigte nach Entdeckung der Acarapis-Milbe diese Ansicht, die auch von FERGUSSON (1922), STRONG und BURTT (1923), SANCTUARY (1924), ZANDER (1925b), VITZTHUM (1926) und MORGENTHALER (1930a) bestätigt wurde. GAUNTLETT (1931), WEDMORE (1931) sowie SVOBODA (1946) begründeten hierauf Möglichkeiten eines Heilverfahrens: Bienenfrei gefegte gedeckelte Brutwaben aus milbenkranken Völkern werden in einen Thermoraum bei 35 °C gebracht. Die hier schlüpfenden Bienen erhalten eine begattete Königin und werden in eine bienenfrei gemachte Beute umgehängt, womit ein neues gesundes Volk begründet ist. Meine eigene Versuchspraxis kam zu demselben Ergebnis (KAESER, 1949, 1951c). Auf diese als „Brutentnahmeverfahren" bezeichnete Weise wurden fast 2000 Völker der Randbezirke des damals milbenverseuchten südlichen Schwarzwaldes geheilt (KAESER, 1952b). Die Durchführung: Spätestens zur Obstblüte kommen sämtliche Völker einer als milbenverseucht bekannten Ortschaft auf eine weit abgelegene „Isolation". Bald danach müssen auf den geräumten Heimständen gesunde Stammvölker (etwa im Verhältnis 1 : 10 zu der abtransportierten Völkerzahl) stehen, die laufend durch bienenfrei gefegte gedeckelte Brutwaben aus den vermilbten Völkern der Isolierstation verstärkt werden. Von diesen macht man unter Zusetzen zentral gezüchteter und begatteter Königinnen volksstarke Ableger. Dieses Vorgehen wird wiederholt, bis nach etwa 2 Monaten die ursprüngliche Standvölkerzahl wieder erreicht ist und die vermilbten Völker auf der Isolierstation aus Mangel an schlüpfenden Bienen zusammengebrochen sind. Die Reste werden abgetötet. – Das Verfahren setzt langfristige organisatorische Vorarbeiten und gute imkerliche Zusammenarbeit voraus. Es führt zu einer biologisch-mechanischen Tilgung der Milbe im bearbeiteten Gebiet und zeitigt positive Nebenergebnisse (verstärkte Bautätigkeit der Völker, allgemeine Königinnenerneuerung, Aufbaumöglichkeit von Reinzuchtgebieten, vielfältige imkerliche Unterweisung). Wegen der Gefahr von Neuinfektionen durch Drohnenzuflug ist es jedoch nur in durch Bergzüge abgeschirmten oder sonstwie isoliert gelegenen Gebieten anwendbar. Auch LAVIE (1954) nutzte diese Möglichkeit einer Ausschaltung der Milbe zum Aufbau gesunder Völker.

12.1.3 Andere biologische Möglichkeiten

Viele Lebenwesen haben einen „Gegenspieler", ein anderes Lebewesen, das unter natürlichen Bedingungen für die Begrenzung ihres Massenauftretens sorgt. Die

Untersuchungen von LAVIE (1950a, b, 1952) schienen auf einen spezifischen „Milbenfeind" hinzuweisen, einen Hefepilz der Gruppe *Candida Guillremondi.* Bisher ließ sich jedoch leider mit diesem Mikroorganismus keine befriedigende Milbenbekämpfung durchführen.
JORDAN (1948) kam aufgrund seiner zahlreichen Versuche zu der Ansicht, daß auf dem Höhepunkt der Milbenvermehrung ein Bazillus die Milben zum Absterben bringe. Doch scheint die Isolierung dieses Bakteriums nicht gelungen zu sein.
Nach Erfahrung von BUCHNER (RUTTNER und BUCHNER 1979) und von MAUTZ (pers. Mttlg.) scheint eine Selbstheilung acariosekranker Völker doch möglich zu sein. Es handelt sich ja um eine Faktorenseuche, die in ihrem Auftreten sehr von den äußeren Bedingungen abhängt. Allerdings kann man sich auf diese Selbsthilfe der Natur allein nicht verlassen.

12.2 Chemische Bekämpfung

Zur Zeit der Entdeckung der Tracheenmilbe (1919) waren spezifische Insektizide oder Acarizide (Insekten oder Milben tötende Mittel) noch unbekannt. Es ist daher verständlich, wenn RENNIE (1921) eine Heilmittelbehandlung als schwierig bezeichnete. Wie der leidenschaftliche Imker R. W. Frow das später nach ihm benannte erste Mittel gegen die Milbenkrankheit der Bienen fand, wird in der „Bee World" (1974, S. 32/33) beschrieben. Daß es sich bei dem Anfangserfolg um ein zufälliges und nicht rekonstruierbares Zusammenspiel günstiger Bedingungen gehandelt haben muß, weist eine Veröffentlichung von FROW und MORGENTHALER (1933) nach, in der über Räuberei, Brutschädigungen und Totalverluste berichtet wird.
Die zahlreichen Mitteilungen über Ergebnisse mit dem Frowschen Milbenbekämpfungsmittel zeigen über drei Jahrzehnte hinweg zwischen erfreulichen Erfolgen und schwersten Schäden alle Schwierigkeiten auf, die sich aus technischen, bienenbiologischen, umweltbedingten und imkerpsychologischen Gründen ergeben können. 1946 ging FROW selbst zur Anwendung von reinem Nitrobenzol über anstelle des zuvor von ihm aus Benzin, Nitrobenzol und einem Möbeldesinfektionsmittel kombinierten Präparates.
Von RENNIE (1923) wurde der Rauch von schwelendem Schwefel empfohlen. Die Meinungen über einen Bekämpfungserfolg sind jedoch geteilt. 1927 vertrat er die Ansicht, daß sich die augenlose Milbe beim Aufsuchen eines Wirtes durch den Geruch orientieren müsse. Daraufhin wurden „geruchsverwirrende" Stoffe wie z. B. Methylsalicylat (Wintergrünöl) empfohlen (ANGELOZ-NICOUD 1930; FORGEOT 1932; ATWAL 1970). Wiederholbare Bekämpfungserfolge sind jedoch nicht bekannt geworden. BORCHERT (1940, 1941) und SCHULZ (1941) wiesen dann die milbentötende Wirkung von Senföl nach, und JORDAN (1943a, b) entwickelte aus diesen Versuchen das Mito A_2. Mit diesem Senfölpräparat, das auch als Apimilbin oder Milbex bezeichnet wurde, konnten befriedigende, bis zu 100%ige Erfolge erzielt werden (JORDAN 1948; HIRSCHFELDER 1951, 1957; BEER und JORDAN 1967), doch war das nicht allgemein der Fall (LAVIE 1950a; KAESER 1951, 1952c), vermutlich infolge zu kurzer Anwendungszeit, vielleicht aber auch, weil die Bienen ein solches Verdunstungsmittel aus dem Stock treiben, sodaß es nicht das eigentliche Nest erreicht.

Diese zuletzt genannte Vermutung führte zu dem Gedanken, alle Bienen eines Volkes durch Aufregung innerhalb der allseitig geschlossenen Beute zu zwingen, die milbentötenden Gase einzuatmen. Eine Erregung des ganzen Volkes kann durch kräftige Rauchgaben bei geschlossenem Flugloch erreicht werden. Die Kombination von Rauch mit modernen insektenschonenden Acariziden erbrachte die erhoffte Wirkung im Delacan mit unbekanntem Wirkstoff (Kaeser 1952a, c), im belgischen P. K. mit Dichlorphenylmethyläthanol (Koch und Mitarb. 1952) und im Folbex mit Chlorbenzilat als Wirkstoff (Gubler u. Mitarb. 1953).
Es handelt sich um Rauchmittel, die entweder in das Volk eingeblasen (Delacan) oder im Volk durch Entzünden von Schwelpapier entwickelt werden (P. K., Folbex). Diese Milbenbekämpfungsmittel haben sich in der Praxis bewährt (Koch 1955; Dreher und Mitarb. 1958; Kaeser 1960a). Jedoch ist heute weder Delacan noch P. K. erhältlich. In der DDR verwendet man Chlorphenson (vgl. Fritzsch 1970).
Die Suche nach weiteren im Bienenvolk anwendbaren Acariziden und deren Prüfung in Laboratorium und Praxis hat nicht aufgehört (Bailey und Carlisle 1956; Fritzsch und Fritzsch 1961, 1970; Giordani 1956, 1967, 1973; Van Laere 1960; Schyns 1962; Svancer 1963; Skripnik 1965, 1966; Samiskina 1966; Vecchi und Giordani 1967; Alexejenko und Wowk 1971).
Neuerdings war es nötig, das bewährte Folbex zu ersetzen. Es wurden Bedenken erhoben, daß für den Menschen schädliche Rückstände davon in den Honig kommen könnten. Das neue Mittel mit dem Wirkstoff Brompropylat (genauer: Isopropyl-4,4'dibrombenzilat) ist jetzt unter der Bezeichnung „Folbex-VA“ im Handel. (Vorübergehend wurde es als „Folbex-forte“ bezeichnet.) Es hat den Vorzug, auch gegen die Varroamilbe zu wirken, worauf der Buchstabe V (= Varroa) neben dem A (= Acarapis) hinweist. Nach zahlreichen Versuchen kann davon ausgegangen werden, daß es ebenso wie das vormalige Folbex dem Imker die Möglichkeit bietet, eine die Wirtschaftlichkeit seiner Völker beeinträchtigende Übervermehrung von *Acarapis woodi* nicht nur zu verhindern, sondern auch sichtlich erkrankte Völker bei rechtzeitiger Behandlung zu heilen (Ritter und Mitarb. 1982). Das neue Präparat wird von den Bienen und ihrer Brut gut vertragen. Während für alle seitherigen Räuchermittel gilt, daß die Bienen durch sie reizbar werden, so daß sie sich gegen ihre eigene Königin feindlich verhalten und diese abstechen können (Giordani 1956, Goetze 1960, Slezak 1959, Stehle 1966), scheint das für die Behandlung mit Folbex-VA erfreulicherweise nicht zuzutreffen (Ritter 1982).

12.2.1 Die Behandlung mit dem Räuchermittel „Folbex-VA“

Es handelt sich um 10 cm lange mit dem Wirkstoff durchsetzte Papierstreifen, die sich infolge weiterer Präparation zum Verschwelen bringen lassen. Nur in trachtlosen Zeiten darf man sie anwenden, damit nichts davon in den Honig kommen kann. Man zündet sie an einem Ende an und bläst die offene Flamme aus, wonach sie unter starker Rauchentwicklung weiter glimmen. Der Rauch schlägt sich als feiner Überzug im Innern des Bienenstockes nieder, vor allem auf den Bienen, dringt auch in deren Luftröhren (Tracheen) ein und tötet die Milben in und auf den Bienen ab. Den Bienen schadet er nicht. Der Rauch des alten Folbex wirkt nicht gegen die Milbeneier. Wahrscheinlich gilt das auch für den von Folbex-VA. Und da zudem bei starkem Befall die Luftröhren der Bienen oft von den Milben verstopft sind, so daß nicht alle Milben von dem Mittel erreicht werden, kann eine einmalige Beräuche-

rung, die nur eine Woche lang anhält, nicht genügen. Es ist notwendig, sie zu wiederholen, und zwar so lange und so oft, wie sich noch befallene Bienen im Volk befinden, d.h. über die Zeit der Lebensdauer einer Bienengeneration, nämlich über 7 Wochen. Eine 6-malige Behandlung im Abstand von einer Woche hat sich bei Folbex-VA als voll wirksam erwiesen.
Eine 4-malige Behandlung im Herbst brachte schon eine deutliche Verminderung des Milbenbefalls. Die Behandlung im Frühjahr nach der Weidenblüte ist jedoch günstiger, da dann die überwinternden Bienen mit ihren Parasiten natürlicherweise absterben (Ritter u. Mit. 1982). Verpackungsmaterial wie Strohmatten u. dgl. sollte man, um einer Überhitzung vorzubeugen, von den Bienenkästen entfernen. Für kleinere Völker wie Ableger und Reservevölker mit bis zu 6 belagerten Waben verwende man nur einen halben Räucherstreifen!
Die Behandlung ist jeweils abends durchzuführen, wenn alle Bienen im Stock sind. Die Außentemperaturen sollten während der Anwendung bei über 10°C liegen. Nachtfrostgefahr darf nicht bestehen. Die Bienen müssen offenes Futter zur Verfügung haben. Nötigenfalls muß man sie vorher flüssig füttern oder ihre Futterwaben entdeckeln. Außerdem sollten einige gute Flugtage vorhergegangen sein. Die Fluglöcher werden mit nassen Lappen oder nassem Zeitungspapier luft- und lichtdicht verschlossen.
So muß der Rauch eine Stunde lang auf die Bienen einwirken. Das bringt sie zu starker Erregung, was nötig ist, damit sie genügend von dem milbentötenden Mittel einatmen. Wenn sich der Rauch nach dieser Zeit völlig verzogen hat, beruhigen sich die Bienen wieder. Nun können die Fluglöcher geöffnet werden.
Infolge der Aufregung, in die das Volk durch den Rauch und das verschlossene Flugloch versetzt wird, besteht die Gefahr des Verbrausens, d.h. des Zugrundegehens durch Überhitzung. Deshalb ist es erforderlich, ihnen viel Raum zu geben, wie bei einem Transport, so daß sie sich außerhalb der Wabengassen aufketten können. Hierzu muß ein freier Raum von mindestens 3 Waben und ihren Gassen zusätzlich geschaffen werden. Nötigenfalls gibt man den Völkern den leeren Honigraum frei. Dahinein hängt man ein leeres Rähmchen samt dem mit einem Draht daran befestigten Räucherstreifen. Brandgefahr besteht nicht, wenn man darauf achtet, daß dieser mindestens 3 cm von den Beutenteilen und etwaigen Waben entfernt bleibt, vor allem nicht mit Wellpappe oder Weichfaserplatten in Berührung kommt. Man zündet, wie gesagt, den Streifen unten an und bläst die etwa entstehende Flamme aus. Auf das Verlöschen der Flamme ist unbedingt zu achten!
Bei hohem Boden hat man die bequeme Möglichkeit, den Streifen durch das Flugloch einzuführen, wobei kaum Bienen entkommen und sich der Behandlung entziehen können. Das geschieht am besten auf einem etwa 30 cm langen und 2 cm breiten Blechband, notfalls auch auf einem Stück rund gebogener Drahtgaze. Am Ende des Bandes werden mit einer Blechschere Zacken eingeschnitten und nach oben gebogen, so daß man den Folbexstreifen frei darauf legen kann. An seinem vorderen Ende zündet man ihn an, bläst danach die Flamme aus, führt ihn in stark rauchendem Zustand in das Flugloch ein und verschließt dieses sofort. Bei normalem Bodenabstand der Waben geht das jedoch so nicht, da Folbex-VA dann aufhört zu glimmen.
Bei Oberladern kann man auch das Futterloch im Deckel mit Drahtgaze überspannen und einen Blumentopf darüber stülpen. Durch dessen Bodenloch steckt man einen kurzen Holzstab, an dem man innen den Folbexstreifen befestigt. Darüber

hinaus gibt es viele Möglichkeiten, den glimmenden Streifen im Bienenvolk unterzubringen.

Oft besteht beim Imker Furcht vor der Anwendung so großer Rauchgaben. Sie ist unbegründet (Büdel 1953). Auch wenn nach Rückkehr von Trachtwanderungen der Verdacht einer möglichen Infektion aufkommt und Vorbeugebehandlungen durchgeführt werden, sollte man mit voller Dosierung arbeiten. Andernfalls könnte der in der allgemeinen Schädlingsbekämpfung so gefürchtete Fall eintreten, daß die Milbe infolge mehrerer Unterdosierungen allmählich gegen das Mittel resistent wird (Goetze 1958, Rousseau u. Mit. 1959, Tabarly 1963, Alexejenko u. Wowk 1971). Alle genannte Rauchmittel wie auch das selbstverdampfende Senföl üben einen Anreiz auf den Bruteinschlag aus. Es hat sich in Vergleichsuntersuchungen gezeigt, daß hierfür nicht einer der Wirkstoffe der Milbenbekämpfungsmittel, sondern die durch den Rauch verursachte Auflockerung des Volkes verantwortlich ist. Es handelt sich also um eine positive Nebenwirkung der Behandlung.

Trotz des geschützten Lebensraums, welcher der Acarapismilbe in der Trachee innerhalb der Biene zugute kommt, ist ihre Bekämpfung kein wissenschaftliches Problem mehr, sondern ein imkerpraktisch-organisatorisches. Der Wettkampf zwischen Biene und Milbe, der sich durch Außenbedingungen zu ungunsten der Biene verschärfen kann, ist vom Imker leicht zugunsten der Biene zu entscheiden. Doch sollte dabei die chemische Milbenbekämpfung nur zusätzlichen und ergänzenden Charakter zu den Maßnahmen tragen, die auch bei gesunden Völkern zu einer guten Entwicklung und zu wirtschaftlichem Erfolg führen. Gedankenloser Perfektionismus in der Medikamentenanwendung könnte auf längere Sicht zum Schaden des Bienenvolkes ausschlagen. Praxiserfahrungen weisen darauf hin, daß derartige Möglichkeiten nicht auszuschließen sind (Alexejenko u. Wowk 1971).

12.2.2 Die Behandlung mit dem Verdunstungsmittel Senföl

Wenn auch die praktischen Erfahrungen mit dem Senföl zur Acariosebekämpfung geteilt sind: Zur Vorbeuge hat sich seine Anwendung allgemein bewährt. Und bei ausdauernder Anwendung kann man auch eine Ausrottung der Acarapismilbe in den Völkern erreichen.

Es handelt sich um ein flüssiges Verdunstungs- oder Begasungsmittel, das man sich aus 2 g Senföl und 98 g Methylalkohol (auch Methanol genannt) oder Isopropylalkohol selbst zusammenstellen muß. Lange Zeit war es als „Apimilbin" fertig gemischt im Handel zu haben.

Es ist bedeutend einfacher anzuwenden als ein Räuchermittel: Man gibt es in den Stock und läßt es wirken. Das kann man zu jeder Tageszeit tun, man ist also nicht auf den Abend angewiesen, wenn alle Bienen zu Hause sind. Die Fluglöcher bleiben offen. Demzufolge entfällt auch das Wiederöffnen nach 1stündiger nächtlicher Wartezeit, nicht zuletzt die vorbereitende Arbeit des Raumgebens. Einmal eingesetzt, bleiben die mit der Mischung gefüllten Flaschen bis zu deren Verdunstung im Stock, und erst dann ist ein Nachfüllen erforderlich. Jedoch muß man die Behandlung möglichst lange durchführen. Zwar kann man mit einer Behandlung, die sich wie bei den Räuchermitteln über 7 bis 8 Wochen ausdehnt, schon viel erreichen. Eine sichere Befreiung von der Milbe ließ sich aber erst bei Anwendung den ganzen Sommer über nachweisen (Hirschfelder 1951, 1957).

Die Senföl-Methanolmischung füllt man in 50 oder 100 ml fassende Medizinflaschen. Deren Mündung deckt man mit einer gewachsten und gelochten Pappscheibe ab. Neuerdings werden auch Flaschen mit gelochtem Plastikschraubdeckel verwendet. Zuvor aber führt man durch das Loch der Abdeckung als Docht eine eng gerollte Filterpapierzigarre, die einerseits bis zum Flaschenboden reicht, andererseits die Abdeckung um 5 mm überragt. Die im Handel erhältlichen Dochte ragen etwa 10 bis 15 mm über dem Deckel hervor. Man muß sie also kürzen. Von der Mischung verdampfen dann gewöhnlich wöchentlich 10 bis 17 ml. Erst bei einer 3- bis 4fachen Überdosierung kann es zu Schäden bei den Bienenvölkern kommen (Weiss 1952, Mautz 1982), und zwar von zweierlei Art: Einmal können die Völker ihre Flugbienen verlieren, „sich kahl fliegen", was infolge ihres so geschwächten Zustandes, durch den Geruch des Senföls ausgelöst, Räuberei bewirken kann. Zum anderen kann ihre jüngste offene Brut verschwinden, so daß nach 9 Tagen neben vereinzelten Maden nur noch Eier und gedeckelte Brut darin zu finden sind. Bei schwachen Völkern wird man daher die Dochte der Senfölmethanolflaschen von vornherein nur 3 mm lang halten. Vorsichtshalber sollte man alle Völker spätestens 8 Tage nach Beginn einer Behandlung überprüfen. Etwaige Schäden sind leicht zu beheben, indem man zunächst die Kur unterbricht, bei starken Völkern auf einige Tage, und bei schwachen, bis sie die Aufsatzreife erlangt haben, um dann bei gekürzten Dochten weiter zu begasen.

12.2.3 Innere Therapie

Die Bienenwissenschaft ist bemüht, nach weiteren Einwirkungsmöglichkeiten auf die Milbe zu suchen. Ein neuer Weg ist die innere Therapie, d. h. die Gabe eines Medikaments, das über Fütterung, Mitteldarm und Hämolymphe der Biene die Milbe erreicht. Bereits vor Jahren wurde eine große Anzahl von Medikamenten in dieser Hinsicht geprüft (z. B. von Kaeser 1952, Packert 1958, zit. nach Borchert 1966). Infolge dieser anfänglichen Mißerfolge bemühte man sich zunächst, die Kenntnisse über die Widerstandsfähigkeit sowie die Ernährungs- und Lebensgewohnheiten der Acarapismilbe zu erweitern. Rennie (1921) hatte schon festgestellt, daß dieser Parasit außerhalb der Biene in feuchter Umgebung etwa 1 Tag am Leben bleiben kann. Lavie (1950a, 1951) und Kaeser (1951b, 1952c) untersuchten seine Lebensdauer im einzelnen und kamen zu dem Schluß, daß unter allen gegebenen Bedingungen (Über- und Unterdruck, reine Sauerstoff- oder Kohlendioxid-Umgebung, hohe und niedrige Temperaturen) Milben innerhalb der Tracheen die Bienen überleben, und daß bei genügend hoher Raumfeuchtigkeit selbst freigelegte Milben unter den angewandten Versuchsbedingungen häufig länger leben als Bienen. Lediglich gegen Austrocknung ist die freigelegte Milbe empfindlich, was auch Hirschfelder (1952) bestätigte.

Um die Ernährungsgrundlagen der Milbe genauer kennen zu lernen, war deren Züchtung außerhalb der Biene erforderlich. Nach zahlreichen Mißerfolgen an verschiedenen Forschungsstellen gelang es Sachs (1958) erstmalig, die Milbe außer-

---

Tafel 1
Oben links: Starker Leichenfall vor einem Bienenstand infolge Vergiftung durch Pollen vom Hahnenfuß *Ranunculus auricomus* (Petersen phot.). **Oben rechts:** Vom Kalkbrutpilz *Ascosphaera apis* befallene Wabe (Archiv Liebefeld). **Unten links:** Kalkbrutmumien vor der Fruchtkörperbildung (Haragsim phot.). **Unten rechts:** Kalkbrutmumien mit Fruchtkörpern (Haragsim phot.).

halb der Biene auf Bienen-Hämolymphe bis zu 11 Tage am Leben zu erhalten. Auf künstlichem Nährboden glückte ihm auch die Aufzucht aus dem Ei. Auf lebenden Bienen-Streckmaden und Nymphen gelang GIORDANI (1967, 1970) ebenfalls die Milbenaufzucht. Die von ihr gleichzeitig auf den Larven der Solitär-Biene *Nomia* durchgeführten Aufzuchtversuche mißlangen jedoch, ein Hinweis darauf, daß *Acarapis woodi* nahrungsspezialisiert (monophag) ist.
Inzwischen sind wir jedoch dem erstrebten Ziel erheblich näher gekommen. Im Dimeformhydrochlorid wurde ein Mittel gefunden, welches die Varroamilbe über das Blut der Bienen, die Hämolymphe, abzutöten vermag (s. Seite 224). Möglicherweise wirkt es auch auf die *Acarapis woodi* auf diesem Wege. Aber das weiter zu verfolgen ist von geringem Interesse, da das Präparat gegenwärtig keine Aussicht auf Zulassung durch das Bundesgesundheitsamt hat. Inzwischen sind weitere Substanzen ähnlicher „systemischer" Wirkung in der Erprobung.

12.3 Desinfektion

Im Unterschied zu den meisten anderen Bienenkrankheiten ist bei den Bekämpfungsmaßnahmen gegen *Acarapis woodi* keine Desinfektion erforderlich. Dies erleichtert das Vorgehen gegen die Milbe erheblich, sofern nicht gleichzeitig Ruhr oder Nosemaerkrankung oder beides vorliegt.

12.4 Schlußbetrachtung

Unsere heutigen Kenntnisse über *Acarapis woodi* lassen manche allgemein biologisch und speziell interessante wissenschaftliche Frage noch offen (KAESER 1959). Doch vermag der Imker einer sich ausbreitenden Milbenkrankheit mit Hilfe der heute gegebenen Möglichkeiten rasch und wirksam zu begegnen. BAILEY (1963) schreibt in den Schlußfolgerungen zur Bekämpfung von Bienenkrankheiten: „Die Bienen können – anders als Haustiere und Pflanzen – nicht in einer sanitären Isolation, abseits ihrer natürlichen Umgebung (Waben) und Artgenossen gehalten werden und brüten. Das macht das Problem einer Krankheitsausrottung am schwierigsten. Deshalb sollte bei der Honigbiene das Ziel sein, die Zahl ihrer pathogenen Erreger so wirkungsvoll herabzusetzen, wie es die Wirtschaftlichkeit erfordert, während man sich gleichzeitig vor Augen hält, daß eine Ausrottung von endemischen Infektionen wahrscheinlich nicht zu erreichen ist, so wirksam die Bekämpfungsmaßnahmen auch sein mögen."

Tafel 2
Oben links und rechts: Bösartige Faulbrut mit durchlöcherten (links) und eingesunkenen (rechts) Zelldeckeln (HARAGSIM phot., Archiv Liebefeld). **Links:** Sauerbrut. Schon die jungen Madenstadien sind erkrankt (Archiv Liebefeld). **Mitte rechts:** Sackbrut. Das Kopfende der Streckmaden ist kahnförmig aufgebogen (HÄTTENSCHWILER phot.). **Unten rechts:** Streichholzprobe auf Bösartige Faulbrut. Die abgestorbene Larve hat sich in eine fadenziehende Masse verwandelt (Tierhygienisches Institut Freiburg – LEHEN, phot.).

Die Varroatose

Bei der Varroatose handelt es sich um eine sehr gefährliche, sich seuchenhaft verbreitende Krankheit, welche die erwachsenen Bienen sowohl wie die Bienenbrut zugleich befällt. Sie ist anzeigepflichtig. Ihren Namen hat sie von der sie verursachenden Varroa-Milbe. Sie wurde nach dem römischen Schriftsteller und Imker Varro so benannt (OUDEMANS 1904b).

1 Krankheitsbild

Allgemein sind die Bienen unruhig. Vor den Stöcken beobachtet man vor allem im Frühjahr und Herbst flugunfähige, hüpfende und krabbelnde junge Arbeitsbienen, auch Drohnen, besonders am frühen Nachmittag zur Zeit des Vorspiels. Manchmal sind sie mißgebildet, haben verkrüppelte Flügel, es fehlen Beine, ihr Hinterleib ist geschrumpft (Tafel 4, Seite 228). Bei genauem Hinsehen kann man an den Bienen kleine, meist fest haftende Parasiten entdecken. Auch tote Bienenlarven und Puppen findet man in und vor den Stöcken sowie in den Brutzellen. Die Zelldeckel können durchlöchert sein, so daß ein Bild entsteht, das dem der Sauerbrut (= der Gutartigen oder Europäischen Faulbrut) ähnelt.
Die Völker werden oft überraschend schnell schwach, fliegen sich in manchen Fällen trotz zunächst noch guter Stärke schon im Herbst ganz plötzlich kahl, so daß sie bereits dann verloren sein können. Weniger stark erkrankte Völker sterben erst im Winter oder Frühjahr ab, manchmal unter Ruhrerscheinungen. Im Stock findet man unter diesen Umständen nur noch die Vorräte und gegebenenfalls die Brut.

2 Erreger

Ursache dieser Erscheinungen ist die bereits genannte Milbe *Varroa jacobsoni* Oudemans (s. S. 167), von den Imkern zum Unterschied von der Tracheenmilbe *Acarapis woodi* manchmal auch als Riesenmilbe bezeichnet* (Abb. 61, Tafel 4, S. 228 und 5, S. 245).

2.1 Vorkommen und Schadwirkung

Ursprünglich war die Varroa ausschließlich ein Parasit der Indischen Biene *Apis cerana.* Wie diese ist sie in Ostasien zu Hause: in Indien, China, Vietnam, Korea, Afghanistan und auf den ostasiatischen Inseln, wie z. B. auf Java, wo sie im Jahre 1904 von OUDEMANS (1904a) entdeckt wurde (s.a. BUTTEL-REEPEN 1918). In den 50er Jahren ging sie unerwartet auch auf unsere *Apis mellifica* über (RITTER und Mitarb. 1981b), und zwar überall dort, wo unsere westliche Honigbiene in das Verbreitungsgebiet der östlichen *Apis cerana* gebracht wurde, so z. B. in Japan, China und Ussurien (Ostsibirien). Von dort kam sie durch weiträumige Bienentransporte nach Europa, zunächst von Ussurien aus nach Westrußland, wo man sie

---

* Ein ausgezeichneter Film über die Varroatose wurde von Donat Waltenberger, 8948 Mindelheim, Kornstraße 28, hergestellt.

erstmals 1964 feststellte. Auf die gleiche Weise wurde sie nach Kleinasien, auf den Balkan, nach Nordafrika und Südamerika gebracht. Heute findet sie sich auch in der Tschechoslowakei, in Österreich, Italien und in Deutschland, vor allem in Hessen, in Baden-Württemberg, in Nordwestbayern, in einem Gebiet südlich bis östlich von Berlin und bei Magdeburg. Ihre allgemeine Verbreitung über ganz Deutschland ist nur eine Frage der Zeit. Frankreich hat sie bereits im Elsaß. In den Niederlanden wie in Belgien wurde sie ebenfalls festgestellt. Die britischen Inseln, Australien und Nordamerika sind bisher noch frei (s. a. NIXON 1983).

Auffallenderweise befällt sie die Völker unserer westlichen *Mellifica*-Biene in viel stärkerem Maße als die der östlichen *Cerana (Indica)*-Biene, bei der sie sich auch nicht sonderlich gefährlich auswirkt. Vermehrt sie sich doch hier, wie KOENIGER und Mitarb. (1981) in Sri Lanka beobachteten, aus unbekanntem Grunde nur auf der Drohnenbrut. In Burma allerdings sollen auch die *Cerana*-Völker stark befallen sein (NYEIN u. ZMARLICKI 1982). Und wie DE WILDE (1983) von China berichtet, hat man dort festgestellt, daß die *Cerana*-Arbeitsbienen imstande sind, sich der Varroa durch energisches Putzen zu erwehren.

Die Schäden, die die Varroa hingegen an der *Mellifica* anrichtete, waren meist geradezu ungeheuer, besonders in der Sowjetunion. In Deutschland blieben sie zunächst gering, nahmen aber kürzlich sprunghaft zu. Auch hier bestätigte sich, daß man frühestens 3 Jahre nach der Infektion einen Schaden zu erwarten hat, der dann jedoch ganz erheblich sein kann. Die Zahl der Milben ist in dieser Zeit auf etwa 3000 angestiegen, und ab 5000 wird der Befall für ein Volk lebensbedrohend (RUTTNER 1982).

2.2 Lebensweise, Bau, Entwicklung

Die erwachsenen Weibchen der Varroa leben auf den Arbeitsbienen, Drohnen und Königinnen. Sie setzen sich vorzugsweise an deren Bauchseite an dünnhäutigen Stellen fest, wie besonders an den Intersegmentalhäuten, durchstechen diese mit ihren Mundwerkzeugen und saugen das Bienenblut, die Hämolymphe. Bis zu 20 Varroa-Weibchen sind auf einer *Mellifica*-Arbeitsbiene beobachtet worden. Die Varroa-Männchen hingegen leben, ohne Nahrung aufzunehmen, nur in den Zellen der Bienenbrut. Alle Entwicklungsstadien befinden sich ebenfalls nur in den Brutzellen, wo sie sich von der Hämolymphe, möglicherweise auch vom Futter der Larven oder von deren Kot ernähren (SMIRNOW 1975).

Männchen und Weibchen sind sehr verschieden. Die Weibchen, denen wir fast ausschließlich begegnen, sind bei einer Breite von 1,3 bis 1,6 mm und einer Länge von nur 1,3 mm bedeutend größer, zudem in der Farbe dunkler als die nur 0,97 mm breiten und 0,93 mm langen, weichhäutigen Männchen. Nicht verwechseln darf man die breitovalen Tiere mit der sog. Bienenlaus (*Braula coeca*), einer flügellosen Fliege (s. S. 341). Diese hat eine langovale Form, und als Insekt einen stark gegliederten Körperbau sowie 6 Beine, während die zu den Spinnentieren gehörende mehr abgerundete Varroa 8 Beine besitzt. Ziemlich schnell können sich die Varroa-Milben bewegen, und zwar auch seitlich, ähnlich den Krabben.

Die Männchen der Varroa leben nur kurze Zeit, die Weibchen hingegen im Sommer 2 bis 3, im Winter sogar 5 bis 8 Monate. Außerhalb des Volkes können sie höchstens 5 Tage, auf abgestorbener offener Brut jedoch bis zu 14 Tagen und in

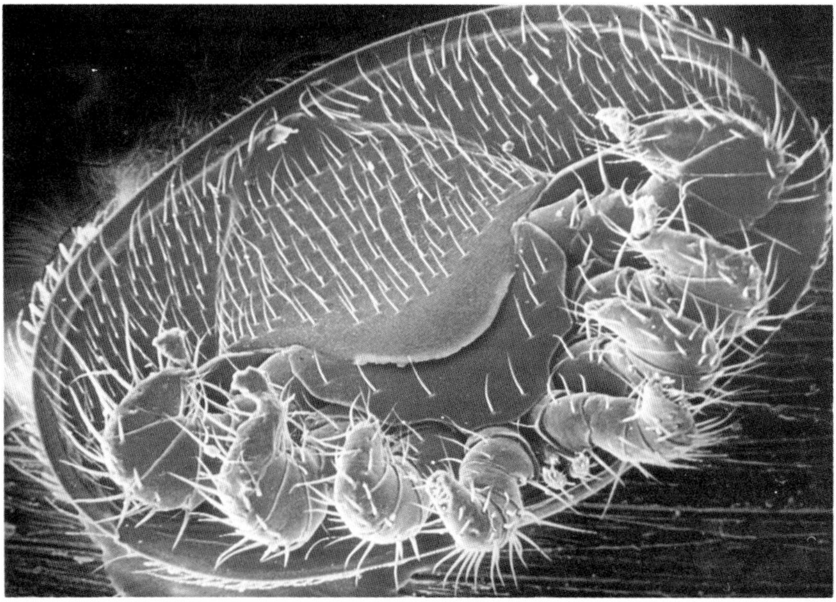

Abb. 61. Varroaweibchen von unten (Vergr. 80×; elektronenmikroskopische Aufnahme HARAGSIM).

gedeckelten Zellen sogar bis zu 32 Tagen am Leben bleiben (SMIRNOW 1975). Sie suchen die kurz vor der Verdeckelung stehenden Brutzellen auf, saugen vom Blut der Streckmaden, lassen sich mit ihnen verdeckeln und legen, sobald die Bienenlarve ihren Puppenkokon gesponnen hat, 4 bis 6, sogar bis zu 10 ihrer 0,5 mm langen Eier von milchweißer Färbung an die Zellwand (RITTER s. RUTTNER und Mitarb. 1980). Drohnenbrut wird dabei stark bevorzugt. An ihr ist der Befall etwa zwölfmal stärker als an der Arbeiterbrut. Nur im Herbst, wenn die Völker die Aufzucht der Drohnenbrut einstellen, geht der Befall in starkem Maße auch auf die Arbeiterbrut über. Auch in Weiselzellen sind sie gelegentlich zu finden.
Die Entwicklungsdauer beträgt insgesamt nur 6 bis 7 Tage: In einem Tag bilden sich im Ei die 0,5 bis 0,6 mm langen 6-beinigen Larven aus. Nach weiteren 24 Stunden schlüpfen aus dem Ei die 0,7 mm langen 8-beinigen sog. Protonymphen, und diese verwandeln sich in den nächsten 2 Tagen in die 0,8 mm langen Deutonymphen. Nach weiteren 2 Tagen entstehen daraus die fertigen Tiere. Bald darauf erfolgt die Paarung der Männchen und Weibchen in der gedeckelten Brutzelle, wonach die Männchen absterben. Die Weibchen heften sich an den jungen schlüpfenden Bienen und Drohnen fest (HÜTTINGER und Mitarb. 1981).
Die Zeit der Brutlosigkeit der Bienen im Winter überdauert die Milbe, ebenfalls brutlos, auf den Bienen. Bei ungehinderter Vermehrung kann sich ihre Zahl im Bienenvolk in einem Jahr auf das 10fache vergrößern (SCHULZ und Mitarb. 1983).

2.3 Ansteckung und Weiterverbreitung

Sofern die Varroa nicht systematisch bekämpft wird, breitet sie sich erfahrungsgemäß jährlich um etwa 3 km weiter aus (Ruttner und Mitarb. 1980). Die Hauptursache hierfür dürfte im Verflug der Arbeitsbienen zu suchen sein, von Volk zu Volk und von Stand zu Stand, nicht zuletzt auch der Drohnen, die bis zu 10 und 15 km weit fliegen. Über noch weitere Entfernungen verbreitet sie sich durch Schwärme. Möglich erscheint auch, daß die Varroa, im Gegensatz zur Tracheenmilbe, auf Blüten zurückbleibt, um von dort auf andere blütenbesuchende Bienen überzugehen. Vor allem aber ist es der Imker selbst, der durch Wandern, Umsiedeln sowie Völker- und Königinnenverkauf die Krankheit verschleppt. Nach Deutschland kam sie einerseits mit zu Studienzwecken eingeführten *Cerana*-Bienen, zum andern vermutlich mit den Bienenvölkern zugezogener russischer Imker.
Nicht sehr wahrscheinlich dürfte es sein, daß die Drohnen die Varroa bei ihren weit ausgedehnten Paarungsflügen auf die Königin übertragen.

2.4 Wirkung auf die Bienen

Die Wirkung der Varroa-Milben auf die Bienen und ihre Brut ist letztlich verheerend. Deshalb liegt die Vermutung nahe, daß dabei noch andere Ursachen, vielleicht durch die Milben übertragene Viren, im Spiel sind. Die erwachsenen Bienen werden besonders beeinträchtigt (Ball 1983). Die an ihnen haftenden Blut saugenden Parasiten beunruhigen und schwächen sie, so daß sich ihre Lebensdauer erheblich verkürzt, bei frühzeitiger Infektion im Durchschnitt um etwa 50% (Sadov 1976, De Jong u. De Jong 1983). Außerdem können durch die Stichwunde Bakterien und andere Erreger in das Blut eindringen und eine Septikämie (Blutvergiftung, s. Seite 237) bewirken. Obendrein wird die Brut geschädigt, obschon sie meist am Leben bleibt. Aber bei starkem Befall können die Larven in den noch unverdeckelten Zellen unruhig werden und sogar aus den Zellen wandern. Stark befallene Puppen entwickeln sich nicht mehr normal. Sie zeigen Schäden, und insgesamt entsteht das oben beschriebene charakteristische Erscheinungsbild, deutlich, wie gesagt, aber erst 3 bis 4 Jahre nach erfolgter Ansteckung.

3 Festellung (Diagnose)

Zur erfolgreichen Bekämpfung der Varroa ist es wichtig, sie frühzeitig festzustellen, d. h. sie zu erkennen, solange der Befall noch gering und kaum zu bemerken ist. Werden erst stärkere Schäden mit den typischen Symptomen offensichtlich (bei etwa 1000 Milben im Volk!), ist der Parasit mit Sicherheit auch schon auf benachbarte Völker und Bienenstände übergegangen, was die Bekämpfung sehr erschwert. Ohne große Umstände kann der Imker schon einen mäßigen Befall seiner Völker sehr wohl selbst feststellen.

3.1 Untersuchung von Bienen und Brut

Die vornehmlich auf der Bauchseite der Bienen zu suchenden Varroa-Weibchen sind mit bloßem Auge oder einer etwa 5fach vergrößernden Lupe gut zu erkennen. Auch findet man leicht ihre Entwicklungsstadien, die sich von der porzellanweißen Brut der Bienen deutlich abheben. Man wird sie vor allem in den Zellen der gedekkelten Drohnenbrut an den Rändern der Arbeiterwaben entdecken, dazu ihre charakteristischen weißen Kotspritzer an den Zellwänden.
Mittels einer Pinzette entnimmt man die Drohnenpuppen. Besonders leicht geht das, wenn man sie zuvor tief gefriert (Dreher 1979c) und ihre Zellen mittels einer Gabel entdeckelt. Eine andere Möglichkeit ist, sie mit lauwarmem Wasser aus einer Handbrause auf ein Doppelsieb zu spülen. Auf dem oberen Sieb mit 2 bis 3 mm Maschenweite bleiben sie zurück, während sich die Varroen auf dem unteren feinen Sieb von höchstens 1 mm Maschenweite (Haushalt- oder Honigsieb) ansammeln (Ritter und Mitarb. 1983). Bei negativem Befund ist man aber keineswegs sicher, daß ein so untersuchtes Volk völlig varroafrei ist.

3.2 Untersuchung des Gemülls

Zu einem verläßlicheren und schnelleren Ergebnis kommt man dagegen bei Untersuchung des im Winter auf dem Boden des Stockes anfallenden Gemülls. Denn im Laufe der kalten Jahreszeit stirbt ein Teil der Milben ab (etwa 5 bis 20%) und findet sich nun dort. Es empfiehlt sich deshalb, den Stöcken Anfang November eine Bodeneinlage (auch „Stockwindel" genannt) unter den Wintersitz zu schieben, mit der sich das ganze Gemüll aus den meisten Beuten bequem herausziehen läßt. Ungesandete Teerpappe eignet sich gut dazu. Sie ist immer wieder zu verwenden. Helles starkes Papier, wie z. B. helle Tapete, ist nur einmal zu gebrauchen, hat aber den Vorteil, daß sich die Varroa-Milben darauf gut abheben (Tafel 4).
Um zu verhindern, daß die Bienen das feine Gemüll aus dem Stock tragen, überdeckt man die Bodeneinlage mit einem Gitter von etwa 3 mm Maschenweite, welches einen mindestens 6 mm hohen Rahmen überspannt. Gut geeignet sind Plastikgitterrahmen aus einem Stück. Selbstverständlich darf man das Flugloch nicht damit verlegen. Bei Beuten mit hohem Boden sind jedoch keine Gitter erforderlich.
Der unter dem Gitter angesammelte Teil des Gemülls wird, wenn nötig, getrocknet, danach in eine Tüte gegeben und an eine Untersuchungsstelle geschickt. Benutzt man Tapetenpapier als Stockeinlage, faltet man es zum Versand entsprechend zusammen. Da Ende des Winters die Varroen in größerer Zahl absterben, ist es ratsam, das Gemüll erst Ende Februar, Anfang März zu entnehmen. Wird eine solche Kontrolle alle zwei Jahre wiederholt, ist man vor einer Überraschung ziemlich sicher.
Manchmal wird empfohlen, die Bodeneinlage mit einem technischen Fett zu umranden, um ein Entweichen etwa nur betäubter Varroa-Milben zu verhindern. Nach bisherigen Erfahrungen von Mautz (pers. Mittlg.) ist das jedoch nicht notwenig, zumal es die labortechnische Untersuchung erschwert.
Auch im Sommergemüll ist eine Diagnose möglich. Sie bietet sogar unverkennbare Vorteile (Liebig 1983). Ist doch der Milbenbefall eines Bienenvolkes im August und

September besonders hoch und der Abgang an Milben entgegen bisheriger Annahme höher als im Winter, so daß sich die Varroatose auch bei schwachem Befall eher erkennen läßt. Auch ist die Untersuchung im Sommer leichter durchführbar, weil sich außer den Milben nur wenig anderes Gemüll auf dem Boden des Stockes befindet. Zudem kann man bald anschließend an die Untersuchung gleich im Herbst, wenn die Bienen nur noch wenig Brut haben, eine Bekämpfung durchführen, während nach einer Winteruntersuchung den Milben bis zu dieser Zeit noch eine lange Schonfrist bleibt. Allerdings muß man im Sommer das Gemüll alle 14 Tage entnehmen, da sich sonst jetzt Wachsmotten darin ansiedeln, was eine genaue Untersuchung unmöglich machen würde.

3.3 Untersuchung des Gemülls nach Diagnosebehandlung

Noch besseren Erfolg erzielt man mittels einer sog. Diagnosebehandlung. Man bringt die Milben durch Begiften zum Abfallen. Das ist sowohl bei Völkern wie auch bei Schwärmen und Kunstschwärmen möglich. Gewöhnlich wird man hierzu das Milbenmittel Folbex-VA in der üblichen Weise verwenden (s. Seite 205). Ritter und Mitarb. (1982, 1983) empfehlen bei Völkern eine zweimalige Beräucherung im Abstand von 4 Tagen, wodurch 70 bis 80% der Milben abfallen. Schwärme und mit Futter versehene Kunstschwärme stellt man zur Begasung in ihrer Kiste in eine leere Beute. Der Boden der Schwarmkiste muß aus einem Gitter mit 2 bis 3 mm weiten Maschen bestehen. Nach der Behandlung, die nach 24 Stunden zu wiederholen ist, findet man die Varroen darunter.

Auch Ameisensäure hat sich zur Diagnosebehandlung bewährt, infolge unsicherer Verdunstung jedoch nicht bei zu kaltem Wetter. Sie muß im Herbst im allgemeinen 10 Tage lang einwirken. Bei warmem Wetter aber, wenn die Bienen fliegen, können 3 Tage ausreichen. Im Sommer genügt sogar eine noch kürzere Einwirkungszeit von einigen Stunden bis zu einem Tag. Im Gegensatz zur Folbexbehandlung müssen dabei die Fluglöcher stets offen bleiben. Gleich, ob die Begasung kurz oder lang dauerte und ob Folbex oder Ameisensäure angewandt wurde: Die Kontrolle des Gemülls sollte nicht vor dem 4. Tag danach erfolgen!

Gemülluntersuchung im Labor: Bei einer größeren Anzahl von Gemüllproben empfiehlt sich die von Brem (1981) entwickelte Flotationsmethode. Die getrocknete Probe, die nicht größer als 60 g sein sollte, wird in ein mit 200 ml hochprozentigem Alkohol (z. B. Brennspiritus) gefülltes 500 ml fassendes Becherglas gegeben. Nach Zerstoßen von etwaigen Klumpen und Verrühren mit einem Glasstab schwimmen die Varroen sowie andere Insekten und Teile von Bienen an der Oberfläche. Es ist jedoch angebracht, den Alkohol noch mit Wasser bis um höchstens die Hälfte seiner Ausgangsmenge zu verdünnen, da erst dann etwa beschädigte Milben an die Oberfläche aufsteigen.

Zur näheren Betrachtung kann man nun die Milben mit einem feinen Netz herausfischen oder die Oberflächenflüssigkeit filtrieren. Vom Filterpapier heben sich die Varroen gut ab.

Bei dem Verfahren von Hüttinger (1981) werden die groben Bestandteile der trockenen Probe vor dem Alkoholbad mit Hilfe einer Laborsiebmaschine (der Fa. Retsch) abgesiebt und das verbliebene Wachs mittels Trichloräthylen herausgelöst. Nach Wissen (1982) empfiehlt sich bei größeren Proben das Sieben des Gemülls auch beim Verfahren nach Brem, und zwar mit der Anordnung der Siebgrößen 4,0/2,0/1,25/0,71 mm von oben nach unten.

3.4 Untersuchung von Bienenproben

Bei Bienenproben hat man die Varroa mit einer Ätherbetäubung zum Abfallen gebracht (Schabanow und Mitarb. 1981), ebenso mit Wärme, indem man etwa 100 Bienen in einem Käfig mit weitmaschigem Gitterboden in einem Brutschrank 10 bis 15 Minuten lang einer Temperatur von 46 bis 47 °C aussetzte. Auf einer weißen Unterlage waren dann die abgefallenen Milben zu finden (Dreher 1979a, d).
Gut bewährt hat es sich, die Milben von den Bienen abzuwaschen. Man tötet zu einer Probe etwa 200 bis 1000 Bienen (= 20 bis 100 g) ab. Um dabei keine Milben zu verlieren, gibt man die Bienen am besten lebend in einen Kunststoffbeutel und läßt sie in einem Tiefkühlfach erfrieren (Ritter und Mitarb. 1983). Nun schüttelt man sie entweder mit Benzin (Ritter u. Ruttner in Ruttner und Mitarb. 1980) oder mit Wasser (Mautz 1979) eine Viertelstunde lang gut durch. Dann bringt man das Ganze auf ein weitmaschiges Sieb, fängt das Waschmittel in einer Schüssel auf und filtriert es schließlich durch ein Filterpapier oder ein Seihtuch, auf dem sich die Milben gut erkennen lassen. Die gefährliche Benzinwäsche sollte man nur im Freien unter größter Vorsicht durchführen. Dem Waschwasser muß man einige Tropfen eines Spülmittels zusetzen, aber nicht mehr, um Schaumbildung zu vermeiden.

4 Die Bekämpfung der Varroatose

Die Bekämpfung der Varroatose ist schwierig, da die Fortpflanzung der Varroa, d. h. ihre Begattung, Eiablage und Entwicklung im Schutz der gedeckelten Zelle der Bienenbrut erfolgt, so daß sie dann von keinem Mittel erreicht werden kann. Nur durch eine biologische Maßnahme, die Ausschaltung der Bienenbrut, läßt sie sich in diesem Stadium treffen. Außerhalb der gedeckelten Zelle kann man das mit Milbengiften (Akariziden) erreichen.
Ihre Vernichtung durch Wärme wie auch durch Strahlen wurde versucht. Es bietet sich z. B. an, brutfreie Völker in größere Kunstschwarmkästen abzukehren und in einem Brutschrank 15 Minuten lang einer Temperatur von 45 bis 47 °C auszusetzen. Nach russischen Untersuchungen fallen bei einer solchen Hitzebehandlung viele Varroa-Milben von den Bienen ab (Pechhacker 1981). Wegen der Empfindlichkeit der Bienen gegen solche Einwirkungen mußte das jedoch ohne praktischen Erfolg bleiben (Schley 1979, 1980, 1983).

4.1 Vernichtung der befallenen Völker?

Wenn es darum geht, die Varroa in Gebieten, in denen sie bisher noch nicht aufgetreten ist, schnell wieder auszurotten, ist man leicht geneigt, die befallenen Völker kurzerhand abzutöten. Bei der Varroatose ist aber von dieser Maßnahme ebenso wie bei der Acariose kein durchgreifender Erfolg zu erwarten. Denn wenn man die Seuche bemerkt, sind seit der Infektion gewöhnlich mindestens 1 bis 2 Jahre vergangen. In dieser Zeit hat sie sich aber mit Sicherheit unerkannt über andere benachbarte Stände ausgebreitet (RUTTNER und Mitarb. 1980). Man müßte, um die Varroa auszurotten, die Bienenvölker eines ganzen Gebietes vernichten, wie man es in der CSSR getan hat (VESELY 1983, KAMLER und Mitarb. 1983). Bei uns kann man aber nur in besonderen Fällen, etwa wenn eine ganz frische Verschleppung vorliegt, an eine Abtötung der Völker einzelner befallener Stände denken. Der Zweck einer solchen Maßnahme wird indessen auch nur dann erreicht, wenn die benachbarten Stände gewissenhaft kontrolliert und ihre Völker, wenn nötig, ebenfalls abgetötet werden (DREHER 1979b).

4.2 Chemische Bekämpfung

4.2.1 Allgemeines

Chemische Mittel, d. h. Heilmittel oder Medikamente, müssen die Varroa schnell abtöten, dürfen den Bienen und den Menschen aber nicht schaden. Deshalb sollen sie auch, nachdem sie ihre Wirkung gegen den Parasiten getan haben, aus dem Bienenstock von selbst wieder verschwinden, ohne einen schädlichen Rückstand zu hinterlassen.

Man kennt, entsprechend der Art der Anwendung, Räuchermittel, Verdunstungsmittel, Stäubemittel und Spritzmittel. Sie wirken als Berührungs-, Atem- oder Fraßgift.

In den letzten Jahren sind zahlreiche Präparate zur Varroabekämpfung geprüft worden, über 60 allein in Deutschland von F. RUTTNER und seinen Mitarbeitern. Für solche und andere Versuchsarbeiten mit der Varroa im Labor haben IFANTIDIS und Mitarb. (1983) einen praktischen feinmaschigen Käfig entwickelt.

Als wenig wirksam erwiesen sich die alten Räuchermittel Delacan, Folbex und Phenothiazin (= Thiodiphenylamin) (s. a. SVER und Mitarb. 1983). Das in Japan hergestellte Bayer-Präparat Varostan war zwar in der Wirkung besser, jedoch entstanden bei einer Herbstbehandlung hohe Völkerververluste. Außerdem soll es die offene Brut schädigen (RUTTNER 1978). Sehr wirksam zeigten sich auch Kelthane-Pulver und Brompropylat. Dicofol, ein Kelthane-Präparat (1,1 bis [p-Chlorophenyl] 2,2,2 Trichloräthanol), von VAN LAERE (1960) bereits erfolgreich gegen *Acarapis woodi* eingesetzt, wurde von ihm und Mitarbeitern (1983) auch gegen die Varroa im Labor geprüft. Schon 4 Minuten langes Verräuchern von 10 mg Dicofol/dm^3 mit Hilfe des von VAN LAERE und Mitarb. (1980) konstruierten Apparates tötete die Varroa-Milben ab. Den Bienen hingegen schadete eine selbst 32 Minuten lange Einwirkung nicht. Besonders fiel auf, daß die Milben die befallenen Bienen sofort verließen, so daß sie danach dem Rauch umso intensiver ausgesetzt waren.

Das auch hochwirksame Galekron wird nicht mehr hergestellt. Als weniger wirksam, aber ungefährlich für die Bienen, erwies sich das rumänische Stäubemittel Sineacar, ein Präparat aus je 1,5 % Chlor- und Brompropylat, 0,3 % Tedion/Sandoz und Zellulose oder Glukose als Träger (SCHELL 1982). Unter den Verdunstungsmitteln zeigten 10 %iges Äthylformiat und Karbolineum, auf Dämmplatten ausgebracht, gute Wirkung. Menthol, Thymol, Essigsäure und Senföl (Apimilbin) waren dagegen wirkungslos. Auch das japanische Heilpflanzenöl (im wesentlichen von

Mentha arvensis var. piperasciens) hat die daran geknüpften Erwartungen nicht erfüllt (MAUL 1982).

Die von dem hessischen Imker ALTHEN (1979) entdeckte gute Wirkung der Ameisensäure konnte vielfach bestätigt werden (KÜNZLER und Mitarb. 1978, RITTER u. RUTTNER, MAUL und Mitarb. in RUTTNER 1980). Mit der Ameisensäureverbindung Benzyläthylformiat, die in der CSSR gegen die *Acarapis woodi* angewandt wird, hatten PEROUTKA und Mitarb. (1981) guten Erfolg. Milchsäure, Oxalsäure und Schwefelsäure sind nach KOENIGER und Mitarb. (1983) gegen die Varroa wirksam. Die Oxalsäure zusammen mit einer Räucherung anzuwenden empfehlen TAKEUCHI und SAKAI (1983).

In Griechenland fand IFANTIDIS (1981) das von dem Imker SOUANIS empfohlene Berührungsgift Malathion in 0,05%iger Verdünnung mit Puderzucker als sehr wirksam. Bei einzelnen brutlosen Völkern erreichte er in Oberursel völlige Vernichtung der Varroa-Milbe. Auch PELEKASSIS und Mitarb. (1981) waren bei Behandlung der Völker im Winter damit zufrieden. In der Türkei stellte INCI (1981) ebenfalls eine sehr gute Wirkung desselben fest, dann folgte Ameisensäure mit 80,5%iger Abtötung. Weniger wirksam waren Folbex, Phenothiazin, Sineacar, Naphthalin und Endosulfan.

In der Sowjetunion verwendet man das Präparat Varroatin. Es kann eine Wirksamkeit von 70 bis 90% erreichen, ist unschädlich sowohl für die Bienen und ihre Brut wie für den Mensch, beeinträchtigt auch den Honig nicht. Man sprüht es im Frühjahr und Herbst morgens und abends bei einer Temperatur von 20 bis 25°C schräg auf die etwas auseinandergerückten Waben, damit das Aerosol auch in die offenen Brutzellen kommt. Schwefel und Phenothiazin erwiesen sich als weniger wirksam (RAKHMATULIN 1978). In der DDR bekämpft man die Varroa mit dem Präparat Falivaron und neuerdings mit Ameisensäure.

Gute Erfolge wurden in verschiedenen Ländern mit dem sehr preiswerten Amitraz erzielt, das auch als Präparat Tactic in den Handel kommt (KILANI und Mitarb. 1981, ROMANIUK u. LIPINSKI 1981, PEROUTKA u. VESELY 1983, Die Biene 1983, S. 202). Obwohl es für die Bienen ein Magengift ist (ARZONE 1983), schadet es ihnen praktisch nicht (CSABA u. KAVAI 1983, TITERA 1983). Es kann als Aerosol in den Stock eingeblasen oder als gut glimmender Räucherstreifen verwendet werden. In Deutschland ist es jedoch bisher nicht zugelassen.

Als außerordentlich erfolgreich erwies sich das von KÜNZLER (1980a) vorgeschlagene, als Spritzmittel zu verwendende Dimeformhydrochlorid (= K 79, RUTTNER und Mitarb. 1980, MAUTZ und Mitarb. 1982). Es geht in das Blut der Bienen über, wirkt also innertherapeutisch auf die blutsaugenden Milben (s. Seite 224). Bulgarische Forscher (TOSCHKOFF und Mitarb. 1981) konnten bei Verfütterung eines Präparates unbekannter Zusammensetzung („Nr. 2“) an die Bienen ebenfalls eine völlige Abtötung der Milben erreichen.

Bei jeder chemischen Behandlung muß man daran denken, daß bei brütenden Völkern eine erheblich längere Zeit zur Behandlung erforderlich ist als bei nichtbrütenden. Völker mit Brut müssen mindestens so lange behandelt werden wie der Deckelungszustand der sich langsam entwickelnden Drohnenbrut dauert, d. h. mehr als 14 Tage. Denn erst, wenn die jungen Drohnen und Bienen schlüpfen, kann man die Varroa-Milben erreichen, die sich gleichzeitig im Schutz der gedeckelten Brutzellen entwickelt haben. Bei lang anhaltender Behandlung ist aber die Gefahr der Bildung giftresistenter Parasitenrassen besonders groß.

Aus diesen Gründen ist es am zweckmäßigsten, die Mittel in brutlosen Völkern anzuwenden. Der Gedanke liegt nahe, die Zeit der natürlichen Brutpause im Winter hierzu zu nutzen. Aber dann besteht Gefahr für die Bienen, die sich jetzt zur Wintertraube zusammengezogen haben. Die Räucher- und Verdunstungsmittel beunruhigen sie jetzt in gefährlicher Weise und rufen einen verstärkten Leichenfall, wenn nicht noch größere Schäden hervor. Und außerdem wirken die Verdunstungsmittel oft nicht ausreichend, da sie infolge zu niedriger Temperatur nicht in genügendem Maße verdampfen. Dazu kommt, daß keineswegs alle Völker zu dieser Zeit ohne Brut sind. Es gibt unter ihnen brütende Ausnahmen, die man aber zu dieser Zeit nicht herausfinden kann, und die somit den angestrebten sicheren Bekämpfungserfolg in Frage stellen (Ruttner 1980). Deshalb arbeitet man besser im Spätherbst, wenn sich nur noch wenig Brut in den Völkern befindet, die man aber dann noch entnehmen kann.

4.2.2 Beräucherung mit Folbex-VA

Von allen Mitteln kommt für die praktische Verwendung in der Bundesrepublik Deutschland zur Zeit in erster Linie das Räuchermittel Brompropylat (Isopropyl-4,4-dibrombenzilat) mit der Handelsbezeichnung Folbex-VA in Frage. (Vorübergehend wurde es auch als Folbex-forte bezeichnet.) Es eignet sich sowohl zur Bekämpfung der Varroatose wie der Milbenseuche (Acariose), worauf die beiden Buchstaben V und A hinweisen. Mit Rücksicht auf den Honig sollte man eine Begasung kurz vor und während der Tracht vermeiden. Im übrigen ist über seine Anwendung in der Gebrauchsanweisung sowie bei der Bekämpfung der Milbenseuche auf Seite 205 nachzulesen. Sie ist in beiden Fällen gleich, doch sollte sie bei der Varroatose am besten im Herbst nach dem Rückgang oder Schlüpfen der Brut erfolgen. Außerdem genügt hier eine 4malige Beräucherung im Abstand von nur 4 Tagen (Ritter und Mitarb. 1982). Wird doch auf diese Weise auch die gegebenenfalls noch vorhandene, ungefähr so lange gedeckelt bleibende gesamte Brut nach ihrem Schlüpfen noch erfaßt. Der Behandlungserfolg beträgt bei Völkern ohne Brut etwa 95 %, bei Völkern mit Brut etwa 80 %. Varroamilben, die infolge der Beräucherung nicht völlig abgetötet, sondern nur geschwächt wurden, sind nach Ritter und Mitarb. (1983) nicht mehr imstande, sich für dauernd wieder auf den Bienen oder der Brut anzusiedeln.

4.2.3 Behandlung mit Milchsäure und mit Nikotin

Diese beiden Mittel befinden sich noch in der Erprobung. Recht aussichtsreich sind die Versuche bisher mit der Milchsäure verlaufen. Diese ist für Biene und Mensch ungefährlich, ihre Anwendung erscheint also auch im Sommer zur Zeit der Honigerzeugung möglich. Doch ist das Rückstandsproblem noch zu klären. Die besten Erfolge brachte ein 3maliges Besprühen der Bienen mit einer 15 %igen Verdünnung in 2tägigem Abstand (Klepsch und Mitarb.: Die Biene 1984, S. 199–203).

Nach vorläufigen Versuchen von De Ruiter (1982) und nach praktischen Befunden von Pfefferle und Ritter (1982) hat Tabakrauch eine auffallende varroatötende Wirkung. Den Bienen schadet er nicht, denn Nikotin ist für die Bienen nur relativ schwach giftig (Böttcher 1938). Allerdings soll die Brut dagegen empfindlich sein, wie De Wilde (1983) in China erfuhr. Dort würde es sowohl in Form von Tabakrauch wie in reiner Substanz, auf Filterpapier getropft, in den Bienenvölkern schon seit längerer Zeit erfolgreich angewandt.

4.2.4 Begasung mit Ameisensäure

Der Erfolg bei der Begasung mit Ameisensäure hängt sehr von den äußeren Bedingungen ab. Nach den bisherigen Erfahrungen steht etwa folgendes fest: Die Dämpfe 85 %iger Ameisensäure wirken bei richtiger Anwendung gut gegen die Varroamilbe und schaden dabei den Bienen nicht. Offenbar beeinträchtigen sie auch die Bienenbrut nicht unmittelbar. Trotzdem ist bei langer Einwirkung mit dem Rückgang des Brutgeschäftes der behandelten Völker und einer entsprechenden Minderung ihrer Stärke zu rechnen. Auch kann es bei Überdosierung zum Absterben von Jungbienen kommen.
Die Wirkung der Ameisensäure richtet sich nach der verdunstenden Menge und diese nach der Umgebungstemperatur. Sie muß hinreichend hoch sein. Die für die Varroamilbe tödliche Dosis liegt bei 50 µg[1] je Liter Beutenraum (Künzler und Mitarb. 1979). Behandlungen von Völkern mit und ohne Brut im Sommer über eine Zeit von etwa 4 bis 5 Wochen ergaben gute Erfolge mit einer durchschnittlichen Wirksamkeit von 70 bis 80 % (Ritter und Ruttner, Maul und Mitarb. in Ruttner und Mitarb. 1980). Dagegen führten Dauerbehandlungen im Winter wegen der dann zu geringen verdunstenden Mengen zu nur ungenügenden Ergebnissen. Auch war der Totenfall der Bienen erhöht, ja es gab im Frühjahr sogar Brut- und Völkerverluste.
Ameisensäure ätzt stark und muß deshalb mit äußerster Vorsicht angewendet werden. Sie darf nicht auf die Haut, geschweige denn in die Augen kommen. Schutzbrille, Schutzhandschuhe und beim Abfüllen Atemschutz sind erforderlich. Bei Berührung gilt es, mit viel kaltem Wasser zu spülen. Es gibt mehrere Möglichkeiten, sie anzuwenden.

Dochtflaschenmethode

Man füllt die Ameisensäure sehr vorsichtig in 100 bis 200 ml fassende Flaschen, aus denen ein bis zum Boden reichender Docht aus 3 mm starkem Fließpapier etwa 5 cm lang herausragt[2]. Täglich sollten etwa 10 bis 15 ml davon verdampfen. Im Sommer wird das gewöhnlich in einem dem Volk aufzusetzenden leeren Magazin erreicht. Man hängt die mit Ameisensäure gefüllte Flasche, die in ihrer Höhe gerade in ein Zander- oder Normalmaßrähmchen paßt, mit diesem mitten hinein. Die vom Brutraum aufsteigende Wärme bringt die Ameisensäure zu guter Verdunstung. Ihre schweren Dämpfe gehen von hier aus nach unten. Sind die Honigräume im Spätsommer bereits geleert oder bei Oberbehandlungsbeuten abgenommen, muß man sie wieder öffnen bzw. aufsetzen. Der leere Raum ergibt einen Wärmeentzug und fördert so den hierbei meist gewünschten Rückgang der Bruttätigkeit. Reicht die Wärme zur Verdampfung der Ameisensäure nicht mehr aus, füllt man den Leerraum neben der Flasche irgendwie aus und hängt auch Brut in den Honigraum um. Im Winter bringt man die Ameisensäure nahe an den Bienensitz.
Am besten führt man eine solche Begasung im Herbst (September bis Mitte November) oder im Vorfrühling (vor der Kirschblüte) 3 bis 4 Wochen lang durch (Maul 1980, Maul und Wissen in Ruttner 1980). Sie sollte nicht vor der Honigernte erfolgen, da der Geruch der Ameisensäure sich leicht dem Honig mitteilt (Koeniger und Mitarb. 1981).

---

[1] 1 µg (sprich mü-Gramm) = 1/1000 mg = 1 millionstel Gramm
[2] Diese Behelfe führt z. B. die Fa. Englert, 8710 Kitzingen, Innere Sulzfelder Str. 16

Die Methode, die Ameisensäure aus Dochtflaschen verdunsten zu lassen, befriedigt nicht immer, da hierbei der Raum der Bienenwohnung nicht ganz gleichmäßig vom Gas erfüllt wird. Bei den folgenden Verfahren wird eine bessere Verteilung des Gases erreicht.

Wiederholtes Aufträufeln der Ameisensäure auf eine Verdunstungsfläche

Mittels einer Injektionsspritze träufelt man 15 bis 25 ml 85 %ige Ameisensäure in Abständen von 3 Tagen auf einen saugfähigen Stoff (ALTHEN 1979, 1983). Das ist 7- bis 8mal erforderlich. Bei Oberladern kann es sich ganz einfach um ein Nesseltuch handeln, das man auf die Rähmchenträger legt und nach dem Beträufeln mit einer Folie überdeckt.
Um die Bienen nicht zu gefährden vermeide man, sie mit der Ameisensäure in Berührung zu bringen. Das kann ein Volk in verderbliche Panikstimmung versetzen. Deshalb treibe man die Bienen mit Rauch oder mit einem abschreckstoffgetränkten Lappen zurück und entferne etwaige Überbauten von den Rähmchenträgern, bevor man das Tuch auflegt.
In ähnlicher Weise läßt sich auch eine Weichfaserplatte mit der Ameisensäure tränken (KRÄMER 1980). Dabei sollte man nicht mehr als 35 ml auf einmal darauf geben. 5 Minuten muß man die Säure einziehen lassen. Deshalb arbeitet man am besten, indem man die Platten nicht am Volk beträufelt, sondern die alten gegen bereits zuvor getränkte austauscht. Das muß, je nach Temperatur, alle 4 bis 6 Tage geschehen. Über und unter die Platte wird man jeweils ein Zwischenraum gebendes Rähmchen oder dergleichen legen.
Bei Blätterbeuten kann man ebenfalls eine Weichfaserplatte benutzen. Sie kommt auf das sog. Sommerschied zu liegen. Ein Rähmchen und die Winterabdeckung gibt man darüber. Man kann aber auch einen Streifen Schaumstoff quer zur Beute an die hinteren Wabenschenkel lehnen.

Weichfaserdämmplatte in Folientasche

Bei diesem Verfahren wird die erforderliche Menge Ameisensäure auf einmal gegeben. Man spart also Arbeit (KRÄMER 1981, 1982, 1983). Eine Weichfaserplatte von 12 mm Stärke in der Größe von 250 × 170 mm kommt in eine 300 × 210 mm große Folientasche, in der sie mittels einer Blasenspritze mit etwa 250 ml Ameisensäure getränkt wird. Danach wird die Tasche verschweißt. Zur Verwendung schneidet man in die Hülle Fenster ein, durch welche die Ameisensäure allmählich verdampfen kann. Gewöhnlich wird man diese Taschen den Völkern oben auf die Wabenträger legen, darunter zwei niedrige, etwas Abstand bewirkende Leisten geben, und dicht darauf eine Abdeckung. Das erfordert Fenster nur auf der Unterseite der Taschen. Es kann auch nur ein einziger großer Ausschnitt sein (DREHER 1983). Auf beide Taschenseiten verteilte Fenster erfüllen möglicherweise ihren Zweck noch besser. Dann muß man in irgendeiner Weise auch für einen Abstand der Tasche von der Abdeckung sorgen. Ein leeres Rähmchen kann dazu dienen.
Die Größe der gesamten Austrittsfläche für das Gas hängt von der Jahreszeit und von der Zahl der von den Völkern besetzten Waben ab. Bei der Herbstbehandlung empfiehlt sich je Überwinterungswabe eine Fensterfläche von 4 cm^2, bei über 10 Waben von 5 cm^2, jedoch nicht von mehr als insgesamt 65 cm^2, und bei der Frühjahrsbehandlung von 3 bzw. 4 cm^2 je Wabe, jedoch von höchstens 50 cm^2 zusammen. Die Platten lassen sich öfter verwenden.

Neuerdings arbeitet man auch mit bierfilzartigen Platten, die als Illertissener Milbenplatten fertig getränkt im Handel sind. Das scheint sich bei richtiger Anwendung zu bewähren (KLEPSCH und Mitarb., Die Biene 1984, S. 292). Auch Selbstherstellung ist möglich. Eine gleichmäßige Durchfeuchtung wird erreicht, indem man 10 Platten in einem Plastikbeutel mit 350 ml 60 %iger Ameisensäure übergießt und danach den Beutel 48 Stunden lang luftdicht verschließt. Die Verdunstungszeit der Platten beträgt 5 Stunden. Nach 24stündiger Pause kann die Behandlung der Bienenvölker wiederholt werden. Den Honigraum sollte man zuvor abnehmen.

4.2.5 Innere Therapie

Ideal wäre die Durchführung einer inneren Therapie, wie sie für Dimeformhydrochlorid (= K 79) erarbeitet wurde (s. Seite 220). Da dieser Wirkstoff aber im Pflanzenschutz umstritten ist und aus gesundheitlichen Gründen nur bei der Kultur der Baumwolle angewendet werden darf, hat die Industrie seiner Zulassung als Tierarzneimittel keine Chance eingeräumt und bisher keine Zulassung angestrebt. Dennoch sei aber hier seine Wirkungs- und Anwendungsweise des wissenschaftlichen Interesses wegen geschildert. Vielleicht ergibt sich daraus die Anregung, nach einem ähnlich wirkenden, jedoch weniger bedenklichen Stoff zu suchen.
K 79 geht, wie schon gesagt, nach Aufnahme in den Darm in das Blut (die Hämolymphe) der Bienen über und tötet dann die blutsaugenden Milben ab, schadet hingegen den Bienen in der erforderlichen Konzentration nicht. Seine Wirkungsweise ähnelt somit sehr der von Pflanzenschutzmitteln, die in das Wassergefäßsystem der Pflanzen übergehen, sich so in der ganzen Pflanze verteilen, um die an irgendeiner Stelle saugenden Parasiten abzutöten. Man spricht deshalb in beiden Fällen von einer „systemischen" Wirkung.
Das Präparat zersetzt sich schnell, in längstens 10 Tagen (RUTTNER und Mitarb. 1980), erreicht nicht die Bienenbrut und damit auch nicht die daran parasitierenden Stadien der Varroa. Deshalb wäre es nur in brutfreien Völkern in der Zeit von November bis Anfang Januar anzuwenden (KÜNZLER 1980b), obschon sich seine Wirkung mit steigender Temperatur stark erhöht. Die beste Wirkung zeigt es gegen die älteren Varroa-Milben. Die jüngeren sind weniger empfindlich. Das erklärt zum Teil die zu verschiedenen Jahreszeiten gewonnenen unterschiedlichen Ergebnisse (MORITZ 1981).
Man löst 35 mg dieser Substanz in 50 ml Wasser und benetzt damit die Bienen eines etwa 10 Waben belagernden Volkes oder Volksteiles. Es ist nicht erforderlich, alle Bienen naß zu machen, da sie sich gegenseitig belecken und füttern, so daß sich der Wirkstoff sehr schnell auf alle Glieder des Volkes verteilt. Gewöhnlich wäre die Lösung in die Wabengassen auf den Sitz der Wintertraube zu träufeln. Damit der Wirkstoff möglichst gleichmäßig in der erforderlichen Menge von den einzelnen Bienen aufgenommen wird, ist es erforderlich, die Behandlung ein zweites Mal zu wiederholen, am besten im Abstand von 48 Stunden (MORITZ und Mitarb. 1981). Im Verlauf der nächsten Tage fallen die Varroa-Milben tot oder betäubt von den Bienen ab. Im Honig kommt es infolge der zu verwendenden sehr geringen Mengen nicht zu nachweisbaren Rückständen.
Obwohl also K 79 in Deutschland als Heilmittel praktisch ausscheidet, stehen wir heute dank intensiver Forschung der Varroatose keineswegs mehr machtlos gegenüber. Zweifellos aber befinden wir uns mit unseren Erfahrungen in der Bekämpfung dieser gefährlichen Parasitose noch am Anfang.

4.3 Biologische Bekämpfung

Biologische Verfahren haben gegenüber medikamentösen zwei wesentliche Vorzüge: Zum einen besteht keinerlei Gefahr für Mensch und Bienen, zum anderen ist die Entwicklung resistenter Varroalinien unmöglich.

4.3.1 Ausschneiden von verdeckelter Drohnenbrut

Wie auf Seite 218 dargelegt, muß man die Vernichtung varroabefallener Bienenvölker in der Regel aus guten Gründen ablehnen. Nicht zu verwerfen hingegen ist die Vernichtung sowie auch die Beschränkung der Drohnen- wie der Bienenbrut. Da die Varroa besonders gern die Drohnenbrut befällt, kann schon das regelmäßige Ausschneiden des Baurahmens eine gute Hilfe sein.
Haben doch Schulz und Mitarb. (1983) gezeigt, daß eine solche Methode bei schwachem Befall von höchstens 500 Milben je Volk den Krankheitsverlauf auf mindestens 3 Jahre hinaus stark bremsen und eine chemische Behandlung für 2 Jahre ersparen kann. Bei stärkerer Vermilbung ist sie jedoch einer wirksamen chemischen Behandlung auch wegen des hohen Arbeitsaufwandes unterlegen. Und auch von Ritter und Mitarb. (1983) wurde bei stärkerem Befall eine Minderung um nur etwa 10% festgestellt. Man sollte wohl den ganzen Stand so behandeln. Denn als das mit nur einem Teil der Völker geschah, ergab sich im Herbst im Vergleich zu dem unbehandelten kein Unterschied des Varroabefalles.
Auf kleinen Ständen gibt es bei diesem Verfahren keine ernsten Schwierigkeiten, denn es handelt sich ja um eine noch vor kurzem bei uns ohnehin viel geübte betriebliche Maßnahme, die zum großen Teil in eine Zeit fällt, in der die Völker des Schwärmens wegen regelmäßig durchgesehen werden müssen. Sie hätte etwa alle 14 Tage zu erfolgen, kurz nach dem Deckeln der Drohnenbrut. Ausschneiden und Einschmelzen von zwei Drohnenrahmen im Wechsel wirkt am besten. Die übrigen Waben im Volk sollten absolut frei von Drohnenzellen sein. Je früher man mit dieser Maßnahme beginnt, desto wirksamer ist sie. Die Vernichtung der ersten gedeckelten Drohnenzellen auf einer im Volk überwinterten Wabe trifft die Varroa am empfindlichsten. Es kann das allerdings immer nur von hinhaltender Wirkung sein.
Auch das Entdeckeln der Drohnenbrut wird empfohlen sowie die Verwendung von Mittelwänden mit vorgeprägten Drohnenzellen (Kostecki 1983).

4.3.2 Brutbeschränkung auf Bannwabe

Viel besser ist der Erfolg, wenn man die gesamte Brut 3 bis 4 Wochen lang auf eine oder wenige Waben beschränkt und sie während dieser Zeit jeweils nach dem Deckeln immer wieder durch Einschmelzen der Waben vernichtet. Es ergibt sich eine Minderung des Befalles, wie sie von den meisten chemischen Mitteln nicht erreicht wird (Ruttner und Mitarb. 1980, Nyein und Mitarb. 1982).
Zu dem Zweck kann man die Königin mit einer leeren Drohnenwabe und einem Baurahmen in den Honigraum oder in ein Seitenabteil der Beute geben. Auch in eine Wabentasche mit einer Arbeiterwabe kann man sie sperren. Mit dem Schwinden der offenen Brut im Volk wandern die Milben in immer größerer Zahl zur Eiablage zu den junge Brut enthaltenden „Fangwaben" im Königinnenabteil, wonach sie schließlich nahezu sämtlich der Vernichtung anheim fallen. Nach 3½ bis 4 Wochen ist alle Arbeiter- und Drohnenbrut im königinnenlosen Teil der Beute

geschlüpft. Dann schmilzt man zum letzten Mal die im Königinnenabteil noch befindlichen Brutwaben ein und schließt am besten eine medikamentöse Behandlung des Volkes daran an (s. integrierte Bekämpfung!). Der Verlust an Arbeiterbrut, der bei diesem Verfahren entsteht, muß in Kauf genommen werden. Eine eingehende Beschreibung des Verfahrens gibt MAUL (1983).

Zu vertreten ist seine Anwendung am ehesten in der Zeit zwischen der Sommersonnenwende und etwa dem 10. August. Denn auf die dann entstehenden Bienen kann man verzichten, da sie für die Sommertracht zu spät kommen und der Brutansatz danach für die Entstehung eines überwinterungsfähigen Volkes noch ausreicht. Es empfiehlt sich, mit dem Verfahren die Erneuerung der Königin zu verbinden (RUTTNER und Mitarb. 1980). Sperrt man die Königin, um die Völker brutfrei zu bekommen, in eine Wabentasche, muß man nach ihrem Freilassen ab Mitte Juli mit Königinnenverlusten rechnen (PECHHACKER 1981). So vorzugehen dürfte bei starken und verstärkten sog. Großvölkern auch während der Frühtracht möglich sein. Denn dann verhindert die Brutbeschränkung das unerwünschte Schwärmen und erhöht sogar noch den Honigertrag.

Nach bisherigen Untersuchungen können bei einem Befall von bis zu etwa 2000 Milben einem Volk etwa 90% entzogen werden. In ihrer Winterstärke sind so im Sommer behandelte Völker etwa gleich mit den nach dem Kunstschwarmverfahren behandelten (MAUL 1983).

4.4 Integrierte Verfahren

Der bestmögliche Bekämpfungserfolg ist von einer Kombination von biologischen und chemischen Methoden zu erwarten. Man spricht auch von „integrierten Verfahren". Zunächst macht man die Völker brutfrei und läßt eine medikamentöse Behandlung folgen. Dabei soll man nach MORITZ (1981) mit der Heilmittelbehandlung erst etwa eine Woche nach dem Schlüpfen der letzten Bienenbrut beginnen, da die ganz jungen Varroamilben nach seiner Festellung weniger empfindlich sind.

4.4.1 Kunstschwarmverfahren

Wie man starke *Altvölker* mit Hilfe eines Kunstschwarmverfahrens heilen kann, hat HAUCK (1982) beschrieben. Ein Teil der Bienen eines Volkes samt seiner Königin wird in einem gut belüftbaren Kunstschwarmkasten nach dreimaliger einstündiger Beräucherung (innerhalb von 24 Stunden) mit Folbex-VA mit amtstierärztlicher Genehmigung auf einen anderen Platz gebracht. Der Rest wird nach dem Schlüpfen der Brut abends, wenn alle Bienen im Stock sind, ebenso behandelt und danach mit dem ersten Volksteil wieder vereinigt. Die brutfreien Waben dürfen, falls man sie nicht einschmilzt, erst nach frühestens 14 Tagen wieder verwendet werden. Die Beute kann man ausschwefeln und am nächsten Tag wieder besetzen.

Tafel 3
Oben links: Freigelegtes gesundes erstes Tracheen-(Luftröhren-)Paar in der Brust einer Biene (WALTENBERGER phot.). **Oben rechts:** Tracheenmilben (Dunkelfeldaufnahme STECHE). **Mitte links:** Trachee einer von *Acarapis woodi* befallenen Biene. An den Stellen, an denen die Milben die Trachee durchstochen haben, bilden sich braune Schorfe (STECHE phot.). **Mitte rechts:** Aus einer zerzupften Trachee ausgetretene Milbe (STECHE phot.). **Unten:** Milbe und Milbenei in einer Trachee, die noch keine Schorfbildung zeigt (Dunkelfeldaufnahme STECHE).

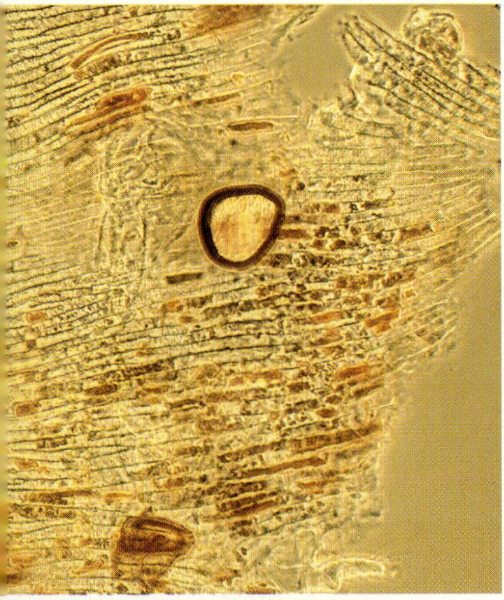
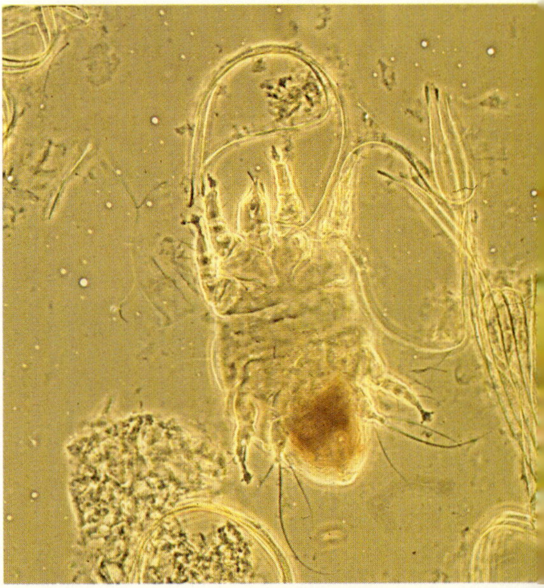
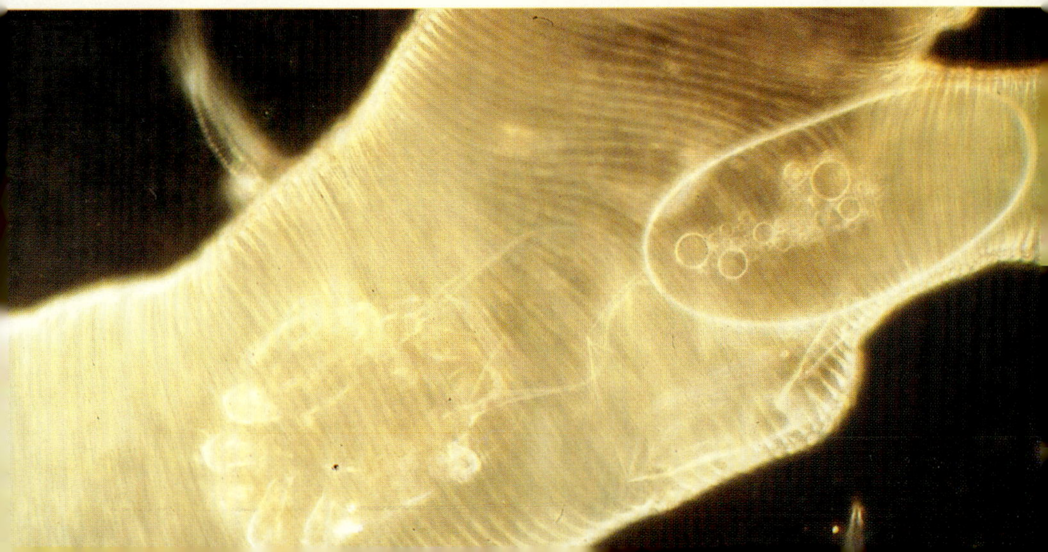

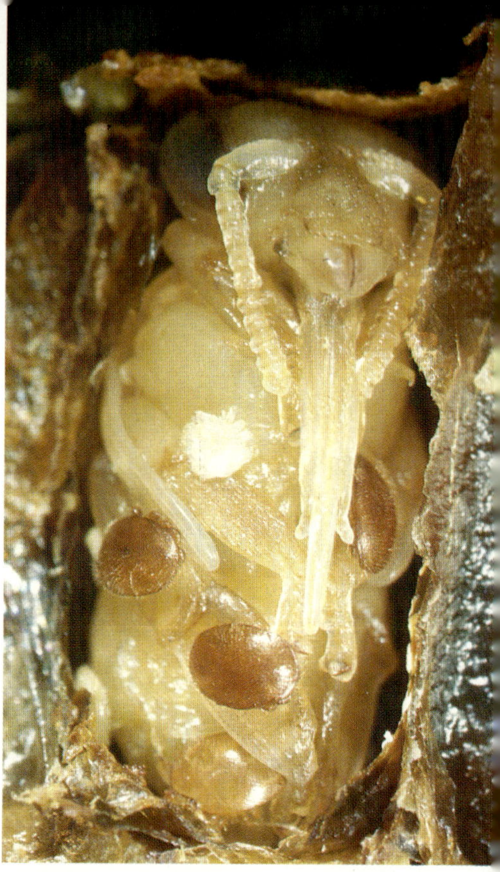

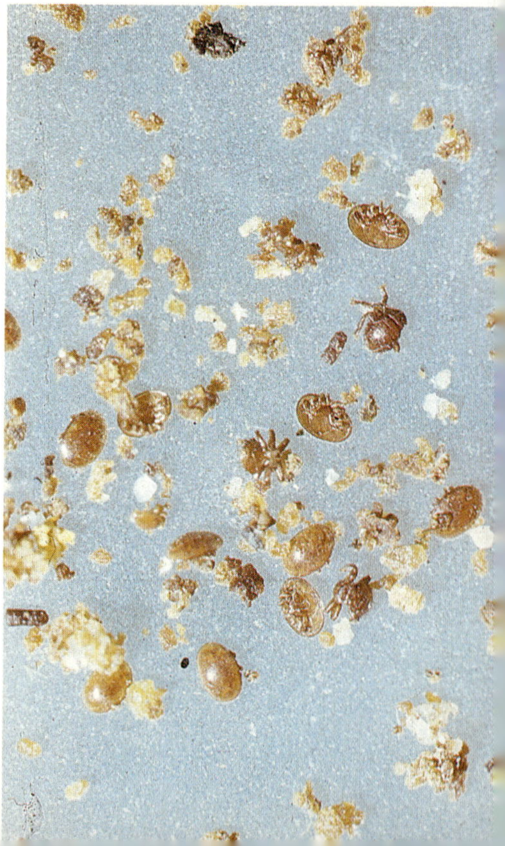

Einen großen Kunstschwarmkasten, der sich sowohl für die Feststellung des Milbenbefalles eines Volkes wie zu dessen Entmilbung eignet, hat BAUMGARTEN (1983) entworfen.

4.4.2 Varroafreie Jungvolkbildung

Zur Bildung gesunder *Jungvölker* bietet sich nach PFEFFERLE und RITTER (1982) folgender Weg an: Statt mit Brut enthaltenden Ablegern vermehrt man mit brutfreien Kunstschwärmen und einer schlüpfreifen Weiselzelle. Diese Jungvölker werden in ihrer ersten noch brutfreien Zeit mit einem Heilmittel behandelt, so daß ihre Bienen nahezu frei von der Varroa sind. Pfefferles sog. „Ruck-Zuck-Kästchen" mit Gitterboden eignet sich besonders gut für die erforderliche Behandlung, die mit Tabakrauch ebenso wie mit Ameisensäure oder Folbex-VA durchgeführt werden kann. Bis zur Trachtzeit im nächsten Jahr werden sich die Kunstschwärme zu starken Völkern entwickeln. Entsprechend verringert man die Zahl der sich im Sommer oft erheblich abarbeitenden Völker durch Vereinigen vor einer der späten Trachten oder vor Eintritt des Winters. Bei regelmäßiger Durchführung dieses Verfahrens kann es zu keiner seuchenhaften Übervermehrung der Varroa kommen, da sie hierzu einige Jahre braucht. Der Parasit wird stets auf einem niedrigen Stande bleiben. Im einzelnen beschreibt PFEFFERLE (1983) 5 verschiedene Varianten. (Vgl. Seite 142.)

SCHELL (1982) erreicht dasselbe mit Ablegern. Er bildet sie mit einer Weiselzelle und gedeckelter älterer Brut. Nach dem Schlüpfen der Brut behandelt er sie mit Sineacar. Dazu kommt bei ihm schon vorher ein frühzeitiges viermaliges Vernichten der Drohnenbrut der überwinterten Völker und deren nachfolgende Behandlung mit Sineacar. Besonders wichtig erscheint ihm dabei sein Zweivolkbetrieb, weil die auf diese Weise erreichten überstarken Großvölker zeitiger als andere im Frühjahr Drohnenbrut erzeugen.

4.4.3 Radikalverfahren nach der Tracht (MAUL 1983)

Nach der letzten Schleuderung Ende Juli/Anfang August wird etwa die Hälfte der Völker auf Mittelwände und eine Bannwabe mit nur jüngster, d. h. ungedeckelter Brut abgekehrt. Diese Feglinge werden sofort, solange also ihre Brut noch nicht gedeckelt ist, mit einem Medikament behandelt. Damit sie stark in den Winter kommen, sollte man ihnen zur Auffütterung einen Halbaufsatz geben. Die anderen Völker erhalten die abgefegten Brutwaben. Mit ihnen wird dann das Bannwabenverfahren durchgeführt.

Tafel 4
Oben links: *Varroa jacobsoni* in verschiedenen Entwicklungsstadien in einer Brutzelle (Bienenpuppe entfernt). Heller Milbenkot an den Zellwänden (WALTENBERGER phot.). **Oben rechts:** Bienenpuppe mit Varroa-Weibchen und -Nymphe (WALTENBERGER phot.). **Unten links:** Durch Varroa geschädigte schlupfreife Biene (WALTENBERGER phot.). **Unten rechts:** Varroen im Bodengemüll eines Bienenstockes, darunter einige Bienenläuse (HARAGSIM phot.).

Schwarzsucht – Waldtrachtkrankheit

1 Allgemeines Krankheitsbild

Unter diesen beiden Sammelbegriffen sind manche Erkrankungen der erwachsenen Biene eingeschlossen, die sich durch gemeinsame Symptome wie Flugunfähigkeit, zitternde gespreizte Flügel, oft deutlichen Tremor am dritten Beinpaar und vor allem durch haarlosen schwarzglänzenden Panzer auszeichnen. Gleich wie bei der Bienenparalyse (S. 233) und den bakteriellen Septikämien (S. 237) kann die Krankheit von einem latenten Zustand mit gelegentlichen Verlusten in eine akute Form übertreten, wo Tausende von erkrankten Bienen ihr Volk verlassen und zugrunde gehen. Dadurch wird das Volk schwer geschädigt.
Diese Schwarzsucht-Zustände sind auf verschiedene Ursachen zurückzuführen wie Erbfaktoren, Giftwirkungen bzw. Stoffwechselstörungen, Krankheitserreger.

2 Erblich bedingte Schwarzsucht

Darüber liegen Untersuchungen von Dreher (1940) vor. In den betroffenen Völkern schlüpft ein wechselnder Anteil schwarzglänzender Bienen aus den Zellen. Arbeiterinnen, Drohnen, Königinnen zeigen diese Anomalie. Durch Kreuzungsversuche kam Dreher zum Schluß, daß die erblich bedingte Schwarzsucht auf einen dominanten Faktor S zurückzuführen sei. Er wirkt sich ungünstig auf die Lebensfunktionen der Bienen aus: verlängerte Entwicklung der Arbeiterinnen, fehlerhafte Flügelentfaltung bei den Drohnen in den Zellen, herabgesetzte Sammelleistung der Arbeitsbienen, erhöhte Anfälligkeit gegenüber der Nosema. Neben dieser selten vorkommenden erblich bedingten Schwarzsucht ist nach Hirschfelder (in Böttcher und Mitarb. 1961) mit einer erblichen Disposition zur Schwarzsucht zu rechnen. Drescher (1964) bestätigte diesen Befund: Intensive Inzucht kann die Anfälligkeit für die Schwarzsucht beträchtlich erhöhen, wobei sich das mütterliche Erbgut stärker auswirkt.

3 Andere nicht ansteckende Formen der Schwarzsucht

Sie können auf folgende Einwirkungen zurückgeführt werden:
- Giftstoffe bzw. unzukömmliche Stoffe im Nektar, vor allem im Honigtau und Pollen, Pestizide.
- Stoffwechselstörungen: z. B. Mangel an Eiweiß, evtl. an Wirkstoffen.
- Wasserverlust aus den Geweben, mangelnde Belüftung des Stockes.

3.1 Die Waldtrachtkrankheit

Sie ist wohl die wichtigste Form der Schwarzsucht und dürfte irgendwie mit diesen 3 Faktorengruppen zusammenhängen. Die Einwirkung von Krankheitserregern ist trotzdem nicht auszuschließen.

Sie kommt in der Regel mit dem Beginn einer Blatt-, Fichten- und Tannenhonigtautracht auf und klingt rasch nach ihrem Ende ab.

3.1.1 Spezielles Krankheitsbild

In erster Linie erkranken die Sammelbienen, was sich besonders auffällig an den Fluglöchern der Völker zeigt. In schweren Fällen sind der Boden vor dem Bienenstand sowie die Flugbretter und Bodenbretter der Bienenstöcke von schwarz ausschauenden haarlosen toten Bienen so stark übersät, daß man sie schaufelweise zusammenkehren kann. Auf den Flugbrettern herrscht ein dichtes Gedränge, darunter zahlreiche schwarz glänzende, vielfach auch noch behaarte zitternde Bienen, die von anderen anscheinend beschnüffelt oder beknabbert und poliert, dabei weggedrängt werden, was man auch als „baxen" bezeichnet hat. Hierdurch unterscheidet sich die Waldtrachtkrankheit hauptsächlich von den anderen Schwarzsuchtformen. Dazu kommt, daß die Krankheit in der Regel nur in den Sommermonaten auftritt, bei später Honigtautracht aber auch bis in den Oktober hinein (Dreher 1960, Morgenthaler 1966). Die durch diese Krankheit auftretenden Schäden sind beträchtlich, besonders im deutschen Süden.

3.1.2 Ursachen

Trotz dieses offensichtlichen Zusammenhangs mit einer Waldtracht sind viele Widersprüche nicht zu übersehen: Die Völker eines gleichen Standes sind verschieden anfällig, Völker im Wald zeigen oft schwächere Krankheitserscheinungen als weiter entfernte, starke Völker leiden oft mehr als schwache.

Wenn auch in der Bienenliteratur eine Fülle von Beobachtungen über die Schwarzsucht bzw. die Waldtrachtkrankheit beschrieben ist und zahlreiche Beobachtungen und Mutmaßungen über die Ursachen vorliegen, so wurde doch der Fragenkomplex experimentell wenig untersucht. Nach Maurizio (1945) lösen Pollen und Blütenextrakte der Roßkastanie Schwarzsuchterscheinungen bei den Versuchsbienen aus. Dabei erwies sich das Aesculin als praktisch ungiftig, während die geprüften Saponine eine starke Giftwirkung ausübten. Nektar und Honigtau der Linde bewirken ausgesprochene Lähmungen, z. T. auch Schwarzsucht (Maurizio, 1943). Honigtau verschiedener Herkunft sowie Nektar und Pollen weiterer Pflanzenarten lösen ähnliche Krankheitserscheinungen aus (u. a. Poltew, 1956). Bröker (1966) macht gewisse Bakterien, Rußtaupilze im Honigtau bzw. ihre Toxine für die Auslösung der Schwarzsucht verantwortlich. Er meldet, daß in Versuchen mit DDT, Lindan und Parathion Bienen ihr Haarkleid verlieren. In Versuchen von Turesson (1917) traten schwarzsüchtige Bienen nach einer massiven Fütterung mit Rußtaupilzen auf.

Kuntzsch (1912) macht mangelhafte Pollenernährung der Brut für einen späteren Ausbruch der Schwarzsucht verantwortlich. Lotmar (1939) unterstützt diese Ansicht: Schwarzsuchtbienen weisen einen extrem reduzierten Fettkörper sowie abgebaute Futtersaftdrüsen auf. Der N-Gehalt solcher Bienen ist gegenüber normalen deutlich herabgesetzt. Der fehlende Stickstoff dürfte aus dem Panzer bzw. dem Haarkleid mobilisiert werden, was seine Brüchigkeit zur Folge hat.

Jedem Imker ist bekannt, daß massive Fütterungen mit dickflüssigem Zuckerwasser (Verkleben des Haarkleides), herabtropfender Honigtau, Luftmangel, Überhitzungen, wie z. B. bei Wanderungen, schwarzsuchtähnliche Erscheinungen auslösen können.

4 Ansteckende, d. h. durch Krankheitserreger bedingte Schwarzsucht

Immer wieder machte man gewisse Bakterienstämme (nach den heutigen Regeln ungenügend beschrieben) für die Schwarzsucht verantwortlich (u. a. MUCK, 1928). VECCHI und AMICI (1956) vertreten die Meinung, eine besonders hartnäckige Form der Schwarzsucht werde durch *Actinomyceten* ausgelöst. In späteren Versuchen erzielen VECCHI und ZAMBONELLI (1961) durch Verfüttern eines bakterienfreien Filtrates die gleichen Krankheitssymptome. Sie vermuten ein Virus als Krankheitsursache. Über pathologische Veränderungen der Darmwand bei Schwarzsucht (Zelleinschlüsse in den Zellen des Ringwulstes, Pylorus und Dünndarmes: Körperchen von 1 bis 5 μ liegen in wechselnder Zahl über dem Zellkern) berichtet MORISON (1936). VECCHI und ZAMBONELLI (1961) sowie SEIFERT (1966) beschreiben zusätzlich noch eigenartige Krustenbildungen im Mittel- und Dünndarm. Nach MORISON sollen die von ihm beschriebenen Zelleinschlüsse typisch für Schwarzsuchtbienen sein, während sie nach den Angaben von LOTMAR (1940) auch bei „normalen" Bienen vorkommen. GIAUFFRET und Mitarb. (1967) bringen eine Klärung in diesen Widerspruch: Die Morison'schen Zelleinschlüsse treten im Zusammenhang mit einer Virusinfektion auf, gleichgültig ob die Biene „schwarzsüchtig" oder „behaart" sei. Sie weisen im Nervengewebe der erkrankten Bienen ebenfalls Zelleinschlüsse nach. Zu gleichem Schluß wie VECCHI und Mitarb. (1961), die Schwarzsucht werde durch ein Virus verursacht, gelangen MOREAUX (1959), VAGO (1966, elektr. mikrosk. Nachweis von parasphärischen Partikeln von 30 nm*) und GIAUFFRET und Mitarb. (1967). BAILEY (1965) stellt in Schwarzsuchtbienen aus Norwegen, Italien, der Schweiz und Österreich das CBP-Virus fest (S. 235). Nach GIAUFFRET und Mitarb. (1967) dürfte das von ihnen beschriebene Virus zur Gruppe der CBP-Viren von BAILEY gehören.

All diese Befunde haben an sich keine Abklärung der Ursachen der Schwarzsucht gebracht. In diesem Zusammenhang beachte man den Befund von BAILEY (1971): Das CBP-Virus findet sich auch in den Geweben von Bienen ohne Krankheitssymptome (S. 235). Damit ist doch die Frage berechtigt, ob die CBP-Viren, die er und GIAUFFRET und Mitarb. (1967) in schwarzsüchtigen Bienen nachgewiesen haben, tatsächlich als die Primärursache der Krankheit oder lediglich als Glied einer Mischinfektion aufzufassen sind. WILLE (1967) stellte fest, daß Schwarzsucht ebenfalls in Kombination mit anderen Krankheitselementen auftreten könne. Es ist aber auch denkbar, daß die Faktorengruppen, die unter der nicht ansteckenden Form der Schwarzsucht erwähnt werden, im Sinne eines Streß wirken und einer latent vorhandenen Virusinfektion zum Ausbruch verhelfen.

5 Die Behandlung der Schwarzsucht

Zur Behandlung der Schwarzsucht werden empfohlen: Füttern von dünner Zucker- oder Blütenhoniglösung, Wegwandern von der Waldtracht, rechtzeitiges Sorgen für Pollen bzw. Pollenersatz, Förderung der Bruttätigkeit und Umweiseln der Völker. Diese Maßnahmen mögen wohl helfen, ein Erfolg ist aber nicht sicher.

---

* nm = Nanometer = 1 milliardstel Meter

Bienenparalyse

Unter der Bezeichnung Paralyse dürften neben der hier beschriebenen Krankheit oftmals die Maikrankheit, bakterielle Septikämien, Rickettsiosen, verschiedene Mischinfektionen, ja sogar Schwarzsucht und Vergiftungen durch Pestizide verstanden worden sein.

1 Krankheitsbild

Die Symptome der Bienenparalyse sind atypisch: flugunfähige, krabbelnde, absterbende Bienen. Sie weisen nicht selten ein geschwollenes Abdomen auf. Dies wird durch eine abnorm ausgedehnte Honigblase verursacht, nicht durch eine prallgefüllte Kotblase wie bei der Maikrankheit. Schwarzsüchtige Bienen kommen mitunter auch vor. Im Volk tritt die Krankheit meist in einer schleichenden Form auf: Gelegentlich finden sich krabbelnde Bienen, dabei scheint die Entwicklung des Volkes gehemmt zu sein. In der seuchenhaften Form verlassen gelähmte Bienen zu Hunderten und Tausenden ihr Volk, wobei es bis auf einen kleinen Rest zusammenschmelzen oder sogar ganz eingehen kann. Diese unspezifischen Krankheitsanzeichen gelten für alle in diesem Kapitel besprochenen Krankheiten, wie auch teilweise für die Nosema, die Milbe und die Amöbenseuche, Futtertoxikosen, Vergiftungen durch Pestizide.

2 Erreger

Allgemeines über Viren
Die Versuche von Burnside (1945): Besprühen von Versuchsbienen mit bakterienfreien Extrakten aus Paralysebienen, wobei sich in kurzer Zeit Lähmungserscheinungen einstellten, ließen vermuten, daß die oder zumindest eine der Ursachen in einer Virusinfektion zu suchen sei. Bailey, Gibbs und Woods (1963), Zusammenfassung weiterer Arbeiten bei Bailey (1971). Ihm gelingt es, diesen Beweis zu erbringen. Lee und Furgala (1965), Vago (1966), Giauffret und Mitarb. (1966), Reinganum (1968) befassen sich ebenfalls mit dieser Frage (Allgemeines über Viren s. Seite 93).
Nach Bailey und Mitarb. (1963) verursachen zwei Virusarten die Bienenparalyse: das Virus der chronischen Bienenparalyse (CBPV) und das Virus der akuten Bienenparalyse (ABPV). Beide Virusarten lassen sich morphologisch und serologisch gut voneinander unterscheiden. Das CBPV liegt in anisometrischen Partikeln vor, die Nucleinsäure des Ribosetyps enthalten; ihre durchschnittliche Breite beträgt 21 nm, ihre Länge 42 nm, 52 nm und 61 nm. Die kleinsten Partikel scheinen am wenigsten infiziös zu sein. Reinganum (1968) beschreibt Paralyse-Viruspartikel, die z. T. morphologisch und in der Länge von CBPV abweichen. Das CBPV ist in freifliegenden Völkern weit verbreitet, auch dort wo keine Paralyse-Bienen festzustellen sind. Das ABPV ließ sich erst im Zusammenhang mit Laboratoriumsuntersuchungen nachweisen. Morphologisch ähnelt es dem Sackbrutvirus (SBV), serologisch ist es nicht identisch. Hier wollen wir uns ausschließlich mit dem CBPV befassen, dem nach bisherigen Befunden die größere Bedeutung zukommt.

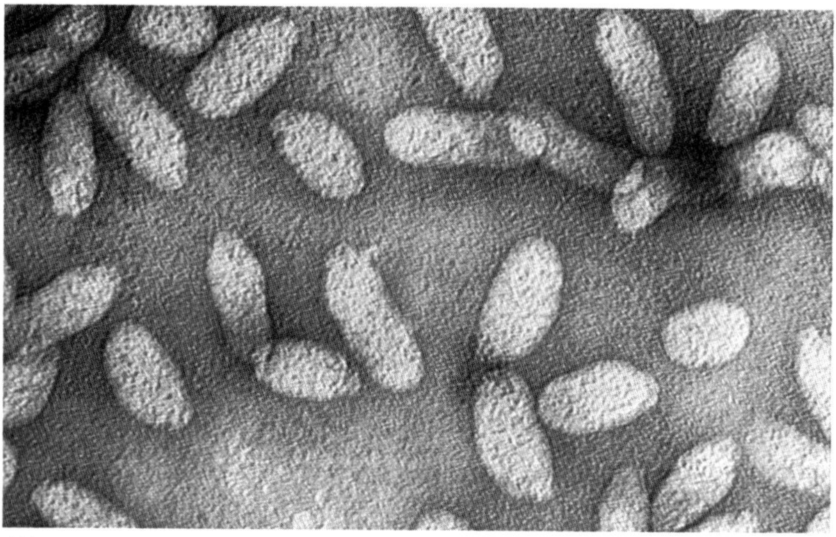

Abb. 62. Partikel des Virus der chronischen Bienenparalyse (Vergr. 350000×; BAILEY phot.).

Aus Bienen mit ausgesprochenen Lähmungserscheinungen lassen sich 10^{11} CBPV Partikel isolieren. Krankheitssymptome treten in normalen Bienen auf: Bei Injektion von 10^2 Partikeln in die Hämolymphe (DL_{50}), nach Besprühen mit 10^9 bis 10^{10} Partikeln und nach Verabreichen von über 10^{10} Partikeln in Zuckerwasser. Bei der zweiten Infektionsart dürften die Viren durch die Stigmen in den Körper eindringen. Je tiefer die Temperatur, desto länger dauert es vom Zeitpunkt der ersten Lähmungserscheinungen bis zum Eintritt des Todes (BAILEY und Mitarb., 1968). Arbeiterinnen, Drohnen und Königinnen werden befallen. Das Virus läßt sich sogar in schwer infizierten Völkern bereits in Arbeiterinnen kurz vor dem Schlüpfen und in Drohnenpuppen nachweisen (BAILEY, 1968).

Das CBPV ist in Bienen aus Australien, Mexico, China, USA, Nord- und Mitteleuropa, dem Mittelmeergebiet nachgewiesen, dem CBPV ähnliche Partikel in Bienen aus der Ukraine, Frankreich und Canada. In England zumindest ist das CBPV sehr weit verbreitet (BAILEY, 1971). Trotz der weiten Verbreitung des Erregers treten doch in verhältnismäßig wenigen Völkern schwere Schäden auf. In Bienen „normaler" Völker liegt allerdings die Zahl der CBPV-Partikel bedeutend tiefer als in schwer befallenen. In „normalen" Völkern steigt aber jeweils die Zahl der CBPV-Partikel regelmäßig im Herbst und Winter an. BAILEY (1971) vertritt die Meinung, der Verlust an Winterbienen sei dieser Virusinfektion zuzuschreiben.

Es ist unklar, wie das Virus in freifliegenden Völkern verbreitet wird. Die große Menge an CBPV-Partikeln in der Honigblase (10^{11} bei angeschwollener Blase) dürfte aus den schwer befallenen Speicheldrüsen her stammen. Futtersaftdrüsen sind ebenfalls schwer infiziert. Das CBPV wird in frisch eingetragenen Pollenhöschen nachgewiesen, die Bienen scheiden vermutlich das Virus mit der Flüssigkeit aus, mit welcher sie den gesammelten Pollen vermengen. Gegenseitige Ansteckung der Bienen könnte durch den Futteraustausch erfolgen (BAILEY, 1969).

Es läßt sich nicht erklären, wie die Krankheit von einer unscheinbaren latenten Infektion in die schädliche, seuchenhafte Form übertritt. Bailey (1970) vermutet: Das Virus vermehrt sich, ohne offensichtlichen Schaden zu verursachen, in verschiedenen Geweben, nicht zuletzt in denen des Darmtraktes. Unbekannte Abwehrfaktoren hindern das Virus, die Nervengewebe zu befallen. Entfällt dieser Schutz, so dringt das Virus ein und vermehrt sich. Die bekannten Lähmungserscheinungen sind die Folge.
Erbfaktoren könnten für eine erhöhte Krankheitsbereitschaft verantwortlich sein. So vertrat zunächst Bailey (1967) die Meinung, das Erbgut der Königin sei dafür in erster Linie ausschlaggebend. Nach weiterer Ermittlung läßt er diese Hypothese fallen: Königinnen, die aus schwer befallenen Völkern stammen, erzeugen während längerer Zeit eine gesunde Nachkommenschaft, um zuletzt an Paralyse einzugehen. Die Beobachtung, wonach Königinnen schubweise kranke Bienen hervorbringen, erklärt er mit dem erblichen Einfluß der Drohnen: Ihre Spermienpakete, die an der Begattung beteiligt waren, vermischen sich nicht in der Samenblase der Königin. Es ist unklar, wieweit Umweltsfaktoren den Verlauf der Krankheit zu beeinflussen vermögen: z. B. verläuft die Krankheit um so rascher, je höher die Temperatur ist. Alle diese Erklärungsversuche genügen aber nicht, um den plötzlichen, oft seuchenhaften Ausbruch der Krankheit, aber auch das unregelmäßige Auftreten der Krankheit innerhalb der Bienenstände in einem umgrenzten Gebiet verständlich zu machen. Auch die Annahme eines multifaktoriellen Erbganges, wodurch die Wahrscheinlichkeit einer schädlichen Kombination stark herabgesetzt wäre, bleibt im Hypothetischen (Bailey, 1971).
Künftige Untersuchungen werden Klarheit bringen, ob das CBPV einzige Ursache des „Komplexes" Bienenparalyse ist. Wille (1967) macht darauf aufmerksam, wie vielfältig und weitverbreitet Mischinfektionen verschiedener Krankheitselemente sind. Bailey (1967) weist auf die Kombination CBPV/Milbe hin und macht in dieser Beziehung das Virus für die „Milbenschäden" verantwortlich. Auf die Beziehungen zwischen CBPV und Schwarzsucht wird S. 232 hingewiesen. Es ist zu erwarten, daß das CBPV auch in Kombination mit anderen Krankheitselementen auftritt. Sollte sich diese Hypothese bestätigen, so dürfte es schwer fallen, das Gewicht der einzelnen Komponenten im Krankheitsgeschehen zu erfassen.
Zusammenfassend berichteten Bailey und Mitarb. (1981) über die Ergebnisse ihrer Bienenvirosen-Untersuchungen in den letzten 10 Jahren. Vor 14 Jahren waren lediglich 3 Virenarten als Erreger von Viruserkrankungen in Bienenvölkern beschrieben (Bailey, 1967): das oben erwähnte CBPV, das Sackbrutvirus (SBV) und das Virus der akuten Bienenparalyse. Wie die damaligen Untersuchungen ergaben, waren die beiden ersten Virenarten sehr weit verbreitet, die dritte erwies sich zunächst als Ursache einer unscheinbaren Infektion in anscheinend „gesunden" Bienen. Später ergab es sich (Bailey und Mitarb., 1979), daß das ABPV in Zentralamerika in einer wesentlich virulenteren Form vorliegen dürfte.
Inzwischen haben Bailey und Mitarbeiter 14 weitere Bienenviren entdeckt und beschrieben (Literatur in Bailey und Mitarb., 1981). In dieser zitierten Arbeit haben sie die 9 wichtigsten charakterisiert. Das SBV, das Virus der schwarzen Königinnenzellen (BQCV = Black queen cell virus) und seltener das CBPV sind bisher die einzigen Bienenviren, die in der Brut entdeckt wurden. Die anderen 6 befallen ausschließlich Arbeiterinnen freifliegender Völker. Allerdings lassen sich mittels Injektionen 5 davon in der Brut vermehren. Mitunter befallen wahrschein-

lich mehrere Virenarten gleichzeitig den gleichen Wirt (Bienen oder Brut), wenn auch meistens ohne augenfällige Symptome.

Des weiteren diskutierten Bailey und Mitarb. (1981) Eigentümlichkeiten im jahreszeitlichen Auftreten einiger dieser Virenarten. Sie haben aber diese Untersuchungen im Laufe der vergangenen Jahre nicht systematisch betrieben, nicht konsequent die gleichen Kriterien berücksichtigt, Mischinfektionen meistens nur im Volk, nicht in den einzelnen Bienen untersucht. So sind ihre Ergebnisse nur bedingt miteinander vergleichbar.

Die Autoren stellten einen typischen jahreszeitlichen Zyklus der ABPV Infektion fest: Höhepunkt im Mai bis Oktober, kaum nachweisbar im Herbst und Winter. In England, im Gegensatz zu Zentralamerika, dürfte der Titer des ABPV so tief liegen, daß es nie gelang, den Erreger in Leichenfallbienen nachzuweisen. Jener auffallende zyklische Verlauf fehlte indessen beim CBPV. Die Autoren schlossen daraus: Obwohl das CBPV weitverbreitet ist, dürfte eine erhöhte Virulenz und Vermehrung durch das Zusammentreffen mehrerer voneinander unabhängiger Faktoren oder durch saisonunabhängige und unvorhersehbare Ereignisse zustande kommen.

Das stärkste Auftreten des SBV beobachteten die Autoren erwartungsgemäß in den Sommermonaten. Das CWP (Cloudy wing particle = trüber Flügel Partikel) war auffallend weit verbreitet, jedoch ohne irgendwelche jahreszeitliche Regelmäßigkeit. SPV (Slow paralysis virus = Virus der langsamen Bienenparalyse) und BVX (Bee virus X) waren recht selten.

Die Häufigkeit des BQCV nahm deutlich im Nachwinter und Frühjahr zu, um im Mai oder Juni ein Maximum zu erreichen, worauf ein jäher Abfall erfolgte. Das gleiche galt für das BVY (Bee virus Y). Der jahreszeitliche Verlauf dieser beiden Virenarten hatte viel Gemeinsames mit dem der *Nosema apis*. Zudem traten sie auffallend häufig mit der Nosema vereint im gleichen Volk auf. Nach der Auffassung der Autoren dürfte das gleichzeitige Auftreten dieser drei Erregerarten recht große Bienenverluste verursachen. Vermutlich werden sie kaum beachtet werden, weil der Verlust dieser Bienen in der Regel durch die Schlüpfenden reichlich wettgemacht wird. So weit so gut. Aus unseren Populationsmessungen (Wille und Gerig, 1976) wissen wir, daß in Mitteleuropa in den Frühjahrsmonaten aus der tatsächlich vorhandenen Brut wesentlich mehr Bienen resultieren sollten, als ausgewiesen wird. Anders ausgedrückt: Die durchschnittliche Lebenserwartung ist überraschend niedrig, unter 20 nicht selten sogar unter 15 Tagen. Es wird spannend sein zu verfolgen, ob tatsächlich diese Viren-Nosema-Mischinfektionen allein dafür verantwortlich sind. Immerhin hätten diese Untersuchungen nicht auf diese 3 Erreger beschränkt werden sollen; die auf S. 237 ff. vorgestellten Krankheitselemente hätten auch mitberücksichtigt werden sollen. Man beachte in diesem Zusammenhang unsere Ausführungen S. 249.

In Maramorosch (1977) haben Bailey und Woods elektronenmikroskopische Aufnahmen von 10 Bienenvirenarten veröffentlicht und die Erreger kurz beschrieben.

3 Die Behandlung der Bienenparalyse

Die Chancen, die Bienenparalyse erfolgreich mit einem heute bekannten Heilmittel zu bekämpfen sind gering einzuschätzen. Bei der weiten Verbreitung des CBPV wäre es hoffnungslos, die Krankheit durch Vernichten des Erregers, d. h. Vernichten der Völker, peinlich genaue Desinfektion, tilgen zu wollen. Bestätigt sich die Annahme von BAILEY (1971), daß jede Paralyse-Erscheinung auf das CBPV zurückzuführen sei, so dürften einzig streng gehandhabte Selektionsmaßnahmen einen Erfolg möglich erscheinen lassen. Bei der gegenwärtigen hohen Bienendichte in Mitteleuropa dürfte dies aber ein organisatorisch und technisch schwer durchführbares Unternehmen sein.

Bakterielle Septikämien

1 Krankheitsbild

Mehreren Bakterienarten gelingt es, in die Körperhöhle erwachsener Bienen einzudringen und sich stark in der Hämolymphe zu vermehren. Befallene Bienen verlassen ihr Volk, halb fliegend, halb kriechend, fallen zu Boden, wo sie noch eine Weile herumkrabbeln, um dann zu Grunde zu gehen. Schwarzsüchtige Bienen und solche mit aufgetriebenem Abdomen lassen sich mitunter beobachten. BURNSIDE (1928a, 1928b), BOIKO (1935), PAILLOT, KIRKOR und GRANGER (1944), LANDERKIN und KATZNELSON (1959), WILLE (1961, 1967a), WILLE und PINTÉR (1961) sowie LANGRIDGE (1963) haben sich eingehender mit diesen Krankheiten befaßt.
Wie bei der Paralyse, der Rickettsiose und der Schwarzsucht stammten die Septikämiebefunde zunächst von verdächtigen Bienen, aus irgendwie angeschlagenen Völkern. Wie weitere Untersuchungen ergaben, lassen sich bakterielle Septikämien ohne weiteres in wechselndem Prozentsatz in als „normal" beurteilten Völkern bei entsprechender Untersuchungsmethode (Entnahme lebender Bienen aus der Wintertraube, Auffangvorrichtungen für herauskriechende Bienen) nachweisen (WILLE 1967a, 1967b, unveröffentlicht). Damit steht man wiederum vor der ungelösten Frage: Welche Faktoren sind dafür verantwortlich, daß die Krankheit von einem latenten Zustand aus plötzlich einen seuchenhaften Verlauf nimmt? Im letzten Fall können Völker innerhalb 1 bis 2 Wochen so schwere Bienenverluste erleiden, daß sie eingehen oder nur wenige Bienen mit der Königin übrig bleiben (BURNSIDE, 1928a, 1928b, WILLE, 1961).
Arbeiterinnen, Drohnen und Königinnen werden von bakteriellen Septikämien befallen.

2 Erreger

Verschiedene Bakerienarten lösen Septikämien aus. Der von BURNSIDE (1928a, 1928b) beschriebene *Bacillus apisepticus* dürfte nach den jetzigen Nomenklaturre-

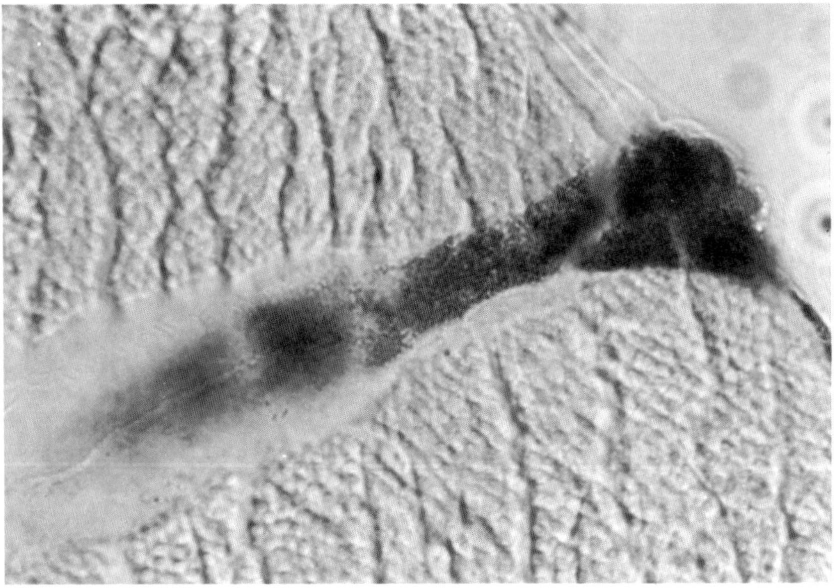

Abb. 63. Durch *Pseudomonas apisepticus* schwer infizierte Trachee zwischen zwei Flugmuskelbündeln, die Haemocoele rechts oben ist noch frei von pathogenen Bakterien (Wille präp.).

geln als *Pseudomonas apisepticus* bezeichnet werden. Als weitere virulente Bakterienarten bzw. -stämme wurden erkannt: *Proteus apisepticus* (Boiko, 1935), *Serratia sp., Aerobacter cloacae, Proteus vulgaris, Proteus rettgeri, Providencia sp., Hafnia sp., Aerobacter aerogenes* (Bretschko und Rauter, 1968). Wille und Pintér (1961) zeichnen die biochemischen Eigenschaften zweier virulenter Bakterienstämme auf. Nach diesen Autoren sind virulente Stämme den Familien der *Pseudomonacee, Enterobacteriaceen, Achromatobacteriaceen* zuzuordnen (unveröffentlicht). Im Gegensatz zu anderen virulenten Stämmen bewirkt *Ps. apisepticus* kurz nach dem Tod der Biene ihren typischen Zerfall in einzelne Segmente, bei leisestem Zug fallen Flügel und Beine ab.

Soweit geprüft, vermögen Bakterienstämme, die Septikämien auslösen, auch bei massiver oraler Infektion die Versuchsbienen nicht anzustecken. Nach Bretschko (1966) sowie Bretschko und Rauter (1968) dürfte dies aber doch der Fall sein, wenn die Bienen gleichzeitig durch Nosema infiziert sind.

Der Befund von Burnside (1928), *Ps. apisepticus* dringe durch das Tracheensystem in die Hämolymphe, wurde mehrfach bezweifelt. Anhand von Infektionsversuchen und histologischen Untersuchungen bestätigen Wille und Pintér (1961) und Wille (1964) sowie Bretschko und Rauter (1968) die Befunde von Burnside. In Infektionsversuchen bewirken virulente Stämme (Tauchen oder Besprühen der Versuchsbienen mit der entsprechenden Bakteriensuspension) eine überraschend hohe Mortalität: 60 bis 80% der Versuchsbienen gehen in den ersten 4 bis 5 Tagen ein. Dann flacht sich der weitere Verlauf der Mortalitätskurve stark ab und entspricht demjenigen der Kontrolle. Ungefähr die Hälfte der überlebenden Bienen weist in ihrer Hämolymphe eine nicht zu übersehende Bakterienflora auf, wobei in der Regel die Bakterienzellen grüppchenweise zusammenliegen. In letalen Infektionen sind die Zellen regelmäßig dicht verteilt. Im ersten Fall lassen sich die Bakterien nicht auf Nährböden weiterzüchten, im zweiten gelingt dies ohne weiteres. Daraus darf geschlossen werden, daß ein z. T. überraschend konstant bleibender Teil von Bienen über Abwehrmechanismen verfügt, die ihnen erlauben, eingedrungene Bakterienzellen zumindest in Schach zu halten. Bretschko (1966) erwähnt weitere Möglichkeiten von Abwehrmechanismen. Wie histologische Untersuchungen von Wille (1964) ergeben, erfolgt im Brusttracheensystem zunächst eine starke Vermehrung der eingedrungenen virulenten Stämme, bevor ihr Durchbruch in die Hämolymphe gelingt. Bereits in diesem frühen Infektionszustand sind die Bienen flugunfähig.

Wenn auch der Infektionsgang in der einzelnen Biene im Prinzip geklärt ist, so besteht Unklarheit darüber, wie eine massive Infektion innerhalb kurzer Zeit erfolgen kann, wie die Übertragung der Bakterien von Biene zu Biene, von Stock zu Stock erfolgt. Man nimmt an, daß Streß-Situationen wie massive Fütterung und forciertes Wabenbauen bei Schwärmen und Kunstschwärmen, bei der Wanderung, bei der Mobilisierung der Kräfte zur Abwehr ungünstiger Witterungsverhältnisse in einer Periode gesteigerter Bruttätigkeit, die seuchenhafte Form der Krankheit bewirken (Wille und Pintér, 1961). Bretschko und Rauter (1968) vertreten die Ansicht, daß Pflanzenschutzmaßnahmen, unsachgemäße Eingriffe in die Bienenvölker, die kombinierte Infektion mit Nosema (ebenfalls S. 249) als Auslösefaktoren in Frage kommen. Burnside (1928) beurteilt Bienenstände in feuchten Lagen als besonders gefährdet. Umgekehrt ließen sich schwere Infektionen in der Schweiz auf Bienenständen an gut besonnten Hängen beobachten, während ungünstiger gelegene Stände im gleichen Gebiet keine erfaßbaren Krankheitserscheinungen aufwiesen.

Bei all diesen offenen Fragen ist es müßig darüber zu diskutieren, ob bakterielle Septikämien als eine primäre oder sekundäre Krankheit aufzufassen seien (Otte, 1966). Mehrjährige, noch nicht abgeschlossene Untersuchungen brachten den Beweis, daß bakterielle Septikämien in „reiner" Form selten, aber in Verbindung mit anderen Krankheitserregern weit verbreitet sind (u. a. Wille, 1967).

3 Die Behandlung der bakteriellen Septikämien

Es fehlt nicht an Versuchen, bakterielle Septikämien zu bekämpfen. Der Einsatz von Antibiotika (u. a. Terramycin, Streptomycin, Erythromycin), Sulfapräparaten war angezeigt. Da der Abgang schwer infizierter Bienen z. T. schubweise außerhalb des Bienenstockes erfolgt oder latent infizierte Bienen fliegend ihr Volk verlassen, um nicht mehr zurückzukehren, der Krankheitsverlauf von Volk zu Volk verschieden ist, fehlen Kriterien zur objektiven Beurteilung solcher Versuche. Die „Volksstärke" ist ein recht unzuverlässiges Maß. Die unregelmäßigen Ergebnisse, die Wille in seinen Versuchen erhielt, veranlaßten ihn, die Antibiotikumstherapie nicht der Praxis zu empfehlen. Bretschko und Rauter (1968) prüften ein Gemisch von 2 mg/ml Sulfathiazol, 1 mg/ml Sulfadiazin und 1 mg/ml Sulfapyridin. Die Heilmittellösung wurde teils im Volk versprüht, teils in Zuckerteig verabreicht,

teils in Leerwaben gegossen. Gegenüber nicht behandelten Völkern entwickelten sich die behandelten deutlich besser.
Zecha (1966) und Jachimovicz (1967) hofften mit einem Zusatz von 250 mg Vitamin C und Saft einer Zitrone je Liter Zuckerwasser 1:1 bzw. von 1 g Zitronensäure pro kg und pro Liter Zuckerwasser, Septikämien günstig beeinflussen zu können. Hirschfelder (in Böttcher und Mitarb. 1969) wie auch Gerig (unveröff.) gelangten zu keinem eindeutigen Ergebnis mit diesen Zusätzen.

Paratyphus

Im Gegensatz zu den Blutvergiftungen, den Septikämien, handelt es sich beim Paratyphus der Bienen um eine Erkrankung des Darmtraktes. Orale Infektionen gelingen, was bei den Septikämien nicht der Fall ist.

1 Krankheitsbild

Zum ersten Mal wurde diese Krankheit von Bahr (1922) beschrieben. Wiederum sind die Krankheitsanzeichen atypisch: Schwäche, Flugunfähigkeit, wäßriger hellbrauner Durchfall, rasch eintretender Tod. Die Krankheit kann einen akuten Verlauf nehmen, indem bis die Hälfte der Bienen eines Stockes daran zugrunde geht.

2 Erreger

Bahr isolierte aus dem Kot erkrankter Bienen ein gramnegatives coli-ähnliches Stäbchen (biochemische Eigenschaften siehe daselbst). Seine Bakterienkulturen lösten bei Versuchsbienen, die im Wärmeschrank gehalten wurden, die gleichen Krankheitssymptome aus.
Diese Befunde wurden u. a. von Borchert (1923), Hunkeler (1925) nachgeprüft. So findet Borchert im Darm gesunder Bienen ähnliche zur Gruppe des Paratyphus B gehörige Bakterien. Hunkeler verneint den seuchenhaften Charakter der Krankheit. Die Bezeichnung „Paratyphus“ ließ die Befürchtung aufkommen, paratyphusartige Erkrankungen der Bienen könnten durch Honiggenuß auf den Menschen übertragen werden. Borchert (1923) entkräftet diese Befürchtung. Über der Bahrschen Krankheit ähnliche Fälle, die in verschiedenen Gebieten der UdSSR seuchenhaft auftreten, berichten Kulikov und Mitarb. (1964). Sie isolierten paratyphusähnliche Stämme aus Kälbern und Schweinen, die bei Bienen Durchfall auslösen und den Tod herbeiführen.

Vermutliche Rickettsiosen

Rickettsien sind Kleinlebewesen, die zwischen Viren und Bakterien einzureihen sind. Ihre Größe beträgt etwa 0,05 bis 0,5 μ (1 μ = 1/1000 mm).

1 Krankheitsbild

Stark befallene Bienen kriechen mehr oder weniger flugunfähig herum, verlassen ihren Stock, um draußen zugrunde zu gehen. Werden solche Krabblerbienen im Winter eingesammelt und im Wärmeschrank bei 30 °C gehalten, so stirbt der größte Teil innerhalb kurzer Zeit. Ein kleiner Teil bleibt noch während Wochen am Leben. Dies bedeutet, daß mitunter Bienen bei noch nicht fortgeschrittener Infektion ihren Stock verlassen. Arbeiterinnen, Drohnen und Königinnen wie auch Brut werden befallen.

Im Gegensatz zu den bakteriellen Septikämien, der Bienenparalyse, der Schwarzsucht, die die Völker schwer zu schädigen vermögen, verläuft die Rickettsiose schleichend. Infolge des vorzeitigen Abganges an Arbeiterinnen, herabgesetzter Leistung der angesteckten Bienen, oft bedeutenden Verlustes an Brut verläuft die Entwicklung der Völker schleppend, dementsprechend bleibt ihre Leistung unbefriedigend. Befallene Bienen verlassen krabbelnd während des ganzen Winters, auch bei tiefen Temperaturen, ihr Volk. Im Frühjahr und Sommer läßt sich dies nach einer Periode kalter Witterung häufig beobachten (Auffangvorrichtungen leisten für solche Ermittlungen gute Dienste, z. B. Falle nach Gary, 1960). Diese Erscheinung wird oft mit der Maikrankheit verwechselt. Mitunter sind typisch maikranke Bienen: Jungbienen, aufgetriebener Hinterleib, verstopfter Darmtrakt, ebenfalls von Rickettsien befallen. Normalerweise lassen sich an den letzteren, abgesehen von der Flugunfähigkeit, keine weiteren Krankheitserscheinungen feststellen.

2 Erreger

Bei Serienuntersuchungen im Zusammenhang mit bakteriellen Septikämien stellte Wille (1965) oft fest, daß flugunfähige, krabbelnde Bienen massiv durch einen Rickettsien-ähnlichen Erreger befallen sind. Poltew und Grobow (1967 a, 1967 b), Poltew (Symp. über Bienenpathologie, Nice, 1972) bestätigten diesen Befund.

Clark (1978) befaßte sich ebenfalls mit der hier behandelten, offensichtlich sehr weit verbreiteten Bienenseuche, die wir provisorisch als *vermutliche* Rickettsiose bezeichnen. Gestützt auf elektronenmikroskopische Untersuchungen postulierte er, diese Krankheit werde nicht durch Rickettsien, sondern durch ein fadenförmiges (filamentöses) Virus verursacht. Dieser Erreger erscheint offensichtlich in einer Vielfalt von Formen: freie, mehr oder weniger gestreckte Fäden, oder gebündelte, gefaltete Fäden, die zu kugeligen bis gestreckten Aggregaten vereinigt sind. Mittels Injektion aus verdächtigen Arbeiterinnen (weißes Blut, siehe unten) gelang es ihm, die Krankheit auf „normale“ Bienen zu übertragen. Wie Clark erwähnte, ergaben sich Schwierigkeiten, weil die Bienen bereits vor Versuchsbeginn von kugeligen,

virusartigen Partikeln in der gleichen Größe wie die Gebilde der filamentösen Viren befallen waren.
Leider hat Clark inzwischen nichts mehr über diese Krankheit veröffentlicht. Auch wir haben uns seither nur noch am Rande damit befaßt. Es macht uns aber stutzig, daß die in Abb. 1 von Clark (1978) als „vollständiges Virion" bezeichneten Gebilde wenig Gemeinsames haben mit denjenigen, die wir als vermutliche Rickettsien aufgefaßt haben (Abb. 64).
In unseren seinerzeitigen weit ausgedehnten Untersuchungen über die Verbreitung und Auftreten der vermutlichen Rickettsiosen mittels des Phasenkontrastmikroskopes war die Uneinheitlichkeit des untersuchten Materiales augenfällig. Man ist vorläufig immer noch berechtigt zu vermuten, daß die von uns, von Clark (1978) sowie von Poltev und Grobov (1967) beschriebenen Krankheitsmerkmale durch verschiedene Arten von Krankheitserregern bedingt sind. Man beachte in diesem Zusammenhang die oben erwähnten kugeligen virusartigen Partikel von Clark sowie die Tatsache, daß bei Bienen Viruserkrankungen häufig in Form von Mischinfektionen diagnostiziert werden (Bailey 1978). Solange diese Frage nicht endgültig entschieden ist, möchten wir vorläufig den Begriff der *vermutlichen* Rikkettsiosen beibehalten.

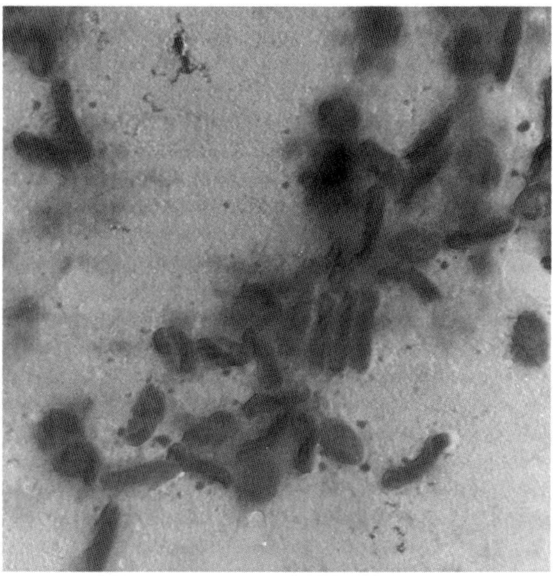

Abb. 64. Erreger der vermutlichen Rickettsiose (Vergr. 30000 ×; Benz phot.).

2.1 Verbreitung des Erregers

Nach den Untersuchungen von Wille (1967, 1973a, 1973b, 1974 und unveröff.) sind Rickettsiosen sehr stark in der Schweiz verbreitet. Sie lassen sich in über 60% der untersuchten Bienen, die aus verdächtigen Völkern stammten, diagnostizieren. Sie werden regelmäßig in jedem beliebigen Zeitpunkt in „normal" taxierten Völkern festgestellt. Dabei sind im Durchschnitt 16% der Bienen, die im Winter aus

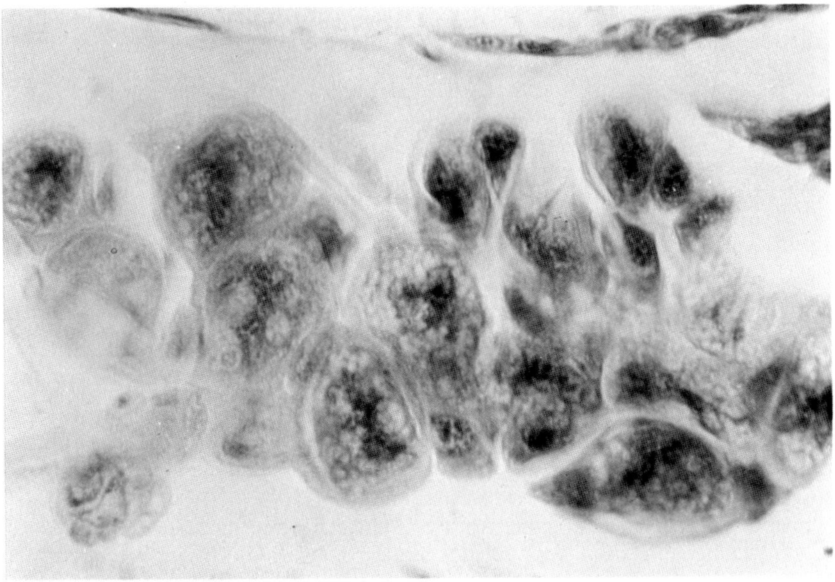

Abb. 65. Schnitt durch einige Fettkörperzellen einer normalen Sommerstockbiene. Man beachte die zum Teil gelappten, etwas diffusen Zellkerne, das grobvakuolige Zytoplasma (Archiv Liebefeld).

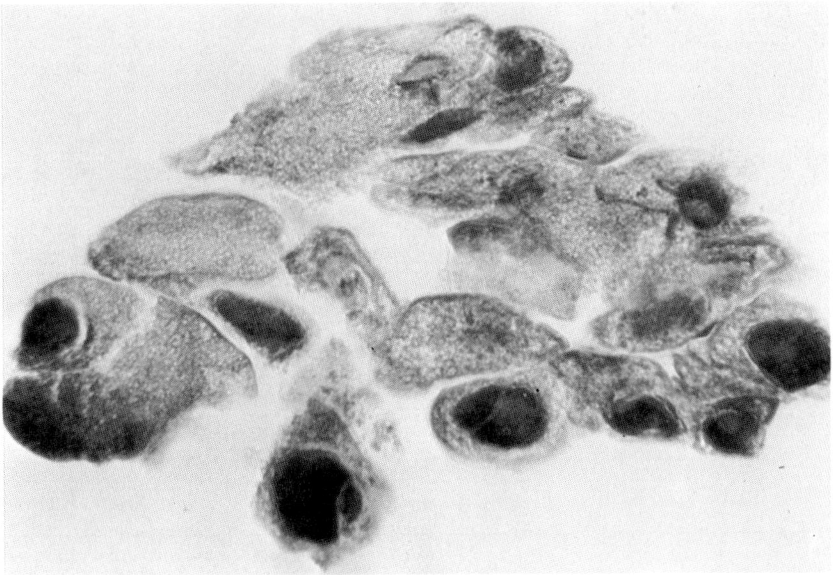

Abb. 66. Schnitt durch einige Fettkörperzellen einer von Rickettsiose befallenen Sommerbiene. Anfangsstadium der Krankheit. Infolge der starken Vermehrung der Rickettsien sind die Zellkerne stark angeschwollen. Feinvakuolige Veränderung des Zytoplasma (WILLE präp.).

eigener Kraft ihr Volk verlassen, schwer mit Rickettsien befallen (dazu kommen noch die nicht sicher diagnostizierbaren Frühinfektionen). In Begleitbienen von Königinnen, die aus den Carnica-, Caucasica- und Ligustica-Stammgebieten in die Schweiz exportiert wurden, lassen sich immer wieder schwere Rickettsieninfektionen feststellen. „Reine" Rickettsien-Infektionen sind in einzelnen Bienen möglich, in den Völkern treten sie mit anderen Erregern, in erster Linie mit Nosema, bakteriellen Septikämien und weiteren Krankheitselementen gemischt auf. Bei Milbe sind Mischinfektionen mit Rickettsien (neben anderen Erregern) die Regel (WILLE, 1966).

2.2 Ethologie des Erregers

Nach den bisherigen Untersuchungen (WILLE, 1965) findet die Vermehrung der Rickettsien in den Kernen der Fettkörperzellen statt. Der Erreger befällt sehr wahrscheinlich die Futtersaftdrüsen und weitere Gewebe. Das Zytoplasma der befallenen Fettzellen verändert sich zunächst feinvakuolig, um dann allmählich abgebaut zu werden, dagegen schwellen die Kerne stark an.
Schließlich brechen sie auf und entlassen Unmengen von Rickettsien in die Hämolymphe. Dabei nimmt das Volumen des Blutes zu. Die Hämolymphe verändert sich milchigweiß, gelegentlich sind weißbläuliche Farbtöne zu beobachten. Diese Farbveränderung und das Vorliegen einer Unzahl feiner, an der Auflösungsgrenze des Lichtmikroskopes liegender Körperchen, die eine starke Brownsche Bewegung zeigen (Phasenkontrast, 1000fache Vergrößerung), sind als typisches Krankheitssymptom zu werten. Wenn die Diagnose in diesem fortgeschrittenen Stadium eindeutig und leicht durchzuführen ist, so bleibt die Früherfassung der Ansteckung mit den bisherigen Methoden unsicher. Für Routineuntersuchungen dürften einzig serologische Methoden einen Fortschritt bringen.
Verschiedene Momente weisen darauf hin, daß die Ansteckung bereits im Larvenstadium erfolgt. Allerdings fehlen noch einige Beweisglieder. Gelingt es hier dem Erreger, sich bereits in den Kernen der Fettkörperzelle stark zu vermehren, so geht die Made zugrunde. Verläuft die Vermehrung des Erregers gehemmt, so entwickelt sich die Made zur schlüpfreifen Biene. Oft erliegen solche Bienen aber bereits in ihren ersten Lebenstagen einer massiven Rickettsien-Infektion. Häufig macht sich aber die Krankheit erst bei den älteren Bienen bemerkbar.

3 Die Behandlung der vermutlichen Rickettsiosen

Zur Bekämpfung der Rickettsiosen wurden Versuche mit Antibiotika (Streptomycin, Terramycin, Erythromycin) angestellt. Solche Behandlungen vermögen, namentlich im Frühjahr in etwa ⅔ der Fälle die Bruttätigkeit stark zu fördern,

---

Tafel 5
Oben: Sprunghaft auftretende Erbänderung (Mutation) der Augenfarbe der Drohnen. Neben der normalen eine weiß-, gelb- und rotäugige Form (DUSTMANN phot.). **Links:** Eier von Arbeitsbienen, sog. Afterweiseln: mehrere in einer Zelle (HARAGSIM phot.). **Mitte rechts:** Weibchen der Varroa (WALTENBERGER phot.) **Unten rechts:** Zwei Varroa-Weibchen auf dem Hinterleib einer Biene (links und rechts im Bild, WALTENBERGER phot.)

zeitweise das Heranwachsen starker Völker vorzutäuschen, meist erfolgt aber in einigen Wochen oder Monaten ein entsprechend starker Rückfall. In der „Genesungsphase“ scheint die Zahl Rickettsien-befallener Bienen zurückzugehen (schwierig richtig zu erfassen), beim Rückschlag treten sie wiederum vermehrt auf. Daraus ist zu schließen: Eine Behandlung mit Antibiotikum bringt bestenfalls nur vorübergehend eine Besserung, die Ansteckung läßt sich nicht ausschalten. Da die Rickettsiosen mit anderen Krankheiten in Mischinfektionen auftreten, wird die Beurteilung des Erfolges einer Therapie noch schwieriger. Die Erwägungen, die über die Bekämpfung der Paralyse vorgebracht wurden (S. 237) gelten auch für die Rickettsiosen.

Muskelzerfall

Nach den Ermittlungen von Wille (1965, 1967) wird diese Krankheit nicht durch einen im Lichtmikroskop nachweisbaren Erreger verursacht. In der erwachsenen Biene sind zwei Typen von Muskelzerfall zu unterscheiden: Beim ersten Typ quellen die dunklen Scheiben beim Telophragma auf, die aufgequollenen Scheiben setzen sich eine nach der andern ab. Im zweiten Typ splittern die Muskelfasern längs der Fibrillen auf. In der Regel sind dabei grobe, scharfkantige, sehr unregelmäßige, im Phasenkontrast stark lichtbrechende bis 10 μ und größere Kristalloide zwischen den aufsplitternden Bruchstücken eingelagert. Der zweite Typ von Muskelzerfall läßt sich bereits neben weiteren hier nicht berücksichtigten, in den Puppen nachweisen. Muskelzerfall tritt in allen Altersklassen der Arbeiterinnen auf. Im Frühjahr finden sich oft beide Typen in Jungbienen: flugunfähig und krabbelnd verlassen sie ihr Volk und gehen bald zugrunde. Jungbienen, die trotz sorgfältigen Herausnehmens der Waben im Frühjahr oder Sommer ohne Flugreaktion von den Waben zu Boden fallen, weisen oft, aber nicht obligat, diese Anomalie auf.
Muskelzerfall (beide Typen zusammengefaßt) ist verhältnismäßig stark verbreitet: er wurde, meist neben anderen Krankheitselementen, in 14% der untersuchten Bienen, die aus verdächtigen Völkern stammten, festgestellt (Wille 1967). Im Winter wiesen im Durchschnitt 6% der Bienen, die aus eigener Kraft ihre als „normal“ taxierten Völker verlassen hatten, diese Anomalie auf.

Tafel 6
Oben links: Gespinstgänge der Großen Wachsmotte *Galleria mellonella* (Archiv Erlangen). **Oben rechts:** Die Große Wachsmotte *Galleria mellonella* (Archiv Erlangen). **Mitte links:** Die Kleine Wachsmotte *Achroea grisella* (Haragsim phot.). **Mitte rechts:** Eigelege der Großen Wachsmotte (Haragsim phot.). **Unten links:** Gespinst, Larven (Rankmaden) und Puppenkokon der Großen Wachsmotte (Haragsim phot.). **Unten rechts:** Von sich verpuppenden Rankmaden beschädigter Bienenkasten (Archiv Erlangen).

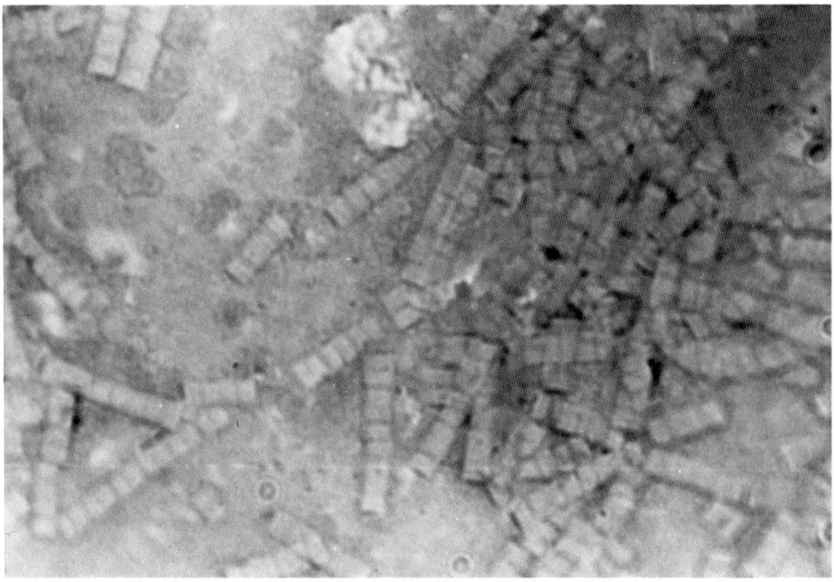

Abb. 67. Zerfall der Muskulatur, Typ 1. Jungbiene im Frühjahr (Archiv Liebefeld).

Mischinfektionen

Wie sich aus den vorhergehenden Abschnitten entnehmen läßt, kommen die beschriebenen Krankheitselemente in der Regel nicht in reiner Form, sondern gleichzeitig in verschiedenen Kombinationen in der einzelnen Biene wie im Volk vor. Nach WILLE (1967) lassen sich Mischinfektionen regelmäßig in flugunfähigen krabbelnden Bienen nachweisen, oder in Bienen, die aus verdächtigen oder aus schwer geschädigten Völkern stammen. Nähere Angaben über die Kombinationsmöglichkeiten der untersuchten verschiedenen Krankheitselemente, ihr jahreszeitliches Auftreten sind aus dieser Arbeit zu entnehmen. Ebenso ließen sich Nosemainfektionen in „reinen" Formen äußerst selten diagnostizieren. Die Nosema tritt mit anderen Krankheitselementen vergesellschaftet auf. Das gleiche trifft meist auch für die Milbe zu (WILLE, 1966). BAILEY (1971) berichtet, daß bei jeder von ihm untersuchten Milbeninfektion ebenfalls das CBP-Virus nachzuweisen sei. Er führt die „Milbenschäden" auf dieses Virus zurück. Später dehnte WILLE (1973a, 1973b, 1974) seine Ermittlungen auf lebende Bienen aus, die aus als „normal" taxierten Völkern stammten oder die während des Winters oder nach einer Schlechtwetterperiode im Frühjahr oder Sommer ihr „normales" Volk krabbelnd verlassen hatten. Auch hier bestätigte sich die weite Verbreitung der besprochenen Krankheitselemente und vor allem die Tatsache der Mischinfektionen. Allerdings fehlt bei der Beurteilung der Mischinfektionen ein wichtiges Glied: der Einbezug des CBP-Virus und der weiteren in BAILEY und Mitarb. 1981 erwähnten Viren in die Untersuchungen von WILLE sowie die Berücksichtigung der Befunde von WILLE durch BAILEY.

Heute liegen wohl wichtige Informationen über die Auswirkungen der einzelnen Krankheitselemente auf die einzelne Biene bzw. auf ein bestimmtes Brutstadium vor. Ihre Auswirkungen auf das Gesamtvolk lassen sich kaum beurteilen, denn „reine" Infektionen gehören zu den Ausnahmen. Aussagen über das „Gewicht" der einzelnen Krankheitselemente bei Mischinfektionen, sei es in der einzelnen Biene, sei es im Volk, lassen sich nicht machen. Kürzt z. B. die Kombination Nosema/ Rickettsiose das Leben der befallenen Biene gegenüber „reinen" Infektionen ab? Werden in einer solchen Biene die Futtersaftdrüsen funktionsuntüchtig wegen des Befalles des Mitteldarm-Epithels durch Nosema oder durch Ausschaltung der Fettkörperzellen durch Rickettsien? Tritt eine latente Bakterieninfektion in der Hämolymphe (diesem Zustand begegnet man häufig im Winter) in das akute Stadium, wenn die Biene zusätzlich durch die Nosema angesteckt wird? Auf welches Krankheitselement ist die Krabblerei bei einer Mischinfektion zurückzuführen (z. B. Milbe-bakterielle Septikämien-CBPV oder Rickettsien)? Ähnliche Fragen ließen sich mehren und bleiben vorläufig unbeantwortet. In einem Modellfall hat WILLE (1976) versucht, rechnerisch die verwickelten Beziehungen zwischen der Überlebensdauer erwachsener Bienen und dem Krankheitsbefund aufzuzeigen.

Da bei Mischinfektionen die Kombinationen der einzelnen Krankheitselemente innerhalb kurzer Zeit wechseln, ist die Beurteilung der Verhältnisse im Volk fast aussichtslos. Es stellt sich eine weitere Frage. Darf aus dem Befund: geschädigtes Volk, Vorliegen eines sehr hohen Prozentsatzes Bienen mit Mischinfektionen der Schluß gezogen werden, die mitbeteiligten Krankheitselemente seien für die unbefriedigende Entwicklung oder gar für den Zusammenbruch des Volkes primär verantwortlich? Wäre es nicht denkbar, daß bisher nicht erfaßte Faktoren (das CBPV gehört auch hierher) primär die schlechte Entwicklung des Volkes bedingen und infolge dieser Ausgangslage die mehr oder weniger latent vorhandenen Krankheitselemente günstige Bedingungen für ihre Entwicklung finden, d. h. erst sekundär zum Zuge kommen würden? Wechselbeziehungen zwischen der Überlebensdauer erwachsener Bienen, der Volksentwicklung, zwei Kriterien bezüglich des Blutbildes (Morphologie und Färbbarkeit der Hämocyten) sowie drei Krankheitselementen (Nosematose, Rickettsiose und bakterielle Septikämien) wurden in dreijährigen Perioden laufend an jeweils 50 bis 60 Stichtagen ermittelt (WILLE 1973a, 1974). Es ergab sich immer wieder, daß noch unbekannte Faktoren für die oft auffallenden Schwankungen in der Lebensdauer und der Entwicklung der Völker verantwortlich zu machen sind. So kann z. B. im Frühjahr bei fast identischem Verlauf einzelner Krankheitselemente das eine Volk sich normal entwickeln, das andere einen schweren Rückschlag erleiden. Im jetzigen Stand der Untersuchungen würde es in eine Sackgasse führen, wollte man eine schwerwiegende Störung in der Volksentwicklung primär auf ein einzelnes Krankheitselement bzw. auf eine Mischinfektion zurückführen, die im Zeitpunkt, wo der Schaden ersichtlich ist, diagnostiziert wurde. Aus einem „Jetzt"-Befund läßt sich weder die bisherige Entwicklung sicher erklären noch die künftige voraussehen. Ein Komplex schwer erfaßbarer Grundursachen dürfte bereits vor Wochen oder Monaten eine Fehlentwicklung eingeleitet haben.

Man hat sich bisher zu stark auf die Untersuchung der sichtbar „kranken" Bienen konzentriert, dabei die Brut und die Königin sowie die Drohnen vernachlässigt. Wird die Legeleistung der Königin und die Zahl der gepflegten Brutstadien mit der in einem entsprechenden späteren Zeitpunkt vorhandenen Bienenpopulation bei

Einbezug der Lebensdauer der Bienen verglichen, so ergibt sich nur allzuoft ein eindrücklicher Fehlbetrag zwischen der möglichen und tatsächlichen vorhandenen Bienenpopulation (Wille und Gerig 1976). Diese „stillen“ Verluste fallen oft wesentlich schwerer ins Gewicht als die Abgänge durch sichtbar erkrankte Bienen. Befaßt man sich mit diesen Krankheiten, ist man immer wieder überrascht, über welche wirksamen Abwehrkräfte das Bienenvolk verfügt und wie ausgeprägt seine Regenerationskraft trotz schwerster Verluste sein kann. Das bessere Verständnis dieses Zusammenspiels wird erlauben, mit entsprechenden zielgerichteten Zuchtmaßnahmen eine wesentliche Verbesserung der Leistungsfähigkeit der Bienenvölker zu erreichen.

In den letzten 10 Jahren hat das Liebefelder Institut weitere Methoden entwickelt, die mehr Licht in das komplexe Massenwechselgeschehen eines Bienenvolkes bringen (Wille, 1984). Der tägliche Verlust und Zuwachs an Bienen läßt sich berechnen, somit die Bilanz für die gewünschte Periode erstellen. In der Regel handelt es sich um ein überraschend gut gepuffertes System, in dem schwere Störungen, sogar hohe Verluste nicht vermögen, das Volk aus seinem vorgezeichneten Weg zu bringen. Es ist zu erwarten, daß die neuartigen Auswertungsmethoden mithelfen werden, den Einfluß der Krankheitselemente auf den Massenwechsel des Volkes besser zu erfassen und zu verstehen.

Gesetzliche Bestimmungen zur Bekämpfung seuchenhafter Bienenkrankheiten

Seuchen sind leicht ansteckende Krankheiten, die sich gewöhnlich rasch über eine Bevölkerung (Population) weiter Gebiete ausbreiten und deshalb in der Regel sehr gefährlich sind. Tierseuchen werden auch Epizootien genannt, im Gegensatz zu den Epidemien der Menschen. Seuchenhaft auftretende Bienenkrankheiten sind die Nosematose, die Malpighamöbiose, die bösartige Faulbrut, die Sauerbrut (gutartige Faulbrut), die Varroatose und die Acariose (Milbenseuche).
Die Bekämpfung von drei der gefährlichsten dieser Bienenseuchen ist in den meisten europäischen Ländern staatlich geregelt: die Bekämpfung der bösartigen Faulbrut, der Varroatose und der Milbenseuche (Acariose). In der Bundesrepublik Deutschland ist das in der Bienenseuchenverordnung vom 20. 6. 1979 und ihren Änderungen vom 18.4.1980 und vom 29.7.1982 festgesetzt. Sie ist eine Rahmenverordnung mit Ausführungshinweisen. Die einzelnen Bundesländer haben eigene z. T. sehr verschiedene Ausführungsbestimmungen hierzu erlassen. Näheres hierüber findet man in dem Buch von STEHLE/BRAUN: Gesetzliche Bekämpfung der Bienenseuchen. Ähnliche Verordnungen bestehen in Österreich, der Schweiz, der DDR usw. In die Schweizer Verordnung ist auch die Sauerbrut (gutartige Faulbrut) mit einbezogen.
Hier müssen wir uns auf die Erläuterung der Bienenseuchenverordnung der BR Deutschland beschränken. Sie befaßt sich im wesentlichen mit vorbeugenden Maßnahmen, mit der Verhängung von Sperren, der Einrichtung von Beobachtungsgebieten, und mit der unmittelbaren Bekämpfung der Bienenseuchen.

1 Vorbeugende Maßnahmen

Zunächst soll Vorsorge getroffen werden, daß die Erreger der genannten Seuchen nicht von den Imkern verschleppt werden. Deshalb wird verlangt, daß jeder, der Bienenvölker an einen anderen Ort bringt, dort gewöhnlich, gleichsam als eine vorbeugende Maßnahme, eine veterinäramtliche Bescheinigung der Seuchenfreiheit aller Bienenvölker ihres bisherigen Standortes vorlegt. Darüber hinaus muß bescheinigt sein, daß derselbe nicht in einem Seuchensperr- oder Beobachtungsgebiet liegt. Ausnahmen hiervon sind möglich, etwa innerhalb eines Bundeslandes.

2 Anzeige

Tritt eine dieser Seuchen auf, ist das anzuzeigen, d. h. der zuständigen Behörde zu melden. In der Bienenseuchenverordnung ist das nur für die Varroatose festgesetzt (§ 2a), für die bösartige Faulbrut und die Milbenseuche (Acariose) dagegen im Tierseuchengesetz (§ 13) vom 23. 2. 1977 (Bundesgesetzblatt Teil I, Nr. 12, S. 317).
Die Pflicht zur Anzeige besteht schon bei einem Seuchenverdacht. Sie obliegt in erster Linie dem Besitzer der Bienen oder seinem Vertreter, aber auch jedem anderen, der mit diesen Bienen zu tun hat, wie vielleicht einem zu Rate gezogenen Fachmann. Die Anzeige kann bei der Polizeibehörde, beim Amtstierarzt oder beim Bürgermeister erfolgen. Die weiteren Maßnahmen werden entsprechend den gesetzlichen Bestimmungen über den Amtstierarzt von der unteren Verwaltungsbehörde angeordnet.

3 Sperren, Sperrgebiete, Beobachtungsgebiete

Danach müssen oder können Sperren verhängt werden, welche die Ortsveränderung von Bienen, Bienenvölkern, Bienenwohnungen und -geräten untersagen oder einschränken. Das betrifft vor allem die befallenen einzelnen Bienenstände, aber auch ganze Gebiete. Im letzten Fall spricht man von Sperrgebieten. Aus einem gesperrten Bereich, gleich ob Bienenstand oder Sperrgebiet, dürfen Bienenvölker nicht heraus- und in ihn nicht hineingebracht werden. Auch innerhalb eines Sperrgebietes ist ein Ortswechsel der Bienenvölker unzulässig. Ausnahmen sind im einzelnen möglich.
Eine etwas lockerere Form der Sperre besteht in den sog. Beobachtungsgebieten. Im Gegensatz zu den Sperrgebieten kann man hier den Platz der Völker ändern. Auch ist hier deren Ein- und Ausbringen möglich, gegebenenfalls mit Genehmigung.
Sperren der Bienenstände **müssen** bei der bösartigen Faulbrut wie bei der Varroatose und **können** bei der Milbenseuche verhängt werden. Gebietssperren sind aber nur bei der bösartigen Faulbrut vorgesehen. Denn nur diese Krankheit läßt sich durch eine solche Sperre gut eingrenzen. Ist sie doch leicht und schnell zu erkennen, deshalb schon in ihren Anfängen festzustellen und somit in ihrer Ausdehnung eindeutig zu ermitteln. Nicht zuletzt läßt sich bei ihr ein Bekämpfungserfolg schnell erkennen.
Bei Auftreten der bösartigen Faulbrut wird also einmal der betroffene Bienenstand gesperrt. Völker und Gegenstände dürfen nicht von ihrem Platz entfernt, Honig und Wachs nur unter bestimmten Voraussetzungen weiter verwendet werden. Bienenwohnungen und Geräte sind zu entseuchen. Fremde Personen dürfen den Bienenstand nicht betreten (eine wohl entbehrliche Bestimmung!). Weiter wird ein Bezirk von mindestens 1 km im Umkreis zum Sperrgebiet erklärt, aus dem Bienen nicht heraus- und in den Bienen nicht hineingebracht werden dürfen. Ausnahmen sind möglich.
Bei der Varroatose und der Milbenseuche hingegen liegen die Verhältnisse anders. Diese Krankheiten sind viel schwerer zu erkennen. Und wenn sie sich nach langer Latenzzeit auffällig zeigen, haben sich ihre Erreger schon längst unbemerkt über

weitere Bienenstände verbreitet. Deshalb sind diese Krankheiten durch eine Sperre der betroffenen Stände wie auch der umliegenden Gebiete nur unvollkommen zu begrenzen.
Aber bei der Varroatose sperrt man in Anbetracht ihrer Gefährlichkeit und ihres vorläufig noch vereinzelten Auftretens den befallenen Bienenstand trotzdem. Waben aus verseuchten Völkern müssen mindestens 2 Wochen lang so aufbewahrt werden, daß sie nicht mit Bienen in Berührung kommen. Nach dieser Zeit sind etwaige Varroa-Milben darauf abgestorben.
Um den gesperrten Stand **muß** ein größeres Beobachtungsgebiet von mindestens 2 km im Halbmesser festgesetzt werden. Das Einbringen von Völkern ist möglich, kann jedoch von einer Genehmigung abhängig gemacht werden. Das Entfernen von Völkern aus dem Beobachtungsgebiet ist nur mit Genehmigung der Behörde erlaubt.
Bei der weniger gefährlichen Milbenseuche **kann** der Bienenstand gesperrt und ein Bezirk von höchstens 2 km im Umkreis zum Beobachtungsgebiet erklärt werden. Hier ist das Ein- wie das Ausführen von Bienen möglich. Beides **kann** aber von einer Genehmigung abhängig gemacht werden. Es sind also bei Acariose-Beobachtungsgebieten ausschließlich „Kann"-Bestimmungen, die in der BR Deutschland den Verkehr mit den Bienenvölkern regeln. Somit liegt es weitgehend im Ermessen des Amtstierarztes, eine solche Beschränkung vorzunehmen, sofern er nicht durch andere Ausführungsbestimmungen seines Landes gebunden ist.

Problematik der Sperren

Was die Bekämpfung der Milbenseuche (Acariose) angeht, so sind die Ansichten über die Wirksamkeit von Sperren geteilt. Manche Autoren (z. B. MORGENTHALER 1937 a, MOMMERS 1965, KOSTECKI 1965) sprechen sich für Sperrmaßnahmen aus, andere (z. B. KAESER 1959, W. FRITZSCH 1963) halten sie für unbiologisch und somit für nachteilig. Der entschiedenste Gegner aller Sperrmaßnahmen war JORDAN, der sie in vielen Veröffentlichungen als völlig unbrauchbar ablehnte. Zweifellos sind sie unbiologisch und aus diesem Grund nur beschränkt wirksam. Dazu kommt, daß sie auch wirtschaftlich von Nachteil sind. Folgendes ist (nach KAESER) hierzu zu sagen:
1. Das seuchenhafte Auftreten der *Acarapis woodi* hängt in hohem Maß von äußeren Gegebenheiten ab. Die Acariose ist eine „Faktorenseuche", gewöhnlich bedingt oder zumindest stark begünstigt durch zu geringen Bienenumsatz infolge mangelnder Tracht (s. S. 190). Deshalb müßte eigentlich der amtlichen Anordnung zu ihrer Behandlung statt einer langen Sperre eine Anordnung zur Trachtwanderung als „Nachbehandlung" folgen! Denn eine „Selbstreinigung", ein „Sich-Gesundfliegen" (JORDAN 1964) ist nur bei gutem Bienenumsatz möglich, der wiederum Tracht voraussetzt.
2. Ist ein Sperrkreis klein, z. B. bei einem Halbmesser von 1,5 km, so beträgt das gesperrte Gebiet zwar mehr als 7 km^2, etwa so viel wie die bewohnte Fläche einer Landgemeinde, doch werden dadurch nur selten Imker behindert, denn nur wenige wandern mit ihren Völkern. Aber eine solche Sperre bleibt wirkungslos, weil jede Biene, jeder Drohn und jeder Schwarm weiter als 1,5 km fliegen kann.
Dazu kommt, wie schon gesagt, daß insbesondere kleine Sperrkreise bei der Milbenseuche auch deshalb nichts nützen können, weil sich diese Krankheit, wenn sie

bemerkt wird, in fast allen Fällen schon weit über den Ort der Feststellung hinaus verbreitet hat. Das gilt auch für die Varroatose.
3. Eher zu vertreten sind deshalb bei beiden Krankheiten Sperrkreise, die sich über ein weites Gebiet erstrecken. Einen Sperrkreis von z. B. 5 km um einen befallenen Stand werden die Bienen kaum überfliegen, und die Schwärme nur zum Teil.
Zur Feststellung der Verbreitung des Parasiten um einen solchen Stand ist eine wiederholte Untersuchung und zur Verhinderung seiner Weiterverbreitung eine Behandlung aller Völker des Sperrgebietes erforderlich.
Dabei ist zu bedenken, daß in so großen Sperrkreisen häufiger Wanderimker mit einer meist größeren Anzahl von Völkern ansässig sind. Für sie bedeutet die Sperre eine ganz erhebliche Verschlechterung der Tracht, was nicht nur einen viel geringeren Honigertrag, sondern auch noch eine schlechtere Entwicklung der Völker zur Folge hat. Der wirtschaftliche Schaden für diese Imker ist also sehr groß.
Für den Bekämpfungserfolg ist zudem bedenklich, daß eine so geschmälerte Tracht, welche für die oftmals vielen an ihren Standplatz gebundenen Völker nicht mehr ausreicht, auch geringeren Bienenumsatz bedeutet, somit die Gesundung der Acarapis-befallenen Völker verzögert, wenn nicht sogar die Ausbreitung des Parasiten begünstigt. Zwar wirkt ihr die durchzuführende chemische Bekämpfung entgegen. Doch kann diese allein kein voller Ausgleich für den verringerten gesundheitsfördernden Bienenumsatz sein.
4. Am schlimmsten treffen Sperren die Berufs- und Erwerbsimker, weil diese unbedingt aufs Wandern mit ihren Bienen angewiesen sind. Ihnen können dadurch ernste, manchmal unüberwindliche Schwierigkeiten entstehen, so daß sich die Frage stellt, ob durch die Sperren nicht größere Schäden verursacht werden als durch die Milbenseuche selbst.
5. Schließlich ist auch daran zu denken, daß in guten Trachtgebieten Sperrmaßnahmen von den einheimischen Imkern gelegentlich dazu mißbraucht werden, die Milbenseuche zu „kultivieren“, d. h. sie nicht ganz aussterben zu lassen, um konkurrierende Wanderimker von der guten Tracht fernzuhalten.
Alles in allem können sich Sperrmaßnahmen auf mancherlei Weise auch zum Schaden der Imkerei auswirken. Es war deshalb richtig, durch Einführen der Beobachtungsgebiete die Sperren zu lockern. Wenn man weiter bedenkt, daß es trotz aller staatlichen Maßnahmen gegen die Milbenseuche bisher nicht gelungen ist, sie auszurotten, wird man es wohl lernen müssen, mit ihrem Erreger zu leben, d. h. die Bienenvölker so zu führen, daß auch bei möglicher Anwesenheit des Erregers kein wirtschaftlicher Schaden zu erwarten ist (Gnädinger 1969). Das wird bei der Milbenseuche bestimmt nicht schwerer sein als bei der Nosematose. Vermutlich wird das bei der Varroatose auch einmal so gehen. Vorläufig kommt man bei ihr jedoch noch nicht ohne Beschränkung der Freizügigkeit aus.

4 Untersuchungen

Untersuchungen können in jedem Verdachtsfall angeordnet werden. Innerhalb eines Faulbrut-Sperrgebietes sind alle Völker auf bösartige Faulbrut zu untersuchen. Die Untersuchung der behandelten Völker ist in der Zeit von 2–9 Monaten nach der Behandlung zu wiederholen. Bei der Varroatose müssen alle Bienenvölker des Sperrgebietes sofort und im Abstand von 3 Wochen nochmals untersucht werden. Alle behandelten Völker müssen nach etwa 3 Wochen nachuntersucht werden. In einem Milbenseuchenbeobachtungsgebiet kann die Untersuchung des Wintertotenfalls sowohl der behandelten wie der nicht behandelten Völker verlangt werden.

5 Staatlich angeordnete Bekämpfung

Nicht zuletzt soll mit Hilfe der Bienenseuchenverordnung eine Bekämpfung der betreffenden Seuchen erreicht werden, die schließlich zu ihrer Tilgung führt. Hierzu wurden dem neuesten Stand der wissenschaftlichen Forschung entsprechende Vorschriften erlassen.

Bei allen drei Seuchen ist die Möglichkeit der Tötung der erkrankten Völker vorgesehen, Jedoch wird davon vernünftigerweise nur in besonderen Fällen Gebrauch gemacht. Der Imker kann dann für die auf behördliche Anordnung abgetöteten Völker entschädigt werden, z. B. von einer Seuchenkasse. Bei der Milbenseuche und bei der Varroatose ist die Tötung der Völker im allgemeinen zwecklos, da sich die Erreger, wie schon wiederholt betont, bei ihrer Feststellung mit Sicherheit bereits unerkannt über weitere Gebiete ausgebreitet haben, wo man die Völker dann später bei ihrer Feststellung dort ebenfalls abzutöten hätte und so fort. Man würde also ständig der Seuche mit der Abtötung der kranken Völker „nachzulaufen" haben (s. S. 218).

Die Heilmaßnahmen werden auf Anweisung des Amtstierarztes nach den neuesten auch im Hinblick auf den Menschen zulässigen Verfahren durchgeführt. Von den verschiedenen Möglichkeiten sind heute die biologischen Verfahren stark in den Vordergrund gerückt. Im Fall der bösartigen Faulbrut hat sich das alte Kunstschwarmverfahren bis heute bewährt und gehalten. Es steht immer noch im Mittelpunkt einer Sanierung. Bei der Anwendung von Medikamenten indessen herrscht gegenwärtig leider erhebliche Unsicherheit, da die alten gut wirksamen Mittel wegen gesundheitlicher Bedenken zum Teil außer Kurs gesetzt wurden.

Unsicherheit herrscht vielfach auch über die Möglichkeit und Notwendigkeit der Sanierung der Acariose. Wird das doch staatlich geregelt, obschon sie eine Faktorenseuche ist. Aber ihr Erreger ist nur in Teilen Süddeutschlands endemisch, d. h. allgemein verbreitet. In der bayerischen Oberpfalz z. B. wurde er im Durchschnitt auf 11,15% aller Bienenstände gefunden. Nach intensiven Bekämpfungsmaßnahmen ergab sich, daß der Milbenbefall gegenüber den zunächst noch unbehandelten Ständen mit 10,57% gegen 11,63% kaum niedriger geworden war (Krehmer 1970). Demnach ist es aussichtslos, die Tracheenmilbe dort, wo sie allgemein vorkommt, ausrotten zu wollen. Man kann aus diesem Beispiel aber auch schließen, daß sie sich keineswegs immer grenzenlos vermehrt. Man wird sich also in solchen Gebieten am besten auf die Sanierung wirklich krankhafter Zustände beschränken (Mautz 1982).

In Norddeutschland ist die Acarapismilbe in der Regel noch nicht allgemein zu finden. Hier besteht die Hoffnung, rechtzeitig erkannte Herde zu sanieren, indem man radikaler vorgeht. Die Bundesverordnung läßt beide Möglichkeiten offen.

Wichtig erscheinen internationale Vereinbarungen über die Bekämpfung der Bienenkrankheiten. Die OIE (Organisation Internationale des Épizooties) bemüht sich seit Jahren darum. Bisher stehen jedoch grundsätzliche Unterschiede in der Seuchengesetzgebung der einzelnen Länder diesem Vorhaben entgegen.

Nichtansteckende Erscheinungen

Die Ruhr

Während die Bienen gewöhnlich ihren Kot im Fluge ausscheiden, geben sie ihn manchmal im Stock, auch außen an seiner Stirnwand und auf dem Flugbrett ab. Diese durchfallartige krankhafte Erscheinung nennt man Ruhr (NI[C]KEL JACOB 1568)*. In den angelsächsischen Ländern und in Frankreich spricht man von Dysenterie.

1 Krankheitserscheinungen

Der Kot ruhrkranker Bienen ist dünnflüssig, in frischem Zustand von hellbrauner, manchmal gelbgrauer Farbe und von brotartigem bis ekelerregend katzenkotähnlichem Geruch (KÜSTENMACHER 1919). Er wird von der einzelnen Biene in sehr großer Menge ausgeschieden. Allmählich trocknet er zu dunklen Krusten ein, die an den Stockwänden, an den Rähmchenleisten, auf dem Boden und dem Flugbrett als Kleckse und Tränen, auf den Waben als schorfige Überzüge haften. Dieser „Ruhrschorf" auf den Waben findet sich an den Zellmündungen, in die der Kot hineinläuft, ehe er antrocknet, im Unterschied zum Faulbrutschorf, der an den Zellwänden oder am Grunde der Zellen haftet. Am stärksten verkotet sind in der Regel die äußeren Bezirke der Bienenstöcke.

2 Auftreten

Die Ruhr tritt am häufigsten während der letzten Wintermonate auf, zeigt sich aber in ihrer leichten, harmloseren Form auch zu anderen Zeiten, selbst im Sommer. Finden sich in der Nähe des Flugloches nur einige Kotspritzer, so hat das nicht viel zu bedeuten. Man braucht das auch noch nicht unbedingt Ruhr zu nennen. Schlimmer ist es jedoch, wenn das Stockinnere verunreinigt wird. Nicht nur die Sauberkeit des Betriebes leidet darunter, auch das Leben der einzelnen Biene und sogar das des ganzen Volkes kann dadurch gefährdet werden. Indessen sterben die Bienen nicht

* Gründlicher Unterricht von den Bienen und ihrer Wartung im glogischen Fürstentum, aus wahrer Erfahrung zusammengetragen. Görlitz 1568 (n. ARMBRUSTER, A. f. Bkd., 1940, S. 1 bis 37).

unmittelbar an dieser Krankheit, sondern gehen dabei infolge Verkühlung zugrunde. Die Königin dagegen, die ihren Kot stets im Stock absetzt, wird nie ruhrkrank (DATHE 1871).
Die ersten Anzeichen der Ruhr machen sich lange vor ihrem Ausbruch durch Unruhe, Verlassen des Wintersitzes und oft durch Zuckerkristalle am Flugloch wie auf der Bodeneinlage bemerkbar. Auch soll die Temperatur im Bienensitz ansteigen (PHILLIPS 1925).
Nicht alle Bienen eines Stockes erkranken gleichzeitig, sondern zuerst die äußeren der Traube. Sie verlassen sie, um sich möglichst noch im Freien zu entleeren. Bald fängt das Volk zu brausen an. Die Bienen laufen umher, beschmutzen die Stockwände, später auch die Waben. Viele bleiben mit aufgetriebenem Hinterleib auf dem Bodenbrett liegen und gehen zugrunde. Die Überlebenden besudeln sich gegenseitig. Sie koten ab, sofern sie noch mit den Flügeln zu schwirren vermögen. Am Ende bleibt oft nur ein kleines Häuflein matter beschmutzter Bienen übrig, das längstens im Frühjahr zugrunde geht.
Tritt rechtzeitig sonniges, warmes Wetter ein, das Flug und Reinigung erlaubt, so verliert die Ruhr ihren verheerenden Charakter. Doch bleiben die Völker in ihrer weiteren Entwicklung meist zurück. Das mag aber auch mit daran liegen, daß sich in ihnen Nosema und Amöben sehr schnell verbreiten, weil die Bienen in ihrem Putztrieb den ausgeschiedenen Kot aufnehmen und sich so mit den darin enthaltenen Erregern anstecken.

Abb. 68. Verkotetes Flugloch eines ruhrkranken Volkes (HARAGSIM phot.).

Früher waren die Verluste, welche die Ruhr anrichtete, sehr groß. Doch seitdem man die Bienen auf Zucker überwintert, sind sie viel geringer geworden. Aber auch heute noch gehen an ihr, insbesondere in Waldtrachtgegenden, wesentlich mehr Völker zugrunde als etwa an der bösartigen Faulbrut. Noch 1921 schätzte WEIPPL

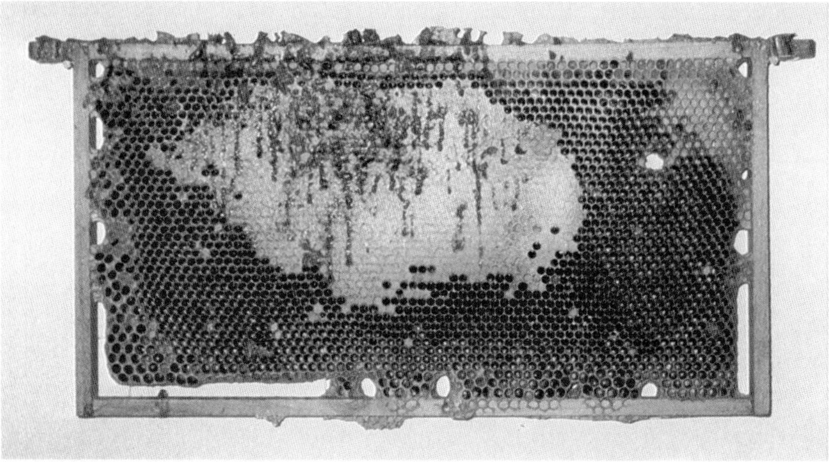

Abb. 69. Beschmutzte Wabe aus einem ruhrkranken Volk (Böttcher phot.).

ihren Anteil an den Winterverlusten auf 80% und nach Phillips (1924/1925) verhielten sich die Verluste durch Ruhr und einige andere krankhafte Erscheinungen in den USA zu den übrigen Krankheiten wie 100:1.

3 Ursachen

Die Ursachen der Ruhr sind sehr verschieden, doch handelt es sich im Grunde nur um eine Funktionsstörung der Kotblase der Bienen, vergleichbar dem Durchfall der Menschen nach dem Genuß von unverträglichen Speisen und der beschleunigten Darmtätigkeit bei seelischen Erregungen. Sie macht sich gewöhnlich nur bemerkbar, wenn die Bienen längere Zeit nicht zum Koten ausfliegen können.
Auch im Sommer, z. B. nach längeren Regenperioden oder beim Versand von Bienenvölkern kann man derartiges beobachten.
Ansteckend ist die Ruhr nicht, wenn auch einige Angaben über ansteckende Ruhrformen vorliegen (Maassen 1911, 1912, Serbinoff 1915, Imhoff 1922). Selbstverständlich enthält der Kot ruhrkranker Bienen außer sehr vielem Wasser, Pollen, Pollenhäuten und zahlreichen kleinen Ballen peritrophischer Membranen auch Bakterien, in der Regel um so mehr, je länger er im Darm zurückgehalten wurde. Insbesondere fanden sich stecknadelförmige Bakterien (vgl. dagegen Küstenmacher 1910!). Sie können bis zum Mitteldarm vordringen, der ebenso wie die Honigblase sonst keine oder nur gelegentlich einmal Bakterien enthält. Sie zersetzen den Inhalt der Kotblase und mögen das Übel verschlimmern, sind aber nicht die Erreger der Ruhr. Denn Versuche, Bienen durch Verfüttern solcher Kleinlebewesen ruhrkrank zu machen, hatten wenig Erfolg. Auch Parasiten wie Nosema und Amöben kann man nicht für die gewöhnliche Ruhr verantwortlich machen, denn sie tritt ja gemeinhin unabhängig von ihnen auf, ganz abgesehen davon, daß die Nosema – im Gegensatz zur Amöbenseuche – nur selten von Ruhrerscheinungen begleitet ist

(s. S. 132). Nur gewisse gärtüchtige, aus Bienen stammende Hefen bewirken regelmäßig Erkrankung und Absterben unter Ruhrerscheinungen (MAASSEN 1916, MAASSEN und BORCHERT 1920).

3.1 Überlastung und Überreizung der Kotblase

Die Ruhr hat andere Ursachen. Sie lassen sich zumeist auf eine Überlastung und Überreizung der Kotblase zurückführen.

3.1.1 Die Wirkung der Kälte

Bei beidem spielt die Kälte eine ganz wesentliche Rolle: Einerseits hindert sie die Bienen auszufliegen und sich zu „reinigen", wie der Imker das Abkoten nennt, so daß es zur Überlastung der Kotblase kommen kann. Andererseits reizt sie den Darm zur Entleerung. Leicht kann man beobachten, wie Bienen, welche den warmen Stock verlassen und z. B. an eine kalte Fensterscheibe des Bienenhauses geraten, bald koten. Ja, sie koten oft schon auf der Wabe, wenn man diese bei kaltem

Abb. 70. Wabenschnitt zeigt „Ruhrschorf" (angetrockneten Kot) an den Zellmündungen (ZANDER phot.).

Wetter dem Stock entnimmt. Auch kann man Königinnen zum Koten bringen, wenn man sie auf eine kalte Glasplatte setzt (s. Seite 136).
Schwache Völker leiden am ehesten unter der Ruhr, weil in ihnen die einzelnen Bienen der Kälte mehr ausgesetzt sind als in starken (s. a. SCHUA 1955). Sie müssen, um sich warm zu halten, verhältnismäßig viel zehren. Der Darm ihrer Bienen wird also höher belastet als der von Bienen starker Völker. Man kann das im extremen Fall an Einwabenvölkchen beobachten, die man zu überwintern versucht. Im Gegensatz zu starken Völker gehen sie auch bei noch so guter Verpackung bald unter Ruhrerscheinungen zugrunde, während sie den Winter gut überstehen, wenn man sie im warmen Zimmer mit einem nach außen führenden Kanal aufstellt, wo sie allseits von etwa 20° warmer Luft umgeben sind.
Weiter begünstigt Kälte das teilweise Kristallisieren der Futtervorräte und bewirkt die Erhöhung der relativen Feuchte der Stockluft. Beides führt zu wasserreicherem Futter, d. h. zur Erhöhung der Kotmenge, und vergrößert so die Ruhrgefahr. Dazu kommt, daß hohe relative Luftfeuchte die Wasserabgabe der Bienen vermindert, sowohl die über ihre Körperoberfläche, die Transpiration, wie auch die über ihre ausgeatmete Luft, die Respiration. Die Bienen trocknen sozusagen weniger aus. (Vgl. ALTMANN und GONTARSKI 1963).

3.1.2 Weitere Ursachen für die Überlastung der Kotblase

Im übrigen ist eine Überlastung der Kotblase in erster Linie bei sehr lang anhaltenden Wintern zu erwarten, wenn sich die Bienen in dieser Zeit nicht reinigen können. Immerhin halten sie gewöhnlich unter unseren klimatischen Verhältnissen 4 bis 5 Monate ohne Ruhr im Stock aus, was sich in den langen Wintern 1928/1929 und 1962/1963 wieder bestätigte. Größer wird die Ruhrgefahr, wenn schwache Völker bei mildem Wetter frühzeitig stark brüten und es danach bald wieder kalt wird. Die Erzeugung von Wärme zur Erhöhung der Stocktemperatur auf 34° C wie die Erzeugung von Futtersaft zur Ernährung der Brut erfordern eine Mehraufnahme von Futter, auch von Pollen, was den Darm besonders stark belastet.
Indessen ließ sich bisher kein Zusammenhang zwischen dem Pollengehalt des Winterfutters und der Ruhr nachweisen (WHITCOMB und WILSON 1929, WILSON und ROE 1929), auch zwischen Bruttätigkeit und Ruhr nicht (ALFONSUS 1936). Nur wenn man Pollen in Zuckerteig fütterte, wurde die Brutlust der Völker angeregt und die Ruhr hervorgerufen. Auch brüten starke Völker, wenn sie genügend Pollenvorrat haben, zeitig im Winter, ohne daß es gewöhnlich zur Ruhr kommt (FARRAR 1934 a).
Wenig wahrscheinlich ist deshalb die Annahme von PHILLIPS (1955), daß eine größere Kotansammlung im Darm, die man bereits als beginnende Ruhr betrachten kann, sich bis zum Ausbruch fortlaufend steigere, weil sie Unruhe, derzufolge Wärmeentwicklung und verstärktes Brüten, somit weiter erhöhte Nahrungsaufnahme und wieder Kotansammlung usw. hervorrufe.
Sehr oft dürfte die Ruhr wohl durch eine Überlastung der Kotblase infolge zu wasserreichen Futters entstehen (ALFONSUS 1935, 1936 b). Kristallisiert das Winterfutter in den Zellen, so geschieht das meist nur teilweise. Es kristallisiert nur der schwer lösliche Traubenzucker, während der leicht lösliche Fruchtzucker allein im Wasser zurückbleibt, so daß sich eine dünne Fruchtzuckerlösung ergibt. Auf sie sind die Bienen allein angewiesen, wenn die Kristallisation so grob erfolgt, daß sie die Kristalle nicht durch den Schlund aufnehmen können. Diese bleiben dann in

Abb. 71. Ruhr in Verbindung mit hochgradiger Nosematose (ZANDER phot.).

den Zellen zurück und werden z. T. heruntergeschrotet. Feinkörnig kristallisierenden Honig dagegen können sie vollständig verwerten (ALFONSUS 1937, FARRAR 1937). Allerdings findet man feine Kristalle auch im Darm ruhrkranker Bienen (ALFONSUS 1935, 1936 a, c).

Außerdem kann unverdeckeltes Futter bei hoher relativer Luftfeuchte, insbesondere auch in schwachen Völkern, die wenig Wärme erzeugen, noch mehr Wasser aufnehmen und so noch dünner werden. Von dünnem Winterfutter aber müssen die Bienen bedeutend mehr zehren, um sich am Leben zu erhalten als von normalem, so daß sie sich auf diese Weise erheblich mehr Wasser einverleiben. Die Folge ist ein stärkeres Ansteigen des Inhaltes des Enddarmes, der Kotblase, die bei den Bienen ja auch das vom Körper auszuscheidende Wasser enthält.

So fand ALFONSUS in ruhrkranken Völkern ein dünnes, teilweise kristallisiertes Winterfutter mit einem hohen Wassergehalt des flüssig gebliebenen Restes von über 23% (gegen ursprünglich 16,4%) und einen entsprechend wasserreichen Inhalt der Kotblase, bei dem auf einen Teil Trockensubstanz 4, ja sogar 7 Teile Wasser kamen, während es bei gesunden Völkern nur 2 oder 3 Teile waren. Zusatz von Säure, z. B. von Zitronensäure zum Winterfutter begünstigt das Auskristallisieren seines Traubenzuckeranteiles (BITTNER und DREHER 1970), was ebenfalls zur Überlastung der Kotblase der Bienen mit Wasser und damit zur Ruhr führen kann. Die Bienen können aber auch durch andere Umstände zu erhöhter Wasseraufnahme veranlaßt werden. Schon DZIERZON nannte ungedeckelten unreifen, spät von den Bienen eingetragenen oder spät an die Bienen verfütterten Honig als die gewöhnliche Ursache der Ruhr, weil er Luftfeuchtigkeit aufnehmen und sauer wer-

den könne. Auch Wasser, welches von der Decke ihrer Wohnung auf die Bienen herunter tropft, könne die Ursache sein. DADANT (1886) schreibt ähnliches.
Sehr hoch ansteigen kann die relative Luftfeuchte in Bienenkellern, aber auch in nebligen Flußtälern oder allgemein bei nassem Wetter. DESINOFF (1928) stellte eine Zunahme der Luftfeuchte in Bienenkellern innerhalb von 4 Monaten von 60 auf 90% fest. Sie verursacht dann nicht nur eine weitere Verdünnung des Honigs, sondern wirkt auch der Respiration und Transpiration entgegen, begünstigt also auf diese Weise die Entstehung der Ruhr. Das allerdings bestreitet WOODROFF (1935).
Leichte Ruhranfälle im Sommer können durch Regenwasser verursacht werden, das in den Stock gelaufen ist und von den Bienen aufgesogen wird.
Bei Untersuchungen von ALFONSUS (1935) verließen die ersten ruhrkranken Bienen die Wintertraube bei einer Kotmenge von 33,9% ihres Gesamtkörpergewichtes. Als diese auf 45% anstieg, setzte das Koten allgemein ein. Damit bestätigte er, was TUENIN schon 1918 festgestellt hatte. Im höchsten Falle kam die Kotmenge auf 48,6%, (bei TUENIN sogar auf 93,2%!) des Körpergewichtes mit einem Wassergehalt von 87%, während sie bei gesunden Bienen nur 7,3 bis 13,8% betrug. Nach LOTMAR (1951) ist bei einem Darmgewicht von rund 40% des Körpergewichtes der kritische Zeitpunkt für eine ruhrartige Entleerung gegeben.
KORJAKIN (1929) fand im Kot von auf Honig überwinternden Bienen über 90%, von auf Zucker überwinternden aber nur 86% Wasser, obwohl das Honigfutter umgekehrt etwas wasserärmer als das Zuckerfutter war.
Die ruhrfördernde Wirkung des Waldhonigs erklärt ALFONSUS nicht mit irgendwelchen darin enthaltenen ruhrfördernden Stoffen, sondern meint, dieser würde schneller teilweise auskristallisieren. Aber nach allgemeiner Erfahrung gehören die Waldhonige gewöhnlich doch keineswegs zu den rasch kristallisierenden!
Indessen spielt dabei noch die Größe der Zuckerkristalle eine Rolle, die bei Waldhonigen sehr grob sein kann. Während sich kleine Kristalle von den Bienen mit der Flüssigkeit „verschlucken" lassen, ist das, wie gesagt, bei großen nicht möglich. Eine Überlastung der Kotblase durch Wasser wird also nur bei grober Kristallisation auftreten (ARMBRUSTER 1936, ALFONSUS 1937). Tatsächlich erreicht nach TUENIN (1918) die Kotblasenfüllung auf Waldhonig überwinternder Bienen die gefährliche Grenze am ehesten. Wesentlich später tritt das bei Bienen auf hellen Honigen und am spätesten bei denen auf Zuckerlösung ein. MAIOROFF (1928) stellte als durchschnittliche Gewichtszunahme des Hinterleibes der Bienen eines Zuckervolkes 139,5%, eines Honigvolkes 211% fest. Auch DESINOFF (1928) beobachtete auf Zucker eine bessere Überwinterung (weniger Tote, geringeren Futterverbrauch und weniger Feuchtigkeit, größere Lebhaftigkeit im Frühjahr, reicheren Brutansatz usw.).
Überlastung der Kotblase ist auch bei erhöhter Nahrungsaufnahme infolge starker lang anhaltender Beunruhigung zu erwarten.
Aber Schießen und Sprengen beunruhigt die Bienen in der Regel offenbar nicht. Noch nicht einmal eine Temperaturerhöhung der Wintertraube ist zu verzeichnen (WILLE und BOURGUIN 1968).

Tafel 7
Oben: Von Pollenmilben zerstörter Pollenvorrat in einer Wabe (HARAGSIM phot.). **Unten links:** Der Speckkäfer *Dermestes lardarius* und seine Larven (HARAGSIM phot.). **Unten rechts:** Vom Pollenschimmel *Bettsia alvei* befallene Pollenwabe (HARAGSIM phot.).

Der Schall wird ja gewöhnlich von den Bienen gar nicht wahrgenommen, zumindest nicht als störend empfunden.
Bei Erschütterungen hingegen bemerkt man sehr wohl und sofort einen Anstieg der Temperatur, was auf erhöhten Futterverbrauch schließen läßt. Aber sogar systematische Störungen, bei denen man im Laufe des Winters immer wieder kräftig an den Völkern klopfte und sie sogar mehrmals heftig auf den Boden stauchte, bewirkten keinerlei Ruhrerscheinungen (Schua 1955, Löffler 1963).
Auch ist bekannt, daß sich Bienen, welche an viel befahrenen Eisenbahnlinien stehen, offenbar an das Vorbeifahren der Züge gewöhnen. Ruhr zeigte sich selbst dann nicht, wenn in sehr kalten Wintern der Boden so fest gefroren war, daß sich die Erschütterungen der Eisenbahnschienen auf Bienen und Völker stärker übertrugen (Wirthlin 1945).
Mit Zuckerfutter versorgte Völker kann man auch im Winter bei Frost über weite Strecken tagelang mit dem Auto transportieren, ohne daß Ruhrerscheinungen auftreten (Böttcher 1959). Die Bienen vertragen also offenbar mehr als man gemeinhin glaubt. Doch wird man es, wenn sie lange Zeit keine Flugmöglichkeit hatten, nicht darauf ankommen lassen. Denn hält man einmal kurz vor einem Reinigungsflug eine Nachschau, ist man meist schnell davon überzeugt, daß sie eine überfüllte Kotblase leicht entleeren. Unter der Voraussetzung mögen auch geringfügige Störungen, wie z. B. die von Meisen, Spechten, Mäusen und anderen Tieren oder von schlagenden Fensterläden, eher ein Koten im Stock zur Folge haben, insbesondere wenn die Völker schwach sind und Kälte auf die Bienen wirkt.
Bei besonders schweren Sprengungen in allernächster Nähe der Bienenvölker wird von eindeutigen Schäden berichtet (Bühler 1964). Es handelte sich jedoch offenbar meist weniger um Ruhr, als mehr um ein Fliehen oder Abrutschen der Bienen von den Waben, wonach sie die Verbindung mit ihren Futterwaben verloren und verhungerten oder verbrausten (Zoog 1953).
Auch durch den Schallknall von Düsenflugzeugen können die Bienen im Winter von den Waben geworfen werden. Bei großer Kälte blieben sie in solchen Fällen nicht selten am Boden des Stockes liegen und gingen zugrunde (Albrecht 1965). Im Sommer sollen sich Brutausfälle gezeigt haben.
Lawinenkatastrophen dagegen überleben die Bienenvölker gewöhnlich, sofern sie in der Traube zusammen bleiben, ohne Ruhr oder sonstigen gesundheitlichen Schaden (Frigg 1951).

3.1.3 Weitere Ursachen für die Überreizung der Kotblase

Am häufigsten tritt die Ruhr unter mitteleuropäischen Verhältnissen bei ungeeignetem Winterfutter auf, in erster Linie bei ungeeignetem Honig. Es besteht heute kein Zweifel mehr, daß sich eine Reihe von Honigen zur Überwinterung der Bienen nicht eignet. Das gilt insbesondere für alle sog. Blatt- oder Waldhonige (Vorwohl 1964), aber auch für Blütenhonige wie Heidehonig, Buchweizenhonig und Edelkastanienhonig. Aber diese Honige führen nicht unter allen Umständen zur Ruhr.

Tafel 8
Oben links: Weibchen des Bienenwolfes *Philanthus triangulum* (Dr. Lucas Lichtbild). **Oben rechts:** Der Bücherskorpion *Chelifer cancroides* (Archiv Erlangen). **Mitte links:** Die Bienenlaus *Braula coeca* im Haarkleid einer Biene (Waltenberger phot.). **Mitte rechts:** Der Immenkäfer *Trichodes apiarius* (Dr. Lucas Lichtbild). **Unten:** Königin, von zahlreichen Bienenläusen *(Braula coeca)* befallen (Krell phot.).

Wenn man starke Völker hält, sie warm einwintert, und ihnen nur einen kleinen Teil des Honigs läßt, den am Wintervorrat noch fehlenden aber durch Zuckerfutter ergänzt, ist die Ruhrgefahr bedeutend gemindert, wenn nicht sogar ganz gebannt (Riegler, pers. Mttlg.).
Hinzu kommt, daß das Auftreten der Ruhr sehr von der Länge und Härte des Winters, vor allem von der Dauer der ausfluglosen Zeit abhängt. In milden Wintern, wenn die Bienen öfter ausfliegen können, schaden ihnen die genannten Honige nicht oder nur wenig.
Warum sie die Ruhr hervorrufen, ist noch nicht völlig klar. Man hat ihren Gehalt an Eiweiß, Dextrin, Stärke, Melezitose und Mineralien dafür verantwortlich gemacht. Aber alle diese Stoffe sind von den Bienen verdaubar (Lotmar 1935, Gorbach 1937), die Dextrine allerdings nur in ihrem niedermolekularen Anteil, und Dextrin findet sich auch im Blütenhonig (Elser 1933, Alfonsus 1936 a). Indessen tritt bei Zusatz von 20% Stärkesirup zum Winterfutter entgegen früheren Befunden von Alfonsus (1935) und von Hejtmanek (1946) nach 50 Tagen eine Überreizung der Kotblase ein, die Ruhrgefahr bringt (Svoboda und Neprasova 1958), während sich andererseits auf diese Weise das Auskristallisieren des Futtervorrates und die hierdurch bedingte Überlastung der Kotblase durch Wasser gut verhindern läßt.
In den Blatthonigen können aber auch den Bienen schädliche, ja giftige Stoffe enthalten und Ursache der Ruhr sein (Poltjev 1957). Möglicherweise stammen sie von Rußtaupilzen.
Sicher wird die Ruhr von ungeeignetem Ersatzfutter hervorgerufen, von Kunsthonig (Bailey1966), von Obst- und Traubensäften, von Rohzucker mit seinem Gehalt an Melasse, von Malz- und Kartoffelsirup, von Trauben- Malz- und Milchzucker usw. Die Ursache ist unklar. Ob sie wirklich oft nur in einer durch zahlreichere Kristallisationskerne bewirkten Bildung grobkörniger Kristalle zu suchen ist, wie Alfonsus (1936 a) meint, dürfte wohl noch nicht sicher entschieden sein.
Kochsalz, Glaubersalz und Weinsäure bewirken im Winter sogar Vergiftungen der Bienen mit Ruhrerscheinungen (Maurizio 1946), ebenso wie gärendes, saueres Futter, obwohl Alfonsus (1935, 1936) letztes nicht für so gefährlich fand.
Befall von Parasiten wie Nosema, Amöben und Milben scheint die Bienen zu beunruhigen und das Koten im Stock zu begünstigen, wenngleich so etwas noch keine Ruhr erzeugt. Kommt aber ungeeignetes Winterfutter hinzu, entwickelt sich Nosemabefall unter Ruhrerscheinungen seuchenhaft.

3.2 Durstnot

Ungeeignet zur Überwinterung sind auch schnell kristallisierende Honige wie Raps- und Hederichhonig sowie lärchenzuckerhaltiger (Melezitose-)Honig. Die großen Kristalle, die insbesondere die Melezitosehonige besitzen, nehmen die Bienen meist nicht auf. Sie schroten diese aus den Waben, so daß sie sich zunächst am Flugloch finden, später sogar den ganzen Boden bedecken können. Man spricht dann von „Durstnot". Die Bienen werden unruhig, brausen, lösen sich aus der Wintertraube, geraten in kalte Wabenbezirke und koten. Melezitose kann außerdem auch ein schnelleres Kristallisieren des Traubenzuckers bewirken (Gorbach 1937). Verfüttert man den Bienen solche schnell kristallisierenden Honige im Herbst mit Wasser verdünnt, so schaden sie ihnen nicht.

Abb. 72. Beschmutztes Flugbrett infolge Weisellosigkeit (Zander phot.).

3.3 Psychische Ursachen

Erregung kann die Bienen ebenfalls ruhrkrank machen. Weisellosigkeit führt sowohl im Sommer wie im Winter oft dazu. Erhöhte Nahrungsaufnahme mag das im Winter begünstigen. Im wesentlichen aber ist es die Erregung über den Verlust ihrer Königin, die sie veranlaßt, unruhig herumzulaufen und dabei den Inhalt ihrer Kotblase je nach Witterung innerhalb oder außerhalb ihrer Beute abzusetzen. Abb. 72 zeigt diese Art von Ruhr, die man beim Umweiseln von Völkern im Frühjahr und Sommer häufig beobachten kann. Die Bienen haben das weiße Anflugbrett ganz dicht mit ihren gelblichen Kotwürsten überzogen. Nach der Beigabe einer neuen Königin verschwindet die Schmutzerei von selbst.
Unvollkommenes Verstopfen des Flugloches kann ein Bienenvolk ebenfalls beunruhigen. Während des Winters verlassen stets einzelne Bienen den Stock, um draußen zu sterben, jedenfalls solange das Flugloch offen ist und Licht einfallen kann. Ist das Flugloch des Stockes aber etwa durch Eis und Bienenleichen nur unvollständig verstopft, so daß noch Licht einfällt, die Bienen aber nicht hinaus können, irren sie daran umher, regen dadurch andere Bienen zum Verlassen der Traube an und gehen schließlich zugrunde. Einige koten dabei. Es entsteht Ruhr, weil sich die beunruhigten Bienen an den Stockwänden verkühlen. Luftmangel kann man keineswegs dafür verantwotlich machen. Denn verstopft man das Flugloch luft- und lichtdicht, so halten die Bienen bei kaltem Wetter ohne weiteres einen ganzen Winter ohne Schaden aus (Schiller 1947, Böttcher 1950).

4 Die Bekämpfung der Ruhr

4.1 Vorbeugende Bekämpfung

Der Ruhr beizeiten vorbeugen ist das beste was man tun kann. Denn wenn sie erst einmal ausgebrochen ist, läßt sich nicht mehr viel dagegen unternehmen. Die

Hauptsache ist, starke Völker einzuwintern. Dann tritt selbst in Gegenden mit reiner Heidetracht keine Ruhr auf (RIEGLER, pers. Mttlg.). Außerdem wird man sie nicht auf zu viel ungeeignetem Honig, wie Heide- oder Waldhonig, in den Winter gehen lassen.

Die Heide blüht ja erst spät im Jahr, und da zu dieser Zeit die Völker ihre Bruttätigkeit beschränken, wird oft viel Honig im Brutraum und hier auch auf den Brutwaben selbst abgelagert, aus denen er sich nicht ohne weiteres entfernen läßt. Ähnliches gilt auch für die Waldtracht, die manchmal bis in den Spätsommer und Herbst hin anhält oder dann erst einsetzt. Dazu kommt noch, daß die Völker bei einseitigem Beflug der Waldtracht selbst im Sommer in der Brut nachlassen, so daß sie mit nur wenigen und schlecht ernährten jungen Bienen in den Winter gehen. So geschwächte Völker sind besonders für die Ruhr anfällig.

Deshalb muß man ihnen den für die Überwinterung ungeeigneten Honig nehmen und durch Zuckerlösung ersetzen. Man schleudere zunächst die unbebrüteten Deckwaben des Brutraumes aus und später, wenn das Brutnest weiter zurückgegangen ist, noch möglichst viele Waben des künftigen Wintersitzes.

Schmale Kränze von ungeeignetem Honig auf einigen noch bebrüteten Waben kann man belassen. Die Bienen lagern das Zuckerfutter darunter ab, so daß sie an den gefährlichen darüber gespeicherten Honig erst gegen Ende des Winters oder im Frühjahr herankommen, wenn sie bald zur Reinigung ausfliegen können.

Eine verspätete Winterfütterung ist bei geschwächten Völkern nicht unbedenklich, bedeutet aber gegenüber der Ruhr das kleinere Übel. Hingegen hat man kaum einen Schaden zu befürchten, wenn die Völker in Ordnung sind. Dann lassen sie sich ohne weiteres selbst im Oktober noch auffüttern. Die Bienen nehmen das Futter auch bei kaltem Wetter noch ab. Man muß es ihnen nur in der richtigen Weise anbieten: dickflüssig, warm und leicht erreichbar, also am einfachsten in einem umgestülpten Eimer, einer Dose, oder einem Glas mit durchlöchertem Deckel dicht über ihrem Sitz. Ja sie bauen sogar noch Mittelwände aus und überwintern auf dem sauberen jungen Bau mit geringerer Nosemagefahr (VILLUMSTAD 1969).

Wer nicht so lange warten kann, füttert schon eher, solange die späte Tracht noch anhält. Dann vermischt sich das Zuckerwasser mit dem zugleich eingetragenen Honig, was die Ruhrgefahr vermindert.

Eine andere, den Bienen unbedingt zuträgliche Möglichkeit ist, einzelne Völker schon lange zuvor mit Zucker stark aufzufüttern und die gedeckelten Futterwaben im Herbst den Spättrachtvölkern statt der Honigwaben einzuhängen.

Wer regelmäßig mit einer Waldtracht zu rechnen hat, in der die Völker bei Pollenmangel gewöhnlich sehr herunterkommen, weil sie sich stark abarbeiten und wenig Brut ansetzen, sollte zu jedem seiner Völker beizeiten und abseits der Waldtracht einen Ableger aufstellen, um ihn im Laufe des Sommers zu einem winterständigen Wirtschaftsvolk für das nächste Jahr zu entwickeln. Die abgewirtschafteten ruhranfälligen Völker vereinigt man dann am besten unter sich, wobei sich nicht nur der Tauhonig, sondern auch die alten Waben weitgehend aus den Völkern ausscheiden lassen, wie es auch zur Bekämpfung der Nosematose und der Frühjahrsschwindsucht zweckmäßig ist (BORNDÖRFER 1971).

Haben die Völker noch Lärchen (= Melezitose)-Honig in ihrem Wintersitz, der sich nicht entfernen läßt, kann man versuchen, sie den Winter über zu tränken. Wenn man beizeiten damit beginnt, soll sich auf diese Weise zumeist ein größerer Schaden abwenden lassen. Wir hatten allerdings kaum einen Erfolg damit. Das Wasser

muß sich bei der Wintertraube befinden, so daß es die Bienen abnehmen können. Man wird es also von oben geben. Deckt man das Gefäß gut ab, friert es gewöhnlich nicht ein.
Mit Lärchenhonig gefüllte, nicht schleuderbare Waben mag man den Völkern im Frühjahr in die aufgesetzten Honigräume geben. Bei Trachtmangel dienen sie dann der Entwicklung der Völker.
Man hüte sich vor ungeeignetem Ersatzfutter. Reiner Zucker, der Chemiker nennt ihn Sacharose oder Rohrzucker (auch wenn er von der Rübe stammt), ist das beste Winterfutter für die Bienen. Vergällt mit grobem Eisenoxid oder mit Octoacetylsacharose (Octosan) bewirkt er keine Ruhr, wohl aber mit Zusätzen von Kochsalz, Glaubersalz, Dextrin u. a. Ungewiß ist noch, ob sehr feinkörniges Eisenoxid nicht doch unter Umständen den Bienen im Winter schaden kann (Dreher 1968).
Kochsalz im Winterfutter ist für die Bienen geradezu Gift! Die Völker gehen daran unter Ruhrerscheinungen ein (Maurizio 1946). Im Sommer schadet es ihnen jedoch nicht.
Den von Melasseteilen noch nicht gereinigten braunfarbenen Rohzucker darf man den Völkern nicht als Winterfutter geben. Nur wenn die Bienen im Laufe des Winters öfter ausfliegen können, vertragen sie ihn.
Weiter vermeide man alles, was die Kristallisation des Futters in den Waben begünstigt. Man soll deshalb beim Erhitzen der Zuckerlösung vorsichtig sein. Nicht kochen, weil dann leicht eine übersättigte Lösung ensteht, die schnell kristallisiert! Auch Säuren begünstigen das Kristallisieren, weshalb man sie dem Winterfutter nur zusetzt, wenn wichtige andere Gründe dafür vorliegen (Jachimovicz 1967).
Da Kälte den Kristallisationsvorgang ebenfalls begünstigt, Wärme umgekehrt ihn hemmt, Kälte außerdem die Bienen zum Koten reizt, ist es auch aus diesen Gründen gut, die Völker vor großer Kälte zu schützen.
Bei starken Völkern braucht man sich in dieser Hinsicht keine großen Sorgen zu machen. Sie erzeugen die für die Überwinterung nötige Wärme selbst. Deshalb sollte man seine Wirtschaftsvölker stets so stark wie möglich in den Winter bringen.
Starke Völker für den Winter erhält man durch eine zunächst schnelle und dann langsame Einfütterung in der Zeit von Ende Juli bis Ende August bei zwei Räumen, d. h. entweder unter Beibehaltung des Honigraumes oder eines zweiten Brutraumes. Das Futter wird zum größten Teil in den oberen Raum getragen, so daß darunter eine große Wabenfläche für viel Brut frei bleibt. Auf diese Weise ergeben sich Völker von 1,5 bis 2,2 kg Bienen und mehr, während die einraumig behandelten Völker nur mit etwa 0,8 kg Bienen in den Winter gehen.
Nötigenfalls muß man auch mehrere Völker miteinander vereinigen. Bei Magazinen kann das noch sehr spät im Jahr, Ende Oktober bis Anfang November geschehen, weil man sie einfach nur übereinander zu setzen hat. Zu der Zeit braucht man hierzu noch nicht einmal das sonst erforderliche durchlöcherte Zeitungspapier dazwischen legen. Das Volk mit der jüngeren oder mit der besseren Königin kommt oben drauf. Man braucht keine der beiden Königinnen zu entfernen. Das machen die Bienen. Übrig bleibt meist die jüngere oder die bessere Königin im oberen Raum (s. Zander-Böttcher, Haltung und Zucht der Biene).
Kann man sich zum Vereinigen nicht entschließen, muß man die mittelstark überwinternden Völker warm verpacken und einengen.
Eingeengte Völker sollen nicht zuviel Futter erhalten. Wenn ihre Waben von oben

bis unten mit Futter gefüllt sind, müssen sie, falls ihnen kein hoher Unterraum zur Verfügung steht, ihren Wintersitz darauf aufschlagen. Es versteht sich von selbst, daß die Bienen auf gefüllten Zellen kälter sitzen als auf leeren, lufthaltigen, und deshalb ruhranfälliger sind. Man hat auch beobachtet, daß bei Völkern auf Hochwaben die Wintervorräte nicht so schnell auskristallisieren, wie bei Völkern auf Breitwaben, vermutlich weil die aufsteigende Wärme des Stockes bei Hochwaben besser darauf einwirken kann (EIBLMEIER, pers. Mitteilung). Bei Hochwaben wäre demnach der Ruhr besser vorgebeugt als bei Breitwaben.

Schließlich ist die Aufstellung der Völker für ihre Gesundheit von Bedeutung. Trocken und warm sollen sie an sonnigen Hängen stehen und nicht in schattigen Tälern mit feucht-kalter Luft. Denn hier besteht am ehesten die Gefahr der Aufnahme von Wasser durch das Winterfutter. Dazu wird auch Stocknässe beitragen, obwohl die natürlichen Bienenwohnungen, die Baumhöhlen, oft sehr feucht sind.

In Gegenden mit Wald- und mit Heidetracht sollte man die Fluglöcher der Völker nach Süden richten, damit sie jede Gelegenheit zu einem Reinigungsflug schnell wahrnehmen und nutzen können.

Will man ganz schwache Völker überwintern, z. B. Dreiwabenvölkchen mit Reserveköniginnen, muß man diese dicht aneinandersetzen, am besten nur durch eine dünne Wand voneinander getrennt. So wärmen sie sich gegenseitig, und der Ruhrgefahr ist vorgebeugt. Kleine Völkchen auf einer Wabe, die man zu Anschauungszwecken zwischen Glasscheiben halten oder auch zur Überwinterung von Reserveköniginnen verwenden will, stellt man ins warme Zimmer und gibt ihnen einen Verbindungskanal zur Außenwelt, durch den kalte Luft zu ihnen eindringen kann.

In dieser Weise hat man sogar ganze Bienenhäuser mit Vollvölkern eingerichtet, auf etwa 5–7° C beheizt (WEYGANDT 1889 bis 1891) und so der Ruhr erfolgreich vorgebeugt. Die gute Wirkung der Wärme leuchtet ein: Sie mindert den von außen kommenden das Koten fördernden Kältereiz, sie verhütet die Auskristallisation der Wintervorräte und die sich hierbei ergebende dünne ruhrfördende Fruchtzuckerlösung, sie wirkt nicht zuletzt austrocknend, verhindert also eine weitere Verdünnung des offenen Futters und entzieht wohl auch den Bienen selbst Wasser. Aber die ursprüngliche Meinung, im beheizten Raum würden die Bienen ihren Kot in Form von trockenen Bröckchen abgeben, beruht auf einer Verwechslung mit Wachsmottenkot.

Wenn sich auch die Überwinterung in beheizten Häusern bewährt haben mag, so wird sie allein aus wirtschaftlichen Gründen praktisch nicht in Frage kommen. Dagegen ist, wenn die Völker etwa noch spät Honigtau eingetragen haben, daran zu denken, sie zu vereinigen, sie auf Waben oder Mittelwände abzukehren, mit dickflüssiger Zuckerlösung neu aufzufüttern und so warm wie möglich zu überwintern.

4.2 Unmittelbare Bekämpfung

Die Ruhr zu heilen ist sehr schwer. Am ehesten kann man noch mit Aussicht auf Erfolg eingreifen, wenn man die ersten Anzeichen bemerkt. Dann wird man dem Bienenstock in erster Linie Wärme zuführen. Die Kälte, welche die Bienen zum Koten reizt, wird gemildert und möglicherweise werden die Bienen sogar zu einem Reinigungsflug veranlaßt. Wenn das gelingt, ist die akute Ruhrgefahr überwunden. Am einfachsten läßt sich das mit einem warmen Ziegelstein erreichen, den man in

Zeitungspapier eingewickelt irgendwie im Bienenkasten unterbringt. Es geht das auch mit einem elektrischen Heizkissen oder einer mit heißem Wasser gefüllten Wärmflasche. Bei ungünstiger Witterung führt man das aber nur abends, nötigenfalls im warmen Zimmer durch. Bei schönem Wetter läßt sich das auch unter Tage am Stande machen, so daß die Bienen ausfliegen und sich reinigen. Das hat man von jeher zu erreichen gesucht. In der Sammlung der bayerischen Landesanstalt für Bienenzucht in Erlangen befinden sich zwei entsprechende Geräte. Bei dem einen handelt es sich um eine Art Warmwasserheizung: Der Tür eines Hinterladers ist innen ein Metallrohr in Windungen angebaut. Oben besitzt es eine trichterförmige Öffnung zum Einfüllen des Wassers, unten eine Spirituslampe, welche das Wasser erwärmt.

Bei dem anderen Gerät handelt es sich um einen Untersatz für Körbe oder Magazine. Darin ist eine metallene Wärmflasche untergebracht, die mit heißem Wasser gefüllt werden muß. Darüber befindet sich ein Blechboden, der die Wärme an den Stock abgibt. Hierdurch sollen die Bienen auch zum Ausflug angeregt werden. Bei sonnigem windstillem Wetter wird das sogar dann gelingen, wenn die Lufttemperatur noch nicht ganz die Höhe von etwa 10° C erreicht hat, bei der die Bienen gewöhnlich von selbst ausfliegen. Einträufeln von einigen Eßlöffeln Honig in die Wabengassen bringt die Bienen noch eher dazu.

Bei kaltem Wetter sind künstliche Reinigungsflüge bei einer größeren Zahl ruhrkranker Völker kaum durchführbar. In Einzelfällen mag man ein Bienenvolk in ein warmes Zimmer nehmen und die Bienen in eine mit Filterpapier ausgeschlagene Kiste fliegen lassen, deren versenkbarer Deckel aus einer gerahmten Glasscheibe besteht. Bringt man darüber eine starke Lichtquelle von etwa 100 W an, fliegen die Bienen aus und koten ab. Um sie wieder zu ihrem Flugloch und damit wieder in den Stock zurückzuleiten, versenkt man den abgedunkelten Deckel bis auf etwa 10 cm Höhe nach unten, schiebt danach 2 seitliche Bretter zu einem Kanal von etwa 15 cm Breite in die Mitte zusammen. Dann kann man noch eine ins Freie führende Fortsetzung dieses Kanals öffnen. Die hereinströmende kalte Außenluft veranlaßt die Bienen dann vollends, wieder in ihren Stock zurückzukehren (Böttcher 1948/49).

Dathe (1912) empfahl, die Völker abends in einem geheizten Raum bei Lampenlicht fliegen zu lassen. Die Lampe muß auf das Flugloch scheinen und mit einem Schutzgitter umgeben sein, damit die Bienen sich nicht daran verbrennen. Nach dem Löschen des Lichtes ziehen sich die Bienen in den Stock zurück. Auch in einen Drahtgittervorsatz und in einen Schwarmfangbeutel ließ er die Bienen fliegen, wo sie sich jedoch z. T. beschmutzen (s. a. Weygandt 1891). Heute benutzt man zu wissenschaftlichen Zwecken Flugräume, in denen kleine Völker auch im Winter bei künstlichem Licht ohne nennenswerten Bienenverlust fliegen (Rothe und Nachtigall 1980). Es wäre zu prüfen, ob man darin nicht auch größeren Völkern notfalls die Möglichkeit zu einem Reinigungsflug bieten könnte.

Allgemein wird geraten, ruhrkranke Völker mit warmer Zuckerlösung zu füttern. Das ist sicher dann richtig, wenn die Ruhr durch Wassermangel oder durch ungeeignetes Futter hervorgerufen wird, also z. B. bei zu hohem Gehalt des Winterfutters an Melezitose oder bei mit Kochsalz vergiftetem Futter. Auch dann ist es angebracht, wenn die Witterung so mild ist, daß man die Völker hierdurch bei möglichst gleichzeitigem Erwärmen ihres Stockes zu einem Reinigungsflug veranlassen kann. Ob Zusätze wie Thymiantee oder Wein (Imhof 1922) eine heilende

Wirkung besitzen, muß dahingestellt bleiben. Dagegen empfiehlt sich zur Verhütung einer stärkeren Ausbreitung des Nosemaerregers im Volk ein Zusatz von 1 g Fumidil je Liter Zuckerlösung (s. S. 140). Ist ein Ausflug der Bienen infolge zu kalten Wetters ausgeschlossen und wird die Ruhr durch zu hohen Wassergehalt des Winterfutters verursacht, würde eine Fütterung mit Zuckerlösung nur die Füllung der Kotblase der Bienen vergrößern und die Ruhrgefahr erhöhen.
Im übrigen muß man warten, bis ein Flugtag kommt. Dann sehe man, was noch zu retten ist. Da die Entwicklung stark erkrankter Völker meistens zu wünschen übrig läßt, bleibt ihre Vereinigung oder Beseitigung durch Abschwefeln in der Regel das Gegebene. Letztes insbesondere, wenn eine Untersuchung die Massenausbreitung der Nosema- oder auch des Amöbenparasiten unter den Bienen ergibt. In Amerika empfiehlt man die Verstärkung ruhrkranker Völker durch nackte Völker aus dem Süden (Root 1950).
Noch entwicklungsfähig erscheinende Völker überführt man nach dem Reinigungsflug in einen frischen, vorgewärmten Kasten und verschafft ihnen zur Bauzeit neuen Wabenbau.
Die beschmutzten Beuten werden gründlich gereinigt. Es lohnt sich nicht, die besudelten Waben durch Einweichen in Wasser, Auswaschen, Ausspritzen oder Einhängen in starke Völker wieder verwendbar zu machen. Der Reinlichkeit wegen sollte man es gar nicht erst versuchen, wie Weippl (1921) und Root (1972) raten. Man schmilzt sie ein. Die Rähmchen aber kann man abwaschen und wieder benutzen.

Die Maikrankheit

Andere Bezeichnungen: Auch im Englischen und Französischen nennt man diese Krankheit der erwachsenen Bienen Maikrankheit, während man im Deutschen früher von Laufkrankheit, Sandläuferei, Tollkrankheit, Flügellähme, Zitterkrankheit und Kreiselkrankheit sprach.

1 Krankheitserscheinungen und Auftreten

Wie der Name sagt, tritt die Krankheit gewöhnlich im Mai auf und zwar nach den in Mitteleuropa wohlbekannten Kälterückschlägen. Sie zeigt sich insbesondere, wenn eine gute Pollentracht vorausging. Aber auch zu anderen Zeiten kann sie kommen, von April bis Ende August (Jordan 1937). Nicht alle Völker eines Standes müssen in gleicher Weise erkranken. Manchmal sind es nur einzelne.
Befallen werden die jungen brutpflegenden Bienen im Alter von etwa 10 bis 13 Tagen, die bis dahin noch keinen Ausflug gemacht haben (Rösch 1927). Sobald auf schlechtes Wetter günstiges Flugwetter folgt, stürzen sie in Massen aus den Stökken, fallen flugunfähig zu Boden, hüpfen, laufen unruhig, ja wild umher und zittern auch mit den Flügeln. In der Regel haben sie einen aufgetriebenen Hinterleib, zuweilen so stark, daß ihre Intersegmentalhäute vollständig gestreckt werden und ihr Körper hier durchsichtig erscheint.
Offensichtlich können sie ihren Kot nicht absetzen. Nur einzelnen gelingt es. Ihr Kot ist im Gegensatz zu dem dünnbreiigen der ruhrkranken Bienen wurstförmig-

Abb. 73. Maikrankheit. Einem Teil der Bienen gelingt es trotz Verstopfung, seinen Kot abzusetzen. Hier ein extremer Fall von Fluglochverschmutzung. Im Gegensatz zur Ruhr ist der Kot dickbreiig und wurstartig geformt (HARAGSIM phot.).

fest und wasserarm. Aber auch diese Bienen werden nicht wieder flugfähig. Alle ermatten und gehen zugrunde. Manchmal sind es so viele, daß man sie eimerweise vor dem Stand zusammenkehren kann. Auf diese Weise werden die Völker sehr geschwächt.

Es handelt sich, im Gegensatz zur Ruhr, um eine hochgradige Verstopfung. Zumeist ist die Kotblase mit mehr oder weniger trockenem Pollen überfüllt. Drückt man den Hinterleib zwischen den Fingern, tritt der Kot als dickbreiige Wurst heraus. Daneben findet man eine wechselnd große Zahl von Bienen, bei denen nur der Mitteldarm mit trockenem Pollen vollgepfropft ist. Bei ihnen erscheint der Hinterleib nicht so weit aufgetrieben. Drückt man ihn, platzt er, und der Mitteldarm tritt seitlich heraus (JORDAN 1937). Zwischen beiden Formen gibt es alle Übergänge.

Zur genaueren Feststellung ist es am besten, sich den Darm selbst anzusehen. Dazu reißt man der Biene den Kopf ab, so daß sich der Schlund vom Munde löst, packt ihr Hinterleibsende mit einer Pinzette, zieht den letzten Ring vorsichtig ab und den daran hängenden Darm mit heraus.

Es gibt aber auch Fälle, bei denen der Hinterleib der Bienen nicht durch Pollen aufgetrieben ist. Dann ist an eine Vergiftung durch Pollen zu denken, wie sie insbesondere als „Bettlacher Maikrankheit" bekannt geworden ist (s. Seite 277).

2 Ursache

Über die Ursache der Maikrankheit herrscht noch keine völlige Klarheit. Aber soviel ist sicher, daß es sich hier ebenso wie bei der Ruhr, nicht um eine ansteckende Krankheit, sondern um eine Ernährungsstörung handelt (Rösch 1927).
Die Überfüllung des Darmes mit trockenem Pollen legt es nahe, in erster Linie Wassermangel als Ursache der Maikrankheit anzunehmen und die Tatsache, daß man die Krankheit durch Tränken der Bienen heilen kann, spricht ebenfalls sehr dafür. Im Frühjahr brauchen die Bienen außerordentlich viel Wasser zur Erzeugung von Futtersaft für ihre dann in Massen vorhandene Brut. Aber bei kaltem Wetter können sie weder Wasser noch Nektar einholen, somit den in großer Menge zuvor eingetragenen Pollen nicht zum Quellen bringen und nicht verdauen. Es ergibt sich das typische Bild der eigentlichen Maikrankheit: Die mit viel trockenem Pollen im Darm unter Verstopfung absterbenden jungen Bienen.
Es fällt auch auf, daß sich die Maikrankheit manchmal nach einem starken Nosemaauftreten zeigt. Infolge der Nosemaverseuchung haben die Völker ihre Sammelbienen verloren. Obschon die übrig bleibenden Jungbienen sehr anpassungsfähig sind und unter diesen Umständen bald nach Wasser ausfliegen, vermögen die Völker manchmal doch einen plötzlichen Ausfall der Flugbienen nicht sofort auszugleichen.
Auf diese Weise kann die Maikrankheit auch als Folge einer vorhergegangenen Nosemaverseuchung entstehen (Himmer 1925/1929).
Andererseits fand Kresák (1963) bei maikranken Bienenvölkern ein Mißverhältnis zwischen der offenen Brut und den Ammenbienen. Die erkrankten Völker hatten zu wenig Jungbienen, bei Umrechnung auf die Menge der offenen Brut um 37 bis 96% weniger als die gesunden. Daraus schließt er, daß die wenigen Jungbienen übermäßig viel Pollen aufnehmen. Tritt nun schlechtes Wetter ein, so daß sie ihren Kot nicht absetzen können, wird der Darminhalt eingedickt. Wassermangel wäre demnach für die Entstehung der Krankheit erst in zweiter Linie verantwortlich. Unklar bleibt allerdings, wie es zu einem solchen Mißverhältnis von Ammenbienen zu junger Brut kommen kann. Das ist doch wohl erst eine Folge der Maikrankheit. Eine ähnliche Erklärung gab aber auch schon Dickel (1894): Die jungen Bienen würden sich an Pollen überfressen.
Da das Sterben oft nach kalten Nächten eintritt, hat man vielfach auch erfrorenen Pollen als Ursache der Maikrankheit angenommen. Aber reifer Pollen ist sehr widerstandsfähig gegen Frost (Ewert 1929). Zudem hat Goetze (pers. Mitteilung) Pollen 24 Stunden einer Temperatur von −25° C ausgesetzt und an Bienen ohne Schaden verfüttert. Dieses Ergebnis bestätigt auch Kresák (1963).
Andere betrachteten das Wasser saurer Wiesen als Ursache der Krankheit. Da man aber die Bienen mit solchem Wasser ohne nachteilige Folgen tränken kann, läßt sich auch diese Ansicht nicht halten.
Nicht zuletzt hat man die Ursache der Maikrankheit in verdorbenem, d. h. von Schimmel- und Hefepilzen befallenem Pollen gesucht (Lardinois 1928). Schimmel kommt oft an Waben vor, wo er sich vor allem im Winter gern entwickelt. Sicher wird er beim Reinigen der Waben von den Bienen in den Darm aufgenommen. Auch erscheint es nicht ausgeschlossen, wenn auch wegen der trockenen Beschaffenheit des Darminhaltes wenig wahrscheinlich, daß sich die Pilze im Darm infolge der Verstopfung vermehren (Borchert 1966). Und da maikranke Bienen auch

noch eingehen, nachdem sie ihren Kot abgesetzt haben und man deshalb an eine Vergiftung denken muß (Rösch 1927), ist es möglich, daß Vergiftung durch Schimmelpilze eine Rolle bei der Entstehung der Maikrankheit spielt.
Benneman und Hübner (1881) führten sogar für Maikrankheit-ähnliche Erscheinungen die Bezeichnung „Mucorine" ein, weil diese durch *Mucor mucedo* verursacht sein sollte.
Turesson (1917) fütterte die Bienen mit Aufschwemmungen von *Penicillium-Mucor-* und *Cladosporium*-Schimmel, worauf diese in 3 bis 8 Tagen mit stark geschwollenem Hinterleib eingingen. Ihre Flügel waren gelähmt, sie krochen taumelnd umher, zitterten und kratzten und rieben ihren Hinterleib mit den Beinen, wodurch sie ein schwarzglänzendes Aussehen bekamen.
Aus dem Darm maikranker Bienen konnte Vitzthum (1929) die Pilze *Aspergillus calyptratus* Qud., *Aspergillus versicolor* Vuill. und eine *Actinomyces*-Art züchten. Gesunde Bienen, denen er Sporen der beiden *Aspergillus*-Arten in Zuckerlösung zu fressen gab, gingen in längstens 7 Tagen unter maikrankheitartigen Erscheinungen ein. Darmlähmung hielt er für sicher. Aber die Vergleichsbienen lebten ebenfalls nicht lange, nur bis zu 11 Tage, und gesunde Bienen setzten ihren Kot in einem Versuchskäfig ebenfalls nur selten ab! Nach allem betrachtete er es als erwiesen, daß manche Pilze Maikrankheit hervorrufen, wenn die von ihnen erzeugten Giftstoffe in den Darm der Bienen gelangen. Besondere Gefahr solle von *Aspergillus calyptratus* drohen, da sein bevorzugter Nährboden nach Burnside der Honigtau von Eichenblättern sei. Aber wirklich stichhaltige Beweise dafür, daß Pilze die Ursache der Maikrankheit sein könnten, sind das alles nicht.

3 Die Bekämpfung der Maikrankheit

3.1 Vorbeugende Bekämpfung

Als gute vorbeugende Maßnahme gegen die Maikrankheit (im engeren Sinne) muß in erster Linie die Versorgung der Bienen mit Wasser genannt werden. Eine Stocktränke ist zwar nicht allgemein üblich, empfiehlt sich aber im Frühjahr, insbesondere zu Zeiten schlechten Wetters, wenn die Bienen sich nicht selbst mit Wasser oder Nektar versorgen können. Denn zur Erzeugung von Futtersaft für ihre Brut brauchen sie jetzt viel Wasser.
Schon im März gibt man den Völkern gern einen Liter dünne warme Zuckerlösung (1:1). Im Mai, kurz vor der Tracht, wird man ihnen, um die Qualität des zu erntenden Honigs nicht zu gefährden, eine entsprechend dünne warme Lösung von Honig geben, falls man sich nicht zu der ebenso zweckmäßigen Stocktränke mit reinem Wasser entschließen kann. Ist es erforderlich, gleichzeitig die Nosema zu bekämpfen, fügt man dem Wasser noch 1 g Fumidil je Liter hinzu. Aber von Zusätzen wie Kochsalz u.a. sollte man im Hinblick auf deren Giftigkeit für die überwinternden Bienen auch im Frühjahr vorsichtshalber absehen.

3.2 Unmittelbare Bekämpfung

Ist die Maikrankheit in der einen oder anderen Form erst einmal ausgebrochen, wird man versuchen, sie zu heilen oder wenigstens zum Stillstand zu bringen. Die Bienen, deren Darm mit Pollen vollgestopft ist, lassen sich indessen kaum noch retten. Sie können offenbar keine Nahrung, auch kein Wasser mehr von der Honigblase in den Mitteldarm übernehmen, weil der beide Darmteile verbindende Ventilschlauch durch die Pollenmassen zusammengedrückt wird. Findet sich aber Pollen in nur geringem Maße im Mitteldarm oder gar ausschließlich in der Kotblase, so kann Wasser und Honig in den Mitteldarm übergehen. Einige Bienen vermögen infolgedessen noch zu koten. Sie erholen sich dann zum Teil wieder. So kann man mit dem Tränken der Bienen oder einer Flüssigfütterung nicht nur der weiteren Ausdehnung der Erkrankung vorbeugen, sondern sie wenigstens zum Teil heilen (Jordan 1937).

Heilerfolge sind auch durch Bespritzen der Umgebung des Bienenstandes erzielt worden, wo die Bienen sich dann das notwendige Wasser holten.

Bienenvergiftungen

Trachtvergiftungen

Es gibt eine ganze Reihe von Pflanzen, an denen sich die Bienen vergiften können, und zwar sowohl über den Nektar, den Honigtau wie auch über den Pollen. Die Vergiftung tritt keineswegs regelmäßig ein, sondern gewöhnlich nur unter bestimmten Umständen. Vor allem kommen Massensterben der Bienen nur vor, wenn die Tracht ausgesprochen einseitig ist und die Bienen gezwungen sind, sich so gut wie ausschließlich von den ihnen schädlichen Pflanzen zu ernähren. Klimatische Einflüsse, die andere Trachtquellen ausfallen oder zeitlich verschieben lassen, spielen gewöhnlich eine Rolle dabei (Maurizio 1945).

1 Die Bettlacher Maikrankheit

1.1 Krankheitsbild und Auftreten

Von dieser zweiten Form der Maikrankheit, die zuerst bei Bettlach im Aaretal (Schweiz) bemerkt und in ihrer Ursache erkannt wurde, die kürzlich auch in Hessen auftrat (Maul, mdl. Mittlg.), werden ebenfalls die jungen Bienen befallen. Hier aber bleibt der Darminhalt in seiner äußeren Beschaffenheit in der Regel mehr oder weniger dünnflüssig. Der Hinterleib erscheint nicht sonderlich aufgetrieben. Doch verhalten sich die Bienen ganz ähnlich wie bei der eigentlichen Maikrankheit: Zitternd und fluglahm kommen sie aus dem Stock hervor, mit verkrümmtem Hinterleib, gespreizten Flügeln, verkrampften Gliedern und ausgestrecktem Rüssel. Sie überschlagen sich oder zwirbeln oft auf dem Rücken liegend am Boden im Kreise herum, um nach kurzer Zeit zu verenden (Morgenthaler und Maurizio 1941). Am stärksten treten diese Erscheinungen einige Zeit nach einem Flugtage auf, wenn Kälterückschläge oder ein verspäteter Frühling das Aufblühen von Löwenzahn und Obstbäumen verzögern, so daß eine Trachtlücke entsteht, die die Sammelbienen zu einseitigem Beflug der um diese Zeit erblühenden Hahnenfußarten veranlaßt (Maurizio 1944). Siehe Tafel 1, oben links; S. 209.

1.2 Ursache

Es handelt sich um eine Vergiftung vorwiegend der Jungbienen durch Pollen vor allem vom Flaumigen Hahnenfuß (*Ranunculus puberulus* Koch), der zum Formenkreis des Goldgelben Hahnenfuß *(R. auricomus)* gehört, aber auch von anderen Arten wie *R. repens, R. acer, R. lanuginosus* und *R. polyanthemus,* sogar auch vom Buschwindröschen *Anemone nemorosa* (Morgenthaler und Maurizio 1941). Durch Verfüttern von Pollen und dessen wäßrigen Auszügen konnten die beschriebenen Krankheitserscheinungen bei gesunden Bienen hervorgerufen werden. Die schädliche Wirkung geht auf den in diesen Hahnenfußarten enthaltenen Wirkstoff „Anemonol" zurück. Der Nektar ist jeweils ungiftig (s. a. Maul und Petersen, Jahresbericht Kirchhain 1980, 1981, 1982).
Andere verdächtige Pollenarten wie die der Dotterblume, des Weißdorns, Löwenzahns usw. erwiesen sich als unschädlich (Müller 1948).
Beim Verfüttern von giftigem Hahnenfußpollen im Gemisch mit ungiftigem Weidenpollen erhielt Müller (1948) Erkrankungserscheinungen wie bei der Maikrankheit im engeren Sinne (s. Seite 272) mit wasserarmen Pollenmassen im Darm. Er schließt daraus, daß alle Formen der Maikrankheit auf Hahnenfußvergiftung zurückzuführen seien und hält es nicht für berechtigt, die Bettlacher Maikrankheit und die gewöhnliche Maikrankheit voneinander zu trennen. Unerklärlich bleibt indessen bei dieser Annahme die heilende Wirkung einer Tränke der Völker mit Wasser.

1.3 Bekämpfung

a) vorbeugend
Der Bettlacher Maikrankheit beugt man am sichersten vor, wenn man den giftigen Hahnenfuß nicht zum Blühen kommen läßt oder vernichtet, was durch rechtzeitiges Abmähen oder Umpflügen geschehen kann. Ihn zu vernichten liegt auch im Interesse der betreffenden Landwirte. Denn als frisches Grünfutter schadet er auch seinen sonstigen Tieren, nicht aber in Form von Heu (Maurizio 1945 b). Der besonders gefährliche *Ranunculus puberulus* scheint in der Schweiz auf die eine oder andere Weise in seinen großen Beständen ausgerottet zu sein. Seit Jahren hat man jedenfalls keine Schäden mehr beobachtet.
b) unmittelbar
Macht sich eine Hahnenfußvergiftung bemerkbar, empfiehlt es sich, den in die Waben eingetragenen giftigen Pollen nach Möglichkeit zu entfernen und mit den Völkern abzuwandern, oder sie mit Hilfe eines 20–30 cm tiefen Vorraumes mit davorgesetztem Lüftungsgitter (nach Preuß) für einige Tage einzusperren. Selbstverständlich muß man den eingesperrten Völkern Wasser geben (s. a. Triebold 1943). Noch besser ist es, den Völkern in diesem Vorraum dünnflüssiges Futter zu bieten, und zwar von vorn oben, wohin die Flugbienen gern abirren. Wenn sie dort das Futter gefunden und sich damit vollgesogen haben, kehren sie instinktiv wieder in den Stock zurück (Sachs 1958).

2 Lindenvergiftung

Die Linde (*Tilia* in ihren verschiedenen Arten) ist auf feuchtem Boden eine hervorragende Trachtpflanze. Bei Trockenheit honigt sie schlecht, zieht aber mit ihrem starken Duft die Bienen so sehr an, daß sie sogar über Nacht auf den Blüten bleiben. Zur selben Zeit findet man unter den Bäumen oft zahlreiche tote und sterbende Bienen. Es hat den Anschein, als verhungerten sie auf den Blüten, was aber wenig wahrscheinlich ist (Beutler und Wahl 1936). Es handelt sich in der Regel um ältere Flugbienen mit gewöhnlich geringen Mengen Lindenpollen in ihrem Darm (Maurizio 1943, 1945). Bei Blatttracht von Linden sind sogar Massensterben vorgekommen.

Die Linden enthalten einen für die Bienen schädlichen Stoff, der sie lähmt und absterben läßt. Er kann durch Kochen von Lindenblättern und -blüten in Wasser gewonnen werden, ist also wasserlöslich und hitzebeständig. Bienen, die mit solchen Extrakten wie mit Pollen und Honigtau gefüttert wurden, zeigten die genannten Vergiftungserscheinungen. Die Wirkung des Giftes der Linden ist jedoch wesentlich geringer als die des Hahnenfußes (Elser 1928, Nottbohm und Lucius 1929, Gorbach 1941, Butler 1943, Maurizio 1943, 1945).

Die Ursache scheint in den Zuckerarten Galaktose und Mannose zu liegen (v. Frisch 1934, Staudenmayer 1939), die für die Bienen auch dann giftig sind, wenn sie im Molekül von Di- und Trisachariden enthalten sind. Diese Auffassung konnte von Geissler und Steche (1962) erhärtet werden. Außerdem erkannten sie noch die Rhamnose als giftig für die Bienen, die sich gleichfalls als Komponente von Glykosiden im Auszug von Lindenblüten nachweisen ließ.

Die einzige Möglichkeit, einem solchen Bienensterben zu begegnen, ist, mit den Völkern abzuwandern. Meist sind die Schäden jedoch nur gering.

3 Roßkastanienvergiftung

Gelegentlich kommen auch Bienenvergiftungen durch Roßkastanien vor. Sie wurden in der Schweiz beobachtet (Maurizio 1945). Die betroffenen Bienen zeigten häufig einen aufgetriebenen Hinterleib und teilweise Schwarzsucht. Sogar Brutschäden sind dabei aufgetreten: Die offene Brut wurde von den Bienen entfernt, offenbar auch die gedeckelte. Die schlüpfenden Bienen waren jedoch normal ausgebildet.

Pollen wie Blütenextrakte der weißblühenden und der rotblühenden Kastanie (*Aesculus hippocastanum* und *A. pavia*) erwiesen sich in gleicher Weise als schädlich für die Bienen, nicht jedoch der Honig. Ursache für die Vergiftung sind das in der Pflanze enthaltene Saponin und das Digitonin. Das Aesculin zeigte sich als harmlos. Größere Schäden werden in Kalifornien in manchen Jahren von der kalifornischen Roßkastanie *Aesculus californica* N. hervorgerufen, aber nur dort, wo sie in großer Zahl in Wäldern auftritt und nur dann, wenn infolge Trockenheit andere Trachtquellen versiegen, so daß die Bienen einseitig diese Pflanzen besuchen. Pollen, Nektar und Honig sind für sie in gleicher Weise giftig, auch künstlich erzeugter Preßsaft aus Pflanzenteilen und Zellsaft aus Stichwunden eines Käfers. Sogar der von dieser Kastaninenart eingetragene Honig hat noch eine Giftwirkung und muß ausgeschleudert werden. Für den Menschen ist er jedoch unschädlich.

Vergiftete Bienen zeigen Lähmung und Zittern an den Gliedern. Sie verlieren ihre Behaarung, so daß sie schwarz erscheinen. Auch Brutschäden und Schäden an den jungen Bienen wurden beobachtet, die mit unvollkommen entwickelten Flügeln und Beinen schlüpfen. Völker aus gewissen Rassekreuzungen sollen weniger empfindlich gegen das Gift sein, welches seinem Wesen nach bisher noch nicht genauer bekannt ist (VANSELL und TODD 1932). Vermutlich handelt es sich um ein Glykosid (VANSELL 1931).

4 Sonstige Trachtvergiftungen

Vergiftungen sind des weiteren bei Buchweizen- und bei Heidetracht sowie während der Blüte einer ausgedehnten *Digitalis*-(Fingerhut-)Pflanzung aufgetreten.
Besonders eigenartig wirkt die sog. Blaubrut, die vom Pollen des Wiesenknöterichs (*Polygonum bistorta* L.) hervorgerufen wird. Sie trat hauptsächlich in Baden auf. Waben und Brut, die offene wie die gedeckelte, färben sich blau. Die Nymphen liegen verkehrt in den Zellen. Offensichtlich wird die Brut schlecht gepflegt und stirbt deshalb früher oder später ab. Im allgemeinen erholen sich jedoch die Völker wieder von selbst. Dennoch kann die Erscheinung aber auch zum Zusammenbruch der Völker führen. Es wird daher geraten, diese nicht zu vernachlässigen, sondern nach Entnahme der Pollenwaben mit Zuckerlösung 1 : 1 zu füttern (STECHE, SWDI 14(8)233, 1962, Z. f. Bfschg. 6(5)139, 1963).
Weitere zahlreiche Trachtpflanzen, die Schäden an den Bienen hervorrufen können, sind insbesondere im außereuropäischen Ausland bekannt (s. a. MORSE 1978). Für die USA spielen nach Maurizio drei eine gewisse Rolle: *Spindus emarginatus, Astragalus lentiginosus,* eine als „spotted loco" bezeichnete Traganth-Art, und *Veratrum californicum,* eine Verwandte von *Veratrum album,* des auf unseren Alpenmatten häufigen Weißen Germers. Dieser letztgenannte verursacht bei uns offenbar keine Schäden, wohl aber in Jugoslawien (SCHÖNFELD 1938), vermutlich wegen des dort wärmeren und trockeneren Klimas.
Brutvergiftung durch Johanniskraut *(Hypericum-)*Arten sind von Florida bekannt, und in Australien gilt eine Ziestart *(Stachys arvensis)* als bienenschädlich.
In Ungarn stellte man fest, daß der Nektar und der Pollen der Sophore *(Sophora japonica)* für die Bienen giftig sein kann (SUHAYDA 1968, 1969).
Schließlich muß in diesem Zusammenhang darauf hingewiesen werden, daß es auch in Europa von den Bienen eingetragene Honige gibt, die ihnen schaden können: Waldhonig kann schon im Sommer Schwarzsucht hervorrufen. Im Winter bewirkt er die Ruhr (s. Seite 256). Und Honig von Heide, Buchweizen und Edelkastanie wird im Winter von schwachen Völkern schlecht vertragen. Ob das als Vergiftung zu bezeichnen ist, sei dahingestellt. POLTJEW (1956) jedenfalls spricht von Futtertoxikose.

Vergiftungen durch Industrie und Pflanzenschutz

1 Einleitung

„Schadinsektenbekämpfung und Nutzinsektenpflege sind zwei Betätigungsweisen der angewandten Entomologie, die sich nicht immer vertragen" (Zander 1937). Bei aller waltenden Vorsicht und gutem Willen seitens des Pflanzenschutzes ist es häufig unvermeidbar, daß bei der Bekämpfung von Schadinsekten mit stark giftigen Mitteln auch nützliche Insekten geschädigt werden. In hohem Maße ist hier die Honigbiene gefährdet, die bei der Suche nach Nektar und Pollen ihren Flugkreis auf 2–3 km ausdehnt und daher beim Blütenbesuch mit den chemischen Mitteln verstärkt in direkte Berührung kommen kann.

So sind seit nahezu 50 Jahren Bienenvergiftungen durch Pflanzenschutzmaßnahmen bekannt. Zuerst waren es anorganische Stoffe, wie die Arsen- und Bleiverbindungen, die aufgrund ihrer hohen Fraßgiftwirkung stark toxisch auf die Bienen wirkten. Die Gefahr für die Bienen wuchs jedoch erheblich, als man das DDT einsetzte. In der Folge nahm die Entwicklung der synthetischen organischen Verbindungen auf dem Weltmarkt sprunghaft zu. Daraus wiederum resultierte eine beängstigende Situation für die Bienenzucht. Allein in der Bundesrepublik Deutschland werden jährlich im Durchschnitt 350 Bienenschäden verzeichnet. Hierbei handelt es sich häufig um Totalverluste der Völker. Rechnet man, daß jedem Geschädigten etwa 10 Völker verlorengehen, so sind das annähernd 3500 Völker, die in jedem Jahre vernichtet werden. Auf die Gesamtzahl der Bienenvölker in der Bundesrepublik Deutschland bezogen, ist es zwar nur ein verschwindender Prozentsatz. Der Schaden, den die Imker durch den Verlust der Völker und den Entgang der Honigernte materiell und ideell erleiden, tritt jedoch weit hinter dem Schaden zurück, der durch die ungenügende Befruchtung der Kulturpflanzen entsteht.

2 Erscheinungsbild

Es ist äußerst schwierig, ein „typisches" Erscheinungsbild für Bienenvergiftungen zu beschreiben, da die geschädigten Imker fast immer erst an die Völker kommen, wenn der Schaden bereits eingetreten ist. Daher liegen aus der Praxis auch nur spärliche Angaben vor. Die Ausführungen von Brassler (1932) beruhten auf Beobachtungen eines Imkers, der mitteilte, daß die Jungbienen vor den Fluglöchern hin und her rasten, nicht auffliegen konnten und abends verendend vor den Stöcken lagen. Die eigenen Untersuchungen von Brassler führten zu dem Schluß, eine scharfe Trennung zwischen angeblich „maikranken" und vergifteten Bienen könnte nicht vollzogen werden. Gelegentlich wird von Imkern berichtet, die Bienen versuchten vor den Stöcken an Grashalmen hochzukrabbeln, fielen aber nach einigen Versuchen auf den Rücken, um schließlich zu verenden. Dieses Bild wird andererseits auch als charakteristisch für „nosemakranke" Bienen beschrieben. Versuche, aus der unterschiedlichen Flügelstellung toter Bienen eine Vergiftung abzuleiten, sind nicht beendet worden. Nach Borchert (1934) zeigten in Versuchen vergiftete

Bienen folgende Merkmale: Taumeln, Flugunfähigkeit, krampfartiges Zittern, kreiselnde Bewegungen, Erregungszustände und schließlich Lähmungen, nach denen der Tod eintrat. Wurden von Bienen besuchte Blüten mit E 605 bestäubt, dann kam es nach Leppik (1950) zu kettenartigen Giftübertragungen und gewissen, als „Bienenkrieg" bezeichneten Erscheinungen. So sollten beispielsweise 10 auf den Blüten mit Giftstaub in Berührung kommende Flugbienen etwa 1000 Stockbienen begiften können, bevor sie ihr Orientierungsvermögen verlieren. In der Praxis soll die Gefahr jedoch geringer sein, da ein Teil der mit E 605 vergifteten Bienen das Orientierungsvermögen verliert und nicht mehr in den Stock zurückkehren kann. Von imkerlicher Seite sind derartige Erscheinungen seither nicht beschrieben worden. Wie Buchner (1973) berichtete, traten erhebliche Bienenverluste vor allem an Stockbienen (Jung- und Ammenbienen) durch Aufnahme vergifteten Rebpollens auf.

Ganz allgemein kann man die Ausführungen von Maurizio (1953a) zugrunde legen, wonach in der Regel zuerst die Flugbienen von Vergiftungen betroffen werden. Die Vergiftung kann sich durch Unruhe der Völker, anomalen Totenfall und das Auftreten gelähmter, flugunfähiger Bienen vor den Fluglöchern äußern. Bei schweren Vergiftungen kann der Schaden auch auf die Brut und die Königinnen übergreifen.

3 Möglichkeiten der Bienenvergiftung

Die überwiegende Anzahl der angewandten Insektizide ist für die Bienen gefährlich. Unter welchen Umständen können die Bienen nun diese Mittel aufnehmen?

1. Wenn Tracht liefernde Kulturpflanzen (Bäume, Sträucher oder Feldkulturen) während der Blüte behandelt werden.
2. Wenn trachtspendende Unterkulturen oder Unkräuter (z. B. in Obst- oder Rebanlagen) bei der Behandlung getroffen werden.
3. Wenn Mittel auf blühende Nachbarbestände verweht werden.
4. Wenn Honigtau oder Wasser vergiftet wird, das die Bienen als Tränke benutzen.
5. Wenn bienengefährliche Mittel in unmittelbarer Nähe der Bienenstände zur Flugzeit ausgebracht werden, so daß die Bienen davon getroffen werden.

4 Wirkungsweise der bienengefährlichen Mittel

Die Insektizide werden im allgemeinen Sprachgebrauch als Kontaktgifte bezeichnet. Damit soll eine einheitliche Eigenschaft dieser chemisch so unterschiedlichen Wirkstoffe hervorgehoben werden: Ihre Giftigkeit nach dem Eindringen durch die Kutikula. Bei den meisten Chemikalien kann diese Wirkung aber noch gesteigert werden, indem sie auch über den Darm oder über die Atemwege aufgenommen werden. Im Gegensatz zu den anorganischen Stoffen, die eine „zeitlose" Giftwirkung besitzen, weisen die synthetischen organischen Pflanzenschutzmittel eine „zeitlich begrenzte" Wirkung auf. Allerdings bestehen zwischen den einzelnen Mitteln dieser Gruppe noch deutliche Unterschiede in der Wirkungsbreite und in den Nach- und Nebenwirkungen. Jedes Gift hat seine eigenen Giftwerte. Ihre Wirkung ist im übrigen temperaturabhängig und nimmt mit steigender Temperatur zu. Eine

Ausnahme bildet das DDT, dessen Giftwirkung mit steigender Temperatur abnimmt, um bei der Bruttemperatur von 35 °C den Tiefpunkt zu erreichen (HÄFLIGER 1954).
Für zahlreiche Kontaktinsektizide verlaufen die Vergiftungserscheinungen außerordentlich ähnlich. Bei dem verschiedenen chemischen Aufbau dieser Gifte ist es aber durchaus möglich, daß sie an verschiedenen Stellen des Organismus angreifen und sich daher auch im Vergiftungsverlauf unterschiedlich verhalten. Die Kontaktgifte können schnell wirken. Nicht in jedem Fall treten die Vergiftungserscheinungen in ihrer Gesamtheit gleich stark auf. Das hängt vielmehr von verschiedenen Umweltbedingungen ab, ist bei physiologisch ungleichwertigen Tieren unterschied-

Tab. 9. Bienenschäden durch Pflanzenschutzmaßnahmen aus dem Bundesgebiet für die Jahre 1951 – 1981, aufgeschlüsselt nach vermuteten Ursachen für die Verluste

Jahr	Gesamtzahl der Einsendungen	Obst	Raps	Maikäfer	Unkraut	Kartoffeln	Wein	Frevel	Verschiedenes	ohne nähere Angabe
1951	344	33	97	5	18	58	–	5	–	128
1952	500	45	85	33	31	88	–	10	–	208
1953	468	48	72	39	65	38	–	10	–	196
1954	410	52	22	26	63	14	–	17	21	195
1955	397	34	29	12	77	9	–	12	35	189
1956	387	17	25	48	55	5	–	16	76	145
1957	477	42	90	5	63	2	–	8	70	197
1958	266	22	40	–	19	4	–	7	29	145
1959	458	30	50	7	63	5	–	7	115	181
1960	470	44	55	–	15	16	–	12	70	258
1961	311	42	29	–	17	5	–	13	47	158
1962	321	86	11	–	51	5	–	8	34	126
1963	193	26	13	–	14	–	–	12	29	99
1964	249	35	10	–	22	8	–	15	34	125
1965	286	62	19	–	32	2	–	15	21	135
1966	344	42	21	1	31	2	–	21	25	201
1967	364	44	13	–	39	5	–	25	62	176
1968	290	24	2	1	13	8	–	16	52	174
1969	232	29	9	–	18	2		21	17	136
1970	263	24	10	–	10	3	–	22	28	166
1971	429	36	28	–	8	–	111	31	32	183
1972	367	52	25	–	18	–	42	44	29	157
1973	339	38	19	–	10	1	27	57	12	175
1974	441	107	31	–	12	–	61	51	46	133
1975	286	26	16	–	16	–	16	37	34	141
1976	364	14	7	–	10	–	40	27	31	235
1977	324	41	19	–	13	–	47	31	30	143
1978	264	26	20	–	18	–	22	45	27	106
1979	264	33	18	–	14	–	16	56	24	103
1980	223	18	14	–	14	–	27	55	22	73
1981	151	20	6	–	6	–	8	24	28	59

lich und kann sich mit der Konzentration, dem Lösungsmittel für das Gift, mit dem Ort und der Weise der Aufbringung im Organismus ändern. Für eine chemische Veränderung im Organismus ist die Menge und der Gehalt des unmittelbar am Wirkungsort selbst befindlichen Giftes und die Fähigkeit des Organismus, diese Veränderung durch sein Neubildungsvermögen wieder auszugleichen, von ausschlaggebender Bedeutung (Jochum 1956; Stute 1964).

5 Ursachen der Bienenvergiftungen

Die nachfolgende Reihung der verschiedenen Schadensursachen für Bienenvergiftungen ist – mit Ausnahme der Industrieabgase – den entsprechenden Rubriken der Tabelle angeglichen und gibt auch etwa den jahreszeitlichen Ablauf der Blütezeit für die Bienentrachtpflanzen und den Schadensverlauf wieder. Das jährliche Schadensausmaß für die Bundesrepublik Deutschland geht aus den Jahresberichten der „Untersuchungsstelle für Bienenvergiftungen" an der Bundesforschungsanstalt für Kleintierzucht, Celle, hervor (Stute 1972).

5.1 Emissionen der Industrie

In der Vergangenheit berichteten aus Deutschland Himmer (1934), aus Frankreich Rousseau (1949) und aus der Tschechoslowakei Svoboda (1936) über Massenvergiftungen von Bienen durch arsen- und bleihaltige Hüttenwerksabgase. Auch ein Schaden durch fluorhaltige Abgase wurde erwähnt (Bredemann, 1939). Die staubförmigen Ablagerungen wurden von den Bienen vorwiegend mit dem Pollen eingetragen und vernichteten ganze Stände. In der Umgebung von Industriezentren (Superphosphatfabriken, Glashütten und Aluminiumwerken) wurden in neuerer Zeit Bienenverluste durch fluorhaltige Abgase gemeldet (Maurizio 1955, 1956). So wurden die Abgase aus einem deutschen Aluminiumwerk in Baden je nach der herrschenden Windrichtung auf deutsches oder schweizerisches Gebiet getrieben, wobei die fluorhaltigen Ablagerungen auf die Pflanzendecke gelangten und dann von Bienen aufgenommen werden konnten. Die Vergiftungen äußerten sich in einem Massensterben der Bienen, das zum Teil zu einem völligen Zusammenbruch der Völker führte. In den untersuchten Bienen konnte ein deutlich über der Norm liegender Fluorgehalt ermittelt werden, so daß der Kausalzusammenhang mit den Industrieabgasen hergestellt war. Diese Schadensursachen sind aber inzwischen durch den Einbau von Filteranlagen beseitigt worden.

5.2 Obst

Bei sorgfältiger Beachtung der von den Pflanzenschutzdienststellen herausgegebenen Spritzvorschriften (Spritzkalender) ist die Anwendung bienengefährlicher Mittel während der Blüte fast ausnahmslos vermeidbar (Evenius 1960). Die Tatsache, daß in der Schweiz verhältnismäßig selten Bienen infolge der Begiftung der Obstbäume zugrunde gehen, beweist, daß es auch bei hohen Anforderungen an die Qualität des Obstes möglich ist, Bienenverluste zu vermeiden. (Maurizio 1962).

Schwierigkeiten kann es bei gemischten Beständen von Arten und Sorten mit verschiedener Blütezeit geben. Ferner muß auf blühende Unkräuter während der Nachblütenspritzung geachtet werden, vor allem auf Löwenzahn. Wenn ihre Vernichtung aus irgendwelchen Gründen nicht möglich ist, sollten die Spritzungen abends nach Beendigung des Bienenfluges vorgenommen werden, wo sich die Blüten des Löwenzahns schließen. Die üblichen Mittel gegen Pilzkrankheiten (Fungizide) sind in der überwiegenden Mehrzahl bienenungefährlich.

5.3 Raps

Die Schädlingsbekämpfung im Rapsbau fordert alljährlich in vielen Ländern Europas schwere Opfer an Bienenvölkern. Schäden können hier entstehen bei der Vorblütenspritzung, wenn blühende Unkräuter in den Beständen wachsen und bei unzeitgemäßer Vollblütenspritzung (Maurizio 1959). Aber gerade hier lassen sich die Bienenvergiftungen vermeiden, weil sich die Interessen der Landwirte und Imker weitgehend decken. Nur eine frühe, vor der Blütenentfaltung vorgenommene Insektizidanwendung schützt die Rapskulturen wirksam gegen den Befall durch Schädlinge. Werden dagegen blühende Rapsfelder behandelt, so ist der Schaden an den Pflanzen meist schon geschehen und es entstehen außerdem Bienenverluste. Ein Ausweichen auf bienenungefährliche Mittel ist teilweise erfolgversprechend.

5.4 Maikäfer

Die Maikäferbekämpfungsaktionen in Baden-Württemberg (s. Tabelle) und besonders in der Schweiz bedeuteten in den Jahren 1950 bis 1956 immer eine große Sorge für die Imker, da zur Bekämpfung die bienengefährlichen Hexa-Präparate Verwendung fanden. Obgleich bei der Durchführung der Aktionen mit größtmöglicher Vorsicht vorgegangen wurde, konnten in einzelnen Fällen Bienenschäden doch nicht verhindert werden. Das wird verständlich, wenn man berücksichtigt, daß allein in Württemberg 40000 Bienenvölker durch die Maikäferbekämpfung gefährdet waren. In der Schweiz wurden in den Jahren 1950 bis 1954 rund 100000 Franken an Entschädigung für die Imker gezahlt. Nach den Erfahrungen scheint Pollen der häufigste Giftträger zu sein, wobei Pflanzen, die sowohl Pollen als auch Nektar liefern, besonders attraktiv sind und damit die größte Gefahr bilden (Maurizio 1953b). Seit dem Jahre 1957 wurde das bienenungefährliche Thiodan zur Vernichtung der Maikäfer verwendet. Von diesem Zeitpunkt an wurden keinerlei Bienenschäden mehr bei den Maikäferbekämpfungsaktionen gemeldet, obgleich im Jahre 1957 in 39 Gemeinden 138 km Waldrand und im Jahre 1958 in 73 Gemeinden 601 km Waldrand mit Thiodan behandelt wurden. So konnte ein großer Gefahrenherd für die Bienenzucht beseitigt werden.

5.5 Unkraut

In landwirtschaftlich intensiv genutzten Bereichen bildeten bisher die Unkräuter für Bienen die sog. Übergangstracht zwischen den Haupttrachten. Infolge Vernichtung der Unkräuter entstand eine trachtarme Zeit, die die Imker zwingt, die Völker zu füttern oder zu wandern: beides Maßnahmen, die mit erheblichen Kosten für die Imker verbunden sind. In den vergangenen Jahren wurden im Zuge der Intensivierung der Landwirtschaft in immer stärkerem Maße Unkrautvernichtungsmittel auf Wuchsstoffbasis in Getreideschlägen und auf dem Grünland angewandt. Die Frage der möglichen Schädigung der Bienen durch diese Mittel ist vielfach untersucht worden. Sie wirken nicht als Atem- oder Kontakt-, sondern nur als Fraßgifte. Die ersten Untersuchungen auf diesem Gebiet gehen auf Böttcher (1950) zurück, der die tödliche Dosis (LD 50) mit 85 µg (millionstel Gramm) je Biene angibt, was also verhältnismäßig hoch ist. Da bei einer Behandlung blühender Unkrautfelder nur bei einem geringen Prozentsatz der Blüten ein Tropfen der Spritzflüssigkeit in den Blütenkelch gelangt und die Spritzlösung in kurzer Zeit von den Blättern aufgesogen wird, ist es unwahrscheinlich, daß bei vorschriftsmäßiger Anwendung letale Mengen von den Bienen aufgenommen werden können (Lukoschus 1955a). Bis auf die Gelbspritzmittel, die aber kaum Verwendung finden, sind nach eingehenden Prüfungen die modernen Unkrautvernichtungsmittel als bienenungefährlich zu bezeichnen. Die gemeldeten Schäden sind, soweit die Ursache überhaupt zu klären ist, nicht auf die Wuchsstoffmittel zurückzuführen.

5.6 Kartoffeln

Die Bienenvergiftungen bei der Kartoffelkäferbekämpfung sind in der Vergangenheit vorwiegend durch Arsenpräparate entstanden. Sie können aber auch jetzt noch auftreten, wenn blühende Unkräuter (Ackersenf, Hederich) nicht aus den Kartoffelbeständen entfernt, oder blühende Pflanzen an den Rändern der Felder von der Spritzbrühe getroffen werden. Der Frage, ob die Kartoffelblüte selbst beflogen wird, ging Schulz-Langner (1961) nach. Allgemein wird angenommen, daß die Kartoffel zu den Pflanzen zählt, die nicht von Bienen besucht werden, da sie weder Nektar noch Pollen spenden können. Den Blüten fehlen Nektarien, der Pollen wird entwickelt, aber die Pollensäcke sollen sich nur an der Spitze mit einem kleinen Loch öffnen. Es ist also schwer vorstellbar, daß Bienen an den Blütenstaub herankommen sollen. Da die Kartoffelsorten vorwiegend Selbstbestäuber sind, ist eine Einrichtung, die den Insekten das Sammeln erleichtert, nicht zu erwarten. Dennoch wurden Bienen und Hummeln beim Sammeln beobachtet und ihre Pollenladungen mikroskopisch als Kartoffelpollen bestimmt. Die Kartoffel kann daher unter gewissen Bedingungen, etwa durch veränderte Öffnungsmechanismen ihrer Pollensäcke oder durch Bißwirkung anderer Insekten, zur Bienentrachtpflanze werden.

5.7 Wein

Im allgemeinen sind bei Rebbehandlungen keine Bienenvergiftungen zu erwarten. Maurizio (1959) berichtet über *einen* Schadensfall im Jahre 1958 in der Schweiz, bei dem ein Winzer – gleichzeitig Imker – seinen in der Nähe der Völker gelegenen Rebberg mit einem Parathion-Präparat behandelt hat. In Deutschland sind bis zum Jahre 1970 keine Bienenschäden durch Rebbehandlungen bekannt geworden. Die Rebblüten galten weder als Pollen- noch als Nektarspender. Im Jahre 1970 wurde nun lebhafter Beflug der Rebblüten in den Weinbergen beobachtet. Überraschend trat dann auch durch Rebbehandlungen während der Blüte mit bienengefährlichen Mitteln ein katastrophales Bienensterben in Süddeutschland ein (BUCHNER 1972). Pollenuntersuchungen von Honigen aus den geschädigten Gebieten und Untersuchungen toter Bienen führten nach VORWOHL (1973) zu der Auffassung, daß die Rebblüten unter bestimmten Bedingungen doch Nektar absondern können, was jedoch gewöhnlich in unserem Klima nicht zu erwarten ist.

5.8 Frevel

Hierunter sind Bienenvergiftungen zu verstehen, bei denen die Bienen nicht als Folge irgendwelcher Behandlungen blühender Pflanzen sterben, sondern durch Einwirkungen auf die Beuten oder Völker direkt. Bedauerlicherweise ist es keine Schwierigkeit, mit den modernen Spray-Dosen zur Insektenbekämpfung auch ganze Völker reihenweise umzubringen.

5.9 Verschiedenes

Weitere Möglichkeiten der Bienenvergiftungen seien hier zusammengefaßt:
1. Schäden durch eigenes Verschulden der Imker. So etwa Wachsmottenbekämpfungen mit insektizidhaltigen Mitteln („Globol“ statt „Imkerglobol“). Zur Vermeidung derartiger Verluste muß unbedingt und sorgfältig auf die Beschriftung der Packungen geachtet werden.
2. Bekämpfung von Ameisen in der Nähe von Bienenvölkern mit bienengefährlichen Mitteln.
3. Schließlich ist die Bekämpfung der umfangreichen Gruppe der Honigtauspender zu nennen. Auf Kräutern, Sträuchern und Bäumen finden sich häufig Ausscheidungen von Blatt- und Schildläusen, die in trachtarmer Zeit gern von Bienen aufgenommen werden.
Die Bekämpfung dieser Läuse, z. B. der schwarzen Bohnenlaus auf Dicken Bohnen, kann zu Bienenverlusten führen (LUKOSCHUS 1955b).

5.10 Vergiftungen ohne nähere Angabe

Alle Bienenschäden durch Pflanzenschutzmaßnahmen innerhalb der Bundesrepublik Deutschland werden seit dem Jahre 1951 an der Bundesforschungsanstalt für Kleintierzucht in Celle bearbeitet. Die Tabelle vermittelt einen Einblick in das Ausmaß der Bienenvergiftungen, aufgestellt nach Jahren und Ursachen, letztere wie von den Imkern angegeben. Sehr häufig kommt es vor, daß die Geschädigten die Pflanzenschutzaktionen nicht feststellen können, die den Tod ihrer Bienen verursachten. Derartige Einsendungen sind in einer Rubrik „ohne nähere Angaben“ zusammengefaßt worden.

6 Möglichkeiten zum Schutz der Bienen

6.1 Gesetzliche Maßnahmen

Dem unablässigen Drängen der Imker und ihrer Organisationen ist es zu verdanken, daß bereits im Jahre 1950 eine Bienenschutzverordnung erlassen wurde, die am 29. 12. 1972 durch den Bundesminister für Ernährung, Landwirtschaft und Forsten neu gefaßt und als „Verordnung zum Schutz der Bienen vor Gefahren durch Pflanzenschutzmittel“ am 1. Januar 1973 in Kraft getreten ist.
Die Kernstücke dieser Verordnung lauten:

- Bienengefährliche Pflanzenschutzmittel dürfen nicht an blühenden Pflanzen angewandt werden.
- Bienengefährliche Pflanzenschutzmittel sind so anzuwenden, daß blühende Pflanzen nicht mitgetroffen werden.
- Innerhalb eines Umkreises von 60 Metern um Bienenstände dürfen bienengefährliche Pflanzenschutzmittel ohne Zustimmung der Imker nur außerhalb der Zeit des täglichen Bienenflugs angewandt werden.
- Bienengefährliche Pflanzenschutzmittel sind so zu handhaben und aufzubewahren, daß Bienen nicht mit ihnen in Berührung kommen können. Verschüttete Teile sowie Reste dieser Mittel und ihrer Brühen sind zu beseitigen und unschädlich zu machen. Leere Behältnisse und Packungen sind zu beseitigen.

6.2 Zusammenarbeit der Organisationen

Im Laufe der Jahre hat sich eine gute Zusammenarbeit zwischen den amtlichen Pflanzenschutzdienststellen und der Imkerschaft ergeben, die wesentlich zum Schutz der Bienen beigetragen hat. So werden jetzt die Imker meist über geplante Aktionen rechtzeitig verständigt, so daß sie die Möglichkeit haben, mit den Völkern aus der Gefahrenzone abzuwandern.

6.3 Integrierter Pflanzenschutz

Der Weg wird für die Zukunft klar dahin gehen, dort, wo *chemische* Schädlingsbekämpfungsmaßnahmen ungünstige Nebenwirkungen auf Nützlinge zeigen oder wo durch die Vernichtung eines Schädlings andere in ihrer Vermehrung gefördert werden, *biologische* Pflanzenschutzmaßnahmen flankierend einzusetzen.
Der Begriff, unter dem diese Möglichkeiten erforscht und entwickelt werden, ist der des „integrierten Pflanzenschutzes“. Darunter ist ein sich aus verschiedenen Maßnahmen zusammensetzendes System zur Regulierung von Schädlingen und Krankheiten zu verstehen.
Die Aufgabe ist sicher überaus schwierig. Ziel ist einmal eine möglichst weitgehende Ausnutzung der in der Natur gegebenen Regulierungsfaktoren, zum anderen ein möglichst treffender Einsatz chemischer Pflanzenschutzmittel. Es gilt Mittel zu entwickeln, die möglichst nur eine Schädlingsart vernichten, also die Abkehr von den sogenannten Universalprodukten.

6.4 Repellents

Von mehreren Seiten sind Versuche unternommen worden, den bienengefährlichen Pflanzenschutzmitteln Stoffe beizumischen, die die Bienen von einem Besuch blühender Trachtpflanzen abschrecken. Diese Gruppe von Chemikalien wird als „Repellents" – Abschreckstoffe – bezeichnet. Ganz allgemein werden sie definiert als Reizmittel mit abstoßender Wirkung auf Organismen. Sie lassen sich ebenso wie die „Attractants" – Anlockstoffe – in zwei Kategorien einordnen, in physikalisch und chemisch wirkende. Während die „Attractants" dazu bestimmt sind, z. B. ein Insekt zu seiner Nahrungsquelle, seinem Geschlechtspartner oder seiner Eiablegestelle zu führen, haben die „Repellents" vorwiegend schützende Eigenschaft, z. B. um Feinde von Pflanzen abzuwenden oder ein Insekt vor ungeeignetem Futter zu warnen. Da den Insekten allgemein ein gutes Geruchsvermögen zugeschrieben wird, lag der Gedanke nahe, Riechstoffe als „Repellents" für Bienen zu benutzen. Man sollte folgende Anforderungen an ein Bienen-„Repellent" stellen:

- Es soll sowohl bei Zugabe zu Spritz- wie zu Stäubemitteln wirksam sein.
- Es soll sich in einer Menge zusetzen lassen, deren Wirkung bis zum Unwirksamwerden des Giftes anhält.
- Es soll die behandelten Pflanzen und den Anwender nicht beeinträchtigen und nicht mit den insektiziden Stoffen chemisch reagieren.
- Es soll möglichst billig und in unbegrenzter Menge käuflich sein.

Alle, die nach einem geeigneten Bienen-Repellent suchten, haben feststellen müssen, daß es sich um ein sehr verwickeltes Problem handelt. Bisher konnte kein Stoff gefunden werden, der auch nur annähernd einer dieser Forderungen genügte. In eigenen Versuchen ergab sich, daß weder die von den Imkern häufig zitierte rote, rohe Carbolsäure oder deren Fraktionsprodukte, noch Naphthole oder synthetische Campher als Repellent für Bienen praktisch brauchbar sind. Von den vielen geprüften Chemikalien schreckte keine die Bienen länger als 30 Minuten vom Besuch blühender Trachtpflanzen ab (Stute 1957). Zu ähnlichen Ergebnissen kam auch Weide (1957). Nach den gewonnenen Erfahrungen erscheint es beinahe aussichtslos, überhaupt eine Substanz zu finden, die sich in der Praxis bewähren wird, da es sich gezeigt hat, daß auf eine Trachtpflanze einmal eingeflogene Bienen durch eine feuchte Oberfläche zwar für eine kurze Zeit ferngehalten werden, sich aber nach dem Antrocknen bald wieder daran einfinden. Auch eine noch so starke Geruchswirkung eines auf die Trachtpflanzen gebrachten Stoffes vermag sie nicht daran zu hindern, die betreffende Trachtquelle weiterhin auszunutzen.

6.5 Bienenungefährliche Pflanzenschutzmittel

Die Definition der Bienengefährlichkeit ist in der „Bienenschutzverordnung" gegeben. Als „bienengefährlich" werden alle Pflanzenschutzmittel bezeichnet, die aufgrund einer amtlichen Prüfung Bienengefährlichkeit ergeben haben. Auch Pflanzenschutzmittel, die sich nur für einige Stunden nach der Ausbringung ins Freiland als bienengefährlich erwiesen haben, gelten als „bienengefährlich", ausgenommen bei Anwendung nach dem täglichen Bienenflug bis 23 Uhr. Sie dürfen also abends nach Beendung des Bienenflugs bis 23 Uhr bei blühenden Pflanzen eingesetzt werden, unter der Bedingung, daß am nächsten Morgen bei Beginn des Bienenflugs der

Belag angetrocknet ist. Bei allen sonstigen Anwendungsweisen sind diese Mittel als bienengefährlich zu behandeln, wobei die „Bienenschutzverordnung" entsprechend zu beachten ist.
„Bienen*un*gefährlich" bzw. „nicht bienengefährlich" sind alle Pflanzenschutzmittel, die aufgrund einer amtlichen Prüfung keine Bienengefährlichkeit ergeben haben. Jährlich wird von der Biologischen Bundesanstalt für Land- und Forstwirtschaft, Braunschweig, ein Merkblatt Nr. 29 herausgegeben, das alle nicht bienengefährlichen Pflanzenschutzmittel enthält. Für den praktischen Einsatz von nicht bienengefährlichen Pflanzenschutzmitteln ist wichtig, bis zu welcher Konzentration bzw. Aufwandmenge des Präparates die Bienenungefährlichkeit gilt. Denn auch diese Mittel besitzen für die Bienen eine toxische Wirkung, wenn sie zu viel davon aufnehmen. Die höchsten als bienengefährlich anerkannten Konzentrationen dürfen nicht überschritten werden, da sonst doch mit Bienenvergiftungen zu rechnen ist. Generell können die als nicht bienengefährlich deklarierten Präparate bis zur Höhe der angegebenen Mengen während des Bienenflugs ohne Beeinträchtigung der Bienen ausgebracht werden (Herfs 1973).

6.6 Resistente Honigbiene

Eine ideale Lösung zum Schutz der Bienen gegen gefährliche Pflanzenschutzmittel bestände in der Zucht resistenter Stämme. Über die Resistenz von Schadinsekten gegen Kontaktgifte liegt eine umfangreiche Literatur vor (Cochran 1952). Eine Resistenz der Honigbiene konnte dagegen noch nicht festgestellt werden. Über die ersten orientierenden Versuche zur Züchtung gegen DDT resistenter Bienen berichtete Bittner (1955). Dabei hat allein die Zucht von Königinnen auf Wachs mit DDT-Wirkstoff mehr Fragen aufgeworfen als erledigt werden konnten. Bei der Vielzahl der im Handel befindlichen Pflanzenschutzmittel wird dieses Problem leider nie gelöst werden können.

6.7 Selbstschutz der Imker

1. Neue Bienenstände sollte man nicht in der Nähe von Dauerkulturen (Obst und Reben) aufstellen.
2. Die Bienenkästen sollten so eingerichtet sein, daß sie mit wenigen Handgriffen wanderfertig gemacht werden können.
3. Durch Einspritzen von kaltem Wasser durch die Lüftungsgitter kann ein Verbrausen der Bienen verhindert werden.
4. Bei Verwendung eines besonderen Vorsatzkastens nach Sachs soll auch eine längere Haft der Bienen möglich sein.
5. Wird eine Vergiftung der Bienen nachgewiesen, so können die Imker durch die Stäubeschädenversicherung entschädigt werden.

Beweisführung bei Bienenvergiftungen Hier gilt die Regel: Die Beschaffung und Versendung des unbedingt notwendigen Materials an toten Bienen und behandelten Pflanzen ist sehr oft eine Zeitfrage. Je schneller ein Schaden entdeckt wird, um so größer sind die Aussichten auf Erfolg hinsichtlich des Nachweises bienengefährlicher Mittel. Im übrigen sollte man sich nach den Angaben im Fragebogen A für die Untersuchung von Bienenschäden durch Pflanzenschutzmittel und denen von STUTE (1953) richten.

Nachweis von Bienenvergiftungen Eine Zusammenfassung über die in Frankreich, Österreich, der Schweiz und Deutschland angewandten Methoden für die Untersuchung von Bienenschäden durch Pflanzenschutzmittel liegt von STUTE (1956) vor. Es wurden chemische und biologische Methoden zum Nachweis von Fraßgiften (fluor- und arsenhaltige Verbindungen) und von hormonhaltigen Unkrautbekämpfungsmitteln beschrieben. Zur Bestimmung von Kontaktinsektiziden sind Verfahren zum Einzelnachweis von Parathion, E 605, DDT, HCH und Lindan angegeben. Für die gemeinsame Erfassung von Kontaktinsektiziden liegen Arbeitsvorschriften mit *Gryllus domesticus* L., *Drosophila melanogaster* Meig., *Culex pipiens* L. und *Aedes aegypti* L. vor. Als zusätzliche Hilfsmethode bewährte sich die „Pollenanalyse", also die Untersuchung des Pollens, der sich im Haarkleid – nicht in den Pollenhöschen – der toten Bienen befindet. Man kann auf diese Weise Rückschlüsse auf die zuletzt beflogenen Pflanzen ziehen. Die bisherigen Methoden besitzen den Nachteil, daß mit ihnen nur Gruppen von Pflanzenschutzmitteln zu erfassen sind. In neuester Zeit gelang es KAUFMANN (1972) mit Hilfe der Dünnschichtchromatographie eine ganze Reihe von Pflanzenschutzmitteln in toten Bienen direkt als Wirkstoff nachzuweisen.

Krankhafte Erscheinungen und Mißbildungen

Drohnenbrütigkeit bei Arbeitsbienen und Königinnen

Gelegentlich findet der Imker ein Volk mit Brutwaben von außerordentlich unregelmäßigem, buckeligem Aussehen. Die Arbeiterzellen haben stark überhöhte Dekkel. Aus noch offenen Zellen scheinen die verpuppungsreifen Maden geradezu hervorzuquellen. Es handelt sich offenbar um Drohnenmaden, die wegen ihrer größeren Körperfülle in den engen Arbeiterzellen zu wenig Platz haben. Im fortgeschrittenen Stadium finden sich auch Drohnenpuppen und auffallend kleine schlüpfende Drohnen.

Diese Drohnenbrut kann sowohl von Arbeitsbienen wie von Königinnen stammen. Die von Königinnen ist gewöhnlich etwas regelmäßiger. Ziemlich sicher erkennt man den Unterschied an den Eiern. Im ersten Fall liegen in der Regel jeweils mehrere in den Zellen, bis zu 10 meist am Zellgrund ungeordnet nebeneinander, wobei einzelne manchmal auch an den Zellwänden haften. Stammt die Brut von einer Königin, befindet sich in den Zellen jeweils nur ein Ei, wie im normalen Fall. Alle diese Eier entwickeln sich zu Drohnen, weshalb man allgemein von Drohnenbrütigkeit spricht. Sie sind unbefruchtet.

Stammen die Eier von Arbeitsbienen, nennt man das Buckelbrut. Handelt es sich um die Brut einer unbegatteten Königin, spricht man von Jungfernbrütigkeit oder auch von Drohnenbrütigkeit im engeren Sinne. Als Fehlbrütigkeit bezeichnet man die Erscheinung, wenn sie auf eine begattete Königin zurückzuführen ist.

1 Buckelbrut

(Afterbrut, Drohnenmütterchen = Eier legende Arbeitsbienen)

Hat ein Volk seine Königin verloren, so zieht es sich aus der vorhandenen Arbeiterbrut eine neue nach. Besteht aber diese Möglichkeit nicht, weil es an junger Brut fehlt, so beginnen die Arbeitsbienen nach einiger Zeit Eier zu legen. Man nennt solche Eier legenden Arbeitsbienen Afterweisel oder Drohnenmütterchen. Natürlich legen sie, da sie nicht begattet werden können, nur unbefruchtete Eier, aus denen Drohnenbrut hervorgeht. Diese hat in den kleinen Arbeiterzellen nicht genügend Platz, so daß die Zellen buckelig gedeckelt werden, wie bei drohnenbrütigen Königinnen. Allerdings beginnen die Bienen mit der hochgewölbten Deckelung gleichsam vorausschauend schon, wenn die Larve noch gekrümmt in der Zelle liegt.

Man kann das als Atavismus deuten: Die Hymenopteren deckelten die Zellen ursprünglich hochgewölbt (Örösi-Pál 1929).
Nur im hier behandelten Fall der Eier legenden Arbeitsbienen spricht man von Buckelbrütigkeit (Prell 1930). Das ist jedoch keine ganz glückliche Bezeichnung. Afterbrut, wie Fyg (1961, 1963) es nennt, ist besser. Denn die buckelige Beschaffenheit der Brut trifft auch für die drohnenbrütigen Königinnen zu, deren Brutstand lediglich manchmal etwas geschlossener erscheinen kann (s. Seite 295).
Ob die Afterweisel neben der Eiablage auch die Arbeiten der Arbeitsbienen verrichten, ist noch ungewiß. Örösi-Pál (1930) hat Afterweisel mit Wachsschüppchen gefunden, doch waren deren Wachsdrüsen degeneriert. Daß Afterweisel die Zellen, in welche sie Eier legen wollten, manchmal säuberten, konnte er beobachten. Leuenberger (1927) fand auch unter den Sammelbienen solche mit ausgebildeten Eierstöcken.
Immer sind es viele Arbeitsbienen eines Stockes, von denen die Eier stammen, nicht von nur einer einzelnen, wie man früher meinte. Bis zu 90% aller Bienen eines Volkes können Eier legen. (Leuenberger 1927, Perepolova 1928). Diese Zahl hängt von der Dauer der Weisel- und Brutlosigkeit, von der Volksstärke, der Schwarmlust und damit auch von der Jahreszeit ab. Entscheidend ist das Vorhandensein von offener Brut. Ist diese in reichem Maße vorhanden, treten Afterweisel nicht auf. Sobald die Königin schon in Vorbereitung auf das Schwärmen mit der Eiablage nachläßt und die Menge der offenen Brut abnimmt, steigt die Zahl der anatomischen Afterweisel (Tuenin 1926, Perepelova 1928).
Bei Anwesenheit einer älteren begatteten Königin legen die Afterweisel gewöhnlich noch nicht. Das von der Mandibeldrüse der geschlechtsreifen Königin ausgeschiedene Pheromon, die „Königinnensubstanz", bewirkt diese Hemmung (Butler u. Fairey 1963). Befindet sich eine unbegattete Königin im Volk, so kann die Eiablage der Afterweisel eher erfolgen. Wenn man z. B. bei der Königinnenzucht die Begattungsvölkchen von besonders lange weisellosen Pflegevölkern bildet, oder wenn sich die Begattung der Königinnen infolge schlechten Wetters lange verzögert, ist das öfter zu beobachten. Zuweilen fangen die Bienen sogar schon 1 bis 2 Tage nach der Bildung der Völkchen zu legen an. Der Grund dafür liegt auf der Hand: Den jungen Weiseln fehlt es noch an Königinnensubstanz.
Die übrigen Arbeitsbienen eines Volkes widmen sich den Afterweiseln nicht in der gleichen Weise wie einer Königin. Wenn die Afterweiseln um Futter betteln, werden sie zwar damit versorgt, doch füttern sie umgekehrt auch andere Arbeitsbienen. Sie nehmen reichlich Blütenstaub auf und saugen die Säfte der aus den Zellen geworfenen überzähligen Maden auf. Nach dieser Ernährung zu urteilen müßte es sich bei den Afterweiseln um junge Arbeitsbienen handeln. Sie gehören jedoch allen Altersklassen an (Perepelova 1928, Hess 1942).
Zunächst entwickeln sich die Eierstöcke: Die Eischläuche nehmen an Größe zu (Hess 1942), von 40 bis 60 µm auf 610 µm (Örösi-Pál 1929). Die Eibildung geht dann genauso vor sich wie bei der Königin, nur langsamer. Auch die Eiablage. Dabei stecken sie meistens bis an die Flügelwurzeln in den Zellen (Örösi-Pál 1929). Es wird jeweils nur ein Ei abgelegt. Die Zahl der Eier aber nimmt zu, weil die bereits belegten Zellen wieder bestiftet werden. Die Legetätigkeit dauert 5 Tage und ergibt jeweils 19 bis 32 Eier. Versuche, durch Verfüttern von Vitamin E an Arbeitermaden die Fruchtbarkeit der daraus entstehenden Afterweisel zu steigern, waren ohne Erfolg (Hess 1942).

Viele der abgesetzten Eier werden von den Arbeitsbienen wieder entfernt. Sie sind nicht alle voll entwickelt. Man sieht schon in den Ovariolen (Eischläuchen) auch Eier mit resorbiertem Dotter. Bei hungernden Afterweiseln erfolgt die Resorbtion allgemein und sehr rasch. Nach einer Hungerzeit von nahezu 40 Stunden sind die meisten Eier aufgesogen (Örösi-Pál 1929).
Auch wenn mehrer Maden in einer Zelle schlüpfen, werden alle oder wird ein Teil von ihnen aufgezehrt oder hinausgeworfen. Von den übrig bleibenden verdrängen die günstig gelegenen ihre Zellgenossen, die dann umkommen und verfaulen. Die heranwachsenden beengten Maden durchbrechen die Zellwände, doch nur, wenn die Nachbarzellen leer sind. Die Durchbruchstelle wird mit Spinndrüsensekret geglättet.
Sehr oft geht die Brut drohnenbrütiger Völker unter faulbrutähnlichen Erscheinungen zugrunde, indem sie sich in bräunliche, breiige Massen verwandelt, die einen süßlichen Geruch ausströmen. Die Ursache kennt man nicht.
Die aus Arbeitereiern entstandenen Drohnen bezeichnet man als „Afterdrohnen" oder „falsche Drohnen". Sie unterscheiden sich aber, abgesehen von ihrer geringeren Größe, in keiner Weise von den Königinnendrohnen, sind auch begattungsfähig. Ja, man kann sie sogar zur Zucht nutzen, indem man Bienen absichtlich buckelbrütig werden läßt. Auf diese Weise spart man die Aufzucht einer Königinnengeneration und gewinnt Zeit (s. Haltung und Zucht der Biene).

Heilung

Die Heilung eines buckelbrütigen Volkes ist nicht ganz einfach. Gewöhnlich empfiehlt es sich, es aufzulösen, d. h. die Bienen vor dem Stande abzukehren, damit sie sich bei den anderen Völkern des Standes „einbetteln", und die Waben samt der ganzen Wohnung zu entfernen.
Ist es noch stark, so kann man auch versuchen, es zu beweiseln. Das geht jedoch nicht ohne weiteres, denn die Afterweisel nehmen eine Königin, die sie nunmehr als Nebenbuhlerin betrachten, nur sehr schwer an. Unter Zugabe von Alkohol gelingt es jedoch in der Regel (Hüsing u. Bauer 1968). Es genügt dazu Trinkbranntwein. Den alkoholischen Extrakt von Mohnkapseln hierzu zu nehmen ist nicht erforderlich. Man entfernt alle Waben mit der Drohnenbrut, gießt 2 ccm Trinkbranntwein auf ein Blatt saugfähiges Papier, welches man auf das Bodenbrett des Stockes in Fluglochnähe legt, und setzt die Königin in einem leicht mit Zuckerteig verschlossenen Käfig im hinteren Teil des Kastens, d. h. weit vom Alkohol entfernt, zu. Entscheidend ist der Alkohol. Die Menge von 2 ccm Alkohol gilt für Völker in 1 oder 2 Räumen. Bei Völkern in kleineren Kästen (z. B. Ablegerkästen) muß man weniger nehmen.
Örösi-Pál (1929) empfiehlt, die Bienen buckelbrütiger Völker abzukehren, einzusperren und 2 Tage lang hungern zu lassen, damit die Eier in den Eiröhren der Eierstöcke resorbiert werden. Danach würde eine Königin willig angenommen. Weber-Sklenar (1977) rät zum Freiluft-Kunstschwarm (s. Haltung und Zucht der Biene).
Die besten Erfahrungen hat Weiss (1980) mit dem „Zugeben des drohnenbrütigen Volkes zur Königin" gemacht. Auf den Platz des Volkes stellt man einen anderen Kasten mit brut- und bienenfreien Waben. Die Königin gibt man in einem Käfig

unter Zuckerteigverschluß zu. Danach fegt man die Bienen des buckelbrütigen, also weisellosen Volkes vor dem Flugloch ab. Diese ziehen nun in den ihnen fremden Kasten mit seinem fremden Wabenbau ein. Infolge der veränderten Umgebung sind sie offenbar so gehemmt, daß sie die Königin willig annehmen. Selbstverständlich gelingt so auch das Umweiseln jungfernbrütiger Völker (s. unten!) und normaler Völker, sogar auch das von Einwabenvölkchen mit neuen, unbegatteten Königinnen (Büttner, pers. Mittlg.).
Weiselzellen werden von buckelbrütigen Völkern ohne weiteres angenommen, sofern sie keine eigenen Weiselzellen angesetzt haben (Müller 1942). Unbegattete Königinnen soll man ihnen sogar mit Erfolg durchs Flugloch zulaufen lassen können (Märk. Bztg. 1926, S. 25).
Befindet sich in einem buckelbrütigen Volk eine unbegattete Königin, so verschwindet die Buckelbrut, sobald die Königin begattet wurde und die ersten Eier legt.

2 Jungfernbrütigkeit (Drohnenbrütigkeit im engeren Sinne)

Bleibt eine Königin unbegattet, so beginnt sie nach etwa 6 Wochen mit der Ablage unbefruchteter Eier. Man bezeichnet sie dann meist als drohnenbrütig. Jungfernbrütig ist aber besser (Prell 1930). Diese Erscheinung kommt am häufigsten vor, wenn die Bienen noch spät im Herbst eine Nachschaffungskönigin erziehen und die Witterung keine Hochzeitsflüge mehr erlaubt. Im zeitigen Frühjahr findet man dann die buckeligen Brutwaben und die junge Königin. Aber auch im Sommer kann so etwas eintreten. Wer Königinnenzucht betreibt, erlebt es immer einmal, daß die eine oder andere Königin ohne erkennbaren Grund selbst 6 Wochen nach dem Schlüpfen noch nicht in Eiablage ist und drohnenbrütig wird, wenn man sie beläßt. Nur durch künstliche Besamung könnte eine solche Königin noch brauchbar werden. In der Praxis wird man sie ausmerzen. Untersucht man den Inhalt ihrer Samenblase, so findet man statt der milchigen Samenmasse eine klare wässerige Flüssigkeit.
Über einen sonderbaren Fall von Jungfernbrütigkeit berichtet Fyg (1940). Bei einer Königin war der Enddarm durch den Stachel aufgespießt, so daß sie ihren Kot nicht richtig absetzen konnte. Sie blieb unbegattet und ließ die Eier einfach in die Zelle fallen.

3 Fehlbrütigkeit

Begattete drohnenbrütige Königinnen nennt man fehlbrütig. Manchmal können sie schon zu Beginn ihrer Legetätigkeit nur oder nur teilweise Drohnen erzeugen, was sich aber wieder verlieren kann (vorübergehende Drohnenbrütigkeit).
In der Regel tritt jedoch diese Form der Drohnenbrütigkeit infolge Erschöpfung des Samenvorrates ein, namentlich bei alten, verbrauchten Müttern über Winter, wenn die Brut fehlt, aus denen sich die Bienen einen jungen Ersatz schaffen können. Man nennt so etwas auch sehr treffend greisenbrütig (Prell, 1930, Fyg, 1963). Indessen kann eine mangelhafte Begattung ebenfalls ungenügenden Samenvorrat bedingen. Zudem gibt es noch andere Möglichkeiten.

Bährmann (1961) beschreibt einen Fall, bei dem eine Geschwulst offenbar stellenweise auf den Ductus receptaculi, den Samenblasenkanal, drückte, was den Durchtritt der Samenfäden verhinderte.
Nach Fyg (1961, 1963) können die beiden Sekret erzeugenden Anhangsdrüsen entarten. Sie sind wahrscheinlich für die Lebensfähigkeit der Spermien von Bedeutung. Auch ist denkbar, daß das Funktionieren der Samenpumpe infolge einer Verhinderung ihrer Sekretabscheidung gestört und so Fehlbrütigkeit bewirkt wird. Möglicherweise sezerniert auch die Wand der Samenblase Nährstoffe für die Samenfäden, so daß es zu deren Schädigung kommt, wenn ihr Epithel entartet.
Die in den USA bekannte Buckey-Vergiftung (von einer Roßkastanie dieses Namens) hat häufig auch Fehlbrütigkeit zur Folge. Sie geht vorüber, wenn man mit den Völkern aus dieser Tracht abwandert (s. Seite 279).

4 Ansteckende Drohnenbrütigkeit

Junge, richtig begattete Königinnen können auch durch eine Infektion fehlbrütig werden, im ersten wie im zweiten Lebensjahr. Man könnte also von Fehlbrütigkeit sprechen, doch kommt das auch bei unbegatteten Königinnen vor.
Zunächst zeigen sich nur wenige buckelbrütige Zellen, aber schnell werden es mehr, und schließlich ergibt sich ein wirres Durcheinander von Arbeiter- und Buckelbrut. Viele Königinnen stellen dann die Eiablage ein. Umweiselungszellen kennzeichnen das vergebliche Bemühen der Völker, den Zustand zu ändern.
Es handelt sich um eine typische, wahrscheinlich ansteckende Krankheit der Königinnen, die jedenfalls in der Schweiz weit verbreitet ist und bei allen Rassen vorkommt, oft gleichzeitig in benachbarten Völkern.
Wie bei anderen Formen der Drohnenbrütigkeit findet man auch hier in der Samenblase neben noch lebensfähigen Samenfäden abgestorbene, in Ringen liegende sog. Ringelsamen.
Charakteristisch sind spezifische Kerneinschlüsse in allen ectodermalen Organen und Geweben. In der Samenblasenwand z. B. finden sich, sehr unterschiedlich, kleine Kügelchen sowie eine oder mehrere Vakuolen in homogener Grundsubstanz. Die Einschlüsse sind mit sauren Farbstoffen wie 0,5 %iger Safraninlösung oder mit einem Lichtgrün-Eosingemisch anfärbbar. Es genügt dazu ein Quetschpräparat des zu untersuchenden Organs.
Der Erreger der Krankheit dürfte vermutlich ein Virus sein, das durch Brutwaben verschleppt werden kann.
Ein Mittel dagegen kennen wir nicht. Hygienische Behandlung der Völker auf befallenen Ständen ist ratsam (Fyg 1963).
Außerdem gibt es noch einige seltenere Ursachen für die Drohnenbrütigkeit der meist begatteten Königinnen (Fyg 1963).

Sonstige krankhafte Erscheinungen bei Königinnen

1 Ungewöhnlicher Inhalt von Weiselzellen

Alljährlich nach der Schwarmzeit finden sich auf den Bienenständen weisellose Völker. Das ist in erster Linie auf den Verlust der Königinnen bei ihren Hochzeitsflügen zurückzuführen: sei es, weil sie ein Unwetter überraschte, sei es, weil sie bei der Rückkehr von den Arbeitsbienen abgestochen wurden, was beim Verirren in ein benachbartes Volk, aber auch beim richtigen Einflug in ihr eigenes immer wieder vorkommt.
Indessen liegt die Ursache der Weisellosigkeit häufig auch in Entwicklungsstörungen während der Maden- und Puppenzeit der Königinnen. Die Zellen werden zwar von den Bienen zur rechten Zeit gedeckelt, doch stirbt ihr Inhalt ab.

1.1 Ungewöhnlich lange Weiselzellen („abgerutschte Maden")

Gelegentlich finden sich besonders lang ausgezogene Weiselzellen, die nicht schlüpfen. Öffnet man sie, entdeckt man eine an der Spitze der Zelle liegende tote Made, auch eine Vorpuppe. Das macht den Eindruck, als sei die werdende Königin infolge einer Erschütterung vom Futter abgerutscht und am unteren Ende der Zelle hilflos verhungert. Nach DREHER (1963) ist das jedoch anders zu erklären. Im Gegensatz zu den Arbeiter- und Drohnenmaden bewegt sich die Königinnenmade kurz vor der Verdeckelung sehr stark, klettert gewissermaßen in der Zelle umher, um sich einzuspinnen. Sie verläßt also den Futtersaft, kehrt aber immer wieder dorthin zurück und frißt davon.
In der Zeit etwa vom 9. bis 11. Tag ihrer Gesamtentwicklung, im Stadium der Spinnmade, Streckmade und Vorpuppe, ist sie gegen Verkühlung sehr empfindlich. Sie kann verklammen und erstarren, um unten in der Zelle liegen zu bleiben und schnell zugrunde zu gehen. Geschieht das vor dem endgültigen Verschluß ihrer Zelle, wird diese von den Bienen noch um ein Stück verlängert. Manchmal wird eine Zwischenkammerigkeit angedeutet, als hätten die Bienen unter der Made eine neue Zelle für eine zweite Bestiftung schaffen wollen.

1.2 Zwillinge

Seltener sind 2 Insassen in einer Weiselzelle. ZANDER fand das sowohl bei natürlichen Schwarmzellen, welche die Königin zweimal bestiftet hatte, wie bei künstlichen Nachschaffungszellen, die versehentlich doppelt belarvt worden waren, obwohl dann gewöhnlich eine Larve von den Bienen entfernt wird. In einem von BECKER (1925) untersuchten Fall waren beide Insassen einer Zelle zwar sehr ungleich entwickelt, aber doch richtige Königinnen. Ob aus ihnen lebensfähige Tiere geworden wären, ist jedoch nicht zu sagen.

1.3 Abgestorbene und verkrüppelte Königinnen

Oft sieht man in abgestandenen Weiselzellen vollkommen ausgebildete aber abgestorbene Königinnen. In anderen Fällen haben sie verkrüppelte Flügel, Beine, Rüssel, Fühler und sonstige Mängel. Solche Schäden lassen sich stets auf Verkühlung zurückführen (Himmer 1925 bis 1927), z. B. infolge Schwarmabganges, infolge von Flugbienenverlusten oder infolge zu niedriger Temperatur eines zur Zucht verwendeten Brutschrankes. Schlüpfen derart verkrüppelte Königinnen, so muß es zu Weisellosigkeit und Drohnenbrütigkeit kommen. Auch Arbeitsbienen können mit verkrüppelten Flügeln schlüpfen.

1.4 Nachschaffungszellen

In manchen äußerlich oft schönen, großen Weiselzellen findet man Zwergköniginnen aller möglichen Stadien, sogar Arbeitsbienen in Weiselzellen, die man für gewöhnlich als Schwarmzellen ansieht, d. h. als Zellen, die von Anfang an für die Aufzucht einer Königin bestimmt waren. Tatsächlich sind es jedoch Nachschaffungszellen, die die Bienen fast regelmäßig nach dem Abzug des Vorschwarms über Arbeitermaden errichten. Da die Arbeitermaden um diese Zeit meist schon ziemlich alt sind, werden daraus nur selten vollwertige Königinnen. Umgekehrt können auf diese Weise sogar vollkommene Arbeitsbienen entstehen. Diese Art der Entwicklung erkennt man immer daran, daß die Biene mit dem Kopf gegen die Zellöffnung gerichtet liegt, wie es natürlich ist. Bei umgekehrter Lage wurde sie von den Stockgenossen in die leere Weiselzelle eingemauert, nachdem sie hineingeschlüpft und der nach unten hängende Deckel infolge des Gedränges im Stock hinter ihr wieder auf die Zellöffnung geraten war. So mußte sie verhungern.

1.5 Drohnen in Weiselzellen

Andere vermeintliche Weiselzellen enthalten selbst Drohnen. Auch hier handelt es sich um Nachschaffungszellen, die die Bienen über Drohnenbrut errichten, wenn ihnen keine Arbeitermaden zur Verfügung stehen, so in buckelbrütigen, aber auch in abgeschwärmten Völkern. Soweit die Drohnen nicht schon während ihrer Entwicklung absterben, kommen sie sogar zum Schlüpfen. Im Gegensatz zu Zellen mit Königinnen ist ihr Äußeres in der unteren Hälfte ganz glatt (Eichst. Bztg. 1856, S. 185).

1.6 Leere Weiselzellen

Manche gedeckelten Weiselzellen sind ganz leer. Bei ihnen handelt es sich meistens um ordnungsgemäß von der Königin verlassene, aber nachträglich, wie oben angegeben, von den Bienen wieder geschlossene Zellen. Davon kann man sich leicht überzeugen, wenn man die Zellen in Benzin oder ein anderes Wachslösungsmittel legt. Nach Auflösen des Wachses klappt der Gespinstdeckel herunter, den die schlüpfreife Königin ausgeschnitten hat.

2 Legeunfähigkeit

2.1 Melanose

Unter Melanose faßt man Erkrankungen der Königin zusammen, die eine Schwarzfärbung der befallenen Organe, insbesondere der Eierstöcke, dazu Sterilität bewirken. Sie können verschiedene Ursachen haben.

2.1.1 **H-Melanose:** Die H-Melanose (d. h. Hefe-Melanose) wird durch einen hefeähnlichen Parasiten verursacht (Fyg 1934). Dieser dringt durch die Geschlechtsöffnung in die Geschlechtsorgane ein und erzeugt in den Eierstöcken (Ovarien) wie in den Eileitern (Ovidukten), aber auch in den Giftdrüsen und Giftblasen knollige, von braunschwarzen oder schwarzen Krusten umgebene Krankheitsherde. Die befallenen Königinnen werden in wenigen Tagen unfruchtbar. Fyg konnte den Erreger kultivieren und auf gesunde Königinnen übertragen. Die Krankheit tritt besonders in den Wintermonaten und im Vorfrühling auf, und zwar bei jungen wie bei alten Königinnen.

2.1.2 **B-Melanose:** Ursache der B-Melanose (d. h. bazillären Melanose) ist wahrscheinlich *Aerobacter cloacae,* ein kurzes, peritrich begeißeltes Stäbchen, das sich kultivieren läßt. Es befällt ausschließlich die Fortpflanzungsorgane: Eierstöcke, Eileiter und Scheide, die von ihm schwarzbraun verfärbt werden. Die Infektionsherde sind jedoch gut von denen der H-Melanose zu unterscheiden: Sie sind nicht knollig. Die B-Melanose tritt weitaus häufiger als die H-Melanose auf, oft kurz nach der Begattung der Königin oder nach deren Einweiselung in ein anderes Volk. Auch sie bewirkt in kurzer Zeit Sterilität (Fyg 1963).

2.1.3 **Eischwarzsucht:** Zerfallserscheinungen in den Eiröhren sind bei legenden Königinnen festgestellt worden (Claus und v. Siebold 1873, Leukkart 1875). Arnhart (1929) fand infolge Melaninbildung schwarz verfärbte Eier, daneben alle Verfallsstadien mit ihren Farbübergängen von dunkelbraun über hellbraun zu weiß.

Als Ursache dieser Eiweißzersetzung vermutete er eine Stoffwechselstörung, verursacht durch eine Erkältung. Oft kommt bei so erkrankten Bienen am Hinterleibsende ein Exkrementstoppel, d. h. eingetrockneter Kot vor. Aus dem Exkrementstoppel einer Melanose-Königin konnte Örösi-Pál (1936) den Erreger *Melanosella mors apis* züchten. Dieser Pilz, der zu den Fungi imperfecti *(Hyphomycetes, Desmatiaceae)* gehört, und nach Fyg (1963) wahrscheinlich nicht mit dem Erreger der H-Melanose identisch ist, befällt auch den Enddarm der Arbeitsbienen. Nach künstlicher Ansteckung starben diese in kurzer Zeit ab. In einem mit Amöben und Nosema gekoppelten Fall kam es zu einem eigenartigen Krankheitsbild: Die Bienen stülpten zu einem Teil ihren Darm auf 2 bis 6 mm Länge aus.

Einen andersartigen, nicht näher bestimmten Pilz fand Gontarski (1937) zwischen den Eiröhren einer legeunfähigen Königin.

2.2 Eileiter- und Scheidenverstopfung

In den Eileitern, manchmal auch nur in einem von beiden, stecken mehr oder weniger verhärtete helle, bisweilen bräunliche Pfröpfe von verschiedenem Umfang, so daß diese schon dem freien Auge unnatürlich aufgetrieben erscheinen. Sonst sind die Fortpflanzungsorgane in Ordnung. Auch ist die Samenblase mit lebendem Samen gefüllt. Nur selten kommt eine Beimengung von Exkrementen vor (Köhler 1956).

Die Erklärung solcher Verstopfungen liegt auf der Hand: Die bei der Paarung der Königin übertragenen Samenmassen kommen zunächst in die Eileiter und von da aus zu einem nur geringen Teil in die Samenblase. Der Großteil wird von der Königin wieder ausgestoßen. Aber in diesem Fall bleibt er, ganz gegen die Regel mit Schleim vermischt, in den Geschlechtswegen und verhärtet. Manchmal kann auch das Begattungszeichen in der Stachelkammer stecken bleiben und die Scheide verstopfen (Arnhart 1929). In allen Fällen sind die Spermien in den Eileitern und der Scheide unbeweglich und vielfach zu „Ringelsamen" aufgerollt, also abgestorben.

Eine Heilung der Eileiterverstopfung ist undenkbar, doch kann es gelingen, die Scheidenverstopfung durch Entfernen des Begattungszeichens zu beheben.

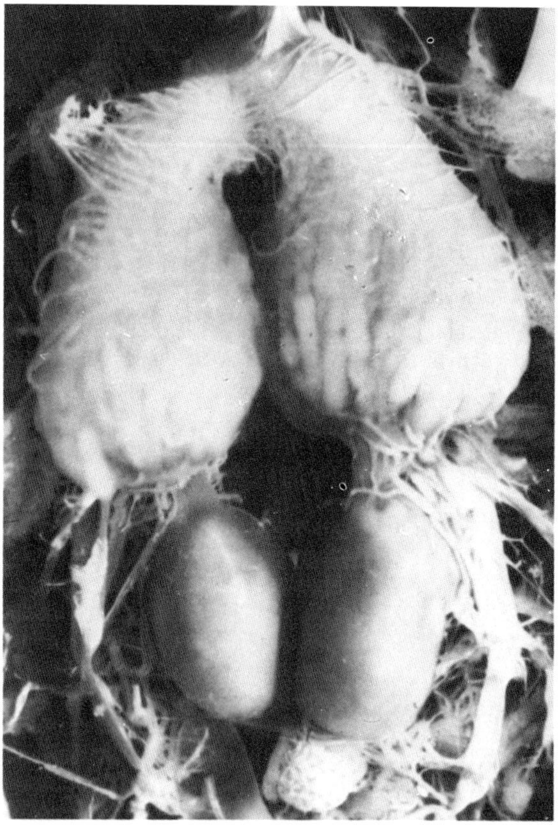

Eierstöcke (Ovarien)

Eileiter (knollig aufgetrieben)

Abb. 74. Geschlechtsorgane einer Königin mit verstopften Eileitern (Fyg phot.).

2.3 Darmschwäche

Die gesunde Königin spritzt ihren Kot im Stock aus, ein Stück von sich weg, und die in der Nähe befindlichen Arbeitsbienen zehren ihn auf. Wenn aber eine Königin, wohl infolge Kälte, unter Darmschwäche leidet, tropft der Kot vom After ab und fällt auf den Hals des Stechborstenführers. Hier kann er von der Königin nicht entfernt werden. Er erhärtet zu einer gelben Masse, die die Stachelkammer vor der Geschlechtsöffnung verstopft, die Hinterleibsspitze auseinanderklaffen läßt und als „After-" oder „Exkrementstoppel" aus ihr hervorragt. Mit der Zeit färbt dieser sich von innen nach außen schwarz (Arnhart 1936). Auch eine Verstopfung des Afters kann vorkommen (Mommers 1941).

2.4 Weitere die Eiablage beeinträchtigende Erscheinungen

Krankhaft veränderter Giftapparat. Bei einer legeunfähigen Königin fand Chr. Evenius (1935) einen krankhaft veränderten Giftapparat. Offenbar hatte eine erhärtete von diesem ausgeschiedene Sekretmasse einen Druck auf die Scheide ausgeübt, so daß eine Eiablage unmöglich wurde.

Eierstock-Tumor. Als besondere Seltenheit muß man einen großen Eierstock-Tumor ansehen, den Fyg (1963) an einer legeunfähig gewordenen Königin feststellen konnte. Beide Ovarien waren in Mitleidenschaft gezogen. Eine endokrine Störung könnte die Ursache sein.

Enterolithen. Krankhafte aus Harnsäure bestehende Steine, sog. Enterolithen, können sich im Enddarm (Rektum) junger, unfruchtbar gewordener Königinnen finden, manchmal auch von Arbeitsbienen. Durch die transparente Darmwand sind sie dank ihrer ockergelben, auch rot- bis graubraunen und schwarzen Färbung leicht zu sehen. Sie könnten eine Größe von 1 bis 2 mm erreichen. Exkrementstauungen sind oft die Folge.

Warzen- oder pustelartige Wucherungen in der Kotblase können ebenfalls Exkrementstauungen in der Kotblase bewirken. Wahrscheinlich werden sie durch im Darmepithel lebende Bakterien verursacht (Fyg 1963).

Konkremente in den Malpighischen Gefäßen können zur Sterilität der Königin führen. Offenbar handelt es sich um die Folge einer schweren Stoffwechselstörung.

Nach Fyg, dem wir einen Großteil unserer Kenntnisse über die Krankheiten und Anomalien der Bienenköniginnen verdanken, sind noch zu nennen:

Anomalien des Krallengliedes. Die Krallenglieder und Haftlappen der Beine können mißgebildet sein. Deshalb kann sich die Königin schlecht auf der Wabe halten und fällt leicht herunter. Auch bei Zuchten von Essigfliegen hat man diese Erscheinung beobachtet.

Hypoplasie der Eierstöcke, d. h. hochgradige Entwicklungshemmung, bewirkt Unfruchtbarkeit der Königin.

Hypoplasie der Eileiter. Ist nur ein Eileiter unterentwickelt, kann die Königin im beschränkten Maße Eier legen, sind es beide, so legt sie nicht.

Eierstockschwund ist recht häufig. Der Inhalt der Eierstöcke degeneriert und wird vom Körper resorbiert, so daß die Eierstöcke schrumpfen. Merkwürdigerweise geht damit immer eine auffallende Vergrößerung des Fettkörpers und sehr oft auch eine auffallende Vermehrung der Blutflüssigkeit einher. Deshalb ist der Hinterleib einer so erkrankten Königin meist auch mehr oder weniger aufgetrieben. Die Krankheit ist auf manchen Ständen und bei manchen Zuchtlinien besonders häufig.

Königinnen mit zwei Samenblasen kommen gelegentlich vor (Gontarski 1951, Peterka 1938, Fyg 1963). Die untersuchten Königinnen waren weitgehend drohnenbrütig.

Zusätzliche Ovariolen. Manchmal finden sich Königinnen mit zusätzlichen völlig selbständigen Eischläuchen, am häufigsten neben dem Herzschlauch im Pericardialsinus.

Situs inversus, d. h. spiegelverkehrte Lage aller oder einzelner Organe kommt nicht selten vor (Gontarski 1937, Fyg 1963). Ein Nachteil scheint den in dieser Weise vom Normalen abweichend gebauten Königinnen nicht daraus zu erwachsen. Sie kann bei einzelnen Zuchtstämmen gehäuft auftreten, sowohl bei den Königinnen wie bei den Arbeitsbienen (Fyg 1963).

3 Krankhafte Gelege

3.1 Lückenhafter Brutstand

Lückenhafter Brutstand kann verschiedene Ursachen haben:

1. Wenn Königinnen die Zellen einer Wabe nicht in geschlossener Weise bestiften und infolgedessen ein lückenhaft erscheinendes Brutnest entsteht, so liegt das meist am Pollen, den die Bienen bei guter Tracht besonders im Frühjahr in Massen eintragen. Damit stopfen sie alle leeren Zellen voll, nicht nur wie gewöhnlich in der Umgebung des Brutnestes, sondern auch mitten darin, sobald die Brut daraus schlüpft. Denn im Gegensatz zum Honig tragen sie ja den Pollen nicht um, und die Zellen werden erst wieder für die Brut frei, nachdem die jungen Bienen den darin gespeicherten Pollen verzehrt haben. Zuhängen von leeren Deckwaben wirkt einem solchen „Verpollen" des Brutnestes entgegen und führt bald wieder zu einem normalen Brutstand.
2. Kann sich ein Brutnest ungehindert auf den Waben ausdehnen, bestiftet die Königin diese zumeist auch lückenlos. Erst danach entstehen die Brutlücken. Brutkrankheiten können die Ursache sein (s. S. 19). Man kann aber auch erfahren, daß ein Teil der Brut von den Arbeitsbienen entfernt wird, obwohl diese gesund erscheint.

Das sieht so aus, als ob die Königinnen die Arbeiterzellen öfter als man seither annimmt mit Drohneneiern belegen, die die Bienen wieder entfernen (Rösch 1926,

Alfonsus, Leipz. Bztg. 1898). Ob das allgemein so ist oder als krankhaft gewertet werden muß, steht dahin.
3. Bei Inzucht kann sich eine besondere Art des Brutausfalls ergeben. Die Königinnen legen entwicklungsfähige Eier ab, aus denen Maden schlüpfen. Jedoch wird ein Teil der Maden (bis zu 50%) alsbald von den Arbeitsbienen aufgefressen (Woyke 1963).

Es empfiehlt sich, Ursache und Ausmaß dieses Brutausfalles genauer zu prüfen, was leicht möglich ist. Man braucht nur ein frisch bestiftetes Stück Wabe mit bestimmter Eizahl hinter ein Absperrgitter zu bringen, so daß die Königin die leer gefressenen Zellen nicht nachbestiften kann. Spätestens bei Deckelung der Brut ist zu erkennen, wieviel davon die Bienen entfernt haben.
Vermeiden von Inzucht und Umweiseln sind z. Zt. die einzigen Möglichkeiten, dem Übel zu begegnen.
Woyke (1963) konnte die Ursache dieser Erscheinung ergründen. Es gelang ihm, die jungen Maden im Brutschrank ohne die Mitwirkung von Bienen aufzuziehen und festzustellen, daß aus ihnen Drohnen entstehen, die den doppelten (diploiden) Chromosomensatz in ihren Geschlechtszellen besitzen. Sie sind also aus befruchteten Eiern entstanden, im Gegensatz zu den normalen, aus unbefruchteten Eiern hervorgehenden haploiden Drohnen. Aber im Stock lassen die Bienen die diploiden Drohnen nicht zur Entwicklung kommen.
Diese Erkenntnis gibt uns eine genauere Vorstellung von der Art und Weise der Geschlechtsbestimmung bei den Bienen. Wie überall, hängt diese von den das Geschlecht bestimmenden Anlagen, den Geschlechtsallelen ab. Damit eine weibliche Biene entsteht, müssen sie, vom Vater und der Mutter kommend, verschieden sein (z. B. ab). Damit die männliche Biene, der Drohn, entsteht, müssen die Geschlechtsallele gleichartig sein. Gewöhnlich, bei unbefruchteten Eiern, in denen sich nur das Geschlechtsallel von der Mutter findet, ist das immer der Fall (z. B. a oder b). In befruchteten Eiern können bei den Bienen 2 gleiche Geschlechtsallele nur selten zusammentreffen, weil es viele verschiedene gibt (man kennt bisher 12). Nur bei Inzucht, welche die Gleicherbigkeit fördert, ergibt sich hierfür eine größere Wahrscheinlichkeit, so daß dann aus befruchteten Eiern auch Drohnenmaden entstehen mit den Geschlechtsallelen z. B. aa oder bb.
Vielleicht gelingt es einmal, Bienenstämme mit bekannten Geschlechtsallelen zu züchten, so daß man das Zusammentreffen von gleichen Geschlechtsallelen vermeiden kann (Maul 1972).

3.2 Mehrere Eier in einer Zelle

Gar nicht selten findet man Königinnen, die vorübergehend zwei und noch mehr Eier in eine Zelle legen. Die Eier befinden sich stets am Zellboden, im Gegensatz zu denen von Arbeitsbienen. In kleinen Völkern, z. B. in Einwabenvölkchen, ist das zweifellos auf Platzmangel zurückzuführen. In größeren Völkern kann wohl ein Mangel an jungen Bienen und damit an geputzten Zellen die Ursache sein. Immer dürfte es sich um besonders legelustige Königinnen handeln. Jordan (1954) konnte beobachten, daß die mittleren Zellen des bestifteten Wabenbezirks bis zu vier Eier enthielten, die äußeren aber weniger, ein Hinweis darauf, daß die Königin in der

Mitte mit der Bestiftung begonnen hat und später wieder zur Mitte zurückgekehrt ist. Ob die Königin die Eier auch während eines einzigen Legeaktes abstoßen kann, ist noch nicht untersucht.

3.3 Taube Eier

Hin und wieder kommt es vor, daß Königinnen, obwohl regelrecht begattet, unentwegt Eier legen, aus denen keine Larven schlüpfen, auch wenn diese in Drohnenzellen abgelegt worden sind. Meist handelt es sich um junge Königinnen, selten um ältere, die vorher normale Brut erzeugten (CLAUS u. v. SIEBOLD 1873, KRANCHER 1925). In manchen Zuchten kommt diese Erscheinung gehäuft vor. Vermutlich ist sie erblich (ROBERTS s. HITCHCOCK 1956). Wenn eine Königin erst später eitaub wird, so möglicherweise deshalb, weil infolge der Mehrfachpaarung der erbkranke Samen erst später zur Befruchtung kommt.
Wohl beginnen die Eier sich zu entwickeln, sterben aber unter Schrumpfen auf einer früheren oder späteren Entwicklungsstufe ab und werden von den Bienen beseitigt. Die Ursache erscheint eine Störung des Teilungsvorganges der Eizelle zu sein (NACHTSHEIM 1914).
Das kann auch an der Samenzelle liegen, indem bei deren Verschmelzung mit der Eizelle eine Genkombination entsteht, die zum Absterben des Embryos auf früher Stufe führt. Für den Einfluß der Samenzellen spricht, daß eine eitaube Königin nach künstlicher Kältestarre neben tauben Eiern normale, entwicklungsfähige Drohnenbrut erzeugte (FYG 1936, hier ausführl. Lit.). Versuche mit künstlicher Besamung könnten vermutlich noch bessere Klarheit bringen. Eitaubheit ist nicht heilbar.
GONTARSKI (1942) beobachtete einen merkwürdigen Fall, bei dem Eitaubheit vorgetäuscht wurde. Die Bienen eines bestimmten Volkes beseitigten die Gelege von zugesetzten Königinnen (obwohl sie vor der Umweiselung offenbar Brut normal gepflegt hatten!). GONTARSKI nahm Ausfall des Pflegeinstinktes der Arbeitsbienen an.
Wenn die Brut nach der Zelldeckelung abstirbt, spricht man von „verkümmerter Brut“ (Addled Brood). Diese Erscheinung wird in der angelsächsischen Literatur beschrieben. In Deutschland ist kein Fall bekannt geworden (ANDERSON 1924 und 1925, TARR 1937, BORCHERT 1973).

4 Katalepsie

Manchmal, wenn man eine Eier legende Königin aus dem Stock nimmt, etwa um sie zu zeichnen oder ihr einen Flügel zu kürzen, kommt es vor, daß sie plötzlich erstarrt, als sei sie tot. Man nennt das Katalepsie, was soviel bedeutet wie Muskelstarrkrampf oder Nervenschock. Sie erholt sich jedoch bald wieder, gewöhnlich schon nach einigen Minuten, seltener erst später, so nach einer Stunde, und verrichtet dann ihre Legetätigkeit wieder wie zuvor (BRÜNNICH 1921). Diese Erscheinung ist also recht harmlos. HINZ (1974) beobachtete sie besonders bei jungen Königinnen, die sich erst einige Stunden in Eiablage befanden, was ich bestätigen kann.

Am ehesten verfällt eine Königin in diesen Zustand, wenn man sie bei den Flügeln faßt. Sie rudert dann mit den Beinen in der Luft, um Halt zu finden, und verfängt sich schließlich mit den Krallen eines Hinterbeines an der Spitze des eingekrümmten Hinterleibes (LANTHAM 1922). Man kann sich vorstellen, daß auf diese Weise das Nervensystem, welches an der Bauchseite verläuft, gedrückt wird. Sicherlich ist die Ursache ein derartiger mechanischer Reiz. Mit der Schreckstarre mancher Insekten, die sich tot stellen (Kataplexie), hat das entgegen BAUMANN (1922) nichts zu tun, zumal die Erscheinung bei unbegatteten Königinnen nicht vorkommt.
JORDAN (1959) rät, den Bauch der erstarrten Königin mit einem Stecknadelkopf zu massieren, was ich jedoch nicht für erforderlich halte.

5 Zur Drohnenzeugung unfähige Königinnen

Sehr selten kommt es vor, daß ein Bienenvolk nicht imstande ist, Drohnenbrut zu erzeugen. Entweder bestiftet die Königin die von den Bienen errichteten Drohnenwaben nicht (GONTARSKI 1931), oder, was öfter beschrieben wird, nur mit befruchteten Eiern (BUTTEL-REEPEN 1915). Drohnen gibt es in solchen Völkern nicht. In den gedeckelten weiten Drohnenzellen sitzen locker-bewegliche Arbeiterpuppen. Die Ursache ist unbekannt. Vielleicht handelt es sich um eine Instinktverkümmerung oder um einen organischen Fehler des Geschlechtsapparates. Die Völker solcher Königinnen sollen nicht schwärmen. In anderen Fällen taten sie es aber doch. Diese Unfähigkeit, Drohnenbrut zu erzeugen, scheint erblich zu sein. Wenn es gelänge, solche ohne menschliche Hilfe nicht fortpflanzungsfähigen Bienenstämme zu züchten, wäre das vielleicht wegen der möglichen Schwarmunfähigkeit von großer Bedeutung für die praktische Imkerei (GORBACZOW 1961). Man sollte sehr auf solche Fälle achten und die Völker einem Institut zur Nachzucht geben.

Mißbildungen bei Arbeitsbienen

1 Die Hörnchen- oder Büschelkrankheit

Zur Frühsommerzeit, wenn die Wiesen in voller Blüte stehen, kann man an den Fluglöchern Trachtbienen sehen, die am Kopf zwei und mehr gelbliche oder grünliche, abwärts hängende Hörnchen tragen. Es handelt sich aber keineswegs um irgendwelche schädlichen Schmarotzer, sondern um die völlig harmlosen Pollensäcke von Orchideen (Knabenkräutern, Kuckucksblumen), die von den Bienen zur Befruchtung auf eine andere Blüte übertragen werden.
Diese Pollensäcke liegen zunächst in den Blüten oberhalb des weiblichen Stempels größtenteils in einer Tasche verborgen. Ihre frei hervorragenden Enden sind mit Klebstoff versehen, der an der Stirn der die Blüte besuchenden Biene so fest haftet, daß diese sie aus den Taschen herauszieht und mit fortträgt. Bis die Biene die nächste Blüte besucht, haben sich die Säcke infolge ihrer Schwere so weit abwärts geneigt, daß sie an deren klebrigen Narbe hängen bleiben. Damit ist die Pollenübertragung vollzogen. Wenn nun aber eine Biene die ihr anvertrauten Pollensäcke

nicht an die Narbe einer anderen Blüte abgibt, bleiben sie an ihrem Kopf haften und fallen einem gut beobachtenden Imker auf.

Abb. 75. „Hörnchenkranke" Biene mit den Pollensäcken eines Knabenkrautes (ZANDER phot.).

2 Zwitterbienen (Gynandromorphe)

Gelegentlich treten in den Bienenvölkern Zwitter (Gynandromorphe, Hermaphroditen) auf mit zugleich männlichen wie weiblichen Merkmalen. In der Größe entsprechen sie meist den Arbeiterinnen. Sonst jedoch besitzen sie z. B. den Kopf der Drohnen und den Hinterleib der Arbeitsbienen, bald die umgekehrte Verteilung der Geschlechtscharaktere, bald irgendeine andere. Nie sind zwei Tiere einander gleich. Im großen und ganzen kann man unterscheiden:

1. sagittal-gynandromorphe Formen, bei denen die männlichen und die weiblichen Merkmale im wesentlichen auf je eine Körperseite verteilt sind,
2. transversal-gynandromorphe Formen mit männlichem Kopf, aber mit weiblicher Brust und weiblichem Hinterleib,
3. frontal-gynandromorphe Formen mit männlichem Rücken und weiblicher Bauchseite (v. DALLA, TORRE, FRIESE 1898, ENGELHARDT 1914).

Zudem kommen viele andere Mischungen vor. Häufig sind sie mosaikartig. Es können aber auch die männlichen oder die weiblichen Merkmale überwiegen. Oft finden sich männliche Augen. Ein Arbeiterkopf kann einen Drohnenrüssel haben,

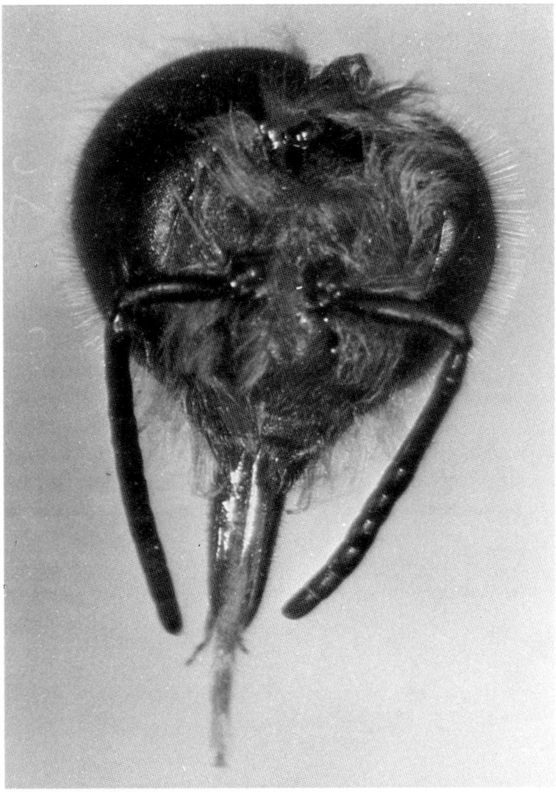

Abb. 76. Kopf einer Zwitterbiene (eines Gynandromorphen) mit Arbeiter-Mundwerkzeugen, -Fühlern und linkem Facettenauge einer Arbeiterin. Das rechte Auge ist nach Form und Größe ein Mittelding zwischen Drohnen- und Arbeiterinnenauge. Infolgedessen ist die Anordnung der Punktaugen (Ocellen) verändert (Drescher phot.).

und in einem sonst weiblichen Hinterleib können sich sogar Hoden befinden. Königinnenzwitter kommen auch vor (Zander 1910 und 5. Auflage).

Bei manchen Bienenstämmen treten Gynandromorphe besonders häufig auf. Die Veranlagung dazu ist also erblich, wahrscheinlich polygen bedingt. Eine Prädetermination der Eier spielt aber ebenfalls eine Rolle. Bei starker Legetätigkeit der Königin entstehen relativ mehr Gynandromorphe als bei schwacher (Drescher 1965).

Sie können aus Zellen stammen, die an Buckelbrut erinnern (Leuenberger 1925). Besonderes Aufsehen erregten die Zwitterbienen des Konstanzer Imkers Eugster, die von Boveri (1915) untersucht wurden.

Was die Ausfärbung des Panzers betrifft, so waren die helleren Chitinteile und die aus ihnen entspringenden Anhänge wie Kiefer, Fühler, Ocellen usw. männlichen Geschlechts und entsprachen der Mutter, während die dunkleren weiblichen Charakter trugen. Er nahm als Ursache eine Störung des Befruchtungsvorganges an. Leuenberger (1925), der auch einen solchen Fall hatte, vermutete sie indessen in der verschiedenen Entwicklungsdauer von Arbeitsbiene (21 Tage) und Drohn (24 Tage). Wenn die Zwitter nach Ablauf von 24 Tagen schlüpfen, seien ihre Arbeiterbestandteile schon 3 Tage älter als die männlichen, d. h. stärker ausgefärbt. Indessen schlüpfen sie nach Drescher (1965) z. T. schon nach 21 Tagen.

Dank eingehender Untersuchungen mit Bienen verschiedener Farbe, insbesondere der Augen, wissen wir heute sicher, daß die Ursache der Zwitterbildung tatsächlich eine Störung des Befruchtungsvorganges ist. Dabei können zwei verschiedene Typen auftreten, je nachdem, ob die männlichen Teile den Charakter der Mutter oder den des Vaters tragen, ob diese „gynogenetischen" oder „androgenetischen" Ursprungs sind. Die weiblichen Teile hingegen stammen immer von beiden Eltern, sind „zygogenetischen" Ursprungs. Das ist so zu erklären:
Im ersten Fall beginnen sich die Eier, wahrscheinlich infolge einer Hemmung der eingedrungenen Samenfäden, parthenogenetisch zu den männlichen Teilen zu entwickeln, und erst später verbindet sich der Samenkern mit einem inzwischen entstandenen Abkömmling des Eikerns, woraus die weiblichen Teile entstehen (Boveri 1915, Mackensen 1951).

Abb. 77. Linkes männliches und rechtes weibliches Hinterbein eines Zwitters (Zander phot.).

Im zweiten viel häufigeren Fall erfolgt zunächst die Befruchtung des Eikerns in normaler Weise. Daraus entstehen die weiblichen Teile des Zwitters. Aber ein zweiter Samenfaden oder mehrere der zusätzlich in das Ei eingedrungene Spermien entwickeln sich dort ohne eine Kernverschmelzung weiter, um zum Ursprung für die männlichen Bestandteile zu werden (Morgan, 1915, Rothenbuhler und Mitarb. 1949, 1951).
Es ist möglich, Zwitter durch Abkühlung sehr junger Eier auf 7 bis 13° künstlich zu erzeugen (Rösch 1926, 1928, Drescher und Rothenbuhler 1963). Auf diese Weise entstanden weit überwiegend Zwitter des zweiten Typs. Vielleicht wäre das so zu erklären, daß eine Substanz gehemmt wurde, welche die ins Ei eindringenden überzähligen Spermien gewöhnlich abtötet. Aber auch wenige Gynandromorphe des ersten Typs traten auf.
Die Arbeitsleistung der Zwitterbienen ist unbedeutend. Im Stock wurden sie bei kleinen Bauarbeiten beobachtet. Von ihren Ausflügen kommen sie meist nicht wieder zurück. Ganz selten kommt es vor, daß sie Pollen bringen (Haydak 1948, Sakagami u. Takahashi 1956, Witherell 1971).

Abb. 78. Einäugige sog. Zyklopenbiene (HARAGSIM phot.).

3 Zyklopenbienen

Selten sind Völker mit einäuigen Bienen, die sich dann aber in der nicht geringen Zahl von 2 bis 10 % darin finden (LOTMAR 1936). Man nennt sie nach dem einäugigen Riesen der griechischen Sage auch Zyklopenbienen. Während die normalen Bienen 5 Augen besitzen: 2 große seitliche Netzaugen (Facettenaugen) und 3 auf dem Scheitel liegende Punktaugen (Ocellen), haben diese Tiere fast stets nur ein einziges großes Netzauge, das sich sichel- oder halbmondförmig über die vordere Kopfwand ausdehnt. Meist ist das Zyklopenauge nach oben und unten abgerundet. Nach dem Scheitel zu kann es aber auch mehr oder weniger leicht ausgebogen sein, wie es die Abb. 78 zeigt. Manchmal sind die beiden miteinander verschmolzenen

Facettenaugen noch deutlich zu erkennen (Krancher 1918). Es können sogar noch eine Mittelfurche vorhanden und außer dem Zyklopenauge auch noch die Punktaugen oder Ocellen erkennbar sein (Betts 1923).
Diese Erscheinungen können auch bei Drohnen vorkommen (Betts 1923). Mit der Zwitterbildung haben sie nichts zu tun.
Der Kopf der Zyklopen ist verhältnismäßig schmal (Krancher 1918, Alfonsus 1931). Lotmar (1936) fand an solchen einäugigen Bienen z. T. erhebliche Entwicklungsstörungen auch an anderen vor allem inneren Organen, insbesondere des Gehirns.
Ebenso wie die Gynandromorphen leben die meisten Zyklopenbienen offenbar nicht lange. Über ihr Verhalten ist wenig bekannt. Im Stock erscheint es normal (Haydak 1949). Ohtani (1977) fand bei einer jungen Zyklopenbiene eine Minderung ihrer Verhaltensmuster.

Albinos und andere Mißbildungen bei Drohnen

Die auffälligste Verunstaltung der Drohnen begegnet uns nicht selten in den sog. Albinos oder Kakerlaken. So bezeichnet man Drohnen mit ganz weißen Augen (Tafel 5). Sie ist auf das Fehlen von schwarzen Farbstoffen (Pigment) zurückzuführen. Da diese für die Brauchbarkeit der Augen unerläßlich sind, müssen wir annehmen, daß die weißäugigen Drohnen nicht sehen können. Bisweilen dehnt sich der Pigmentmangel auch auf den Körper, namentlich auf den Anfangsteil des Hinterleibes aus. Es handelt sich um eine Störung des die Bildung schwarzen Farbstoffs steuernden Enzymsystems (Dustmann 1981).
Diese Erscheinung findet sich stets bei ziemlich genau 50% der männlichen Nachkommen einer Königin. Daraus kann man schließen, daß sie sich vererbt, und zwar rezessiv, d. h. im ungleicherbigen (heterozygoten) weiblichen Tier von der Normaläugigkeit verdeckt wird. Bringt man aber mit Hilfe der künstlichen Besamung Sperma von weißäugigen Drohnen zur Befruchtung der Eier einer solchen ungleicherbig veranlagten Königin, so bekommt man auch reinvererbende weißäugige weibliche Tiere, und zwar 50% (Michailov 1931, s. Haltung und Zucht der Biene).
Sehr selten sind andere Farbvarianten der Augen wie rot, gelb und grün. Sie sind alle rezessiv und zeigen sich deshalb unverdeckt nur bei den Drohnen infolge deren Herkunft aus unbefruchteten Eiern. Es handelt sich wie bei den Albinos um sog. Mutanten, d. h. um Lebewesen mit sprunghaft verändertem Erbgut. Beim Bieneninstitut der Universität Davis/Kalifornien wurden diese in mühsamer Arbeit mittels künstlicher Besamung fortgepflanzt, um die Möglichkeit zu haben, Probleme der Vererbung und des Sehvorganges zu studieren. Mit dem Chemismus dieser Bildungen hat sich insbesondere Dustmann (1981) befaßt.
Manchmal finden sich über den Augen der schlüpfenden Drohnen Überreste des Puppengespinstes, die jedoch nach und nach durch Putzen verschwinden (Grozdanic 1938). Mit Albinismus hat das jedoch nichts zu tun.

Schädlinge

Schädlinge an Vorräten und an den Bienenvölkern vornehmlich zur Zeit der Ruhe am Bienenstand

1 Wachsmotten

Die Larven von zwei verschiedenen Wachsmottenarten, der Großen und der Kleinen Wachsmotte (*Galleria mellonella* L. und *Achroea grisella* L.) fügen dem Imker ständig erheblichen Schaden zu. Beide werden von ihm Rankmaden genannt. Haben sie doch die Eigenart, wenn sie gestört werden, sich bei ihrer Flucht an einem Spinnfaden rankend abzuseilen. Maden aber sind sie, zoologisch gesprochen, nicht, da sie Füße haben, sondern Raupen.

1.1 Schadbild

Sie zerfressen die Waben und machen sie auf diese Weise unbrauchbar. Das erlebt der Imker insbesondere bei denen, die er außerhalb der Bienenvölker aufbewahrt. Vor allem findet er die alten dunklen, bereits oftmals bebrüteten Waben befallen, weniger die jungen helleren, nicht so oft bebrüteten. Und noch niemals bebrütete sog. Jungfernwaben werden nur ganz ungern angenommen. Das trifft aber auch für die älteren zu, wenn sie von der letzten Honigschleuderung her noch feucht sind. Aber wenn die Rankmaden keine andere Wahl haben, verschonen sie auch honigfeuchten alten und sogar honigfeuchten unbebrüteten Wabenbau nicht.
In den Völkern können sie ebenfalls Schaden anrichten, obwohl das seltener der Fall ist, weil die Bienen den Schädling aus dem Stock schaffen, sobald er ihnen dort begegnet.
Die Larven beider Falter durchfressen die Waben oft in charakteristischen geradlinigen Minengängen (daher die lateinische Bezeichnung Galleria!) und durchziehen sie mit ihren Gespinsten, was von den Raupen der Großen Wachsmotte auch flächenhaft geschieht. Hierin sind sie vor den Bienen gut geschützt. Dabei ernähren sie sich hauptsächlich von dem in den Waben gespeicherten Pollen, auch von dem

auf dem Grund der Zellen haftenden Kot der Bienenlarven und deren Puppengespinst, vom Wachs indessen nur zum geringen Teil. Ihr ballenförmiger Kot, den sie in der Regel in ihren Gängen absetzen, ist leicht zu erkennen. Sie verpuppen sich oft schon in den Waben, ebenso aber auch in den Fugen und Winkeln der Bienenstöcke, sogar in Löchern, die sie in weiches Material wie Styropor einnagen. Wenn sie nicht von den Bienen daran gehindert werden, können sie auf diese Weise binnen kurzem den gesamten Wabenbau zerstören. In schwachen Stöcken greifen sie manchmal auch die Brutwaben an und spinnen bei ihrer Minierarbeit die Puppen der Bienen in den Zellen fest, so daß diese nicht ausschlüpfen können oder Bienen mit schadhaften Flügeln entstehen, wenn es dennoch geschieht.

Wo die Rankmaden ihre Kokons an Holzteilen anbauen, nagen sie langgestrecke Vertiefungen heraus und verunstalten so die Bienenwohnung in häßlicher Weise. Bei starkem Befall sind die in festen Kokons gehüllten Puppen zu dichten Klumpen vereinigt von manchmal wabenartigem Charakter. Dabei werden die Einzelkokons so aneinander gefügt, daß je zwei Nachbarkokons eine gemeinsame Berührungswand haben, während bei der verwandten Hummelnestmotte *Aphomia sociella* L. die Einzelkokons selbständig in einer gemeinsamen Gespinstmasse liegen. In derartigen Massenansammlungen der Rankmaden entwickelt sich eine ganz beträchtliche Wärme. In allen diesen Eigenheiten kann man die Andeutung einer beginnenden geselligen Lebensweise sehen (HASE 1926, 1941).

Manchmal findet sich das Bild der sog. Röhrenbrut. Diese Erscheinung wird von der Kleinen Wachsmotte hervorgerufen, die ihre Fraßgänge über den Mittelwänden der Waben anlegt. Die hierdurch gestörten Bienenlarven rücken davon ab, der Zellöffnung zu, die infolgedessen von den Bienen wulstartig erhöht und meist nicht oder nur unvollkommen gedeckelt wird. Solche Zellen sind namentlich im Frühjahr oft reihenweise offen, so daß man die weißen Puppen sehen kann (Abb. 79) (GONTARSKI 1942, BORCHERT 1974). Gern halten sich die jungen Rankmaden auch in den Bohrlöchern der gedrahteten Waben auf. Durch Beklopfen des Rähmchens kann man sie leicht zum Verlassen ihrer Fraßgänge und Verstecke bringen.

Der angerichtete Schaden ist beträchtlich. Sind doch die von nur einem einzigen Mottenweibchen erzeugten Rankmaden imstande, von 75 g (EL SAWAF 1950) bis zu 140 g Wabenwerk (BORCHERT 1935) zu zerstören, was im letzten Fall der Menge einer Normalmaßwabe entspricht. Eine Wabe ist jedoch gewöhnlich schon dann nicht mehr für die Wiederverwendung im Bienenvolk zu brauchen, wenn sie nur stellenweise von Rankmaden befallen ist. Den Bienen gelingt es nur schwer, die vom Mottengespinst verfilzten Stellen zu entfernen. Aber selbst wenn der Imker ihnen das abnimmt, bauen sie diese nur sehr unvollkommen wieder aus. In warmen Ländern können die Schäden besonders groß sein, auch bei der indischen Biene *Apis cerana* (LATIF u. Mitarb. 1960). Für Lousiana wid der jährliche Verlust durch Wachsmotten auf ungefähr 31 000 Dollar geschätzt (OERTEL 1959), für Florida auf 1 Million Dollar (WILLIAMS 1976).

1.2 Lebensweise der Wachsmotten

Die beiden Wachsmottenarten gehören zur Familie der Zünsler (Pyralidae, Unterfamilie Gallerinae). Sie kommen überall vor, wo Bienen gehalten werden, zudem auch in Hummelnestern (OERTEL 1963). In ihren Lebensgewohnheiten stimmen sie

im großen und ganzen überein. Die Falter nehmen keine Nahrung auf, verursachen somit keinen Schaden. Ihre Mundwerkzeuge sind verkümmert.
Sie sind Nachtschmetterlinge, die vom Mai bis zum September fliegen. Am Tage halten sie sich verborgen. Mit Dunkelwerden dringen die Weibchen in die Stöcke ein, um dort ihre winzigen 0,3 bis 0,5 mm großen runden Eier haufenweise tief in Ritzen und Spalten abzulegen. Hierzu dient ihnen ein besonderer Legeapparat. Auch im Gemüll des Stockes finden sich die Eier, von wo die geschlüpften kaum 1 mm großen jungen Rankmaden auf die Waben übergehen (Feile 1927), nach Vansell (1934) auch längliche Gänge in den Deckeln der Honigzellen anlegen. Aber mehr noch suchen die weiblichen Falter die Wabenvorräte der Imker zur Eiablage auf.
Im Laufe des Sommers entstehen mehrere Generationen. Im Herbst sterben die Falter ab. Nur die Eier und Larven überwintern, um sich erst im Frühjahr weiter zu entwickeln. Über das Verhalten der Rankmaden im Winter stellte schon Dönhoff (Bienenztg. H. 12, 1855) Beobachtungen an. Bei 3 bis 4 °R verfielen sie in Scheintod. Nach wochenlanger Ruhe erwachten sie beim Erwärmen in wenigen Minuten und verhielten sich wie im Sommer. Die über Winter im kalten Gartenhaus gelegenen Maden erwachten erst mit Frühjahrsbeginn. Bei −10 °R waren die Körpersäfte noch nicht gefroren (s. a. Borchert 1939).
Über den Bau des Vorderdarms (Proventriculus = Kaumagen) der Rankmade unterrichtet Bittner (1958/59 mit 149 Literaturangaben). Desweiteren untersuchte er die ihnen eigentümlichen Laufspuren (1959).

1.3 Die Große Wachsmotte (Galleria mellonella L.)

Die hellgrauen ausgebuchteten Vorderflügel der Großen Wachsmotte werden von dunkleren Tupfen und Strichelchen, auch von großen rötlich braunen Flecken gezeichnet. Der Vorderrand ihrer Flügel erscheint bräunlich, der Hinterrand gelblich. Ihre Größe beträgt etwa 10 bis 14 mm, die Flügelspanne beim Weibchen im Mittel 26,3 mm, beim Männchen 23,6 mm (Vöringer 1934).
Nicht weniger wie an die 1600 blaßgelbliche bis rötlichweiße Eier kann das Weibchen ablegen (Jaycox 1971). Früher oder später, je nach Umgebungstemperatur, schlüpfen daraus die Räupchen und erzeugen ihre seidigen Gespinste. Nach 8 bis 10maliger Häutung sind sie erwachsen und fertigen nun ihre spindelförmigen Puppenkokons. Erst nach einer kürzeren oder längeren Spinnruhe bilden sie sich darin zu den gelblichbräunlichen Puppen um, aus denen nach einer weiteren Ruhezeit die Schmetterlinge hervorgehen (Abbildungen: Tafel 6, S. 246).
Unter idealen Bedingungen, d. h. bei einer gleichbleibenden Temperatur von 32 °C, einer Luftfeuchte von 75 % und bei Dunkelheit, betrug in Versuchen von Jaycox (1971) die Gesamtentwicklung etwa 40 Tage, wovon 4 Tage auf die Zeit des Eies, 29 auf die der Larve und 7 auf die der Puppe entfielen. Bei einer Temperatur von 27,4 °C stellte Flechtmann (1964) eine Gesamtentwicklung von 37 bis 51 Tagen fest. Zu einem ähnlichen Ergebnis mit einer mittleren Eizeit von 5 bis 6, einer Larvenzeit von 21 und einer Puppenzeit von 14 Tagen (wohl unter natürlichen, schwankenden Bedingungen) kam Hejtmanek (1935). Und für eine Umgebungstemperatur von nur 20 °C gibt Borchert (1974) 120 Tage Gesamtentwicklungszeit an, mit Schwankungen von 105 bis 134 Tagen. Arnhart (1929) schreibt jedoch

von nur 45 Tagen bei einer Eizeit von 10, einer Larvenzeit von 21 und einer Puppenzeit von 14 Tagen, was nachzuprüfen wäre.
Die Wachsmotten lassen sich außer auf Waben und Pollen auch auf anderer Nahrung züchten, etwa um die Rankmaden als Fischköder zu verwenden. Für die Zucht der großen Wachsmotte gibt Jaycox (1971) zwei Rezepte. Das einfachste besteht aus einem Kindermehl, das mit einer Mischung von je 2 Teilen Honig und Glyzerin sowie 1 Teil Wasser zu einer krümeligen Masse verknetet wird. Auf verschieden altem Pollen zog Haydak (1960) die Wachsmottenlarven, ohne einen Unterschied in ihrer Entwicklung zu finden. Weitere Beiträge zur Zucht und Entwicklung der Großen Wachsmotte haben El-Sawaf (1950) sowie Dutky und Mitarb. (1962) gebracht.
Die Falter schlüpfen gewöhnlich am Abend und verlassen den Stock, um ihre Flügel auszubreiten. Bald nach Eintritt der Dunkelheit fliegen sie in die Bäume. Selten wurde die Rückkehr der Männchen beobachtet. Weibchen, die bald zum Stock zurückkamen, wurden zunächst von den Bienen abgewehrt. Zwei Stunden später war das jedoch nicht mehr der Fall. 24 Stunden nach dem Schlüpfen begannen sie mit der Eiablage, die 4 Nächte lang anhielt. Jeden Morgen vor Sonnenaufgang verließen die Motten die Stöcke wieder. Die Weibchen besuchten im allgemeinen starke Bienenvölker, nicht die aufgestellten bienenfreien oder schwach besetzten Lockstöcke (Nielsen und Brister 1977).
Das Leben der Falter dauert 3 bis 18 Tage (Vöringer 1934). 5 bis 8 Generationen dürften den Sommer über aufeinander folgen.

1.4 Die Kleine Wachsmotte (Achroea grisella L.)

Die Kleine Wachsmotte unterscheidet sich von der großen nicht nur durch ihre geringere Größe, sondern auch durch die gleichmäßige silbergraue Färbung ihrer Flügel und die gelbliche Behaarung des Kopfes (Tafel 6). Der Außenrand der Vorderflügel ist im Gegensatz zur Großen Wachsmotte abgerundet. Nach Kunicke (1929) ist das Weibchen etwa 11,3 mm, das Männchen etwa 9 mm lang. 250 bis 300 gelblichweiße Eier werden in Haufen an den Waben und Stockwänden abgesetzt. Bei 30°C schlüpfen daraus die Maden in 5 Tagen, die sich 13mal häuten. In den einzeln liegenden Kokons dauert die Puppenruhe 6 Tage. 30,5°C ist die günstigste Entwicklungstemperatur. Die durchschnittliche Zeit für die Gesamtentwicklung vom Ei bis zum Falter bei 29°C gibt Borchert (1974) mit 145,8 Tagen an. Sie ist also erheblich länger als bei der Großen Wachsmotte. Das Weibchen lebt etwa 6, das Männchen 21 Tage. Vom Mai bis zum Herbst können 3 Generationen aufeinaner folgen. Die letzten Räupchen überwintern. Ihr Eindringen in die Stöcke ist ein Zeichen von Volksschwäche oder gar von Krankheiten.
Die Raupen legen ihre Gänge zumeist auf der Wabenmittelwand an. Nur selten durchbohren sie diese, um auf der entgegengesetzten Seite weiter zu minieren.

1.5 Unterscheidung der Rankmaden

Die äußerliche Unterscheidung beider Rankmadenarten ist schwierig, wenn man von den Größenunterschieden im erwachsenen Zustand absieht (Gäbler 1938).

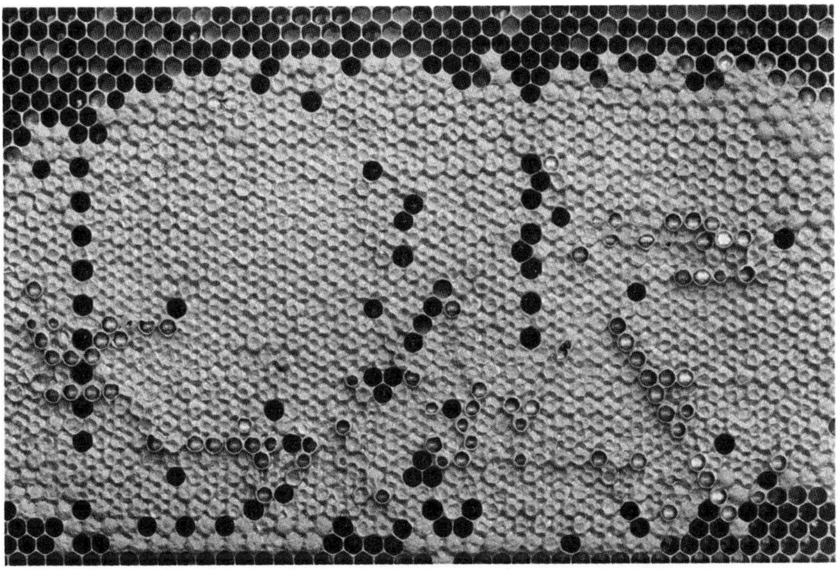

Abb. 79. Röhrenbrut, eine Folge der auf der Wabenmittelwand minierenden Larven der Kleinen Wachsmotte. Die Bienenlarven wenden sich vom Zellboden ab, dem Zellausgang zu, was die Deckelung der Zelle erschwert (ZANDER phot.).

Im allgemeinen sind gleichgroße Raupen der beiden Arten bei der Großen Wachsmotte etwas dicker und ein wenig dunkler als bei der Kleinen Wachsmotte. Deutliche Unterschiede finden sich am Tracheensystem. Sämtliche Tracheen der Larve der Kleinen Wachsmotte sind röhrenförmig, die der Larve der Großen Wachsmotte jedoch zum Teil sackförmig erweitert. Sie schimmern bei Betrachtung von der Rückenseite silbrig glänzend durch die Haut hindurch. Die dunkel gefärbten Stigmen sind bei der Raupe der Kleinen Wachsmotte schon mit bloßem Auge erkennbar, die hellgelblichen der Raupe der Großen Wachsmotte jedoch nur mit Lupe oder Mikroskop. Weitere Unterscheidungsmerkmale s. KURIHARA (1959).

1.6 Physiologische Eigenheiten der Rankmaden

Der tägliche Verzehr der Rankmaden an Waben beträgt etwa die Hälfte ihres Körpergewichtes (WLODAWER 1954, YOUNG 1964). Obgleich es ihnen bei diesem Zerstörungswerk in erster Linie auf die in den Waben vorhandenen Pollenvorräte und Verdauungsrückstände der Bienenlarven ankommt, ist ihr Körper aber auch imstande, das Wachs, ja sogar Paraffin wenigstens zum Teil zu verdauen. 38 % des aufgenommenen Wachses wird nach DUSPIVA (1935) von den Larven der Großen Wachsmotte resorbiert, indem sie die hochmolekularen Säuren und Fette aufnehmen, während die niedermolekularen Kohlenwasserstoffe übrig bleiben. Und nach einem zusammenfassenden Bericht von ARNHART (1929) haben MESCHNIKOFF (1900, 1901), METALNIKOFF (1907, 20, 21, 22), GASCHEN (1921) und FIESINGER

(1920, 1923) im Körper der Wachsmottenraupen das Wachs verdauende Ferment Lipase nachgewiesen, das auch imstande sein soll, die Wachshüllen der Tuberkel-, Diphtherie-, Tetanus- und Pestbacillen aufzulösen und damit diese Seuchenerreger zur Zerstörung reif zu machen. Die Hoffnung Arnharts, daß sich hieraus eine große Zukunft für eine imkerliche Mottenzucht ergeben könnte, hat sich jedoch nicht erfüllt.
Die Erreger der Faulbrut hingegen sterben bei der Verdauung verseuchten Wabenmaterials im Darm der Rankmaden nicht ab. Wachsmottenbefall setzt somit dieser Seuche keineswegs ein Ende (Hejtmanek 1935). Trotzdem dürften die Wachsmotten bei deren Übertragung keine Rolle spielen. Obwohl der Erreger der Bösartigen Faulbrut *Bacillus larvae* der Wachsmotte im Darm nicht schadet, bringt er sie bei Injektion zum Absterben, vermutlich infolge eines Toxins (Toumanoff 1950).
Ein Verfahren, welches die bakteriologische Untersuchung von Wabenproben auf die Seuchenerreger der Bienen erleichtert, erfand Toschkoff (1939). Er ließ die Wabenproben von Wachsmotten aufzehren und untersuchte deren Kot, was bedeutend leichter ist, als die Anfertigung von Ausstrichen unmittelbar von den Waben.
Eine Reihe von Ergebnissen ihrer physiologischen Forschung bringen Niermierko und Mitarb. (1952, 1956), unter anderem über die Exkretion von Polyphosphaten bei den Larven beider Wachsmotten. Sie konnten von Pierpoint (1957) bestätigt werden. Doch blieb unklar, ob deren Bildung durch Bakterien oder auf andere Weise erfolgt. Hinsichtlich weiterer physiologischer Spezialfragen insbesondere des Stoffwechsels muß in Anbetracht der großen Zahl der erschienenen Veröffentlichungen auf die „Apicultural Abstracts" verwiesen werden.

1.7 Bekämpfung

1.7.1 Vorbeugende Bekämpfung

Die Schmetterlinge selbst sind schwer zu bekämpfen, da sie sehr scheu und gewandt sind. Mit Fanglampen ist praktisch nichts gedient. Nur durch Vernichten der Eier und Raupen kann man den Wachsmotten begegnen. Und auch in den Bienenstöcken ist nur wenig zu erreichen. Zum Glück lassen normalstarke Völker den Schädling ohnehin nicht aufkommen. Dennoch wird man im Frühjahr das von Rankmaden durchsetzte Gemüll von den Bodenbrettern der Stöcke entfernen und jede Rankmade, die man bei der Arbeit an den Völkern zu Gesicht bekommt, vernichten. Weiter empfiehlt es sich, alle unbrauchbaren Waben und Wabenabfälle möglichst bald zu Wachs zu verarbeiten, notfalls zu festen Platten oder Klumpen zusammenzupressen, in die die Rankmaden nicht eindringen können.
Den Stöcken entnommene Waben sollte man in einem kühlen Raum aufbewahren. Kälte hemmt die Entwicklung der Eier und Larven. Bei Wärme hingegen entwickelt sich die Wachsmottenbrut überraschend schnell. Auf jeden Fall muß man die Waben von Zeit zu Zeit begasen, allein, um einem Mottenbefall vorzubeugen.

1.7.2 Chemische Bekämpfung

Schwefeldioxid: Das Begasen erfolgt im allgemeinen durch Schwefeln, indem man Schwefelschnitten, Schwefelstangen oder Schwefellappen verbrennt, auch Schwefelpulver auf leicht brennbare Stoffe wie Holzwolle schüttet und anzündet. Das entstehende Schwefeldioxid (SO_2) vernichtet die Raupen und Falter ziemlich

sicher, tötet aber die Eier nicht ab, so daß sich selbst in gut verschlossenen Behältern nach einiger Zeit wieder Mottenraupen entwickeln und das Schwefeln wiederholt werden muß.
Dieses Verfahren hat sich bewährt. Doch ist wegen der Brandgefahr Vorsicht dabei geboten. Stets sollte das Abbrennen in einem feuersicheren Behälter, z. B. in einer Blechbüchse vorgenommen werden, die man in den Wabenschrank, oder bei Aufbewahrung der Waben in Magazinen in eine dem Stapel aufzusetzende leere Zarge stellt. Bevor man den Ort verläßt, überzeuge man sich davon, daß die Flamme erloschen ist. Wegen der schwefligen Säure, die sich auf den Waben niederschlagen könnte, braucht man sich keine Sorgen zu machen, denn es handelt sich nur um bedeutungslose Spuren (Himmer und Heuser, s. Borchert 1974). Die Waben müssen weitläufig gelagert sein, damit das Gas allseitig auf sie einwirken kann.
Paradichlorbenzol: Mit anderen in Gasform übergehenden Mitteln arbeitet man ohne Brandgefahr. Allgemein gebräuchlich geworden ist Paradichlorbenzol, welches auch als Imker-Globol in den Handel kommt. Es wird in die Wabenbehälter gelegt, wo es allmählich verdampft und so über längere Zeit wirkt. Die Eier der Wachsmotten tötet es jedoch nicht ab (Morse 1978 entgegen El-Borollosy 1972). Unangenehm ist sein starker Geruch. Deshalb ist es zur Behandlung von Wabenhonig nicht geeignet. Leere Waben und Pollenwaben muß man vor ihrer Wiederverwendung ausgiebig lüften, mindestens 2 Tage lang, nachdem der Geruch verflogen ist, sonst kann es Verluste geben (Vorwohl 1965, Rauth 1966). Honiggefüllte Waben wird man damit nicht begasen. Neuerdings wird es wegen möglicher krebserregender Wirkung für bedenklich gehalten (Der Schweizer Bienenvater 1974, S. 314). Vor dem gewöhnlichen Globol aber sei ausdrücklich gewarnt. Man darf es ebensowenig nehmen wie andere als Mottenmittel angebotene Stoffe. Sie enthalten bienentötende Substanzen, die sich dem Wachs mitteilen und nicht wieder daraus zu entfernen sind.
Hexachloräthan, eine ungefährliche feste Substanz, die ebenfalls allmählich verdampft, kommt nach Borchert (1934) als Konservierungsmittel der Waben in Frage, weniger bei akutem Befall. Voraussetzung für einen guten Erfolg ist jedoch eine Einwirkungsdauer von 3 bis 4 Wochen und ein möglichst dichter Verschluß des Wabenbehälters. Ähnliches gilt für die Flüssigkeiten Monochlorbenzol und Tetrachloräthan.
Phillips (1932) rät zur Dauerbegasung in dichten Wabenkisten mit **Naphtalin,** um auch die aus den weniger empfindlichen Eiern schlüpfenden Larven zu vernichten. Zur Behandlung von Wabenhonig hat man auch die geruchlose **Kohlensäure** (CO_2) verwendet (10 bis 12 Stunden bei etwa 30°C). 93 bis 100% der beigegebenen Wachsmottenlarven wurden abgetötet (Jay und Mitarb. 1972).
Äthylendibromid: Ein in den USA, in Frankreich und Österreich bewährtes Mittel ist Äthylendibromid ($C_2H_4Br_2$) (Cale 1943, Krebs 1957, Ruttner, H. 1965, Borneck und Lavie 1978). Es wirkt gegen alle Stadien der Wachsmotten, vor allem auch gegen die Eier. Das gilt auch für Methylbromid (CH_3Br), doch ist es für den Menschen sehr giftig (Milum 1952). Äthylendibromid hingegen ist weniger giftig und schadet uns Menschen bei gebotener Vorsicht nicht unmittelbar. Es ätzt nicht, greift Metalle nicht an, und vor allem ist es nicht sehr feuergefährlich. Es brennt nur schwer und explodiert nicht, jedenfalls nicht im reinen Zustand. Nach neuer Erkenntnis aber soll beim Einatmen und auch bei Berührung Krebsgefahr bestehen, weshalb seine Anwendung in Amerika kürzlich verboten wurde (Amer. Bee

Journal 1984, S. 380). In Österreich ist es unter der Bezeichnung D 209 im Handel. Es ist eine gelbliche Flüssigkeit, die schnell verdunstet, wenn man sie auf einen saugfähigen Stoff bringt. Man gießt sie am besten auf einen mit Jute überspannten Rahmen, den man im oberen Teil des Wabenbehälters unterbringt. Je Kubikmeter Raum sind 50 g = 43 ml erforderlich, für einen Stapel von 9 bis 10 Magazinen etwa 25 g. Die entstehenden Dämpfe sinken nach unten. Schlecht schließende Behälter dichtet man mit Papierstreifen ab, die man über die Fugen klebt. Verwendet man dazu Mehlkleister, können sie leicht wieder abgewaschen werden.
Dabei sei man also wegen der Krebsgefahr sehr vorsichtig. Eine Berührung des Mittels mit der Haut sollte unterbleiben, da es in diese eindringt. Auf jeden Fall wasche man sich nach seinem Gebrauch die Hände. Etwa damit benetzte Kleidungsstücke lege man ab. Am besten verwendet man es nur im Freien. Geschieht das doch in einem Raum, sollte man diesen bald verlassen, um es nicht einzuatmen. Auf keinen Fall verwende man es in Räumen, die mit einer Wohnung in Verbindung stehen.

Blausäure: Von sehr guter Wirksamkeit ist Blausäure (HCN), die mit Sicherheit auch die Eier der Wachsmotte, dazu noch andere Schädlinge abtötet. Die Bayerische Landesanstalt für Bienenzucht in Erlangen sowie der Imkereigroßbetrieb der Firma Mack/Nachf., Illertissen, haben ihre Wabenvorräte jahrelang mit gutem Erfolg damit begast. Am einfachsten ist es, das Präparat Calcyan in einem möglichst gasdichten, im Freien unter einem Dach stehenden Schrank zu verwenden. Aus ihm entwickelt sich die Blausäure unter Einwirkung der Luft. Die Gefährlichkeit für den Menschen ist jedoch zu groß, als daß sich seine Anwendung allgemein vertreten ließe, zumal man mit weniger gefährlichen Mitteln zu ähnlichen Erfolgen kommt. Für Großbetriebe ist sie unter entsprechenden Sicherheitsmaßnahmen noch am ehesten zu verantworten. Ihre Anwendung unterliegt strengen gesetzlichen Bestimmungen.

Schwefelkohlenstoff (CS_2) wurde ebenfalls mit Erfolg verwendet, dürfte auch gegen die Eier wirksam sein. Wegen seiner starken Giftigkeit und großen Explosionsgefahr muß jedoch davon abgeraten werden.
Nach Laborversuchen von El-Borollosy u. Mit. (1972) sollen 12,5 ml/m^3 Schwefelkohlenstoff, 37,4 g/m^3 Paradichlorbenzol (in verschiedener Zeitdauer) alle Stadien der kleinen Wachsmotte abtöten.

Essigsäure, wie man sie am vorteilhaftesten in 60%iger technischer Qualität zur Begasung der Waben gegen die Nosemasporen und Amöbenzysten verwendet, wirkt zugleich auch gegen die Wachsmotten und die Pollenmilben (Jordan 1957, Hirschfelder 1960). Die richtige Anwendungsweise ist auf Seite 139 beschrieben. Nach Bailey (1981) sollen aber nur die Eier und die Falter mit Sicherheit abgetötet werden, die Rankmaden der Großen Wachsmotte nicht immer, besonders nicht, wenn sie mit Gemüll bedeckt sind. Es kommt also offenbar sehr auf eine möglichst intensive und anhaltende Begasung an. Dazu sind einmal dichte Behälter wichtig. Große Plastiksäcke, die man gut verschließt, können diesen Zweck erfüllen. Weiter wird man nach 10 bis 14 Tagen, wenn die Essigsäure verdampft ist, eine zweite Behandlung von etwa 8 Tagen folgen lassen.
Die Wirkung von 13 Insektiziden auf Wachsmotten und Bienen prüften Ali u. Mit. (1973).

1.7.3 Physikalische Bekämpfung

Die Einwirkung einer Temperatur von 46 °C und von 49 °C auf die befallenen Waben während 40 bzw. 80 Minuten und von −15 °C sowie von −18 °C während 2 bzw. 3 Stunden tötet alle Stadien der Großen Wachsmotte ab. Bei 24stündigem Erwärmen auf 49 °C werden zugleich auch die Nosemasporen vernichtet. Sind die Waben zu Beginn der Wärmebehandlung kalt, muß man die Einwirkungszeit entsprechend verlängern. Honig enthaltende Waben, also auch Wabenhonig, wird man wegen der Gefahr des Zusammensinkens am besten nicht der Wärme sondern nur der Kälte aussetzen (Cantwell und Smith 1970). Nach Cherkdrova und Machenko (1981) genügt eine Abkühlung von mehreren Tagen auf −10 °C oder von 45 Minuten auf −15 °C zur Bekämpfung der Kleinen Wachsmotte. Eine 2 bis 3stündige Wärmebehandlung von 48 °C empfehlen sie ebenfalls.

1.7.4 Biologische Bekämpfung

Bei uns können sich die Bienenvölker im allgemeinen der Wachsmotten erwehren. Anders in warmen Ländern, wo sich die Wachsmotten viel stärker entwickeln. Starke Völker zu halten ist insbesondere bei der indischen Biene *(Apis cerana)* wichtig, bei der sie als schlimmste Schädlinge auftreten können. Latif u. Mitarb. (1960) empfehlen auch aus diesem Grunde den Zweiköniginnenbetrieb. Es fällt jedoch auf, daß die Rankmaden Bienenstichen widerstehen (Nielsen und Brister 1979). Interessant ist, daß, umgekehrt wie bei den meisten anderen Tieren, die weiblichen Falter vom Sexualduft der männlichen angelockt werden. Ein Bekämpfungsversuch mit synthetisch hergestelltem Sexualduftstoff war jedoch erfolglos (Flinth und Merkle 1983).

Bakterien

Eine Reihe von Versuchen wurden mit dem leicht züchtbaren *Bacillus thuringiensis* (Krieg und Franz 1959, Herfs 1964), mit *Bacillus insectus* und mit *Serratia marcescens* (Steinhaus 1959) angestellt. Nicht immer ist *Bacillus thuringiensis* für die Bienen harmlos (Haragsim und Vankova 1968). Das hängt außer vom Bakterienstamm auch sehr von dessen Konzentration ab (Krieg und Herfs 1962). Waben, in deren Mittelwände bestimmte Typen des Bakteriums eingearbeitet worden waren, blieben zwei Sommer lang für die Wachsmotten giftig.

Leider kann das bakterielle Mottengift wegen seiner Empfindlichkeit gegenüber Temperaturen von 77 bis 99 °C nicht in das geschmolzene Wachs gegeben werden (Burges und Bailey 1968).

Ein neues Rankmadenmittel auf bakteriologischer Grundlage ist das in den USA angebotene „Certan" der Firma Sandoz (480 Camino Del Rio, South San Diego, Californien 92108). Es handelt sich um eine Flüssigkeit, die man, mit Wasser verdünnt, auf die Waben sprüht. Seine Wirkung hält lange an. Es hat keinerlei unangenehme Nebenwirkungen, beeinträchtigt auch nicht den Geruch des Honigs und ist vor allem ungefährlich für die Menschen wie die Bienen und alle anderen nützlichen Insekten (Gleanings in B. Cult. 1982, S. 539). In Deutschland ist es noch nicht erprobt.

In Zuchten der Großen Wachsmotte beobachtete Borchert (1941) wiederholt ein verhältnismäßig schnelles Absterben der Rankmaden auf allen Entwicklungsstufen. Die mehr oder weniger stark eingeschrumpften, dunkel bis schwarzbraun getönten Raupen hatten einen schmierigen, mitunter auch schleimigen, fadenziehenden, geruchlosen Inhalt. Daraus konnte eine sporenbildende Bazillenart gezüchtet werden, die sich bei Impfversuchen als Erreger des Raupensterbens erwies. Eine praktische Bekämpfung war damit jedoch bisher nicht möglich.

Viren

Eine Viruskrankheit, die Densonukleose, befällt die Wachsmottenlarven. Sie verläuft meist tödlich. Kennzeichnend ist die Hypertonie (Überspannung) der Zellkerne der befallenen Organe. Für die Bienen ist das Virus unschädlich. Versuche, es zur Wachsmottenbekämpfung einzusetzen, sind noch nicht bekannt geworden (GIAUFFRET 1966, BERGOIN und BRES 1968, LAVIE und Mitarb. 1965).

Genetische Bekämpfung

Eine genetische Bekämpfung durch Einsatz von röntgensterilisierten Motten halten NIELSEN und LAMBREMONT (1976) auf Grund ihrer Versuche theoretisch für möglich. Doch dürften die praktischen Erfolgsaussichten dafür sehr gering sein.

Abb. 80. Die Kotwanze *Reduvius personatus,* ein Feind der Wachsmotten (Vergr. 5×; HARAGSIM phot.).

Natürliche Feinde

Einiges könnten vielleicht auch die in den Rankmaden schmarotzenden Schlupfwespen zu deren Bekämpfung beitragen. Eine praktikable Methode zu ihrem systematischen Einsatz ist jedoch bisher noch nicht gefunden worden.

Gut bekannt ist die Biologie der Chalcidide *Dibrachys cavus* Walk. (Gontarski 1939). Sie ist nicht allein auf die Wachsmottenlarven beschränkt, sondern geht sogar auch auf einen anderen Wachsmottenparasiten, die Braconide *Apanteles galleriae.* Offenbar spielt sie bei der Übertragung der parasitisch im Fettkörper der Rankmaden lebenden *Coelogregarina* eine Rolle (Toumanoff 1950).

Die Eier werden im Gegensatz zu anderen Schlupfwespen außen auf die Wachsmottenraupe geklebt. Meist liegen mehrere, bis zu 11, an einer Stelle. Festgestellt wurde, daß 2 Weibchen zusammen 42 Eier ablegten (Gontarski 1939). Ein natürlicher Feind ist weiter die Ichneumonide *Eupelmus cinereus* (Borneck u. Lavie 1978). *Habrobracon juglandis* Ashm. befällt nach Hase (1923) neben den Mehlmotten auch die Wachsmotten. Über *Eupelmus vereanus* Rond. berichtet Beliawsky (1929). Das winzige zu den Chalcididen gehörige Insekt ist schwarz, seine Fühler sind gelb. Aus den zahlreich in die Rankmaden abgelegten Eiern entwickeln sich Larven, die 2,5 bis 3 mm lang werden. Die volle Entwicklung erfordert 23 bis 25 Tage. Sie sollen sich leicht züchten lassen. *Apanteles galleriae* (Braconidae) und *Elasmus languidus* (Elasmidae) nennt Flechtmann (1965) für Brasilien. Ein anderer Feind der Rankmaden ist die gelegentlich zu beobachtende Raubwanze *Reduvius personatus* (Abb. 80) (Bienenpflege 1972, S. 272).

2 Speckkäfer (Dermestes lardarius L.)

In alten Wabenvorräten, auch in unbenutzten ungereinigten Bienenwohnungen sowie im Gemüll schwacher Bienenvölker stößt man oft auf die etwa 8,5 mm langen in der Grundfarbe schwarzen Käfer mit ihrer sehr auffallenden breiten grauen Querbinde. Daneben kann man auch ihre bis 12 mm langen geringelten Larven mit den langen büschelförmigen seitlichen Borsten finden (Tafel 7). Käfer wie Larven zernagen auf der Suche nach Pollen die alten Waben. Wenn sie dabei an Faulbrutwaben kommen, nehmen sie die Seuchenerreger auf und können sie weiter verbreiten. Sie sind jedoch nicht auf die Waben der Bienen angewiesen, sondern gehen ebenso gern auf alle möglichen Vorräte, etwa in Speisekammern oder auch an Insektensammlungen, die sie vernichten.

Ihre Eier legen sie in der Nähe geeigneter Nahrung ab, vorzugsweise in den Gängen der vorjährigen Larven. Die aus den Eiern schlüpfenden Larven häuten sich während ihres Wachstums fünfmal. Auffallend sind die von ihnen gebildeten Müllhaufen aus Schrotmehl, Kot und Häutungshemden. Dann verlassen sie ihren Platz, um einen geeigneten Ort für die Verpuppung zu suchen. Sie bohren in Kork, Torf und weichem Linden-, auch Fichtenholz 2 bis 3 mm weite, 12 mm tiefe röhrenförmige Puppenwiegen, dazu auch weit verzweigte Gänge. Dabei können erhebliche Schäden sowohl an Waben, wie auch an Beuten und Rähmchen entstehen (Prell 1929). Hier und da verpuppen sie sich auch in den Zellen der Waben, die dann aber unverändert bleiben. Der Käfer überwintert als Puppe. Ende März beginnt er mit dem Frühjahrsfraß zur Reifung der Geschlechtsorgane. Weitere eingehende morphologische und biologische Untersuchungsergebnisse bringt Kreyenberg (1929).

Andere Käfer

Eine ganze Reihe anderer Käfer können die Waben der Bienen angreifen (Morse 1978). Hier seien nur die Mehlkäfer *Tribolium madens* Charp und *Tribolium confusum* du Val genannt, die Schaden an Pollen und Pollenersatz anrichten können.

Bekämpfung

Die gegen die Wachsmotte gebräuchlichen Mittel bewähren sich auch gegen alle diese Käfer. Jedoch reicht Sauberkeit gewöhnlich aus, um diese Schädlinge nieder zu halten.

3 Kräuterdieb (Ptinus fur L.)

Zwischen alten Wabenvorräten kann man gelegentlich den etwa 4,3 mm langen Kräuterdieb antreffen (Zander 1911, Löwy 1911, Borchert 1937/38). Er fällt durch seine langen feingliedrigen Fühler und gleichfalls langen dünnen Beine auf. Beim Männchen sind die Fühler länger als der Körper, dessen Länge bei beiden Geschlechtern etwa 4 mm beträgt. Im übrigen aber sind Männchen und Weibchen recht verschieden gestaltet.

Das Männchen hat einen etwa 1,5 mm breiten, fast zylindrischen schlanken Körper (Abb. 81). Seine rotbraunen Flügeldecken sind mit sehr tiefen Punktstreifen verziert. Die Weibchen dagegen sind 2,5 mm breit, haben mehr eiförmige Flügeldekken mit zwei weißen Binden, die auch in Flecken aufgelöst sein können und sich aus weißen Borsten zusammensetzen. Die Vorderbrust ist bei beiden Geschlechtern kugelförmig, hat in der Mitte eine tiefe Längsfurche und vier Büschel gelblicher, nach hinten gerichteter Borsten. Die Augen treten stark hervor.

Die Larve (Abb. 82) ähnelt einem kleinen Engerling. Ihr weißer Körper trägt zahl-

Abb. 81. Der Kräuterdieb *Ptinus fur* (Haragsim phot.).

reiche Borstenbüschel. Am gelblichen Kopf sitzen dunkle Kiefer. Die Entwicklung dauert ein Jahr.
Die Zerstörungen, die der Käfer und seine Larve an den Waben anrichtet, erinnern an die Gänge der Kleinen Wachsmotte, doch enthalten diese keine Gespinstfäden und keine schwarzen Kotkrümel. Sie sind jedoch im allgemeinen nicht sehr groß. Der Käfer ist ein Allesfresser, ist also nicht auf die Waben der Bienen angewiesen. Als Schädling tritt er oft auch in Insektensammlungen, Herbarien, bei Drogen und Getreidevorräten auf. Er ist über die ganze Erde verbreitet.

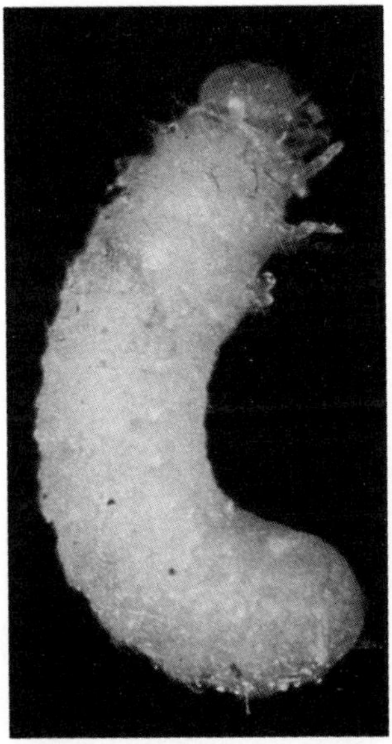

Abb. 82. Larve des Kräuterdiebes seitlich (Vergr. 12 ×; ZANDER phot.).

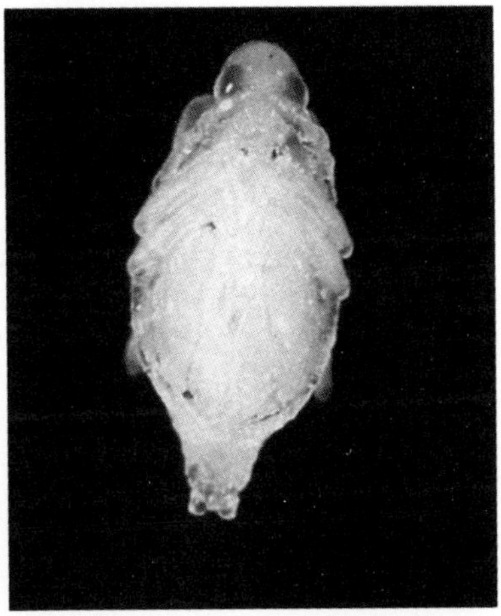

Abb. 83. Puppe des Kräuterdiebes von der Bauchseite (Vergr. 12 ×; ZANDER phot.).

Die Larven von *Ptinus raptor* L., dem Räuber-Bohrkäfer, der sich durch 2 gelbe Haarbinden vom Kräuterdieb unterscheidet, zerstören den in den Waben gespeicherten Pollen (BORCHERT 1974). Dasselbe gilt für den genannten *Tribolium madens* Charp. und in einem gewissen Grade auch für *Tribolium confusum* Duv. In verlassenen Bienenstöcken wurde auch massenhaft *Omosita coloon* L. gefunden (AfB 1929, S. 75).

4 Pollenschädlinge: Pollenmilben und Pollenschimmel

Oft muß man als Imker erleben, daß Pollenwaben, insbesondere wenn sie außerhalb des Bienenvolkes aufbewahrt werden, verderben. Außer den bereits ab Seite 321 genannten Käfern kommen hauptsächlich zwei Ursachen dafür in Betracht: Pollenmilben und Pollenschimmel (Tafel 7, S. 263).

4.1 Pollenmilben

In trocken aufbewahrten Pollenwaben siedeln sich gern Pollenmilben an. Es handelt sich meist um *Carpoglyhus passularum.* Die Pollenpfropfen in den Zellen sind zu einem leicht stäubenden Mehl zersetzt, das sich zum Teil nun auch zwischen und auf den Waben befindet. ZANDER erfuhr von einem besonders krassen Schadensfall dieser Art, wo in einer Großimkerei bei 250 aufbewahrten Waben sämtliche Pollenvorräte zerstört waren. Das gelbe Mehl war von zahllosen Milben durchsetzt. Auch die Mehlmilbe (*Tyroglyphus farinae*) und die Hausmilbe (*Glyciphagus domesticus*) können mit noch anderen eine Rolle dabei spielen. Sie sind bis 0,6 mm lang, mit bloßem Auge noch sichtbar (Abb. 51, 52).

Bekämpfung
Die zur Milbenbekämpfung gebräuchliche Beräucherung mit Folbex (s. S. 205 u. 221) empfiehlt sich bei den Pollenmilben weniger, da der Rauch nicht tief genug in den Pollen eindringt. Ausreichend wirken jedoch die zur Wachsmottenbekämpfung gewöhnlich angewendeten Verfahren wie wiederholtes Schwefeln, Begasen mit 60 %iger Essigsäure und Behandeln mit Imkerglobol (= Paradichlorbenzol).

4.2 Pollenschimmel (Bettsia alvei)

Am Ende des Winters findet man, daß einzelne Wabenabschnitte von einem weißen bis gelblich-grauen Schimmelrasen überzogen sind. Das kommt vor allem bei außerhalb des Stockes aufbewahrten Waben vor. Hohe Luftfeuchte ist die Voraussetzung dafür. Versucht man, den Schimmelüberzug zu entfernen, stößt man auf

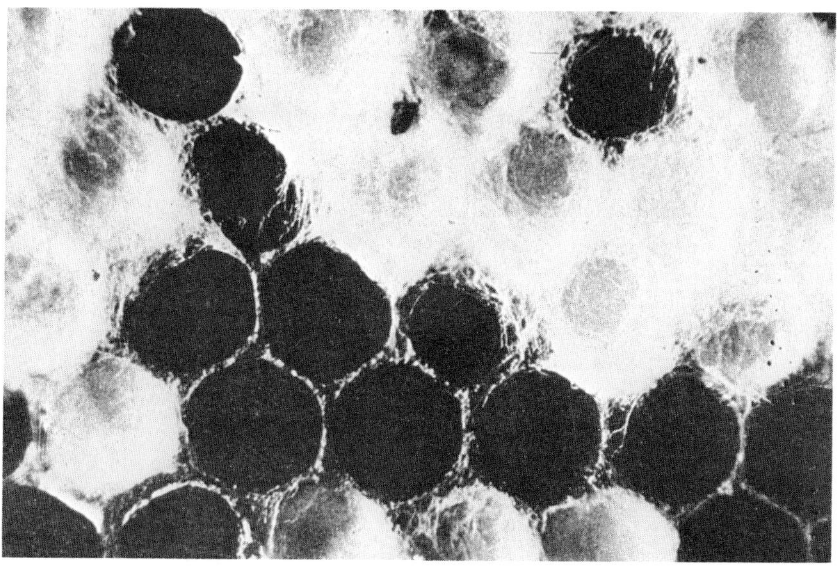

Abb. 84. Stark entwickelter Rasen des Pollenschimmels *Bettsia alvei* (aus BETTS).

Abb. 85. Pollen aus Zellen, von *Bettsia alvei* in harte Pfropfen verwandelt (aus Betts).

Pollen von stark verhärteter Beschaffenheit. Nur wenn man die Wabe zerstört, kann man ihn aus den Zellen entfernen. Der Pollenpfropf hat dann die Form der sechseckigen Zelle und macht einen mumienhaften Eindruck (Abb. 84, 85; Tafel 7).
Es handelt sich um einen Befall des Pollens durch den Pilz *Bettsia alvei* (Betts) Skou. Betts hatte ihn 1912 *Pericystis alvei* benannt. Später hieß er *Ascophaera* und 1972 wurde er infolge neuer Klasseneinteilung von Skou abermals umbenannt. Mit Recht nennt man ihn auch Pollenpilz, denn er gedeiht ausschließlich auf dem von den Bienen eingetragenen Pollenvorräten, insbesondere im Frühjahr und im Winter. Für die Bienen und die Brut ist er völlig harmlos. Sein dichter Myzelrasen überzieht nicht nur den Pollen, sondern wuchert auch in die Pollenmassen hinein und verwandelt sie in die beschriebenen harten weißlichen Mumien, die von den Bienen nicht mehr aufgenommen und auch nicht verwertet werden können. Allerdings versuchen diese sie mit Eintritt wärmerer Witterung aus den Zellen zu schaffen. Bei deren Härte gelingt ihnen das aber nicht. Infolgedessen nagen sie die Zellwände mehr oder weniger tief herunter, so daß auch die so beschädigten Waben nicht mehr zu brauchen sind.
Das kriechende, halb aufgerichtete Myzel des Pilzes besteht aus mehrzelligen Hyphen. Daran bilden sich zwei Sorten von Vermehrungskörpern, die kleineren Chlamydosporen und die größeren Fruchtkörper oder Cysten (Betts 1912).
Die unregelmäßig rundlichen Chlamydosporen entstehen ungeschlechtlich durch Umbildung der vegetativen Hyphen. Sie können sich sowohl an den Enden der Hyphen wie im Verlaufe derselben befinden (Abb. 87). Ihre Länge beträgt etwa 4,5 bis 9,5 µm, ihre Breite 7 µm und mehr. Bei mildem Winterwetter entwickeln sie sich in 11 Tagen. Dagegen keimen sie nicht bei 26 bis 38 °C, gehen aber auch nicht zugrunde. So beschränkt sich die Pilzwucherung auf den Winter und den Frühling.

Der Pilz ist zweigeschlechtlich (heterothallisch). Es gibt also männliches und weibliches Myzel mit den sich daran bildenden Antheridien und Oogonien. Diese vereinigen sich, was zur Entstehung der Fruchtkörper oder Cysten führt (MAURIZIO 1929). Das sind große rundliche Behälter von 30 bis 40 µm Länge und 20 bis 30 µm Stärke. Ihre Farbe ist dunkelgrün bis schwärzlich, so daß im Stadium der Fruchtkörperbildung der zunächst helle Pilzüberzug des befallenen Pollens grau erscheint. Die Fruchtkörper (Cysten) sind mit stark glänzenden runden Sporen gefüllt (Abb. 86), die wahrscheinlich von den schwärmenden Bienen mit in die neue Behausung verschleppt werden.
Bettsia alvei läßt sich auf Honiggelatine züchten (10 g Gelatine auf 100 ml 25%iges Honigwasser: BETTS (1912), MAASSEN (1922), s. a. ZANDER 3. Auflage 1923).

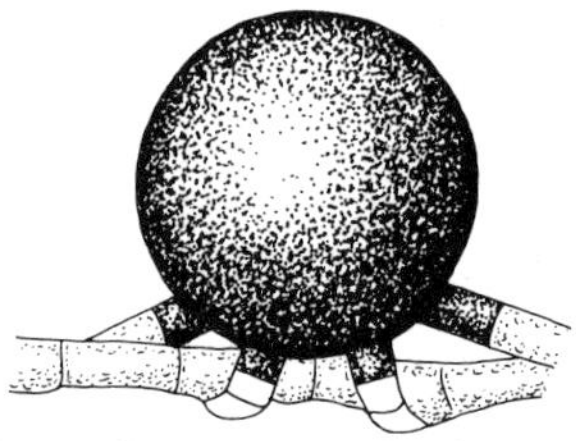

Abb. 86. Cyste von *Bettsia alvei* (Vergr. 240×; nach BETTS 1912).

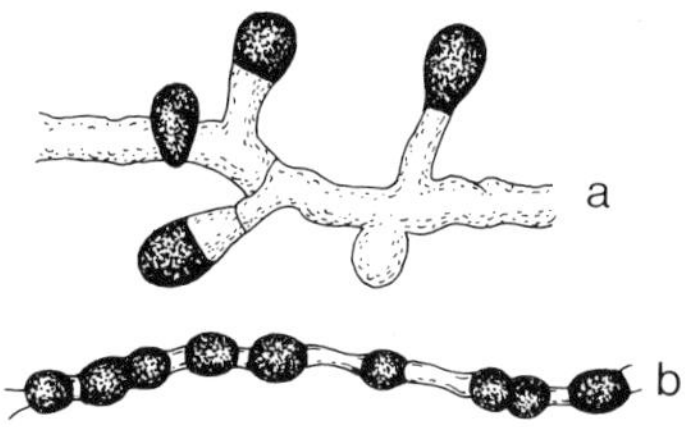

Abb. 87. Chlamydosporen von *Bettsia alvei.* **a:** endständig; **b:** im Verlauf des Pilzfadens (Vergr. 580×; nach BETTS 1912).

Bekämpfung
Die wichtigste Maßnahme des Imkers ist, dem Verderb von Pollen und Waben durch trockene Aufbewahrung und durch Trockenhalten der Stöcke zu begegnen. Allseits gleichmäßig isolierte Bienenkästen, bei denen das Flugloch die kälteste Stelle ist, auch ein oberes Flugloch und ein trockener sonniger Aufstellungsplatz können hierbei helfen.

5 Mäuse und Spitzmäuse

5.1 Mäuse (Murinae)

Die zu den Nagetieren gehörenden Mäuse (Murinae) können im Winter in den Bienenvölkern wie in den Wabenvorräten erheblichen Schaden anrichten. Gern legen sie ihr Winternest im Verpackungsmaterial der Völker an, lieber noch in den Stöcken selbst, wohin sie die Wärme lockt. Den Bienen tun sie dabei zwar nichts, doch beunruhigt sie ihr Treiben so, daß sie die Wintertraube verlassen und infolge Verkühlung unter Ruhrerscheinungen zugrunde gehen. Natürlich wird auf diese Weise auch die Ausbreitung von Darmparasiten wie Nosema und Amöbe unter den Bienen der Völker sehr gefördert. Nicht zuletzt verzehren sie deren Vorräte, sowohl das Winterfutter wie den gespeicherten Pollen, den sie bis auf die Wabenmittelwand abtragen. Völker, die in warmhaltenden Kunststoffbeuten mit ihren großen Fluglöchern dicht am Erdboden stehen, sind durch Mäuse wie auch durch Spitzmäuse besonders gefährdet.

Abb. 88. Nest einer Maus in einer Wabe (Zander phot.).

Sehr oft fallen den Mäusen auch Reservewaben zum Opfer, die vom Imker den Winter über aufbewahrt werden, ganz besonders, wenn sie honigfeucht sind. Sie zerschroten diese oft völlig. Gern zernagen sie auch die zum Bau von Bienenkästen manchmal verwendeten Styroporplatten.
Es sind verschiedene Mus-Arten, die sich so verhalten, in erster Linie die Hausmaus *Mus musculus domesticus,* außerdem auch die Feldmaus *Microtus arvalis.*

5.2 Spitzmäuse (Soricidae)

Die Spitzmäuse (Soricidae) können den Bienen gleichfalls im Winter gefährlich werden. Es sind Fälle beschrieben worden, wo von 24 Völkern eines Standes 15 und von 40 Völkern eines anderen 37 von Spitzmäusen vernichtet wurden (Schneider 1944, Feichtmair 1954). Verluste einzelner Völker habe ich selbst erlebt, ebenso wie Pech (1966). Neuerdings schreibt Spürgin (1983) von großen Schäden in Südbaden.
Die Spitzmäuse haben einen langen spitzen Kopf mit rüsselartiger Schnauze. Sie sind keine Nagetiere wie die Haus- und Feldmäuse, denn sie besitzen keine Nagezähne. Ihr Gebiß mit seiner langen Reihe spitzer Zähne weist sie vielmehr als Insektenfresser (Insektivoren) aus, also als Verwandte des Igels und des Maulwurfs.
Wenn die Spitzmäuse im Herbst in ein Bienenvolk eindringen können, leben sie dort von den Bienen, die sie im Laufe des Winters zum großen Teil, wenn nicht sämtlich verzehren. Sie verbrauchen jedoch nur die Muskulatur der Bruststücke, die sie ausfressen. Die Flügel beißen sie ab und lassen sie zu Boden fallen. Alles

übrige häufen sie in einer Ecke des Stockes an und lassen es durch ihren Kot und Urin zu einem nach Moschus stinkenden Misthaufen werden. Ihr Kot ist nicht wie der von Mäusen geformt, sondern ein schleimiger etwa 1,5 cm langer Streifen in Zündholzstärke.
In Deutschland ist die Waldspitzmaus *(Sorex araneus)* am häufigsten. Im Gebirge lebt die Alpenspitzmaus (*S. alpinus*). Sie ist am größten, mißt vom Kopf bis zum Schwanzende 14 cm. Die Zwergspitzmaus (*S. minutus [pygmäus]*) mißt nur bis 9,5 cm, wovon 3,5 cm auf den Schwanz kommen. Jugendliche Exemplare sind selbstverständlich noch kleiner. Durch ein 7 mm hohes Flugloch eines Bienenstockes kann sich auch ein ausgewachsenes Tier noch hindurchzwängen.

Bekämpfung
In erster Linie wird man rechtzeitig im Herbst die Fluglöcher der Bienenstöcke so verengen, daß weder Mäuse noch Spitzmäuse eindringen können. Gewöhnlich genügt dazu eine Höhe von 7 mm. Die kleine Spitzmaus zwängt sich aber auch hier hindurch. Mit einem Absperrgitter mit seiner Weite von 4,2 mm hält man sie sicher fern. Doch muß man dieses Gitter in einiger Entfernung vom Flugloch anbringen, damit es nicht durch tote Bienen im Laufe des Winters verstopft werden kann. Besser ist ein Gitter von 8 mm Maschenweite. Das hält Mäuse und einen Teil der Spitzmäuse sicher fern, und bei Eintritt warmen Wetters können die Bienen unbehindert ein- und ausfliegen. Gegen Spitzmäuse allgemein sollten seine Maschen jedoch nur 6 mm weit sein.
Um die Mäuse von der Winterverpackung der Völker fern zu halten, wird empfohlen, diese mit Abschnitten des Wacholderstrauches (*Juniperus* sp.) zu vermischen. Deren Stacheln sind den Mäusen offenbar zuwider. Auch die Abschnitte von Lebensbaumhecken (*Thuja* sp.) sollen sie meiden. In Glaswatte dagegen legen sie ihre Nester gern an.
In Bienenhäusern, Bienenständen und Wabenkammern ist man gezwungen, Gift und Fallen gegen die Mäuseplage anzuwenden. Als brauchbares Gift nennt Borchert Oxycumarinstaub in Mischung mit Haferflocken (1:15). Cumarinhaltige Mittel sollen die Nager schmerzlos töten.
Spitzmäuse kann man von den Bienenvölkern fern halten, indem man in der Umgebung ihrer Fluglöcher glatte Flächen anbringt (Borchert 1974). Da sie geruchsempfindlich sind, wird empfohlen, mit Petroleum angefeuchtete Lappen am Bienenstand auszulegen (Bienenpflege 1959, S. 37).

6 Vögel

Die Schäden, die Vögel an den Bienen anrichten, sind bei uns im allgemeinen sehr gering. Am ehesten fallen sie im Winter auf. Meisen können sich an den Fluglöchern zu schaffen machen, die Bienen durch ständiges Picken an der Beute beunruhigen, sie auf diese Weise aus dem Stock locken, um dann eine von ihnen wegzuschnappen. Meist verzehren sie nur das Muskelfleisch der Brust. Wenn sie das einmal gelernt haben, kann sich so etwas sehr wohl schädlich auswirken, vielleicht auch zu ruhrähnlichen Erscheinungen führen.
Nicht nur die Bienen, auch die Beuten werden zur kalten Jahreszeit von den Vögeln angegriffen. Um an die Wintertraube der Bienen zu kommen, schlagen die Spechte

große Löcher hinein. Und die modernen Bienenkästen aus weichem Kunststoff wie Styropor werden sogar von den Meisen und anderen Vögeln beschädigt.
Im Sommer fangen Rotschwänzchen (*Phoenicurus* sp.) und Meisen (*Parus* sp.) manche Biene auch im Fluge weg. BINDERNAGEL (1982) beobachtete an seinem Bienenstand, wie der Grauschnäpper (*Muscicapa striata*) täglich an die 100 Bienen an sein Nest brachte.
In wärmeren Ländern wie z. B. in Jugoslawien und in der Camargue (Frankreich) spielt unter anderem der Seeschwalm oder Bienenfresser (*Merops apiaster*) eine oft gewichtige Rolle (GROSDANIĆ 1955, BIBER 1971, s. a. MORSE 1978). Auch in Algerien, im Iran und in Azerbeidschan gilt er als recht schädlich (YEO JENN 1973, ISMAILI 1974, ATAKISCHIEV 1971). Er ist jedoch nicht auf Bienen angewiesen, sondern fängt noch andere Insekten, und zwar im Fluge. Den Bienen wird er gefährlich, wenn er sich am Ende des Sommers zu Schwärmen versammelt, besonders bei regnerischem Wetter. GROSDANIĆ empfiehlt, die Bienenvölker in so einem Fall vorübergehend einzusperren.
Der schöne drosselgroße Vogel kommt nur ganz selten einmal im Sommer nach Deutschland. Hier sollte man ihn schonen. Er nistet an Ufern und anderen steilen Wänden wie von Sandgruben und dergleichen. Den Winter verbringt er im warmen Süden.
Von 24 Arten kommen 17 in Afrika vor. In Südafrika wurden 11 verschiedene Arten untersucht: Ihre Nahrung bestand hauptsächlich aus Hymenopteren. Bei 6 Arten betrug der Anteil an Honigbienen 20 bis 81 % (FRY 1969, 1972).
Auch die verschiedenen Würger können Bienen vernichten, neben Wespen und Hummeln. Sie verstehen es, durch Reiben des Hinterleibes ihrer Beutetiere auf dem Sitzplatz deren Gift zu entfernen (MÖNNIG 1972, SCHEUFELE und ULRICH 1973). Eine umfassende Darstellung des ganzen Fragenkomplexes gibt FRY (1983).

Verhütung von Schäden

Im Winter, notfalls auch im Sommer, besteht die Möglichkeit, die Bienenstände durch Netze vor den Vögeln zu sichern. Gegen den Grünspecht *(Picus viridis)* soll Einhüllen der Bienenstöcke mit Maschendraht von 4 cm Maschenweite wirksam sein (GOUILLOUX 1969). Styroporbeuten überziehe man mit einem harten Lack. Durch Einrichten von Futterstellen wird man die Vögel von den Bienenständen ablenken. Ganz verhindern lassen sich die von ihnen verursachten Schäden nicht. Man muß aber auch ihren Nutzen in Rechnung stellen. Das gilt vor allem für die Singvögel wie Meisen und Rotschwänzchen, die überaus viele schädliche Insekten verzehren.

7 Bienenbuckelfliegen (Phoridae)

Auf dem Wintergemüll der Bienenstöcke bemerkt man im Frühjahr besonders auch bei verhungerten Völkern manchmal eigenartige winzige grauschwarze Fliegen mit langen Beinen und einer auffallenden buckligen Wölbung ihres Brustabschnittes (Abb. 89). Im Gemüll findet man mehr oder weniger zahlreich die 3 bis 4 mm langen etwas gekielten tönnchenförmigen hellbraunen Puppen (Abb. 90), aus denen innerhalb von 12 Tagen diese Fliegen hervorgehen.
Es handelt sich um eine Bienenbuckelfliege, in Deutschland meist um *Megaselia*

rufipes Meig. Die oft gebrauchte Bezeichnung *Phora incrassata* ist veraltet und wurde durch *Borophaga (Peromitra) incrassata* ersetzt. Aber auch diese anzuwenden ist unberechtigt, da es sich nach unserer heutigen Kenntnis bei den damals beschriebenen Formen nicht um die *Borophaga* gehandelt haben kann (Örösi-Pál 1938).

In Deutschland ist *Megaselia rufipes* Meig. (= *Aphiochaeta rufipes* Meig.) offenbar am häufigsten. Über ihr Leben ist bisher nicht viel bekannt. Wir wissen nur, daß sie ihre Eier an tote Bienen legt und daß ihre Larven auch an toter Brut gefunden werden. Sie leben also von den abgestorbenen verwesenden Bienen und ihren Larven. Das scheint auch bei der in den USA gefundenen *Pseudohypocera clypeata* Malloch der Fall zu sein. Die Bienenbuckelfliegen sind also gewöhnlich harmlos.

Abb. 89. Bienenbuckelfliege (*Phora*-Art) aus Bienenstock (Vergr. 8 ×; Zander phot.).

Andere der artenreichen Gattung legen ihre Eier aber auch an lebende Bienenlarven ab, in denen sie heranwachsen. In Deutschland kommen dafür nach heutigem Wissensstande *Megaselia praecuta* Schmitz (= *Aphiochaeta praeacuta* Schmitz) und die auch von Maaßen (1922) beschriebene *Megaselia rata* Collin (= *Aphiochaeta rata* Collin) in Frage. Bei diesen ist also eine Schadwirkung möglich. Über solche wohl aber nur geringfügige Schäden berichten Assmuss (1860) von Rußland sowie Arnhart (1924) von Österreich, wo jedoch nicht klar war, ob die lebende oder tote Brut befallen wurde. Einen Fall von echtem Parasitismus bei der indischen Biene *Apis cerana* führt Toumanoff (1929) an.

In Pollenzellen schwacher Völker legt die brasilianische *Pseudohypocera clypeata* Malloch ihre Eier, und an die erwachsenen Bienen selbst sogar die ebenfalls in Brasilien lebende *Melaloncha ronnai* Borgmeier. Gut bekannt ist auch *Pseudohypocera clypeata* Malloch in den USA sowie die in Südamerika, Afrika und Indien beheimatete *Megaselia scalaris* Loew. (Örösi-Pál 1938).

Abb. 90. Tote Biene aus dem Wintergemüll mit zwei Buckelfliegenpuppen (BÖTTCHER phot.).

Schädlinge an den Bienenvölkern im Sommer

1 Räuberei

Die Bienen können ihre eigenen schlimmsten Feinde sein und sich gegenseitig großen Schaden zufügen: Werden sie doch manchmal zu Räubern! Dabei fällt am Flugloch eines Volkes auf, daß oft dunkel und tiefschwarz aussehende Bienen in unruhiger und nervöser Weise heran fliegen, die von den Wächtern energisch abgewehrt werden. Diese packen die Eindringlinge an, und nun versuchen beide, ihren Hinterleib einkrümmend und dabei zu Boden rollend, sich gegenseitig abzustechen. Das kann sowohl dem Verteidiger wie auch dem Angreifer gelingen, so daß schließlich der Platz vor dem Stand wie auch das Flugbrett und das Bodenbett des Stockes von toten Bienen übersät ist. Bei diesen Kämpfen verlieren die Raubbienen auch ihre Behaarung, weshalb sie letztlich so auffallend schwarz erscheinen.

Das Ausräubern setzt sich solange fort, wie vom betroffenen Volk noch Honig zu holen ist. Seine Waben werden dabei geradezu zerschrotet. Der ausgeplünderte Rest des Volkes verhungert. Spätestens dann aber wenden sich die Räuber den benachbarten Völkern zu, um dort ihre verheerende Tätigkeit fortzusetzen. Auf diese Weise kann ein ganzer Stand zugrunde gerichtet werden.

So etwas ereignet sich gewöhnlich aber nur in trachtlosen Zeiten, vor allem im Spätsommer und Herbst, aber auch im zeitigen Frühjahr. Denn nur, wenn die Natur den Bienen keine Nahrung bietet, interessieren sie sich für fremde Honigquellen.

Von stiller Räuberei spricht man, wenn die Bienen Honig rauben, ohne daß es dabei zu Kämpfen kommt. Das erlebt man hauptsächlich im Frühjahr, wenn die Bienen infolge der langen Winterruhe noch verhältnismäßig friedlich und wenig verteidigungsbereit sind, am ehesten bei schwachen oder gar weisellosen Völkern. Zu dem offensichtlichen Schaden kommt zu dieser Jahreszeit die Gefahr, daß mit dem Winterfutter der beraubten, oft kranken, halb abgestorbenen Völker Seuchenerreger wie Nosema- und Malpighamöbaparasiten verschleppt werden. Im Sommer kann stille Räuberei bei der Ablegerbildung entstehen. Die dem Volk mit dem Ableger entnommenen Flugbienen kehren, mit Honig vollgesogen, in ihr Muttervolk zurück und alarmieren dort noch andere, um mit ihnen zusammen diese Quelle bis zum letzten Tropfen auszubeuten.

Vorbeugung und Bekämpfung

Der Räuberei begegnet man am besten durch vorbeugende Maßnahmen. Das ist viel einfacher als sie zu bekämpfen. Denn meist ist es der Imker selbst, der die Bienen zum Rauben veranlaßt. In trachtloser Zeit sei man deshalb sehr vorsichtig. Am besten arbeitet man dann am Abend an den Völkern, denn die bald einbrechende Nacht zwingt die angelockten Räuber, ihre Tätigkeit einzustellen. Auch am frühen Morgen, solange es noch kühl ist, kann man es wagen, die Stöcke zu öffnen, da dann die Bienen noch nicht gern fliegen.

Besonders vorsichtig muß man mit dem Füttern sein. Futter sollte man nur abends geben. Verschüttetes Futter ist aufzuwischen. Muß man Völker durchsehen oder ihnen Honigwaben entnehmen, ist es zweckmäßig, die geöffneten Kästen und die entnommenen Waben mit einem Lappen zu überdecken, der mit einem Abschreckmittel wie Nelkenöl oder Wintergrünöl getränkt ist.

Vorsicht ist auch bei der Ablegerbildung nötig. Sollen die Ableger am Stande bleiben, darf man ihnen den endgültigen Platz erst geben, wenn nach etwa einem Tag seine Flugbienen abgeflogen sind. Bei Verbringen auf einen Außenstand kann diese Maßnahme entfallen,

Ist Räuberei ausgebrochen, wird man zunächst die Fluglöcher verengen, bei den schwächsten Völkern so weit, daß nur eine Biene hindurch kann. Entdeckt man sie schon bei Beginn, kann man versuchen, vor dem Flugloch nach dem Muster der Abbildung 91 einen irrgartenähnlichen Kanal anzubringen. Auch mit dem Rasensprenger läßt sich manchmal Schlimmeres verhüten. Weiter wird man versuchen, den Räuber festzustellen. Bestäuben der Raubbienen mit Mehl kann erweisen, woher sie kommen. Die „Nagelprobe" zeigt, daß sie mit voller Honigblase heimkehren. Dazu erfaßt man eine Biene bei den Flügeln und drückt ihren Hinterleib auf den Daumennagel der anderen Hand. Bei gefüllter Honigblase erbricht sie einen großen Tropfen. Das raubende Volk fliegt noch stark bis in den späten Abend.

Sein Abtransport aus dem Flugkreis, 5 bis 7 km weit, ist das beste Mittel, Ruhe und Ordnung wieder herzustellen. Findet man aber den Räuber nicht, oder steht er auf einem fremden Stand, kann man auch das beraubte Volk abtransportieren. Auf seinem alten Platz muß man aber eine leere Beute mit offenem Flugloch aufstellen, um die Raubbienen nicht zu den Nachbarvölkern zu lenken.
Nach Imkermeister Schlüter soll man der Räuberei auch begegnen können, indem man die Honigwaben des Räubers entdeckelt. Die Bienen sind dann mit ihrem eigenen Honig beschäftigt und würden nun vom beraubten Volk ablassen. Ein weiteres wirksames Mittel sei, das beraubte Volk mit Kaffeemehl zu überstreuen. Infolge des fremden Kaffeegeruches, den die Raubbienen auf diese Weise bekommen, sollen sie nach Rückkehr von ihren eigenen Volksgenossen abgestochen werden.

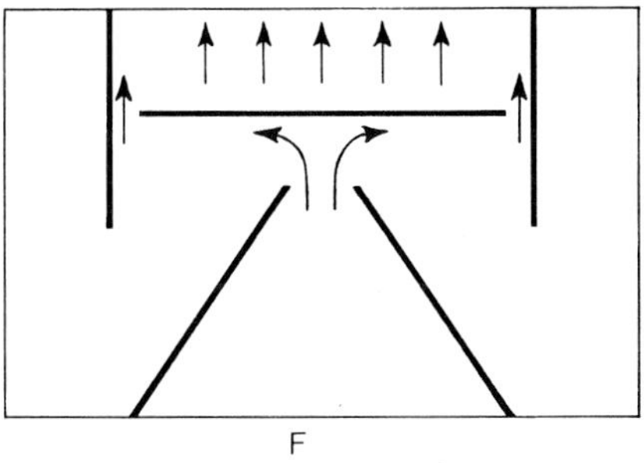

Abb. 91. Vorrichtung zur Abwehr von Räubern vor dem Flugloch **(F)** (nach Baumgartner 1933).

2 Ameisen (Formicidae)

2.1 Schaden

Ameisen werden in einer Imkerei oft recht lästig. Indessen spielt hierbei nur ein geringer Teil der in Deutschland heimischen etwa 70 Rassen und Arten eine Rolle. Zu nennen sind zunächst die kleinen nur 3 bis 5 mm langen Formen wie die schwarzgraue Wegameise *Lasius niger* L. und ihre Verwandten. Infolge ihrer geringen Größe dringen sie leicht überall ein. Oft gehen sie in nicht ganz dicht schließende Honigbehälter, wo sie ertrinken und auf diese Weise den Honig ungenießbar machen. Sie suchen aber auch, angelockt vom Honig und Zucker, die Bienenstöcke auf, ohne dort im allgemeinen viel Schaden anzurichten. Man kann auch kaum davon sprechen, wenn sie, der Wärme folgend, darin ihr Nest anlegen oder auch nur ein Nebennest, in das sie gern ihre Puppen, die sog. Ameiseneier tragen. Ihren Hauptnistplatz haben sie gewöhnlich in der Erde und unter Steinen und Wegplatten (Kloft 1953). Sicher aber belästigen sie unsere schwächsten Völker, die Begattungsvölkchen mit ihrem Vorrat an Zuckerteig oft ganz erheblich. Da die Völkchen sich gegen sie nur unzureichend verteidigen können, verlassen sie schließlich ihre Kästchen: Sie „ziehen aus". Auf diese Weise entstehen auf den Belegstellen immer wieder empfindliche Verluste.
Gelegentlich kommt es vor, daß selbst starke Bienenvölker schlagartig von einem ganzen Ameisenvolk der größeren Hügel bauenden *Formica rufa* L. oder einer ihrer

Verwandten überfallen und mehr oder weniger ausgeraubt werden, wenn nicht der Imker noch rechtzeitig eingreift. So berichtet MÜTHEL (1955), daß ein Bienenstand von 26 Völkern von der großen roten Waldameise *Formica rufa* in wenigen Tagen bis auf unbedeutende Reste so gut wie völlig vernichtet wurde. Die Kästen waren von Ameisen dicht bedeckt, und die Bienen wurden von ihnen regelrecht in Stücke gerissen. Einen Angriff auf ein einzelnes Volk schilderte mir Fachberater FEEẞ, und BORCHERT (1937/38, 1974) berichtet ebenfalls von mehr oder weniger schweren Fällen. Gleiches wird von Rumänien, von Brasilien und von Canada mitgeteilt (PROSIE 1959, ANONYM 1934, CORNER 1960). In Indien dringt die Ameise *Dorylus orientalis* in die Bienenvölker ein und veranlaßt sie zum Ausziehen (GHOSH s. TOUMANOFF 1939). Über Bienenverluste durch *Dorylus fulvus* in Marokko wird von HACCOUR berichtet (BORCHERT 1974). Die in Deutschland eingeschleppte Pharaoameise wurde hier auch in Bienenvölkern gefunden (GOTTSCHALK 1963), ohne sich offenbar jedoch zu einem ernsten Schädling zu entwickeln. Überhaupt ist die Ameisenplage in den wärmeren Ländern ein viel schwereres Problem. Aber auch bei uns kommt doch noch dazu, daß sich unsere größten Ameisen, die Roßameisen (*Camponotus ligniperda* Latr.) nicht selten in den warmen und trockenen Doppelwänden der Bienenkästen einnisten und diese zerstören, vor allem, wenn sie mit Styropor ausgefüllt sind. Dabei kann es sich hier ebenfalls manchmal nur um ein Nebennest handeln, während das Hauptnest vielleicht in einem Baumstumpf liegt. Das Beuteninnere indessen meiden die Roßameisen im allgemeinen, sie vergreifen sich offenbar auch nicht an der Bienenbrut. Vielmehr begnügen sie sich mit den im Freien liegenden toten und sterbenden Bienen. Zuweilen holen sie sich diese jedoch auch vom Bodenbrett eines Stockes (KLOFT 1951). Auch kleinere *Lasius*-Arten können die Füllungen doppelwandiger Bienenwohnungen zerstören.

2.2 Bekämpfung

Bekanntermaßen sind uns die Ameisen im allgemeinen sehr nützlich, indem sie zahlreiche Schädlinge vernichten, vor allem die Hügel bauenden im Wald. Den Schutz des Imkers verdienen sie aber ganz besonders. Hegen und pflegen sie doch dort die den Honigtau erzeugenden Lachniden (WELLENSTEIN 1977, MÜLLER in ZANDER-BERNER: „Die Bienenweide" 1979, RUPPERTSHOFEN: „Der summende Wald" 1968).

Daher sollte man zunächst immer versuchen, die Ameisen vom Bienenstande fern zu halten, ehe man sich zur Vernichtung entschließt, zumal zu beachten ist, daß die Rote Waldameise in Deutschland unter Naturschutz steht. Bei Wanderständen ist das verhältnismäßig einfach: Man bleibt mit ihnen mindestens 150–200 m, besser einige hundert Meter von einem Ameisennest entfernt (KLOFT 1953). Bei festen Ständen kann ein Fernhalten schon durch eine Futterstelle erreicht werden, die man für die Ameisen in gehöriger Entfernung vom Bienenstand einrichtet. Etwas Kristallzucker stellt man zwischen zwei Glasplatten gegen Regen geschützt auf.

Sicherer ist es, den Ameisen den Zugang zum Bienenstand zu verwehren. Das geschieht am besten, indem man dessen Pfosten mit einer Rinne umgibt, die mit Öl, Glyzerin oder Karbolineum zu füllen ist (s. Abb. 92). Bienenhäuser kann man auf mit einer entsprechenden Rinne versehene Betonsteine stellen. Für kleine Stände mögen im Notfalle auch entsprechend gefüllte Blechdosen genügen. Einzeln stehenden Beuten kann man in die vier Ecken ihres Bodenbrettes jeweils einen kräftigen langen Nagel von unten einschlagen und mit diesen in die Blechdosen setzen (ABJ 1946, S. 329). Die Pfosten des Standes mit technischem Nelkenöl ringförmig zu bestreichen wirkt eine kurze Zeit lang. Besser ist, sie mit einem Leimring oder einem Ring von Wagenschmiere zu umgeben. Jedoch muß auch der gelegentlich erneuert werden. So wird man vor allem die Begattungsvölkchen zu schützen suchen. Auch ein Ring von Fell wird hierzu empfohlen, doch bringt das keinen sicheren Erfolg. Und Nelkenöl ist gegen die Roßameise völlig wirkungslos (Merkblätter des DIB). Giftstaub, wie er von verschiedenen Firmen angeboten wird, kann allein schon dank seiner abschreckenden Wirkung Schutz bieten, wenn man ihn

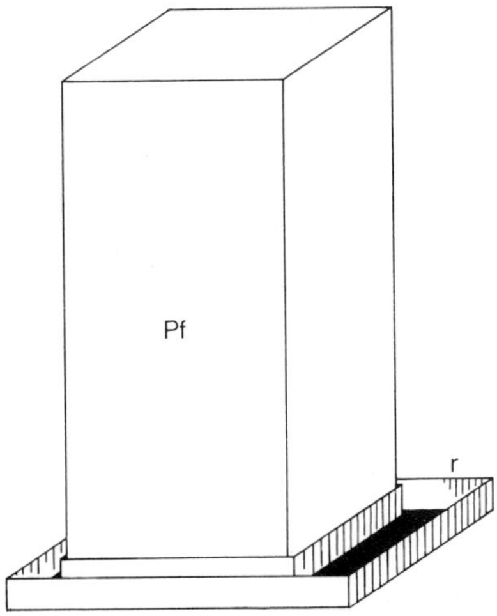

Abb. 92. Gegen Ameisen geschützter Pfosten eines Bienenstandes. Pf: Pfosten, r: mit Glyzerin oder Petroleum gefüllte Blechrinne (nach Zander).

ringförmig z. B. um einen Wanderstand ausstreut (Borchert 1974). Düngekalk soll ebenfalls so helfen (Die Biene 1983, S. 124).

Asbestfasern sollen die Ameisen meiden, so daß die Doppelwände der Beuten damit am besten auszufüllen wären. Doch erscheint Asbest wegen seine Krebs erregenden Wirkung bedenklich. Auch durch verschiedene Kräuter soll man die Ameisen vom Inneren der Bienenstöcke fernhalten können wie z. B. durch die Blätter und Stengel des Rainfarns *(Chrysanthemum vulgare)*, der Katzenminze (*Nepeta cataria*) und durch frische grüne Walnußblätter (*Juglans nigra*).

Vergiften kann man die Ameisen auf dem Bienenstand mit Ameisenfreßlack, der früher unter der Bezeichnung Rodax in den Handel kam. Das hatte sich sehr bewährt. Er wurde den Ameisen in einer zum Schutz der Bienen mit einem Schlitz versehenen Köderdose geboten. Ein Gemisch von 1 Teil Borax und 2 Teilen Staubzucker so anzuwenden wird auch empfohlen (Bvat. 1934, S. 220). Ob sich die Ameisen durch Verfüttern von Nosemasporen enthaltenen Honig vernichten lassen, wie Kienider (nach Zander 1947) angibt, erscheint recht fraglich.

Einen plötzlichen Angriff der Ameisen auf ein Volk wird man wohl am schnellsten mit kochend heißem Wasser abwehren. Dreher hatte Erfolg, wenn er die angreifenden Ameisen mit der Kante eines Brettes oder einer Glasscheibe zerquetschte, so daß sie den übrigen Angreifern im Weg lagen (Die Biene 1938, S. 78).

3 Wespen und Hornissen (Vespa sp.)

Wespen (*Vespa* sp.) und Hornissen (*Vespa crabro* L.) gehören zu den Faltenwespen, die in Ruhe ihre Vorderflügel längsgefaltet halten. Sie bauen im Gegensatz zu den Bienen waagrechte Waben mit nur einer nach unten gerichteten Zellschicht. Nur bis zum Herbst haben ihre Nester Bestand. In Deutschland kennt man neben der Hornisse noch 7 weitere Arten, von denen 5 für den Imker von Interesse sind.

3.1 Schäden

Sie leben außer von zuckerhaltigen Pflanzensäften auch von tierischer Nahrung, die sie vor allem zur Aufzucht ihrer Brut brauchen. So fällt ihnen besonders im Spätsommer, wenn ihre Staaten am stärksten entwickelt sind, auch manche Biene zum Opfer. Im großen und ganzen aber sind die von ihnen verursachten Schäden bei uns gering. Denn die Wespen begnügen sich im allgemeinen damit, die auf dem Boden vor den Flugfronten der Bienenstöcke liegenden toten und absterbenden Bienen wegzuholen. Fast augenblicklich schneiden sie ihnen in den meisten Fällen den Hinterleib ab, den sie fliegend nach Hause befördern. Sie trennen aber manchmal auch den Kopf ab und bringen Kopf, Hinterleib und Brust nacheinander weg. Ihren Stachel wenden die Wespen gegen die Bienen nicht an. Sie versuchen auch, des Honigs wegen, in die Bienenvölker einzudringen. Seltener greifen sie die Bienen im Fluge an. Bei den Hornissen hingegen kann man das eher beobachten. Im Schwebflug stehen sie eine Weile vor dem Bienenstand in der Luft, oder auch vor den von Bienen besuchten Blüten, bis sie sich plötzlich auf eine Biene stürzen. Mit schnellen Bissen ihrer scharfen Kiefer trennen sie Kopf, Flügel und Beine ab, öffnen den Hinterleib meist auf der Bauchseite, und verzehren die Honigblase. Dann schneiden sie den Hinterleib ab, um nun die Brustmuskulatur aufzufressen oder mit ihr nach Hause zu fliegen (Örösi-Pál 1937). Hirschfelder (1951) sah einmal, wie eine Hornisse innerhalb von 10 Minuten 8 Bienen verzehrte.

In wärmeren und heißen Ländern hingegen führen vor allem die Hornissen geradezu Überfälle zu 20 und 30 auf die Bienenvölker aus und vernichten sogar deren Brut. Dort stellt man eigens Wächter an, die diese Räuber mit einem Brett niederschlagen, so in Ägypten gegen die *Vespa orientalis* L. (v. Buttel-Reepen 1921) und in Japan gegen die Riesenhornisse *Vespa mandarinia* (Smith, Okada 1962, Sakagami u. Mit. 1972). In Azerbeidschan wird darüber geklagt, daß sich die Hornissen auch beachtliche Honigmengen aus den Bienenvölkern holen (Atakischiev 1971).

Bei Wespen und Hornissen überwintern in Mitteleuropa nur einzelne Weibchen. Im Frühjahr bauen sie aus abgenagtem Holz kunstvolle Papiernester in allerlei Höhlen, gern auch unter Hausdächer und an die Decke von Hütten und Bienenhäusern. Wer im Frühjahr ein überwintertes Weibchen vernichten kann, zerstört mit jedem Stück ein ganzes Nest. Die Hornissen sollte man jedoch schonen, auch wenn sie gelegentlich Bienen fangen. Denn sie sind seltener geworden und vom Aussterben bedroht. Da sie den Menschen kaum angreifen, sind sie keineswegs so gefährlich, wie man gewöhnlich annimmt.

Die aufdringlichen Wespen hingegen werden viel lästiger. Doch stechen sie in der Regel auch nur, wenn man sie unversehens drückt oder wenn man ihr Nest angreift. Die unter Imkern allgemein verbreitete Meinung, daß sie die Honigtautracht des

Waldes mindern, hat sich nicht bestätigt. Wohl sammeln sie auch den Honigtau und versorgen sich auf diese Weise mit Zucker. Doch fressen sie die den Honigtau erzeugenden Lachniden nicht, stören diese auch nicht in ihrer Saugtätigkeit und behindern auch nicht die sammelnden Bienen. Vielmehr bieten sie ihrer Brut das erforderliche Eiweiß durch Fangen von Fluginsekten, die ebenfalls vom Honigtau zehren und die oft sogar Feinde (Parasiten) der Lachniden sind. Die Massenentwicklung der Wespen hängt vom Honigtauangebot ab. Deshalb sind Lachnidenjahre wegen der starken Honigtaubildung auch Wespenjahre und deshalb treten die Wespen umgekehrt in lachnidenarmen Jahren nur schwach auf (LIEBIG 1982).

3.2 Bekämpfung

Nur, wenn in dringenden Fällen notwendig, sollte man die Wespen und Hornissen bekämpfen. Sie lassen sich leicht in den zur Bienenfütterung verwendeten Ballonen fangen, die man zu einem Drittel mit gesüßtem Obstsaft füllt. In den USA hat man einen eigenen Attraktivstoff für Wespen entwickelt, der sich anstelle des Obstsaftes verwenden läßt (EDDY u. Mit. 1974). Die Wespen finden den Weg in den Ballon, aber nicht wieder heraus, und ertrinken. Auch Flaschen mit gewölbtem Boden (Cognakflaschen), eignen sich hierzu. Man durchschlägt den Boden mit einem Nagel, verkorkt sie und hängt sie umgekehrt auf. Wenn also überhaupt, so wird man eine solche Falle im Frühjahr aufstellen, um die überwinterten Weibchen zu fangen. Im Spätsommer und Herbst, wenn die Wespen in Massen da sind, hat das so gut wie keinen Wert mehr. Wer gezwungen ist, ein störendes Nest zu beseitigen, kommt am einfachsten zum Ziel, wenn er den Eingang des Nestes mit einem Insektengift, z. B. mit Paral besprüht.
In Japan bekämpft man die Riesenhornisse *Vespa madarinia* auch mittels besonderer Fallen, die man wie Drohnenfallen vor den Fluglöchern der Bienenstöcke anbringt (Ausstellung Apim. Budapest 1983).

4 Bienenwolf (Philanthus triangulum F.)

4.1 Verbreitung und Schaden

Der Bienenwolf ist ein Bienenräuber. Der Schaden, den er anrichtet, ist gewöhnlich gering. Wo er aber in Massen auftritt, können die Bienenvölker der Umgebung erheblich geschwächt werden. Starke Schäden kamen Ende der 20er Jahre im Kaliabbaugebiet an der Werra vor (THIEM 1933), in geringerem Maße später zudem an verschiedenen Stellen im fränkischen Bayern (HIRSCHFELDER 1956). Auch in Holland (VAN TILL 1938, SIMONTHOMAS u. Mit. 1979), im südlichen Rußland sowie in Ägypten (EL-BOROLLOSY u. Mit. 1972, SIMONTHOMAS 1980) spielt er eine schädigende Rolle. In der Schweiz tritt er im Wallis auf (Schw. Bvater 15. Aufl.), in Skandinavien findet er sich nur vereinzelt (ERLANDSSON 1961). In den USA wurde *Philanthus flavivrons* und *Ph. sanboronii* als Bienenräuber beobachtet (BOHART 1955, EVANS 1955). Diese sind jedoch ohne praktische Bedeutung.

4.2 Bau und Lebensweise

Bei *Philanthus triangulum* handelt es sich um eine Grabwespe, deren lebhaft gelb und schwarz gefärbter Körper einen überaus mächtigen Kopf mit starken Kiefern trägt. Weiter ist für sie kennzeichnend ein auf dem vorderen Abschnitt ihres Hinterleibes mit der Spitze nach hinten weisendes gewöhnlich gut ausgebildetes schwarzes Dreieck, was auch in ihrer Bezeichnung *Ph. triangulum* zum Ausdruck kommt. Auf seiner Stirn besitzt das Weibchen auf dunklem Untergrund ein helles meist zweizackiges, das Männchen ein dreizackiges helles „Krönchen". Nur das 1 bis 1,5 cm große Weibchen wird den Bienen gefährlich. Das kleinere stachellose Männchen ist harmlos. Beide halten sich zunächst auf Blüten auf, wo sie vom Nektar leben. (Philanthus heißt Blumenfreund!) Nach der Begattung sorgt das Weibchen für die Nachkommenschaft, indem es an sandigen sonnigen Abhängen Gänge von 30 und sogar 60 cm Länge in die Erde gräbt (Abb. 96). Diese enden jeweils mit einer etwa 2,5 : 1,5 cm großen Brutkammer. In jeder Kammer lagert das Weibchen 3 bis 6 Bienen nebeneinander ab, die es im Flug erhascht, durch einen Stich in der Kehle oder nach VAN TILL (1938) in die Brust, hinter dem zweiten Beinpaar, lähmt und in charakteristischer Weise unter sich haltend fortträgt. An die Brust jeweils eines dieser noch eine Zeitlang lebenden Opfer legt es ein Ei und verschließt danach die Brutstätte, ohne sich weiter darum zu kümmern (Abb. 93–96, Tafel 8).

Abb. 93. Weibchen des Bienenwolfes (Vergr. 7 ×; HARAGSIM phot.).

Abb. 94. Kopf des Bienenwolfes mit „Krönchen“ (HARAGSIM phot.).

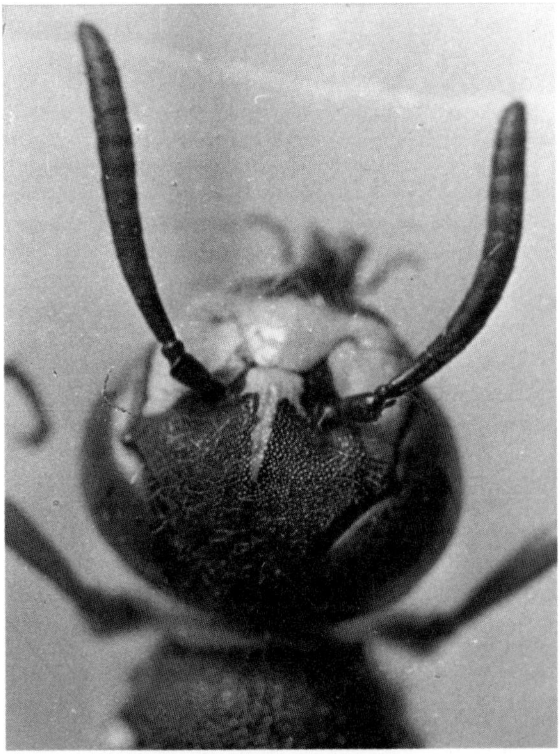

Die aus dem Ei schlüpfende Larve ernährt sich von der Brustmuskulatur der nebeneinander liegenden Bienen. Schließlich umgibt sie sich mit einem flaschenförmigen Kokon, den sie waagrecht an der Brutkammerwand befestigt (THIEM 1933). Erst 10 bis 11 Monate später, nachdem sie so den Winter überdauert hat, verpuppt sie sich, um kurz darauf zu schlüpfen. Ihre Flugzeit währt vom Juni bis in den September (HIRSCHFELDER 1956).

Zu ihrer eigenen Ernährung fangen die Weibchen noch weitere Bienen, die sog. Leckbienen, in nicht zu unterschätzender Anzahl ab, lähmen und pressen sie, um deren Hämolymphe sowie den aus der Honigblase austretenden zuckerhaltigen Inhalt aufzunehmen (HIRSCHFELDER 1953).

Nachts und bei schlechtem Wetter halten sich die Bienenwölfe in täglich neu angelegten Erdröhren von 3 bis 5 cm Länge auf. Sie leben halb gesellig. An günstigen sonnigen Brutplätzen mit lockerem Boden, insbesondere auf unbewachsenen Abraumhalden, kann es leicht zur Massenvermehrung des Bienenwolfes kommen, wie es z. T. an den oben genannten Plätzen der Fall war. Äußerlich fallen die Brutstätten als kleine haldenartige Erdanhäufungen auf. Hier liegen manchmal Hunderte von Röhren dicht beisammen. Im übrigen sei auf die eingehende und reich bebilderte Biographie des Bienenwolfes von OHLBERG (1953) hingewiesen. Neuere Beobachtungen aus Südwestfrankreich bringen THOMAS u. Mit. (1972).

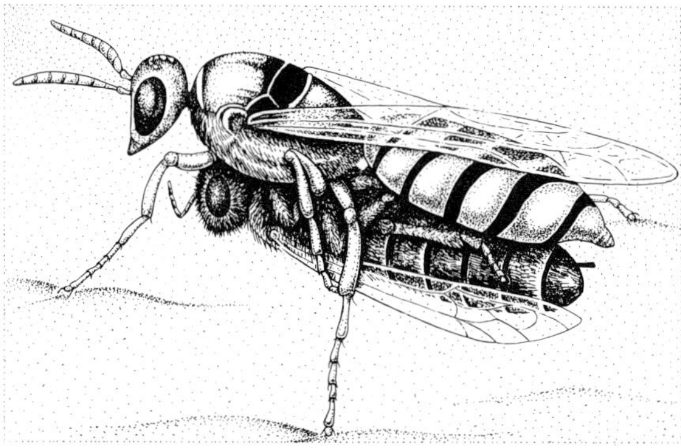

Abb. 95. Bienenwolf mit erbeuteter Biene, vergr. (nach THIEM).

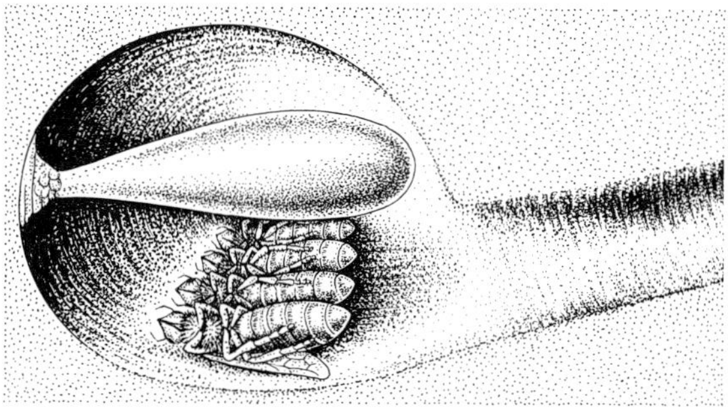

Abb. 96. Brutkammer des Bienenwolfes mit 4 toten Bienen, darüber Kokon mit Puppe (nach THIEM).

4.3 Bekämpfung

Biologische Bekämpfung: Es bietet sich an, den Schädling sozusagen auszuhungern, indem man die Bienenvölker aus seinem Flugbereich entfernt. Er ist ja so gut wie ganz auf die Jagd auf Honigbienen angewiesen, jedenfalls hinsichtlich der Ernährung seiner Brut. Praktisch ist das aber bei den großen Entfernungen, die sowohl die Honigbiene wie der Bienenwolf zurücklegen können, sicher nur selten durchführbar.

Eher erscheint es möglich, seine Brutplätze durch Überschichten und Begrünen unbrauchbar zu machen. THIEM (1937) rät vor allem, die Nistplätze des Schädlings abzutragen und einzuebnen. Erreicht soll das dadurch werden, daß man die Herde je nach den gegebenen Verhältnissen mit lehmiger Erde, Steinkohlenasche, Grudeasche, Eisenbahnschotter grobem Kies, grobem Basaltschotter oder ähnlichem 8 bis 10 cm hoch bewirft. Je sandiger der zur Verfügung stehende Erdboden ist, um so höher muß die Deckschicht sein. Ferner empfiehlt er, die mit Erde überzogenen Befallsflächen zu walzen und darauf den Pflanzenwuchs durch Grasansaat zu beschleunigen. Dazu könnten auch dicht aneinandergelegte Rasenstücke verwendet werden.

In Holland hat man die Brutstätten mit dem Pilz *Absidia orchis* beimpft, was in ausgedehntem Maße noch vor dem Winter zum Verschimmeln der Nester und zum Absterben der Bienenwolflarven führte (VAN TILL 1938). Ein natürlicher Feind ist

die Raupenfliege (Tachinide) *Metopia leucocephala* Rss., die jedoch auch in die Bienenstöcke eindringt (FAHRINGER 1925).
Chemische Bekämpfung: Chemische Bekämpfungsmaßnahmen führte HIRSCHFELDER (1955) durch. Bei kleinen Befallsflächen erzielte er mit E 605-Staub, den er auf die Nesteingänge gab, guten Erfolg. Bei Massenauftreten auf einer Halde wandte er ein Hexamittel an (etwa 1,4 kg auf 100 qm), das nach dem Ausstreuen tief in den Boden eingearbeitet wurde. Der Erfolg damit war sehr gut.

5 Bienenlaus (Braula coeca Nitzsch)

5.1 Erkennung und Schaden

Auf der Königin eines Bienenvolkes kann man manchmal ein stecknadelkopfgroßes lausähnliches Insekt entdecken. Oft sind es auch mehrere, die sich auf ihrem Kopf und besonders gern an ihren Körpereinschnitten, am Hals und vor allem an der Wespentaille, aufhalten. Auf den Arbeitsbienen kommen sie bei starkem Befall ebenfalls vor, nicht jedoch auf den Flugbienen (DUKOV 1964) und selten auf den Drohnen (Abb. 97–104, Tafel 8, S. 264).
Es handelt sich um eine kleine flügellose Fliege (Diptere), also keineswegs um eine Laus, die *Braula coeca* Nitzsch. Ihrem Wirt tut sie nichts zuleide. Nur an seiner Nahrung nimmt sie teil, ist ein sog. Kommensale. Dazu klammert sie sich an dessen Kopfschild (Clipeus) fest und kratzt ihn solange mit ihren Vorderfüßen an seiner Oberlippe (Labrum), bis er die Zunge vorstreckt, ähnlich wie eine Biene, welche eine andere um Futter anbettelt (HUMPHREY und DIETZ 1970). Dann saugt sie auf,

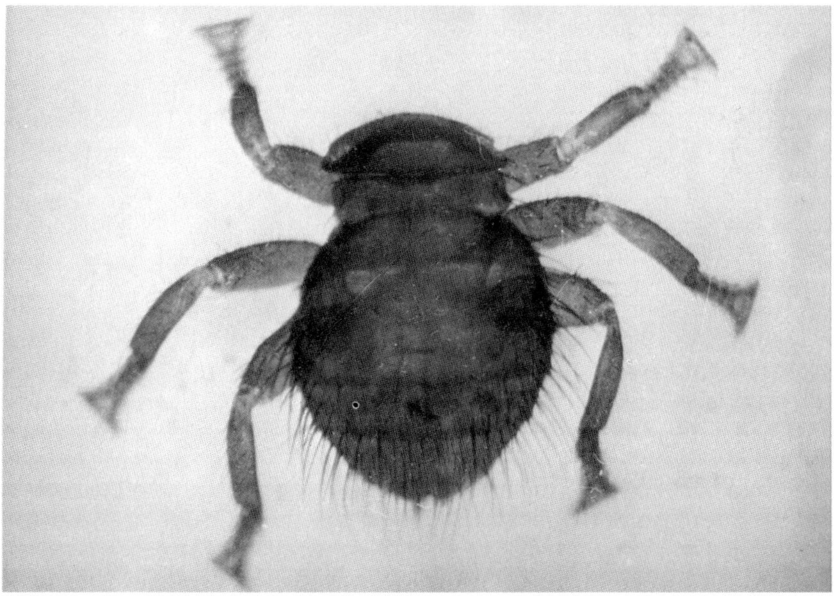

Abb. 97. Die Bienenlaus *Braula coeca,* Weibchen (Vergr. 35×; HARAGSIM phot.).

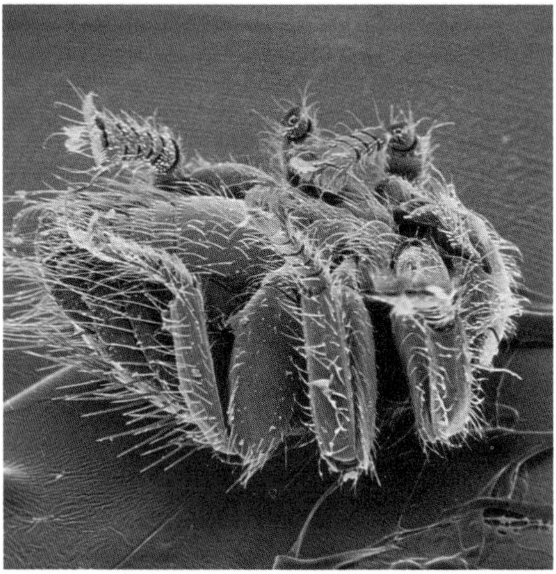

Abb. 98. Bienenlaus auf dem Rücken liegend (Vergr. 47 ×).

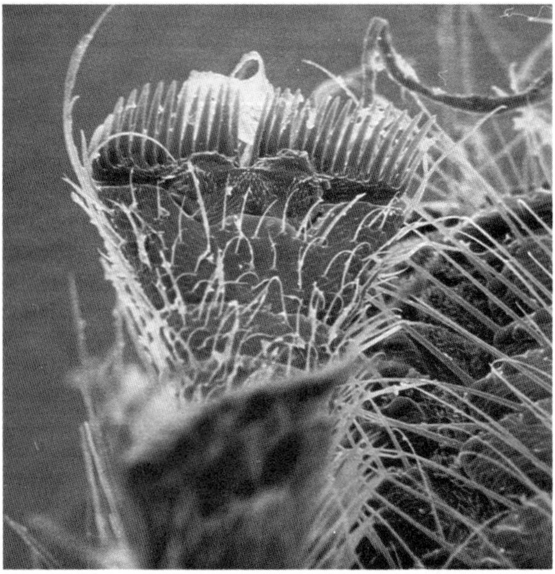

Abb. 99. Mit den kammartig ausgebildeten Klauen hält sich die Bienenlaus im Haarkleid der Bienen fest (Vergr. 205 ×).

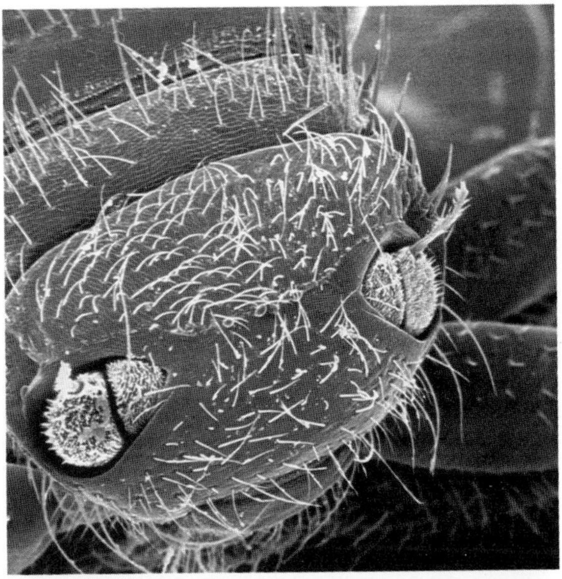

Abb. 100. Kopf der Bienenlaus von vorn: Die Augen und die Fühler sind zurückgebildet (Vergr. 205 ×).

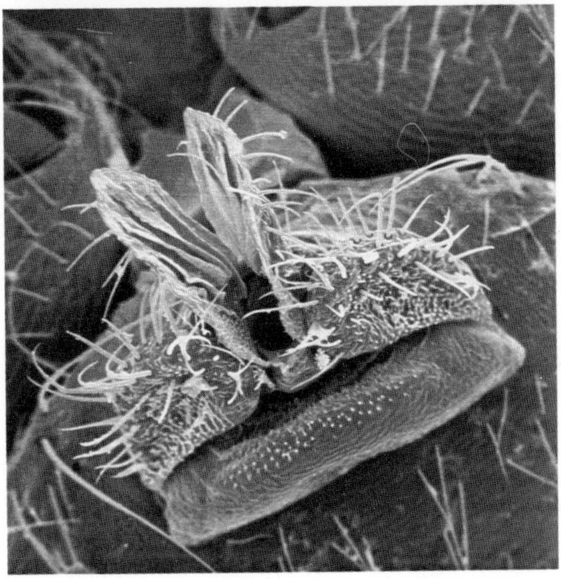

Abb. 101. Rüssel und Mundöffnung der Bienenlaus (Vergr. 205 ×; Abb. 98–101 rasterelektronenmikroskopische Aufnahmen DRESCHER).

was sich an seiner Zunge befindet. Sicher dürfte sie ihrem Wirt lästig werden, jedenfalls wenn sie in großer Zahl auftritt. Wurden doch einmal nicht weniger als 187 Stück an einer Königin gezählt (A. KÖHLER 1922). Dazu kommt der Minierfraß ihrer Larven unter den Honigzelldeckeln, der sie in heißen Ländern wie Ägypten zu einem sehr gefährlichen Schädling werden läßt (HASSANEIN u. ABDEL-SALAAM 1962).

5.2 Bau und Lebensweise

Sie ist etwa 1,5:0,9 mm groß, annähernd kugelförmig, von rötlicher-brauner Farbe; Brust und Hinterleib sind kaum voneinander getrennt. Ihre Mundwerkzeuge sind zum Saugen, nicht zum Stechen eingerichtet. Keineswegs ist sie blind, wie man früher annahm und wie die lateinische Bezeichnung „coeca" besagt. Indessen fehlen die Ocellen, und die am Grund der Fühler liegenden Augen sind nur schwach entwickelt (v. BUTTEL-REEPEN 1919, STEISKAL 1964).

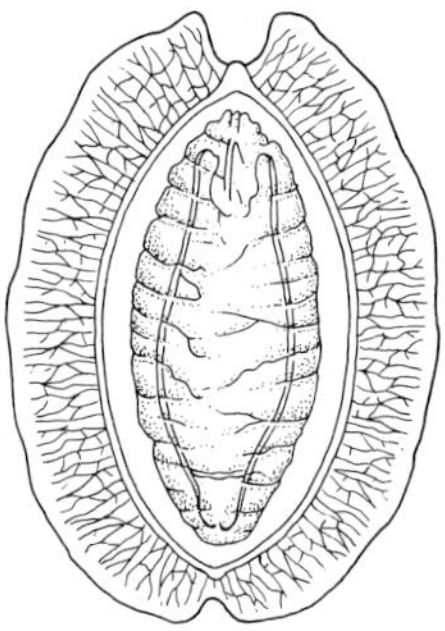

Abb. 102. Ei der Bienenlaus, stark vergrößert (nach SKAIFE aus BELJAWSKY 1929).

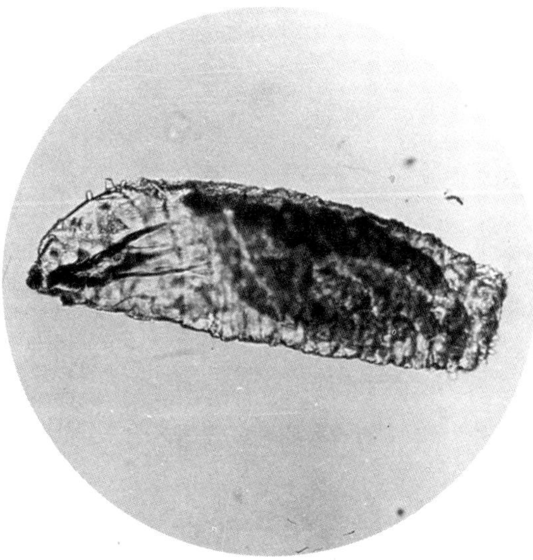

Abb. 103. Larve der Bienenlaus, vergr. (STAUB phot.).

Die gesamte Entwicklung erfolgt im Bienenvolk. Sie dauert bei *Braula coeca* 16 bis 23 Tage, bei *Braula orientalis* 63 bis 67 Tage (HASSANEIN und Mit. 1962, DUKOV 1964). Nach ARGO (1927) ist es die Laus, nach NIEZGODZINSKI (1961) aber sind es die Eier, die im Volk überwintern. Das Weibchen legt diese auf die Oberseite der Honigzelldeckel (SKAIFE 1921, BELJAWSKY 1929) wie auch auf die Wände leerer oder teilweise gefüllter Honigzellen (HERROD-HEMPSAL 1931). Sie sind an der Breitseite von flügelartigen, vorn und hinten eingekerbten Säumen umzogen. Mit diesen messen sie etwa 0,84:0,52 mm (ÖRÖSI-PÁL 1938).

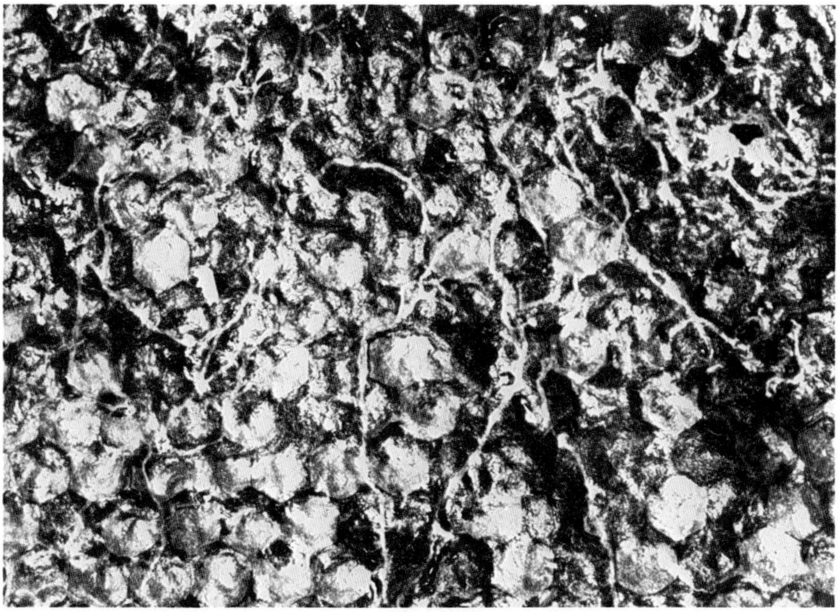

Abb. 104. Fraßgänge der Bienenlauslarve in Zelldeckeln, vergr. (Staub phot.).

Die daraus schlüpfenden zunächst noch durchsichtig-weißen, später rotbraunen Larven legen in den Waben feine verzweigte Tunnel an, worin sie sich weiter entwickeln. Vorzugsweise geschieht das unter den Wachsdeckeln der Honigzellen, aber auch in den Wänden leerer oder teilweise gefüllter Honigzellen (Arnhart 1923, Morgenthaler u. Elser 1926). Scheibenhonig kann auf diese Weise unansehnlich werden und infolge Luftzutritts in Gärung geraten. In Betrieben, wo die Honigwaben nicht oder seltener entdeckelt werden, ist deshalb die Bienenlaus häufiger anzutreffen. Handelt es sich um Zellen, die von den Bienen zuvor bebrütet worden sind, so erscheinen die Kokonschichten über den tunnelartigen Gängen aufgetrieben. Die Verpuppung erfolgt meist in der Nähe eines vorsorglich von der Larve angelegten Schlupfloches. Denn die ausgebildete Bienenlaus kann kein Wachs schneiden. Die Larven ernähren sich von dem mit Pollen durchsetzten Wachs der Zelldeckel (Örösi-Pál 1937/38). Wie die Wachsmottenlarven sind sie imstande, Wachs wenigstens zum Teil zu verdauen.

Die Braula kommt in verschiedenen Arten wohl überall in der Welt vor. Wir kennen heute, dank Örösi-Pál (1966) vor allem, eine ganze Reihe, die von ihm zu einer Coeca-, Schmitzi- und Pretoriensisgruppe zusammengefaßt wurde (s. a. Borchert 1974). Zwei von ihm an äthiopischen Bienen erst kürzlich entdeckte Arten sind z. Zt. noch nicht benannt (pers. Mittlg. 1983). Die zur Schmitzi-Gruppe gehörige *Braula orientalis* Örösi-Pál legt ihre Eier auch auf Brutzelldeckel und Brutzellwände ab (Hassanein und Abdel--Salaam 1962). Auch Skaife fand in Südafrika Bienenlauslarven in Brutzellen (Ref. SBZ 1922 S. 408). *Braula kohli* ist in Afrika und Südamerika beheimatet. Sie wurde aber auch in Belgien festgestellt

(COOREMANN 1966). Von Venezuela meldet STEJSKAL (1966) das Vorkommen der *Braula coeca* und von Armenien MARKOSYAN u. Mit. (1973). Hier findet sie sich in größerer Zahl im September in den Bienenvölkern, in geringerer im zeitigen Frühjahr. Auch in den Vereinigten Staaten findet sie sich. In Maryland fand SMITH (1978) 28 % der Bienenstände befallen, dabei 18 % der Völker.

5.3 Bekämpfung

Vorzubeugen ist der Ausbreitung der Bienenlaus in den Völkern am besten durch häufiges Entdeckeln der Honigzellen.
Eine Königin läßt sich leicht von den Bienenläusen befreien, wenn man diese mit der in Honig getauchten Spitze eines Hölzchens betupft. Sie bleiben daran hängen. Eine andere Möglichkeit ist, die Königin abzufangen und in der hohlen Hand anzurauchen, bis die Läuse abfallen. Tabakrauch dürfte sich dazu am besten eignen. Geraten wird auch, die Königin mit einigen Bienen für 2 bis 3 Minuten in einen mit fein gepulvertem Naphtalin gut eingeriebenen Schlüpfkäfig zu stecken. Danach soll sie entlaust sein. Auch Kampfer und Imkerglobol (Paradichlorbenzol) wird dazu empfohlen. Dann wird sie in einem frischen Käfig auf die Waben gelegt und nach einer Stunde freigelassen (WIEDENFELD 1930).
Befallene Völker sollen sich selbst von den Bienenläusen befreien, wenn man sie abends mit warmem Zuckerwasser anspritzt, was sie zu lebhafterer Putztätigkeit anregt. Vertreiben lassen sollen sich die Läuse, indem man 3 bis 4 flach gespaltene und mit Terpentin bestrichene Kienspäne 14 Tage lang unter den Wabenbau legt (LÜFTENEGGER 1925).
Zu einem schnelleren Erfolg kommt man durch Behandeln der Völker mit Naphtalin, Kampfer oder Paradichlorbenzol (= **Imker**globol). Thymol hat sich weniger bewährt. Auf einer weißen Unterlage gibt man einen dieser Stoffe abends auf das Bodenbrett der Beute. Infolge der langsam in Gasform übergehenden Mittel fallen die Bienenläuse betäubt auf das Papier und können leicht beseitigt werden, wenn man dieses am nächsten Morgen herausnimmt.
Noch besser ist der Erfolg bei unmittelbarer und stärkerer Gaseinwirkung. Bewährt hat sich hierzu Phenothiazin. Davon werden 3 g in einem Papiertütchen im Rauchbläser angezündet. Von dem entstehenden dichten weißen Rauch gibt man 2 × 20 Stöße langsam durch das Flugloch in das Volk (GERLT-SEIFERT 1980). Die Beräucherung mit Folbex-VA, wie sie auf Seite 205 beschrieben ist, hilft gleichfalls. Jedoch muß man diese Begasungen nach 2 bis 3 Wochen wiederholen, da sie nicht gegen die Entwicklungsstadien wirken (DUKOV 1964) und das sonst bewährte Phenothiazin bei sehr heißem Wetter nicht voll wirksam sein soll (MARKOSYAN u. Mit. 1973, s. a. STEJSKAL 1965).

6 Parasitierende Fliegen

Wenn Fliegen sich parasitisch in anderen Insekten entwickeln, spricht man von Myiasis. Das Wort kommt vom Griechischen muia = Fliege.

6.1 Raubfliegen (Asilidae)

Die Raubfliegen sind bis zu 5 cm lang, oft stark behaart. Sie lauern an sonnigen Stellen auf andere Insekten, um sie mit ihren langen Beinen zu ergreifen und mit ihren Mundwerkzeugen auszusaugen. Die größeren von ihnen können auch den Bienen gefährlich werden (Brügger 1935). Nachgewiesen ist das von *Selidopogon (Dasypogon) diadema* Fabr., *Dasypogon teutonus* L., *Asylus crabroniformis* L., *Laphria flava* Meig. (Abb. 106), *Andrenosma atrum* L. und in Spanien von *Machimus*-Arten. Wirklich schädlich werden sie aber nur, wenn sie in größerer Zahl auftreten, wie es in Schlesien und in der Steiermark schon vorgekommen ist (Örösi-Pál 1937/38). In Montenegro werden *Molobralia teutonus* und *Dasypogon diadema* schädlich (Adamović 1972).
In Argentinien hat die Schmeißfliege *Mallophora ruficauda* W. hohe Bienenverluste verursacht. Es handelt sich um die größte Dipterenart in diesem Lande. Sie fängt die sammelnden Bienen im Flug und tötet sie durch einen Stich in den Hals. Ihr Stich ist schmerzhaft und giftig (Schwint-Escalante 1971).

6.2 Raupenfliegen (Tachinidae)

In Südafrika wird die hausfliegengroße *Rondaniocestrus apivorus* Villeneuve schädlich. Sie klebt ihre lebend geborenen Larven heimkehrenden Bienen an den Hinterleib. Von dort bohren sich diese durch die Zwischenringhäute in die Biene und verursachen ihren Tod (Skaife 1930). In Österreich wurde *Metopia leucocephala* Rss. beobachtet (Fahringer 1925).

6.3 Fleischfliegen (Sarcophagidae)

Eine Fleischfliege, die *Senotainia tricuspis* Meig. ist seit kurzem in Italien, Südfrankreich, Rumänien, der Ukraine und in Nordafrika häufiger beobachtet worden. Nach Mathis (1975) können bis zu 25% der Flugbienen eines Stockes befallen sein, so daß sich das Bild der „Schwindsucht“ ergibt. In der Ukraine und der rumänischen Donauebene betrug der Befall sogar bis zu 80%. Man spricht von einer Senotainiose (Boiko 1958, 1970).
Äußerlich ähnelt die Senotainia einer Hausfliege (Simintzis 1949). Sie überfällt Hymenopteren, insbesondere auch die Honigbienen, und legt an ihnen zwischen Kopf und Brust jeweils eine ihrer lebend geborenen Larven ab. Diese dringen innerhalb von 10 bis 20 Minuten in den Bienenkörper ein und zehren ihn allmählich aus. Schon nach wenigen Tagen stirbt die Biene ab (Boiko 1964). Schließlich, nach 6–11 Tagen, verläßt die Fliegenlarve die Biene und gräbt sich in den Erdboden ein, um sich dort zu verpuppen. 7 bis 16 Tage später schlüpft daraus wieder die fertige

Abb. 105. Die Raubfliege *Dasypogon teutonus* mit erbeuteter Biene (STAUB phot.).

Abb. 106. Männchen der Raubfliege *Laphria flava* (Vergr. 5 ×; HARAGSIM phot.).

Fliege. Die Überwinterung erfolgt als Puppe (GIORDANI 1956, BOIKO 1970). Ende Mai erscheint dann die Fliege.

Bekämpfung

Zur Bekämpfung sucht man die Fliege in weißen mit Wasser gefüllten großen Schalen abzufangen, die man auf die Bienenstöcke stellt. Auch Bestreichen der Dächer der Bienenkästen mit 1 bis 2 %iger DDT-Lösung hat man versucht (BOIKO 1958, 1959).

6.4 Dickkopffliegen (Conopidae)

Die Dickkopffliegen machen ihre parasitische Entwicklung in den verschiedensten Bienenarten und Wespen durch. Sie sind also nicht etwa auf die Honigbienen angewiesen. Dem Imker fallen sie nur sehr selten auf. Praktisch spielen sie kaum eine Rolle.

Während die Biene eine Blüte besucht, legt das Weibchen ein Ei in deren Hinterleib. Dort entwickelt sich die Larve zu beachtlicher Größe, und die Biene stirbt schließlich ab. Der Parasit verpuppt sich und kann in diesem Zustand mit der toten Biene auf dem Boden des Stockes überwintern.

Wenn man im Frühjahr den Winterleichenfall der Völker in einem Käfig aufbewahrt, kann es dann vorkommen, daß nach einiger Zeit eine Dickkopffliege daraus schlüpft. Bisher konnten 6 Arten auf diese Weise „gezüchtet" werden: *Physocephala marginata* Say, *Ph. sagittaria* Say, *Zodion fulvifrons* Say, *Z. notatum* Meig., *Thevophora apivora* Zimina und *Th. longirostris* Lyneb. Man weiß bisher jedoch nur sehr wenig über diese Tiere (HÜTTINGER 1974).

7 Ölkäfer (Meloe sp.) – Triungulinen

7.1 Schadbild

Man sieht Bienen aus den Fluglöchern stürzen, sich heftig schütteln und krampfhaft bewegen, immer wieder mit den Beinen über ihre Körper streichen und zum Teil sogar bis zu 1 cm in die Höhe springen. Offenbar fühlen sie sich stark belästigt. Schließlich gehen sie ein. Flugbienenverluste bis zu 40 % sind beobachtet worden. Bei näherer Betrachtung erkennt man, daß auf den Bienen glänzend-schwarze, seltener auch gelbe Larven haften. Der Imker spricht von schwarzen und gelben „Bienenläusen". Diese finden sich auch in manchmal sehr großer Zahl tot auf dem Boden der Bienenstöcke (WEIPPL 1937, HIRSCHFELDER 1951). Es können das Tausende sein (Abb. 107).

7.2 Ursache

Es handelt sich um sog. Triungulinen, d. h. um Larven der Käfer der Gattung *Meloe*: meist von *Meloe variegatus* Donovan und *M. proscarabaeus* L. Doch kommen in Deutschland noch 2 und in Europa noch 4 bis 5 andere Meloe-Arten dafür

Abb. 107. Tausende von Triungulinen können sich auf dem Bodenbrett eines Bienenstockes finden, vergr. (Hirschfelder phot.).

Abb. 108. Erste Larve des Ölkäfers, sog. Triunguline, Vergr. 20 × (aus: Der Imkerfreund).

in Betracht (Örösi-Pál 1937). 8 Arten kommen in Armenien vor (Danielyan und Nalbandyan 1971). Man nennt sie gewöhnlich Ölkäfer oder auch Maiwürmer. Es sind das bis zu 32 mm lange, plump gebaute, schwerfällige, metallisch glänzende Tiere mit stark verkürzten, hinten weit auseinander klaffenden Flügeldecken. Das

Abb. 109. Eierträchtiges Ölkäferweibchen *(Meloe* sp., vergr.) (aus Urania Tierreich).

häutige Flügelpaar fehlt, so daß sie nicht fliegen können. Schwarz bis blau schimmert *Meloe proscarabaeus,* grünlich *Meloe variegatus.* Beide sondern beim Anfassen an verschiedenen Körperstellen ein unangenehm riechendes Öl aus, worauf ihr Name Ölkäfer weist (Abb. 109).

Die Käfer nähren sich von Gräsern, Löwenzahn und anderen Blattpflanzen. Ihre ganz besonders dickleibigen Weibchen graben im zeitigen Frühjahr an verschiedenen Stellen der Erde Löcher, in die sie insgesamt mehr als 1000 Eier ablegen. Nach etwa 4 bis 6 Wochen schlüpfen daraus die ersten Larven, die wegen ihrer 3 Fußklauen Triungulinen genannt werden (Abb. 108). Sie haben einen dreikantigen Kopf, der jederseits ein großes Auge und einen dreigliedrigen in eine lange Borste auslaufenden Fühler trägt. Am Ende des geringelten Hinterleibes befinden sich 4 lange Borsten. Gelb gefärbt sind die kleineren 1,2 bis 1,5 mm langen Triungulinen von *Meloe proscarabaeus,* schwarz die größeren 2,5 bis 3,85 mm langen Triungulinen von *Meloe variegatus.*

Sie halten sich zunächst in manchmal großen Scharen auf Blüten auf, die von den verschiedensten Insekten besucht werden. Hier fallen sie diese an und lassen sich von ihnen forttragen. Aber nur wenn sie an einzeln lebende (solitäre) Bienen geraten, ist ihre weitere Existenz gesichert, indem diese sie zu ihren Brutzellen mitnehmen. Dort verzehren sie das Bienenei und verwandeln sich in eine dem Engerling ähnliche zweite Larvenform, die nun von dem Honig- und Pollenvorrat der Zelle lebt. Danach durchlaufen sie noch weitere Stadien, nach Borror u. Mitarb. (1976) insgesamt 7, wovon das 6. überwintert. Diese ungewöhnlich verschiedengestaltige Verwandlung nennt man Hypermetamorphose.

Die ersten Larvenstadien, die Triungulinen, befallen auf den Blüten auch Honigbienen, von denen sie mit in ihre Stöcke genommen werden. In Deutschland kommt das zwar recht selten vor, doch berichtet Hirschfelder (1951) von einem schweren Fall. Die Triungulinen von *Meloe proscarabaeus* halten sich im Haarkleid der Bienen fest. Die von *Meloe variegatus* aber haken sich tief in die weiche Haut zwischen den Körperringen, besonders auch zwischen Brust und Hinterleib ein. Dazu dienen ihnen ihre kneifzangenartigen Kiefer, ihre Krallen und ihre am Hinterleibsende befindlichen ausstülpbaren Darmfüßchen, die Pygopodien, die sie außerdem noch zum Putzen verwenden (Örösi-Pál 1936). Die flugunfähig gewordenen Bienen sterben unter Zuckungen nach einer Zeit (Maaßen 1919, Borchert 1925). 1 bis 2, manchmal auch 5 bis 6, ja 10 und sogar 25 Triungulinen können an einer Biene sitzen (Hirschfelder 1951). Vielfach war man der Meinung, daß sie den Bienen kein Blut entziehen, und daß deren Tod lediglich eine Folge der starken Belästigung sei (Weippl 1937). Wie indessen Örösi-Pál (1937) nachweisen konnte, trifft das nur für die Larven des Gemeinen Ölkäfers *Meloe proscarabaeus* zu, die sich im Bienenstock ganz von Honig ernähren und deshalb auch den Bienen weniger gefährlich werden. Nicht aber gilt das für die Triungulinen des Bunten Ölkäfers *Meloe variegatus*. Diese saugen sehr wohl die Körperflüssigkeit der Bienen auf, fressen dazu aber auch Pollen. An frischen Bienen kann man sie bis zu 30 Tagen am Leben halten. Das gelingt aber nicht an den Eiern der Honigbiene, die sie überhaupt nicht beachten und bei denen sie bald absterben. So können sich die Triungulinen, entgegen der Angabe von Seltner (1950), in der Regel jedenfalls nicht in den Stöcken der Honigbiene weiter entwickeln, vermutlich auch deshalb nicht, weil sie hier – im Gegensatz zu den soltären Bienen – durch die intensive Pflegetätigkeit der Brutbienen gestört werden (Örösi-Pál 1937 b).

7.3 Bekämpfung

Zur Behebung einer Triungulinenplage empfehlen Minkov und Moisev (nach Borchert 1974) 1 Teelöffel voll Naphthalin auf das Bodenbrett des Stockes zu streuen. Hirschfelder (1951) hatte damit weniger Erfolg, besseren wohl mit Rauch, der sich aber im praktischen Fall nur unvollkommen anwenden läßt. Im Notfall wird es das Sicherste sein, mit den Bienenvölkern abzuwandern.

8 Immenkäfer (Trichodes apiarius Fab.)

Der etwa 12 mm lange schwarzblau und rot gestreifte Immenkäfer hält sich vor allem auf Doldenblüten auf. Er ernährt sich sowohl von pflanzlicher Kost wie auch von tierischer, indem er die hier anfliegenden meist kleineren Insekten überfällt. Das Weibchen legt seine Eier gewöhnlich in den Fraßgängen der Holzwespen sowie in den Nestern verschiedener solitär lebender Bienen ab. Gelegentlich geht es dazu auch in schwach bevölkerte Bienenstöcke, wo sich die Larven dann vorzugsweise von den auf dem Bodenbrett liegenden toten Bienen, Puppen und Maden ernähren. Sie nisten sich auch in Brutwaben ein, doch sind die Schäden, die sie anrichten, recht gering. Durch Sauberkeit kann man sie ziemlich sicher fern halten (Corporal 1932) (Tafel 8, S. 264).

9 Laufkäfer und Puppenräuber

Der Goldgrüne Laufkäfer (*Carabus auratus* L.) und der Puppenräuber (*Calosoma sycophanta* L.) überfallen gelegentlich auch Bienen. Aber man soll sie dennoch schonen, da sie auch von vielen schädlichen Insekten leben. (Örösi-Pál 1937/38), *Carabus cancellatus* L. z. B. von der Großen Wachsmotte (Fahringer 1923).

10 Mutilla sp.

10.1 Schadbild

Zunächst kann man beobachten, daß die Bienen eines Volkes sich sehr aufgeregt verhalten. Am nächsten Morgen findet man dann auf dem Bodenbrett ihres Stockes viele Tote, an die hundert und mehr, mit lang ausgestrecktem Rüssel. Untersucht man das Volk näher, fällt auf, daß die Bienen jetzt umgekehrt ganz ungewöhnlich zahm sind und nicht stechen, d. h. in ihrer Verteidigungsbereitschaft stark nachgelassen haben. Das gilt auch für ihre Flug- und Sammeltätigkeit. Zeitweise kann das Volk sogar heulen. Nach einigen Tagen wird das Brutnest unregelmäßig. Schon zuvor kann man auf eine Brutwabe stoßen, auf der die Bienen die Brut teilweise verlassen haben. Hier entdeckt man die Verursacherin des Schadens: ein ameisenähnliches Insekt, die Mutilla vor der die Bienen ebenso wie die Königin ausweichen.

10.2 Ursache

Die Mutillen (*Mutilla europaea* L. und *M. differens* Lep.) werden im Deutschen auch als Spinnenameisen, Bienenameisen und Ameisenwespen bezeichnet. Denn ihre langen Beine erinnern an Spinnen, ihr Körperbau an Bienen und ihre Flügellosigkeit (bei den Weibchen) an Ameisen. Am häufigsten treten sie offenbar in den Alpenländern und in Südosteuropa auf.

Abb. 110. Die Spinnenameise *Mutilla europaea* (Vergr. 5,5 ×; Haragsim phot.).

Kennzeichnend für die Mutillen sind gerade, am Ende eingeringelte Fühler und eine tiefe an der Bauchseite befindliche Einschnürung zwischen dem 1. und 2. Hinterleibsring. Die *Mutilla europaea* L. ist etwa 10–17 mm lang. Männchen und Weibchen sehen sehr verschieden aus: Das Männchen hat Flügel. Es ist schwarzblau gefärbt. Das dagegen flügellose Weibchen hat eine ziegelrote punktierte Brust.
Beide haben auf dem Hinterleib mehrere silberweiße Querbinden. Die Weibchen können zirpen, nach Beljawsky (1935) auch die Männchen, was sie durch Aneinanderreiben der Hinterleibsringe erreichen.
Sie leben gewöhnlich in den Nestern der Hummeln, nach Beljawsky (1935) auch der verschiedenen Wespen, ohne daß es mit diesen zu einer Feindseligkeit kommt. Hier legen die Weibchen ihre Eier in deren Brutzellen, indem sie die Zelldeckel durchstechen. Die daraus hervorgehenden Larven ernähren sich von den Hummel- bzw. Wespenlarven. Mangelt es an diesen Wirten, können die Mutillen auf Bienenvölker übergehen, wo sie die Brut vernichten und auch Honig zu sich nehmen (Jordan 1935). Aber nicht mehr als 1 bis 4 Mutillen finden sich nach Schweinester in einem Volk. Mit den Bienen ergeben sich im Gegensatz zu den Hummeln und Wespen heftige Kämpfe. Knötig (1934) beobachtete, daß eine *Mutilla differens* in einem Volk innerhalb 12 Stunden 185 Bienen vernichtete.
Die Mutillen packen die Bienen am Rücken und biegen ihren Hinterleib nach vorn, um ihren Stachel ansetzen zu können. Auch umklammern sie die Bienen fest, bis 21 Minuten lang (Jordan 1935, Meyerhoff 1954). Dabei bearbeiten sie diese an der Zungenwurzel, bis ein Sekrettröpfchen heraustritt, das sie aufsaugen. Schließlich geht die Biene dabei aus unbekanntem Grunde ein. Die Imker sprechen von einem „Erwürgen".
Im Laufe des Sommers entsteht eine zweite Generation. Nach der Paarung überwintert das Weibchen. Die Gesamtentwicklung dauert 30 Tage (Jordan 1935).

10.3 Bekämpfung

Es wird geraten, die Mutillen aus den Bienenvölkern herauszufangen und zu vernichten, sobald man ihren Schaden bemerkt (Knötig 1934). Die Stöcke soll man auf eine mindestens 50 cm hohe Unterlage stellen (Borchert 1974). Denn ihr Instinkt leitet die Multillen nach unten, wo sie nach den in der Erde liegenden Hummelnestern suchen. Da sie flügellos sind, kann man sie auch ebenso wie die Ameisen mit Raupenleim, Glyzerin, Öl und dergleichen hindern, in die Bienenvölker einzudringen.

11 Spinnen (Araneida)

Im Spätsommer kann man auf den blühenden Heideflächen in manchen Jahren geradezu zahllose Spinnennetze erkennen. Im Morgentau fallen sie besonders auf. Das sind die Netze der Labyrinthspinne *Agelena labyrinthica*. Den Bienen werden sie sehr gefährlich. Bis zu 30 tote Bienen hat man schon in einem Netz gezählt (Olberg s. Borchert 1974).
Ähnlich kunstvolle Netze fertigt die bekannte Kreuzspinne *Araneus diadematus* Clerk (= *Epeira diademata*) an, die an dem deutlich weißen Kreuz auf der Rücken-

seite ihres dunklen Körpers kenntlich ist. In ihrem Netz, das sie gern auch auf Bienenständen ausspannt, fangen sich gelegentlich auch Bienen. Das gilt ebenfalls für ihre Verwandten *Araneus quadratus, A. marmoreus* und besonders für *A. angulatus,* in deren Fangnetzen zwischen den Wacholdersträuchern mehr Bienen gefunden werden als in den Netzen von *A. diadematus.*
Die Krabbenspinnen, die sich wie Krabben auch seitlich bewegen können, erzeugen keine Netze. Sie lauern auf Blüten, an die sie in der Farbe gut angepaßt sind, und überfallen von hier aus blitzartig ihre Opfer. Darunter sind manchmal auch Bienen, die sie durch einen Biß in den Nacken töten. Dabei helfen ihnen ihre Giftzähne, die sich an ihren Mundwerkzeugen, den Chelizeren befinden. Es wurde beobachtet, daß sie sich auf den Blüten paaren (GROSDANIĆ u. Mit. 1966). Am häufigsten ist *Misumenia ratia.* Sie ist von weißlicher oder gelblicher Farbe und hat rote Zeichen. Darüber hinaus gibt es noch viele Spinnen, die den Bienen mit gelegentlichem Erfolg nachstellen. Nach FAHRINGER (1924) kommen nicht weniger wie 21 echte Spinnen als sichere Bienenfeinde in Betracht, dazu noch 7 Skorpione und Skorpionspinnen, die jedoch zumeist in südlicheren Ländern leben.
Bekämpfungsmaßnahmen sind nur schwer möglich und meist auch nicht erforderlich. Spinnennetze auf dem Bienenstande wird man regelmäßig entfernen. Durch Besprühen des Holzes mit Salmiakgeist soll man die Spinnen von der neuerlichen Errichtung abhalten können.

12 Fadenwürmer (Nematodes)

Selten stellt man bei den Bienen drehrunde, fadenförmige Würmer als Parasiten fest. Es handelt sich um Nematoden (Faden- oder Rundwürmer). Einmal entdeckte man ein Exemplar auf der feuchten Unterlage eines Stockes (ZANDER 1947). Gewöhnlich jedoch findet man sie bei der Untersuchung des Hinterleibes der Bienen. Auch in anderen Insekten gibt es solche Schmarotzer. Sie leben im Wasser, um nur im Larvenstadium auf diese überzugehen. Die bei den Bienen vorkommenden Formen indessen verbringen die längste Zeit ihres Lebens in der Erde, oft wochen- und jahrelang, wo sie auch ihre Eier ablegen. Ihre jungen Larven werden wahrscheinlich von Bienen, die auf feuchter Erde Wasser holen, mit in den Darm aufgenommen. Sie durchbohren die Darmwand und entwickeln sich zwischen den Eingeweiden zu über 6 cm langen Wurmlarven, die dort um den Darm zusammengeknäuelt gefunden worden sind, z. B. von ZANDER 1947, HIMMER und anderen (siehe ÖRÖSI-PÁL 1938/39). Diese verlassen schließlich ihren Wirt, um ihre Entwicklung in der Erde zu vollenden.
In der Regel dürfte es sich um *Mermis albicans* Siebold handeln. Mit Sicherheit wurde auch *Mermis nigrescens* Dujardin gefunden (A. KÖHLER nach MORGENTHALER 1920). Auch der Saitenwurm (*Parachordodes tolosanus* Dujardin) wird als Parasit genannt (ÖRÖSI-PÁL 1938/39). Von dem in Heuschrecken schmarotzenden *Mermis subnigrescens* Cobb ist bekannt, daß er bei Regenwetter an die Oberfläche der Erde kommt, um seine Eier an Pflanzen abzulegen, wo sie möglicherweie auch von hier Wasser holenden Bienen aufgenommen werden (CHRISTIE 1937 nach MORSE 1978). Ihr Vorkommen wird auch von Aserbeidschan gemeldet (ATAKISHIEV 1971). Bei Wespen und Hummeln kommen verwandte Formen vor.

Mitbewohner und Gäste des Bienenstockes

1 Bücherskorpion (Chelifer cancroides L.)

Beim Öffnen eines Bienenstockes begegnet uns manchmal auf den Rähmchenträgern, auch an den Stockwänden oder auf dem Bodenbrett ein sich auffallend flink und gewandt vor-, rück- und seitwärts bewegendes 3 bis 4 mm großes Tierchen, der Bücherskorpion. Besonders fallen seine großen Kiefertaster, die Pedipalpen auf. Sie geben ihm ein skorpionähnliches Aussehen. Meist zieht er sich vor dem einfallenden Licht schnell ins Dunkle zurück. Auf den Waben findet man ihn gewöhnlich nicht. Da er im Gegensatz zu den echten Skorpionen keinen Schwanz mit Giftstachel und auch keine Lungen hat, bezeichnet man ihn und seine Verwandten als Pseudo- oder Afterskorpione. Aber am Ende seiner beiden Pedipalpenscheren besitzt er jeweils einen Giftzahn (Abb. 50 u. Tafel 8, S. 264).

Über seine Anwesenheit im Stock brauchen wir uns jedoch keine Sorge zu machen. Er schadet den Bienen nicht. Eher wird er ihnen im Gegenteil nützlich. Denn er ernährt sich von kleinen Rankmaden unter 1 cm Größe, von Milben, von Bienenläusen, die von den Bienen abgefallen sind, und von anderen Kleinwesen des Bienenstockes. Er ergreift sie mit seinen Pedipalpenscheren, betäubt und tötet sie mittels seines Giftzahnes, durchbohrt sie mit seinen Mundgliedmaßnahmen, den Chelizeren, und saugt den Körperinhalt aus. Freilich hat das keine sonderliche praktische Bedeutung, denn er kommt stets in nur geringer Zahl in den Bienenvölkern vor.

Das Weibchen legt etwa 20 Eier, die es auf der Bauchseite des ersten Hinterleibsringes trägt. Hier schlüpfen die Larven, die sich schnell zum fertigen Tier entwickeln (Alfonsus 1922, Fahringer 1925, Örösi-Pál 1937/38). Mit ihren Pedipalpen halten sich die Bücherskorpione auch an den Bienen fest und lassen sich von ihnen forttragen, z. B. beim Schwärmen. Man nennt das Phoresie.

Neben *Chelifer cancroides* kommen in den Bienenstöcken noch 7 Afterskorpionarten vor: 3 in Europa und 4 in Afrika (darunter der von Garin [1937] näher untersuchte *Chelifer sculpturatus*).

2 Flechtlinge (Copeognathae)

Über diese winzigen, den tropischen Termiten nahestehenden Gäste in den Bienenstöcken hat Örösi-Pál (1938) berichtet. Bisher sind 4 Arten aus besetzten Bienenwohnungen bekannt geworden, nämlich die 2 mm große Bücherlaus (*Atropus pulsatoria* L. = *Trogium pulsatorium* L.), die 1 mm große Staublaus (*Troctes divinatorius* Müller = *Liposcelis divinatorius* Müller), *Lepinotus inquinalis* Heyd, und *Lepinotus reticulatus* Enderl. Sie schaden den Bienen nicht, nähren sich u. a. von abgefallenen Pollenhöschen. Die Bücherlaus verzehrt auch die Eier der großen Wachsmotte. Der Bedarf ist ein halbes Ei je Tag. Der Bücherskorpion (*Chelifer cancroides* stellt ihnen allen nach.

3 Totenkopfschwärmer (Acherontia atropos L.)

Sehr selten findet man im Sommer in einem Bienenvolk, am ehesten auf einer seiner äußeren Waben einen großen schönen Schmetterling mit einer Flügelspannweite von etwa 13,5 cm. Auf seiner Brust hat er eine totenkopfähnliche Zeichnung. Ergreift man ihn, gibt er manchmal einen pfeifenden Ton von sich. Zu jeder Jahreszeit kann man aber auch einen abgenagten und mit Kittharz überzogenen Rest eines solchen Schmetterlings im Stock entdecken. Wahrscheinlich wurde er dort von den Bienen tot gestochen. Möglicherweise hatte er sich so stark überfressen, daß er nicht mehr durchs Flugloch zurück ins Freie kommen konnte (Egger 1975). Bei 10 mm Fluglochhöhe kann er in den Bienenstock eindringen, bei 7 mm nicht.
Der Schmetterling fliegt nachts und abends in der späten Dämmerung. Er nährt sich von süßen Säften, wie sie aus Wunden von Bäumen herausquellen. Nektar kann er mit seinen Mundwerkzeugen nicht aus den Blüten saugen. Auf der Nahrungssuche dringt er bei größeren Fluglöchern auch in die Bienenstöcke ein, um sich dort mit Honig zu versorgen. Zwar vermag er ziemlich viel davon aufzusaugen, 10 bis 20, ja sogar 50 g nach Zappi-Recordati (1953, 1965), doch da er bei uns nur ganz vereinzelt vorkommt, tritt hier kein wirklicher Schaden ein. Er ist in Deutschland ja auch nicht heimisch. Vielmehr sind es nur Irrläufer, die sich gelegentlich aus dem Süden hierher verfliegen. In den Balkanländern ist er häufiger. In Frankreich konnten Imker an wenigen Abenden mehr als 150 Falter abfangen (Bienenpflege 1959, S. 84). Seine Eier legt der Totenkopf an Kartoffeln und anderen Nachtschattengewächsen ab. Infolge der heute allgemein angewandten Schädlingsbekämpfungsmittel ist er in den letzten Jahren bei uns kaum noch aufgetreten.

Abb. 111. Der Totenkopfschwärmer *Acherontia atropos* (Haragsim phot.).

4 Ohrwurm (Forficula auricularia L.)

Der jedermann bekannte Ohrwurm oder Ohrenheller ist selbstverständlich kein Wurm, sondern ein Insekt, das zu den sog. Geradflüglern (Orthopteren) gehört. Er geht auch nicht in unsere Ohren, wie manchmal geglaubt wird und wie seinem deutschen und lateinischen Namen entsprechend anzunehmen wäre. Vielmehr dürfte seine Bezeichnung wohl auf die beiden zangenförmigen einem Ohr oder Öhr ähnelnden Fortsätze seines Hinterendes zurückzuführen sein, die ihm zur Verteidigung dienen. Fliegen kann er offenbar nicht, obwohl er unter seinen kurzen Flügeldecken zusammengefaltet große wohl entwickelte Vorderflügel besitzt.
Tagsüber hält er sich gern gesellig irgendwo versteckt auf, so in leeren wie auch besetzten Bienenwohnungen. Nachts geht er auf Nahrungssuche. Er lebt in der Hauptsache von feinen Pflanzenteilen und Pilzsporen, sowie von toten und verletzten Insekten, Zum Beispiel wurden Bienen, die ihren Stachel verloren hatten, verzehrt (Begnescu 1937), aber auch die Rankmaden der Großen Wachsmotte (Büchti 1896). Honig indessen verschmäht er ebenfalls nicht (Örösi-Pál 1937/38). Im ganzen ist er jedoch harmlos, so daß sich eine Bekämpfung erübrigt.
Von einem anderen Geradflügler, der Gottesanbeterin (*Mantis religiosa* L.), einer Heuschreckenart, berichtet Morgenthaler (1930), daß sie in Bellinzona durch Verzehren von Honigbienen lästig sei.

Literaturverzeichnis

Abkürzungen

AA Apicultural Abstracts
ABJ American Bee Journal
ADIZ Allgemeine Deutsche Imkerzeitung
DIB Deutscher Imkerbund
SBZ Schweizerische Bienen-Zeitung
SWDI Südwestdeutscher Imker

Allgemeine Literatur

BAILEY, L., 1981: Honey bee pathology. Academic Press, London.

BINDERNAGEL, L., 1982: Bienenkrankheiten leicht erkennbar und behandeln. Salix Verlag, Bremen.

BORCHERT, A., 1974: Schädigungen der Bienenzucht durch Krankheiten, Vergiftungen und Schädlinge der Honigbiene. Verlag Hirzel, Leipzig.

GERLT-SEIFERT, L., 1980: Bienenkrankheiten und -Schädlinge. VEB Deutscher Landwirtschaftsverlag, Berlin.

MORSE, R. A. und Mitarb., 1978: Honey bee pests, predators and diseases Comstock/Cornell University Press, Ithaca und London.

STEHLE, G., BRAUN, S., 1981: Gesetzliche Bekämpfung der Bienenseuchen. Verlag Parey, Berlin.

WEISS, K., 1984: Bienenpathologie. Ehrenwirth-Verlag, München.

Pilzkrankheiten (Kalkbrut und Steinbrut)

BAILEY, L., 1967: The effect of temperature on the pathogenicity of the fungus, *Ascosphaera apis*, for larvae of the honey bee, *Apis mellifera*, L. Insect. Pathol. and Microbiol. Control. North Holland, Amsterdam: 162–167.

BAKER, G. M., TORCHIO, P. F., 1968: New records of *Ascosphaera apis* from North America. Mycologia 60: 189–190.

BETTS, A., 1912. A bee hive fungus, *Pricystis alvei*, gen. et sp. nov. Ann. Bot. 26: 795–799.

BÖTTCHER, F. K. WEISS, K., MAUTZ, D. 1974: Die Tätigkeit der Bayerischen Landesanstalt für Bienenzucht Erlangen im Jahre 1973. Imkerfr. 29: S. 70.

BOZON, M., BOZON, J., 1963: Constribution à la lutte contre les mycoses des larves d'abeilles. Rév. franç. Apic. 196: 51–53.

BURNSIDE, C. E., 1930: Fungous diseases of the honeybee. US Dept. Agric. Techn. Bull. no 149, 42 pp.

CLAUSSEN, P., 1921: Entwicklungsgeschichtliche Untersuchung über den Erreger der als Kalkbrut bezeichneten Krankheit der Bienen. Arb. biol. Reichsanst. Landw. und Fortw. 10: 469–521.

CLOUT, G. A., 1965: Chalkbrood and hunchback flies. Bee Craft 38: 135.

DALLMANN, 1966: Neues Mittel zur Bekämpfung der Kalkbrut. Garten und Kleintierzucht. 10.

EBLE, H., WEIDE, W., 1961: Bie Bekämpfung von *Pericystis apis* in Labor und Praxis. Wiss. Z. Univ. Halle, Math.-Nat. 10: 83–86.

FOOTE, H. L., 1966: The mystery of the disappearing bees – Amer. Bee J. 106, 126–127.

FYG, W., 1964: Anomalies and diseases of the queen honey bee, (Meldung über Pilzwachstum im Gewebe von Königinnen). Ann. Rev. Entomol. 9: 207–224.

GIAUFFRET, A., LALIERCIO, Y. P., 1967: Les mycoses de l'abeille, étude de quelques antimycosiques. Bull. apic. 10: 163–174.

– 1968: Les mycoses de l'abeille. Rév. franç. Apic. 253: 210–211.

GIAUFFRET, A., TOSTAINT-CAUCAT, M. J. UND LALIERCIO, Y. P., 1969: Possibilités de désinfection par l'oxyde d'éthylène en pathologie apicole. Bull. apic. 12: 45–52.

GILLIAM, M., 1978: Chalkbrood – Status to day and hopes for control. Amer. Bee J. 118(7): 468–471.

GILLIAM, M., PREST, D., MORTON, H. L., 1974:

Fungi isolated from honey bees *Apis mellifera* fed 2,4 – D and antibiotics. J. Invert. Pathol. 24: 213–217.

GOCHNAUER, T. A., BOCH, R., MARGETTS, V. J. 1979: Inhibition of *Ascosphaera apis* by citral and geraniol. J. Invert. Pathol. 34: 57–61.

GOCHNAUER, T. A, HUGHES, S. J., CORNER, J., 1972: Chalkbrood disease of honey bee larvae, a threat to Canadian beekeeping. Canad. Agric. 17: 36–37.

GUNST, K. W., HILLDRUP J. L., LLEWELLYN, G. C., 1978: Aflatoxin production on *Apis mellifera* artificially inoculated with *Aspergillus flavus* and *A. parasiticus*. J. apic. Res. 17 (2): 81–83.

HITCHCOCK, J. D., 1972: Chalkbrood disease of honey bees: a review. Amer. Bee. J. 112: 300–301.

HITCHCOCK, J. D., CHRISTENSEN, M., 1972: Chalkbrood disease of honey bees in the United States. Amer. Bee J. 112: 248–249.

HUBER, J., 1958: Untersuchungen zur Physiologie insektentötender Pilze. Arch. Microbiol. 29: 257–276.

ILIESIU, N. V. 1972: Bericht über Versuche mit Thiabendazol zur Bekämpfung der Kalkbrut. Durch die Fa. Merck, Sharp und Dohme, Vertretung Schweiz zur Verfügung gestellt.

KENWARD, F., 1932: Foulbrood (and Chalkbrood). Brit. Bee J. 60: 290–291.

MAASSEN, A., 1916: Über Bienenkrankheiten. Mitt. aus der Kaiserl. Biol. Anst. Heft 16: 51–58.

MAURIZIO, A., 1934: Über die Kalkbrut (*Pericystis*-Mykose) der Bienen. Arch. Bienenkde. 15: 165–193.

– 1935: Beitrag zur Kenntnis der Pilzflora im Bienenstock. I. Die *Pericystis*-Infektion der Bienenlarven. Ber. Schweiz. Bot. Ges. 44: 133–156.

MELVILLE, R., DADE, H. A., 1944: Chalkbrood attacking a wild bee. Nature 153: 112.

MORGENTHALER, O., 1927: Eine neue Pilzkrankheit der Bienenlarven. Schweiz. Bienenztg. 50: 486–487.

– 1929: Bienenkrankheiten im Jahr 1928. Schweiz. Bieneztg. 52: S. 219.

MRAZ. CH., 1970: EFB a growing menace. Gleanings in Bee Cult. 98: 153–154.

PRÖKSCHL, H., 1953: Beiträge zur Kenntnis der Entwicklungsgeschichte von *Pericystis apis* Maassen. Arch. Mikrobiol. 18: 198–209.

SKOU, J. P., 1972: Ascosphaerales. Friesia 10: 1–24.

SPILTOIR, CH. F., 1955: Life cycle of *Ascosphaera apis* (*Pericystis apis*). Amer. J. Bot. 42: 501–508.

SPILTOIR, CH. F., OLIVE, L. S., 1955: A reclassification of the genus *Pericystis* Betts. Mycologia 47: 238–244.

THOMAS, G. M., LUCE, A., 1972: An epizootic of chalkbrood, *Ascosphaera apis* (Maassen ex Claussen) Olive and Spiltoir in the honey bee, *Apis mellifica* L. in California. Amer. Bee. J. 112: 88–90.

TORCHIO, P. F., 1971: The biology of *Anthophora (Mieranthophora) peritomae* Cockere II (Hym. Apoidea, Anthophoridae). Los Angeles Cty Mus. Contr. Sci. No 206: 1–14.

VARITCHAK, B., 1932: L'évolution nucléaire chez le *Pericystis apis* Maassen. C. rend. Acad. Sci. Paris 194: 300–302

– 1933: Deuxième contribution à l'étude du développement des Ascomycètes. L'évolution nucléaire dans le sac sporifère du *Pericystis apis* Maassen et sa signification pour la phylogénie des Ascomycètes. Le Botaniste 25: 342–391.

WILLE, H., 1974: Abschnitte: 9.16.3. Krankheitsanzeichen beim Vorliegen von Mischinfektionen und 9.16.4. Bekämpfungsmaßnahmen. In Schweizer Bienenvater, Verlag Sauerländer, Aarau.

Bakterienkrankheiten (Faulbrut und Sauerbrut)

ABREU LOPEZ, J. A., 1963: Estudo laboratorial de afeçao loque europeia na provincia de Angola. Agro-veterinaria, 1: 4–16.

ALEKSANDROVA, L. V., 1946: Growing the causative organism of European foulbrood (*Bacterium pluton*) in pure culture. Works vet. sect. Lenin. Acad. agric. Sci. Session, 27: 143–148.

ARRO S. A., 1967: Treatment of foulbrood diseases by antibiotics with calculation of the pathogens' resistance to them. Opyt. Rab. Pchel.: 184–187.

AZUMA, R., KITAOKA, S., 1965: Cultivation and properties of *Bacillus larvae* and decrease of its proteolytic activity on glucose media. Nat. Inst. Anim. Hlth. Q. Tokyo, 5: 138–145.

BAILEY, L., 1952: The action of the proventriculus of the worker honey bee, J. exptl. Biol. 29: 310–327.

– 1957: The isolation and cultural chraracteristics of *Streptococcus pluton* (*Bacillus pluton* White) and further observation on *Bacterium eurydice*. J. gen. Microbiol. 17: 39–48.

– 1959: An improved method for the isolation of Streptococcus pluton and observations on its distribution and ecology. J. Insect Pathol. 1: 80–85.

– 1960: The epizootology of European foulbrood of the larval honey bee, *Apis mellifera* Linnaeus. J. Insect. Pathol. 2: 67–83.

– 1961: The identification of *Streptococcus pluton* White. Bull. apic. 4: 112–115.

– 1963a: Infectious diseases of the honey bee. Land Books Ltd., London.
– 1963b: The pathogenicity for honey-bee larvae of mircoorganisms associated with European foulbrood. J. Insect Pathol. 5: 198–205.
– 1965: The effect of erythromycin on *Streptococcus pluton* (White). J. apic. Res. 2: 101–103.
Bailey, L., Lee, D. C., 1962: *Bacillus larvae:* its cultivation in vitro and its growth in vivo. J. gen Microbiol. 29: 711–717.
Bailey, L., Locher, N., 1968: Experiments on the etiology of European foulbrood of the honey bee. J. apic. Res. 7: 103–107.
Bamrick, J. F., 1964: Resistance to American foulbrood in honey bees. V. Comparative pathogenesis in resistant and susceptible larvae. J. Insect. Pathol. 6: 284–304.
Bamrick, J. F., Rothenbuhler, W. C. , 1961: Resistance to American foulbrood in honey bees. IV. The relationship between larval age at inoculation and mortality in a resistant and susceptible line. J. Insect. Pathol. 3: 381–390.
– 1967: Resistance to American foulbrood in honey bees. VI. Spore germination in larvae of different ages. J. Invert. Pathol. 9: 30–34.
Baumgartner, G., 1938: Neue Beobachtungen an Brut und Waben aus Völkern mit gutartiger Faulbrut (Sauerbrut). Schweiz. Bienenztg. NF. 61: 162–172.
Belliardo, F., 1981: Determination of sulphonamide residues in honey by high-pressure liquid chromatography. J. apic. Res. 20 (1): 44–48.
Bertrand, E., 1972: La conduite du rucher. 5ème édit. Payot, Lausanne, S. 52.
Bica Popi, V., Popa, A., 1958: Sensitivity of *Bacillus larvae* to sulphathiazole an other antibiotics in vitro. Apicultura, Bucaresti. 32: 54–58.
Bitner, A. R., 1971: Nitrite test as an aid in the identification of *Bacillus larvae* grown in yeast-starch-agar. Amer. Bee. J. 111: 385 allein.
Bitner, A. R., Wilson, W. T., Hitchcock, J. D., 1972: Passages of *Bacillus larvae* spores from adult honey bees to attendent workers (*Apis mellifera*). Ann. Entomol. Soc. Amer. 65: 899–901.
Borchert, A., 1966: Krankheiten und Schädlinge der Honigbiene. S. Hirzel Verlag, Leipzig.
Brizard, A., 1958: Antibiotica in der Bekämpfung der Bienenkrankheiten. Pathol. Ref. 17. Intern. Bienenz. Kongr.: 12–25.
– 1961: Acitivité de la tétracycline contre les loques des abeilles. Bull. Acad. Vét. France. 34: 129–131.
Brizard, A., Albisetti, J., 1966: Le problème de pathologie des abeilles dans la forêt landaise. Ann. Abeilles 9: 359–373.
Brizard, A., Delorme G., Albisetti, J., 1964: Etudes comparatives des traitements de la loque américaine par la tétracycline et le sulfathiazole. Ann. Abeilles 7: 13–17.
Brizard, A., Matzrille, R., 1952: Le traitement de la loque européenne. Rev. franç. Apic. 3: 85–87.
Büdel, A., Herold, E., 1960: Biene und Bienenzucht. Ehrenwirth Verlag, München.
Burnside, C. E., 1932. A newly discovered brood disease. Amer. Bee J. 72: 433 allein.
– 1934: Studies on the bacteria associated with European foulbrood and their growth in culture. J. econom. Entomol. 27: 656–668.
Burnside, C. E., Foster R. E., 1935: Studies on the bacteria associated with parafoulbrood. J. econom. Entomol. 28: 578–584.
– 1940: The thermal resistance of *Bacillus larvae.* J. econom. Entomol. 33: 399–405.
Burri, R.: 1904: Bakteriologische Forschungen über die Faulbrut Schweiz. Bienenztg. NF 27: 335–342, 360–365.
– 1941: Neue Untersuchungen über den Erreger der Sauerbrut der Bienen. Beih. z. Schweiz. Bienenztg. 1 (1): 1–28.
– 1944: Über eine in außerordentlichem Maße zur Dissoziation neigende Bakterienart. Mitt. Naturforsch. Ges. Bern. NF 2: 24–25.
Búza, L., Kovács, F., 1969: Occurence of European foulbrood and its control. Méhészet 17: 123–124.
Cale, H. G., 1953: Two years with terramycin. Amer. Bee J. 93: 331 allein.
Cantwell, G. E., 1970: The feasibility of using irradiation to control American foulbrood. Amer. Bee J. 110: 310 allein.
Cheshire, F. R., Cheyne, W. W., 1885: The pathogenic history and the history under cultivation of a new bacillus (*B. alvei*), the cause of a disease of the hive bee hitherto known as foulbrood. J. Roy. Microscop. Soc. Ser. 2, part II. 5: 581–601.
Clark, F. E., 1939: Nonmotile variants of *Bacillus alvei.* J. Bact. 38: 491–497.
Dabachov, A., 1957: Wie kann man Faulbruterkrankungen vorbeugen? Pchelovodstvo 3: 45.
Danilhovich, E. M., 1954: An attempt to diminish doses of penicillin in treating European foulbrood. Pchelovodstvo 41: 50–51.
Davidson, E. W., 1973: Ultrastructure of American foulbrood disease pathogenesis in larvae of the worker honey bee, *Apis mellifera.* J. Invert. Pathol. 21: 53–61.
Diwan, V. V., Kihirsagar und Mitarb., 1971: Occurrence of a new bacterial disease of Indian honey bees (*Apis indica*, F.). Curr. Sci. 40: 196–197.
Eckert J. E., 1960: Some fundamentals of the

chemotherapy of Foulbrood bee diseases. Amer. Bee J. 100: 221–223.

Epp, W., 1960: Heilung der bösartigen Faulbrut. Imkerfr. 15: 338–340.

Farrar, C. L., 1957: The treatment of bee diseases in the USA. Bee World 38: 150–154.

Foster, J. W., Hardwick, W. A., Guirard, B., 1950: Antisporulation factors in a complex organic media. I. Growth and sporulation studies of *Bacillus larvae. J. Bact. 59: 463–470.*

Fraser, M., 1960: Geschichte der Faulbrut. Imkerfr. 16: 183–184.

Fritzsch, W., 1957: Untersuchungen an 56 Stämmen des *Bacillus larvae* White über deren antigenen Verhältnisse mit Hilfe der Agglutiation. Arch. Bienenkde. 34: 22–32.

– 1958: Prüfung des Verhaltens eines Stammes von *Bacillus larvae* White gegenüber einiger Sulfonamide in vitro. Arch. Bienenkde. 35: 5–13.

Gary, N. D., Nelson, C. J., Munro, J. A., 1948: Serological evidence of resistence of larvae and workers to *Bacillus larvae*. J. Econom. Entomol. 41: 661–663.

Giauffret, A., Vago, C., Rousseau, M., Duthoit, J. L., 1966: Recherche sur l'action d'un virus dans l'étiologie de la loque européenne de l'abeille *Apis mellifera*. Bull. apic. 9: 123–132.

Giauffret, A., Vago, C., Rousseau, M., 1969: Etude d'un virus isolé à partir de larves d'abeilles atteintes de loque européenne. Bull. Acad. vét. France 42: 801–807.

Giauffret, A., Sanchir, R., Taliercio, Y. P., 1970: Comparaison sérologique de différentes souches de *Bacillus* isolées de couvain d'abeilles atteint de loque. Bull. apic. 13: 25–34.

Gilliam, M., Wayburn, S. J., 1970: Synthesis of agglutinating substances in adult honey bees against Bacillus larvae. J. Invert. Pathol. 16. 69–70.

Gochnauer, T. A., 1951: Drug fight foulbrood disease in bees. Minn. Home Fm. Sci. 9: 15 allein.

– 1953: European foulbrood disease in Minnesota. Amer. Bee. J. 93: 325–326.

– 1954: American foulbrood and chemical controls. Rep. Ja. St. Apiar. for 1953: 10–14.

– 1955: Wallowing in the witch's brew. Amer. Bee J. 95: 436–439.

– 1957: Proteolytic activity associated with *Bacillus larvae.* Bact. Proc. 57: 62 allein.

– 1969: Gel filtration of extracts from larvae with American foulbrood disease. J. apic. Res. 8: 23–28.

– 1970a: Some properties of a bacteriophage from *Bacillus larvae.* J. Invert. Pathol. 15: 149–156.

– 1970b: Antibiotic sensitivity pattern of a honey bee pathogen (*Apis mellifera*). J. Invert. Pathol. 16: 153–154.

– 1973: Growth, protease formation ans sporulation of *Bacillus larvae* in aerated broth culture. J. Invert. Pathol. 22: 251–257.

Gochnauer, T. A., Burke, P. W., Benazet, T., 1979: Large scale fumigation with ethylene oxide of honey bee combs contaminated with *Bacillus larvae.* J. apic. Res. 18: 302–308.

Gochnauer, T. A., Corner, J., 1974. Detection and identification of *Bacillus larvae* in a commercial sample of the bee collected pollen. J. apic. Res. 13: 265–267.

Gochnauer, T. A., Floyd, C. D., 1956: European foulbrood distribution in Minnesota. Gleanings in Bee Cult. 84: 156–158.

Gochnauer, T. A., Hamilton, H. A., 1970: Desinfection of honeybee combs by gamma irradiation. J. apic. Res. 9: 87–94.

Grigoryan, G. A., Stepanyan, V. A., Markosyan, A. A., 1969: Microelements in pollen loads and in bee organisms. 22. Intern. Bienenz. Kongr. Zusfass.: 248–250.

Gritsenko, J. M., 1953: Treatment of colonies with European foulbrood by phytocides. Pchelovodstvo: 45–47.

Gubler, H. U., 1954: Bakteriologische Untersuchungen über die gutartige Faulbrut der Honigbiene (*Apis mellificia*). Schweiz. Z. allg. Pathol. Bakt. 17: 507–513.

Gubler, H. U., Allemann, O., 1952: Die Behandlung der Sauerbrut mit Antibiotica. Schweiz. Bienenztg. NF 75: 526–530.

Hambleton, J. J., 1958: Der Kampf gegen die bösartige Faulbrut in Amerika. Pathol. Ref. 17. Intern. Bienenz. Kongr.: 7–11.

Hardie, T. D., 1978: American Foulbrood detection and prevention. Amer. Bee J. 118: 718–719 + 753.

Haseman, L., Childers, L. F., 1944: Controlling American foulbrood with sulfa drugs. Bull. Agric. Exp. Stn. No 482.

Haynes, W. C., 1972: The catalase test, an aid in the identification of *Bacillus larvae.* Amer. Bee J. 112: 130–131.

Hitchcock, J. D., 1956: Comparative susceptibility of larvae of different stocks of honey bees to American foulbrood when reared by the same nurse bees. 10th Intern. Congr. Entomol. 4: 1097–1103.

Hitchcock, J. D., Moffett, J. O. und Mitarb., 1970: Tylosin for control of American foulbrood in honey bees. J. Econom. Entomol. 63: 204–207.

Hoage, T. R., Peters, D. C., 1969: Selection for American foulbrood resistence in larval honey bees. J. Econom. Entomol. 62: 896–900.

HOAGE, T. R., ROTHENBUHLER, W. C., 1966: Larval honey bee reponse to various doses of *Bacillus larvae* spores. J. Econom. Entomol. 59: 42–45.

HOLST, E. C., 1946b: A simple field test for American foulbrood. Amer. Bee J. 86: 14.

HOLST, E. C., STURTEVANT, A. P., 1940: Relation of proteolytic enzymes to phase of life cycle of *Bacillus larvae* and two new culture media for this organism. J. Bact. 40: 723–731.

HOLZBERLEIN, J. W., 1955: Vet. strep and TM-10 in controlling European foulbrood. Gleanings in Bee Cult. 83: 205–206.

JAECKEL, S., 1930: Zur pathologischen Anatomie der Biene *Apis mellifica* L. während der Metamorphose bei der bösartigen Faulbrut (*Bacillus larvae* White). Arch. Bienenkde 11: 41–93.

JAMIESON, C. A., 1953: The control of European foulbrood. Amer. Bee J. 93: 323–324.

JULIAN, G. ST., BULLA, L. A., 1971: Physiology of spore forming bacteria associated with insects. IV. Glucose catabolism. J. Bact. 108: 828–834.

KAMBUROV, G., 1966a: Etiologie de la loque européenne. Bull apic. 9: 27–29.

– 1966b: Traitement de la loque européenne. Bull. apic. 9: 31–34.

KANEDA, T., 1969: Fatty acids in *Bacillus larvae, B. lentimorbus* and *B. popilliae.* J. Bact. 98: 143–146.

KATZNELSON, H., 1950: The influence of antibiotics and sulfadrugs in *Bacillus larvae* cause of the American foulbrood of the honeybee in vitro and in vivo. J. Bact. 59.: 471–479.

KATZNELSON, H., ARNOTT, J. H., BLAND, S. E., 1952: Preliminary report on the treatment of European foulbrood of honeybees with antibiotics. Sci. Agric. 32: 180–184.

KATZNELSON, H., LOCHHEAD, A. G., 1947a: Nutritional requirements of *Bacillus alvei* and *B. paraalvei.* J. Bact. 53: 83–88.

– 1947b: Rapid field tests for the diagnosis of American foulbrood of bees. Sci. Agric. Canada 67: 71.

– 1948: Nutritional requirements of *Bacillus larvae.* J. Bact. 55: 763–764.

KNOX, D. A., SHIMANUKI, H., CARON D. M., 1977: Susceptibility of *Bacillus larvae* to ethylene oxide and tetracycline HCl. J. apic. Res. 16: 201–203.

KRASIKOVA, V. J., 1956: Honey flow as a source of bacteriophage in combatting European foulbrood. Pchelovodstvo 33: 43–49.

KULIKOV, N. S., AKRAMOVSKII, M. N., 1960: Use of antibiotics against European foulbrood. Pchelovodstvo 37: 43–45.

KULIKOV, N. S., CHEREPOV, V. T., 1964: Phytocides and bees. Pchelovodstvo 84: 22–23.

KULIKOV, N. S., SAMUSHKINA, V. S., CHEPEROV, V. T., 1965: L'infection expérimentale des guèpes par la loque européenne et la loque américaine. 20 ème Congr. Intern. Apic. 1965.

LEWIS, L. F., ROTHENBUHLER, W. C., 1961: Resistance to American foulbrood in honey bees: III differential survival of the two kinds of larvae from two – drone matings. J. Insect. Pathol. 3: 197–215.

LOCHHEAD, A. G., 1928: Cultural studies of *Bacillus larvae (White). Sci. Agric. 9: 80–89.*

– 1942: Growth factor requirements of *Bacillus larvae. J. Bact. 44: 185–189.*

MAASSEN, A., 1907: Über die sogenannte Faulbrut der Honigbiene. Mitt. Kaiserl. Biol. Anst. Landw. und Forstw. 4: 51–53.

– 1908: Zur Ätiologie der sogenannten Faulbrut der Honigbiene. Arb. Biol. Abt. Reichsanst. Berlin. 6: 53–70.

– 1908–1909: Über die unter dem Namen „Faulbrut“ bekannten seuchenhaften Bruterkrankungen der Honigbiene. Mitt. Kaiserl. Biol. Anst. 7: 5–31.

MCCLESKEY, C. S., MELAMPY, R. M., 1939: Bactericidal properties of royal jelly of the honey bee. J. Econom. Entomol. 32: 581–587.

MEAD, R. M., 1960: American foulbrood is still with us. Amer. Bee J. 100: 143 allein.

MEYERHOFF, G., SEIFERT, L., 1962: Die Bekämpfung der bösartigen Faulbrut mit Sulfathiazol. Leipz. Bienen Z: 194–197, 223–226.

MICHAEL, A. S., 1958: Die Antibiotica als Heilmittel gegen die Bienenseuchen. Pathol. Ref. 17. Intern. Bienenz. Kongr.: 26–30.

MIKHAILOV, K. J., 1962: Wintering and spring development of colonies affected with European foulbrood. Pchelovodstvo 39: 16–19.

MOFFETT, J. O., 1953a: The use of antibiotics to help control of American foulbrood. Amer. Bee J. 93: 324–325.

– 1953b: The effect of various therapeutic agents on European foulbrood. J. econom. Entomol. 46: 879–881.

– 1953c: AFB down, but not out. Amer. Bee J. 93: 406–407.

MOFFETT, J. O, HITCHCOCK, J. D., LACKETT, E., 1970: Evaluation of some new compounds in controlling American Foulbrood. J. apic. Res. 9: 39–44.

MORSE, R. A., DYCE E. J., GOULD, A. C., 1965: The treatment of American foulbrood in New York State. Bee World 46: 15–17.

MRAZ, C., 1970: European foulbrood, a growing menace. Gleanings in Bee Cult. 98: 153–154.

MYLROIE, R. L. KATZNELSON, H., 1957: Carbohydrate metabolism of *Bacillus larvae.* J. Bact. 74: 217–221.

NAZAROV, S. S., 1964: Value of Furasolidon (F-60) for foulbrood control. Trud. nauch. issled Inst. Pchelovodstva: 276–281.

NAZAROV, S. S., GODYATSKII, S. Y., 1967: Gebrauch von Methylbromid zur Wabendesinfektion. 21. Intern. Bienenz. Kongr.: 240–244.

OTTE, E., 1973: Labordiagnose der bösartigen Faulbrut. Apidologie, 4: 332–339.

PANKIV, P., BAILEY, L., GOCHNAUER, T. A. HAMILTON, H. A., 1970: Desinfection of honeybee combs by gamma radiation. II European foulbrood disease. J. apic. Res. 9: 165–168.

PANKIV, P., CORNER, J., 1965: Transmission of European foulbrood disease by package bees. J. apic. Res. 4: 39–41.

PARK, O. W., 1936: Disease resistance and American foulbrood. Amer. Bee J. 76: 12–15.

PARK, O. W., PELLET, F. C., PADDOCK, F. B., 1937: Disease resistance and American foulbrood. Amer. Bee J. 77: 20–25.

PATEL, N. G., CUTKOMP, L. K., 1961: The toxicity of enzyme fractions of *Bacillus larvae*. J. econom. Entomol. 54: 773–777.

PATEL, N. G., GOCHNAUER, T. A., 1959: The toxicity of extracts from foulbrood scale residues for honey bee larvae maintained in vitro. J. Insect Pathol. 1: 190–192.

PELCZAR, M. J. UND MITARB. 1957: Manual of microbiological methods by the Society of American bacteriologists. McGraw-Hill Book Company, Inc. New York.

PHILLIPS, E. F., 1918: The control of European foulbrood. USDA Farmers's Bull. 975: 3–16.

– 1925: „Degeneration" der Bienen und „spontanes" Auftreten der gutartigen Faulbrut (Sauerbrut). Schweiz. Bienenztg. NF 48: 114–117, 159–163.

– 1926: European foulbrood treatment. Gleanings in Bee Cult. 54: 152.

PLURAD, S. B., HARTMANN, P. A., 1965: The fate of bacterial spores ingested by adult honey bees. J. Invert. Pathol. 7: 449–454.

POLTEV, V. J., 1955: Studies of sulphanilamides, antibiotics and phytocides for treating bees infected with European foulbrood. Sborn. nauch. Trud. Leningr. Inst. Usov. vet. Vrach. 10: 75–86.

– 1958: Serologische Diagnostik der amerikanischen und europäischen Faulbrut. Pathol. Ref. 17. Intern. Bienenz. Kongr.: 50–53.

– 1959: Nature de la loque européenne et lutte contre cette affection. Bull. apic. 2: 59–60.

POLTEV, V. J., ALEKSANDROVA, L. V., 1953: Verbreitungswege der Sauerbrut. Sborn. nauch. Trud. Leningr. Inst. Usov. vet. Vrach. 8: 61–70.

PRIEZZHEVA, L. S., 1955: Die Rolle der Königin in der Verbreitung der Sauerbrut. Pchelovodstvo 32: 48–49.

– 1957: Veränderung im Körper der Königin nach künstlicher Infektion mit Sauerbrut. Pchelovodstvo 34: 38–41.

RINDERER, TH. E., ROTHENBUHLER, W. C., 1969: Resistance to American foulbrood in honey bees. X. Comparative mortality of queen, worker and drone larvae. J. Invert. Pathol. 13: 81–86.

RINDERER, TH. E., ROTHENBUHLER, W. C., 1974: The influence of pollen on the susceptibility of honey bee larvae to *Bacillus larvae*. J. Invert. Pathol. 23: 347–350.

ROSE, R. J., 1969: *Bacillus larvae* isolation, culturing and vegetative thermal death point. J. Invert. Pathol. 14: 411–414.

ROSE, R. J., BRIGGS, J. D., 1969: Restistance to American Foulbrood in honey bees. IX Effects of honey bee larval food on the growth and viability of *Bacillus larvae*. J. Invert. Pathol. 13: 74–80.

ROTHENBUHLER, W. C., 1958: Genetics of a behaviour difference in honey bees. Proc. 10 th Intern. Congr. Genet. 2: 242.

– 1964: Behaviour genetics of nest cleaning in honey bee and reponses of 4 inbred lines to disease killed brood. Anim. Behav. 12: 578–583.

ROTHENBUHLER, W. C., THOMPSON, V. C., 1956: Resistance to American foulbrood in honey bees. I. Differential survival of larvae of different genetic lines. J. econom. Entomol. 49: 470–475.

ROUSSEAU, M., BARBIER, E., VALIN J., 1957: L'influence du pollen dans l'évolution de la loque européenne. Abeille de France 36: 397–399.

ROUSSEAU, M., LABATUT, R., 1967: Propagation des loques, possibilité d'assainissement des ruches. Bull. apic. 10: 91–99.

SCHLAEPPI, F., 1964: Ausländischer Honig als Infektionsherd für bösaritge Faulbrut. Schweiz. Bienenztg. NF 87: 500–503.

SCHULZ-LANGNER, E., 1956: Ein neues Bild der bösartigen Faulbrut der Honigbiene. Selbstheilung und Sulfonamidtherapie, ihre Möglichkeiten und Grenzen im Kampf gegen die Seuche. Z. Bienenforsch. 3: 149–180.

– 1957: Die Rolle des Ventiltrichters (Proventriculus) bei der Resistenz der Honigbiene gegen die bösartige Faulbrut. Z. Bienenforsch. 3: 234–237.

– 1960a: Zum Verhalten der Hongbiene beim Säubern von Zellen mit faulbrutkranken Larven. Z. Bienenforsch. 5: 1–7.

– 1960b: Die Entwicklung des Erregers der bösartigen Faulbrut in der Bienenlarve (*Apis mellifica* L.) unter normalen Bedingungen und unter dem Einfuß von Sulfathiazol. Ein Beitrag zur individuellen Resistenz gegen *Bacillus larvae* White. Zool. Beitr. NF 5: 393–418.

SHIMANUKI, H., 1967: Ethylene oxide and control of American foulbrood. A progress Report. Amer. Bee J. 107: 290–291.

SHIMANUKI, H., HARTMAN, P. A., ROTHENBUHLER, W. C., 1965: In vitro growth studies of *Bacillus larvae* White. J. Invert. Pathol. 7: 437–441.

SHIMANUKI, H., KNOX, D. A., HERBERT, E. W., 1970: Fumigation with ethylene oxide to control diseases of honey bees. J. Econom. Entomol. 63: 1062–1063.

SHIMANUKI, H., LEHNERT, T. UND MITARB., 1969: Control of European foulbrood disease of the honey bee. J. Econom. Entomol. 62: 813–814.

SMIRNOV, A., KAMBUROV, G., 1967: Study of the desinfectant properties of β-propiolactone in respect of some agents of honey bee foulbrood. Nauch. Trud. vissh. vet. med. med. Inst. Prof. G. Pavlov 18: 317–320.

SMIRNOVA, N. J., 1956: Larval bacteriophage and its use for the diagnosis, prophylaxis and treatment of American foulbrood. In: Infectious and protozoan diseases of useful and harmful insects, S. 334–340.

– 1957: Sensitivity to antibiotics of the microbes causing foulbrood. Byull, nauch. tekh. inf. inst. Pchelovodstvo: 30–32.

– 1959: European foulbrood. Scott. Beekeeper 35: 5–6.

– 1961: Prophylaxis of European foulbrood. Pchelovodstvo 38: 22–25.

– 1964a: Problème de la résistance aux antibiotiques des germes de la loque européenne (extrait). Bull. apic. 7: 122 allein.

– 1964b: Study of methods of bee and brood immunization in apiaries infected with European foulbrood. Trud. nauch. issled Inst. Pchelovodstva: 265–275.

– Smirnova, N. J., Samyshkina, V. S., 1957: Treatment of European foulbrood with antibiotics. Pchelovodstvo 34: 39–42.

SMITH, F. G., 1958: Foulbrood in tropical Africa. Bee World 39: 230–231.

SMITH, E. L., BECK J. V., ANDERSON, E. J., 1949: The effect of pollen on sporulation of *Bacillus larvae* (White). J. Bact. 57: 213–218.

STEHLE, G., BRAUN, S., 1981: Gesetzliche Bekämpfung der Bienenseuchen 222pp. Paul Parey Verlag, Berlin und Hamburg.

STUDIER, H. K., 1953a: Combating European foulbrood. Amer. Bee J. 93: 330–331.

– 1953b: Terramycin controls American foulbrood. Amer. Bee J. 93: 407–408.

STURTEVANT, A. P., 1924: The development of American foulbrood in relation to the metabolism of its causitive organisms. J. Agric. Res. 28: 129–168.

– 1932: Relation of commercial honey to the spread of American foulbrood. J. Agric. Res. 45: 227–285.

– 1936: Quantitative demonstration of the presence of spores of Bacillus larvae in honey contaminated by contact with American foulbrood. J. Agric. Res. 52: 697–704.

STURTEVANT, A. R., REVELL, J. L., 1953: Reduction of *Bacillus larvae* spores in liquid food of honey bees by the action of the honey-stopper, and its relation to the development of American Foulbrood. J. Econom. Entomol. 46: 855–860.

SUTTER, G. R., ROTHENBUHLER, W. C., RAUSS, E. S., 1968: Resistance to American foulbrood in honey bees. VII Growth of resistant and susceptible larvae. J. Invert. Pathol. 12: 25–28.

TABARLY, O., MONTEIRA, E., 1963: Effects comparatifs de quelques antibiotiques sur des souches microbiennes et sur abeilles. Bull. apic. 6: 217–230.

TARR, H. L. A., 1935: Studies on European foulbrood of bees. I. A description of strains of *Bacillus alvei* obtained from different sources and another species occurring in larvae affected with this disease. Ann. appl. Biol. 22: 709–718.

– 1936: *Bacillus alvei* and *B. para-alvei. Zentr. Bakt. Parasitenkde. II, 94: 509–511.*

– 1937a: Certain factors influencing the germination of the endospores of *Bacillus larvae.* Bee World 18: 57–58.

– 1937b: The resistance of individual larvae to inoculation with large doses of the spores of *Bacillus larvae.* Bee World 18: 115–116.

THURBER, P. F., 1971: Building a beehive fumigator using ethylene oxide to treat AFB infected colonies. Gleanings in Bee Cult. 99: 93–97.

THOMPSON, V. C., 1955: A new type of resistance to American foulbrood originating in the nurse bees. Unpublished M. S. thesis. Jowa State College, Ames.

– 1964: Behaviour of nest cleaning in honeybees. III Effect of age of bees of a resistent line on their reponse to disease-killed brood. J. apic. Res. 3: 25–30.

TOMAŠEC, I., 1959: Loque européenne (Résultats des expériences effectuées en Yougoslavie). Bull. apic. 2: 63–68.

– 1961: Untersuchungen über die Aetiologie der europäischen Faulbrut Bull. apic. 4: 123–127.

– 1965: Über die Frage des *Bacillus alvei* und *B. para-alvei* (kroatisch). Veterinarski Arhiv. 35: 11–20.

TOMAŠEC, I., FIJAN, N., 1963: Über die Infektiosität der europäischen Faulbrut der Bienen. Veterinarski Arhiv 34: 186–191.

TOSCHKOV, AL., NEDJELKOV, ST., JANAKIEV,

ST., 1967: Die Insektizide und die gutartige Faulbrut. Bienenpflege 11: 237–238.

TOSCHKOV, AL., VALLERIANOV, TS., TOMOV, A., 1970: La méthode d'immunofluorescence: diagnostic rapide et spécifique de la loque américaine dans le couvain d'abeilles. Bull. apic. 13: 19–24.

TOUMANOFF, C., 1929: Note sur l'infection des larves d'abeilles par *Bacillus larvae.* Bull. Acad. vét. France 2: 45.

TOUMANOFF, C., MALMANCHE, L., 1959: L'action des antibiotiques sur des souches de *Bacillus larvae* White d'origines géographiques différentes. Ann. Inst. Pasteur 96: 140–143.

TOUMANOFF, C., ZARIFOPOULOS, G., 1964: Etude bactériologique d'un rayon de couvain d'abeille simulant la loque américaine. Ann. Abeille 7: 201–205.

TRILENKO, V. A., 1956: Serological diagnosis of American foulbrood in bees and the serological identification of *Bacillus larvae.* In infectious and protozoan diseases of useful and harmful insects. Ed. Poltev and Pavel'eva, Moskau.

TROYANOVSKI, D. P., 1968: Prevalence of antibiotic- resistant forms among the agents of honeybee foulbrood diseases in the Vitebsk region. Uchen. Zap. vitebsk. vet. Inst. 20: 61–63.

TURELL, M. J., 1974: A history of the use of drugs in the prevention and the cure of American foulbrood. Amer. Bee J. 114: 13–14.

TUTT, S. F., WILSON, W. T., 1975: The effects of *Penicillium waksmani* growth on American foulbrood infected combs and adult honeybee activity. J. Invert. Pathol. 26: 283–287.

VALIN, J., POURTALLIER, J., 1962: Etude complementaire sur la composition de pollens utilisés par les abeilles (*Apis mellificia*). Bull. apic. 5: 127–137.

VAUGHN, J. L., 1962: European foulbrood disease of honey bees: Studies on the etiological agent and associated organisms. Thesis, Madison University Wisconsin.

VECCHI, M. A., ZAMBONELLI, C., 1969: Problemi relativi alla identificazione delle spore di *Bacillus larvae* nel miele. Apicolotore Italia 26: 109–111.

VERGÉ, J. C., 1953: Sur le 3,4,diméthyl-5-sulfanilamidoisoxanol (Gantrisine) comme agent thérapeutique de le loque américaine des larves d'*Apis mellifica*. Apiculteur 97: 17–24.

WEISS, K., MAUTZ, D., SCHAPER F. 1977: Die Tätigkeit der Bayer. Landesanstalt für Bienenzucht Erlangen im Jahr 1976. Imkerfrd. 32: 66–79.

WHITE, G. F., 1906: The bacteria of the apiary with special reference to bee diseases. USDA Bur. Entomol. Techn. Bull. 14. 50 pp.

– 1907: The cause of American foulbrood. USDA Bur. Entomol. Bull. 94.

– 1912: The cause of European foulbrood. USDA Bur. Entomol. Bull. 157 15pp.

– 1920: American foulbrood. USDA, Bur. Entomol. Bull. 809.

WHITE J. W. JR., 1972: Comments on article. Nitrite test as an aid in the identification of *Bacillus larvae* grown in the yeast starch agar. Amer. Bee. J. 112: 56.

WILLE, H., 1959: Versuche an freifliegenden Völkern mit Gallimycin bzw. Erythrocin. Schweiz. Bienenztg. NF. 82: 100–104.

– 1960: Bakteriologische Untersuchungen an *Streptococcus pluton,* dem vermutlichen Erreger der Sauerbrut der Honigbiene (*Apis mellifica*). XI. Intern. Entomol. Kongr. 2: 521–528.

– 1964: Die gegenwärtige Lage in der Bekämpfung der Bienenkrankheiten. Schweiz. Arch. Tierheilkde. 106: 681–689.

– 1965: Propagation de la loque américaine par le miel. Bull. apic. 8: 107–109.

– 1970: Stellungsnahme zum Dahlemer Verfahren. Schweiz. Bienenztg. NF 93: 570–572.

– 1974: Probleme um die bösartige Faulbrut in der Schweiz. Imkerkalender, Tübinger Chronik.

WILSON, W. T., 1962: Control of European foulbrood using two erythromycin formulations and yearly disease recurrence. Amer. Bee J. 102: 351–354.

– 1967: Viability, development and rate of passage of the pathogenic bacterium *Bacillus larvae* White in the haemolymph and alimentary canal of the adult bee. Ph. D. thesis, Ohio State University, 142 pp.

– 1971: Resistance to American foulbrood in honey bees. XI Fate of *Bacillus larvae* spores ingested by adults. J. Invert. Pathol. 17: 247–255.

– 1972: Resistance to American foulbrood in honey bees. XII. Persistance of viable *Bacillus larvae* spores in the feces of adults permitted flight. J. Invert. Pathol. 20: 165–169.

WILSON, W. T., BITNER, A. R., 1970: Unequal development of *Bacillus larvae* in two castes of adult honeybees. J. Invert. Pathol. 16: 315–316.

WILSON, W. T., ELLIOTT, J. R., HITCHCOCK, J. D., 1971: Low recurrence of American foulbrood in honey bee colonies previously treated with drugs. Amer. Bee J. 111: 430–431.

WILSON, W. T., MOFFETT, J. O., 1957: The effect of erythromycin and other antibiotics on the control of American foulbrood. J. econom. Entomol. 50: 194–196.

WILSON, W. T., ROTHENBUHLER, W. C., 1968: Resistance to American foulbrood in honey bees. VIII. Effects of injecting *Bacillus larvae* spores into adults. J. Invert. Pathol. 12: 418–424.

Wilson, W. T. und Mitarb., 1971: Antibiotic patties for control of American foulbrood. J. apic. Res. 10: 143–147.

Wojtek, H., 1955: Beitrag zur Mikroskopie der bösartigen Faulbrut der Honigbiene. Berl. Münch. tierärztl. Wschr. 68: 130–133.

Woodrow, A. W., 1941: Behaviour of honeybees toward brood infected with American foulbrood. Amer. Bee J. 81: 363–366.

Woodrow, A. W., 1942: Susceptibility of honey bee larvae to individual inoculations with spores of *Bacillus larvae*. J. Econom. Entomol. 35: 892–895.

Woodrow, A. W., Holst, E. C., 1942: The mechanism of colony resistance to American foulbrood. J. econom. Entomol. 35: 327–330.

Woodrow, A. W., States, H. J., 1943: Removal of diseased brood in colonies infected with American foulbrood. Amer. Bee J. 83: 22–23.

Ying-Shin, Kun Yat Peng, 1979: A study on the possible utilization of immunodiffusion and immunofluoreszence techniques as the diagnostic methods for American foulbrood of honey bees. J. Invert. Pathol. 33: 284–289.

Zyabkin, A. S., 1958: Treatment with Penicillin of colonies infected with European and American foulbrood. Byull. Leningr. vet. Inst. 5: 30–31.

Zander, E., 1943: Die Brutkrankheiten und ihre Bekämpfung. Handbuch der Bienenkunde in Einzeldarstellungen. Verlag Eugen Ulmer, Stuttgart.

Viruskrankheiten (Sackbrut)

Bailey, L., 1968a: The multiplication of sacbrood virus in the adult honeybee. Virology, 36: 312–313.

– 1968b: Angaben über Sackbrut. Rep. Rothamsted exp. Stn for 1967: 215–216.

– 1968c: Honey bee pathology. Ann. Rev. Entomol. 13: 191–212.

– 1969: The multiplication and spread of sacbrood virus of bees. Ann. appl. Biol., 63: 483–491.

– 1970: Angaben über Sackbrut. Rep. Rothamsted exp. Stn for 1969, part 1: 259–260.

Bailey, L., Fernando, E. F. W., 1972. Effects of sacbrood virus on adult honey bees. Ann. appl. Biol. 72: 27–35.

Bailey, L., Gibbs, A. J., Woods, R. D., 1964: Sacbrood virus of the larval honey bee (*Apis mellifera* L.). Virology 23: 425–429.

Bergold, G. H., 1953: On the nomenclature and classification of insect viruses. Ann. N.Y. Acad. Sci. 5–6: 495–516.

Brčák, J., Králík, O., 1965: On the structure of the virus causing sacbrood of the honey bee. J. Invert. Pathol. 7: 110–111.

Brčák, J., Svoboda, J., Králík, O., 1963: Eletron microscopic investigation of sacbrood of the honeybee. J. Insect. Pathol. 5: 385–386.

Fyg, W., 1962: Beitrag zur Pathologie der Sackbrut. Z. Bienenforsch. 6: 93–103.

Griffin, L. A. M., 1953: Sacbrood: the need for better bees. NZ. J. Agric. 87: 349, 351.

Hitchcock, J. D., 1966: Transmission of sacbrood disease to individual honey bee larvae. J. econom. Entomol. 59: 1154–1156.

Holmes, F. O., 1948: Order Virales, the filterable viruses. In Bergey's Manual of Determinative Bacteriology, 6th ed. Williams and Wilkins, Baltimore. pp. 1255–1228.

Lee, P. E., Furgala, B., 1965a: Sacbrood-virus: some morphological features and nucleic acide type. J. Invert. Pathol. 7: 502–505.

– 1965b: Sacbrood virus in situ. Virology 25: 387–392.

– 1967: Viruslike particles in adult honey bees (*Apis mellifica* L) following injection with sacbrood virus. Virology 32: 11–17.

Morgenthaler, O., 1947: Eine Sackbrutepidemie. Schweiz. Bienenztg. 70 NF.: 148–151.

Pešek, A., 1959: On a virus attacking the brood (tschechisch). Vcelařstvi 12: 25 only.

Rutz, W., Gerig, L., Wille, H., Lüscher, M., 1974. A bioassay for the influence of IGA (Insect growth regulators) of hormonal nature on adult worker honeybees. Mitt. Schweiz. Entomol. Ges. 47: 307–313.

Smirnova, N. J., 1966. Sur la résistance du virus et les méthodes de traitement du sacbrood des abeilles. Symp. Intern. Microbiol. et Pathol. Abeilles, Moscou, 20–23.

Steinhaus, E. A., 1949: Nomenclature and classification of insect viruses. Bact. Rev. 13: 203–223.

White, G. F., 1913: Sacbrood, a disease of bee. US Dept. Agric. Circ. 169, 5 pp.

– 1917: Sacbrood. US Dept. Agric. Bull. 431, Washington, 54 pp.

Allgemeines über Protozoen

Bährmann, R., 1967a: Beobachtungen zum Vorkommen von Darmflagellaten bei gesunden und nosemakranken Arbeitsbienen der Honigbiene. Z. Bienenforsch. 9: (4): 142–150.

– 1967b: Über das Auftreten von Pylorusschorfen bei gesunden und nosemakranken Arbeiterinnen der Honigbiene. Ann. Abeille 10 (1): 29–37.

Fyg, W., 1954: Über das Vorkommen von Flagellaten im Rectum der Honigbiene (*Apis mellifica* L.). Mitt. Schweiz. Entomol. Ges. 27 (4): 423–428. A. A. 74/56.

Hitchcock, J. D., 1949: A rare gregarine parasite of the adulte honey bee. J. Econom. Entomol. 41 (6): 854–858. A. A. 57/54.

Langridge, D. F., McGhee, R. B., 1967: Chritidia mellificae n.sp, an acidophilic trypanosomatid of the honeybee *Apis mellifera.* J. Protozool. 14: 485–487 A. A. 154/69, s. a. 707/66.

Levine, N. D. u.15 Mit. 1980: A newly revised classification of the protozoa. J. Protozool. 27 (1): 37–58.

Lotmar, R., 1946: Über Flagellaten und Bakterien im Dünndarm der Honigbiene (*Apis mellifica* L.). Beih. Schweiz. Bienenztg. 2 (14): 49–76.

Stejskal. M., 1964: Eine neue Gregarine der Honigbiene (*A. mellifica* L.) Monoica apis nov. gen., nov. spec. Z. Parasitenkde. 25: 157–163. A. A. 607/65.

– 1973: Gregarinen (Protozoa) Parasiten der Honigbiene. Die Bienen 109 (5): 132–134.

Weiser, J., 1974: Morphological basis of the taxonomy of Microspora. Proc. 3rd. Int. Congr. Parasitol. München.

Handbücher

Bulla, Jr., Lee, A., Cheng, T. C.: Comparative Pathobiology Vol. 1: Biology of the Microsporidia. 1976. Vol. ": Systematics of the Microsporidia Plenum Press, New York und London, 1977.

Weisser, J., 1961: Die Mikrosporidien als Parasiten der Insekten. Verlag Paul Parey, Hamburg und Berlin.

Nosematose

Alber, M., Campagna, A., 1970: La Nosemiasi Sicziliana. Apicoltore Italia, 6.

Armbruster, L., 1927: Imkerische Untersuchung auf Nosema und die Bienenamöbe. Verlag Karl Wachholz, Neumünster.

Awetisjan, G. A., Maximenko, I. W., 1979: Interlineare Variabilität der Widerstandsfähigkeit von Honigbienen gegenüber *Nosema apis.* 27. Intern. Bienmenzüchterkongreß Athen 1979, p. 258. Apimondia Verlag Bukarest.

Bährmann, R., 1963: Veränderungen an den Rektalpapillen alternder und nosemakranker Bienen. 19. Intern. Bienenzüchterkongreß Prag 1963, p. 28. Apimondia Verlag Bukarest.

Bährmann, R., 1965: Vergleichende histopathologische Untersuchungen an nosemakranken Honigbienen. Angew. Parasitologie 6 (1): 3–23. Apic. Abstracts 989/70

Bährmann, R., 1967 a: Abnormitäten bei nosemakranken Arbeitsbienen. Angew. Parasitologie 8 (3): 151–156. Apic. Abstracts 723/70. s. a. Borchert 1974.

Bährmann, R., 1967 b: Beobachtungen zum Vorkommen von Darmflagellaten bei gesunden und nosemakranken Arbeiterinnen der Honigniene (*Apis mellifica* L.) Z. Bienenforsch. 9 (4): 142–150.

Bailey, L., 1953 a: The treatment of Nosema disease with fumagillin. Bee World 34 (7): 136–137.

– 1953 b: The transmission of Nosema disease. Bee World 34 (9): 171–172.

– 1955 a: The epidemiology and control of Nosema disease of he honey-bee. Ann. appl. Biol. 43: 379–389.

– 1955 b: Results of field trials at Rothamsted of control methods for nosema disease. Bee World 36 (7): 121–125.

– 1956: Die Heilung der Nosemakrankheit. XVI. Apimondia Kongreß Wien 19565. Ref. Leipziger Bienenzeitung 72 (1): 12–15, 1958.

– 1957: Comb fumigtion for nosema disease. Amer. Bee J. 97 (1): 24–26.

– 1963: Infectious Diseases of the Honey-Bee. London.

– 1967: *Nosema apis* and dysentery of the honeybee. J. apic. Res. 6 (3): 121–125.

– 1981: Honey Bee Pathology London Academic Press.

Bailey, L., Ball, B. V., Perry, J. N., 1981: The prevalence of viruses of honey bees in Britain. Ann. appl. Biol. 97: 109–118.

Beutler, R., Opfinger, E., Wahl, O., 1949: Pollenernährung und Nosemabefall der Honigbiene *(Apis mellifica).* Z. vergl. Physiologie, 32: 338–421.

Böttcher, F. K., 1948: Zur Nosemabekämpfung. Leipz. Bienen-Ztg., 62 (107): 162.

– 1957: Nosema, eine Mangelerscheinung? Dt. Imkerkalender Gießen.

– 1962: Nosemaverbreitung im Stock. Imkerfrd. 17 (3): 75.

– 1968: Vorsicht mit altem Winterfutter! Imkerfrd. 23 (3): 72.

– 1971: Nosemabekämpfung. Imkerfrd. 26 (3): 72–73.

Böttcher, F. K., Hirschfelder, H., 1960, 1961: Aufzucht nosemafreier Völker. Imkerfrd. 15 (3): 69 und 16 (3): 77

Bogdan, Th., Popa, A., Foti, N., 1960: Forschungen über die Möglichkeit der Verwendung der coprologischen Untersuchungen in der Diagnose der Nosemose bei lebenden Weiseln. (Rumänisch mit deutscher Zusammenfassung). Lucrari stiint 2: 253–261.

Borchert, A., 1924: Die seuchenhaften Krankheiten der Honigbiene. Verlag Richard Schoetz, Berlin.

– 1928: Beiträge zur Kenntnis des Bienenparasiten *Nosema apis.* Arch. Bienenkde. 9 (4/5): 115–178.
– 1930: Über die Nosemainfektion der Honigbiene unter besonderer Berücksichtigung der Nosemaseuche. Arch. Bienenkde. 11 (1): 1–40.
– 1941: Untersuchungen über die parasitologische Bedeutung der Nosema-Infektion für das Bienenvolk. D. Bienenzucht 48: 178–181.
– 1950: Krankheiten der Honigbiene. 6. Aufl. Verlag Richard Schoetz, Berlin.
– 1966: Die Krankheiten und Schädlinge der Honigbiene. Verlag Hirzel, Leipzig.
– 1974: Schädigungen der Bienenzucht durch Krankheiten, Vergiftungen und Schädlinge der Honigbiene. Leipzig.

Borchert, A., Dehn, M., 1931: Einige Untersuchungen über die Lebensdauer und die Widerstandsfähigkeit gegen Temperatureinflüsse bei den Dauerformen von *Nosema apis* Zander Arch. Bienenkde. 12 (7/8): 336–347.

Borchert, A., Polzin, H., 1933: Weitere Untersuchungen über die Widerstandsfähigkeit der Sporen von *Nosema apis.* Berliner Tierärztl. Wochenschrift 49 (13).

Borndörfer, J., 1971: Wirtschaftliche Betriebsweise. Imkerfrd. 26 (11): 326–331.

Bretschko, J., 1963: Fumidil B – Eiweiß – Nosema. Bienenvater 1963: 103–108.
– 1967: Der Einfluß von Eiweiß und Vitamin C auf den Nosemainfektionsverlauf im Frühjahr. Imkerfrd. 22 (4): 108–110.

Burnside, C. F., Revell, J. L. 1948: Observations on nosema disease of honey bees. J. Ec. Ent. 41 (4): 603–607.

Cantwell, G. E., Shimanuki, H. 1969: Heat treatment as a means of eliminating Nosema and increasing production. Amer. Bee J. 109 (2): 52–54.

Dönhoff, E., 1856, 1857: Über das Vorkommen rätselhafter Körper im Darmkanal der Biene. Bienen-Ztg. 12 (15): 171–172. 13: 66, 199, 210. Eichstädt.
– 1958: Über das Vorkommen von Pilzsporen im Blute der Bienen. Bienen-Ztg. 14 (4): 45. Eichstädt.

Dönhoff, E., Leuckart , R., 1857a: Über den Fadenpilz im Darm der Biene. Bienen-Ztg. 13 (6): 66–67, 72. Eichstädt.
– 1857b: Über die Ansteckungsfähigkeit. Bienen-Ztg. 13: 199. Eichstädt.
– 1857c: Über die Verbreitung der Pilzsucht. Bienen-Ztg. 13: 210. Eichstädt.

Doull, K. M., Cellier, K. M., 1961: A survey of incidence of nosema disease (*Nosema apis* Zander) of the honey Bees in South Australia. J. Insect Pathol. 3: 280–288.

Fantham, H. B., Porter, A., 1912: The morphology and life history of Nosema apis. Ann. Trop. Med. 6: 163–195.

Farrar, C. L., 1947: Nosema losses in package bees as related to queen supersedure and honey yields. J. Econom. Entomol. 40 (3): 333–338.

Foti, N., Serbanescu, S., Crisan, J., 1971: Einfluß der Nosema auf den Proteingehalt im Bienenblut (*Apis mellifica* L.). 23. Intern. Bienenzüchterkongreß Moskau, Apimondia Verlag, Bukarest.

Frisch, K. v., 1944: Kurzer Bericht über die im Jahre 1943 durchgeführten Versuche zur Bekämpfung der Nosemaseuche der Bienen. Dt. Imkerführer 18 (2): 23.

Furgala, B., 1962: The effect of the intensity of nosema inoculum on queen supersedure in the honey bee, *Apis mellifera* L. J. Insect Pathology 4 (4): 429–432.

Furgala, B., Maunders, M. J., 1961: A simple method of fedding *Nosema apis* inoculum to individual honeybees. Bee World 42 (10): 249–252.

Fyg, W., 1945: Der Einfluß der Nosemainfektion auf die Eierstöcke der Bienenkönigin. Schweiz. Bienen-Ztg. 68 (2): 67–72.

Gerig, L., 1975: Wirkung von Juvenilhormon-Analoga auf Sommerbienen (*Apis mellifica* L.) im Freiland und Labor. Schweiz. Landw. Forsch. 14 (4): 355–370.

Gertig, S., 1934: Weitere Beiträge zur Kenntnis der Widerstandsfähigkeit der Dauerformen von *Nosema apis* Zander. Dt. Imkerführer 8(5) 110–118.

Gnädinger, F., 1963: Die Winterverluste von Bienenvölkern 1962/63 im Landesverband Badischer Imker. SWDI 15 (7): 205.

Goetze, G., 1941: Was ist bei Anwendung des Neotektin zu beachten? Schleswig-Holsteinische Bienen-Ztg. 45 (2): 1941.

Goetze, G., Eberhardt, F., Zeutzschel, B., 1959: Versuche zur Selbstheilung und Therapie der Nosematose der Honigbiene. Bonn, Inst. f. Bienenkunde der Universität.

Gontarski, H., 1950: Über den Ernährungshaushalt der Winterbienen. Imkerfrd. 5 (10): 183–186.
– 1953: Die Frühjahrsreizfütterung unter seuchenhygienischem Gesichtspunkt. Dt. Bienenwirtsch. 4 (3): 47–49.
– 1954: Ein medikamentöses Verfahren zur Heilung nosemakranker Bienenvölker. Dt. Bienenwirtsch. 5 (8): 162–164.
– 1955: Die Nosemaerkrankung der Bienen im Frühjahr und ihre Bekämpfung. Dt. Bienenwirtsch. 6 (3): 60–61.

Gontarski, H., Mebs, D., 1964: Eiweißfütterung und Nosemaentwicklung. Z. Bienenforsch. 7 (3): 53–62.

Gontarski, H., Wagner, O., 1954: Quantitative Versuche zur chemotherapeutischen Bekämpfung der *Nosema apis* Z. bei der Honigbienen. Arzneiforsch. 4: 161–168.

Grobow, O. F., Zümann, B. W., 1973: Die Rolle von *Nosema apis* Zander in der virotischen Lähmung der Bienen. 25. Intern. Bienenz. Kongr. Buenos Aires 1973: 384. Apimondia Verlag Bukarest.

Gross, K. P., Ruttner. F., 1970: Entwickelt *Nosema apis* Zander eine Resistenz gegenüber dem Antibiotikum Fumidil B? Apidologie 1 (4): 401–421.

Hammer, H., 1956: Die Wirkung von 2,4-D-Unkrautbekämpfungsmitteln auf die Honigbiene *(Apis mellifica)*. Diss. Bonn.

Hammer, O., Karmo, E., 1947: Nosema und Honigertrag. Schweiz. Bienen-Ztg. 70 (4): 190–194.

Hanko, J., 1963: Die Alters- u. Saisondynamik der Nosemaseuche der Bienen. 19. Intern. Bienenz. Kongr. in Prag 165–167 Apimondia Verlag Bukarest.

Harder, A., Kundert, J., 1951: Der Verlauf und die Auswirkungen der Nosema auf dem Bienenstand der Eidgen. Versuchsanstalt Wädenswil in den Jahren 1941–1950. Schweiz. Bienen-Ztg. 74, (12): 531–544.

Hassanein, M. H., 1951: Versuche über den Einfluß einer Infektion mit *Nosema apis* auf die Physiologie der Bienenkönigin insbesondere auf die Eierstöcke. Quarterly J. of Microscopical Science 92, Teil 2, Dt. Übersetzung: Leipz. Bienen-Ztg. 67 (1): 11–13, 1953.

– 1952a: Der Einfluß von *Nosema apis* auf die Sammel- und Brütetätigkeit der Honigbiene. Leipz. Bienen-Ztg. 66 (7): 146–148.

– 1952b: The effects of infection with *Nosema apis* on the pharyngeal salivary glands of the honey bee. Proc. Royal Entomol. Soc. London 27: 22–27.

– 1953: The influence of infection with *Nosema apis* on the activities and longevity of the worker honey bee. Ann. appl. Biol., 40: 418–423.

Himmer, A., 1925: Folgeerscheinungen der Nosemaseuche. Die Bayerische Biene. 47 (8): 201–204.

– 1927: Der heutige Stand der Bienenseuchenforschung, Bienenzucht und Bienenforschung. Verlag Wachholz, Neumünster.

Hirschfelder, H., 1960: Essigsäure richtig anwenden. Imkerfrd. 15 (9): 276–277.

– 1963: Untersuchungen über Pollenernährung, Lebenslänge und Nosemabefall bei der Honigbiene. Intern. Bienenz. Kongr. Prag 1963: 197–201, Apimondia Verlag, Bukarest. s. Imkerfreund 18 (3): 75.

Hirschfelder, H., 1967a: Futtersaft und Nosema. Imkerfrd. 22 (3): 69.

– 1967b: Lebenslänge und Nosemaanfälligkeit verschiedener Bienenrassen. Imkerfrd. 22 (3): 69 (s. a. 19 (3): 68–69.)

– 1969: Der Futterverbrauch gesunder und nosemakranker Bienen. 22. Intern. Bienenz. Kongr. München 1969: 444. Apimondia Verlag, Bukarest.

– 1971: Desinfektion durch Sonnenstrahlen. Imkerfrd. 26 (3): 74.

– 1972a: Wärmewirkung auf Nosemasporen. Imkerfrd. 27 (3): 91 (s. a. 26 (3): 73).

– 1972b: Streiflichter um fumagillinhaltige Nosemabekämpfungsmittel. Imkerfrd. 27 (3): 79–80.

Huger, A., 1960a: Electron microscope study on the cytology of a microsporidian spore by means of ultrathin sections. J. Insect. Pathol. 2: 84–105.

– 1960b: Elektronenoptische Analyse der Innenstruktur von Mikrosporidiersporen. Naturwissenschaften 47 (3): 68.

– 1962: Entwicklungskreis und Pathologie einer Mikrosproidiose durch Nosema melolonthae (Krieg) comb. nov. Intern. Kolloquium über Insektenpathologie und mikrobiologische Bekämpfung. Paris.

Jacobs, F. J., 1971: Untersuchungen über den Einfluß der Fütterung und Umwelttemperatur auf die Entwicklung von *Nosema apis* Zander bei der Honigbiene. (*Apis mellifica* L.) 23. Intern. Bienenz. Kongr. Moskau: 495. Apimondia Verlag, Bukarest.

Jamieson, C. A., 1955: Studies on the chemotherapeutic control of Nosema apis. Progr. Rep. Div. Apic. Canad. Dep. Agric. 1949–1955 (zit. nach Bailey 1963).

Jeffree, E. P., Allen, M. D., 1956: The influence of colony size and of nosema disease on the rate of population loss in honeybee colonies in winter. J. Econom. Entomol. 49: 831–834.

Jordan, R., 1961: Zuchthygienische Maßnahmen zur Verhütung der Nosemaverbreitung bei Königinnen. Bienenvater 82 (12): 331–334.

– 1962a: Eiweiß – Nosema – Absperrgitter. Bienenvater 83 (1): 4–8 und (2): 47–50.

– 1962b: Befällt der Parasit *Nosema apis* Zander außer dem Mitteldarm noch andere Organe der Biene? Bienenvater 83 (3): 68–74.

– 1963: Vom Infektionsgang bei *Nosema apis* und was der Imker beachten soll. Bienenvater 84 (11): 317–321.

Karmo, E., Morgenthaler, O., 1939: The development of *Nosema apis* at various temperatures. Bee World 20: 57–58.

Kassparian, S., 1968: Arbeitswirtschaftliche Analyse der Hohenheimer imkerlichen Betriebsweise und Möglichkeiten der Arbeitsplanung mit Hilfe der Netzwerktechnik. Diss. Z. Bienenforsch. 9 (7): 269–331.

Katznelson, H., Jamieson, C. A., 1952: Control of Nosema disease of honey bees with fumagillin. Science 115: 70–71.

Kellner, N., Jacobs, F. J., 1979: Präliminaruntersuchungen über Natur und Widerstandsfähigkeit der Nosemasporen (*Nosema apis* Zander). 27. Intern. Bienenzüchter Kongreß Athen 1979: 385, Apimondia Verlag, Bukarest.

Kettner, H., 1958: Beiträge zum Nosemaproblem der Bienen. Archiv. f. Geflügelzucht und Kleintierkunde 7 (5/6): 326–345.

Kickhöffel, K. H., 1941: referiert in: Vorbeugung und Bekämpfung der Nosema von R. Jacoby über die wirtschaftlichen Schäden der Bienenzucht im Jahre 1941. Bienenpflege 64 (10): 165–167.

Kintscheff, G., Radoeff, L., 1973: Nosemaresistenz von einheimischen bulgarischen Bienen, grauen kaukasischen Gebirgsbienen und deren Hybriden. 24. Intern. Bienenz. Kongr. Buenos Aires 1973: 389. Apimondia Verlag, Bukarest.

Kittlausz, H. H., 1928: Einige Untersuchungen über die Verbreitung der Nosemaseuche der Honigbiene (*Apis mell.* L.) Archiv f. wissenschaftliche und praktische Tierheilkunde 57 (6): 36–37.

Koehler, A., 1921: Über die Einschlüsse der Epithelzellen des Bienendarmes. Z. f. angew. Entomol. 7 (1).

Kostecki, R., 1973: Einfluß einiger Mikroelemente, Vitamine, des Nosemins und Apimielins auf den Nosemaverlauf und die Frühjahrsentwicklung der Bienen. 24. Intern. Bienenz. Kongr. Buenos Aires: 399. Apimondia Verlag, Bukarest.

Kraffke, 1965: In 1965 keine Tierseuchenbeiträge für Bienenvölker. Die Biene, 101 (4): 104–106.

Kudo, R. R., 1913: Eine neue Methode, die Sporen von *Nosema bombycis* Nägeli mit ihren ausgeschnellten Polfäden dauerhaft zu präparieren und deren Länge genauer zu bestimmen. Zool. Anz. 41: 368–371.

L'Arrivee, J. C. M., 1963a: The effects of sampling sites in Nosema determination. J. Insect Pathol. 5: 349–355.

– 1963b: Comparison of composits versus individual bee simpling for Nosema apis Zander. J. Insect Pathol. 5: 434–439.

Lehner, M., 1963: Winterverluste wie noch nie – auch in Württemberg. SWDI 15 (8): 232.

Lehnert, T., Shimanuki, H., 1973: Production of nosema – free bees in the south. Amer. Bee J. 113 (10) 381–382

Lotmar, R., 1936: Nosema-Infektion und ihr Einfluß auf die Entwicklung der Futtersaftdrüse. Schweiz. Bienen-Ztg. 59 (1): 33–36, (2): 100–104.

– 1939: Der Eiweißstoffwechsel im Bienenvolk während der Überwinterung. Landwirtschaftliches Jahrbuch der Schweiz 53: 34–71, (s. Schweiz. Bienen-Ztg. 62 (5): 262–265).

– 1940: Beiträge zur Pathologie des Bienendarms *(Apis mellifica)*. Landw. Jahrbuch d. Schweiz 54: 775–805, (s. Schweiz. Bienen-Ztg. 6 (11): 604–605, 1939).

– 1943a: Bestehen Beziehungen zwischen der Witterung und dem seuchenhaften Auftreten der Frühjahrsschwindsucht (Nosema-Amöbenseuche)? Schweiz. Bienen-Ztg. 66 (2): 68–80.

– 1943b: Über den Einfluß der Temperatur auf den Parasiten *Nosema apis*. Beihefte zur Schweiz. Bienen-Ztg. 1 (6): 261–284.

– 1951: Gewichtsbestimmung bei gesunden und nosemakranken Bienen. Z. f. vergleich. Physiol. 33: 195–206.

Maassen, A., 1911: Zur Ätiologie und Epidemiologie der Ruhr bei den Bienenvölkern. Mitt. aus der Kaiserl. Biol. Anst., Heft 11.

– 1912: Über die Nosemakrankheit der Bienen. Mitt. aus der Kaiserl. Biol. Anst., Heft 12.

– 1914: Die übertragbaren Krankheiten der erwachsenen Biene. Mitt. aus der Kaiserl. Bol. Anst., Heft 15.

– 1919: Weitere Mitteilungen über Bienenkrankheiten und ihrer Bekämpfung. Mitt. aus der Kaiserl. Biol. Anst., Heft 17.

– 1919: Zur Erhaltung bienenwirtschaftlicher Werte. Arch. f. Bienenkde. 1 (3): 92–102.

– u. Nithack 1910: Über die Ruhr der Bienen. Mitt. aus der Kaiserl. Biol. Anst., Heft 10.

Matuka, S., Aganovis, N., 1969: Das Auftreten der Nosemaseuche bei Bienenvölkern im Herbst. 22. Intern. Bienenz. Kongr. München 1969: 514. Apimondia Verlag, Bukarest.

Maurizio, A., 1946: Beobachtungen über die Lebensdauer und den Futterverbrauch gefangen gehaltener Bienen. Beihefte zur Schweiz. Bienen-Ztg. 2 (13): 1–48.

Michailoff, S. A., 1928: Statistische Untersuchungen über Nosema an der Tulaer Versuchsstation f. Bienenzucht. Arch. Bienenkde. 9: 98–113.

Moeller, F. E., 1956: The behaviour of nosema infected bees affecting their position in the winter cluster. J. Econ. Ent. 49 (12): 743–765. Amer. Bee J. 104 (6): 214–215, 1964.

– 1968: A study of the incidence of nosema infection in overwintered colonies in Wisconsin. Bull. apic. 11 (1): 57–72.

Moeller, F. E., 1972: Effects of emerging bees and of winter flights on nosema disease in honeybee colonies. J. apic. Res. 11 (2): 117–120.

– 1978: Nosema disease. Its control in honeybee colonies. US Dept. of Agricult. Techn. Bull. 1569. Washington.

Morgenthaler, O., 1922: Der Polfaden von *Nosema apis* Zander Arch. Bienenkde. 4 (2): 53–60 und Bee World 4 (1): 25–28.

– 1931: Bienenkrankheiten im Jahre 1930. Schweiz. Bienen-Ztg. 54 (5): 254.

– 1938: (Antwort auf Imkerfrage) Schweiz. Bienen-Ztg. 61 (1): 31.

– 1939: Die ansteckende Frühjahrsschwindsucht (Nosema-Amöben-Infektion) der Bienen. Schweiz. Bienen-Ztg. 62 (2, 3, 4): 86–92, 154–162, 205–215.

– 1941: Einwinterung und Nosema. Schweiz. Bienen-Ztg. 64 (8): 401–404.

– 1944: Das jahreszeitliche Auftreten der Bienenseuche Beihefte z. Schweiz. Bienen-Ztg. 1 (7): 285–336.

– 1959: 50 Jahre *Nosema apis* Zander. SWDI 11 (6): 166–172.

– 1963: Die Keimung der Nosemasporen. SWDI 15 (4): 102–104.

Morse, R. A. und Mitarb. 1978: Honey Bee Pests, Predators and Diseases. Ithaca, New York und London, Academic Press.

Nickel, K. H., Armbruster, L., 1937, 1938: Vom Lebensablauf der Arbeitsbienen, besonders auch bei Nosemaschäden. 1.–2. Teil Arch. Bienenkde. 18 (7, 8): 257–311, 3. Teil 19 (3, 4): 134–152.

Örösi-Pál, Z., 1966: Die Wirkung des Weiselfuttersaftes auf die Nosemaentwicklung. Z. Bienenforsch. 8 (5): 178–180.

– 1938: Ein parasitischer Mikroorganismus aus der Bienenkönigin. Zentralbl. f. Bakteriol. 2 (99): 141–149.

Oertel, E., 1964: Nosema diesease in the Baton Rouge area. Gleanings in Bee Culture 92 (7): 427–437.

– 1967: Colony disturbance and nosema disease. J. apic. Res. 6 (2): 119–120.

Peroutka, M., Cihar, R., 1977: Die Wirkung der Pterine auf den Entwicklungszyklus des Protozoons *Nosema apis* Zander. Biol. Aspekte der Nosema. Symposium Merelbeke, Belgien 14.–16. 7. 1976. Apimondia Verlag, Bukarest.

Pfefferle, K., 1978: Unser Imkern mit dem Magazin. Eigenverlag Münstertal, Schwarzwald.

Poltjew, W. J., 1957: Auf der Suche nach Heilmitteln gegen Nosema. Übersetzt: Rheinische Bienenz. 10: 321–322. Aus Ptschelowodstwo 35 (4): 44–47.

Popa, A., 1963: Angaben über die Morphologie und Pathogenität des Parasiten *Nosema apis* Zander. 19. Intern. Bienenz. Kongr. Prag 1963, 2: 434. Apimondia Verlag, Bukarest.

– 1964: Donnees concernant la morphologie et la pathogenie du parasite *Nosema apis* Zander. Bull. apic. 7: 93–105.

Rinderer, T. E., Elliot, K. D., 1977: Influence of nosematosis on the hoarding behaviour of the honey bee. J. of Invertebrate Parasitol. 30 (1): 110–111.

Roberts, M. D., 1967: Coprological examination for the detection of *Nosema apis* in the honey bee. J. of Invert. Pathol. 9: 143–144.

Rutz, W. und Mitarb. 1974: A biossay for juvenile hormone (J. H.) effects of insect growth regulators (IGR) on adult worker honeybees. (Preliminary Report). Mitt. d. Schweiz. Entomol. Ges. 47 (3, 4): 307–313.

Sachs, H. G., 1964: Vergleich der Honigerträge von Bienenvölkern der Carnicarasse bei unterschiedlicher Raumgebung und verschiedener Volksstärke. Z. Bienenforsch. 7 (2): 47–52.

Schabanoff, M., 1977: Untersuchungen über Nosema in Bulgarien. Biol. Aspekte der Nosema. Symposium Merelbeke Belgien 1976: 95–104. Apimondia Verlag, Bukarest.

Schubert, G., 1969a: Utrazytologische Untersuchungen an der Spore der Mikrosporidienart *Heterosporis finki,* gen. n. sp. n. Z. Parasitenkde. 32: 59–79.

– 1969b: Elektronenmikroskopische Untersuchungen zur Sporonten – Sporenentwicklung der Mikrosporidienart *Heterosporis finki.* Z. Parasitenkde. 32: 80–92.

Schultz-Langner, E. 1958: Über das Vorkommen hoher Körpertemperaturen bei der Honigbiene mit entwicklungshemmender Wirkung auf den Parasiten *Nosema apis.* Z. Bienenforsch. 4 (14): 67–86.

Sherebkin, M. W., 1975: Chimosin und Nosema. Ptschelowodstwo (7). Dt. Übersetzung: Garten u. Kleintierzucht C, 15 (22): 6. 1976.

Shimanuki, H., Cantwell, G. E., 1969: Wärme und Äthylenoxid bei der Verhütung von Nosemaseuche. 22. Intern. Bienenz. Kongr. München 1969: 571. Apimondia Verlag, Bukarest.

Shimanuki, H., Lehnert, T., 1973: Wann erkranken Bienenköniginnen an Nosema? 24. Intern. Bienenz. Kongr. Buenos Aires: 386. Apimondia Verlag, Bukarest.

Sokolov, V. P., Grobov, O. F., 1963: Nosema spores in the Haemolymph of honey bees. Ptschelwodstwo 40 (7): 39.

Steche, W., 1960: Ätiologie und Therapie der Nosematose der Honigbiene. Z. Bienenforsch. 5 (3): 49–92.

– 1961a: Der Eiweißhaushalt des Bienenvolkes und die Nosematose der Honigbiene. Z. Bienenforsch. 6 (6): 145–176.

– 1961b: Die Nosematose der Honigbiene. 18. Intern. Bienenz. Kongr. Madrid (Vorkongreß 22. 9. 1961). SWDI 13 (11): 333–338.

– 1962: La Nosemose des Abeilles. Bull. apic. 4 (1): 67–83.

– 1965a: Untersuchungen über die Entwicklung von *Nosema apis*. Z. Bienenforsch. 8 (1): 10–11.
– 1965b: Zur Ontogonie von *Nosema apis* Zander im Mitteldarm der Arbeitsbiene. Journées Intern. de Pathologie Apicole Bucarest 22–23 août 1965.
– 1969: Die Abhängigkeit der Entwicklung des Parasiten *Nosema apis* Zander vom Brutverlauf im Bienenvolk. 22. Intern. Bienenz. Kongr. München: 583. Apimondia Verlag, Bukarest.
– 1970: Körpergewicht und Stickstoffhaushalt von Nymphen im Jahresablauf. Apidologie 2 (2): 208
– 1972: Die Nosemakrankheit der Bienen, ein betriebswirtschaftliches Problem. Schweiz. Bienen-Ztg. 95 (12): 607–620.
Steche, W., Held, Th., 1978: Rasterelektronenmikroskopische Aufnahmen des Parasiten *Nosema apis* Zander. ADIZ (11): 323–328.
– 1979: *Nosema apis* Zander. Photographie au microscope electronique. La Santé de L'Abeille 52 (7): 120–126.
– 1981: Rasterelektronenmikroskopische Untersuchungen über die Ontogonie von *Nosema apis* Zander. Apidologie 12 (2): 185–207.
Steche, W., Held, Th., Sachs, H., 1982: Überraschende Ergebnisse bei der Untersuchung von Winterbienen auf den Befall durch Nosemaparasiten. ADIZ 16 (9): 265–267 u. Bienenpflege (9): 174–177.
Steche, W., Sachs, H., 1962: Die Hohenheimer Betriebsweise in Theorie und Praxis. SWDI (4): 102–117.
Steche, W. und Mitarb. 1980: Hohenheimer Betriebsweise. Ges. d. Freunde d. Landesanstalt f. Bienenkde. Hohenheim.
Svoboda, J., 1970: Les principales connaissances relatives à la Nosemose. La Santé de L'Abeille 16 (2): 11–113.
Tomasec, I., 1958: Über das Problem der Bekämpfung der Nosemakrankheit. 17. Intern. Bienenz. Kongr. Rom: 67, Apimondia Verlag, Bukarest.
Trappmann, W., 1923: Morphologie und Entwicklungsgeschichte von *Nosema apis* Zander. Arch. Bienenkde. 5 (6): 221–234.
– 1926: Die Nosemaseuche der Honigbiene unter besonderer Berücksichtigung des Erregers. Zentralblatt f. Bakteriol., Parasitenkde. u. Infektionskrankh., 2 (68): 27–49.
Tscherepow, W. T., Kusnezowa, F., 1969: Rassisch bedingte Unterschiede in der Widerstandsfähigkeit der Bienen gegenüber Nosematose 22. Intern. Bienenz. Kongr. München: 599. Apimondia Verlag, Bukarest.
Tuenin, F. A., 1918: Veränderungen der Fäkalienmenge im Bienendarm im Zusammenhang mit der Nahrung im Winter. Referiert: Himmer im Erlanger Jahrb. f. Bienenkde. 7: 107, 1929.
Valin, J., 1961: Einige Erfahrungen über Entwicklung und Behandlung der Nosemaseuche. 18. Intern. Bienenz. Kongr. Madrid: 167. Apimondia Verlag, Bukarest.
Vavra, J., 1967: Hydrolyse enzymatique des spores de mikrosporidies. J. Protozool. 14: 205.
Van der Vorst, E., Jacobs. F. J., 1978: Verbeterung van de Differentialdiagnose van Nosemose. Vlaams Diergeneskundig Tijdschrift 47 (3): 260–266.
Van Laere, O., 1977: Untersuchungen der Faktoren, die die Keimung der Sporen von *Nosema apis* Zander beeinflussen. Biol. Aspekte der Nosema. 60–68. Bukarest.
Villumstad, E., 1969: Überwinterung und Frühjahrsentwicklung der Bienenvölker auf Waben, die während der Herbstfütterung neu gebaut wurden. 22. Intern. Bienenz. Kongr. München, 1969: 605–608. Apimondia Verlag, Bukarest.
Vorwohl, G., 1966: Vergleichende Untersuchungen über den Einfluß von Nosemack- und Fumidil-B-haltigem Futterteig auf das Ausmaß der Nosema-Parasitierung von Bienenvölkchen in Einwabenkästchen. Z. Bienenforsch. 8 (9): 323–331.
Wahl, O., 1971: Pollenernährung und Giftempfindlichkeit der Bienen. Apidologie 2 (2): 208.
– 1973, 1974: Physiologischer Zustand und Giftempfindlichkeit der Honigbiene. Apidologie 4 (2): 186–188. Apidologie 5 (3): 303.
Wang-Der-I., Moeller, F. E., 1969a: Histological comparisons of the development of hypopharyngeal glands in healthy an nosema-infected worker honey bees. J. Invert. Pathol. 14: 135–142.
– 1969b: Distribution of Nosema-diseased worker honey bees *Apis mellifica* L. in colonies. Gleanings in Bee Cult. 97 (8): 490–493.
– 1970a: The Division of labor and queen attendance behaviour of nosema-infected worker honey bees. J. Econom. Entromol. 63 (5): 1539–1641.
– 1970b: Comparison of the free amino acid composition in the haemolymph of healthy and nosemainfected female honey bees. J. Invert. Pathol. 15 (2): 202–206.
Whithe, G. F., 1919: Nosema disease. U. S. Dept. Agric. Bull. Nr. 780, Washington, 59.
Wille, H., 1967: Mischinfektionen in der Honigbiene (*Apis mellifica* L.) nach Ermittlungen in schweizerischem Material der Jahre 1965–66. Z. Bienenforsch. 9 (4): 150–171.
– 1963: Bienenverluste während der Über- und

Auswinterung. Schweiz. Bienen-Ztg. 96 (10): 458–473.

Wille, H. u. Rutz, W., 1975: Beziehungen zwischen Juvenilhormontiter und Hämozyten erwachsener Sommerbienen. Schweiz. Landw. Forsch. 14 (4): 339–353.

Winkel, A. J., 1939: De Nosema-ziekte en haar Beteekenis vor den Bijenteelt in Nederland. Meded. Veeartsenijk. Dienst.'s Grav. 1–89.

– 1940: Nosema in den Niederlanden. Schweiz. Bienen-Ztg. 63 (12): 677–684.

Wohlgemuth, R., 1958: Die Wirkung hoher Temperaturen auf den Nosemabefall eines kranken Versuchsvölkchens. Imkerfrd. 13 (5): 132.

Zander, E., 1909: Tierische Parasiten als Krankheitserreger bei der Biene. Leipz. Bienen-Ztg. 24 (10): 147–150 und (11): 164–166.

Zenkert, A., 1939: Untersuchungen über den pH-Wert des Darminhaltes gesunder und nosemakranker Bienen unter besonderer Berücksichtigung des Alters der Tiere. Berliner und Münchner Tierärztl. W. 52: 751.

Amöbenseuche

Angst, H. 1938: 53. Jahresbericht über die vom Verein Deutsch.-Schweiz. Bienenfreunde errichteten apistischen Beobachtungsstationen pro 1937 Schweiz. Bienen-Ztg. 61 (2): 70–95.

Bailey, L., 1955: Control of Amoeba disease by the funigation of combs and by Fumagillin. Bee World 36 (9): 162–163.

– 1981: Honey bee Pathology. Academic Press, London.

Bittner, A., 1966: Beobachtungen über die Amöbenkrankheit der Honigbiene. D. Bienenwirtsch. 17 (10): 284–286.

Bondarenko, O. J., 1966: Über die Häufigkeit der Feststellung von Amöben in Honigbienen (russ.). Materialien der jährlichen wiss. Konf. d. Allunion Instit. der Vet. Wiss. Moskau: 56–57 (AA 454/72).

Borchert, A., 1974: Schädigungen der Bienenzucht durch Krankheiten, Vergiftungen und Schädlinge der Honigbiene. Leipzig.

Fyg, W., 1932: Beobachtungen über die Amöben-Infektion („Cystenkrankheit") der Malpighischen Gefäße bei der Honigbiene. Schweiz. Bienen-Ztg. 55 (11): 562–572 und (12): 609–616.

– 1954: Bienenköniginnen und ansteckende Frühjahrsschwindsucht (Nosema-Amöben-Infektion) Schweiz. Bienen-Ztg. 77 (12): 534–540.

Giordani, G., 1959: Amoeba disease of the honeybee, *Apis Mellifera* Linnaeus, and an attempt at its chemical control. J. Insect. Pathol. 1 (3): 245–269.

Goetze, G., 1939: Kampf gegen die Nosema! Die Bayerische Biene 61 (8): 177–181.

Grobow, O. F., Bondarenko, O. J., 1975: Eine Studie über das Zusammenwirken von Malpighamoeba mellificae und Nosema apis in der Honigbiene (russ.). Trudy Vseoyuzmogo ordena Lenina Instituta Experimentaln'noi Veterinarii 43: 268–272 (AA 1403/79).

Hassenein, M. H., 1952: Some studies on Amoeba disease, Bee World 33 (7): 109–112.

Hirschfelder, H., 1957: Essigsäure zur Entkeimung von Waben. Imkerfrd. 12 (9): 285–286.

– 1971: In: die Tätigkeit der Bayer. Landesanstalt für Bienenzucht, Erlangen, im Jahre 1970. Imkerfrd. 26 (3): 72–82.

– 1972: Ebenda. 27 (3): 91–99.

Jordan, R. 1936: Der Krankheitsverlauf bei Malpighamoeben und Nosemaerkrankung bei Einzelauftreten der Parasiten im Bienenvolke. Dt. Imker 49 (4): 152–158.

Lotmar, R. 1943: Bestehen Beziehungen zwischen der Witterung und dem seuchenhaften Auftreten der Frühjahrsschwindsucht? Schweiz. Bienen-Ztg. 66 (2): 68–80.

Maassen, A. 1922: Mitteilungen aus der Biologischen Reichsanstalt für Land- und Forstwirtschaft in Berlin-Dahlem 1921. 21: 128–129 (s. a. 16: 55, und 17: 37).

Maurizio, A., 1954: Pollenernährung und Lebensvorgänge bei der Honigbiene (*Apis mellifica* L.) Landwirtschaftliche Jahrbücher der Schweiz 68 (2): 115–182.

Morgenthaler, O., 1930: Bienenkrankheiten im Jahre 1929. Schweiz. Bienen-Ztg. 53 (5): 207–218.

– 1939: Die ansteckende Frühjahrsschwindsucht (Nosema-Amöben-Infektion) der Biene. Schweiz. Bienen-Ztg. 62 (2): 86–92, (3): 154–162 und (4): 205–215.

– 1944: Das jahreszeitliche Auftreten der Bienenseuchen. Beih. Schweiz. Bienen-Ztg. 7 (7): 285–336.

Örösi-Pál, Z., 1963: Amoeba disease in the queen honeybee. J. apic. Res. 2 (2): 109–111.

Prell, H., 1926: Beiträge zur Kenntnis der Amöbenseuche der erwachsenen Honigbiene. Arch. Bienenkde. 7 (4): 113–121.

Schiller, J., 1937: Über zwei tödliche Fälle von reiner Amöbeninfektion. Bienenvater 69 (11): 382–384.

Schulz-Langner, E., 1964: Der Entwicklungsgang der in den Malpighischen Gefäßen der Honigbiene lebenden Amöbe (*Malpighamoeba mellificae* Prell) in Kulturen und im Bienenkörper. Z. Bienenforsch. 7 (1): 1–22.

– 1969: Untersuchungen über Anwesenheit und Verbreitung der Amöbenparasiten *(Malpighamoeba mellificae)* in einem Bienenvölkchen von April bis Juli 1967. Z. Bienenforsch. 9 (9): 381–389.
– 1971: Gibt es eine präimaginale Infektion bei der Amöbenerkrankung der Honigbiene? Apidologie 2 (2): 169–172.
Stejskal, M., 1967: Amöbenseuche – Auffinden und Heilen. Die Biene 103 (1): 8–10 (s. a. A. B. J. 1966: 292 und Bienenvater 1964: 291).
Villumstad, E., 1969: Überwinterung und Frühjahrsentwicklung der Bienenvölker auf Waben, die während der Herbstfütterung gebaut wurden. Der 22. Intern. Bienenz. Kongr. München, 1969: 605–608. Bukarest.
Wille, H., 1962: Septikämien und Mischinfektionen. Schweiz. Bienen-Ztg. 85 (5): 222–226 und (6): 280–285.

Andere parasitische Protozoen

Bährmann, R., 1967: Über das Auftreten von Pyloruschorfen bei gesunden und nosemakranken Arbeiterinnen der Honigbiene unter verschiedenen experimentellen Bedingungen. Ann. Abeille 10: 29–37.
– 1967: Beobachtungen zum Vorkommen von Darmflagellaten bei gesunden und nosemakranken Arbeiterinnen der Honigbiene *(Apis mellifica)*. Z. Bienenforsch. 9 (4): 142–150.
Fantham, H. B., Porter, A., Richardson, L. R., 1941: Some mikrosporidia found in certain fishes and insects in eastern Canada. Parasitology 33: 186–208.
Fyg, W., 1954: Über das Vorkommen von Flagellaten im Rectum der Honigbiene (*Apis mellifica* L.) Mitt. Schweiz. Ent. Ges. 27: 423–428.
Geinitz, B., 1937: Bienenkrankheiten und Bienenschädigungen in Baden im Jahre 1937. Die Biene und ihre Zucht.
– 1938/39: Bienenkrankheiten und Bienenschädigungen in Baden [1937]. Die Biene und ihre Zucht 74 (1 April): 8–15.
Giavarini, L., 1937: Sopra una gregarina trovata nell'intestino di api Revista di Apicoltura Anno VI-1937-XV; Fasc. I: 1–7.
– 1950: Sui flagellati dell'intestino dell'ape. Bollettino di Zoologica Agraria e die Bachicoltura 17 (Supplement) 603–608.
Hitchcock, J. D., 1948: A rare gregarine parasite of the adult honey bee. J. Econom. Entomol. 41: 854–858.
Langridge, D. F., 1966: Flagellated protozoa (Trypanosomidae) in the honey bee, *Apis mellifera,* in Australia. J. Invert. Pathol. 9 (1): 124–125 (AA 707/66).
Langridge, D. F., McGhee, R. B., 1967: *Chritidia mellificae* n. sp., an acidophilic trypanosomid of the honey bee *Apis mellifera.* J. Protozool. 14: 485–487 (AA 154/69).
Lom, J., 1964: The occurrence of a *Chritidia*-species within the gut of the honey-bee, *Apis mellifera* L. In: Colloque international sur la pathologie des insectes et la lutte mikrobiologique. Inst. Pasteur, Paris.
Lotmar, R., 1946: Über Flagellaten und Bakterien im Dünndarm der Honigbiene. Beihefte zur Schweiz. Bienen-Ztg. 2: 49–76.
Morgenthaler, O., 1926: Bienenkrankheiten im Jahre 1925. Schweiz. Bienen-Ztg. 43: 176–180.
Oertel, E., 1965: Gregarines found in several honeybee colonies. Amer. Bee J. 105 (1): 10–11 (AA 606/65, s. AA 57/54).
Stejskal, M., 1955: Gegarines found in the honey-bee *Apis mellifera* L. in Venezuela. J. of Protozool. 2: 185–188.
– 1964: Eine neue Gregarine der Honigbiene (*Apis mellifica* L.) *Monoica apis* nov. gen., nov. Spec. Z. Parasitenk. 25: 157–163 (AA 607/65).
– 1964a: Gregarines parasitizing honey bees. Amer. Bee J. 105 (10): 374–375.
– 1965b: *Acuta rousseaui,* eine neue Eugregarine Cephaline, Parasit der Honigbiene. Bull. apic. Inf. Docum. scient. tech. 8 (2): 217–230.
– 1965b: Gregarine des abeilles au Venezuela: *Apigregarina stammeri.* Bull. apic. Inf. Docum. scient. tech. 8 (1): 17–32. (AA 146/67).
– 1966: *Leidyana apis* n. sp. Eine neue Eugregarine aus der Honigbiene (*Apis mellifica* L.). Bull. apic. Inf. Docum. scient. tech. 9 (1): 67–72.
– 1967a: Gregarines, parasitizing honey bees. – Contribution to their biology. 21. Int. Beekeep. Congr. prelim. sci. Meet. Summ. Paper Nr. 51, 72–73.
– 1967b: Über die Möglichkeiten einer Ausbreitung von Gregarinen durch Honigbienen. Ebenda 10 (1): 11–26.
– 1973: Gregarinen (Protozoa), Parasiten der Honigbiene in den Tropen. Die Biene 109 (5): 132–134 (AA 462/74).
Wallace, F. G., 1966: Exp. Parasitol. 18: 124–193.

Frühjahrsschwindsucht

Beutler, R., Opfinger, E., Wahl, O., 1949: Pollenernährung und Nosemabefall der Honigbiene *(Apis mellifica)* Z. vergl. Physiol. 32: 383–421.
Böttcher, F. K., 1976: Immer wieder Frühjahrskatastrophen. Imkerfrd. 31 (2): 34–37.
Dreher, K., 1975: Die Völkerverluste 1975 und ihre Ursachen. Die Biene 111 (7): 195–196.

EVENIUS, CH., 1937: Beobachtungen an der Schlunddrüse der Honigbiene während der Winterruhe. Dt. Imkerführer 11 (5): 128–133.

KNOX, D. A., SHIMANUKI, H., HERBERT, E. W. 1971: Diet and the longevity of adult honey bees. J. Econom. Entomal. 64: 1415–1416.

KULINCEVIC, J. M., ROTHENBUHLER, W. C., BINDERER, T. E., 1982: Diappearing disease. Part 1: Effects of certain proteinsources given to honey-bee colonies in Florida. Amer. Bee J. 122 (3): 189–191.

LOTMAR, R., 1943: Bestehen Beziehungen zwischen der Witterung und dem seuchenhaften Auftreten der Frühjahrsschwindsucht (Nosema-Amöbenseuche)? Schweiz. Bienen-Ztg. 66 (2): 68–80.

MAURIZIO, A., 1946: Beobachtungen über die Lebensdauer und den Futterverbrauch gefangen gehaltener Bienen. Beihefte zur Schweiz. Bienen-Ztg. 2 (13): 1–48.

– 1950: Untersuchungen über den Einfluß der Pollennahrung und Brutpflege auf die Lebensdauer und den physiologischen Zustand von Bienen. Schweiz. Bienen-Ztg. 73 (2): 58–64.

– 1954: Pollenernährung und Lebensvorgänge bei der Honigbiene. Landwirtsch. Jahrb. d. Schweiz 68 (2): 115–182. [Ref. Schweiz. Bienen-Ztg. 77 (12): 540–542].

MORGENTHALER, O., 1939: Die ansteckende Frühjahrsschwindsucht (Nosema-Amöbeninfektion) der Bienen. Schweiz. Bienen-Ztg. (2): 86–92. (3): 154–162, (4): 205–215.

WILLE, H., 1965: Neue Erkenntnisse über krankhafte Zustände im Bienenvolk. Südwestdt. Imker 17 (10): 298–305 und Schweiz. Bienen-Ztg. 89 (2): 56–61 und (3): 154–164, 1966.

– 1967: Mischinfektionen in der Honigbiene (*Apis mellifica* L.) nach Ermittlungen in Schweiz. Material der Jahre 1965–66. Z. Bienenforsch. 9 (4): 150–171.

– 1973: Bienenverluste während der Über- und Auswinterung. Schweiz. Bienen-Ztg. 96 (10): 458–473.

Milbenseuche

ADAM, BRUDER, 1962: Einige Erfahrungen mit der Milbenseuche. Bienenvater 83: 35–38 und 79–84.

ALEXEJENKO, F. M., WOWK, A. M., 1971: Alters- und Rassenwiderstandsfähigkeit der Bienen gegen Akariose und deren neue Bekämpfungsmittel. 23. Apimondia-Kongr., Moskau: 500–502.

ANDERSON, J., 1928: The pathological changes in honey bees infected with Isle of Wight disease. J. Econom. Entomol. 21: 404–408.

ANDERSON, J., RENNIE, J., 1916: Observations and experiments bearing on „Isle of Wight disease" in hive bees. Proc. Roy. Phys. Soc. Edinburgh 20: 23–28.

ANDRÉ, M., BÉHUE, G. 1946: L'Acariose. Observations sur l'acariose des abeilles et sur l'emploi du salicylate de methyle et liquide de Frow dans la lutte contre le parasite. Rev. Franc. d'Apic. 1946 (1): 8–16.

ANGELLOZ-NICOUD, E., 1930: Treatment of Acarine disease with methyl salicylate. Bee World 10 (1): 12–14; 11: 26–30.

ATWAL, A. S., 1967: Acarine disease problem of honey bees in the Punjab. Techn. Rep. Coll. Agric. Punjab Agric. Univ., Ludhiana, 39 S.

– 1969: Eine schwere Verseuchung der *Apis mellifera* L.-Bienen durch die ektoparasitische Milbe *Tropilaelaps clareae.* 22. Apimondia-Kongr., München: 365–366.

– 1971: Acarine disease problem of the Indian honey bee, *Apis indica* F. Amer. Bee J. 111: 134–135, 186–187.

AIWAL, A. S. SHARMA, O. P., 1970: Acarine disease of adult honey-bees; prevention and control. Indian Fmg. 20: 39–40.

BAILLEY, L., 1954: The respiratory currents in the tracheal system of the adult honey-bee. J. of Experim. Biology 31 (4): 589–593.

– 1958: The epidemiology of the infestation of the honey-bee, *Apis mellifera* L., by the mite *Acarapis woodi* Rennie and the mortality of infested bees. Parasitol. 48 (3/4): 493–506.

– 1961: The natural incidence of *Acarapis woodi* Rennie and the winter mortality of honeybee colonies. Bee World 42 (4): 96–100.

– 1963: Infectious diseases of the honey-bee. Land Books Limited, London.

– 1969: The signs of adult bee diseases. Bee World 50 (2): 66–68.

BAILEY, L., CARLISLE, E., 1956: Tests with Acaricides on *Acarapis woodi* Rennie. Bee World 37: 85–94.

BAILEY, L., LEE, D. C., 1959: The effect of infestation with *Acarapsis woodi* Rennie on the mortality of honey-bees. J. Insect Pathol. 1: 15–24.

BEER, J., SODAN, U., 1967: Untersuchungen zur Milbenseuche der Honigbiene in einem größeren Befallsgebiet. Monatshefte der Vet. Medizin 22: 783–788.

BENOIT, P. L. G., 1959: The occurence of acarine mite, *Acarapis woodi,* in the honey-bee in the Belgian Congo. Bee World 40: 156.

BICHSEL, G., 1945: Nochmals das FROWsche Mittel. Schweiz. Bienen-Ztg. 68 (10): 419.

BITTNER, A., 1971: Einige Gedanken zur Milbenseuche. Rhein. Bienen-Ztg. 122 (7): 202–204.

BORCHERT, A., 1927: Die seuchenhygienische Bedeutung des Verfliegens der Bienen. Märk. Bienen-Ztg.: 268–270, 303–307.

– 1929 a: Untersuchungen über das Vorkommen des *Acarapis woodi* bei gesunden Bienenvölkern – Bienenvater 61, (9) und (10).
– 1929 b: Ein Verfahren zur Massenuntersuchung von Bienen auf Milbenseuche. Dt. Bienenzucht in Theorie u. Praxis 37 (3): 72.
– 1932: Untersuchungen an der Acarapis-Milbe. Z. Parasitenkde. 4: 331–338.
– 1934 a: Über die Brutplätze der äußerlichen Acarapis-Milbe. Kurmärk. Imker 24: 26.
– 1934 b: Weitere Mitteilungen über die Brutplätze der Acarapismilbe auf der Körperoberfläche der Honigbiene. Leip. Bienen-Ztg. 49: 235–237.
– 1940: Über die Acarapis-Milbe sowie über das Problem ihrer Bekämpfung. Z. Parasitenkde. 12: 86–93.
– 1941: Das Problem der Milbenseuchenbekämpfung. Tierärztl. Wschr.: 255–257, 335–337. Berlin und München.
– 1966: Die Krankheiten und Schädlinge der Honigbiene. Verlag Hirzel, Leipzig.
Brügger, A., 1936: Zur Kenntnis der äußerlichen Acarapis-Milben. Arch. Bienenkde. 17 (4/5), 113–142.
– 1939: Milben auf Holzbienen (Xylocopa). 12 Intern. Bienenz. Kongr. Zürich.
Büdel, A., 1953: Rauch in der Wabengasse. SWDI 5 (1): 14–16.
Butler, C. G., 1945: The incidence and distribution of some diseases of the adult honeybee in England and Wales. Ann. appl. Biol. 32 (4): 344.
Buttel-Reepen, H. v., 1918: Seltsame Mitbewohner der Bienenzellen. Bienenwirtsch. Zbl. 54: 78.
– 1920: Die neue (?) verheerende Milbenkrankheit der Bienen. Arch. Bienenkde. 2 (8): 328–331.
Buza, L., 1976: Die Milbenseuche der Honigbienen. (ungarisch mit deutdscher Zus.fassung). Magyar Allatorvosok Lapja 31 (2): 130–133. A.A. 660/79.
Calwert, F. W. M., 1957: Acarine disease: four years' experience with a resistant strain of bees. Scott. Beekeeper 33: 39–41.
Chauvin, R., 1968: Traité de biologie de l'Abeille, tome 4: Biologie appliquée. Masson et Cie, Paris.
Clinch, P. G., Ross, J. G. M., 1970: External acarine mites, *Acarapis* ssp. (Acarina: Trombidiformes) on honey bees in New Zealand. New Zealand Entomologist 4 (3): 136–137.
– 1971: Examination of bees from Tonga reveals a new ascid mite. New Zealand Beekeeper 33 (4): 4–6.
Clinch, P. G., Faulke, J., 1977: Toxicity to the external mite *Acarapis externus* Morgenthaler of pesticides fed in sugar sirup to infested honey bees. New Zealand J. Exp. Agrc. 5, 185–187: (AA 947/78).
Colin, M. E., Faucon, J. P., Giauffret, A., Sarrazin, C. 1979: A new technique for the diagnosis of acarine infestation in honeybees. J. Apic. Res. 18 (3): 222–224.
Cook, V. A., Bowman, C. E., 1983: *Mellitiphis alvearius,* a little-known mite of the honeybee colony, found on New Zealand bees imported into England. Bee World 64 (2): 62–64.
Cromroy, H. L., Kloft. J., 1980: Fragen des Milbenbefalls in aller Welt. Apiacta 15 (2): 61–65.
Czerwinski, M., Januszewski, J., Niemczuk, R., 1963: Analyse und Bewertung der geographischen Umwelt Niederschlesiens auf das Auftreten und die Ausbreitung der Milbenseuche *(Acariosis apium).* 19. Apimondia-Kongr. Prag: 108–109.
Delfinado, M. D., 1963: Mites of the honeybee in south-east Asia. J. apic. Res. 2 (2): 113–114.
Delfinado-Baker, M., Baker, E. W., 1982: A new spezies of Tropilaelaps parasitic on honey bees. Amer. Bee J. 122 (6): 416–417
Dennis, C. B., 1952: Annual treatment against acarine disease in Middlesex. Beekeeping 18: 3–6.
Dreher, K., 1961: Ist die Milbe wirklich gefährlich? Rhein. Bienen-Ztg. 112 (2): 40–41.
– 1962: So kommt man zur Milbe!. Rhein. Bienen-Ztg. 113 (6): 159–160.
Dreher, K., Hirschfelder, H., Sachs, H., 1958: Die Heilkur gegen die Milbenseuche der Bienen mit Folbex-Räucherstreifen – SWDI 10 (2): 42–44.
Duchemin, E., 1866: Notes sur les abeilles et un de leurs parasites. C. R. Acad. Sci. Paris 62: 48–49, 225 und 683.
Eckert, J. K., 1961: Observations on the Acarapis-Mites of honeybees. Amer. Bee J. 101 (5): 183.
– 1962: L'identification des acariens chez l'abeille mellifère Bull. apic. 5 (1): 29.
– 1967: Untersuchungen über Acarapis-Milben der Honigbiene. 21. Apimondia-Kongr., Maryland: 538–539.
Etter, S., 1940: Erfolgreiche Milbenbekämpfung. Schweiz. Bienen-Ztg. 63 (11): 629.
Ewing, H. E., 1924: New Tarsonemid Mites (Order Acarina, Family Tarsonemidae), Proc. Ent. Soc. Washington 26: 66–69.
FAO-WHO-OIE, 1969: Auszug aus dem „Animal-Health-Yearbook" der FAO-WHO-OIE. Apiacta 6 (1): 41–45, 1971.
Feiling, O., 1960: Das hessische Verfahren zur Bekämpfung der Milbenseuche im Hinblick auf ihre Ausrottung. Bull. apic. 3 (1): 9–28.
Fekl, W., 1956: Die Bakterienflora der Tracheen und des Blutes einiger Insekten. Z. Morph. Ökol. Tiere 44: 442–458.
Fergusson, C. S. R., 1922: The manipulative

treatment of Acarine disease. Bee World 4: 39–40.
Foote, H. L., 1959: Acarine mite reported in U. S. Gleanings in Bee Cult. 87 (11): 666–667.
Forgeot, E., 1932: Traitement de l'acariose des abeilles par le salicylate de methyle. Bull. Soc. Sci. Vét., Lyon 35: 36–45.
Freudenstein, K., 1929: Untersuchungsergebnisse an einem deutschen Fall von Milbenseuche. Arch. Bienenkde. 10: 209–225.
– 1933: Zur Frage der Identität der harmlos und seuchenerregend in Bienenstöcken vorkommenden „Bienenmilben" *(Acarapis woodi* Rennie und *Acarapis externus* Morgenthaler). Festschrift zum 60. Geburtstag von E. Zander: 34.
Fritzsch, K., Fritzsch, W., 1961: Zur Entwicklung, Erprobung und Anwendung eines neuen Heilmittels gegen die Milbenseuche in der DDR. Leipz. Bienen-Ztg. 75 (6): 181–184.
Fritzsch, W., 1963: Prophylaktische Grundsätze in der staatlichen Bekämpfung der Bienenkrankheiten in der Deutschen Demokratischen Republik. 19. Apimondia-Kongr. Prag: 129–131.
– 1970: Ein Acaricid besonders zum Gebrauch gegen *Acarapis woodi.* DDR-Patent. Chemical Abstracts 73: 44280c (AA 920 L/73).
Frow, R. W., 1927: A new treatment of Acarine Disease. Brit. Bee J. 55: 437–478.
– 1946: Aussprache über die Milbenseuche: „Nitrobenzol gegen die Milbenseuche" – Schweiz. Bienen-Ztg. 69 (1): 19.
Frow, R. W., Morgenthaler, O., 1933: Verbesserungsvorschläge für die Frow-Behandlung. Schweiz. Bienen-Ztg. 56 (9): 476–484.
Gauntlett, T., 1931: Manipulative control of Acarine disease. Bee World 12: 43–44.
Geinitz, B., 1936: Die Milbenseuche in Baden. Die Biene und ihre Zucht 73 (5): 132–136.
– 1943: Zur Milbenseuchenbekämpfung. Die Biene und ihre Zucht 79: 140.
Giavarini, I., 1940a: L'acaro dell' addome dell' ape. Rev. apic. 9: 76–85.
– 1940b: Sulle razze dell' *Acarapis woodi* Ren. Arch. Zool. Ital., 29.
Giordani, G., 1956: Vergleichende Experimente über die Eindämmung der Milbenseuche durch verschiedene Behandlungen. 16. Apimondia-Kongr., Wien: 46.
– 1962: Recherches au laboratoire sur *Acarapis woodi* Rennie, agent de l'acariose des abeilles. Note 1. Bull. Apic. 5 (1): 33–48.
– 1963: dto., Note 2. Bull. Apic. 6 (2): 185–192.
– 1964: dto., Note 3. Bull. Apic. 7 (1): 47–51.
– 1965: dto., Note 4. Bull. Apic. 8 (2): 159–176.
– 1967: Laboratory research on *Acarapis woodi* Rennie, the causative agent of acarine disease of the honeybee. Note 5. J. apic. Res. 6 (3): 147–157.
– 1970: Ricerche die laboratorio su *Acarapis woodi* Rennie, agente dell' acariosi dell'ape mellifiche. Nota 6. Annali Acad. Naz. Agric., Bologna 90: 69–76.
– 1973: Ricerche di laboratorio su *Acarapis woodi* Rennie agente della acariosi delle api mellifiche (*Apis mellifera* L.) Nota VII. Redia 54: 141–151. AA 807/75.
Gnädinger, F., 1967: Probleme der Bienenseuchenbekämpfung und Wirtschaftlichkeit. Apiacta 2 (4): 5–9.
– 1969: Krankheitsprophylaxe durch biologische Maßnahmen. 22. Apimondia-Kongr., München: 416.
Goetze, G., 1960: Diskussionsbeitrag „Zur Milbenseuche". 17. Apimondia-Kongr., Bologna-Rom, 1958; Atti Uff.: 55–56.
Grobow, O. F., 1980: Neue Information über 28 im Brutnest der Honigbiene gefundene Milbenarten (russ.). Trudy Vsesoyusnogo Instituta Eksperimental'noi Veterinarii 52, 92–96, (AA 575/82).
Grobow, O. F., Skripnik, E. I., Kordonskii, E. L., 1968: The mite fauna of honeybee colonies. Veterinariya 7: 59–60 (russisch).
Gubler, H. U., Brügger, A., Schneider, H., Gasser, R., Wyniger, R., 1953: Über ein neues spezifisches Mittel zur Bekämpfung der Bienenmilben. Schweiz. Bienen-Ztg. 76 (7): 268–272.
Haragsim, O., 1973: Die Milbe *Varroa jacobsoni* Oudemans bedroht die Bienenzucht in Europa. Imkerfrd. 28 (9): 316–317.
Haragsim, O., 1981: Milben der Bienenstöcke. Die Biene 117 (107): 437–440.
Haragsim, O., Samsinak, K., Vobrazkova, E., 1978: The mites inhabiting the bee-hives in CSR. Z. angew. Ent. 87 (1): 52–67.
Hase, A., 1929: Zur pathologisch-parasitologischen und epidemiologisch-hygienischen Bedeutung der Milben, insbesondere der Tyroglyphinae (Käsemilben), sowie über den sogenannten „Milbenkäse". Z. Parasitenkde. 1: 765.
Heller, H. 1941: Beobachtet die gegen Milben behandelten Völker. Schweiz. Bienen-Ztg. 64 (2): 79.
– 1945a: Schwere Völkerverluste als Folge der Frowschen Behandlung der Bienenvölker gegen die Milbenseuche. Schweiz. Bienen-Ztg. 68 (4): 166.
– 1945b: Noch ein Wort zu den Völkerverlusten zufolge der Milbenbekämpfung. Schweiz. Bienen-Ztg. 68 (6): 261.
Hirschfelder, H., 1949: Nehmt die Milbenseuche ernst. Imkerfrd. 4 (6): 109.

– 1951: Kleine Erfahrungen zur Milbenseuche. Imkerfrd. 6 (4): 110.
– 1953: Zur Bekämpfung der Milbenseuche. Bienenpflege (4): 90–92.
– 1957: Die Chemotherapie der Milbenseuche. A. f. Bienenkde. 34: 49–54. (Vortrag auf dem 16. Intern. Bienenz. Kongr. Wien 1956).
HIRST, S., 1921: On the Mite (*Acarapis Woodi* Rennie) Associated with Isle of Wight Bee Disease. Ann. Mag. Nat. Hist., Ser. 9, 7: 509–519.
HOMANN, H., 1933: Die Milben in gesunden Bienenstöcken. Z. Parasitenkde. 6 (3): 350–415.
HOWORTH, H. G., 1928: Isle of Wight or Acarine disease. Private publication.
HUCHLER, K., 1932: Die Anwendung des FROWschen Mittels. Tirol.-Vorarlb. Bienen-Ztg. 21 (4).
– 1935: Die Behandlung der Biene mit dem FROWschen Mittel. Alpenländ. Bienen-Ztg. 24 (1).
– 1936: Die Bekämpfung der Milbenseuche der Biene. Selbstverlag, Höchst, Vorarlberg.
ILLINGWORTH, L., 1928: The Frow-Treatment for Acarine disease. Bee World 9 (11): 157.
– 1929: Das Frow'sche Heilmittel gegen die Milbenkrankheit. Arch. Bienenkde. 10: 226–229.
IMMS, A. D., 1907: Report on a disease of bees in the Isle of Wight. J. Board Agric. 14: 129–140.
INGOLD, G. A., 1950: The treatment of acarine disease with sulfur fumes. Agriculture 57 (1): 35.
JEFFREE, E. P., 1956: Der Einfluß der Temperatur auf die Milbenseuche der Honigbienen. 16. Apimondia-Kongr., Wien: 60.
– 1959: The world distribution of Acarine Disease of honeybees and its probable dependence on meteorological factors. Bee World 40 (1): 4–15.
JORDAN, R., 1938: Bericht von Ergebnissen bei Versuchsbehandlung mit dem FROWschen Mittel und Vorkommnisse bei seiner Anwendung in der Praxis. Dt. Imker 51 (2).
– 1941: Untersuchungen und Versuche zur Bekämpfung der Milbenseuche der Honigbiene. Zweiter Beitrag zur Erforschung der Milbenseuche im Auftrag des Herrn Reichsministers für Ernährung und Landwirtschaft., Gröschel Verlag, Aussig.
– 1943a: Bericht über die während der Zeit von 1928–1942 zur Erforschung und Bekämpfung der Milbenseuche im deutschen Gebiet des Landes Böhmen getroffenen Maßnahmen. Vierter Beitrag zur Erforschung der Milbenseuche. Sudetenimker 5 (2, 3, 4).
– 1943b: Zur Diagnose der Milbenseuche und von den Schwierigkeiten bei ihrer Bekämpfung. Fünfter Beitrag zur Erforschung der Milbenseuche. Sudetenimker 5 (5, 6, 7).
– 1948: Zusammenfassung der wesentlichen Erkenntnisse von der Milbenseuche und ihrer Bekämpfung. Alpenländ. Bienen-Ztg., Sondernummer.
– 1964: Imker, lasse Deine Bienen sich „gesund fliegen"! Dt. Bienenwirtsch. 15 (6): 121–123.
KAESER, W., 1949: Wie kann ohne chemische Mittel im Verlauf des Sommers die Milbenseuche zum Verschwinden gebracht werden? SWDI 1 (7): 181.
– 1950: Übersicht über die Verbreitung der Milbenseuche in Südwestdeutschland. SWDI 2 (5): 125.
– 1951a: ... oder doch dasselbe, und ... beides gleich falsch! SWDI 3 (5): 131.
– 1951b: Einige Untersuchungen zur Biologie der Innenmilbe *(Acarapis woodi)* der Honigbiene. 14. Apimondia-Kongr., Leamington: 7–11.
– 1951c: Erfahrungen mit der biologisch-mechanischen Methode der Milbenseuchenbekämpfung (Brutentnahmeverfahren), Leipz. Bienen-Ztg. 65 (11): 250–251.
– 1952a: Vorläufige Mitteilung über ein neues deutsches Milbenbekämpfungsmittel. Dt. Bienenwirtsch. 3 (4): 69.
– 1952b: Bekämpfung der Milbenseuche auf biologischer Grundlage. Dt. Bienenwirtsch. 3 (2): 21–25.
– 1952c: Untersuchungen zur Widerstandsfähigkeit der Innenmilbe *(Acarapis woodi)* der Honigbiene und zur Möglichkeit ihrer Bekämpfung. Z. Bienenforsch. 1 (10): 191–216.
– 1954: Aus der Arbeit des Freiburger Instituts. SWDI 6 (5): 136–138.
– 1956: Aus der Arbeit des Freiburger Instituts. SWDI 8 (2): 45.
– 1959: Zur Milbenseuche. 17. Apimondia-Kongr., Bologna-Rom, 1958. Pathol. Referate. Dt. Bienenwirtsch. 10 (1): 5–7.
– 1960a: Von toten und kranken Bienen. SWDI 12 (1): 5–7.
– 1960b: Die Bienenmilbe, in BÜDEL, HEROLD: „Biene und Bienenzucht". Verlag Ehrenwirth, München.
KAESER, W., KOENIG, M., 1953: Untersuchungen zur Atmung der Innenmilbe *(Acarapis woodi)* der Honigbiene. Z. Bienenforsch. 2 (3): 117–120.
KATZNELSON, M., 1968: Debe preocuparnos la acariosis de la abeja? Gac. Colmen. 30 (11): 306–308.
– 1974: Ursachen der Entvölkerung der Bienenstände in Argentinien. Apiacta 9 (1): 15–16.
KIRKOR, S., 1960: Le cours de l'acariose en Po-

logne et les épreuves de la traiter. 17. Apimondia-Kongr., Bologna-Rom, 1958. Atti Uff. 2: 615–620.
Koch, H., 1955: La lutte contre l'acariose des abeilles; Procédé P. K.; une mise au point. Belg. Apic. 19: 84–85.
Koch, H., Delvaux, E., Grégoire, C., 1952: Une espoir de lutte efficace contre l'Acarapis woodi, agent causal de l'acariose des abeilles. Belg. Apic. 16 (3): 45–47.
Koenig, M., 1953: Über den Stickstoff- und den Aminosäuregehalt des Bienenblutes. Die Naturwissenschaften 40 (22): 583–585.
Krehmer, E., 1970: Milbenseuche der Bienen und seuchenhygienische Maßnahmen. Folgerungen aus einer Reihenuntersuchung. Tierärztl. Umschau (9): 430.
Kshirsagar, K.K., 1966: A review of work on acarine disease of honeybees. I. History and distribution. Indian Bee J. 28 (2): 79–84.
Kugler, F., 1931: Erfahrungen bei der Durchführung des Heilverfahrens mit dem Frowschen Heilmittel. Tirol-Vorarlb. Bienen-Ztg. 20 (2): 38.
Laigo, F. M., Morse, R. A., 1969: Control of the bee mites *Varroa jacobsoni* Oudemans and *Tropilaelaps clareae* Delfinado and Baker with chlorbenzilate – Philipp. Ent. 1 (2): 144–148.
Lavie, P., 1950a: Nouvelles recherches sur le traitement de l'acariose. Notes préliminaires. Rev. Franç. d'Apic. 52 (1): 21 und 25.
– 1950b: Sur un organisme énigmatique *Acaromyces laviae* qui semble s'attaquer à l'*Acarapis woodi.* Apiculteur (Sect. sci.) 1950, (8).
– 1951: Über einen rätselhaften Mikroorganismus, *Acaromyces laviae,* der auf *Acarapis woodi* zu parasitieren scheint. 14. Apimondia-Kongr., Leamington: 100.
– 1952: Premiers résultats obtenus dans essais de traitement de l'acariose au moyen de L-Acaromyces. Apiculteur (Sect. Sci.) 1952, (2, 3).
– 1954: Essais de lutte biologique contre l'*Acarapis woodi,* agent de l'acariose de l'abeille. C. Rend. Acad. Sci., Paris. 238: 947–948.
Lee, D. C., 1963: The susceptibility of honeybees of different ages to infestation by *Acarapis woodi.* J. Insect Pathol. 5: 11–15.
Linder, A., 1948: Über das Auswerten zahlenmäßiger Angaben in der Bienenkde. Beih. Schweiz. Bienen-Ztg. 2 (15): 77–138.
Malden, W., 1909: Further report on a disease of bees in the Isle of Wight. J. Board Agric. 15 (11): 809–825.
Manger, B., 1921: Über die Milbenkrankheit der Bienen. Arch. Bienenkde. 3 (6): 187–192.
Mautz, D., 1982: Aktuelle Fragen der Bienenkrankheiten. Tracheenmilbenerkrankung oder Acariose. Bayer. Imkerkalender, Nürnberg: 98–114.
Meier, K.: 1952: Konferenz der kantonalen Bieneninspektoren und deren Stellvertreter auf dem Rosenberg in Zug. Schweiz Bienen-Ztg. 75 (6): 253.
Mentzer, J. 1951: Erfahrungen bei der Bekämpfung der Milbenseuche SWDI 3 (3): 56.
– 1954: Der Kampf gegen die Milbenseuche. SWDI 6 (3): 72–73.
Michael, A. S., 1962: Morphological characters of the honeybee mites – Bull. apic. 5 (1): 21–24.
Mommers, J., 1965: Die Milbenseuche in den Niederlanden. Dt. Bienenwirtsch. 16 (4): 94–96.
Morgenthaler, O., 1921: Über Milben im Bienenstock. Verh. Schweiz. Naturf. Ges. Schaffhausen 1921.
– 1922a: Zum Kapitel „Bienen und Milben". Archiv. Bienenkde. 4 (2): 45.
– 1922b: Die Milbe *Tarsonemus woodi* auch in der Schweiz? Schweiz. Bienen-Ztg. 45: 105.
– 1928: Problèmes de l'acariose des abeilles. Bull. Soc. Rom. Apic. 25: 284, 316.
– 1929a: Neue Untersuchungen über die Milbenkrankheit der Bienen und ihre Bekämpfung. Archiv. Bienenkde. 10 (7): 230–243.
– 1929b Heilmittelversuche bei der Milbenkrankheit. Schweiz. Bienenztg. 52 (8): 357.
– 1930a: New investigations on Acarine disease. Bee World 11: 49–50.
– 1930b: Ein Versuchsbienenstand für Milbenkrankheit im Berner Seeland und einige dort gewonnene Ergebnisse. Schweiz. Bienenztg. 53 (12): 538–545.
– 1931: Der Sieg über die Bienenmilbe. Schweiz. Bienenztg. 54 (10): 498–505.
– 1932: Ein Jahrzehnt Milbenkrankheit der Honigbiene. Entdeckung, Erforschung und Bekämpfung eines Seuchenerregers. Z. f. angew. Entomol. 19: 449–489.
– 1933a: *Acarapis woodi* in queens – Bee World 14 (7): 81.
– 1933b: Die Frow-Behandlung in der Schweiz. Schweiz. Bienenztg. 56 (9): 480–484.
– 1933c: Von der „äußerlichen" Bienenmilbe. Schweiz. Bienenztg. 56 (12): 619–621.
– 1934: Krankheitserregende und harmlose Arten der Bienenmilben Acarapis, zugleich ein Beitrag zum Speziesproblem. Rev. Suisse Zool. 41 (29): 429.
– 1937a: Milbensorgen. Schweiz. Bienenztg. 60 (3).
– 1937b: Die Herbstbehandlung der Milbenkrankheit mit dem Frow'schen Mittel. Schweiz. Bienenztg. 60 (10).
– 1940: Die Frow-Behandlung gegen Milben-

krankheit. Schweiz. Bienenztg. 63 (10): 568
– 1941: Zur Milbenbehandlung. Schweiz. Bienenztg. 64 (12): 588.
– 1943a: Starke Ausbreitung der Milbenkrankheit. Schweiz Bienenztg. 66 (5): 240.
– 1943b: Zur Bekämpfung der Milbenseuche. Schweiz Bienenztg. 66 (12): 497.
– 1944: Das jahreszeitliche Auftreten der Bienenseuchen. Beih. Schweiz. Bienenztg. 1 (7).
– 1945: Die neue Situation in der Milbenbekämpfung. Schweiz. Bienenztg. 68 (10): 417.
– 1946: Die Zusammensetzung des Frow'schen Mittels. Schweiz. Bienenztg. 69 (1): 20.
– 1948: The treatment of acarine disease by means of sulfur fumes in Switzerland. Bee World 29: 33–34.
– 1960: Neuere Arbeiten über das Vorkommen der Bienenmilbe Acarapis. Dt. Bienenwirtsch. 11 (1): 5–7.

Morison, G. D., 1931a: Comments on chemical treatment of Acarine Disease. Bee World 12: 89.
– 1931b: An Acarapis living externally on the honey-bee. Bee World 12: 110.
– 1932: Mite "Acarapis" that dwells on the back of the honey-bee. Bee Kingdom 3: 6.

Moser, E., 1947: L'acariose, traitement par le soufre. Rev. Franç. d'Apic. 49 (18): 379.

Nascimento, C. B., Mello, R. P. de, Santos, M. W. dos, Nascimento, R. V. do,

Niemczuk, R., 1970: Climatic treatment in acarapidosis apium. Acta parasit. pol. 18 (48): 551–554.

Örösi-Pál, Z., 1934a: Bau, Entwicklung und Lebensweise des Bienenparasiten *Acarapis woodi* (Acarina). Z. Parasitenkde. 7: 233–267.
– 1934b: Die Altersimmunität der Honigbienen gegen die Milbe *Acarapis woodi.* Dto. 7: 401–407.
– 1934c: Versuche über die Ernährung der Acarapis-Milben. Leipz. Bienenztg. 49 (8): 207–209.
– 1934d: Über die Ernährung der Acarapismilben der Honigbiene. Entomol. Beih. 1: 136.
– 1935a: Die Anpassung an den Parasitismus der Acarapismilben der Honigbiene. Dt. Imkerführer 9 (5): 165–167.
– 1935b: Neue Brutplätze der Acarapis-Milben der Honigbiene. Dt. Imkerführer 9 (12) 9 (12): 398–400.
– 1935c: Die äußerlichen Acarapismilben in Österreich. Bienenvater 67: 422.
– 1936: Ergänzende Untersuchung über die Entwicklung der äußeren Acarapismilben der Honigbiene. Z. Parasitenkde. 8 (5): 617.
– 1937: Über den Klebstoff der Milbe *Acarapis woodi* Rennie in den Tracheen der Honigbiene. Dto. 9 (5): 669.
– 1938: Der Brutplatz der Acarapis-Milben auf dem Hinterleib der Honigbiene. Dt. Imkerführer 12 (2): 60.
– 1939: Die Acarapismilben auf der Honigbiene. 7. Intern. Kongr. f. Entomol. 3: 1882.

Perepelowa, L. I., 1927: Acarine disease in U.S.S.R. Bee World 8: 133.
– 1928: Zur Frage des Acarapis bei der Honigbiene. Opuitnaja Passeka 1928: 164 (russisch).

Peterka, V., Svoboda, J., 1941: Versuche mit dem veränderten Frow'schen Heilmittel gegen die Milbenkrankheit. Schweiz. Bienenztg. (10): 499.

Phillips, E. F., 1925: The Status of Isle of Wight Disease in various countries. J. Econom. Entomol. 18: 391–395.

Pointner, H., 1924: Bienenkrankheiten im Jahre 1923. Bienenvater, 56; 196.

Poltev, W. I., Davidowa, M. S., Saltschenko, W. L., 1967: Die Varroa-Krankheit und ihre Bekämpfung. 21. Apimondia-Kongr., Maryland: 543.

Prell, H., 1927a: Der Nachweis der Milbenseuche in Sachsen. Leipz. Bienenztg. 42: 4.
– 1927b: Beiträge zur Kenntnis der Milbenseuche der Honigbiene Arch. Bienenkde. 8 (7): 241.
– 1928: Beiträge zur Kenntnis der Honigbiene: Ein einfaches Verfahren zur Feststellung der Milbenseuche – Märk. Bienenztg. 28 (2): 45.

Ranguis, 1922: Un nouveau et grand danger. Apiculteur 66: 20.

Rennie, J., 1921: Bee disease investigation: Acarine disease explained. Bee World 2: 144, 3: 115. (Zus.fassung: Arch. Bienenkde. 3 (6): 197–201, E. Boedicker).
– 1923: Bee disease investigation: Acarine disease explained. Memoire Nr. 1, Benson, Oxon.
– 1927: Acarine disease in hive bees; its cause, nature and control. North of Scott. Coll. of Agric., Bull. 33; Milne & Hutchinson, Aberdeen.

Rennie, J., Harvey, E. J., 1919: Isle-of-Wight-disease in Hive Bees. Scott. J. Agric. 2: 737–779.

Rennie, J., White, Ph. Br., Harvey, E. J., 1921: Isle-of-Wight-disease in Hive Bees. The etiology of the disease. Trans. Roy. Soc. Edinburgh 52 (4): 773–779.

Rösch, G. A., 1928: Neue Versuche zur Bekämpfung der Bienen-Milbenseuche. Arch. Bienenkde. 9: 217–222.

Rousseau, M., Tabarly, O., Monteira, E., 1959: Formes atypiques d'acariose. Bull. apic. 2 (2): 29–36.

Ruttner, F., 1971: Milbenpanik. Die Biene 107 (7): 201–203.

Ruttner, F., Buchner, R., 1979: Die Akariose der Honigbiene. In: Diagnose und Bekämpfung von Bienenkrankheiten. Herausgegeben von der Dt. Veterinärmedizinischen Gesellschaft E. V., Gießen.

SACHS, H., 1951: Zur Morphologie von Acarapis. I. Bau und Funktion der Mundwerkzeuge der Tracheenmilbe *Acarapis woodi* Rennie 1921. Z. Bienenforsch. 1 (6): 103–112.

– 1952a: Über das Verhalten und die Orientierung der Tracheenmilbe *Acarapis woodi* Rennie, 1921, auf Bienen. Z. Bienenforsch. 1 (8): 148–170.

– 1952b: Zur Morphologie von Acarapis. II. Bau des Kopulationsapparates der Tracheenmilbe *Acarapis woodi* Rennie 1921. Z. Bienenforsch. 1 (9): 174–178.

– 1953: Zur Morphologie von Acarapis. III. Bau und Funktion der Beine von *Acarapis woodi* Rennie 1921. Z. Bienenforsch. 2 (1): 1–7.

– 1958: Versuche zur Züchtung der Tracheenmilbe *Acarapis woodi.* Z. Bienenforsch. 4: 107–113.

SALTSCHENKO, V. S., 1966: Sur la biologie et le mode de vie de l'acarien *Varroa jacobsoni.* Bull. Apic. 9 (2): 173–175.

SAMISKINA, V. S., 1963: Bestimmung der effektivsten Heilmethoden bei Milbenseuchen von Bienen. 19. Apimondia-Kongr. Prag: 476–480.

– 1966: Sur l'épizootologie et la biologie de l'agent d'acariose des abeilles en U.R.S.S. Bull. Apic. 9 (2): 176–178.

SANCTUARY, C. T., 1924: A successful experiment in the eradication of Acarine disease. Bee World 6: 91–92.

SCHEHLE, E., 1971: Milbenkrankheit. Die Biene 107 (5): 144.

SCHMID, M., 1970: Ketzerei über die „Milbenseuche". Bienenpflege 1970 (1): 8–9.

SCHNEIDER, H., 1939: Neues von den Bienenmilben. Schweiz. Bienenztg. 62 (6a, b): 336, 372.

– 1941: Untersuchungen über die Acarapis-Milben der Honigbiene: Die Flügel- und Hinterleibsmilbe. Mitt. Schweiz. Entom. Ges. 18 (6): 318–327.

– 1946: Der Erreger der Milbenkrankheit. Schweiz. Bienenztg. 69 (9): 394–399.

– 1949: Beobachtungen bei der Frow-Behandlung. Schweiz. Bienenztg. 72 (4): 186.

– 1960: Problèmes biologiques de l'Acarapis des Abeilles. Bull. apic. 3 (1): 37–49.

SCHNEIDER, H., BRÜGGER, A., 1948: Wie läßt sich die Milbenkrankheit ohne Mikroskop diagnostizieren? Schweiz. Bienenztg. 71 (3): 120–122.

SCHULZ, H., 1941: Beiträge zu einer Prüfung der Bekämpfungsmittel der Milbenseuche der Honigbiene. Arb. physiol. und angew. Entom. 8 (1): 27–35.

SCHYNS, P., 1962: Résultats contrôlés du traitement de l'Acariose des Abeilles par le P. K. et progrès réalisés en Belgique dans la lutte contre cette maladie. Bull. apic. 5 (1): 58–63.

SEPULVEDA, J., 1962: Résistance à l'acariose. Bull. apic. 5 (1): 52–54.

SHAW, F. R., FISCHANG, W. J., BALBONI, E. R., EVERSOLE, J. W., 1961: External mites on honeybee in US. Gleanings in Bee Cult. 89 (7): 402–403.

SINGH, S., 1957: Acarine Disease in the Indian Honey Bee. Indian Bee J. 19 (3/4): 27–28.

SKRIPNIK, E. I., 1965: Ein neues Mittel und Verfahren zwecks Bekämpfung der Milbenseuche (Acariose) bei den Bienen. 20. Apimondia-Kongr., Bukarest: 525–528.

– 1966: L'application du Tetrachlorphenylsulphone «Tedione» contre l'acariose des abeilles. Bull. apic. 9 (2): 181–182.

SKROBAL, D., 1965: Agents qui influencent le metabolisme respiratoire chez les abeilles acariosées. Bull. apic. 8 (2): 177–180.

SLEZÁK, V., 1959: Lécivo BEF prozi roztocové nákaze (Das Heilmittel BEF gegen die Milbenseuche) (tschechisch). Vcelarstvi 12 (3): 40–41.

SOUZA, D. J. DE, 1971: Vorkommen der Milbenseuche in der Honigbiene in Brasilien (portugiesisch). Pesquisa Agrupecuaria Brasileira, Seção veterinaria 6, 57–60. AA 398/73 (s. AA. 654/74).

SPECHER, F., 1949: Aus der Praxis der Milbenbekämpfung: Der Milbenbefall in Zernez. Schweiz. Bienenztg.: 72 (5): 235.

STAMMER, H. J., 1951: Eine neue Tracheenmilbe, *Bombacarus buchneri* n.g.n.sp. (Acar., Podapolipodidae). Zool. Anz. 146: 137–150.

STEHLE, G., 1966: Probleme und Möglichkeiten der Milbenseuchen-Bekämpfung. Bienenpflege 1966 (10): 213–216.

STEJSKAL, M., 1959: *Acarapis woodi* Rennie. Milbenbekämpfung mit Hilfe der Genetik. Bienenmütterchen 11 (7/8): 7–10.

STRONG, G. R., BURTT, E. G., 1923: The control of Acarine disease. Bee World 5, 57–58.

STURGES, A. M., 1921: Observations of Acarine disease. Bee World 3: 188–190.

ŠVANCER, L., 1963: Wie wehren sich die Imker der Slowakei gegen die Milbenseuche? 19. Apimondia-Kongr., Prag: 512–514.

SVOBODA, J., 1946: Die mechanische Tilgung der Milbenseuche. Schweiz. Bienenztg. 69 (7): 315–319.

TABARLY, O., 1963: Behandlung kranker Bienenvölker. 19. Apimondia-Kongr., Prag: 514–518.

TOMASSI, N., 1931: Per la lotta contro l'Acariosi. L'Alveare 4: 47 und 105.

TOBLER, E., 1952: Zur Frage der Milbenbekämpfung. Milbenbekämpfung im Verein

Appenzell Vorderland. Schweiz. Bienenztg. 75 (4): 186.
USINGER, W., 1954: Eine neue Methode zur Untersuchung auf Tracheenmilben im Wintertotenfall. Z. Bienenforsch. 2: 158–159.
VAN LAERE, O., 1960: De bestrijding der bijenacariose bij middel van Keltane. Meded. Land. Hoogesch. Gent 25: 1315–1320.
VAN LAERE, O., VAN DAELE, E., 1981: Bienenvölker-Befall mit Milben der Gattung Pyemots. Apiacta 16 (3): 101–106.
VECCHI, A., 1937: Le malattie delle api in Italia secondo gli accertamenti eseguiti negli anni 1935–1936. Atti 5. Congr. Nazion. Apic. Ital., 15 S.
– 1940: Accertamenti sulle malattie delle api eseguiti negli anni 1937–1938. Atti 6. Congr. Nazion. Apic. Ital., 2 S.
VECCHI, M. A., GIORDANI, G., 1967: Untersuchungen über die Chemotherapie bei *Acarapis woodi* Rennie. 21. Apimondia-Kongr., Maryland: 537.
– – 1968: Chemotherapie of Acarine Disease. I. Laboratory Tests. J. Invert. Pathol. 10 (2): 390–416.
VITZTHUM, GRAF H., 1912: Über einige auf Apiden lebende Milben. Z. f. wiss. Ins.biol. 8: 61.
– 1922: Die Trapp'sche Bienenmilbe. Arch. Bienenkde. 4 (2): 61–64.
– 1923a: Acarina, System der in Deutschland vorkommenden Milbenfamilien. In: P. SCHULZE „Biologie der Tiere Deutschlands", Lfg. 2, Teil 21, Berlin.
– 1923b: Der Erreger der Insel-Wight-Krankheit. Arch. Bienenkde. 5: 25–32.
– 1924: Acarologische Beobachtungen. Arch. Naturgesch. 90, Abt. A.
– 1925: Die Milbenkunde (Acaralogie) in ihrer praktischen Bedeutung. Anz. Schädlgskde. 1 (5): 49.
– 1926: Acarapisstudien. Arch. Bienenkde. 7 (8): 293–312.
– 1929a: Milben, Acari. Bd. III der Tierwelt Mitteleuropas von P. BROHMER, P. EHRMANN, O. ULMER, Quelle & Meyer, Leipzig.
– 1929b: Die Milbenseuche der Honigbiene und ihre wirksame Bekämpfung. Tierärztl. Rundschau 35: 885–889.
– 1937: Über das Vorkommen saprophytischer und parasitärer Milben im Wabenwerk der Honigbiene. Dt. Imkerführer 10 (13): 460–461.
VOMSATTEL, M., 1946: Milbenbekämpfung im Oberwallis. Schweiz. Bienenztg. 69 (5): 224.
– 1949: Aus der Praxis der Milbenbekämpfung. Schweiz. Bienenztg. 72 (7): 317.
– 1952: Zur Frage der Milbenbekämpfung. Schweiz. Bienenztg. 75 (1): 25.
WÄFLER-WYSS, J., 1946: Aussprache über die Milbenseuche. Behandlung milbenkranker Völker mit dem Frow'schen Mittel bei geschlossenem Flugloch. Schweiz. Bienenztg. 69 (3): 129.
WALDENER, 1945: Zu den Völkerverlusten nach Frow-Behandlung. Schweiz. Bienenztg. 68 (5): 202.
WEDMORE, E. B., 1931: The cure of Acarine disease without drugs. Bee World 12: 19–21.
WEHRLE, L. P., WELCH, P. S., 1925: The occurence of mites in the tracheal system of certain Orthoptera. Ann. Ent. Soc. Amer. 18: 35.
WEISS, K., 1952: Wie wirkt die zur Milbenbekämpfung angewandte Senföl-Methanolbegasung auf Bienen? Z. Bienenforsch. 1 (9): 179–188. (s. a. Imkerfrd. 1955).
WELITSCHKOFF, W., NATSCHEFF, P., 1973: Untersuchung von *Varroa jacobsoni* und deren Einfluß auf die Entwicklung eines Bienenvolkes. 24. Apimondia-Kongr., Buenos Aires, 1973.
WHITE, PH. BR., 1921: Isle-of-Wight-disease in Hive Bees. 2. The pathology of Isle-of-Wight-disease in Hive Bees. Trans. Roy. Soc., Edinburgh 52 (4): 755.
WILLE, H., 1966: Die Milbe (*Acarapis woodi*) im Zusammenhang mit anderen Krankheitserregern. SWDI 18 (11); 322–324.
WILSON, W. T., NUNAMAKER, R. A., 1982: The infestation of honey bees in Mexico with *Acarapis woodi*. Amer. Bee J. 122 (7): 303–505 und 508.
WOHLGEMUTH, E., 1929: Die Atemmale (Stigmen) der Honigbiene. Erl. Jahrb. Bienenkde. 7: 1–46.
ZANDER, E., 1909: Tierische Parasiten als Krankheitserreger bei der Biene. Leipz. Bienenztg. 24: 147–150 und 164–166.
– 1923: Bericht über die Tätigkeit der Landesanstalt für Bienenzucht in Erlangen im Jahre 1922. Erl. Jahrb. Bienenkde. 1: 109–153.
– 1925a: Die Milbenseuche in Bayern. Bayer. Bienenztg. 47: 78.
– 1925b: Nosema- und Milbenseuche. Erl. Jahrb. Bienenkde. 3: 338.
– 1947: Handbuch der Bienenkunde in Einzeldarstellungen. Bd. II, Krankheiten und Schädlinge der erwachsenen Biene. 5. Aufl., Verlag Eugen Ulmer, Stuttgart.
ZAPPI-RECORDATI, O. Conte, 1931: Sulla comparsa dell'Acariosi in Italia. L'Alveare 4, 45–46.

Varroatose

ALPATOV, V. V., 1977: Der Varroa-Befall der Honigbienen (russ.). Moskau (USSR), Isdatel'stvo Nauka. 117 S. (Enthält 29 Kapitel verschiedener Autoren) (AA 1043/79).

Althen, H., 1979: Keine Angst vor der Varroa? Die Biene 115 (8): 332.

– 1979: Zur Bekämpfung der Varroatose mit Ameisensäure. Die Biene 115 (9): 375–376.

Apimondia, 1977: Varroasis, a honeybee disease (mit 163 Lit.-Angaben). Bukarest, Apimondia Verlag.

– 1981: Diagnose und Therapie der Varroatose. Symposium Oberursel/Bad Homburg 29. 9. – 1. 10. 1980. Bukarest.

Arzone, A., 1983: Die Gefahr des Pestizidgebrauchs bei der Bekämpfung der Milbe *Varroa jacobsoni* Oud. Apimondia. 29. Intern. Bienenz.-Kongr. Budapest. Zus. im Programm S. 68.

Atwal, A. S., Goyal, N. P., 1971: Infestation of honeybee colonies with Tropilaelaps, and its control. J. apic. Res. 10 (3): 137–142.

Ball, B. V., 1983: Der Zusammenhang zwischen *Varroa jacobsoni* und Viruserkrankungen der Honigbiene. Die Biene 119 (5): 200–201.

Baumgarten, F., 1983: Varroa – zwingt sie den Erwerbsimker zur Kapitulation? ADIZ 17 (3): 71–73.

Böttcher, F. K. 1938: Untersuchungen über den Einfluß von Pflanzenschutzmitteln auf die Bienen. II. Teil: Die Wirkung des Nicotins auf die Bienen. Die Gartenbauwissenschaft 12 (2): 234–261.

Borchert, A., 1974: Schädigungen der Bienenzucht durch Krankheiten, Vergiftungen und Schädlinge der Honigbiene. Leipzig.

Brem, S., 1981: Laboruntersuchungen von Wintergemüll. Diagnose und Therapie der Varroatose. Intern. Symposium Oberursel/Bad Homburg 29. 9.–1. 10. 1980: 116–117. Apimondia Verlag, Bukarest.

Bretschko, J., 1983: Varroatose auch ein Problem der Bienenpflege. Bienenvater 104 (2): 48–54.

v. Buttel-Reepen, H., 1918: Seltsame Mitbewohner der Bienenzellen. Bienenwirtsch. Centralblatt 54 (9/10): 78–80.

Crane, E., 1978: The Varroa mite. Bee World 59 (4): 164–167.

Csaba, G., Kavai, A., 1983: Mit Amitraz versehene Varrescens-Räucherstreifen in der Bekämpfung von *Varroa jacobsoni.* Apimondia 29. Intern. Bienenz.-Kongr. Budapest Zus. im Programm S. 89.

De Jong, D., De Jong, P. H., 1983: Longevity of africanized honey bees (Hymenoptera: Apidae) infested by *Varroa jacobsoni* (Parasitiformes: Varroidae). Journ. Econom. Entomol. 76. (4): 766–768.

De Ruiter, A., 1982: Tobacco smoke can kill Varroa mites. Bee World 63 (3): 138.

De Wilde, H., 1983: China, Wegweiser im Varroa-Dilemma? (niederl.) Bijenteelt 9, Ref.: Die Biene 119 (10): 438–439.

Dreher, K., 1979a: Die Varroa-Milbe. Die Biene 115 (4): 158.

– 1979b: Zur Bekämpfung der Varroatose durch Abtöten. Die Biene 115 (5): 191–194.

– 1979c: Die Bekämpfung der Varroatose macht Fortschritte! Die Biene 115 (7): 296–299.

– 1979d: Zum Stand der Varroatose und ihrer Bekämpfung. Die Biene 115 (12): 496–500.

– 1983: Medikamentöse (chemotherapeutische) Verfahren zur Bekämpfung der Varroatose. Die Biene 119 (10): 436–438.

Golz, W., 1980: Brutpause – Gesundbrunnen des Bienenvolkes. Allgem. Dt. Imkerztg. (ADIZ) 14 (4): 103–104.

Haragsim, O., 1973: Die Milbe *Varroa jacobsoni* Oudemans bedroht die Bienenzucht in Europa. Imkerfrd. 28 (9): 316–317.

Haragsim, O., Samsinak, K., 1972: L'acarien *Varroa jacobsonii* Oudemans decouvert en Europe. Bull. apic. 15 (2): 14

Harlander, B., 1981: Feldversuch mit K79 zur Bekämpfung der Varroatose im November/Dezember in Hessen. Die Biene 117 (6): 245–250.

Hauck, H., 1982: Folbex-VA-Neu, keine Gefahr für den Honig. Die Biene 118 (6): 248–250.

Hüttinger, E., 1980: Varroa-Diagnose in Wintergemülle. Bienenwelt 22 (12):, 252–255, Bienenvater 101 (12) 349–353.

Hüttinger, E., Pechhacker, H., Sulimanovic, D., Tomac, I., 1981: Zur Ausbreitung von *Varroa jacobsoni* Oud. von Volk zu Volk. ... Varroatose ... Symposium Oberursel. 56–62, Apimondia Verlag, Bukarest.

Ifantidis, M. D., 1981: Malathion als Kontaktmittel zur Bekämpfung der Varroa-Milbe. Ebenda: 144–149.

Ifantidis, M., van Laere, O., de Wael, L., 1983: Versuchskäfig zur Untersuchung der *Varroa-jacobsoni*-Biologie und des vergleichenden Studiums der Bekämpfungsmethoden. Apimondia, 29. Intern. Bienenz.-Kongr. Budapest. Zus. im Programm S. 117.

Inci, A., 1981: Entwicklung der Varroatose-Kontrolle in der Türkei. Ebenda: 87–92.

Kamler, F., Vesely, V., Titera, D., 1983: Bienenvölkervernichtung in einer gewissen Region als Varroatosebekämpfung. Apimondia. 29. Intern. Bienenz.-Kongr. Budapest. Zus. im Programm S. 124.

Kilani, M., Bussieras, J., Popa, A., Sakli, A., 1981: Vorläufige Behandlungsversuche der Varroatose der Honigbiene (verursacht durch *Varroa jacobsoni*) mit Amitraz. (franz.) Apidologie 12 (1): 31–36.

Klepsch, A., Mail, V., Petersen, N., Koeniger, N., Götz, W., 1983: Feldversuch zur Varroatosebekämpfung mit Folbex-VA-Neu. Die Biene 119 (2): 54–57.

KOENIGER, N., HELD, TH., VORWOHL, G., 1981: Mögliche Auswirkungen von Ameisensäurebehandlungen auf den Honig. Ebenda: 125–127.

KOENIGER, N., KLEPSCH, A., MAUL, V., 1983: Zwischenbericht über den Einsatz von Milchsäure zur Bekämpfung der Varroatose. Die Biene 119 (7): 301–304.

KOENIGER, N., KOENIGER, G., WIJAYAGUNASEKARA, N. H. P., 1981: Beobachtungen über die Anpassung von *Varroa jacobsoni* an ihren natürlichen Wirt *Apis cerana* in Sri Lanka. Apidologie 12 (1): 37–40 (s. a. ADIZ 10, 303–304, 1981).

KOENIGER, N., SCHULZ, A., 1980: Versuche zur biologischen Therapie der Varroatose durch eine Kontrolle der frisch geschlüpften Bienen. Apidologie 11 (2): 105–112.

KOSTECKI, R., 1983: Entwicklung und Bekämpfung der Varroatose in Polen. Apimondia. 29. Intern. Bienenz.-Kongr. Budapest Zus. im Programm S. 135.

KRÄMER, K., 1980: Varroabekämpfung mit Ameisensäure. Die Biene 116 (8): 340–343.

– 1981, 1982, 1983: Ameisensäure als Bekämpfungsmittel der Varroamilbe im Bienenvolk. Die Biene 117 (10): 441–444; 118, (2): 55–58 und 119 (3): 104–107.

KÜNZLER, K., 1980a: Bekämpfung der Varroatose am Bien. Die Biene (5): 197–198.

– 1980b: Gefahren einer Milbenresistenz. Die Biene 14 (6): 244–245.

KÜNZLER, K., MOOK, H., BRESLAUER, H., 1979: Untersuchungen über die Wirksamkeit der Ameisensäure bei der Bekämpfung der Bienenmilbe *Varroa jacobsoni.* Die Biene 115 (9): 372–373.

LIEBIG, G., 1983: Varroa-Diagnose im Sommergemüll. Neue Bienenzucht 10 (7): 221–223 und ADIZ 17 (8): 246–248.

MAUL, V., 1980: Ameisensäure in der Bekämpfung der Varroatose. Die Biene 116 (7): 292–295.

– 1982: Kurzbericht über Versuche zur Varroatosebekämpfung mit Japanischem Heilpflanzenöl. Die Biene 118 (9): 388–390.

– 1983a: Informationsblatt zur Bekämpfung der Varroatose. Stand: Februar 1983. Die Biene 119 (4): 148–150.

– 1983b: Empfehlungen zur Methodik der Varroa-Elimination mittels Bannwaben aus Arbeiterbrut. Die Biene 119 (6): 244–248. Hier weitere Lit.

MAUTZ, D., 1977: Die Varroatose bedroht Westeuropa. Imkerfrd. 32 (7): 210–213.

– 1979: Untersuchungsergebnis: Erster bayerischer Varroabefall. Imkerfrd. 34 (9): 272–279.

MAUTZ, D., TRAUT, O., HEROLD, J., 1982: Varroatosebekämpfung in Unterfranken. Ergebnisse einer Behandlung mit K 79. Apidologie 13 (1): 101–103.

MORITZ, R. F. A., 1981: Altersabhängige Empfindlichkeit von *Varroa jacobsoni* Oudemans gegen K 79 (Chlordimeformhydrochlorid). Varroatose-Symposium Oberursel: 62–68. Apimondia Verlag, Bukarest.

MORITZ, R. F. A., KOENIGER, N., MAUL, V., 1981: Verteilung systemisch wirkender Präparate im Bienenvolk (*Apis mellifera* L.) Ebenda: 25–28.

NIXON, M., 1983: World maps of *Varroa jacobsoni* and *Tropilaelaps clareae,* with additional records for honeybee diseases and parasites previously mapped. Bee World 64 (3): 124–131.

NYEIN, M. M., ZMARLICKI, C., 1982: Bekämpfung von Milben bei europäischen Bienen in Burma. ABJ 122 (9): 638–639 und Die Biene 119 (2): 61–62, 1983.

ÖRÖSI-PÁL, Z., 1977: Der Siegeszug der Varroa-Milbe. ADIZ 11 (1): 16–17.

OUDEMANS, A. C., 1904a: Acarologische Aanteekeningen Ent. Ber. Nederl. Ent. Ver. 12: 160–162.

– 1904b: Acarologische Aanteekeningen. Ebenda 13: 169.

PECHHACKER, H., 1981: Erfahrungen mit biologischen Methoden zur Varroabekämpfung. Bienenvater 102 (1), 10–12.

PELEKASSIS, C. D., SANTAS, L. A., EMMANUEL, N. G., 1981: Vorläufige Untersuchungen über die Wirksamkeit einer Malathion-Behandlung und einer Einrichtung zur langsamen Abgabe von SO_2 gegen die Varroa-Krankheit in Griechenland. Varroatose-Symposium Oberursel: 127–139. Apimondia Verlag, Bukarest.

PEROUTKA, M., HARAGSIM, O., VESELY, V., KRESAK, M., 1981: Die Varroatose in der Tschechoslowakei und ihre Bekämpfung. Varroatose-Symposium Oberursel: 77–79. Apimondia Verlag, Bukarest.

PEROUTKA, M., TITEROVA, J., HAKLOVA, M., 1981: Schnelle Varroa-Diagnose im Wintergemüll. Apiacta 16 (3): 119–120.

PEROUTKA, M., VESELY, V., 1983: Varroatose-Diagnose und -Behandlung mit den Präparaten Amitraz und Tactic. Apimondia. 29. Intern. Bienenz.-Kongr. Budapest. Zus. im Programm S. 158.

PFEFFERLE, K., 1983: Verschiedene Verfahren zur Erzeugung varroafreier Nachwuchskolonien und die laufende Erneuerung des Völkerbestandes durch das Rotationsprinzip. Vortrag 29. Intern. Bienenz.-Kongr. Budapest 1983. ADIZ 17 (9): 281–286.

PFEFFERLE, K., RITTER, W., 1982: Versuche zur varroafreien Jungvolkbildung mit dem Ruck-Zuck-Kästchen. ADIZ 16 (3): 65–68.

RADEMACHER, E., 1981: Bekämpfung der Varroatose mit K 79. Varroatose-Symposium Oberursel: 155–167. Apimondia Verlag, Bukarest.

RAKHMATULIN, R. G., 1978: Wirksamkeit von Präparaten gegen die Varroa (russ.). Ptschelowodstwo 2: 12–13 (AA 1038/79, s. a. 1037/79).

RITTER, W., 1980: Zur Methodik der Prüfung von Chemotherapeutika zur Bekämpfung der Varroatose bei der Honigbiene. Apidologie 11 (2): 131–141.

RITTER, W., CAPITTE, R., LOBBES, P., 1981a: Freilandversuch zur Chemotherapie der Varroatose in Tunesien. Varroatose-Symposium Oberursel: 82–86. Apimondia Verlag, Bukarest.

RITTER, W., DELAITRE, N., IFANTIDIS, M., 1983: Möglichkeiten der Reinvasion von *Varroa jacobsoni* nach der Behandlung mit Folbex-VA. Apimondia. 29. Intern. Bienenz.-Kongr. Budapest, Zus. im Programm S. 174.

RITTER, W., PERSCHIL, F., CZARNECKI, J. M., 1982: Behandlung von Bienenvölkern gegen Varroa- und Tracheenmilben mit einem Medikament. Bienenvater 103 (9): 269–271 und Imkerfrd. 37 (6) 220–221.

RITTER, W., PERSCHIL, F., VOM HÖVEL, R., 1983: Bekämpfung der Varroatose durch kontinuierliches Entfernen der gedeckelten Drohnenbrut. Apimondia. 29. Intern. Bienenz.-Kongr. Budapest. Zus. im Programm S. 175.

– 1983: Erkennen der Varroatose mit einfachen Untersuchungsmethoden. Bienenpflege (11): 236–237.

RITTER, W., SAKAI, T., TAKEUCHI, K., 1981: Entwicklung und Bekämpfung der Varroatose in Japan. Ebenda: 69–71.

ROMANIUK, K., LIPINSKI, Z., 1981: Versuche zur Bekämpfung von *Varroa jacobsoni* an der Honigbiene mit dem Präparat Tactic (Amitraz) (poln.). Medycyne Weterinaryjna 37: 342–344 (s. a. Apimondia. 29. Intern. Bienenz.-Kongr. Budapest. Zus. im Programm S. 177).

RUTTNER, F., 1978: Die Varroa-Milbe. Erkennung und Behandlung. Der Imkerfrd. 33 (2): 53–55.

– 1980: Versuche mit neuen Verfahren zur Behandlung der Varroatose. Die Biene 116 (5): 198–201.

– 1981: Feldversuche mit K 79. Varroatose-Symposium Oberursel: 168–172. Apimondia Verlag, Bukarest.

– 1982: Erfolgreiche Bienenzucht trotz Varroatose. Bienenwelt 24 (9): 178–185.

RUTTNER, F., KOENIGER, N., 1980: Eine biologische Methode zur Eliminierung der Varroa-Milben aus Bienenvölkern. ADIZ 14 (1): 11–12.

RUTTNER, F., RITTER, KOENIGER, MAUL, PETERSEN, WISSEN, RAU, RENNINGHOFF, GÖTZ, 1980: Die Varroatose der Honigbiene. Ausbreitung in Europa – Diagnose – Behandlung. Stand März 1980. (11 Beiträge) ADIZ, Sonderheft Varroatose 14 (5): 129–168 (hier weitere Lit.).

SADOV, A. V., 1976: Studium der weiblichen Varroa (russisch). Ptschelowodstwo (8): 15–16.

SCHABANOW, M., NEDYALKOW, S., TOSCHKOW, A., 1978: Die Varroatose – eine gefährliche parasitäre Erkrankung der Biene. ADIZ 12 (4): 105–107.

– 1981: Eine schnelle und einfache Methode zur Varroatose-Diagnose. Varroatose-Symposium Oberursel: 108. Apimondia Verlag, Bukarest.

SCHELL, M., 1982: Die rumänische Imkerei und die Varroatose. ADIZ 16 (7): 207–211.

SCHLEY, P., 1978: Gegenwärtiger Stand in der Varroatose-Bekämpfung in der Sowjetunion. Die Biene 114 (11): 465–468.

– 1979: Zur Anwendung von Gammastrahlen bei varroatoseverseuchten Bienenvölkern. Die Biene 115 (10): 418–420 (dort weitere Lit.).

– 1980: Die Thermobehandlung – ein sicheres Bekämpfungsverfahren gegen Varroamilben? Die Biene 116 (1): 13–14 (dort weitere Lit.).

– 1983: Erfahrungen mit der Thermobehandlung gegen Varroamilben in der Sowjetunion. Die Biene 119 (4): 159–160.

SCHULZ, A., KOENIGER, N., RUTTNER, F., 1983: Drohnenbrut als Varroa-Falle. Die Biene 119 (2): 58–60 und ADIZ 17 (2): 52–54.

SMIRNOV, V. M., 1978: Die Lebensdauer der Wintergeneration der Varroa-Milbe (russ.) Ptschelowodstwo (12): 14–15.

SVER, Z., SVER, M., SULIMANOVIC, D., 1983: Kombinierte Bekämpfungsmethode (chemisch und biologisch) der Varroatose. Apimondia. 29. Intern. Bienenz.-Kongr. Budapest. Zus. im Programm S. 197.

TAKEUCHI, K., SAKI, T., 1983: Varroatose-Bekämpfung mit Oxalsäure. Apimondia. 29. Intern. Bienenz.-Kongr. Budapest. Zus. im Programm S. 202.

TITERA, D., 1983: Reaktion des Bienenvolkes auf Varroatosebehandlung (durch Sprühen) während der Überwinterung. Apimondia. 29. Intern. Bienenz.-Kongr. Budapest. Zus. im Programm S. 204.

TOSCHKOFF, A., SCHABANOFF, M., NEDYALKOFF, S., 1981: Versuche zur Bekämpfung der Varroatose durch perorale Anwendung akarizider Substanzen. Varroatose-Symposium Oberursel: 172–179. Apimondia Verlag, Bukarest.

VAN LAERE, O., DE WAEL, L., VAN DE WEGE, L., 1982: Eine Vorrichtung zum medikamentösen Räuchern von Bienenvölkern. Allgem. dt. Imkerztg. (1) 6–7

VAN LAERE, O., IFANTIDIS, M., DE WAEL, L.,

1983: Dicofol-Räuchern von Honigbienen zur Bekämpfung der Milbe *Varroa jacobsoni.* Apidologie 14 (3) 175–182.

VESELY, V., 1983: Radikale Bekämpfungsmethode der Varroatose. Apimondia. 29. Intern. Bienenz.-Kongr. Budapest. Zus. im Programm S. 209–210.

WAHL, O., 1977: Internationale Konferenz über die Varroa-Milbe. ADIZ 14 (6): 166–169.

WELTSCHIKOW, W., NATSCHEW, P., 1973: Untersuchungen von *Varroa jacobsoni* und deren Einfluß auf die Entwicklung eines Bienenvolkes. Verh. Apimondia-Kongreß Buenos Aires 1973, 375–377. Apimondia Verlag, Bukarest.

WISSEN, W., 1982: Prüfung von zwei Labormethoden zur Varroa-Diagnose im Wintergemüll. Die Biene 118 (2): 53–55.

Schwarzsucht und andere ansteckende Krankheiten

BAHR, L., 1922: Paratyphus der Honigbiene, Diss. Tierärztl. Hochschule Kopenhagen.

BAILEY, L., 1965: Paralysis of the honey bee, *Apis mellifera* L. J. Invert. Pathol. 7: 132–140.

– 1965: The occurence of chronic and acute bee paralysis viruses in bees outside Britain. J. Invert. Pathol. 7: 167–169.

– 1967: The incidence of virus diseases in the honey bee. Ann. appl. Biol. 60: 43–48.

– 1968: Rep. Rothamsted exp. stn. for 1968, part 1: 228.

– 1970: Virus diseases of the honeybee. Rep. Rothamsted exp. stn. for 1970, part 2: 171–183.

– 1971: Honeybee viruses. Sci-prog. Oxf., 59: 309–323.

BAILEY, L., BRENDA, V. B., PERRY, J. N., 1981: The prevalence of viruses in Britain. Ann. appl. Biol. 97: 109–118.

BAILEY, L. CARPENTER, J. M., WOODS, R. D., 1979: Egypt bee virus and Australian isolates of Kashmir bee virus. J. gen. Virol., 43: 641–647.

BAILEY, L., GIBBS, A. J., WOODS, R. D., 1963: Two viruses from adult honey bees (*Apis mellifera* L.). Virology, 21: 390–395.

– 1968: The purification and properties of chronic beeparalyses virus. J. gen. Virol. 2: 251–260.

BOIKO, A., 1935: Septicemia of bees and its causative agent. Compt. rend. acd. sci. USSR III (VIII), no. 3 (no. 3): 141.

BORCHERT, A., 1923: Über das Vorkommen von Bakterien aus der Paratyphus-Gruppe im Darmkanal der gesunden Honigbiene. Vergleichende biologische Untersuchungen an einigen aus der Biene stammenden Bakterienarten. Arb. Biol. Reichsanstalt 11: 507–565.

BÖTTCHER, F. K., HIRSCHFELDER, H., WEISS, K., 1961: Die Tätigkeit der Bayerischen Landesanstalt für Bienenzucht, Erlangen im Jahr 1960. Imkerfrd. 16: 77–84.

– 1969: Tätigkeit der Bayerischen Landesanstalt für Bienenzucht, Erlangen 1968. Imkerfrd. 24: 60–68.

BRETSCHKO, J., 1966: Bakterielle Septikämien im Lichte neuer Untersuchungen. Bienenwelt 8: 1–10.

BRETSCHKO, J., RAUTER, G., 1968: Das Problem der bakteriellen Septikämie der Honigbiene *(Apis mellifica)* und die Möglichkeit einer wirksamen Therapie. Wiener tierärztl. Monatsschrift 55: 562–578.

BRÖKER, W., 1966: Über die Entstehung der Schwarzsucht. Rhein. Bienenztg. 111: 338–339.

BURNSIDE, C. E., 1928a: Septicemia of the honey bee. IV. Int. Congr. Entomol. Ithaca 2: 757–767.

– 1928b: A septicemic condition of adult bees. J. Econom. Entomol. 21: 379.

– 1945: The cause of paralysis of honeybees. Amer. Bee J. 85: 354–355; 363.

CLARK, T. B., 1978: A filamentous virus of the honey bee. J. Invert. Pathol. 32: 332–340.

DREHER, K., 1940: Eine neue dominant wirkende Mutation „schwarzsüchtig“ (S) bei der Honigbiene (*Apis mellifica,* L.). Zool. Anz. 129: 65–80.

DRESCHER, W., 1964: Beobachtungen zur unterschiedlichen erblichen Disposition von Zuchtlinien von *A. mellifica* L. für die Schwarzsucht. Z. Bienenforsch. 7: 116–124.

GARY, N. E., 1960: A trap to quantitatively recover dead and abnormal honey bees from the hive. J. Econom. Entomol. 53: 782–785.

GIAUFFRET, A., CAUCAT, M. J., AMARGIER, A., BRES, N., 1967: Etude histopathologique de la maladie noire de l'abeille. Bull. apic. 10: 133–142.

GIAUFFRET, A., DUTHOIT, J. L., CAUCAT, M. J., 1966: Etude virologique de quelques cas de maladie noire de l'abeille en France. Rech. Méd. vét. Ec. Alfort 142: 820–829.

HUNKELER, M., 1925: Untersuchungen über die Darmbakterienflora der Honigbiene nebst Bemerkungen zur Physiologie des Bienendarmes. Inaug. Diss. Vet. med. Fak. Univ. Zürich.

JACHIMOWICZ, TH., 1967: Ein Beitrag zur Kenntnis der Septikämie-Erkrankung der Bienen. Bienenvater 88: 267–270.

KULIKOV, N., KHOMUTOVA, T., CHEPEROV, V., VECHERKINA, L., TIKHONOV, L., 1964: Paratyphoid of bees (russ.). Ptschelovodstvo 84: 24–25.

KUNTZSCH, M., 1912: Imkerfragen, 5. A. Berlin.

LANDERKIN, G. B., KATZNELSON, H., 1959: Organismus associated with septicemia in the honeybee. Canad. J. Microbiol. 169.

LANGRIDGE, D. F., 1963: Septicemia disease of the honeybee in Victoria. Aust. J. exp. Agr. Anim. Husband 3: 225–227.

LEE. P. E., FURGALA, B., 1965: Chronic bee paralysis virus in the nerve ganglia of the adult honey bee. J. Invert. Pathol. 7: 170–174.

LOTMAR, R., 1939: Der Eiweißstoffwechsel im Bienenvolk *(Apis mellifica)* während der Überwinterung. Landwirtsch. Jahrb. Schweiz: 34–70.

– 1940: Beiträge zur Pathologie des Bienendarmes *(Apis mellifica)* Landwirtsch. Jahrb. Schweiz: 775–804.

MARAMOROSCH, K., 1977: The atlas of insect and plant viruses, including mycoplasmaviruses and viroids. Academic Press, San Francisco, London.

MAURIZIO, A., 1943: Bienenschäden während der Lindentracht. Schweiz. Bienenztg. NF 66: 376–380.

– 1945: Trachtkrankheiten der Bienen, 1. Vergiftungen bei einseitiger Tracht von Roßkastanien. Beihefte Schweiz. Bienenztg. 1: 337–367.

MOREAUX, R., 1959: Observation relative à l'affection des abeilles connue sous le nom de «mal des forêts». Rev. franç. d'Apic. 151: 21.

MORGENTHALER, O., 1960: Waldtrachtkrankheit und Schwarzsucht. Imkerfrd. 15: 342–347.

MORISON, G. D., 1936: Bee paralysis. Rothamst. Conf. 22: 17–21.

MUCK, O., 1928: Die Schwarzsucht der Bienen. Arch. Bienenkde. 9: 66–69.

OTTE, E., 1966: Beitrag zum Septikämieproblem der Honigbiene *(Apis mellifica)* Wien, tierärztl. Mschr. 53: 587.

PAILLOT, A., KIRKOR, S., GRANGER, A. M., 1944: L'abeille, anatomie, maladies, ennemis. 3. Aufl. Edition de Trévoux (Ain).

POLTEV, V. J., 1956: Futtertoxikose der Bienen und ihre Diagnostik. Kongreßbericht XVI. Intern. Bienenz.-Kongr. Wien 1956: 74–75.

POLTEV, V. J., GROBOV, O. F., 1967a: On the problem of rickettsia in honeybees. Izv. sib. Otdel. Akad. Nauk SSSR 3: 132–134.

– 1967b: Rickettsiosis des abeilles. Ptschelovodstvo 8: 2.

REINGANUM, C., 1968: Aberrant forms of the chronic bee-paralysis virus particle. J. Invert. Pathol. 12: 471–472.

SEIFERT, L., 1966: Einige Beobachtungen zur Schwarzsucht. Bull. apic. 10–13.

TURESSON, G., 1917: The toxicity of moulds in the honey bee and the cause of bee paralysis. Sv. bot. Tidskr. 11: 16.

VAGO, C., 1966: Les viroses de l'abeille. Bull. apic. 9: 5–8.

VECCHI, M. A., AMICI, A. M., 1956: Contributo alla conoszenza di una forma di «mal nero» delle api adulte *(Apis mellifica)* e isolamenti di attinomicetti da api e favi infetti. Arch. veter. italiano 7: 303–318.

VECCHI, M. A., ZAMBONELLI, C., 1961: Recherches sur l'étiologie du «mal noir» des abeilles (*Apis mellifica,* L.) en Italie. Bull. apic. 4: 185–195.

WILLE, H., 1961: Septikämie der Honigbiene in der Schweiz. Schweiz. Bienenztg. NF 84: 142–150.

– 1964: Stigmen der Honigbiene als Eintrittspforten pathogener Bakterien. Mitt. Schweiz. Entomol. Ges. 37: 42–48.

– 1965: Neue Erkenntnisse über krankhafte Zustände im Bienenvolk. Südwestdeutscher Imker 17: 298–305.

– 1966: Die Milbe *(Acarapis woodi)* im Zusammenhang mit anderen Krankheitserregern. Südwestdeutscher Imker 18: 322–324.

– 1967a: Mischinfektionen in der Honigbiene (*Apis mellifica,* L.) nach Ermittlungen in schweizerischem Material der Jahre 1965/66. Z. Bienenforsch. 9: 150–171.

– 1967b: Problematik und Hypothesen um den „Gesundheitszustand" des Bienenvolkes. Schweiz. Bienenztg. NF 90: 337–343; 390–396.

– 1973a: Beziehungen zwischen der Überlebensdauer, Krankheitsbefunden und dem Blutbild erwachsener Bienen *(Apis mellifica).* Schweiz. Landwirtsch. Forsch. 12: 269–289.

– 1973b: Bienenverluste während der Über- und Auswinterung. Schweiz. Bienenztg. 458–473.

– 1976: Beziehungen zwischen der durchschnittlichen Überlebensdauer erwachsener Bienen (*Apis mellifica,* L.) und dem Krankheitsbefund, insbesondere der Nosema in den Frühjahrswochen. Bericht Liebefeld, 25 pp.

– 1984: Einfluß von Krankheitselementen auf den Massenwechsel von Bienenvölkern. Schweiz. Bienenztg. 107 NF (4,5): 161, 218.

WILLE, H., GERIG, L., 1976: Massenwechsel des Bienenvolkes. IV. Zusammenspiel der Eilegetätigkeit der Königin, der Bienenschlüpfrate und Lebensdauer der Arbeiterinnen. Schweiz. Bienenztg. 99: 16–25; 125–140; 245–257.

WILLE, H., PINTÉR, L., 1961: Untersuchungen über bakterielle Septikämien der erwachsenen Honigbiene in der Schweiz. Bull. apic. 4: 43–65.

WILLE, H., VECCHI, M. A., 1974: Untersuchungen über die Hämolymphe der Honigbiene (*Apis mellifica,* L.). 5. Teil: Beziehungen zwischen der Morphologie der Leuko-

zyten und vier Krankheitselementen. Mitt. Schweiz. Entomol. Ges. 47: 133–149.
ZECHA, H., 1966: Wenig beachtete Bienenkrankheiten (nach einem Vortrag vor dem Kreisimkerverband Kassel). Die Biene 102: 259–268.

Ruhr

ALBRECHT, H., 1965, 1967: Düsenflugzeuge und Bienen. Imkerfrd. 20 (11): 381; 22 (9): 286.
ALTMANN, G., GONTARSKI, H., 1963: Über den Wasserhaushalt der Winterbienen. Symposia Genetica et Biologica Italica 12: 308–328.
ALFONSUS, E. C., 1936a: Altes und Neues über die Ruhr der Bienen. Arch. Bienenkde. 17 (8): 273–280.
– 1936b: Über die Bienenruhr. Bienenvater 68 (4): 129–135.
– 1936c: Pathological anatomy of dysenteric bees. Bee World 17 (6): 69–72.
– 1937: Die Verwertung kleiner Zuckerkristalle durch die Honigbiene. Arch. Bienenkde. 18 (3): 89–106.
ARMBRUSTER, L., 1936: Technische Honigfragen. Arch. Bienenkde. 17 (1): 1–35.
BAILEY, L., 1966: The effect of acid-hydrolysed sucrose on honeybees. J. apic. Res. 5 (3): 127–136.
BITTNER, A., DREHER, K., 1970: Zur Anwendung von Säuren bei Bienen. Die Biene 106 (8): 227–230.
BÖTTCHER, F. K., 1948, 1949: Künstliche Reinigungsflüge. Imkerfrd. 3 (11): 109–111; 4 (2): 23–25.
– 1950: Überwinterung unter Luftabschluß. Imkerfrd. 5 (4): 60.
– 1959: in Böttcher, F. K., Hirschfelder, H., Weiß, K.: Völkertransport im Winter. Die Tätigkeit der Bayer. Landesanstalt für Bienenzucht, Erlangen im Jahre 1958. Imkerfrd. 14 (3): 72.
BÜHLER, J., 1964: Sprengarbeiten. Schweiz. Bienenztg. 87 (2): 91, s. a. (3): 148.
DATHE, G., 1912: Lehrbuch der Bienenzucht. 2. Aufl. 1871 und 6. Aufl. Wolfenbüttel 1912.
DESINOFF, W., 1918: Einfluß der Qualität der Nahrung auf die Überwinterung der Bienen (russ.) Opuitnaja Paseka Nov. 1918: 367–372. Ref. Erlanger Jahrb. 1929: 106.
DREHER, K., 1968: Schäden durch Eisenoxid-Futterzucker. Rhein. Bienenztg. 119 (8): 243–245.
ELSER, E., 1926: Die chemische Zusammensetzung der „heruntergeschroteten" Zuckerkristalle bei den Bienenvölkern. Schweiz. Bienenztg. 49 (9): 383–386.
FARRAR, C. L., 1934a: Bees must have pollen. Gleanings in Bee Culture 62: 216–218 (s. Arch. Bienenkde. 1937: 101).
– 1934b: Granulated honey as stores. Gleanings in Bee Cult. 62: 350.
FRIGG, G., 1951: Bienen im Lawinenschnee. Schweiz. Bienenztg. 74 (6): 287; (10): 463.
GORBACH, G., 1937: Vorkommen, Gewinnung und Verwertung der Melezitose. Alpenländ. Bienenztg.: 297–312.
HEJTMANEK, J., 1946: Neue Methode der Herbstfütterung (tschechisch). Česky Včelař 20 (1/2), u. 55 (5/6), Slovensky Včelař (11): 226. Ref. Schweiz. Bienenztg. 70 (2): 70–71, 1947.
KORJAKIN, A. M., 1936: Eine chemische Analyse des Futters und des Kotes von überwinternden Bienen (russ.). Zhurnal optnaja Paseka 4: 494–495, 1929. Bienenvater 1936: 131 u. Arch. Bienenkde. 1936: 277.
LÖFFLER, A., 1963: Beeinträchtigen imkerliche Störungen und Entweiselung des Bienenvolkes die Sammeltätigkeit? Teil II. Z. Bienenforsch. 6 (5): 117–134.
MAIOROFF, D. M., 1918: Beobachtungen über das Überwintern der Bienen. Opuitnaja Paseka Aug.–Sept. 1918 (russ.) Ref. Erlanger Jahrb. 1929: 107.
MAURIZIO, A., 1946: Kochsalzvergiftungen bei Bienen. Schweiz. Bienenztg. 69 (8): 358–360.
POLTEW, W. S., 1956: Futtertoxikose der Bienen und ihre Diagnostik. Vortrag Intern. Bienenzüchterkongreß Wien (Leipz. Bienenztg. 71 (11): 339–342, 1957).
ROTHE, U., NACHTIGALL, W., 1980: Zur Haltung von *Apis mellifica* in einem Flugraum. Apidologie 11 (1): 17–24 (Hier weitere Lit.).
SCHUA, L., 1955: Stehen Erkrankungen und Totenfall der Bienen im Winter in Zusammenhang mit Witterungsfaktoren? Insectes Sociaux 2 (1): 45–66.
SVOBODA, J., NEPRASOVA L., 1958: Erforschungen zur Feststellung der Verdaulichkeit der Dextrine. (tschech., dt., engl., russ. Zus.) Vedecke práce výzkumneha ustavu včelarkeho csazv v Dole.
VORWOHL, G., 1964: Ist Honigtau im Winterfutter für die Bienen schädlich? Südwestdt. Imkerztg. 16 (3): 70–72.
WEIPPL, TH., 1921: Die Ruhr der Bienen. Bibl. d. Bienenwirtes Heft 9. Berlin, 3. Aufl.
WEYGANDT, C., 1889–91: Ein kleiner Beitrag zur Förderung der Bienenzucht. 1.–3. Heft Braunschweig.
WHITEOMB JR., W., WILSON, H. J., 1929: Mechanics of digestion of pollen by the adult honeybee and the relation of undigested parts to dysentery of bees. Agric. Exp. Station of the University of Wisconin, Madison, Res. Bull. 92 May 1929.

WILLE, H., BOURGUIN, A., 1968: Einfluß von Detonationen auf das Bienenvolk während der Überwinterung. Schweiz. Bienenztg. 91 (9): 450–456.

WILSON, H. J., ROE, C. W., 1929: Relation of pollen to dysentery. Gleanings in Bee Cult. 57 (11): 704–706.

WIRTHTIN, H., 1945: Störung der Bienen durch Eisenbahnzüge. Schweiz. Bienenztg. 69 (12): 536.

WOODROW, A. W., 1935: Some effects of relative humidity on the length of live and food consumption of honeybees. J Econom. Entomol. 28: 265–268.

ZOGG, H., 1953: Einwirkung von Sprengerschütterungen auf die Bienen. Schweiz. Bienenztg. 76 (2): 101.

Maikrankheit

BORCHERT, A., 1966: Die Krankheiten und Schädlinge der Honigbiene. Berlin.

DICKEL, E., 1894: Über Maikrankheit, ihre vermutliche Ursache und wenn nicht gänzliche, so doch theilweise Verhinderung. Leipz. Bienenztg. 9 (7): 120–123.

JORDAN, R., 1937: Von der Maikrankheit. Dt. Imker (8).

KRESÁK, M., 1963: Die Maikrankheit der Bienen (tschech. mit russ., dt., engl. u. franz. Zus.) Vědecke Práce, Ust. Včel. Dole: 53–63.

MÜLLER, G. L., 1948: Die Maikrankheit. Nr. 12 der kleinen DBZ-Bücher (mit ausführl. Lit.). Berlin.

Trachtvergiftungen

BEUTLER, R., WAHL, O., 1936: Über das Honigen der Linde in Deutschland. Z. vergl. Physiol. 12 (1): 301–331.

BUTLER, C. G., 1943: Bee paralysis, may-sickness etc. Bee World 24 (1): 1–7.

CRANE, E., 1977, 1978: Dead bees under lime trees. Sugars poisonous to bees. Bee World 58 (3): 129–130; 59 (1): 37–38.

ELSER, E., 1928: Eigenartiges Massensterben von Bienen, verursacht durch Honigtau. Schleswig-Holstein. Bienenztg. 33 (11): 255–258; (12): 285.

FRISCH, K. VON, 1934: Über den Geschmackssinn der Biene. Z. vergl. Physiol. 21 (1): 1–156.

GEISSLER, G., STECHE, W., 1962: Natürliche Trachten als Ursache für Vergiftungserscheinungen bei Bienen und Hummeln. Z. Bienenforsch. 6 (4): 77–92.

MAURIZIO, A., 1941: Über ein Massensterben von Bienen, verursacht durch Pollen von *Ranunculus puberulus* Koch. Verh. d. Schweiz. Naturforschenden Ges. Basel: 149–150.

– 1943: Bienenschäden während der Lindentracht. Schweiz. Bienenztg. 66 (9): 376–380.

– 1944: Die Hahnenfußvergiftung („Bettlacher Maikrankheit") im Frühjahr 1944. Schweiz. Bienenztg. 67 (6): 288–291.

– 1945a: Trachtkrankheiten der Bienen. 1. Vergiftungserscheinungen bei einseitiger Tracht von Roßkastanien. Beihefte zur Schweiz. Bienenztg. 1 (8): 337–368.

– 1945b: Giftige Bienenpflanzen. Vortrag. Beihefte zu Ebenda 1 (9): 430–441.

MORGENTHALER, O., MAURIZIO, A., 1941: Die „Bettlacher Maikrankheit", eine Vergiftung durch Hahnenfuß-Pollen. Ebenda 64 (11): 538–542.

NOTTBOHM, F. E., LUCIUS, F., 1929: Ist Melezitose für Bienen unverdaulich? Arch. Bienenkde. 10 (3/4): 102–106.

SACHS, H. G., 1958: Erfahrungen mit Flugsperren bei Bienenvölkern. Bienenpflege Heft 9: 170–175.

SCHÖNFELD, A., 1938: (zitiert nach MAURIZIO 1945b) Nemoci a Nakazy Vcel. Svaz. Zemsk. Ustr. Vcel. Spol. v. CSR.

SUHAYDA, J., 1968, 1969: Sterblichkeit der Bienen auf *Sophora japonica* Méhéstzet 16 (11): 208; 17 (1): 7.

TRIEBOLD, R., 1943: Kann die Bettlacher Maikrankheit verhütet werden? Schweiz. Bienenztg. 66 (3): 146–148.

VANSELL, G. H., 1925: Buckeye poisoning in California. Amer. Bee. J. 65 (12): 575–578.

VANSELL, H., TODD, F. E., 1932: Resistance of hybrid honeybees to a plant poison in California. Journ. Econom. Entomol. 25: 503.

Vergiftungen durch Industrie und Pflanzenschutz

BITTNER, A., 1955: Vorläufige Mitteilung zur Methodik der Züchtung gegen Kontaktgifte resistenter Honigbienen. Nachr.-Bl. dt. Pfl.-Schutzdienst. 9 (3): 50–52.

BÖTTCHER, F. K., 1953: Die Wirkung des 2,4 D-haltigen Unkrautbekämpfungsmittels U 46 auf die Honigbiene. Z. Bienenforsch. 2 (2): 21–38.

BORCHERT, A., 1934: Untersuchungen über die Giftigkeit einiger im Pflanzenschutz gebräuchlicher Stäube- und Spritzmittel bei Bienen. Imkerfrd. 8 (1): 13–17.

BRASSLER, K., 1932: Bestehen Beziehungen zwischen der Unkrautbekämpfung mit „Raphanit" und dem Sterben von Bienen und Bienenvölkern? Arch. Bienenkde. 13 (3): 118–138.

BREDEMANN, G., RADELOFF, H., 1939: Bienensterben durch flourhaltige Fabrikabgase. Imkerfrd. 13 (2): 59–61.

BUCHNER, R. O., 1972: Ein katastrophales Bienensterben im Regierungsbezirk Südbaden. Allg. dt. Imkerztg. 6 (9): 223–224.
– 1973: Bienenvergiftungen durch Rebschutzmaßnahmen und ihre Verhütung. Tierärztl. Umsch. 26 (12): 623–629.
COCHRAN, D. G., GRAYSON, J. M., LEVITAN, M., 1952: Chromosal and cytoplastic factors in transmission of DDT resistance in German cockroach. J. Econom. Entomol. 45: 997–1001.
EVENIUS, J., 1960: Bienenzucht und Pflanzenschutz. In: BÜDEL, A., HEROLD, E.: Biene u. Bienenzucht. Verl. Ehrenwirth, München.
HÄFLIGER, E., 1954: Der Einfluß der Temperatur auf die Wirkung von DDT-Präparaten. Z. Pflanzenkrankh. (Pflanzenpathol.) Pflanzenschutz 61 (8): 433–444.
HAUCK, E., KÜTHE, K. H., STUTE, K., WAHL, O. 1979: Giftschäden an Bienenvölkern. 160 pp. Verlag Ehrenwirth, München.
HERFS, W., 1973: Amtliche Neuregelungen zur Berücksichtigung der Wirkung von Pflanzenschutzmitteln auf Bienen. Allg. dt. Imkerztg. 7 (7): 175–178.
HIMMER, A., 1934: Der Einfluß von Rauchgasen und Abgasen industrieller Anlagen auf die Bienen. Verh. dt. Ges. angew. Ent.: 115.
JOCHUM, FR., 1956: Durch Diäthyl-p-nitrophenylthiophosphat abgeänderte Reaktionsketten in Insektenorganismen. Höfchenbr. Wiss. Prax. 9 (6): 289–348.
KAUFMANN, I., 1972: Dünnschicht-chromatographischer Nachweis von Pflanzenschutzmitteln in vergifteten Bienen. ADIZ 6 (10): 250–254.
LEPPIK, E., 1950: Die durch Insektengifte hervorgerufenen Verwirrungserscheinungen bei Honigbienen. Z. Pflanzenkrankh. (Pflanzenpathol.) Pflanzenschutz 57 (1): 43–46.
LUKOSCHUS, F., 1955a: Zur Frage der Bienengefährdung durch Unkrautbekämpfungsmittel auf Wuchsstoffbasis. Z. angew. Zool. 2: 183–207.
– 1955b: Bienenschäden durch Blattlausbekämpfungsaktionen. Anz. Schädlingskde. 28 (2): 22–23.
MAURIZIO, A., 1953a: Bienenvergiftungen als Folge von Pflanzenschutzmaßnahmen. Schweiz. Bienenztg. 76 (1): 14.
– 1953b: Maikäferbekämpfung und Bienenzucht in den Jahren 1953–1953. Schweiz. Bienenztg. 76 (11): 449–456.
– 1955: Pflanzenschutzmittel und Industrieabgase als Ursache von Bienenvergiftungen. Schweiz. landw. Mh. 33 (4): 159–166.
– 1959: Bienenvergiftungen durch Pflanzenschutzmaßnahmen in der Schweiz in den Jahren 1957 und 1958. Schweiz. Bienenztg. 82 (4): 148–156.
– 1962: Bienenvergiftungen im Jahre 1961, im Vergleich zu den Vorjahren. Schweiz. Bienenztg. 85 (1): 6–12.
MAURIZIO, A., STAUB, M., 1956: Bienenvergiftungen mit fluorhaltigen Industrieabgasen in der Schweiz. Schweiz. Bienenztg. 79 (11): 476–486.
ROUSSEAU, M., 1949: Intoxications d'abeilles par des fumées d'usine. Revue Franç. d'Apic. 2 (39): 56.
SCHULZ-LANGNER, E., 1961: Die Kartoffelblüte wird doch von den Bienen beflogen. Dt. Bienenwirtsch. 12 (5): 113–115.
STUTE, K., 1953: Was die Imker bei der Einsendung von Bienenschäden an die chemische Untersuchungsstelle der Bundesforschungsanstalt für Kleintierzucht in Celle beachten sollten! Dt. Bienenwirtsch. 4 (4): 70–73.
– 1956: Methoden zum Nachweis von Herbiziden und Insektiziden in toten Bienen. Z. Bienenforsch. 3 (5): 103–116.
– 1957: Ergebnisse von Versuchen mit „Repellents“ bei der Honigbiene (*Apis mellifica,* L.). Anz. Schädlingskde. 30 (3): 38–43.
– 1964: Über die Wirkungsweise einiger bienenschädlicher Insektizide. Z. Bienenforsch. 7 (4): 89–97.
– 1972: Untersuchungsbericht über die Bienenschäden des Jahres 1971. ADIZ 6 (5): 123–126.
SVOBODA, J., 1936: The so-called Tesin-disease of Hive-Bees and its Treatment. Sb. čsl. Akad. zeměd. 11 (6): 589.
VORWOHL, G., 1973: Drei Jahre Untersuchungen über die Reben als Bienenweidepflanzen. Allg. dt. Imkerztg. 7 (6): 144–146.
WAHL, O., ULM, K. 1983: Influence of pollen feeding and physiological condition on pesticide sensitivity of the honey bee *Apis mellifera carnica.* Oecologia (Berlin) 59, 106–128.
WEIDE, W., 1957: Untersuchungen über eine mögliche Repellent-Wirkung bestimmter Substanzen gegenüber der Honigbiene (*Apis mellifica,* L.). Wiss. Z. Univ. Halle, Math.-Nat. 6 (3): 461–480.
ZANDER, E., 1937: Bienenzucht und Schädlingsbekämpfung. Anz. Schädlingskde. 13 (3): 28–31.

Krankhafte Erscheinungen und Mißbildungen

BETTS, A. D., 1923: Practical bee anatomy. Benson.
BUTLER, C. G., FAIREY, E. M., 1963: The role of the queen in preventing oogenesis in worker honeybees. J. apic. Res. 2 (1): 14–18.
BUTTEL-REEPEN, H. v., 1915: Leben und Wesen der Bienen. Braunschweig.

DREHER, K., 1963: Zur Entwicklung der Bienenkönigin. 18. Intern. Bienenzüchterkongreß Prag. Dt. Bienenwirtsch. 14 (9): 236–239.

DRESCHER, W., 1965: Der Einfluß von Umweltbedingungen auf die Bildung von Gynandromorphen bei der Honigbiene *Apis mellifica* L. Insectes Sociaux 12 (3): 201–218.

DRESCHER, W., ROTHENBUHLER, W. C., 1963: Gynandromorph production by egg chilling. J. Herd. 54 (5): 195–201.

DUSTMANN, J. H., 1981: Farbmutationen der Bienenaugen. Imkerfrd. 26 (5): 151–153.

EVENIUS, CHR., 1935: Untersuchungen an Giftdrüsen der Honigbiene (*Apis mell.* L.). Dt. Imkerführer 9 (11): 348–354.

FYG, W., 1936: Untersuchungen über die Ursache der Eitaubheit. Schweiz. Bienenztg. 59 (5a): 241–252.

– 1961, 1963: Anomalien und Krankheiten der Bienenkönigin. Symposium Pathologie Apicole de l'O. I. E. Bern 29.–30. 10. 1962. Bull. Apic. 6 (1) 1963 und Dt. Bienenwirtsch. 12 (3): 63–69, 1961.

GONTARSKI, H., 1931: Ein Volk, das unfähig ist, Drohnen zu erzeugen. Die Biene 69 (4): 114–115.

– 1937: Beitrag zur Pathologie der Bienenkönigin. Dt. Imkerführer 11 (2): 54–56.

GORBACZOW, W. K., 1961: Bienen ohne Drohnen – ein Schatz der Zunkunft. Pszelarstwo Nr. 6 Czerwiec-Rok XII.

GROBBEN, 1895: Bericht über eine Bienenkönigin, welche unfähig war, Drohneneier abzulegen. Verh. d. Zool. Bot. Ges. Wien.

HAYDAK, N. H., 1949: Notes on biology of cyclopic bees. J. Econom. Entomol. 41: 663–664.

HINZ, H. E., 1974: Jungköniginnen und vegetative Störungen. ADIZ 8 (12): 319–320.

HITCHCOCK, D. J., 1956: Honey bee queens whose eggs all fail to hatch. J. Econom. Entomol. 49 (1): 11–14.

HÜSING, J. O., BAUER, J., 1968: Über die Beeinflußbarkeit der Drohnenbrütigkeit in Bienenvölkern. Insectes sociaux 15 (3): 241–244 (s. a. Garten u. Kleintierzucht C, 8 (9): 13, 1969.

JORDAN, R., 1959: Vorsicht beim Zeichnen von Königinnen. Bienenvater 80 (7–8): 211–214.

– 1954: Kleine Bienenkunde. 2. Aufl. Wien.

KATENHUSEN, 1963: Kann man drohnenbrütige Völker beweiseln? Nordwestdt. Imkerztg. 15 (9): 212.

LEUENBERGER, F., 1927: Afterköniginnen. Schweiz. Bienenztg. 63 (7): 323–326.

LOTMAR, R., 1936: Anatomische Untersuchungen an Cyklopen-Bienen. Revue Suisse de Zool. 43 (3): 51–72.

LYNCH, M., 1956: Brighten hybrid prospects. Gleanings in Bee Cult. 84 (11): 655–657.

MACKENSEN, O., 1951: Viability and sex determination in the honeybee (*Apis mellifera* L.) Genetics 36: 500–509.

MAUL, V., 1972: Zuchtprogramm zur Definition der Sexallele der Honigbiene (Inzuchtprogramm) Die Biene 108 (12): 356–357.

MORGAN, T. H., 1905: An alternative interpretation of the origin of gynandromorphious insects. Science N. S: 632–634.

ÖRÖSI-PÁL, Z., 1929: Studien an Eier legenden Arbeitsbienen (ungar.) Allathani Közlemények 26 S. 63.

OTHANI, T., 1977: Observations on the behaviour of a cyclopic worker honeybee in the hive. J. apic. Res. 16 (1): 34–40.

PRELL, H., 1930: Die Drohnenbrütigkeit. Ursachen und Bezeichnungsweise von Störungen des Geschlechtsverhältnisses im Bienenvolk. Leipz. Bienenztg. 45 (6): 134–139.

ROTHENBUHLER, W. C., GOWEN, J. W., PARK, O. W., 1951: Androgenesis in gynandromorphic honeybees. Genetics 36 (5): 573 (AA 16/53).

ROTHENBUHLER, W. C., POLHEMUS, M. S., GOWEN, J. W., PARK, O. W., 1949: Gynandromorphic honeybees. J. Herd. 40: 308–311.

SAKAGAMI, S. F., TAKAHASHI, H., 1956: Beobachtungen über die gynandromorphen Honigbienen, mit besonderer Berücksichtigung ihrer Handlungen innerhalb des Volkes. Insectes Sociaux 3 (4): 513–529.

TARR, H. L. H., 1937: Addled brood of bees. The Annals of Applied Biol. 24 (2): 369–376.

WEBER-SKLENAR, H., 1977: Der Freiluft-Kunstschwarm. Bienenwelt 19 (6).

WEISS, K., 1980: Der Wochenend-Imker. Verlag Ehrenwirth, München.

WITHERELL, P. C., 1971: Note on behaviour of gynandromorphic honey bees, *Apis mellifera*. Ann. Ent. Soc. Amer. 64 (4): 951 (AA 403/74).

WOYKE, J., 1963: Drohnes from fertilized eggs and the biology of sexdetermination in the honey bee. Bulletin de l'Academie polonaise des Sciences biologiques. Cl. V, Vol. XI, Nr. 5.

Schädlinge

Wachsmotten

ALI, A. D., BAKRY, N. M., ABDELLATIF, M. A., EL-SAWAF, S. K., 1973: The control of greater wax moth, *Galleria mellonella* L. by chemicals: I. Susceptibility of the wax moth larvae and honeybee worker to certain chemicals. Z. f. angew. Entomol. 74 (2): 170–177 (AA 529/76).

ARNHART, L., 1929: Die Mottenzucht der Zukunft. Arch. Bienenkde. 10 (2): 72–74.

BERGOIN, M., BRES, N., 1968: Gewebsschädigungen bei den vom Virus der Densonukleose befallenen Wachsmottenlarven *(Gall. mell.)* Bull. apic. 11 (1).

Bittner, A., 1953, 1954: Untersuchungen über den Proventriculus der großen Wachsmotte (*Galleria mellonella,* L.). Wiss. Z. Univ. Greifswald 3 (6/7): 519–531.

– 1959: Bewegungsformen der Wachsmotten als Beispiel für die Untersuchung von Insektenlaufspuren. Naturwissenschaften 46 (3): 119.

Borneck, R., Lavie, P., 1978: Essais de traitement contre *Galleria mellonella,* L. au moyen des vapeurs de dibromure d'éthylène (DBE). Bull. Techn. Apic. 5 (1): 17–24.

Burges, H. D., Bailey, L., 1968: Control of the greater and lesser wax moths (*Galleria mellonella* and *Achroia grisella*) with *Bacillus thuringiensis.* J. invert. Path. 11 (2): 184–195 (AA 555/69).

Cale, G. H., 1958: One shot for moth. Amer. Bee J. 98 (7): 271–272.

Cantwell, G. E., Smith, L. J., 1970: Control of the greater wax moth, *Galleria mellonella,* in honeycomb and comb honey. Amer. Bee J. 110 (4): 141.

Cherkasova, A. I., Mashhenko, V. A., 1981: Wie die Wachsmotte zu bekämpfen ist. (russ.) Ptschelowodstvo (9): 14–16 (Ref. G. u. Kl. C [22]: 14, 1982).

Dutky, S. R., Thompson, J. V., Cantwell, G. E., 1962: A technique for mass rearing the greater wax moth (Lepidoptera: Galleriidae) Proc. ent. Soc. Wash. 64 (1): 56–58.

El-Borollosy, F. M., Wafa, A. K., Allam, H. M., 1972: The relative toxicity of sulfur dioxide, carbon disulphide, carbon tetrachloride and paradichlorbenzene to the different stages of *Achroia grisella* Fab. (Lepidoptera: Pyralidae) Bulletin of the Ent. Soc. of Egypt. Econ. Series 6: 117–126 (AA 263/77).

El-Sawaf, S. K., 1950: The life-history of the greater waxmoth (*Galleria mellonella,* L.) in Egypt with special reference to the morphology of the mature larva. Bull. Soc. Fouad Ent. 34: 247–297 (AA 217/52).

Flechtmann, C. H. W., 1964: Biologie der großen Wachsmotte (port.). Rev. Agric. Piracicaba 39 (2) 1 p. (AA 668/65).

Giauffret, A., 1966: Recherches sur le pouvoir pathogène du virus de la densonucléose de *Galleria mellonella* dans les conditions de la pratique apicole. Bull. apic. Inf. Docum. scient. tech. 9 (1): 35–42 (AA 26/67).

Haragsim, O., Vankova, J., 1968: Vergleichende Pathogenität von 12 Stämmen von *Bacillus thuringiensis* für Honigbienen und ihre Brut. (franz.) Ann. Abeille 11 (1): 31–40 (AA 557/69).

Haydak, M., 1936: Is wax a necessary constituent of the diet of wax moth larvae? Ann. Ent. Soc. Am. 29: 581 (AfB 19 [5]: 1938).

– 1960: The influence of aging on the nutritive value of pollens. Bee World 41 (11/12): 292–293.

Herfs, W., 1964a: Untersuchungen zur Wirksamkeit von Industrie-Präparaten des *Bacillus thuringiensis* Berliner gegen die Große Wachsmotte (*Galleria mellonella,* L.) Z. f. angew. Entomol. 54 (1/2): 233–237.

– 1964b: Über die Möglichkeiten einer Bekämpfung der Wachsmotten mit biologischen Präparaten. Südwestdt. Imker 16 (12): 372–374.

Jay, E. G., Cantwell, G. E., Pearman jr, G. C., Thompson, J. V., 1972: Control of the greater wax moth, *Galleria mellonella,* L., in comb honey with carbon dioxide Part II. Field studies. Amer. Bee J. 112 (9): 342 u. 344.

Jaycox, E. R., 1971: Rearing wax moth larvae. Urbana, Illinois. Cooperative Extension Service, University of Illinois, Urbana Champaign (AA 737 L/73).

Jordan, R., 1957: Essigsäure zur Bekämpfung der Wachsmotte und vor allem aber zum Entkeimen nosemainfizierter Waben. Bienenvater 78 (6): 163–169.

Krebs, H. M., 1957: Ethylene di-bromide, death of the wax moth. Amer. Bee J. 97 (4): 132–133.

Krieg, A., Franz, J., 1959: Bekämpfung von Wachsmotten mittels Bakteriose. Naturwissenschaften 46 (1): 22–23 (AA 186/61).

Krieg, A., Herfs, W., 1962: Nebenwirkungen von *Bacillus thuringiensis.* Einwirkungen auf Bienen (*Apis mellifera* L.) Coll. Int. Pathol. Insectes, Paris: 193–195.

Kunike, G., 1929: Die Kleine Wachsmotte und ihr Bekämpfung Arch. Bienenkde. 10 (7): 244–249.

Kurihara, T., 1959: Die Lebensgeschichte der großen und der kleinen Wachsmotte (*Galleria mellonella* L. und *Achroia grisella* Fab.). Insect. Ecol. 7 (3): 133–139 (japan.) (AA 69/61).

Latif, A., Quayum, A., Manzoor ul Haq, 1960: Mulitple- and two-queen systems in *Apis indica* F. Bee World 41 (8): 201–209.

Lavie, P., Fresnay, J., Vago, C., 1965: L'action de la virose à noyaux denses sur les larves de *Galleria mellonella* dans les ruches. Ann. Abeille 8 (4): 321–323 (AA 371/66).

Milum, V. G., 1952b: The control of wax moth. Amer. Bee J. 92 (7): 293–295.

– 1952a: Descriptions and habits of the adults of some moths whose larvae infest honey bees. Amer. Bee J. 92 (4): 154–155.

Morse, R. A. (u. Mitarb.), 1978: Honey bee pests, predators and diseases. Ithaca und London.

Nielsen, R. A., Brister, D., 1977: The greater wax moth: adult behavior. Annals Ent. Soc. America (AA 1306/77).

– 1979: Behavior of the larvae. Ebenda 72 (6): 811–815 (AA 629/81).
NIELSEN, R. A., LAMBREMONT, E. N., 1976: Radiation biology of the greater wax moth: inherited sterility and potential for pest control. Technical Bulletin. US Dep. Agric. No. 1539 Baton Rouge, LA (AA 256/78).
NIEMIERKO, S. u. W., PRZELECKA, A., WLODAWER, P., WOJTZAK, L., ZIELINSKA, Z. M., 1952, 1956: Studies on the biochemistry of the wax moth. *(Galleria mellonella)* Acta Biol. exp. Varsovie 16, 17 (AA 327/57).
OERTEL, E., 1963: Greater wax moth develops on bumble bee cells. J. Econom. Entomol. 56 (4): 543–544 (AA 371/65).
– 1969: Losses caused by the greater wax moth. Amer. Bee J. 109 (4): 145 (AA 732/70).
PIERPOINT, W. S., 1957: Polyphosphates excreted by wax-moth larvae (*Galleria mellonella* L. and *Achroia grisella* Fabr.). Biochem. J. 67 (4): 624–627 (AA 90/59).
RUTTNER, H., 1965: Ein wirksames Mittel zur Bekämpfung der Wachsmotte in allen Stadien. Bienenvater 86 (10): 308.
STEINHAUS, E. A., 1959: *Serratia marcescens* Bizio as an insect pathogen. Hilgardia 28 (44): 351–380 (AA 495/62).
TOUMANOFF, C., 1950a: Action de *Bacillus larvae* ... sur les chenilles de *Galleria* C. Rend. Acad. Sci. 230: 1709–1711 (AA 132/57).
– 1950b: Eine Protozoeninfektion der Wachsmotten und die Rolle von *Dibrachys boucheanus* Ratzb. bei deren Zerstörung. Rev. franç. d'Apic. 11 (49): 251–254 (franz.).
VORWOHL, G., 1965: Können p-Dichlorbenzolbehandelte Waben Bienenschäden verursachen? Südwestdt. Imker 17 (12): 357 (vgl. RAUTH, Ifrd. 1966: 422).
WILLIAMS, J. L., 1976: Status of the greater wax moth *Galleria mellonella* in the U.S. beekeeping industriy. Amer. Bee J. 116 (11): 524–526.
WLODAWER, P., 1954: Verdauung und Stoffwechsel von Wachs bei der Wachsmotte. Towarz. Nauk. Lodz. 3 (29): 30 pp. (AA 193/56).
WOJTCZAK, A. B., 1956: Phosphor in den Exkreten der Großen Wachsmotte. *(Galleria mellonella)*. Acta Biochim. polon. 3 (3): 355–380 (polnisch).
WOJTCZAK, A. B. L., CHMURZYNSKA, W., 1958: Interzellulare Lokalisation von Enzymen in der Wachsmotte (*Galleria mellonella* L. Acta Biol. exp., Warschau 18: 249–264.
YOUNG, R. G., 1964: Digestion of wax by the greater wax moth, *Galleria mellonella.* Ann. Ent. Soc. Amer. 57 (3): 325–327 (AA 17/65).

Speckkäfer

HARAGSIM, O., 1965: Mehlkäfer *(Pribolium sp.)* als Schädlinge von Pollenvorräten (tschech.). Véd. Práce výskum. Ústav včelař. 4: 61–65 (AA 171/66).
KREYENBERG, J., 1929: Experimentell biologische Untersuchungen über *Dermestes lardarius* L. und *Dermestes vulpinus* F. Z. f. angew. Entomol. 14: 140.

Kräuterdieb

BORCHERT, A., 1937/38: Einige Beobachtungen an Bienenschädlingen. Dt. Imkerführer 11 (8): 208–213.

Pollenschimmel

BETTS, A. D., 1912: A bee-hive fungus, *Pericystis alvei,* Gen. et sp. nov. Annals of Botany Vol. 26, No. CIII. July: 795–799.
MAASSEN, A., 1922: Auskunfterteilungen und Belehrungen über Bienenkrankheiten und ihre Bekämpfung. Mitt. Biol. Reichsanstalt Heft 21.
MAURIZIO, A., 1929: On *Pericystis alvei* Betts. Bee World 10 (6): 91–92.
SKOU, J. P., 1972: Ascosphaerales. Fortyrk af Friesia 10: 1–24.

Mäuse und Spitzmäuse

FEICHTMAIR, E., 1954: Die Invasion der Spitzmäuse. Imkerfrd. 9 (1): 13.
PECH, J., 1966: Die Spitzmaus, ein Schädling für das Bienenvolk im Winter. Imkerfrd. 21 (6): 315–316.
SCHNEIDER, G., 1944: Die Alpenspitzmaus (*Sorex alpinus* Schinz) ein gefährlicher Räuber in Bienenstöcken. Schweiz. Bienenztg. 67 (5): 246–247.
SPÜRGIN, A., 1983: Von Mäusen und Spitzmäusen. ADIZ 17 (3): 76–80.

Vögel

ATAKISCHIEV, T. A., 1971: Über einige biologische Charakteristiken von Bienenschädlingen in Azerbeidschan. Uschenye Zapiski Kasankogo Veterinarnogo Instituta 109: 266–269 (AA 209/74).
BIBER, O., 1971: Contribution à la biologie de reproduction e à alimentation du guêpier d'Europe *Merops apiaster* en Camargue. Alauda 39 (3): 209–212 (AA 409 L/73).
FRY, C. H., 1969: The recognition and treatment of venomous and nonvenomous insects by small bee-eaters. Ibis 111 (1): 23–29 (AA 729/71).
– 1972: The biology of African bee-eaters. Living Bird 11: 75–112 (AA 840/76).
– 1983: Honeybee predation by bee-eaters, with economic considerations. Bee World 64 (2): 65–78.

GOUILLOUX, J., 1969: Protection contre le pics-verts. Abeilles et Fleurs (191): 8 (AA 992 L/70).

GROZDANIĆ, S., 1955: Der Bienenfresser *(Merops apiaster)*: biologische Forschung (serbisch dt. Zus.) Zborn. Matice srp., Ser. prir. Nauk. No. 8, 24 pp. (AA 385/68).

ISMAILI, M., 1974: Bee-eaters – a problem for beekeepers in Iran. Amer. Bee J. 114 (4): 136–137 (AA 163/75).

MÖNNIG, M., 1972: Vögel als Bienenfeinde. Falke. Monatsschrift für Ornithologie und Vivarienkunde A 19 (10): 355.

SCHEUFELE, U., ULLRICH, B., 1973: Schwarzstirnwürger *(Lanius minor)* entstacheln Hymenopteren. Anz. d. Ornithol. Ges. in Bayern 12 (2): 142–144 (AA 242/76).

YEO JENN, R. A., 1973: Ravages of the bee-eater. Amer. Bee J. 113 (1): 21.

Bienenbuckelfliege

ARNHART, L., 1924: Studien über die Honigbiene. 5. Buckelfliegensucht (Phoritis), eine selbständige Brutkrankheit. Bienenvater 56 (3): 113–115, (4): 160–161.

ÖRÖSI-PÁL. Z., 1938: Humpbacked flies and the honey bee. Bee World 19 (6): 64–68.

– 1937/38: Über einige Feinde der Honigbiene und Mitbewohner des Bienenstockes. Dt. Imkerführer 11 (10): 297–301.

TOUMANOFF, C., 1939: Les ennemis des abeilles. Hanoi.

Ameisen

ANONYM, 1934: Ameisen-Überfall im brasilianischen Urwald. Bienenvater 66 (3): 105–106.

BORCHERT, A., 1937/38: Einige Beobachtungen an Bienenschädlingen. Dt. Imkerführer 11 (8): 208–213.

CORNER, J., 1960: An incident of destruction of honeybee colonies in the interior of B.C. by an ant, probably Formica integra Nylander. Proc. Ent. Soc. B.C. 57: 8 (AA 397/64).

GOTTSCHALK, C., 1963: Pharaoameisen in Bienenstöcken. Beitr. Ent. 15 (516): 640–643 (AA 398/64).

KLOFT, W., 1953: Einige Beziehungen zwischen Bienen und Ameisen. Z. Bienenforsch. 2 (3–5): 121–127.

MÜTHEL, H., 1955: Ameisen überfallen einen Bienenstand und vernichten 26 Bienenvölker. Bienenzucht 8 (7): 202.

PROSIE, V., 1959: Die rote Waldameise – ein gefährlicher Schädling der Bienen (rumän.). Apicultura, Bucuresti 32 (1): 8–9 (AA 135/62).

RUPPERTSHOFEN, H., 1968: Der summende Wald. Zeil-Weierbach.

TOUMANOFF, C., 1939: Les ennemis des abeilles. Hannoi.

WELLENSTEIN, G., 1977: Grundlagen der Waldtracht – Möglichkeiten ihrer besseren wirtschaftlichen Nutzung. Z. angew. Zool. 63 (3): 291–309.

Wespen und Hornissen

ATAKISHIEV, T. A., 1971: Bienenstockmitbewohner in Aserbeidschan. Uchenye Zapiski Kazanskogo Veterinarnogo Instituta 109: 261–265 (AA 406/73).

EDDY, G. W., DAVIS, H. G., BEROZA, M., MCGOVERN, T. P., 1974: Cis-3 hexenyl butyrate as an attractant for yellowjacket. U.S. Patent No. 3790666 USDA Washington DC, USA, AA 986/77.

HIRSCHFELDER, H., 1951: Wespen und Hornissen am Bienenstand. Leipz. Bienenztg. 61: 208.

LIEBIG, G., 1982: Wespen und Tannentracht. ADIZ 16 (10): 303–305.

MATSURA, M., SAKAGAMI, S. F., 1973: A bionomic sketch of the giant hornet Vespa mandarinia, a serious pest for Japanese apiculture. J. of the Faculty of Science, Hokkaido University, VI (Zoology) Sapporo (Japan) 19 (1): 125–162.

ÖRÖSI-PÁL, Z., 1937: Einige Beobachtungen an Wespen, Hornissen und Hummeln bei Bienen. Die Dt. Bienenzucht in Theorie und Praxis 45 (8): 228–230.

OKADA, I., 1962: Notes an the habits of a giant hornet (*Vespa mandarinia,* Smith) as a noxious insect against honeybee. Bulletine No. 2, Faculty of Agriculture, Tamagawa University.

SAKAGAMI, S. F., MATSUMURA, M., 1972: Aspekte der Biologie von *Vespa mandarinia,* ein ernster Feind der Bienenzucht in Japan (portugiesisch). Festschrift zum 50. Geburtstag von W. E. Kerr, Rio Clarao, Brasilien: 251–258 (AA 461/74).

Bienenwolf

ALEXEJENKO, F. M., 1965: Biologische und ökologische Eigenheiten des Schädlings *Philanthus triangulum* F. (Bienenwolf) und Erfahrungen in bezug auf seine Bekämpfung in der Waldzone der Ukraine. 20. Intern. Bienenz.-Kongr. in Bukarest III/14.

BOHART, G. E., 1954: Honey bees attacked at their hive entrance by the wasp *Philanthus flavifrons* Cresson. Proc. Ent. Soc. Wash. 56 (1): 26 (AA 104/55).

EL-BOROLLOSY, F. M., WAFA, A., EL-HEFNY, A. M., 1972: Studies on the biology of *Philanthus triangulum* F. Abdel Kader (Hymenoptera, Sphecidae). Bull. Soc. Ent. d'Egypte 56: 287–295 (AA 528/76).

ERLANDSSON, S., 1961: Die gegenwärtige Verteilung des Bienenwolfes *Philanthus triangulum* F. in Skandinavien (schwed.) Nord. Bitidskr. 13: 32–26 (AA 195/63).

EVANS, H. E., 1955: *Philanthus sanbornii* Cresson as a predator on honeybees. Bull. Brooklyn Ent. Soc. 50 (2): 47 (AA 869/63).

HAESELER, V., 1977: Der Bienenwolf *Philanthus triangulum* Fabritius in Nordwestdeutschland. (Hym. Sphecidae) ADIZ 11 (10): 289 (AA 952/78).

HIRSCHFELDER, H., 1953: Zur Biologie des Bienenwolfes (*Philanthus triangulum* F.) Z. Bienenforsch. 2 (3/5): 109–111.

– 1956: Das Auftreten des Bienenwolfes in Franken und seine Bekämpfung. Z. Bienenforsch. 3 (5): 96–102 (s. a. Anz. Schädlingskde. 25 [8]: 122–123, 1952).

OLBERG, G., 1953: Bienenfeind *Philanthus* (Bienenwolf). Die Neue Brehm-Bücherei. 88 S. Akadem. Vlg.-Ges. Geest u. Portig K.G. Leizig (s. a. Ifrd. 1951, S. 44).

SIMONTHOMAS, R. T., 1980: *Philanthus triangulum* and its recent eruption as an predator of honeybees in an Egyptian oasis. Bee World 61 (3): 97–107 (AA 251/81, 960/80).

SIMONTHOMAS, R. T., SOMONTHOMAS-HEIJMANS, A. M. J., 1979: Bijenwolfplaag in Limburg. Maandblad van de Konunklijke Vlaamse Imkersbond 65 (6): 220–223 (AA 582 L/80).

THIEM, H., 1932: Die Bienenwolfplage im Kaligebiet der Werra und ihre Bekämpfung. Dt. Bzcht. in Theorie u. Praxis 40 (6): 173–186.

– 1933: Die Bienenwolfgefahr im Kaligebiet der Werra Arch. Bienenkde. 14 (4): 121–134.

– 1934: Erfahrungen in der Bekämpfung des Bienenwolfes. Dt. Bzcht. in Theorie u. Praxis 42 (1): 13–14, (2): 43–47.

– 1935: Vom Ende der Bienenwolfplage im Werratal. Ebenda 43 (12): 348–363.

– 1937: Der Bienenwolf und seine Bekämpfung. Flugblatt Nr. 145 der Biol. Reichsanstalt.

THOMAS, R. T. S., THOMAS, A. M. J. S., 1972: Some observations on the behaviour of females of *Philanthus triangulum* (F.) (Hymenoptera, Sphecidae). Tidskr. voor Ent. 115 (2): 123–139 (AA 532/76).

TILL, VAN, F. W. B., 1938: Über einige Bienenwolfbekämpfungsversuche in Holland. Dt. Imkerführer 11 (10): 303–304.

Bienenlaus

ALFONSUS, E. C., 1931: Preliminary studies on the internal structure of *Braula coeca* Nitzsch. Ann. Ent. Soc. Amer. 24 (3).

ARGO, V. N., 1927: *Braula coeca* in den Vereinigten Staaten. Arch. Bienenkde. 8 (1): 48–52.

ARNHART, L., 1923: Die Larve der Bienenlaus in den Wachsdeckeln der Honigzellen. Bienenvater 55 (6): 136 u. Zool. Anz. 56.

BELJAWSKY, A. G., 1929a: Bienenlausbeobachtungen. Arch. Bienenkde. 10 (3/4): 140–147.

– 1929b: The study of *Braula coeca.* Bee World. 10 (6): 84–87.

COOREMAN, J., 1966: Présence de *Braula kohli* Schmitz, 1914, en Belgique (Dipt. Braulidae). Bull. Ann. Soc. r. ent. Belg. 102: 53 (AA 189/71).

DUKOV, K., 1964: Morphologische und biologische Studien über *Braula orientalis* und ihre Bekämpfung (bulg.). Zhovotnovodni Nauki 1 (8): 77–87 (AA 931/73).

HASSANEIN, M. H., ABDEL-SALAAM, A. L., 1962: Biological studies on the bee louse, *Braula coeca* Nitzsch. Bull. Soc. Ent. d'Egypte 46: 87–95 (Apim. Prag 1963, Nr. 48).

HERROD-HEMPSAL, W., 1931: The blind louse of the honey-bee. The Journ. of the Ministry of Agr. 37 (12) March: 1176–1184 [Ref. Freudenstein: Neue Bztg. 1931 (11)].

IMMS, A. D., 1942: On *Braula coeca,* Nitzsch and its affinities. Parasitology 34 (1): 88–100 (Ref.: Bee World 1942, S. 94).

MARKOSYAN, A. A., TUMASYAN, L. A., MARKOSYAN, ZH. K., 1973: Charakteristische Wesenszüge der Biologie von *Braula* und ihre Bekämpfung (russ.). Veterinariya, Moskau (6): 68–69 (AA 533/76).

MORGENTHALER, O., ELSER, E., 1926: Die Larve der Bienenlaus *(Braula coeca)* Schweiz. Bienenztg. 49 (4): 186–189.

NIEZGODZINSKI, P., 1961: Beobachtungen über die Biologie von *Braula coeca* und Methoden ihrer Bekämpfung (poln.). Bull. Ent. Pologne Ser. B. 24 (3/4): 203–208 (AA 609/65).

ÖRÖSI-PÁL, Z., 1937/38: Über einige Feinde der Honigbiene und Mitbewohner des Bienenstockes. Dt. Imkerführer 11 (10): 297–301.

– 1938: Studien über die Bienenlaus *Braula coeca,* Nitzsch (Diptera). Z. Parasitenkde. 10 (2): 221.

– 1966: Die Bienenlaus-Arten. Angew. Parasitologie 7 (9): 138–171 (mit ausführl. Lit.).

– 1966: A new bee louse: *Braula coeca angulata.* J. apic. Res. 5 (1): 27–32.

SKAIFE, S. H., 1921: (Titel unbekannt) Transactions of the Royal Society of South Africa v. 10. 1. 1921 (Ref. A. Köhler, Schweiz. Bienenztg. 1922, S. 408).

SMITH, I. B. JR., 1978: The bee louse, *Braula coeca,* Nitzsch, its distribution and biology on honey bees. MS Thesis, Univ. Maryland, USA, 111 pp. (AA 579/80).

STEJSKAL, M., 1964: Les yeux de *Braula coeca* Nitzsch. Bull. apic. Inform. 7 (2): 144–150 (AA 610/65).

– 1965: Die Bienenlaus (*Braula coeca* Nitsch, 1818) und ihre Bekämpfung mit Phenotiazin in der Praxis. Südwestdt. Imker 17 (10): 306–308.
– 1966: Die Bienenlaus *Braula coeca* und ihre Bekämpfung (span.) Apic. venezol. 1 (1): 3–7 (AA 991 L/71).

Parasitierende Fliegen

ADAMOVIC, Z. R., 1972: Bee-killing robber flies (Diptera, Asilidae) in the area of Ulcinj, Montenegro. Acta Ent. Jugoslavica 8 (1/2): 33–37 (AA 257/77).
BOIKO, A. K., 1958: Die Senotainiosis der Bienen. 17. Apimondia-Kongr. Rom: 24–25 (s. a. AA 464 L/72).
– 1959: Methoden der Bekämpfung des Senotainiabefalles der Bienen (russ.). Ptschelowodstwa 36 (3): 40–45 (AA 296/61).
– 1964: Über die Diapause von Fliegenlarven der *Senotainia tricuspis* Meig. 19. Apimondia-Kongr. Prag 1963.
– 1970: La senotainiose des abeilles. Bull. apic. 13 (1 u. 2).
BRÜGGER, A., 1935: Raubfliegen als Bienenfeinde Schweiz. Bienenztg. 71: 435.
GIORDANI, G., 1956: Beitrag zur Kenntnis der *„Senotainia tricuspis"* Meig. *(Diptera, Sarcophagidae),* eines Innenparasiten der Honigbiene (italien.). Boll. Ist. Entomol. Univ. Bologna 21: 61–84 (102/57).
HÜTTINGER, E., 1974: Dickkopffliegen (Conopidae, Dip., Ins.), wenig beachtete Bienenparasiten. Bienenvater 95: 102–103.
MATHIS, M., 1975: La mouche *Senotainia tricuspis* Meig., agent probable de la maladie de la disparition qui atteint les abeilles. C. Rend. Acad. Sci., D 281 (4): 287–288 (AA 572/78).
ÖRÖSI-PÁL, Z., 1937/38: Über einige Feinde der Honigbiene und Mitbewohner des Bienenstockes. Dt. Imkerführer 11 (10): 297–301.
SCHWINT ESKALANTE, O., 1971: *Mallophora ruficauda* W. – ein gefährlicher Bienenfeind. 23. Int. Bienenz.-Kongr. Moskau: 503–504.
SIMINTZIS, G., 1949: Larves de diptère du genre Senotainia, parasites thoraciques internes de l'abeille adulte. Rev. Franç. d'Apic. 11, Dec.: 13.
SKAIFE, S. H., 1939: Insect pests of the hive. 1. The Tachinid parasite Bee World 11: 106–107.

Ölkäfer

BELIAVSKY, A. G., 1933: Blister beetles and their relation to the honey bee. Bee World 14 (3): 31–33.
BORCHERT, A., 1925: Die Larve des Ölkäfers als Bienenschädling. Die Biene und ihre Zucht 62 (12): 315.
BORROR, D. J., DE LONG, D. M., TRIPLEHORN, C. A., 1976: An introduction to the study of insects. New York.
DANIELYAN, S. G., NALBANDYAN, K. M., 1971: Meloe als Parasiten der Bienen (russ.) (in Armenien). Veterinariya (8): 64–65 (AA 672/73).
HIRSCHFELDER, H., 1950: Ein schwerer Fall von Bienenschäden durch Triungulinen Imkerfrd. 5 (6): 107.
ÖRÖSI-PÁL, Z., 1936: Über die Artfrage, Ernährung und Lebensweise der auf Honigbienen gefundenen Meloe-Triungulinen. Z. Parasitenkde. 9 (1): 20–27.
– 1936: Die Triungulinen des *Meloe variegatus* sind wahre Parasiten der erwachsenen Honigbiene. Imkerfrd. (Schweiz) 4: 306–307.
– 1937: Über die Ernährung der Triungulinen, insbesondere die des *Meloe proscarabaeus* L. Z. Parasitenkde. 9 (5): 674–676.
– 1937: Über die auf der Honigbiene in Europa gefundenen Triungulinen. Dt. Imkerführer 11 (4): 109–112.
– 1937: Bemerkungen über die ersten Ölkäferlarven oder Triungulinen. Bienenvater 69 (11): 385–387 (mit Lit.).
SELTNER, B., 1950: Meloelarven als Bienenschädlinge. Imkerfrd. 5 (4): 56–58.
WEIPPL, TH., 1937: Die Meloelarve – ein Bienenfeind? Bienenvater 69 (80): 279–284.

Immenkäfer

CORPORAAL, J. B., 1932: Die Schädlichkeit des *Trichodes apiarius* L. Arch. Bienenkde. 13 (2): 80–88.

Laufkäfer und Puppenräuber

FAHRINGER, J., 1923: Die Wachsmotten und ihre Feinde. Bienenvater 55 (9): 222–223, (10): 270–272.

Spinnenameise

ARNHART, L., 1923: *Mutilla differens* Lep., ein neuer Bienenfeind. Bienenvater 55 (7/8): 170–171.
BELJAWSKY, A. G., 1935: The *Mutilla europaea* L. as a bee enemy. Bee World 16 (11): 122.
JORDAN, R., 1935: Die Spinnenameise, *Mutilla europaea,* ein Bienenschädling. Dt. Imker 48 (10): 421.
KNÖTIG, F., 1934: Das Auftreten eines wenig bekannten Bienenfeindes. Bienenvater 66 (3): 88–90.
MEYERHOFF, G., 1954: Beobachtungen zur Eiablage von *Mutilla europaea* L. Arch. f. Geflügelzucht und Kleintierkde. 3 (1/2): 136–141.

Spinnen

FAHRINGER, J., 1924: Spinnen und Bienen. Bienenvater 56 (3): 89.

GROZDANIĆ, S., VASIĆ, Z., 1966: Biologische Untersuchung einiger Spinnenarten aus der Familie der Thomisidae (Aranea) (kroatisch, dt. Zus.). Glaz. Muz. Beogr., Ser. B. 21: 71–88 (AA 764/68).

Fadenwürmer

ATAKISHIEV, T. A., 1971: Über einige biologische Charakteristiken von Bienenschädlingen in Aserbeidschan (russ.). Uchenye Zapiski Kazanskogo Veterinarkogo Instituta 109: 266–269 (AA 209/74).

MORGENTHALER, O., 1920: Bienenkrankheiten im Jahre 1919. Schweiz. Bienenztg. 43 (4): 146.

ÖRÖSI-PÁL. Z., 1938/39: Würmer in der Honigbiene. Eine Literaturzusammenstellung. Dt. Imkerführer 12 (6): 161–163.

Bücherskorpion

ALFONSUS, A., 1922: An enemy of the mites in the bee-hive. Bee World 4 (1): 2–3.

BRÜNNICH, DAMBACH, RÜEGER, 1914: Der Bücherskorpion. Schweiz. Bienenztg. 37 (12): 483.

FAHRINGER, J., 1925: Beobachtungen über einige Bewohner von Bienenstöcken. Bienenvater 57 (3) 83; (7): 245.

GARIN, H., 1937: Über den Bienenskorpion *Chelifer sculpturatus*. Arch. Bienenkde. 18 (1): 32.

ÖRÖSI-PÁL, Z., 1937/38: Über einige Feinde der Honigbiene und Mitbewohner des Bienenstockes. Dt. Imkerführer 11 (1): 297–301.

– 1938b: Afterskorpione (Chellonethi) in der Wohnung der Honigbiene. Z. f. angew. Entomol. 25 (1): 142–150.

Flechtlinge (Copeognathen)

ÖRÖSI-PÁL, Z., 1938a: Copeognathen (Flechtlinge) in der Bienenwohnung. Z. f. angew. Entomol. 24 (4): 644–646.

Totenkopfschwärmer

EGGER, A., 1975: Ein Beitrag zur Biologie und Parasitologie des Totenkopfschwärmers *Acherontia atropos* L. (Lepidoptera, Sphingidae). Waldhygiene 11 (1): 27–29 (AA 844 L/76).

WOYKE, J., 1957: (*Acherontia atropos* L. als Bienenfeind in Polen) Polskie pismo ent. Seria B 1 (4): 77–81 (AA 183 L/65) (poln.).

ZAPPI RECORDATI, A., 1953: *Acherontia atropos* L. Stb. Tq. Ramo Editoriale degli Agricoltori. Roma.

– 1965: *Acherontia atropos* L. (Seine Beziehungen zur Landwirtschaft und Imkerei) Ved Prace vyzkum. ustav. vcelar 4: 205–207 (franz.).

Ohrwurm

BEGNESCU, F., 1937: *Forficula auricularia.* – Urechcinita. Rumania Apicola 12: 54–59.

BÜCHI, 1896: Der Ohrwurm *(Forficula auricularia). Schweiz.* Bienenztg. 19: 227–228.

MORGENTHALER, O., 1930: Bienenkrankheiten im Jahre 1929. Schweiz. Bienenztg. (5): 207–218.

Sachregister